国家科学技术学术著作出版基金资助出版

特种结构剂与特种黏土固化浆液

凌贤长　杨忠年　唐　亮　刘泉维
陈宏伟　赵莹莹　裴立宅　樊传刚　著

科学出版社
北　京

内 容 简 介

矿物基类胶凝材料是凌贤长教授率先提出并带领团队开发的不同于传统水泥基类胶凝材料的新一代低成本、高性能岩土工程新材料，团队励精图治，走过了20多年研究与实践历史。特种结构剂与特种黏土固化浆液是矿物基类胶凝材料的早期名称，沿用至今。本书立足于特种结构剂与特种黏土固化浆液，全面系统地介绍了矿物基类胶凝材料的基本原理、性能分类、应用技术、应用范例，以及细砂土与粉土振动注浆技术的力学机制、实现途径、振注机构。本书主要内容包括：特种结构剂性能分类与应用，路基填筑密实加固与冻害防控，特殊土性能改良与固化加固，工业固废资源化与无害化利用，快速胶凝高强固化高性能锚固剂，特种结构剂应用环保安全检测，特种黏土固化浆液与技术性能，特种黏土固化浆液结石体性能，特种黏土固化浆液注浆适应性，特种黏土固化浆液注浆扩散模型，特种黏土固化浆液静压注浆技术，特种黏土固化浆液振动注浆技术（含双向振注机构，突破了细砂土与粉土地基不可灌注的工程难题），特种黏土固化浆液注浆工程范例。

本书可供岩土工程、地下工程、岩土防灾、岩土材料与相关领域学者或技术人员学习、参考，也可作为岩土工程、建筑材料与相关专业研究生的学习参考书。

图书在版编目(CIP)数据

特种结构剂与特种黏土固化浆液／凌贤长等著．—北京：科学出版社，2022.6

ISBN 978-7-03-071942-3

Ⅰ.①特…　Ⅱ.①凌…　Ⅲ.①混凝土-胶凝材料　Ⅳ.①TU528.044

中国版本图书馆CIP数据核字（2022）第049996号

责任编辑：焦　健　柴良木／责任校对：何艳萍

责任印制：吴兆东／封面设计：北京图阅盛世

科学出版社 出版

北京东黄城根北街16号

邮政编码：100717

http://www.sciencep.com

北京中科印刷有限公司 印刷

科学出版社发行　各地新华书店经销

*

2022年6月第　一　版　开本：787×1092　1/16

2024年3月第三次印刷　印张：28 3/4

字数：682 000

定价：298.00元

（如有印装质量问题，我社负责调换）

作者简介

凌贤长　博士，哈尔滨工业大学教授、博士研究生导师，岩土与地下工程学科带头人，黑龙江省寒区轨道交通工程技术研究中心主任，青岛理工大学教授、博士生导师，青岛磐垚新材料工程研究院、安徽省融工博大环保技术材料研究院有限公司首席专家，俄罗斯自然科学院外籍院士。从事高铁岩土工程、岩土地震工程、寒区特殊土与冻土工程、岩土与地质灾害防控、岩土工程新材料技术等方面研究，开辟了寒区轨道交通路基动力学、矿物基类胶凝材料技术两个新的研究方向。主持国家重点研发计划项目、国家重大科研仪器研制项目、国家自然科学基金重点项目、应急管理部防汛抢险急需技术装备揭榜公关项目等研究工作。出版著作9部，发表论文273篇，获得国家发明专利83项、软件著作权15项与国际发明专利4项，主编技术标准5部（完成1部、在编4部）。获得国家技术发明奖二等奖1项、省部级科技进步奖一等奖5项，荣获“庆祝中华人民共和国成立70周年”纪念章。部分成果在工程中获得较多应用并已实施产业化。

序

回顾历史，在农业文明之前，人类居无定所，人们利用天然掩蔽物作为居处。农业文明开始之后，人类需要定居，于是便出现了原始村落，土木工程开始了它的萌芽和发展。人们在早期只能依靠泥土、木料及其他天然材料从事营造活动。土木工程材料随着文明发展和社会进步得到一步步发展，在每个时代和阶段中，人类使用的材料和建造的工程，都是土木工程发展史上的大事，也均为人类文明做出了贡献。

第72届国际材料与结构研究实验联合会（RILEM）年会（2018年）的主题是水工结构与材料可持续发展，强调加强混凝土材料与结构抗裂性与耐久性、严酷环境下水工和海工钢筋混凝土结构新型建造材料，以及水工混凝土结构老化机理和致损效应多尺度诊断等的研究，提出了土木结构工程领域的关键技术与发展路径等。随着科学技术的发展，当今土木工程凸显两个重要发展方向，即高新材料技术与应用、先进施工技术与装备。哈尔滨工业大学凌贤长教授，首次提出了“矿物基类胶凝材料”的概念，并带领团队历经20多年的攻关研究与工程实践，根据天然矿物结晶与天然胶体形成原理，开发了不同用途的一系列矿物基类胶凝材料与应用技术，相比传统水泥基类胶凝材料具有多方面性能优势；此外，基于矿物基类胶凝材料的化学机理与技术原理，又研发了磷石膏、尾矿、建筑垃圾、煤矸石等多种工业固废资源化、无害化综合利用的新材料技术，以及快速胶凝高强固化的高性能锚固剂与应用技术和施工装备。

该书立足于特种结构剂与特种黏土固化浆液，系统介绍了矿物基类胶凝材料的基本原理、性能分类、应用技术、应用范例，以及细砂土与粉土地基振动注浆技术的力学机制、实现途径等。相信该书的出版，对于助推土木工程胶凝材料、工业固废利用并由传统水泥基类胶凝材料向天然矿物基类胶凝材料方向发展，具有重要理论意义和实用价值。

是为序。

中国工程院院士

英国皇家工程院外籍院士 张建云

2021年11月12日

前　言

土壤固化剂（结构剂）具有悠久的发展历史。中国在世界上最早应用土壤固化技术可以追溯到夏、商时代乃至5000年前。石灰自问世以来，最早就是作为胶凝材料为人类所用，公元前8世纪古希腊率先用于建筑，公元前7世纪中国开始使用，之后古埃及最早应用石灰砂浆，古罗马采用石灰与类水泥胶凝材料改良土壤；1796年英国在土壤工程中应用煅烧石灰石，标志水泥雏形的诞生；自1824年英国首次发明现代水泥以来，水泥一直是一种理想的土壤固化剂；中国自西周至清朝，一直沿用糯米浆与标准砂浆混合成的超强度“糯米砂浆”。三合土技术历史源远流长，公元前3000～前2000年开始出现“三合土”地基，继石灰作为土壤胶凝材料之后，三合土技术应用越来越广泛。现代土壤固化剂根据材料类型，分为有机材料、无机材料；根据物理状态，分为粉末状固体、液体。土壤固化剂以无机材料、粉末状固体为主，有机材料因存在一定人身与环境危害且价格高而应用严格受限。长期以来，土壤固化剂一直以水泥基类凝胶材料为主，水利工程中还广泛应用一种称为土固精的液体土壤固化剂（固土机理并非一般土壤固化剂的化学反应作用，而是电荷作用）。近年来，筑路工程中也有采用一种生物酶制品作为土壤固化剂。总之，土壤固化技术具有适用性强、施工快捷等优势，长期广泛应用至今。但是，现行各种土壤固化剂，因为存在某些重要性能缺陷，如固化土强度较低、密实性较差、水稳性较差、耐久性不足等，所以解决不了或不能长期有效解决盐渍土、吹填土、膨胀土等特殊土性能改良与密实加固问题。因此，亟待开发性能高效、经济实用、施工快捷的新型土壤固化剂，以满足各种条件下岩土防渗加固、冻害防控、特殊土性能改良、密实加固的工程需求。

注浆技术，诞生于19世纪初期，20世纪初期取得重大进展。注浆技术发展大致分四个阶段：原始黏土浆液注浆阶段，1802～1857年；初期水泥浆液注浆阶段，1858～1919年；中期化学浆液注浆阶段，1920～1969年；现代先进技术注浆阶段，1969年之后，主要体现为注浆泵高性能、浆液材料多样化、施工工艺先进性、工程设计标准化、应用范围更广泛，20世纪60年代末期出现高压喷射注浆技术。注浆成败之关键在于注浆工艺、注浆设备和注浆材料。长期以来，根据不同场地条件与不同工程需求，连续发展了静压注浆、渗透注浆、劈裂注浆、高喷注浆等多种成熟的注浆工艺，以及可满足不同注浆要求的注浆设备。目前，广泛应用的注浆材料一般为普通水泥浆液、水玻璃水泥浆液、水泥黏土浆液（黏土固化浆液）、化学浆液等，前三者称为水泥基类注浆材料，除了具有一定人身与环境危害的化学浆液被严格限制使用之外，主要应用的还是水泥基类注浆材料。但是，传统水泥基类注浆材料，存在一些重要性能缺陷，如浆液泌水性大、抗地下水稀释性差、胶凝速度慢、固化体积收缩大、结实率低于80%～90%且结石体硬化速度慢、早期强度低（水泥黏土浆液或黏土固化浆液结石体终期强度也很低）、水稳性差等，致使注浆效果有限或难以长期有效，尤其是解决不了大渗流通道、大渗流量、大动水压力条件下注浆可靠堵漏、防渗、加固等问题。因此，亟待开发新一代高效注浆材料，满足不同工程需求。

与岩土工程材料、环境岩土工程密切相关的工业固废来源多、类型多，如建筑垃圾、建筑渣土（工程弃土）、盾构余泥、钻井泥浆、固体尾矿、磷石膏、钛石膏、脱硫石膏、粉煤灰、煤矸石、高炉渣、赤泥、石粉等。这些工业固废可能含有一定量有害化学成分、重金属元素，甚至还含有放射性元素，露天排放、掩埋排放不仅占用大量耕地、破坏植被，具有一定的环境危害，而且额外增加企业生产费用；另外，这些工业固废完全可以回收，实现资源化与无害化利用，不仅利于解决自然资源日益短缺问题，而且避免环境危害、土地浪费，降低企业生产费用。工业固废资源化与无害化综合利用，国外开始于20世纪60年代初期，而我国相对较晚且整体利用率不高。实现工业固废资源化与无害化综合利用的一个可行努力途径是：基于化学原理，针对不同工业固废可用的活性成分，分别研制活性固化剂，按照一定比例掺入固废中且均匀拌合，利用固化剂活性成分与固废活性成分、水发生一系列化学反应，实现固废无害化处理与固化、密实、加固，并且制成再生建筑材料制品、地基或路基填筑料、公路面层材料、隧道盾构充填料、土壤固化剂等。这正是目前国内外积极努力的加快发展方向。

锚固技术是岩土工程稳定控制与安全防护的一项重要措施。自1872年英国首次采用锚杆加固边坡以来，锚固技术在边坡、基坑、隧道、地铁、港工、采矿等岩体工程中已有100多年发展历史。目前，国外仅岩石锚杆就多达600多种，每年锚杆使用量近2.5亿根。我国锚固技术发展开始于20世纪50年代后期，主要用于矿山巷道，60年代拓展到铁路、水利、边坡与地下人防、国防等工程，70年代初深基坑工程开始广泛采用土体锚杆；进入21世纪，随着基础建设投入持续增大，深基坑、地下空间、跨海交通与地铁、铁路、高铁、公路、水电、港口等工程建设跃入跨越式发展的繁荣新时代，锚固技术与高强锚杆得到空前发展，解决了各类工程中日益增多的边坡防护、岩土稳定、巷道变形、地板抗浮、顶板加固等诸多难题。锚固技术的关键在锚固段，锚固段的关键在锚固注浆，锚固注浆的关键在注浆材料（锚固体材料）。目前，工程中主要锚固体材料有水泥质锚固体、快硬水泥药卷、树脂类锚固剂。快硬水泥药卷、树脂类锚固剂具有速凝、早强、高强等优越性能，但是存在施工条件苛刻、毒性大、价格高且碱性环境易脆化、易老化等致命缺陷，因此严重影响推广应用。我国较多采用水泥砂浆或改性水泥砂浆，虽然具有耐火、不老化、接近混凝土弹性模量、可湿作业、价格相对低等优势，但是也存在一些重要性能缺陷，如硬化速度较慢、早期强度增长耗时长、抗拉性能较差、易产生张拉裂缝，显著影响施工进度、锚固效益、工时成本与锚固体耐久性，导致钢绞线锈蚀。因此，实现锚固剂（锚固段注浆材料）的速凝、早强、高强、抗拉、无毒、无害，且大幅度提高锚固体耐久性，避免钢绞线锈蚀等技术性能，备受工程界关注。

鉴于上述，我们团队历经20多年不断努力探索与实践，基于天然矿物结晶原理、天然胶体形成原理，主要采用天然矿物材料且掺入一定比例其他辅料或激发剂，开发了具有不同性能与应用的矿物基类胶凝材料系列产品与相应的应用技术，即系列特种结构剂技术。例如，土体填筑密实、加固、防冻的土壤固化剂，特殊土性能改良与密实、加固的土壤固化剂，制备高性能注浆材料——特种黏土固化浆液的特种结构剂，制备快速胶凝高强固化高性能锚固剂的特种结构剂，不同工业固废资源化与无害化综合利用的不同固化剂。并且，针对特种黏土固化浆液技术性能，还建立了纯压式球面注浆模型、柱面注浆模型、极限注浆压力模型，提出了细砂土与粉土振动液化注浆技术及相应的振动液化判别式、振动注浆模型式、封闭式振注并行的双向振注机构；针对快速胶凝高强固化高性能锚固剂技术性能且实现锚固剂高效快捷应用，开发了预应力锚索快速锚固与张拉施工工艺，具有两大关键部分，即：①高效快速注浆施工的智能化自动反馈快速注浆工艺与相应的智能化注浆台车；②新型预应力锚索。本书共计 14 章，全面系统地与各位读者分享上述各项研究成果。

本书出版获得了 2016 年国家科学技术学术著作出版基金资助。在此，深表感谢！

诸多学者相关研究与实践成果成为本书重要参考。在此，表示由衷感谢！

矿物基类胶凝材料技术是一项新的材料技术，研究与实践工作仍在发展中，加之作者水平有限，本书难免存在不足之处，欢迎各位指正。

作　者

2021 年 10 月 20 日

目　录

第1章　绪　　论

1.1　工程背景与存在问题

20世纪以来，土木工程日益兴起且发展速度越来越快，特别是在21世纪迎来了迅猛发展的新机遇。然而，随着已建工程越来越多、良好建筑场地越来越少、天然地基条件越来越差，并且工程规模与荷载越来越大、平面与竖向布置越来越复杂、安全度与舒适度要求越来越高，因此对建筑场地或地基服役性、稳定性、承载力等要求也越来越高，此外还需要解决岩土冻融、边坡安全、工程抗震、地下水害等岩土工程防灾减灾问题，这些均要求可靠解决岩土防渗加固、岩土冻害防控、特殊土性能改良三大问题。解决这三大问题的技术可行性、施工快捷性、经济节减性、见效显著性的两类措施有：①基于化学机理[1-14]，按照一定比例向土中掺入某种土壤固化剂（结构剂），碾压密实、成型，自然养护；②基于注浆原理[15-35]，按照设计要求，向岩土中灌注某种渗透浆液，如普通水泥浆液、水泥黏土浆液（黏土固化浆液）、水玻璃水泥浆液、化学浆液等。长期广泛应用的各种土壤固化剂或注浆材料，多数因存在不同性能问题而不满足设计要求，有的在性能上满足设计要求，但存在具有一定毒性（有害施工人身安全）、污染环境或地下水、材料造价高昂、施工难度大等问题。因此，亟待开发性能高效、施工快捷、取材方便、经济实用、环保安全的新型土壤固化剂、注浆材料。

在建筑工程、地铁工程、道路工程、机场工程、地下工程、输送工程、采矿工程、冶金工程等快速发展的今天，日益暴增大量各种工业固废，如建筑垃圾、建筑渣土（工程弃土）、高炉水渣、钻井泥浆、粉煤灰、凝石膏、核废料、碎石粉、尾矿等，绝大多数均露天排放或地下掩埋，不仅严重污染土壤、大气、地表水、地下水等环境，而且占用耕地、破坏植被，同时存在滑坡、泥石流等安全隐患，还给相关企业额外增加巨额的征地费、弃土费、毁林费、作物补偿费、环境补偿费、安全防控费等。事实上，不存在真正意义的废物，一种材料放错位置、用错对象才是废物，这些所谓的工业固废均实属难得的有用材料，完全可以回收再利用——资源化利用，特别是在材料资源越来越少的当代意义重大，若实在太多而目前用不完，也可做环保安全处置，以备未来利用。正因为如此，工业固废资源化利用技术一跃成为世界各发达国家或快速发展的发展中国家积极研究与实践的热点课题[36-58]。然而，亟待解决的各种工业固废资源化利用的材料技术问题，要求该技术具有高效、快捷、安全、经济等优势。

鉴于上述，基于矿物结晶原理，利用天然矿物材料，历经20多年攻关创新与实践[59-63]，我们开发了一系列矿物基类胶凝材料技术——特种结构剂应用技术，分别用于岩土防渗加固、岩土冻害防控、特殊土性能改良、工业固废回收利用、工业固废安全处置、高性能注浆材料（特种黏土固化浆液），具有性能高效、施工快捷、环保安全、就地取材、经济节减等诸多优势。

1.2 岩土工程结构剂技术

国际上，岩土工程防渗加固、冻害防控与特殊土性能改良的传统措施采用的是土壤结构剂（固化剂或外加剂，soil stabilizing admixtures）技术。据考古发现，中国在世界上最早应用土壤固化技术，土壤结构剂的研究与实践历史悠久，早在夏、商时代就采用黏性与稳定性较大的胶凝材料做土墓的周壁、隔墙，至今已有5000多年历史。石灰自问世以来，最早就是作为胶凝材料为人类所用，公元前8世纪古希腊人已将其用于建筑；公元前7世纪中国开始使用石灰（保留的不少古代夯实地基遗址均采用石灰作为土壤固化剂，秦长城建造也是一个例证）；古埃及人将石灰作为一种建筑材料并最早采用石灰砂浆（类水泥胶凝材料）建造金字塔；古罗马人采用另一种类水泥胶凝材料——水凝水泥建造罗马圆形大剧场、众神庙、古壁石道，这些石灰与类水泥胶凝材料实际是改良土壤工程性能的土壤结构剂。1796年，英国人Smeaton将煅烧后的石灰石（灰岩）掺入土中，在Cornish海岸建造了Eddystone灯塔，标志水泥雏形的诞生，尔后这种早期水泥胶凝材料便作为土壤结构剂，越来越多地用于地基、路基、堤防、渠道等施工；自1824年英国人约瑟夫·阿斯谱丁首次发明现代水泥（硅酸盐水泥）以来，水泥一直作为一种理想的土壤固化剂广泛用于各种土体防渗加固。中国自西周至清朝，一直沿用糯米浆与标准砂浆混合成的超强度“糯米砂浆”，一种高性能有机与无机混合材料（有机成分为支链淀粉——糯米浆，无机成分为碳酸钙、硫酸钙、熟石灰），这种混合材料实际为砂料的胶凝材料（修复古建筑的最好胶凝材料），建造了2×10^4km长城（长城千年不倒，即得益于这种胶凝材料），以及其他古建筑。人类使用“三合土”技术进行土体防渗加固的历史源远流长，继石灰作为土壤胶凝材料之后，通过对石灰使用工艺进行改进，逐步形成“三合土”技术，在公元前3000～前2000年期间开始出现“三合土”地基。三合土，顾名思义由三种材料组成（类似于罗马砂浆），如“石灰+火山灰+砂子”按比例混合料（其中石灰、火山灰即土壤固化剂），中国明代有“石灰+陶粉+碎石”三合土，清代有“石灰+黏土+细砂”三合土、“石灰+炉渣+砂子”三合土。三合土，以石灰、黏土、黄土或火山灰作为胶凝材料，以细砂、碎石、炉渣作为填料或骨料。

现代土壤固化剂，据材料类型分为有机材料、无机材料；据物态分为粉末状固体、液体。现代土壤固化剂以无机材料、粉末状固体为主，有机材料存在一定有害人身安全的毒性且可造成环境土壤与地下水污染，价格也高，因此使用上严格受限；液体材料具有很好的渗透性，但是储运不便、价格偏高。土壤固化剂按照一定比例掺入土壤中且拌合均匀，通过固化剂活性成分与土中活性成分、水发生一系列物理化学反应，改善土壤工程性能。长期以来，各种土壤固化剂广泛应用于地基、路基、边坡、大坝、堤防、渠道、港工等众多工程领域，以及盐渍土与膨胀土等特殊土性能改良、生活垃圾与污染土等去污与修复。

目前，土壤固化剂主要为水泥类凝胶材料、火山灰类凝胶材料、高炉渣类胶凝材料（钢渣粉、水渣粉）、粉煤灰类胶凝材料。高炉渣类胶凝材料、粉煤灰类胶凝材料须由水泥、石灰等引发剂激发产生水化反应胶凝，引发剂与凝胶材料的组合主要有：水泥+粉煤灰、水泥+高炉渣、水泥+炉窑灰、石灰+粉煤灰、石灰+高炉渣、石灰+炉窑灰、水泥+石灰+粉煤灰、水泥+石灰+高炉渣、水泥+石灰+炉窑灰。铅、锌、镉、铜等重金属污染土壤，可以直接采用某些具有特殊性能的土壤固化剂（凝胶材料）进行固化，也可添加黏土或沸石强化；砷、汞污染土一般需要进行强化，砷需要添加氧化钙类物质提高 Ca/As 值、促进砷酸钙沉淀，采用对砷有亲和吸附力的零价铁、铁盐、氧化铁可以增强固化效果，氧化剂将 As^{3+}转化成 As^{5+}，也可以增加固化效果；汞添加硫黄、硫化物等形成硫化汞沉淀，也可以添加活性炭、改性活性炭、改性沸石等吸附材料稳定汞。中国在污染土壤固化修复方面，以采用水泥、水泥+粉煤灰为主，基本不采用外加剂调整固化土性能，如添加减水剂增强固化土的强度、添加填充剂封闭与缩减固化土的孔隙以降低渗透性。

特别值得提出的是，水利工程中广泛应用一种称为土固精（Toogood，液体土壤胶凝材料）的土壤固化剂，是一种由石油裂解产物经过磺化处理而得到的低分子化学剂，用于土坝加固、土壤固结；土固精掺入土中，发生置换水反应、离子交换反应，主要生成一种非水溶性络合物，通过改变土颗粒表面电荷特性，降低土颗粒之间排斥力、破坏土颗粒对水吸附力，使土无法吸收更多水分，因此增大土的密实度、提高土的压实度，但是这种土固精与土颗粒之间无黏结作用。土固精，虽然称为土壤固化剂，但是固土机理并非一般土壤固化剂的物理化学反应作用，而是电荷作用。

近年来，在筑路工程中，采用一种生物酶制品作为土壤固化剂，称为生物酶土壤固化剂（代替传统的水泥稳定土技术、水泥石灰稳定土技术、石灰粉煤灰稳定土技术），富含酶的物质经过自然发酵制成。将这种土壤固化剂均匀掺入土中，通过酶的催化作用，提高土的密实度、降低土的膨胀性、增大土颗粒的凝聚力，从而加强土的抗渗性、抗冻性、稳定性且增大土的强度，从而极大改良土的工程性能。这种生物酶土壤固化剂技术堪称现代筑路技术的一场新革命，很好地避免了水泥土、水泥石灰土、石灰粉煤灰土等半刚性路基因发生翻浆、冒泥而诱发路面开裂、塌坑的破坏问题。

现有多种土体加固方法，可以分为物理方法（如堆载法、真空压密法、CFG 桩法、强夯法等）、化学方法（即土壤固化剂法）、综合方法（如土壤固化剂法+碾压密实法）。由于土壤固化技术具有适用性强、施工快捷等优势，长期广泛应用至今。土壤固化技术的关键在于固化剂的精心选择、合理调配，以达到岩土防渗加固、岩土冻害防控、特殊土性能改良的目的，并且要求经济节减、施工快捷、长期有效。然而，现行各种土壤固化剂很难同时具备这些性能。例如，中国目前常用的石灰稳定土、二灰稳定土、三合土等技术，不仅存在固化土强度较低、密实性较差、水稳性较差、耐久性不足等问题，而且解决不了或不能长期有效解决盐渍土、吹填土、膨胀土等特殊土性能改良与密实加固问题。因此，亟待开发性能高效、经济节减、施工快捷的新型土壤固化剂，以满足各种条件下岩土防渗加固、冻害防控与特殊土性能改良、密实加固的工程需求。

在土木工程进入快速发展的新时代，岩土防渗加固与冻害防控、盐渍土与膨胀土等特殊土性能改良的土壤固化剂技术迎来了新的发展机遇，也面临新的性能要求挑战。工程要求土壤固化剂具有如此高效的技术性能，即土快速固化、固化膨胀，并且固化土在自然养护下，能够大幅度提高土的抗压强度、抗剪强度、抗渗性、抗软化性、抗崩解性、抗冻性、稳定性，施工快捷、无污染、成本低。

1.3 注浆技术历史与现状

传统注浆技术，具有适应性强、取材广泛、设备简单、技术不高、施工快捷、快速见效、成本较低等诸多优势，在工程中应用日益广泛，如岩土加固、止水堵漏、防塌防沉、冻害防治、滑坡防控等首选注浆技术。

注浆技术，早在19世纪便用于地基防渗加固，但是直到20世纪初才有重大进展。注浆技术发展大致分四个阶段：原始黏土浆液注浆阶段，1802～1857年；初期水泥浆液注浆阶段，1858～1919年；中期化学浆液注浆阶段，1920～1969年；现代先进技术注浆阶段，1969年之后，主要体现为注浆泵高性能、浆液材料多样化、施工工艺先进性、工程设计标准化、应用范围更广泛。

1802年，法国工程师查理斯·贝里格尼，采用一种木制冲击筒装置，通过人工锤击方法，向地层中挤压黏土浆液，标志注浆技术诞生。19世纪中期，法国采用这种注浆方法，进行多种地基加固。尔后，这种注浆方法相继传入英国、埃及。1802～1857年，注浆技术处于较原始的萌芽阶段，浆液主要是黏土、火山灰、生石灰等简单材料。

1824年，英国学者约瑟夫·阿斯谱丁研制出现代水泥——硅酸盐水泥。1856～1858年，英国学者基尼普尔，采用水泥作为注浆材料，进行一系列注浆试验且获成功，标志水泥材料注浆问世。1808～1905年，出现了压缩空气装置、压力注浆泵等注浆设备，为水泥浆液灌注技术推广应用创造了条件，标志注浆技术发展进入初期水泥浆液注浆阶段，至1919年达到成熟期。

1920年，荷兰采矿工程师尤斯登，首次采用水玻璃、氯化钙两种浆液，开发了双液双系统的二次静压注浆技术，开始化学注浆技术。1950～1975年，化学注浆迅猛发展。但是，由于化学浆液具有一定环境危害污染、甚至引起中毒事件（日本福岗，1974年），所以20世纪70年代后期世界各国相继禁止采用有毒化学注浆材料，并且其他化学浆液的应用也受一定限制。

20世纪60年代末期，出现了高压喷射注浆技术。结合水力采煤技术与注浆技术，首先喷射高压水或浆液切割土体形成空穴，再通过高压喷射回流将浆液与土充分搅拌混合均匀成为混合物，混合物固结、密实、成型，克服了软土注浆难以控制之不足，也在一定程度上解决了黏土、粉土、细砂土灌注的难题。高压喷射注浆技术，使浆液结石体由散体发展为结构体。故此，渗透注浆（低压注浆，土体不变形，土的孔隙被浆液充填）→压密注浆（中压注浆，土体变形，浆液形成柱状固结体）→劈裂注浆（高压注浆，土体破坏，浆液形成树枝状固结体）→高压喷射注浆（高压注浆，土体被切割、破坏，切割范围的土与浆液充分搅拌混合），具有高度的统一性。现代注浆技术的出现得益于注浆机械——特别是注浆泵的发展，随着大压力注浆泵不断出现，注浆技术逐渐发展：渗透注浆→压密注浆→劈裂注浆→高压喷射注浆。目前，注浆泵的最大压力达到或超过30MPa。在高压喷射注浆基础上，又出现了许多新的注浆工法，如日本在三重管高压喷射注浆基础上，开发了SSS-MAN工法、RJP工法，旋喷半径可达4m。

在施工工法、工艺与注浆设备不断发展过程中，注浆材料也随之发生较大进展。水泥等颗粒状注浆材料逐渐向超细方向发展，不仅实现更细小孔隙、裂隙的有效灌注，而且逐步替代化学注浆材料，利于环境保护、降低成本。

注浆工程特别是注浆防渗与冻害防治中，合理选择注浆材料至关重要。注浆材料选择不合理，易导致成本高、施工失败。病险水库与堤防长期有效注浆防渗加固成为困扰工程多年的一个棘手难题，主要原因在于注浆材料。中国是世界第一水库大国、第一堤防大国，拥有各类水库9.87万多座（病险坝4万多座，1949年以来兴建的高度超过15m的土坝19480多座）、土坝堤防29万多千米（包括数百条江、河与几十个较大型湖泊），90%大坝超期超负荷运行、53%水库位于高寒冻土区、56%水库位于地震危险区（西部98%水库位于地震危险区），并且一批大坝建设指标突破现行技术标准；几十年来，中国大坝与堤防日益暴露出越来越严重的安全问题，突出表现为汛期险情重、冻融病害多、震害危险大，尤其是经不起大水袭击、强震袭击，年年除险、年年出险，年均溃坝68座（世界之最），主要原因在于设计防洪能力不足（20世纪50~60年代建造的堤坝尤其如此）、施工质量缺陷、历年洪水袭击，采用现行注浆材料进行防渗加固收效有限，在一定动水压力下容易发生潜蚀、管涌等，导致决堤与溃坝事故、灾难，因此亟待开发高性能注浆材料。长期以来，注浆材料主要有两大类：其一是化学浆液，由于材料成本高且具有一定毒性、危害健康、污染环境，应用受限；其二是水泥类浆液，如纯水泥浆液、黏土水泥浆液，属于应用面最广的基本注浆材料。水泥类浆液，虽然具有价格较低且结石体强度高等优点，但是存在析水性大、稳定性差、胶凝速度慢（初凝与终凝时间长）、硬化速度慢、早期强度低、强度增长慢、固化收缩大且难以准确控制浆液胶凝固化等缺点，并且大孔隙条件下注浆易漏浆，注浆质量难以保证或难以满足设计要求，所以应用也有一定局限性。因此，近30多年来，国内外在改善水泥类浆液性能方面做了大量研究与实践，如通过掺入各种化学添加剂措施（水玻璃较为常用），缩短浆液胶凝时间、改善浆液性能、提高浆液可注性等。

事实上，任何一种注浆技术、浆液材料均有一定适用范围、应用条件，各有其长、各具其短，所以各种注浆技术与浆液材料依然活跃在不同工程领域，如化学注浆也有条件用于某些工程。注浆工程师的主要任务在于，根据不同工程地质与水文地质条件，并且注意不同工程类型，合理选择不同注浆技术、浆液材料，努力以较低成本获得较好效果。例如，化学浆液不能用于水库大坝——特别是生活供水水库大坝注浆防渗加固，但是可以有条件用于地基、路基、边坡等注浆加固、冻害防治；静压注浆技术适用于渗透性良好的中砂土、粗砂土、碎石土、杂填土、砂卵石土、裂隙岩石、岩溶岩石，而黏土、粉土、细砂土等渗透性差的地层一般只能采用高压喷射注浆技术（包括高压旋喷、高压摆喷）、高压劈裂注浆技术。

当今，由于需要进行注浆防渗加固与冻害防治的工程越来越多，尤其是病险水库、防洪大堤、边坡防护、山岭隧道、开采巷道、城市地铁、地下工程等，所以为了进一步改善浆液性能、降低浆液成本，在广泛应用的压密注浆、劈裂注浆、帷幕注浆中，特别是在砂砾地层中注浆建帷，主要关注造价低廉、施工简便且无环境污染的黏土类浆液，开展了一系列研究与实践，取得了可喜的进展。

黏土具有细度高、分散性强（水中浸泡分散）、现场取材且制成的浆液稳定性好、结石率高、堵水性强等优点，但是纯黏土浆液结石体的强度太低、抗渗性较差、抗冲刷性很弱，所以仅应用于低水头防渗工程。水泥浆液的优点是结石体强度高，缺点是浆液的稳定性差、成本较高、胶凝体积收缩、结石率较低、堵水效果差等。水泥与黏土按照一定比例混合制成浆液，在很大程度上，弥补了黏土浆液与水泥浆液之间彼此不足，形成比较理想的注浆材料，因此出现了黏土固化浆液。普通黏土固化浆液属于一种黏土类注浆材料，在纯黏土浆液中加入一定量水泥作为固化剂（外加剂）。注浆工程要求黏土固化浆液具有良好的灌注流动性、胶凝时间可控性、可重复灌注性、帷幕整体堵水性、抗水稀释性、抗震（振）性且可就地取材、成本低等优点。黏土固化浆液一直努力向这方面发展且已见成效，日益受到极大关注与广泛应用。

长期以来，在不同浆液针对不同土层可灌性方面做了大量研究与实践，先后提出了降低浆液黏度（初始黏度，黏度时程变化）、减小浆液颗粒粒径的多种技术措施，以使之能够灌入地层中细小裂隙。但是，在岩溶地层或卵石层等渗透系数极大条件下，由于一直广泛应用的水泥黏土浆液、水玻璃水泥浆液、黏土固化浆液等早期强度较低且强度增长过慢，所以早期抗动水压力性能较差，若地下水压力较大、水流速较快，注入的浆液尚未完全胶凝固化便在较大动水压力下被稀释、破坏、流失，甚至出现永远灌不满的现象，严重影响注浆效果，如满足不了注浆处理后堤坝抗洪的性能要求。因此，针对大渗透系数病险堤坝注浆防渗加固，亟待开发浆材成本低、占绝对优势的黏土材料，以及可现场就地采取且性能高效的黏土固化浆液。

1.4　工业固废资源化利用

20 世纪 50 年代开始，世界经济逐步进入快速发展的新时期，工业化进程日益加快；我国 1978 年改革开放以来，特别是进入 21 世纪，经济突飞猛进，工业不断加速发展。快速发展的工业不断产生大量工业固废，如建筑垃圾（既有建筑拆解的碎砖块、碎瓦块、碎混凝土块、灰土等各种固体废物）、建筑渣土、淤泥、赤泥、尾矿、高炉渣、粉煤灰、煤矸石、碎石粉、磷石膏、钻井泥浆、废弃强碱等，成为亟待解决的严重危害环境与人身健康的一大公害。如前所述，不存在真正意义的废物，任何一种物料，放错位置、派错用场，才是废物或垃圾，反之，就是有用的材料，正如动物粪便，在大街上是垃圾，而在耕地里则是肥料。工业固废也如此，其中一部分可以直接回收利用（如铁矿冶炼产生的尾矿中仍然含有少许可用的铁粉），大部分可以全部回收另作他用（如掺入其他材料，陶瓷废料、陶瓷碎块、建筑垃圾、建筑渣土、碎石粉、煤矸石、磷石膏、淤泥等可用于生产免烧砌块，工业强碱、高炉渣、磷石膏、赤泥等可用于研制土壤固化剂）。因此，不仅基于环保要求，而且在自然有限的材料资源日益减少或缺乏的今天，工业固废全部资源化综合利用意义重大，也是世界工业发展的必然趋势。

在现代经济形势下，“垃圾围城”是世界很多国家——特别是正在快速发展的发展中国家面临的严峻环境与健康问题，也是影响社会可持续发展的重要顽疾。世界各国在自然特点、人口密度、发展速度、经济类型、工业门类等方面各具特色，甚至差别显著，因此各国工业化进程、主要工业、工业经济等不同，决定了各国工业固废的类型、总量、分布不同，尽管尚无各国工业固废的准确统计数据，但是在快速发展的发展中国家，如中国，建筑、采矿、冶金、化工等工业固废在“垃圾”中无疑占相当大的份额。基于环境保护、资源利用、可持续发展等三方面需求，世界上快速发展的发展中国家、发达国家均极其重视工业固废资源化利用，在实现垃圾变废为宝方面，取得了不少成功的经验。

2014年以来，法国每年工业固废超过3000万吨，80%以上回收利用，因此产生近9000个就业岗位，累计新增产值约210万欧元。日本是世界资源最匮乏的国家，极其重视环境保护与工业固废资源化利用，建筑垃圾、建筑渣土、路面沥青等几乎全部回收利用，其他有一定危害环境与人身安全的化工固废经过无害化处理后再利用，如东京针对建筑垃圾，建筑拆解的混凝土碎块、砖瓦碎块、玻璃碎块、陶瓷碎块与粉末状固体等作为回收直接利用的建筑材料，废旧木材、沥青、橡胶等作为特殊建筑材料。俄罗斯、瑞士、西班牙在工业固废资源化利用方面有近40年历史，目前已做到70%以上利用率。美国市政固废（建筑固废）再生资源化发展历史：1960～1980年，起步阶段，再生资源化量由1960年560万吨增至1980年1450万吨，利用率由6.4%增至9.6%；1980～2000年，快速发展阶段，再生资源化量由1980年1450万吨增至2000年5920万吨，利用率由9.6%增至21.8%；2000～2010年，缓慢成长阶段，再生资源化量由2000年5920万吨增至2010年6530万吨，利用率由21.8%增至25.7%；2010年之后，成熟阶段，再生资源化量稳定于6500万～6600万吨。

进入21世纪以来，我国迈入经济快速发展、建设高速发展的崭新时期，特别是高速铁路、重载铁路、干线铁路、高速公路、国道干线、城市地铁、埋地管廊、地下储库、调水工程、输送工程、港口工程、机场工程、矿业工程、能源工程、建筑工程、水利工程、电力工程等迅速发展，近年来我国工业固废年均生产33亿吨、累计储存600亿吨（不仅浪费资源，而且造成严重的环境与安全隐患），2018年全国固废80%为一般工业固废，尾矿储量8.8亿吨（占一般工业固废27.4%，其中有色金属尾矿4.0吨、黑色金属尾矿3.7吨）、粉煤灰储量5.3亿吨（占一般工业固废16.6%）、煤矸石与高炉渣储量3亿吨以上，200个大中城市工业固废储量8.1亿吨（产量15.5亿吨，较2017年同比增长18.32%），2018年工业固废综合利用量为尾矿2.4亿吨（充填采空区、建筑材料，其中有色金属尾矿利用率23.4%、黑色金属尾矿利用率26.8%）、粉煤灰4.0亿吨（混凝土掺合料、烧结砌块）、煤矸石1.9亿吨（建筑材料、煤混烧发电）、冶炼废渣3.3亿吨（回收有价金属）、高炉渣2.2亿吨（道砟、喷砂材料）、脱硫石膏0.9亿吨（石膏粉）、城市工业固废7.4亿吨，力争2025年工业固废利用率到57%（4.8亿吨）。

从全球来看，工业固废资源化利用的快速发展得益于十方面：①固废总量快速增加且类型日益增多；②固废环境与健康危害日益凸显；③固废排放占用土地资源日益严重；④固废排放成本日益增加（征地费、毁林费、环境补偿费、安全防护费）；⑤自然资源有限且可用资源日益匮乏；⑥全民素质提高与对良好安居环境愿望日益加强；⑦固废资源化利用技术日益突破；⑧固废利用就业与再生价值日益显现；⑨政策法律法规日益完善且严格执行；⑩联合国相关环境公约约束与民间环保组织呼吁日益加强。

工业固废资源化利用，不等于废物处置，一定要在利用中产生更大价值，如若固废只值100元，而因利用需要投入200元，甚至更多，利用的实际利税不到100元，显然不是

"资源化"希望的结果；"资源化"利用应做到获得的收益大于"利用"的投入。达到这一点的可行途径为：基于化学原理，针对不同工业固废可用的活性成分，分别研制活性固化剂（外加剂），按照一定比例（据化学反应分析确定）掺入固废中且均匀拌合，利用固化剂活性成分与固废活性成分、水发生一系列化学反应，实现固废无害化处理与固化、密实、加固，并且制成再生建筑材料制品（如砌块、再生混凝土等）、地基或路基填筑料、公路面层材料、隧道盾构充填料、土壤固化剂等。这正是目前国内外正在积极努力的快速发展方向。

第2章　特种结构剂性能分类与应用

着眼于岩土防渗加固与冻害防控、特殊土性能改良与提升、工业固废无害处理与资源化利用、高性能注浆材料与应用技术，经过20多年不断研究与实践，成功开发了新型高效的矿物基类胶凝材料与生产工艺、应用技术，形成了不同应用的系列产品，长期有效解决了现行土壤固化剂与注浆材料难以解决的岩土工程防渗、加固、抗冻三大技术问题，盐渍土、膨胀土、吹填土、滩涂土、湿陷性黄土、软土、污染土等特殊土性能改良与提升棘手难题，以及建筑垃圾、建筑渣土、选冶尾矿、脱硫石膏、磷石膏、粉煤灰、煤矸石、高炉渣等工业固废无害化处置与资源化利用问题。突破了广泛应用190多年的传统水泥基类土壤固化剂技术、注浆材料技术，引领了现代土壤固化剂与注浆材料向高性能、长效性、低成本、无污染的天然矿物基类材料方向发展。

2.1　高性能矿物基类胶凝材料

2.1.1　矿物基类胶凝材料科学界定

基于天然矿物形成的结晶原理与天然胶体形成的化学过程，采用分布广泛、易于获取且活化简单、加工快捷、成本低廉的多种天然矿物材料，见图2-1，在详细的结晶化学与胶体化学反应分析基础上，经过精心分级、科学调配、活化处理、超细碾磨，制成不同配比方案的一系列活性极大的矿物基类胶凝材料——特种结构剂，作为岩土防渗加固与冻害防控、特殊土性能改良与提升、工业固废无害处理与资源化利用的新一代高性能土壤固化剂，以及制备特种黏土固化浆液的高性能外加剂。特种结构剂的原材料为多种天然矿物材料，并且岩土防渗加固与冻害防控、特殊土性能改良与提升、工业固废无害处理与资源化利用，以及制备特种黏土固化浆液的固化机理也是天然矿物形成的结晶原理、天然胶体形成的化学过程，因此称为矿物基类胶凝材料。

2.1.2　矿物基类胶凝材料技术原理

碱金属与碱土金属元素广泛存在于各种自然土或岩石中，即使这些土或岩石被高温煅烧等处理，如烧结砖瓦、煅烧陶瓷、煅烧水泥、高炉冶炼等，也去除不了先存的碱金属与碱土金属元素，也就是说，碱金属与碱土金属元素在各种自然土或岩石中普遍存在且去除不了。自然土中含有多种碱金属与碱土金属元素，一般以离子形式吸附于黏粒或黏土矿物表面，此外自然土中还含有一定量自由水（重力水）、毛细水、结合水或吸附水；盐渍土、海土（吹填土）、滩涂土、湿陷性黄土、污染土、淤泥等特殊土中碱金属与碱土金属元素

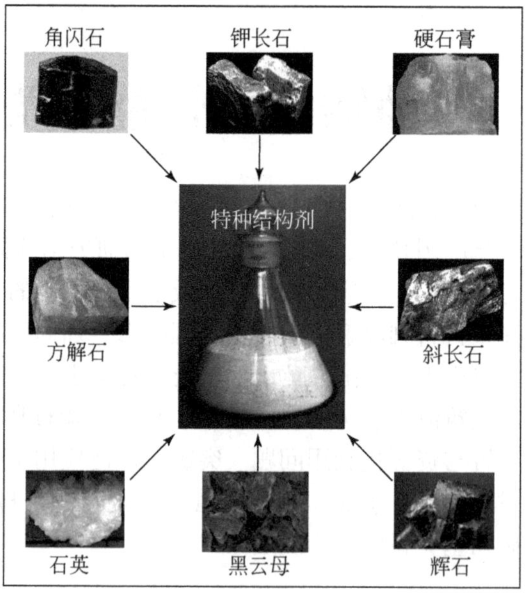

图 2-1　特种结构剂矿物组成

含量更高，除了吸附于黏粒或黏土矿物表面之外，还是活性很大的可溶性盐或碱的重要组成成分（盐的分子由酸根阴离子与碱金属或碱土金属阳离子组成，碱的分子由氢氧根阴离子与碱金属或碱土金属阳离子组成）；建筑物或结构物拆解产生的碎砖块、碎瓦块、碎土块等建筑垃圾中也含有各种碱金属与碱土金属元素；尾矿、粉煤灰、煤矸石、碎石粉、高炉渣、磷石膏、赤泥等工业固废中同样含有多种碱金属与碱土金属元素。矿物基类胶凝材料在活化与超细碾磨过程中产生大量活性成分，这些活性成分遇水快速反应产生大量硫铝酸根、偏铝酸根、偏硅酸根等。

矿物基类胶凝材料（特种结构剂）按照一定比例掺入土或工业固废中，拌合均匀且碾压密实，胶凝材料中大量活性成分快速与水、碱金属离子或碱土金属离子反应，见图 2-2，产生大量塑性强度高，胶结强度大，耐酸碱强且抗震（振）性、抗冻性、抗渗性、抗软化性、抗崩解性、稳定性好的非溶性胶体成分与结晶水化物，作为土或岩石等颗粒的胶结物、孔隙或裂隙的充填物，强胶结土或岩石等颗粒、密实充填孔隙或裂隙，达到胶凝固化密实与加固土、碎石、裂隙岩石、工业固废的目的。

胶凝固化反应的生成物（胶结物、充填物）体积比反应物体积稍大，即矿物基类胶凝材料的胶凝固化具有体积微膨胀性，加之生成物与土或岩石等颗粒之间强胶结，与孔隙或裂隙壁之间强胶结，因此极其利于高强度固化岩土或工业固废且密实充填孔隙或裂隙。

工业固废或污染土中含有铅、锌、镉、铜、砷、汞等有害重金属或放射性元素。在矿物基类胶凝材料中按照一定比例掺入与某种有害重金属或放射性元素对应的活性外加剂，使之在胶凝固化过程中产生一种或多种稳定化学膜或多孔沸石等强吸附性物质，通过膜的包裹作用或多孔介质的吸附作用，密闭包裹或吸附稳定（固定）有害重金属或放射性元素，实现资源无害化利用。

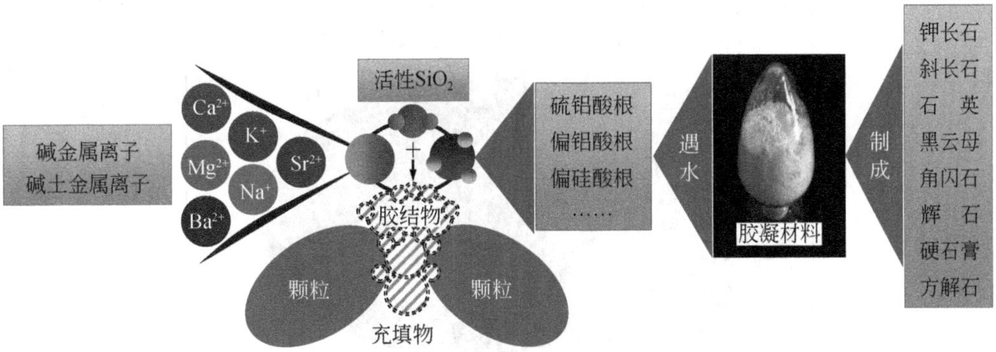

图 2-2　矿物基类胶凝材料胶凝固化示意图

矿物基类胶凝材料的上述胶凝固化与密实作用属于一类吸热化学反应过程（不同于水泥的胶凝固化过程，水泥的水化反应为放热过程），温度越高，反应速度越快、越彻底，效果越好。试验与应用表明，矿物基类胶凝材料应在不低于 22℃气温条件下应用。

值得注意的是，矿物基类胶凝材料对土或工业固废的胶凝固化过程属于一类吸水反应作用，因此若混合物中含水率过低，则需要向混合物中补充一定量无污染水，通过充分的配合比试验确定向混合物中的补水量。

2.1.3　矿物基类胶凝材料应用范围

如上所述，无论是岩土防渗加固与冻害防控、特殊土性能改良与提升，还是工业固废无害化处理与资源化利用，采用矿物基类胶凝材料技术的基本原理均一致，即利用胶凝材料的活性成分与黏性土、碎石土、特殊土或固废中水、碱金属或碱土金属元素发生一系列化学反应，生成大量胶体成分与结晶水化物，作为颗粒的胶结物、空隙的充填物，实现高强胶凝固化与密实充填。

黏土与黏性土、粉细砂土与砂土、碎石粉与碎石土、残积土与坡积土等无污染普通土，红黏土、膨胀土、湿陷性黄土、软土与软弱土、淤泥与淤泥质土等特殊土，以及无污染建筑垃圾与渣土等，直接采用基本材料配比的矿物基类胶凝材料（即 I 型胶凝材料，全氧化物含量见图 2-3）进行固化加固，可以显著提高固化土的强度、密实性、水稳性、抗渗性、抗冻性且实现特殊土的性能提升，进而大幅度提高地基稳定性与承载力、可靠控制填筑工后沉降。

采用矿物基类胶凝材料，进行盐渍土、滩涂土、吹填土等盐碱含量偏高或很高的土固化加固与冻害防控、性能改良与提升，资源化利用盐碱含量偏高或很高的工业固废，必须去除其中的大量有害盐碱成分，因此需要向基本材料配比的矿物基类胶凝材料中按照一定比例掺入其他材料，以适当提高胶凝材料中 SiO_2、Al_2O_3、CaO 等在全氧化物含量中的比例，降低胶凝材料中 K_2O、Na_2O 在全氧化物含量中比例，形成 II 型胶凝材料，目的在于通过固化反应去除其中大量盐碱。

膨胀土或亲水性黏土矿物含量较高的土，由于层状结构的蒙脱石、叶蜡石、伊利石、

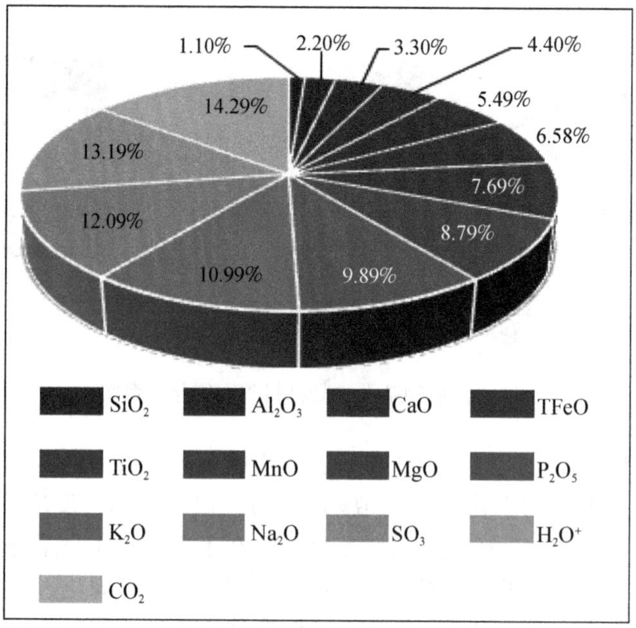

图 2-3　矿物基类胶凝材料基本氧化物含量

水云母等亲水性强且吸水膨胀性大、失水收缩性大，土具有显著的胀缩性（吸水膨胀、失水收缩），采用矿物基类胶凝材料进行这类特殊土性能改良与提升的关键在于消除土的胀缩性，为此，需要向基本材料配比的矿物基类胶凝材料中按照一定比例掺入遇水生成特殊络合物的材料，形成Ⅲ型胶凝材料，通过络合物作用改变亲水性矿物的表面、结构层的电荷特性，降低不同矿物之间、矿物结构层之间的排斥力，破坏矿物表面、结构层、孔隙对水的吸附力，使土无法吸收更多水分，并且矿物之间具有一定吸附黏结力，加之胶凝材料活性成分与土中水、碱金属、碱土金属反应形成胶体成分与结晶水化物，强胶结土颗粒（矿物）且密实充填土孔隙、裂隙，以达到大幅度提高固化土的密实度、强度、水稳性、抗渗性、抗冻性、承载力且消除土的胀缩性的目的。

粉煤灰、煤矸石、高炉渣（水渣、钢渣）等工业固废中 SiO_2、Al_2O_3、CaO 含量较高或很高，采用矿物基类胶凝材料，实现资源化利用，如生产免烧建筑砌块、步道砖、道牙石等，需要向基本材料配比的矿物基类胶凝材料中按照一定比例掺入其他材料，以适当降低胶凝材料中 SiO_2、Al_2O_3、CaO 等在全氧化物含量中比例，形成Ⅳ型胶凝材料，目的在于取得最佳的固化效果。

铅、锌、铬等重金属污染土和工业固废的无害化处理与资源化利用技术是目前研究的热点与前沿课题。采用矿物基类胶凝材料进行各种重金属污染土和工业固废的无害化处理与资源化利用的关键在于稳定重金属，为此，需要向基本材料配比的矿物基类胶凝材料中按照一定比例掺入具有化学特殊性能的活性材料，形成Ⅴ型胶凝材料，利用这种特殊活性材料与重金属等反应生成非溶态稳定沉淀物（络合物）以长期稳定固化有害重金属元素，或者利用这种活性材料与胶凝材料其他成分、水、碱金属、碱土金属等反应生成亲重金属的稳定胶体以长期稳定吸附固化重金属元素，或者利用这种活性材料与胶凝材料其他成分、水、碱金属、碱土金属等反应生成特殊化学膜以长期稳定包裹固化重金属元素，达到污染土与工业固废资源化安全利用的目的。

磷石膏、脱硫石膏等磷酸盐岩或硫酸盐岩尾矿一般具有放射性危害。这类工业固废中放射性元素与铅、铬、镉等重金属元素共生，可以在无害化处理其他有害重金属元素的同时，处理放射性元素。因此，通过向基本材料配比的矿物基类胶凝材料中按照不同比例掺入具有不同化学特性的活性材料，形成Ⅵ型胶凝材料，利用一类活性材料与重金属元素等反应生成非溶态稳定沉积物，以长期稳定固化有害重金属元素，并且利用另一类活性材料与胶凝材料其他成分、水、碱金属、碱土金属等反应生成一种密闭包裹性强的特殊化学膜以及类似高炉熔渣微结构的吸附性极大的纳米级-微米级多孔物质，以长期稳定吸附固化放射性元素，实现具有一定放射性且含危害重金属元素的尾矿无害化处理与资源化安全利用。

从铝土矿中提取氧化铝，将产生大量严重危害环境安全或人身健康的赤泥尾矿，全世界每年产生超过 7000 万吨赤泥，其中中国几乎占一半（2007 年产生 3000 多万吨赤泥）。在Ⅰ型胶凝材料中，按照一定比例掺入具有强化学活性的激发剂，形成Ⅶ型胶凝剂，用于赤泥固化生产免烧砌块、道牙石、防水板等或筑路材料。但是，有的赤泥中含有多种有用的稀有元素、有害的放射性元素，提取有用的稀有元素之后，再实施资源化利用，必须去除其中的有害的放射性元素。为此，根据上述同样原理，在Ⅶ型胶凝材料中，按照一定比例掺入一类活性材料，形成Ⅷ型胶凝剂，在赤泥固化生产免烧砌块、道牙石、防水板等时，利用活性材料与胶凝材料其他成分、水、碱金属、碱土金属等反应生成一种密闭包裹性强的特殊化学膜，以长期稳定包裹固化放射性元素，以及类似高炉熔渣微结构的吸附性极大的纳米级-微米级多孔物质，长期稳定吸附固化放射性元素，实现具有一定放射性元素的赤泥尾矿资源化安全利用。

铁矿、铜矿等多种金属矿开采选冶中均产生大量尾矿，包括不同浓度的尾矿浆（浓度一般 35% ~75%）、尾矿石，其中尾矿浆的颗粒主要为超细粉末状固体（粒度有的细到 1400 ~ 1600 目），包括岩粉、粉粒、黏粒等，颗粒的矿物成分与粒度成分很复杂，浆液浓度变化很大。仅冶炼钢铁，全世界每年产生铁矿尾矿超过 100 亿吨，中国每年产生铁矿尾矿超过 10 亿吨。如此巨额量尾矿的露天排放，不仅占用大量土地、破坏耕地、毁坏植被、污染环境（大气、土壤、地下水），而且存在较大的潜在滑坡、泥石流等安全隐患，并且还给矿山企业带来极大的额外支出，如征地费、毁林费、耕作补偿费、环境补偿费、环境恢复费、安全防控费等。采矿中，产生大量需要回填的地下采空区，一般采用混凝土充填，存在材料费用高、工作强度大、安全隐患大等问题。鉴于上述，针对尾矿浆与尾矿石充填采空区、露天干堆，开发了专用的矿物基类胶凝材料，即Ⅸ型胶凝剂，并且分别形成了地下充填、露天干堆的自动化生产线，实现尾矿代替混凝土充填采空区，以及尾矿露天环保与安全干堆。尾矿浆中含水量很高，采用Ⅸ型胶凝剂胶凝固化尾矿浆、尾矿石，除了胶凝固化反应吸收的一部分水之外（胶凝固化反应生成胶体成分与结晶水化物，吸收一定量水作为结晶水），还将余留大量水，因此需要在Ⅸ型胶凝剂中按照一定比例掺入具有强析水性与快速沉淀性的高性能材料，在充填生产线中，首先析取且排出尾矿浆中大量水

（排出的水可以全部回收用于选冶）、快速沉淀粉末状尾矿颗粒，然后向采空区中足量充填拌合均匀的尾矿颗粒、尾矿石、胶凝剂与水的混合物（控制混合物的含水量为胶凝固化反应所需的含水量）。因为采用Ⅸ型胶凝剂胶凝固化尾矿浆、尾矿石具有微膨胀性，并且混合物的固化强度高、水稳性好、耐酸碱腐蚀性强，所以只要确保充填的施工质量，完全可以取得对采空区全部密实充填的稳固效果，长期可靠控制地面沉降。又因为尾矿浆、尾矿石、水与Ⅸ型胶凝剂的混合物胶凝固化后强度高、水稳性好、密实性大、抗渗性强、抗冻性强、抗风蚀性强、抗冲刷性强，因此采用Ⅸ型胶凝剂可以实施尾矿露天安全环保干堆，避免滑塌、泥石流等安全事故，以及对环境土壤、地下水、植被、作物、大气等造成危害。此外，采用Ⅸ型胶凝剂，还可以利用尾矿生产免烧建筑砌块、步道砖、道牙石等。

石材开采将产生大量很细的石粉，冲洗制备混凝土的砂石料也留下大量粉细土的泥浆，二者自然排放，不仅占用土地、破坏植被、污染空气，而且存在较大的滑坡与泥石流的潜在危害。采用Ⅰ型矿物基类胶凝材料，可以将这些石粉与粉细土泥浆转变成免烧建筑砌块、步道砖、道牙石等，或者用于公路水稳层。

开采油气钻井过程中产生大量废弃的钻井泥浆、岩屑，中国 1993 年油气钻井仅废弃泥浆就产生近 1 亿吨，加之废弃岩屑，数量极其惊人。钻井中，为了改善泥浆性能而掺入有机处理剂、无机处理剂、表面活性剂、堵漏剂等具有一定危害环境的外加剂，此外有的岩层可能含有较高的有害重金属，因此这些废弃的泥浆与岩屑中还可能含有一定量有害物质，如各种有机聚合物、木质素磺酸盐、重晶石、油类/烃类、盐类、汞、铬、铜、铅、锌、砷等，并且泥浆 pH 较高或很高（$pH=8.5\sim12$），若直接露天排放，不仅占用土地、破坏植被、农作物，而且会造成环境地表水、地下水、土壤、空气等污染。采用矿物基类胶凝材料技术，可以实现钻井泥浆与岩屑混合物无害化处理与资源化利用，如基于上述同样原理，向Ⅰ型胶凝材料中按照一定比例掺入一些特殊活性材料，形成Ⅹ型胶凝剂，沉淀固化或包裹固化泥浆与岩屑混合物中有毒、有害物质且降低泥浆 pH，用于筑路材料、低洼地填筑材料、生产免烧步道砖等。

高炉渣（水渣、钢渣）与粉煤灰中有用的活性成分 SiO_2、Al_2O_3、CaO 等含量较高，因此可以基于矿物基类胶凝材料固化土的化学原理，根据Ⅰ型胶凝剂的材料配比方案，采用高炉渣或粉煤灰为基料，按照一定比例补充掺入其他必需的活性成分，要求高炉渣或粉煤灰与所掺入活性成分的混合物的全氧化物百分含量满足Ⅰ型胶凝剂的全氧化物百分含量，并且进行活化处理与超细碾磨，从而制成土木与水利工程各领域广泛应用的注浆材料的高性能外加剂（结构剂、固化剂），如岩土防渗加固与冻害防控、特殊土性能改良与提升、边坡工程与滑坡防控、桩网结构与挤密桩等复合地基、隧道盾尾注浆与地下突水防控、病险大坝与堤防除险加固等各种注浆工程。

2.2 特种结构剂类型与性能

特种结构剂来自矿物基类胶凝材料，实际为矿物基类胶凝材料的定型产品。定型主要体现在五方面：其一是原材料配比方案与全氧化物含量的定型，其二是技术专用性与工程应用技术的定型，其三是产品形式特征与技术性能指标的定型，其四是产品质量检测方法与合格评定标准的定型，其五是产品储运条件与过期或失效判定标准的定型。任何技术（包括技术产品）成熟的一个重要标志是达到“定型”，因为只有达到“定型”的程度，才能合理制定工程应用的技术标准，进而为实际应用的设计与施工提供一定科学的规范依据，为产品与施工质量管控提供规范的监控方法与要求、质检技术与指标、合格评定标准。

根据工程应用的具体范围与解决的主要技术问题，特种结构剂主要分为十二大类，即 TZ 类结构剂、YJ 类结构剂、HT 类结构剂、PZ 类结构剂、RT 类结构剂、FS 类结构剂、GJ 类结构剂、ZJ 类结构剂、LG 类结构剂、WK 类结构剂、TN 类结构剂、JW 类结构剂。

TZ 类结构剂：主要用于无不良工程性能的普通土（非特殊土）工程的填土防渗加固、冻害防控，如填筑地基、路基、坝基、重力式挡土墙，填土压扶壁式挡土墙底板、悬臂式挡土墙底板（趾板、踵板，见图 2-4），以及边坡台阶填筑等。将结构剂均匀拌合于填土中且碾压密实成型，结构剂与填土混合物的含水率控制为最优含水率，自然养护，利用固化剂的活性成分与土中水、碱金属、碱土金属反应生成大量化学惰性大、强度高且微膨胀的胶体成分与结晶水化物，强胶结土颗粒、密实充填土孔隙或裂隙，大幅度提高填土的强度、密实度、抗渗性、抗冻性、承载力，实现填土长期有效防渗加固与冻害防控。

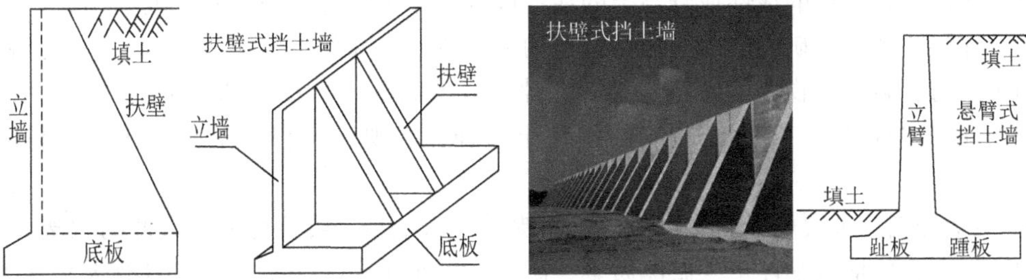

图 2-4　扶壁式挡土墙与悬臂式挡土墙

YJ 类结构剂：主要用于盐土、碱土、盐化土、碱化土等盐碱含量较高的盐渍土、海相土、滨海相吹填土与滩涂土、潟湖相土、盐湖土、沼泽土等特殊土去除高含量盐碱并改良工程性能。将结构剂均匀拌合于这类特殊土中，结构剂与特殊土混合物的含水率控制为最优含水率，自然养护，通过结构剂的活性成分与土中水、盐碱成分（盐：酸根离子与碱金属离子或碱土金属离子化合物；碱：氢氧根离子与碱金属离子或碱土金属离子化合物）、黏粒或黏土矿物表面吸附的碱金属或碱土金属元素反应，生成大量惰性大、强度高、微膨胀的非溶态胶体成分与结晶水化物，强胶结土颗粒、密实充填土孔隙或裂隙，大幅度提高填土的强度、密实度、抗渗性、抗冻性、承载力，实现土的长期有效防渗加固与冻害防控。并且通过胶体与结晶水化反应大量消除土中有害的盐碱成分。相比 TZ 类结构剂，YJ 类结构剂中不含或含很低的 Na_2O、K_2O，但是 SiO_2、CaO、Al_2O_3百分含量很高，这是因为上述特殊土中碱金属与碱土金属元素含量已经很高，并且需要去除高含量的盐碱成分而实现性能改良与提升。

HT 类结构剂：主要用于湿陷性黄土无害化处理与性能提升、防渗加固与冻害防控。湿陷性黄土具有湿陷性、裂隙性、崩解性，这三大特性决定了土的工程危害性，但是主要危害为湿陷性。湿陷性黄土的湿陷性、裂隙性、崩解性主要源自于土颗粒的胶结物为可溶性盐（碳酸盐、硫酸盐），其次是与土的成因、颗粒成分（占绝对优势的颗粒成分为粉粒）关系密切，因此土的性能改良与提升的关键在于去除土颗粒可溶性盐胶结物，制造土颗粒新的非溶性强胶结物，密实稳固充填土的孔隙与裂隙、空洞。为此，需要显著提高固化剂中 SiO_2、Al_2O_3百分含量且适当提高 Na_2O、K_2O 百分含量。基于上述同样的胶凝固化机理，将结构剂均匀拌合于湿陷性黄土中，结构剂与土混合物的含水率控制为最优含水率，自然养护，利用结构剂的活性成分与土中水、可溶性盐、碱金属、碱土金属等反应，生成大量惰性大、强度高、微膨胀的非溶态胶体成分与结晶水化物，作为胶结物、充填物，重新强胶结土颗粒且密实充填土中孔隙、裂隙、空洞，大幅度提高填土的强度、密实度、抗渗性、抗冻性、承载力，消除导致土湿陷性的可溶性盐胶结物，进而避免土的湿陷性、裂隙性、崩解性，实现土性能改良与提升，并且达到长期有效防渗加固与冻害防控的目的。

PZ 类结构剂：主要用于高含蒙脱石、叶蜡石、伊利石、水云母、滑石等吸水膨胀性与失水收缩性大或很大的特殊土性能改良与提升，即消除土的干缩性且加强土的工程性能。将结构剂均匀拌合于这类特殊土中，结构剂与特殊土混合物的含水率控制为最优含水率，自然养护，结构剂的活性成分与土的活性成分反应生成特殊络合物，通过络合物作用改变亲水性层状硅酸盐矿物的表面与结构层的电荷特性，降低不同矿物之间、矿物结构层之间的排斥力，破坏矿物表面、结构层、孔隙对水的吸附力，据此消除土的吸水膨胀性、失水收缩性，并且基于 TZ 类结构剂的固化土原理，实现这类膨胀土的固化加固与冻害防控。

RT 类结构剂：主要用于软土性能改良与提升。软土是一类抗剪强度很低的软塑-流塑状态的黏性土，包括软黏性土、淤泥质土、淤泥、泥炭质土、泥炭土等，具有天然含水量高、孔隙比大、渗透性差、压缩性大、抗剪强度很低、固结系数小、固结时间长、灵敏度高、触变性大等特点；软土属于一类工程性能差或很差的特殊土，软土中较多有机质的工程危害还在其次，关键在于软土的高含水率、低渗透性、高压缩性、次固结性，以及很低的抗剪强度、很长的固结稳定时间，致使天然软土地基与软土填筑地基施工后沉降量大、稳定时间长、承载力低，满足不了地基设计与安全运行要求，因此必须采取适当技术进行软土地基加固，如 CFG 桩复合地基技术、桩网结构复合地基技术、挤密桩技术、三合土地基技术、二灰土地基技术、真空预压地基加固技术、电泳排水堆载预压地基技术、沙井排水堆载预压地基技术、排水板堆载预压地基技术、抛石强夯密实地基技术、振动碾压密实地基技术、微生物加固地基技术（目前停留于实验室，尚未进入实际应用）等，这些技术有的见效显著、有的效果不佳、有的费用较高、有的条件受限、有的工期较长；RT 类结构剂进行软土性能改良与提升，技术原理科学、先进，不仅效果显著、长期有效，而且施工快捷、成本节减、快速见效，按照一定比例将结构剂掺入软土中，结构剂与软土混合物的含水率控制为最优含水率，均匀拌合、碾压密实成型、自然养护，利用结构剂的活性成分与土中水、碱金属、碱土金属反应，生成大量塑性强度高、化学惰性大且微膨胀的胶体成分与结晶水化物，强胶结土颗粒且密实充填土孔隙（胶体成分与结晶水化物的微膨胀作用利于挤密土中十分微细的孔隙，如毛细孔隙），大幅度提高固化土的抗剪强度、承载力、稳定性，且降低含水率、孔隙比、压缩性、灵敏度、触变性、沉降量，并且大幅度缩短传统技术改良与加固软土所需较长的施工工期或很长的土稳定时间，取得软土性能改良与地基固化加固、沉降控制、冻害防控的最佳效果。

FS类结构剂：用于半荒漠与沙漠风沙土工程（如路堤、防沙坝）的稳定与抗风蚀固化加固。这类风沙土的颗粒成分以细砂为主（80%～90%），粗砂、粉粒、黏粒等含量甚微，有机质含量很少或极少，含水率也仅2%～3%，因此自然凝聚力很小，稳定性与抗风蚀性能很差。按照一定比例，将FS类结构剂掺入风沙土中，结构剂与风沙土混合物的含水率控制为最优含水率，充分拌合均匀、碾压密实成型、自然养护，根据上述同样原理，在水的作用下，利用结构剂的活性成分（包括碱金属与碱土金属元素）反应，生成大量塑性强度高、化学惰性大且微膨胀的胶体成分与结晶水化物，强胶结土颗粒且密实充填土孔隙，实现风沙土的长期稳定与抗风蚀固化作用。

GJ类结构剂：主要用于既有建筑拆解产生的混凝土碎块与粉体、砖瓦碎块与粉体、陶瓷碎块与粉体、玻璃碎块与粉体、土坯碎块与粉体、涂层碎块与粉体等固体建筑垃圾，地基、基坑、地铁、隧道、渠道、边坡等工程开挖产生的建筑渣土或余泥，以及来自采石场与岩体隧道掘进产生的块石、碎石、石粉，生产免烧砌块、步道砖、道牙石与填海造地，这些固体垃圾与渣土无须分选、漂洗（只要去除其中的废旧塑料、橡胶、纸片等）即可全部回收、混合使用，因此避免了分选与漂洗工序、费用。首先将固体建筑垃圾中较大的混凝土块、砖块破碎至粒径不超过2cm，然后按照一定比例，将结构剂掺入垃圾或渣土中，充分拌合均匀，结构剂与垃圾或渣土混合物的含水率控制为最优含水率，机械静压或动压成型，制成砌块、步道砖、道牙石或填海要求的块体，露天存放，洒水、覆膜自然养护至所需的强度，若空气干燥（如西北干燥气候区），自然养护中需要2～3d喷洒一次水，自然养护的气温一般不低于20℃，气温越高、空气湿度越大，强度上升越快。

ZJ类结构剂：主要用于钻井废弃泥浆回收利用。如上所述，废弃的钻井泥浆中，除了含有一定量岩屑之外，还含有一定危害环境的有机聚合物、木质素磺酸盐、重晶石、油类/烃类、盐类、汞、铬、铜、铅、锌、砷等，并且泥浆碱性较大或很大，采用ZJ类结构剂固化泥浆与岩屑混合物生产免烧步道砖或用于筑路材料、低洼地填筑材料过程中，可以通过结构剂中特殊活性材料的高性能化学作用，沉淀固化或包裹固化泥浆中的有害物质且降低pH。

LG类结构剂：主要用于磷石膏、脱硫石膏等磷酸盐岩或硫酸盐岩尾矿生产免烧砌块、步道砖、道牙石等。这类尾矿中含有一定危害环境与人身健康的放射性元素与铅、铬、镉等重金属元素，采用LG类结构剂进行资源化利用过程中，通过结构剂中两类专用特殊活性材料的不同作用，一类活性材料反应可以长期稳定固化有害重金属元素；另一类活性材料可以产生特殊化学膜以长期稳定包裹固化放射性元素、纳米级-微米级强吸附性多孔物质以长期稳定吸附固化放射性元素，因此实现尾矿资源化安全利用。

WK类结构剂：主要用于粉煤灰、煤矸石、高炉渣（水渣、钢渣）等生产免烧砌块、步道砖（透水砖）、道牙石，以及筑路材料、护坡材料、防渗材料、保温材料、隔热材料、吸音材料、隔音材料；此外，高含SiO_2、Al_2O_3、CaO、MgO等活性成分的粉煤灰、高炉渣，还可以通过掺入一定量WK类结构剂改性，经过超细碾磨处理，制备性能高效且价格低廉的土壤固化剂，用于填筑土的胶凝固化密实加固，实现填土的沉降控制、强度提升、水下稳定、密实防渗、冻害防控的理想效果。

TN 类结构剂：主要用于赤泥尾矿无害化资源利用。赤泥尾矿中含有一定量危害环境安全与人身健康的放射性元素，采用 TN 类结构剂胶凝固化赤泥生产免烧砌块、道牙石、防水板等或用于筑路材料时，一并利用结构剂中另一类特殊活性成分（包括碱金属、碱土金属），在水的作用下，分别生成一种特殊化学膜以长期密闭包裹稳定固化放射性元素、一种纳米级-微米级强吸附性多孔材料以长期吸附稳定固化放射性元素，实现赤泥资源化安全利用。

JW 类结构剂：主要用于铁、铜等多种金属矿选冶尾矿充填采空区、露天干堆或生产免烧砌块、步道砖、道牙石。这些选冶尾矿包括尾矿浆、尾矿石，尾矿浆中颗粒主要为超细粉末状固体（如岩粉、粉粒、黏粒等），浆液含水量很高、浓度变化很大。采用 JW 类结构剂，沥水胶凝固化尾矿浆与尾矿石的混合物，代替混凝土充填采空区，或者露天环保安全干堆，或者生产免烧砌块、步道砖、道牙石，实现尾矿资源化利用与环保安全处置。结构剂具有两方面重要作用，其一是快速沥水沉淀尾矿浆中超细粉末状颗粒（沥出的大量清水可回收用于选矿流程）；其二是沥出大量水的尾矿浆与尾矿石混合物胶凝固化微膨胀、强度高且具有很大的密实性、水稳性、抗渗性、抗冻性、抗风蚀性强、抗冲刷性、耐久性（因此利于充填采空区、露天干堆与生产免烧砌块、步道砖、道牙石）。

2.3 特种结构剂工程应用技术

2.3.1 特种结构剂性能试验与要求

在实际应用之前，必须在实验室详细检测特种结构剂技术性能是否满足具体工程应用的设计要求。特种结构剂具有四方面实际应用，即：①填筑土防渗加固与冻害防控；②特殊土性能改良与提升；③工业固废无害化处置与资源化利用；④制备高性能注浆材料——特殊黏土固化浆液，每一方面应用均需要通过试验严格检测若干重要指标，以评定特种结构剂具体应用的技术性能。具体应用设计方案中要求达到的性能指标，必须全面试验检测；此外，有的性能指标在设计方案中虽然未做要求或未提出，但是从一个重要的侧面反映出了特种结构剂具体应用及必须满足的技术性能，如特种结构剂（GJ 类结构剂）用于固体建筑垃圾生产免烧砌块，砌块耐久性的评定指标应包括抗冻性（冻融质量损失率、强度损失率）、泛霜性、软化性、崩解性、抗渗性（密实性）、干缩性、碳化性、腐蚀性，相关墙体材料标准或规范要求不一定全部涵盖，但是这些指标对于评价特种结构剂胶凝固化生产免烧砌块的技术性能很重要，因此必须全面检测。

1. 试验检测指标

TZ 类结构剂用于填土固化防渗加固与冻害防控，检测固化土试件检测指标：抗压强度、抗剪强度、抗渗性、抗冻性、抗软化性、抗崩解性、压缩性、环保安全性。

YJ 类结构剂用于盐渍土性能改良与提升、防渗加固与冻害防控，检测固化土试件检测指标：抗压强度、抗剪强度、抗渗性、抗冻性、抗软化性、抗崩解性、压缩性、干裂性（干缩性）、含盐量、碱化度、pH、环保安全性。

HT 类结构剂用于湿陷性黄土性能改良与提升、防渗加固与冻害防控，检测固化土试件检测指标：抗压强度、抗剪强度、抗渗性、抗冻性、抗软化性、抗崩解性、压缩性、湿陷性、干裂性、环保安全性、可溶盐含量。

PZ 类结构剂用于膨胀土或弱膨胀土性能改良与提升、防渗加固与冻害防控，检测固化土试件检测指标：抗压强度、抗剪强度、抗渗性、抗冻性、抗软化性、抗崩解性、压缩性、胀缩性、膨胀势、环保安全性。

RT 类结构剂用于软土或软弱土性能改良与提升、防渗加固与冻害防控，检测固化土试件检测指标：抗压强度、抗剪强度、抗渗性、抗冻性、抗软化性、抗崩解性、压缩性、固结性、环保安全性。

FS 类结构剂用于半荒漠或沙漠风沙土固化加固，检测固化土试件检测指标：抗压强度、抗剪强度、抗渗性、抗冻性、抗软化性、抗崩解性、抗干化性、抗风蚀性、抗冲刷性、压缩性、环保安全性。

GJ 类结构剂用于建筑垃圾或渣土生产免烧砌块、步道砖、道牙石，检测固化材料试件检测指标：抗压强度、抗剪强度、抗折强度、抗渗性、抗冻性、抗软化性、抗崩解性、抗干化性、泛霜性、碳化性、环保安全性。

GJ 类结构剂用于建筑垃圾或渣土生产免烧填海块体，检测固化材料试件检测指标：抗压强度、抗软化性、抗崩解性、抗酸碱侵蚀性、环保安全性。

ZJ 类结构剂用于钻井废弃泥浆生产免烧步道砖，检测固化泥浆试件检测指标：抗压强度、抗剪强度、抗折强度、抗渗性、抗冻性、抗软化性、抗崩解性、泛霜性、碳化性、抗干化性（干缩性）、环保安全性、pH。

ZJ 类结构剂用于钻井废弃泥浆作为筑路材料或填筑材料，检测固化泥浆试件检测指标：抗压强度、抗剪强度、抗渗性、抗冻性、抗软化性、抗崩解性、压缩性、pH、环保安全性。

LG 类结构剂用于磷石膏与脱硫石膏等磷酸盐岩或硫酸盐岩尾矿生产免烧砌块、步道砖、道牙石，检测固化尾矿试件检测指标：抗压强度，抗剪强度、抗折强度、抗渗性、抗冻性、抗软化性、抗崩解性、抗干化性、泛霜性、碳化性、pH、环保安全性。

WK 类结构剂用于粉煤灰、煤矸石、高炉渣等生产免烧砌块、步道砖、道牙石，检测固化材料试件检测指标：抗压强度、抗剪强度、抗折强度、抗渗性、抗冻性、抗软化性、抗崩解性、抗干化性、泛霜性、碳化性、环保安全性。

WK 类结构剂用于粉煤灰、煤矸石、高炉渣等作为筑路材料、护坡材料、防渗材料，检测固化材料试件检测指标：抗压强度、抗剪强度、抗渗性、抗冻性、抗软化性、抗崩解性、压缩性、环保安全性。

WK 类结构剂用于粉煤灰、煤矸石、高炉渣等作为保温材料、隔音材料，检测固化材料试件检测指标：抗压强度、抗剪强度、抗折强度、抗渗性、抗冻性、抗软化性、抗崩解性、抗干化性、泛霜性、碳化性、保温性（传热性）、隔音性、环保安全性。

TN 类结构剂用于赤泥尾矿生产免烧砌块、道牙石、防水板，检测固化材料试件检测指标：抗压强度、抗剪强度、抗折强度、抗渗性、抗冻性、抗软化性、抗崩解性、抗干化性、泛霜性、碳化性、pH、环保安全性。

TN 类结构剂用于赤泥尾矿作为筑路材料，检测固化材料试件检测指标：抗压强度、抗剪强度、抗渗性、抗冻性、抗软化性、抗崩解性、压缩性、pH、环保安全性。

JW 类结构剂用于铁、铜等金属尾矿充填采空区，检测固化材料试件检测指标：抗压强度、抗剪强度、抗渗性、抗软化性、抗崩解性、膨胀性、压缩性、pH、环保安全性。

JW 类结构剂用于铁、铜等金属尾矿露天干堆，检测固化材料试件检测指标：抗压强度、抗剪强度、抗渗性、抗冻性、抗软化性、抗崩解性、抗冲刷性、抗干化性、pH、环保安全性。

JW 类结构剂用于铁、铜等金属尾矿生产免烧砌块、步道砖、道牙石，检测固化材料试件检测指标：抗压强度、抗剪强度、抗折强度、抗渗性、抗冻性、抗软化性、抗崩解性、抗干化性、泛霜性、碳化性、pH、环保安全性。

2. 试件制备方法

特种结构剂用于填筑土防渗加固与冻害防控、特殊土性能改良与提升、工业固废资源化无害利用，通过结构剂与土或工业固废混合物的试件，检测结构剂具体应用的技术性能、环保安全性。试件制备方法：根据相关材料试验规程或规范规定，固化普通土、固化风沙土、改良特殊土、路基填筑料、采空区充填料、干堆尾矿料、低洼地填料等非形体材料的试件，采用击实器（图 2-5），通过击实法制备；砌块、步道砖、道牙石、防水板、保温板、隔音板、填海块体等特定形体材料的试件，采用实验室压砖机（图 2-6）制备试件，根据相关材料试验规程或规范规定的不同试件尺寸要求，如普通标砖、空心砖、异型砖、厚板、薄板等，更换不同试件的模具。最大粒径小于 5mm 的黏土、黏性土、盐渍土、滩涂土、吹填土、膨胀土、软土、软弱土、粉煤灰、赤泥、磷石膏粉、脱硫石膏、钢渣粉、水渣粉等，采用轻型击实法制备试件；最大粒径超过 5mm 的岩粉与岩屑混合物、尾矿粉与尾矿石混合物、固体建筑垃圾与渣土混合物等（这些工业固废资源化应用，需要将

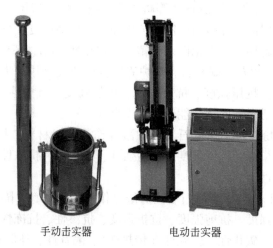

图 2-5　击实器

图 2-6　实验室压砖机

其中的较大块体粉碎至粒径不超过 20mm 的碎块，因此满足重型击实法制备试件的粒度要求），采用重型击实法制备试件。

建筑、地铁、公路、铁路、水利等不同工程领域均具有击实法制备试件的具体试验规程或规范要求与步序，可以针对具体应用参照执行。但是，特种结构剂用于填筑土防渗加固与冻害防控、特殊土性能改良与提升、工业固废资源化无害利用，采用击实法制备结构剂与土或工业固废混合物胶凝固化试件，用于检测结构剂的技术性能，根据实际应用施工情况，制备试件的基本步序与若干要点简述如下。

由于拟胶凝固化的不同，土或工业固废的粒度成分与颗粒级配、黏土矿物类型与含量、颗粒胶结类型与水溶性、化学活性成分与含量等不同且差异性较大，即使是同一种土如膨胀土或同一种工业固废如磷石膏均因来源产地不同也能导致这些差异，因此为了获得最佳胶凝固化效果，每一批土或工业固废均需要首先通过下述新配合比试验，确定特种结构剂的最佳掺入比，以及结构剂与土或工业固废混合物的最大干密度、最优含水率，为胶凝固化技术性能系统检测的试件批量制备提供必要的依据。

（1）烘干拟胶凝固化的试验土、工业固废。

（2）机械粉碎较大块体至粒径不超过 20mm 的碎块。

（3）通过击实试验，检测未掺入结构剂的土或工业固废的最大干密度、最优含水率，作为控制结构剂与土或工业固废混合物的最大干密度、最优含水率的基本参照依据。

（4）结合经验与小额配比试验，合理设计结构剂 5 种以上不同掺入比，将结构剂掺入烘干的土或工业固废中，采用搅拌机充分拌合均匀。

（5）对每一种掺入比的结构剂与土或工业固废混合物，适当上调已检测的未掺入结构剂的土或工业固废的最优含水率，通过击实试验严格校准（微调）混合物的加水量，以确定混合物的最优含水率。

（6）通过击实试验，检测每一种结构剂掺入比的结构剂与土或工业固废混合物的最大干密度。

（7）针对每一种结构剂掺入比的结构剂与土或工业固废混合物，分别检测胶凝固化试件标准养护 7d、14d、28d 的抗压强度、抗渗性、抗冻性、抗崩解性、抗软化性等 5 个控制指标。

（8）根据检测的 5 种以上不同掺入比的结构剂与土或工业固废混合物的最优含水率、最大干密度，以及胶凝固化试件标准养护 7d、14d、28d 的 5 个控制指标，最终确定土或工业固废中结构剂的最佳掺入比、最优含水率，作为结构剂胶凝固化技术性能系统检测的试件批量制备的依据。

特种结构剂用于填筑土防渗加固与冻害防控、特殊土性能改良与提升、工业固废无害化处置与资源化利用的胶凝固化技术性能的系统检测，以击实法批量制备试件工艺与程序。

（1）针对拟采用特种结构剂胶凝固化的某一种土或工业固废，估算系统检测胶凝固化各项技术性能所需的土或固废试验材料的总量。

（2）机械粉碎试验材料中较大块体至粒径不超过 20mm 的碎块。

（3）烘干试验材料。

（4）按照上述确定的试验材料中结构剂的最佳掺入比，向试验材料中一次足量掺入结构剂，并且机械拌合均匀（干料拌合）。

（5）按照上述确定的结构剂与试验材料混合物的最优含水率，计算向混合物中的加水量，一次性足量加水。注意，喷洒加水，并且喷洒加水过程中机械拌合混合物，以取得混合物均匀受水的目的。

（6）喷洒加水的混合物，继续机械快速拌合 3 ~ 5min，并且尽快制备试件，因为结构剂与混合物遇水反应较快（不同于水泥），避免试件成型之前主要反应已发生。

（7）采用击实法制备试件，手动击实或机械击实。注意，检测混合物胶凝固化密实效果的每一项技术指标如抗压强度、抗剪强度、抗渗性、抗冻性、抗崩解性、抗软化性、压缩性等均需要分别准备至少 5 个试件，取检测结果平均值。

（8）视混合物中颗粒的最大粒径，确定选择轻型击实法或重型击实法。最大粒径小于 5mm 的混合物，采用轻型击实法，平均分 3 层填料，每层击数 56 击，单位体积击实功能不低于 592. 2kJ/m^3；最大粒径大于等于 5mm、小于 20mm 的混合物，采用重型击实法，平均分 3 层填料，每层击数 94 击，单位体积击实功能不低于 2684. 9kJ/m^3。轻型击实器：击实筒内径 152mm、高 116mm，锤质量 2. 5kg、落高 305mm；重型击实器：击实筒内径 152mm、高 116mm，锤质量 4. 5kg、落高 457mm。

（9）试件成型后，尽快置于标准养护室洒水养护，由于结构剂对混合料胶凝化学反应属于吸水与吸热反应，所以养护过程中一定要确保环境湿度、温度，要求养护温度不低于 22℃、3d 喷洒一次水。

（10）试件标准养护 7d、14d、28d，系统检测抗压强度、抗渗性、抗冻性、抗崩解性、抗软化性、干缩性等技术指标，据此评定结构剂的胶凝固化效应，作为实际应用的依据。

采用建筑垃圾、渣土、赤泥、铁尾矿、磷石膏等工业固废生产免烧砌块、步道砖、道牙石、防水板、保温板、隔音板、填海块体等特定形体材料，需要采用实验室压砖机制备试件，检测特种结构剂胶凝固化的技术性能，作为实际应用的依据。要求制砖机提供的有效压力不低于15MPa。采用上述击实法，确定结构剂的最佳掺入比、结构剂与工业固废混合物的最优含水率与最大干密度。试件的标准养护方法与要求如上述。试件标准养护7d、14d、28d，系统检测抗压强度、抗渗性、抗冻性、抗崩解性、抗软化性、干缩性等技术指标。

3. 指标检测要点

（1）抗压强度：按照具体应用的相关试验规程，采用数控压力机，检测试件无侧限抗压强度。

（2）抗剪强度：按照具体应用的相关试验规程，通过静三轴试验，检测试件抗剪强度指标——凝聚力 c、内摩擦角 φ，试验围压（$\sigma_2=\sigma_3$）不宜过高，砌块、步道砖、道牙石、防水板、保温板、隔音板等形体材料试验一定采用低围压（由于低围压试验难以稳定控制，所以低围压具体设置取决于仪器低围压试验稳定性），筑路、充填等填筑材料试验视具体埋深合理设置围压，形体材料因强度高而需采用岩石三轴试验仪，充填材料因强度低而需采用土的三轴试验仪。

（3）抗折强度：各种形体材料均需要检测抗折强度，按照具体应用的相关试验规程，采用抗折试验仪或抗压抗折试验仪（图2-7），检测形体材料抗折强度。

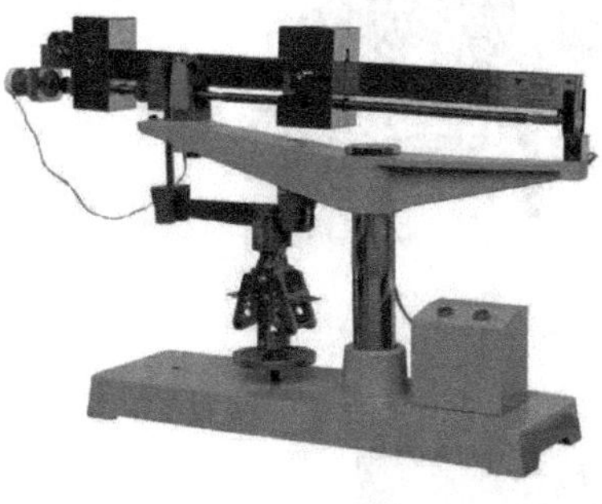

抗折试验仪

抗压抗折试验仪

图2-7　抗折试验仪与抗压抗折试验仪

（4）抗软化性：各种形体材料与填筑材料均需要检测抗软化性，通过试件水下浸泡前、后抗压强度损失率 P_δ 评定胶凝固化材料的抗软化性，浸泡试件液体采用饮用自来水。相同方法平行制备两组相同试件，一组试件用于检测浸泡之前的无侧限抗压强度 P_q；另一组试件用于检测浸泡168h之后的无侧限抗压强度 P_h，试件浸泡前、后抗压强度损失率 $P_\delta=[(P_q-P_h)/P_q]100\%$。特种结构剂胶凝固化土或工业固废之后具有很大的密实度，试件渗透系数很小，水很难渗入试件内部，因此必须在空气负压（抽真空）下浸泡试件，尽可能使试件渗入更多水。

（5）抗崩解性：各种形体材料与填筑材料均需要检测抗崩解性，利用抗压强度或抗剪强度检测之后的试件碎块，以强风清理干净碎块上粉末，采用饮用自来水在空气负压（抽真空）下浸泡干净碎块168h（浸泡装置见图2-8；浸泡中，全程跟踪观察记录崩解现象），取出碎块，采用饮用自来水充分漂洗碎块以去除浸泡崩解的粉末，收集浸泡碎块的水、漂洗碎块的水，采用离心机分离出大量清水、保留浑浊液，烘干浑浊液获得碎块浸泡崩解的干粉末且采用高精度电子天平称量干粉末的质量 M_f，烘干浸泡、漂洗干净后的碎块且采用高精度电子天平称量干碎块的质量 M_s，计算碎块浸泡崩解质量损失率 $M_\delta = [M_f/(M_f+M_s)]100\%$，据此评定胶凝固化材料的抗崩解性。

（6）抗渗性：通过检测特种结构剂胶凝固化材料在一定压力水头下的渗透系数，评定固化材料的抗渗性；各种形体材料与填筑材料实际应用可能遭受的压力水头并不很高，一般不超过 1MPa；根据实际具体应用合理确定检测固化材料渗透系数的压力水头，最大不应超过 1MPa；特别是固化路基填料、低洼地填料等，一定要在吻合于实际的较低压力水头下检测渗透系数，否则将失去实际意义；在较低压力水头下，检测固化材料的渗透系数一定不能采用检测混凝土材料的渗透仪（否则易破坏试件），而应采用水泥土渗透仪，见图 2-9。

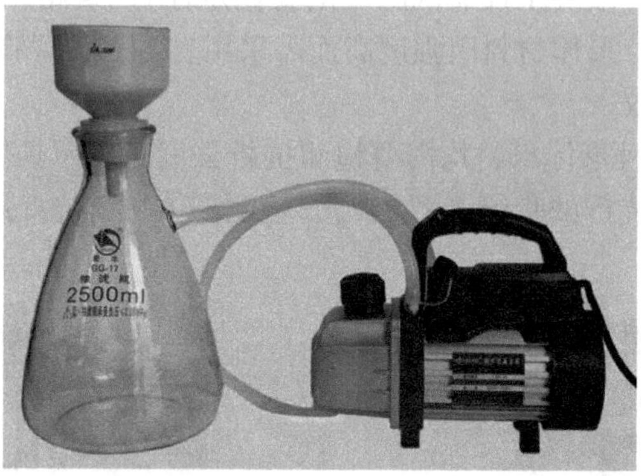

图 2-8　碎块真空浸泡装置

图 2-9　水泥土渗透仪

（7）抗冻性：试件置于−40～40℃温度下反复冻融循环 25 次，检测试件的质量损失率 M_δ、无侧限抗压强度损失率 P_δ，据此评定特种结构剂胶凝固化材料的抗冻性。相同方法平行制备两组相同试件，一组试件用于检测冻融之前的质量 M_q、无侧限抗压强度 P_q；另一组试件用于检测反复冻融 25 次循环之后的质量 M_h、无侧限抗压强度 P_h。试件置于自动温控冻融箱，首先在初始温度 1℃下恒温 12h，然后在 12h 匀速降温至-40℃（平均每小时降温 3.42℃）且在-40℃下恒温冻结 12h，紧接着在 12h 匀速升温至 40℃（平均每小时升温 6.67℃）且在 40℃下恒温融冻 12h，如此反复 25 次冻融循环，并检测试件质量 M_h、无侧限抗压强度 P_h。计算试件质量损失率 $M_\delta=[(M_q-M_h)/M_q]100\%$、无侧限抗压强度损失率 $P_\delta=[(P_q-P_h)/P_q]100\%$。

（8）胀缩性：特种结构剂用于胶凝固化填筑料、充填尾矿、特殊土等非定型材料，无须很高的固化强度，因此可以依据相关工程的材料试验规程或规范，采用压缩仪、收缩仪，进行无荷载条件下的分级浸水膨胀试验、干化收缩试验，检测固化混合料的吸水膨胀性、失水收缩性。特种结构剂用于建筑垃圾、渣土、赤泥、尾矿、碎石、岩粉、磷石膏、高炉渣等工业固废生产免烧砌块、步道砖、道牙石、防水板、保温板、隔音板之类形体材料，固化材料的强度高或很高且具有一定几何形状、尺寸，因此可以采用简单方法检测材料的胀缩性。吸水膨胀性检测，测量试件浸泡之前的体积 V_q，试件置于饮用自来水中浸泡 168h 之后取出测量体积 V_h，则试件吸水膨胀率 $V_\delta=[(V_h-V_q)/V_q]100\%$。根据经验，试件浸泡时间最多 30d，浸泡 30d 之后，试件体积将不再发生明显膨胀；失水收缩性检测，采用烘干法，试件烘干之前测量体积 U_q，试件烘干之后测量体积 U_h，则试件失水收缩率 $U_\delta=[(U_q-U_h)/U_q]100\%$。值得说明的是，试件胀缩性试验中，应注意观察记录试件外观变化，其中失水收缩性试验也即干化试验（干缩性），这种试验还应同时检测试件强度损失率 $Q_\delta=[(Q_q-Q_h)/Q_q]100\%$，$Q_q$ 为试件烘干之前无侧限抗压强度，Q_h 为试件烘干之后无侧限抗压强度。针对寒区膨胀土冻融-胀缩耦合作用研究需求，开发的试验装备见图 2-10，模拟自然冻融与胀缩条件，实现系统开放、三维应力状态、围压可调、轴向静力下试验、轴向动力下试验，冻胀试验模块、融沉试验模块、膨胀试验模块、干缩试验模块能够单独使用，也可联合使用，因此可以分别进行冻胀试验、融沉试验、膨胀试验、干缩试验、冻

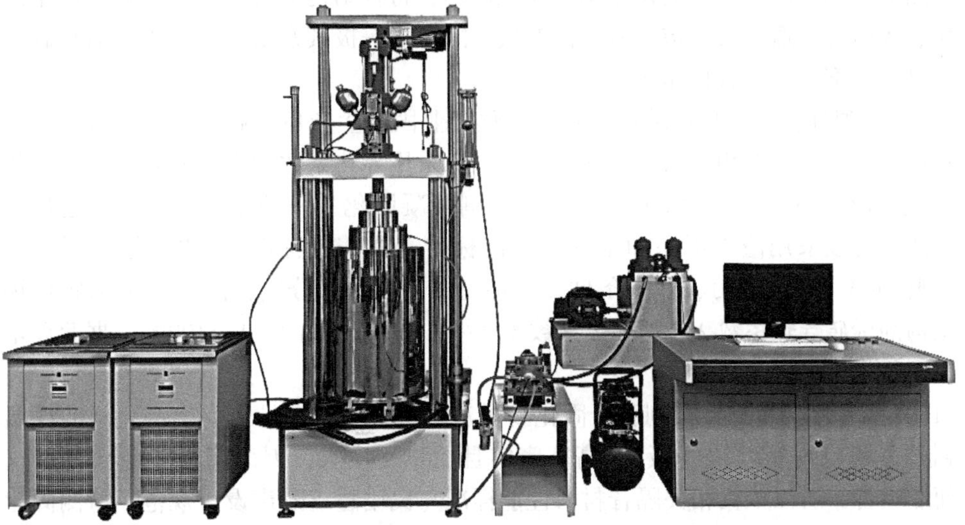

图 2-10　膨胀土冻融-胀缩耦合试验装备
开发者：凌贤长、唐亮、罗军

融与胀缩耦合试验，自动数控与数据采集、深度分析、实时显示，可以用于特种结构剂胶凝固化填筑料、特殊土、尾矿等非定型材料胀缩性与冻融性检测试验。

（9）压缩性：特种结构剂用于固化土或尾矿等填筑路基/地基、重力式挡土墙、扶壁式挡土墙/悬臂式挡土墙/桩板式挡土墙、地下采空区、尾矿坝、边坡台阶等，需要根据相关工程规范要求与试验方法，进行胶凝固化土或尾矿压缩试验，系统检测压缩系数 a_v、压缩模量 E_s、压缩指数 C_c、回弹指数 C_s、体积压缩系数 M_v、竖向固结指数 C_v、水平固结指数 C_r等各项压缩性指标，据此评定压缩性，并为工程设计与施工提供必要的试验依据。

（10）泛霜性：采用特种结构剂胶凝固化建筑垃圾、渣土、粉煤灰、煤矸石、高炉渣、赤泥尾矿、铜铁尾矿、磷石膏、脱硫石膏等生产的免烧砌块、步道砖、道牙石、防水板、保温板、隔音板，其中可能残余可溶性盐、碱，随着材料中水分蒸发而在表面产生盐析与碱析现象（一般为白色粉末，在表面形成絮团状斑点），不仅影响表面美观，而且还会导致涂层结构疏松、强度降低、粉化剥落且降低耐磨性、抗渗性、抗冻性、抗碳化性，并且结构中大量盐碱溶出与结晶膨胀而造成孔隙率增大、透水性增大、抗冻性下降，因此必须检测这些形体材料的泛霜性；依据相关墙体材料试验规程或规范中规定的泛霜试验方法，检测这些结构剂胶凝固化材料的泛霜性。

（11）碳化性：特种结构剂胶凝固化各种土或工业固废将不同程度产生很少量氢氧化钙，若固化混合物成型达不到足够密实，则空气中二氧化碳便较多进入其中，与氢氧化钙反应生成难溶性碳酸钙，碳酸钙在一定湿度或渗水条件下进一步转变成易溶性碳酸氢钙渗出，不仅造成固化混合物结构疏松、破坏（凝胶结构解体），而且使表层脱落、影响表面美观，这就是碳化作用；若固化混合物用于路基填料或采空区充填料等，则无须检测碳化作用；但是，若固化混合物用于生产免烧砌块、步道砖、道牙石、防水板、隔音板等形体材料，则必须检测碳化作用，评定碳化性；依据相关工程规范规定的混凝土碳化试验方法，检测形体固化混合物的碳化作用。应该说明，特种结构剂胶凝固化工业固废生产的免烧砌块、步道砖、道牙石、防水板、保温板、隔音板等极其密实，空气中二氧化碳很难进入成型材料内部而发生碳化作用。

（12）保温性：采用特种结构剂胶凝固化工业固废生产免烧砌块、保温板、隔音板等墙体材料，还需要依据相关功能材料检测标准，采用导热系数测定仪检测材料的导热系数 λ［单位：W/(m·K)］。为了评定特种结构剂胶凝固化某一种工业固废，如建筑渣土的保温性能，可以采用渣土不添加结构剂压制标砖（素渣土标砖）、添加结构剂压制标砖（结构剂标砖），制砖压力、养护条件、养护时间均一致，分别检测素渣土标砖导热系数 λ_S、结构剂标砖导热系数 λ_G，则导热系数改变率 $\lambda_\delta=[(\lambda_S-\lambda_G)/\lambda_S]100\%$，据此评定结构剂胶凝固化材料的保温性能。

（13）隔音性：特种结构剂胶凝固化粉煤灰、煤矸石、高炉渣等生产免烧的保温材料（保温板）、隔音材料（隔音板），高度密实且质量密度大，因此降低环境噪声得益于隔音，而非吸音，所以依据相关隔音材料性能标准与民用建筑隔声设计规范，检测固化材料的隔音性能，即分别检测单位厚度保温板/隔音板一侧入射声能的分贝数 R_R（单位：dB/cm），另一侧透射声能的分贝数 R_T（单位：dB/cm），计算隔音量 $R=(R_R-R_T)/H$（单位：dB/cm），其中 H 为板的厚度（单位：cm）。

（14）抗酸碱腐蚀性：工程材料的使用环境存在多种来源的酸碱浸蚀与浸蚀条件下的老化问题，如大气降水、地表水、地下水、农业耕作、畜牧业养殖、植树造林、工业排放、生活垃圾等，因此采用特种结构剂胶凝固化建筑垃圾（渣土）、粉煤灰、煤矸石、铁尾矿、赤泥尾矿、磷石膏、脱硫石膏、高炉渣、碎石粉等工业固废，生产免烧砌块、步道砖、道牙石、防水板、护坡板等，必须进行抗酸碱腐蚀（浸蚀）试验，以确定在使用环境抗酸碱腐蚀性，进而评价长期应用性能与服役周期。目前，检测工程材料如混凝土、钢材、沥青、橡胶、塑料等抗酸碱浸蚀性的试验方法已经成熟，成型试验装备也较多，可以合理选择用于结构剂胶凝固化工业固废生产免烧砌块等定型建筑材料的抗酸碱浸蚀性试验装备，见图 2-11。一般采用不同酸碱溶液在不同温度下浸泡不同时间进行定型建筑材料抗酸碱浸蚀试验，具有多种酸碱溶液（酸碱的类型、浓度）可供选择，基于“极端破坏”“典型代表”“环境常见”三方面考虑，可以采用 5 种不同 pH 酸碱溶液作为试件的浸泡液，即 pH=2 硫酸溶液、pH=5 硫酸溶液、pH=8 氢氧化钠溶液、pH=10 氢氧化钠溶液、pH=13 氢氧化钠溶液，两种 pH 的硫酸溶液由浓硫酸按照一定比例稀释而成，三种 pH 的氢氧化钠溶液由氢氧化钠固体配制而成；试验的控制变量有两个，其一是试件的浸泡时间（根据经验，合理确定为浸泡 30d、60d），其二是浸泡温度（根据经验，合理确定为 22℃、60℃，其中 22℃为常温，60℃为炎热夏季地表环境高温，如中国安徽、江苏、江西、湖南、湖北等区域，天气预报的大气温度 37～42℃，地表环境高温可达 60℃，甚至更高；高温采用水浴加热方式）；5 种 pH 溶液、2 个浸泡时间、2 个浸泡温度，共计 20 组试验，每组试验 3 个试件，累计 60 个试件，每个试件还有一个未浸泡的对比检测试件，因此需要在同一条件下制备相同的 120 个试件；在设定的 pH 溶液、浸泡温度、浸泡时间下，浸泡试件，检测浸泡后试件的无侧限抗压强度 P_h；平行检测未浸泡试件的无侧限抗压强度 P_q；计算试件浸泡前、后无侧限抗压强度损失率 $P_\delta=[(P_q-P_h)/P_q]100\%$（每组 3 个试件的计算结果取平均值），据此评价结构剂胶凝固化工业固废生产免烧定型建材的抗酸碱侵蚀性。

图 2-11　抗酸碱浸蚀性试验装备

(15) 抗风蚀性：铁路、公路等修建，筑路材料——特别是路基填料必须就地与就近取材，在沙漠中及其附近修建道路，筑路材料基本采用风沙土（包括沙漠沙）。由于沙漠环境风蚀作用具有长期反复性，建筑物或构筑物面临的风蚀破坏作用极其严重，因此采用特种结构剂胶凝固化沙漠沙用于路基填料，或结构剂与纤维加筋联合固化沙漠沙用于路基填料，必须采用路基模型，通过风洞试验装备，模拟沙漠风场环境，进行结构剂胶凝固化风沙土路基抗风蚀性能风洞试验，见图 2-12。根据沙漠实际风场环境，合理确定三种风强（强风 24m/s，中强风 16m/s，一般风 10m/s）、五种风吹路基模型的入射角［吹风方向与路基表面之间夹角：高角度 90°（垂直于路堤侧面）、80°，中角度 50°（垂直于路堤侧面）、30°，低角度 20°］，在路基模型与风口之间堆放一定量干沙以模拟风吹扬沙（形成作用于路基模型的风沙流、风沙暴）、2 个吹风时间（吹风 60min、180min）；要求路基模型尺度足够大，一般路堤路基的高度不低于 100cm、坡度角以 40° 为宜、顶面宽度以 100cm 为宜，路堑路基的路堑深度（坡顶至路面距离）以 100cm 为宜、坡度角以 30° 为宜、路面宽度以 100cm 为宜，沿着路基延伸方向吹风、垂直于路基延伸方向吹风。采用两种材料制备路基模型，其一是结构剂与风沙土均匀拌合的混合料，其二是结构剂、短纤维与风沙土均匀拌合的混合物，通过配合比试验确定结构剂的最佳掺入比、短纤维的最佳掺入比、混合物的最优含水率、混合物的最大压实度，据此制备路基模型，首先将混合物搅拌均匀，然后一边搅拌、一边喷洒水，以保证风沙土与结构剂、短纤维充分混合均匀且混合物含水率均匀，分层填筑、碾压密实（每一层虚铺厚度 10cm），检测每一层填筑质量是否满足设计要求；模型制备结束，喷洒水、覆膜保水，自然养护 28d，进行试验；试验之前，采用 K_{30} 试验仪、十字板剪切仪（实验室用电子十字板剪切仪），见图 2-13，分别检测路基模型的地基系数 k_q、十字板强度 P_{sq}；试验之后，再一次检测路基模型的地基系数 k_h、十字板强度 P_{sh}；计算地基系数损失率 $k_\delta = [(k_q - k_h)/k_q]100\%$、十字板强度损失率 $P_\delta = [(P_{sq} - P_{sh})/P_{sq}]100\%$，据此评价结构剂用于胶凝固化风沙土填筑路基抗风蚀性能，

图 2-12　结构剂胶凝固化风沙土路基抗风蚀性能风洞试验

以及纤维加筋作用，提升结构剂固化风沙土路基抗风蚀性能的效应；风洞试验前、后，也可自模型路基钻取试件，采用路面材料强度仪，见图 2-13，检测无侧限抗压强度，作为一项评价指标。

K_{30}试验仪　　电子十字板剪切仪　　路面材料强度仪

图 2-13　路基材料性能检测装备

（16）抗冲刷性：采用特种结构剂胶凝固化建筑垃圾（渣土）、粉煤灰、煤矸石、高炉渣、磷石膏、脱硫石膏、赤泥尾矿、铁尾矿、碎石粉等工业固废，生产免烧步道砖、道牙石、护坡板等，必须检测这些定型材料的抗水冲刷性，特别是用于渠道边坡防护的护坡板。可以自行设计加工定型建筑材料抗冲刷试验装备，见图 2-14，水头的冲水压力通过抽水泵与水压调谐表联合控制（即在水压调谐表上设定试验要求的冲水压力，水压力信号通过数据线传至数控抽水泵，抽水泵便据设定的压力值给出压力水，用于冲刷试件，如此，实现数控实时反馈与调谐冲水压力），冲刷试件可能产生粉末，冲刷的水通过过滤板过滤出粉末后继续回用以避免大量水的浪费（若一层过滤板不能过滤干净粉末，可以视具体情况在水槽中设置多层过滤板），水罐、水槽必须足够大以满足试验用水要求；每一种配合比（结构剂与固废的混合比）的混合物，平行制备两组完全相同的试件（制备方法、养护条件、养护时间等完全相同，每组 3 个试件，取 3 个试件检测结果的平均值作为评价值），用于对比检测做冲刷试验试件与不做冲刷试验试件的质量、表面抗压强度；一组试件在静水中浸泡，浸泡时间与另一组做冲刷试验试件的冲刷时间相同；检测静泡试件的质量 M_j、表面抗压强度 P_j（采用混凝土回弹仪，通过回弹法，检测试件表面回弹强度）；同样方法检测冲刷试件的质量 M_c、表面抗压强度 P_c；计算冲刷质量损失率 $M_\delta=[(M_j-M_c)/M_j]100\%$、表面抗压强度损失率 $P_\delta=[(P_j-P_c)/P_j]100\%$，据此评价结构剂用于胶凝固化工业固废生产的免烧步道砖、道牙石、护坡板等抗冲刷性能。注意三点：其一是静泡与冲刷试件之前将两组试件清洗干净（去除表面浮灰，采用饮用自来水清洗相同时间），清洗之后即刻分别进行试件静泡、冲刷；其二是静泡与冲刷试件之前，在两组试件表面中心点做标记（采用水下不脱色的油笔做标记），这一点作为冲刷中心点、表面回弹强度检测点；其三是静泡与冲刷试验之后，同时取出试件，在室温下晾干相同时间（以 1h 为宜），同时检测两组试件的质量、表面抗压强度。

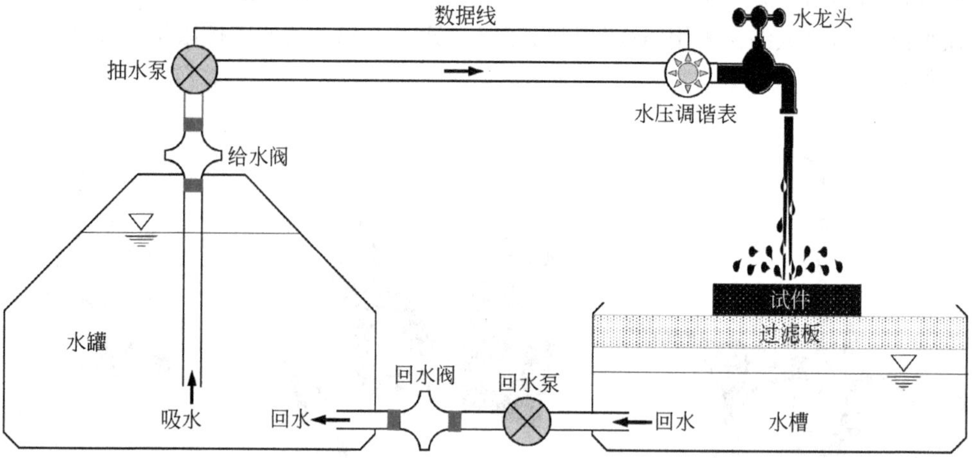

图 2-14　定型建筑材料抗冲刷试验装备

（17）环保安全性：特种结构剂技术，无论是用于填土防渗加固与冻害防控、特殊土性能改良与提升，还是实现建筑垃圾、渣土、粉煤灰、煤矸石、高炉渣、赤泥尾矿、铜铁尾矿、磷石膏、脱硫石膏等资源化利用，必须检测固化土或工业固废的环保安全性。结构剂原材料为无环境危害的天然矿物材料，并且由矿物材料生产结构剂的工业过程也不产生新的有毒有害物质，因此结构剂本身无环境危害成分。化学反应研究表明，结构剂胶凝固化土或工业固废，主要是结构剂的活性成分与土或工业固废中水、碱金属、碱土金属反应生成大量塑性强度高、化学惰性大、微膨胀的非溶性胶体成分与结晶水化物（作为胶结物、充填物，强胶结土或工业固废的颗粒且密实充填其中的孔隙、裂隙，取得高强、密实、稳定固化作用），而对于含有害重金属或放射性元素的污染土、工业固废，则利用结构剂中的特殊活性成分在胶凝固化中发生反应生成特殊化学薄膜、络合物，以密闭包裹或固化沉淀稳定有害重金属或放射性元素（避免向环境土壤或地下水中扩散），这些胶体成分与结晶水化物、特殊化学薄膜与络合物等反应生成物均对环境无害，因此结构剂胶凝固化反应不产生任何新的有毒、有害物质。鉴于上述，特种结构剂胶凝固化的土或工业固废，若存在环境危害，这种危害也只能来自原土或原工业固废自带残余的危害成分（胶凝固化中未被完全包裹或沉淀）。环保安全性检测包括两方面：其一是依据《土壤环境质量标准》（GB 15618—1995）① 检测固化土或固化工业固废中 8 种有害重金属元素含量（Cr，Cu，Ni，Zn，As，Pb，Cd，Hg）及另外 5 种有害重金属元素含量（Ba，Be，Co，Sr，V）；其二是依据《地表水环境质量标准》（GB 3838—2002）检测固化土或固化工业固废的结石体（碎块）浸泡上清液 pH 与 25 种有害物的含量（氨氮，硫酸盐总磷，氯化物，硝酸盐，亚硝酸盐，硫化物，氟化物，氰化物，碘化物，铍，钡，铝，钴，硒，银，铜，锌，砷，镍，汞，镉，铬，铅，铁，锰），据此评定固化土或固化工业固废的环

① 此标准已于 2018 年 8 月 1 日起废止，新标准为《土壤环境质量 农用地土壤污染风险管控标准（试行）》（GB 15618—2018），由于本书相关检测时间为 2000 年 11 月，故参照旧标准。

保安全性。

2. 3. 2　特种结构剂应用技术与要点

实际工程中，特种结构剂用于填土防渗加固与冻害防控、特殊土性能改良与提升、工业固废资源化利用，可靠的施工技术与质量管控至关重要。对于采用性能良好的黏土、黏性土、黄土、碎石土、砂砾石土（砂卵石土，含一定黏土）的填筑工程，如路基/地基填筑、重力式挡土墙填筑、扶壁式/悬臂式挡土墙底板与挡土面（后缘）填筑、桩板式挡土墙挡土面（后缘）填筑、边坡台阶式分步填筑等，施工的关键在于结构剂与土或工业固废均匀拌合、混合物最优含水量与最大碾压密实度控制，施工步序简述如下。

（1）实验室检测素土的天然含水率。

（2）通过实验室配合比试验，获得满足工程设计要求的特种结构剂最佳掺入比，以及结构剂与素土混合物的最优含水率、最大密实度。

（3）若土的天然含水率高且现场挖掘机取土含较大块度，则采用挖掘机打碎土块、反复翻晒土，随时检测土的含水率，直至达到或接近于最优含水率，停止翻晒，运到填筑现场。根据经验，随手抓起一把散土且尽力握拳攥土，攥成密实的土团，站立、手握土团的胳膊沿身体下垂，撒手，若土团落地自然“炸”开成散体，见图 2-15，则土的含水率基本接近最优含水率。特种结构剂与素土均匀拌合的混合物的最优含水率，现场也可采用此法预判。

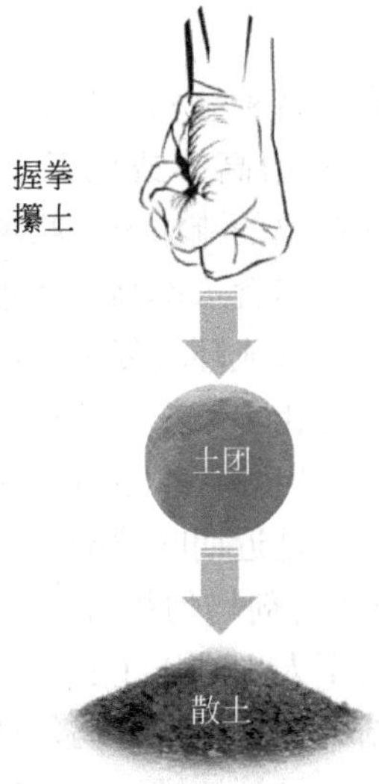

图 2-15　攥土与土团落地

（4）适量取土，按照实验室配合比试验确定的掺入比，一次性足量掺入特种结构剂且均匀拌合，混合物的含水率控制为最优含水率，通过现场小规模填筑与碾压密实成型试验（振动压路机碾压密实），每一层需铺厚度 30cm，获得每一层最大压实度需要的碾压密实次数，作为正式大规模施工的质量管控依据。采用分层碾压密实方法，进行大规模填筑施工。

（5）平整且碾压密实填筑场地。

（6）素土运至填筑场地，采用推土机均匀推平素土，每一填筑层素土的虚铺厚度控制为30cm。

（7）采用拖拉机带农用五铧犁全场打碎土块，至少往返复打3遍。

（8）根据确定的特种结构剂掺入比，全场均匀布置撒铺结构剂的网格，每个网格放50kg结构剂，人工均匀撒铺结构剂。

（9）采用拖拉机带农用旋耕机全场翻拌结构剂与素土直至均匀拌合，一般需要往返翻拌3~5遍。

（10）采用不低于50吨的振动压路机全场碾压密实填筑层，一般往返振动碾压3遍、静压两遍。

（11）采用不低于30吨的压路机静压成型。

（12）随机抽检若干点，评定是否达到最大密实度（要求抽检的所有点均达到最大密实度，才评定为本层填筑），可以检测 K_{30}、弯沉。

（13）只有所有抽检点均达到或接近实验室确定的最大密实度，才可以进行下一层填筑施工。

（14）各层全部填筑施工结束，洒水自然养护一定时间，进行其他施工。由于结构剂的高效吸热反应，夏天施工，气温越高，胶凝固化速度越快，工后养护时间越短。

（15）若所有抽检点未全部达到或接近实验室确定的最大密实度，则需要重新碾压密实直至满足要求为止。

特殊土性能改良与提升，关键在于特种结构剂与土均匀拌合的施工工艺。具体分四种情况：其一是黏性较小且天然含水率不很高（或地下水位之上）的特殊土，如湿陷性黄土、膨胀土、风沙土，以及长期沥水存放的滩涂土、吹填土、三角洲土等，土易粉碎且易与结构剂均匀拌合；其二是黏性大且天然含水率高、透水性差的软土，包括软黏性土、淤泥质土、淤泥、泥炭质土、泥炭土等，形成环境复杂，如漫滩相、沼泽相、潟湖相、湖泊相、牛轭湖相、滨海相、浅海相、深海相、大洋盆地相等，土很难粉碎且很难与结构剂均匀拌合；其三是正在吹填的吹填土，呈极高含水率且很稠的泥浆状态，土很难与结构剂均匀拌合，并且难以架设施工设备；其四是近期吹填的沥水存放时间较短的吹填土，呈含水率很高的流塑-流动状态，土更难与结构剂均匀拌合，并且架设施工设备困难（地基承载力过低或太低，施工设备上不去，甚至人也难以上去）。针对每一种情况，分别采取不同的施工方法与工艺，主要目的在于结构剂与土充分均匀拌合。

第一种情况：施工方法、工艺与质量管控措施如上述，首先确定需要采用特种结构剂进行性能改良与加固的地基土层厚度，全部挖出这些土置于附近，然后分层回填、逐层碾压、整体成型、自然养护，每一回填层需铺厚度30cm，按照确定的结构剂掺入比全场均匀撒铺结构剂，机械均匀拌合、碾压密实成型，检测合格（满足设计要求的填筑密实度），进行下一层填筑施工，各层全部填筑施工结束，洒水自然养护一定时间，做其他施工；也可以采用粉体搅拌桩技术处理这类特殊土地基，三头搅拌效果最佳，根据实验室取得的结构剂掺入比，合理确定单桩每延米结构剂的掺入量，具体施工步序、工艺、管控与质量检测方法参照水泥搅拌桩施工，成桩后自然养护 30d，采用轻便触探法、钻心取样法、浅层承压板试验 3 种方法检测施工质量是否满足设计要求，质量评定依据包括搅拌均匀程度、桩体完整性、桩体垂直度、桩体强度、桩体密实度（通过检测试件渗透系数判定密实度）、复合地基承载力。

第二种情况：由于软黏性土、淤泥质土、淤泥、泥炭质土、泥炭土等黏性大且天然含水率高、透水性差，特别是黏性大，若采用翻土拌合技术向土中拌合特种结构剂，不仅很难碎土，而且更难将结构剂与土拌合均匀，因此采用粉体三头搅拌桩技术处理这类软土地基；根据设计要求，通过配合比试验确定结构剂向土中的掺入比，据此计算单桩每延米结构剂的掺入量，具体施工步序、工艺、管控与质量检测方法、评定依据如上述。

第三种情况：正在吹填的吹填土实际为流动态的泥浆，特种结构剂与这种吹填泥浆均匀混合的简单可行的办法是在围堰附近建造一个泥浆池（泥浆池的容积据单位时间吹填量合理确定，深度以 1m 为宜，泥浆池建造方法是，首先碾压平整场地，然后碾压密实一层厚 50cm 的黏土防渗底板，采用尼龙丝袋装水泥土或模袋土堆筑围墙，围墙、池底设置一层防渗膜），在泥浆池中不同位置均匀分布设置若干快速搅拌叶片（在尽可能多的位置设置搅拌叶片，搅拌速度不低于 300r/min）。每一个搅拌轴，自上而下焊接两层搅拌叶片，每层 2 ~4 个叶片，或者每层 2 个叶片、上下叶片麻花状布置（图 2-16），先向泥浆池中注入深 30cm 水、启动搅拌，搅拌过程中向泥浆池中吹填泥浆，同时按照试验确定的掺入比向泥浆池中全池均撒结构剂，充分搅拌 3 ~5min，结构剂与泥浆拌合均匀后，再将泥浆泵入吹填围堰中，自然沥水与胶凝固化；这种技术改性吹填土，不仅设备简单、施工快捷、拌合均匀、费用较低，而且由于结构剂的高效固化与沥水作用，吹填的土地可以较快用于工程，避免传统方法吹填地因缓慢沥水固结而多年长期搁置。

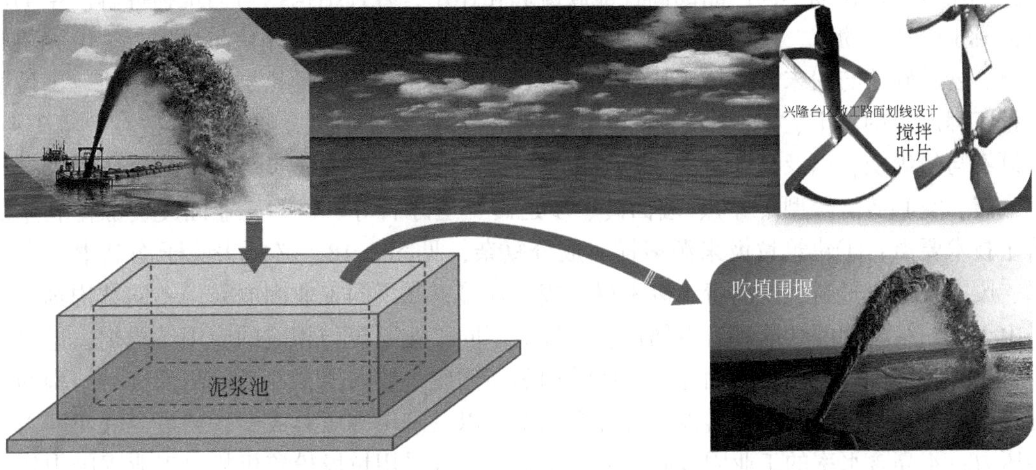

图 2-16　吹填生产线示意图

第四种情况：近期吹填的地基，因吹填土沥水固结时间短而使之处于含水率很高、承载力很低的流塑–流动状态，施工设备上不去，甚至人也难以上去；采用特种结构剂改良与加固这种吹填土地基，最有效、可行且节减的施工措施是采用上述粉体三头搅拌桩技术；进行分片施工，根据施工设备、人员数量，施工之前，将待处理的吹填土地基范围合理规划出若干施工片段，见图2-17；任一片段施工，首先将一定厚度的钢板或木板（即垫板，能够承载大型施工设备，具有足够的放置设备与人员活动的面积）置于地基上，然后上设备、人员，进行搅拌桩施工；根据设计要求，通过配合比试验确定结构剂向土中的掺入比，据此计算单桩每延米结构剂的掺入量，具体施工步序、工艺、管控与质量检测方法、评定依据如上述；上一片段施工结束，移置承载板至下一片段，架设搅拌设备，继续施工。

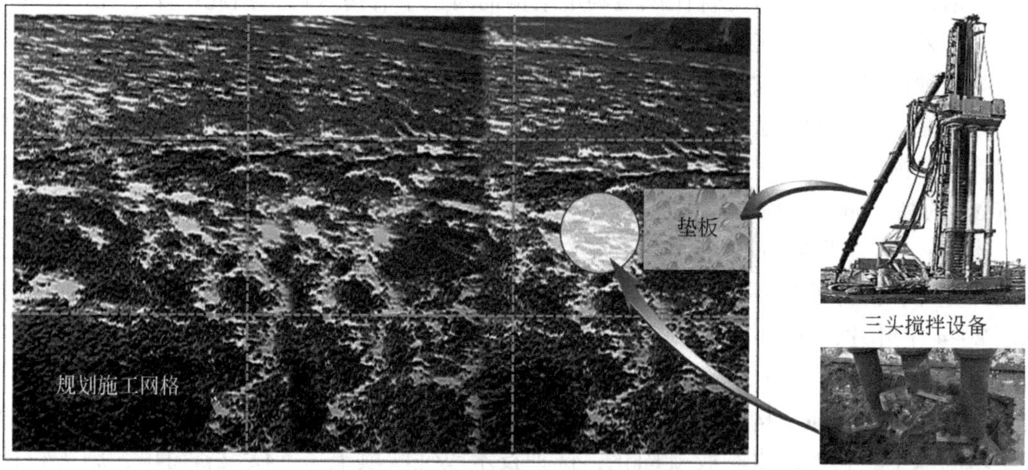

图2-17　施工片段规划与垫板示意图

利用特种结构剂不同产品的高性能胶凝固化作用，各种结构物与构筑物拆解产生的所有混凝土碎块与粉末、砖瓦碎块与粉末、涂层碎块与粉末、陶瓷碎块与粉末、玻璃碎块与粉末、岩石碎块与粉末、土体碎块与粉末等建筑垃圾，基坑、地铁、隧道、平地、削坡等开挖工程产生的渣土、碎石，采石产生的碎石、石粉、碎土，金属矿的尾矿石、尾矿粉，煤矸石与粉煤灰，以及高炉渣（水渣、钢渣）、高炉灰，可以全部回收生产免烧砌块（如标准砖、空心砖、异型砖等）、墙面砖、步道砖、道牙石等。这些工业固废资源化利用的若干技术要点：①建筑垃圾来源多样、成分复杂，见图2-18，必须去除干净其中的废金属、废橡胶、废塑料、废沥青、废木材、废纸片等；②不同工业固废采用不同结构剂，这是由于不同结构剂的性能具有专属性；③针对不同工业固废与相应的专用结构剂，通过试验方法，确定取得最佳胶凝固化效应的结构剂向固废中掺入比，并且检测固废与结构剂均匀拌合后的混合物的最大密实度、最优含水率，以及砌块等压制成型达到最大密实度需要的压力；④高含水率的工业固废必须充分晾晒干；⑤采用垃圾粉碎机粉碎工业固废中较大的块体（若固废含水率过高，则先晾晒干，再粉碎），见图2-18，粒径以不超过2cm为宜；⑥根据试验结果，计算每一生产批次需要向工业固废中投入的结构剂量；⑦首先机械均匀拌合工业固废与结构剂的混合物，然后向混合物中加水（控制为最优含水率），再均匀拌合混合物；⑧尽快将混合物投入制砖机压制成型（因为结构剂遇水反应速度快，所以必须尽快将混合物压制成型)，压制加载以实验室确定的最大压力为准，一般不低于15MPa；⑨压制成型的砌块等移置存放场地，喷洒水、草垫覆盖、自然养护（养护中一定要经常喷洒水，因为胶凝固化为吸水化学反应)，环境温度越高、湿度越大，胶凝固化速度越快，中国广东、福建、江西、安徽、浙江、湖南、湖北、江苏、上海等南方地区，盛夏气温很高、湿度很大，室外自然养护 7d 即可，通过抽检无侧限抗压强度确定是否达到养护要求；⑩自然养护若干天，依据砌块等相关规范，抽检合格，决定出厂；⑪压砖机，可以据需求更换不同模具，如标准砖模具、空心砖模具、步道砖模具、道牙石模具等，这些模具又可以委托机械厂定制；⑫目前，压砖机虽然型号多，但是功能基本一致（任一型号的压砖机，通过改变模具，可以压制不同形体材料)，选择压砖机的关键在于提供有效压强（直接作用于砌块等形体上的压强）的大小，绝大多数压砖机的力的参数是压力（单位：kN)，而非压强（单位：MPa)，因此实际应用中，如压制标准砖（标准)，应针对压砖机提供的作用于标砖上的有效压力 P（单位：kN)，根据每个标砖接触压砖机承压板的面积（即标砖一个侧面的面积)S(单位：cm^2)，计算每次压制标砖的块数 N，以满足压制标砖需要的有效压强 Q(单位：MPa)，$Q=0.1P/(NS)$，$N=P/(10QS)$，由于一般要求有效压强 Q 不低于 15MPa，所以 $N \geqslant P/(150S)$；⑬大量试验与实践表明，并非压砖机的有效应力越大越好，若有效压力达到或超过 20MPa，则制成的砌块等易发生应力回弹变形而开裂。

(a)建筑垃圾　(b)垃圾粉碎　(c)粉碎后垃圾

图 2-18　粉碎建筑垃圾

利用特种结构剂技术，可以采用粉煤灰、高炉渣、磷石膏、脱硫石膏、赤泥等工业固废，除了可以生产免烧砌块、步道砖、道牙石之外，还可以通过板材机械压制成型、自然养护，生产免烧隔音板、保温板、防水板、护坡板，其中隔音板、保温板、防水板较适用于隧道、地铁与地下街、管廊、储库等。隔音板的隔音效果、防水板的防渗效果取决于板的密实度、孔隙率，密实度越大，孔隙率越低，因此要求固废颗粒的粒度细且级配良好，并且压制机械能够提供 5～10MPa 的有效压强。护坡板要求防渗漏、抗冲刷、抗冻融，并且具有一定抗压强度、抗折强度，因此板必须高度密实且厚度不低于 10cm，压制机械提供的有效压制强度不低于 10MPa。保温板，不要求强度高，但是应具有很大的孔隙率且以闭孔隙为主，因此结合采用材料发泡技术，在结构剂与固废的混合料中掺入一定比例发泡剂，使之在胶凝固化过程中产生大量孔隙（特别是闭孔隙），压制机械提供的有效压制强度以10MPa为宜。针对上述每一种固废，以满足实际性能需求为基准，在批量生产之前，必须通过足够的配合比试验，合理确定结构剂的掺入比、混合料的最优含水率与最大压实度，以及成型的最低压力（压制机械提供的有效压强）、成品的养护时间等。成品自然养护方法与建筑垃圾生产免烧砌块等基本一致。

按照一定掺入比，将特种结构剂投入钻井废泥浆中，均匀拌合结构剂与泥浆，通过结构剂的高效胶凝固化与快速沥水作用，泥浆转变成可以利用的土（以下称为泥浆土）、水，泥浆土用于填筑路基、地基、低洼地等，水用于再造新的钻井泥浆。具体利用方法与程序：①在实验室，通过配合比试验，确定废泥浆达到最佳固化效果的结构剂掺入比（最佳固化效果为泥浆中的水大量析出，泥浆土有一定堆放稳定性且经晾晒可成为散体）；②在钻机旁，开挖一个较小的临时废泥浆收集池，见图2-19（a），池中铺设防渗膜，并且在池中布设快速搅拌叶片（在搅拌轴上，自上而下焊接两层搅拌叶片，每层2～4个叶片，或者每层2个叶片、上下叶片麻花状布置，见图2-16；搅拌速度不低于300r/min）；③在钻机附近，开挖2～3个足够大的废泥浆固化池（预算一个完整孔钻进排出的废泥浆量，作为池的容量。1个池正在用，另1个池或2个池备用，因为废泥浆固化需要一定时间，而钻进则连续不断排出废泥浆，池中上一批次废泥浆尚未完全固化、导出，不能再向同一池中导入下一批次废泥浆，只能向备用池中导入下一批次废泥浆），见图2-19（c），池中铺设防渗膜，并且在池中不同位置布设若干快速搅拌叶片（每个搅拌轴上叶片设置方法与搅拌速度如上述）；④在临时泥浆池收集废泥浆中，全程搅拌，以免泥浆沉淀；⑤将废泥浆及时由临时泥浆池中泵送导入泥浆固化池，见图2-19（b）、（c），导入时，全程搅拌，以免泥浆沉淀；⑥按照试验确定的结构剂掺入比，计算确定固化每一批次废泥浆需要投入的结构剂量；⑦当泥浆固化池中导入的废泥浆达到每一批次固化量时，向池中一次性足量投入结构剂，快速搅拌3～5min以使结构剂与废泥浆均匀拌合，静置一定时间以析出大量水，及时排出析水，回用于再造新的钻井泥浆；⑧待固化的泥浆土达到一定硬化程度（具有一定堆放稳定性），全部挖出，放到可晾晒的场地，通过多次翻土、晾晒，直至易粉碎成散体，见图2-19（g），用于筑路等，见图2-19（i）、（j）；⑨若不在泥浆固化池中架设搅拌叶片，也可以自临时泥浆收集池至泥浆固化池布设螺旋输送管路，利用螺杆泵通过螺旋输送方式将废泥浆由临时收集池导入固化池中，按照单位时间废泥浆收集量，计算单位时间向临时收集池中投入结构剂量，在输送废泥浆过程中，通过螺旋搅拌作用，也可以取得结构剂与废泥浆均匀拌合效果（输送管路越长，拌合效果越好），这种办法节减了在泥浆固化池中的搅拌时间；⑩若不在泥浆固化池中架设搅拌叶片，还可以在泥浆固化池中采用抓土机拌合结构剂与废泥浆，但是难以保证均匀拌合效果，见图2-19（e）。图2-20给出了上述钻井废泥浆回收再利用的工艺流程。

在铁、铜等金属矿产冶炼过程中，产生大量尾矿浆、尾矿石。采用特种结构剂（尾矿浆固化剂，即JW类结构剂）技术，可以胶凝固化尾矿浆与尾矿石的混合物生产免烧砌块、步道砖、广场砖等，生产工艺流程如上述。此外，还可以采用JW类结构剂，对尾矿浆实施快速沥水沉淀与高效固化，沥出的大量水回送至开采工业用水系统，沥水后的沉淀物代替目前的混凝土用于充填地下采空区或露天干堆。由于采矿中连续排出尾矿浆，要求

图 2-19　钻井废泥浆资源化利用示意图

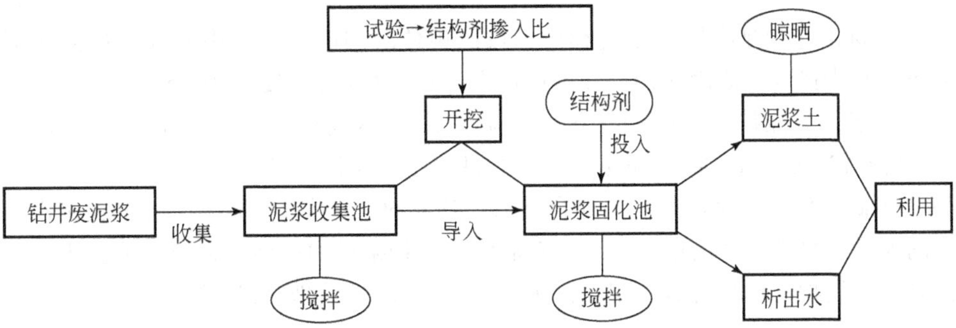

图 2-20　钻井废泥浆回收再利用工艺流程

连续按照一定比例掺入结构剂。特种结构剂技术，进行尾矿浆充填采空区与露天干堆工艺流程简述如下，见图 2-21。

(1) 通过试验，检测尾矿浆的容重、浓度、颗粒的粒度成分、黏粒含量、砂粒含量等。

(2) 根据回填地下采空区或露天干堆对尾矿浆沥水后沉淀物的固化强度等性能要求，通过配合比试验，合理确定向尾矿浆中掺入尾矿固化剂的掺入比，即固化剂与尾矿干料的比例（重量比）。

(3) 根据选冶中单位时间尾矿浆排出量，如 $1.5\sim2.5\mathrm{m}^3/\mathrm{min}$，按照尾矿浆的容重、浓度，计算单位时间排出尾矿干料的重量。

(4) 根据选冶中单位时间排出尾干料的重量、尾矿固化剂的掺入比，计算单位时间向尾矿浆中掺入尾矿固化剂的重量。

(5) 尾矿浆预沥水：若尾矿浆的浓度低于 40%，则需要首先将尾矿浆泵入沉淀池，掺入 3‰明矾粉，搅拌均匀，静置一定时间，沥出大量水，排出上面清水、回送选冶用水系统，再进行以下程序。

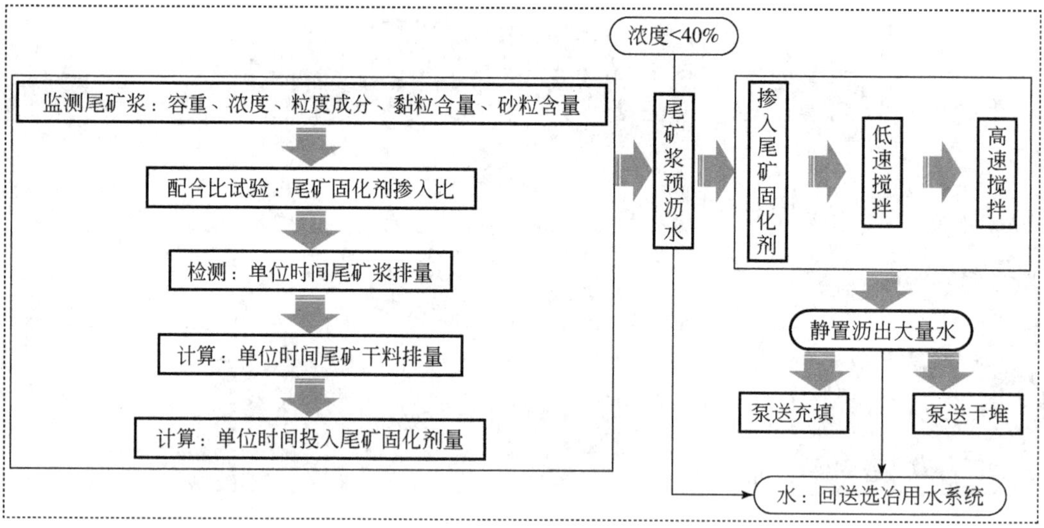

图 2-21　尾矿浆固化剂用于尾矿浆充填采空区与露天干堆工艺流程

（6）在选冶连续排出尾矿浆过程中，按照单位时间向尾矿浆中掺入尾矿固化剂的重量，向尾矿浆中掺入尾矿固化剂，并且低速搅拌 60s（搅拌速度：30～50r/min）。

（7）通过低速搅拌，尾矿固化剂与尾矿浆之间达到初步混合之后，启动高速搅拌 10～15s（搅拌速度：70～800r/min），以均匀拌合尾矿固化剂与尾矿浆。

（8）尾矿固化剂与尾矿浆均匀拌合之后，静置 60s，混合物下沉，沥出大量水，首先将沥出的大量水泵送至选冶用水系统，然后将沉淀物泵送回填地下采空区或露天干堆。要说明的是，沉淀物中仍然含有一定水，满足尾矿胶凝固化的吸水要求。

2.4　结论与总结

基于天然矿物形成的结晶原理与天然胶体形成的化学过程，采用分布广泛、易于获取且活化简单、加工快捷、成本低廉的多种天然矿物材料作为主要原材料，适当掺入其他辅料，在详细化学反应分析计算基础上，经过精心分级、科学调配、活化处理、超细碾磨，制成不同配比方案的一系列活性极大的矿物基类胶凝材料——特种结构剂，作为岩土防渗加固与冻害防控、特殊土性能改良与提升、工业固废无害处理与资源化利用的新一代高性能土壤固化剂，以及制备特种黏土固化浆液的高性能外加剂。特种结构剂的原材料为多种天然矿物材料，并且对岩土防渗加固与冻害防控、特殊土性能改良与提升、工业固废无害处理与资源化利用且制备特种黏土固化浆液的固化机理也是天然矿物形成的结晶原理、天然胶体形成的化学过程，因此称为矿物基类胶凝材料。

根据不同应用对矿物基类胶凝材料（特种结构剂）的性能要求，如岩土防渗加固与冻害防控、特殊土性能改良与提升、工业固废无害处理与资源化利用，进一步开发了 TZ 类结构剂、YJ 类结构剂、HT 类结构剂、PZ 类结构剂、RT 类结构剂、FS 类结构剂、GJ 类结构剂、ZJ 类结构剂、LG 类结构剂、WK 类结构剂、TN 类结构剂、JW 类结构剂等特种结构剂，不同类型特种结构剂具有不同的原材料类型、活化方式、配比方案，因此决定了各自不同的技术性能，满足不同的应用需求。

本章简要介绍了特种结构剂工程应用技术，包括特种结构剂性能检测项目、检测方法与要点，环保安全性检测项目，以及若干常见的实际应用一般技术、施工流程与要点等。

第 3 章　路基填筑密实加固与冻害防控

当今，在建筑、铁路、公路、地铁、市政、水利、能源、采矿等各个工程领域中，难免遇到各种填筑工程，如填筑地基、路基、大坝、堤防、边坡、塝坡、压坡、挡土墙、换填土、低洼地、采空区、塌陷区、尾矿坝等。填土工程，填筑的最大密实度极其重要，这是因为填筑的密实度越大，填土的沉降越小、强度越高、承载力越大、抗渗性越好、抗冻性越强、耐久性越长。但是，素填土或三合土、二合土等技术难以取得理想的填筑密实度。按照一定掺入比，在土料中掺入一定量特种结构剂，并且控制结构剂与土混合料的含水率为最优含水率，利用结构剂的高效胶凝固化作用，可以获得填筑的最大密实度。在填土工程中，路基最具典型性、代表性，本章将以高速铁路路基、高等级公路路基为两个典型范例，介绍结构剂用于高寒区路基填筑密实加固与冻害防控的施工方法与工艺流程。

3.1　高速铁路路基 C 组填料填筑加固

根据中国国家铁路局将设计运行速度不低于 250km/h（含预留）或初期运行速度不低于 200km/h 或部分旧线改造时速 200km/h 左右的铁路定义为高速铁路（简称：高铁）。中国铁路路基填料分为四组（四级），即 A 组填料、B 组填料、C 组填料、D 组填料，其中 C 组填料为黏粒含量超过 30% 的混合土、粉砂等。高铁路基限制使用 C 组填料（时速 250km/h 以下可以有条件使用），若不得不使用，则要求填料的液限不大于 32、塑性指数不大于 12。由于 C 组填料冻胀敏感性大，寒区高铁使用 C 组填料必须采取长期有效措施可靠提高填筑层密实性、抗冻性、水稳性，而向填料中按照一定比例掺入土壤固化剂（结构剂，外加剂），成为改善与提升填料这些性能的一个方便快捷而有效措施，关键在于固化剂的技术性能。中国是一个冻土大国，多年冻土面积 $2.15\times10^6\,km^2$，季节冻土面积 $5.14\times10^6\,km^2$，其中冻深达到 0.5m 且对工程有重要影响的季节冻土面积 $4.46\times10^6\,km^2$、冻深达到 1m 且对工程有极其严重影响的高寒深季节冻土面积 $3.67\times10^6\,km^2$（广泛分布于东北、华北、西北、青藏等地区）。中国是世界第一高铁大国，正在加快发展高铁、推进高铁全球规划，已建、在建与拟建高铁很多位于寒区，并且规划的中亚高铁、欧亚高铁、中俄加美高铁穿越北半球大面积冻土区。高铁路基填筑，由于建设投资有限、优质填料采取困难、长距离运输费用大等原因，不少情况下需要就地就近采取 C 组填料。特种结构剂对于 C 组填料凸显高性能胶凝固化作用，能够显著提高填筑层的密实性、抗冻性、水稳性、承载力等，并且施工方便、容易密实、就地取材、经济节减，即使土性较差、含水率较大，也可以满足设计要求的填筑质量。

3.1.1　路基概况与气候条件

哈尔滨-佳木斯快速铁路（哈佳快铁）为世界高寒区最长的一条客货共用双线快速铁

路，全长344km，设计时速200km。宾县客运站路基施工HJZQ-Ⅱ标段为高填方路堤路基，填筑路基土石方$2.04\times10^6m^3$、站场土石方$1.704\times10^6m^3$，路基防护以路堤支挡为主（主要结构为拱形骨架护坡、混凝土空心块护坡），采用CFG桩、螺杆桩等措施处理地基，路基基床分为0.6m厚表层、1.9m厚底层，基床表层为换填级配碎石，基床底层的上部为0.2m厚换填中粗砂（其中夹铺一层两布一膜不透水土工布，规格$600g/m^2$）、下部为1.7m厚排水非冻胀A组填料与B组填料，基床之下的路堤采用A组填料、B组填料、C组填料（颗粒级配满足压实性要求）。

宾县客运站距哈尔滨57km。宾县地处松花江南岸、张广才岭西麓支脉，126°55′41″E～128°19′17″E，45°30′37″N～46°01′20″N，多山地丘陵，地势南高北低，中温带大陆性季风气候区，冬季漫长、寒冷、干燥、多雪，春季短暂、升温快、昼夜温差大、降水少，夏季较长、炎热、降水充沛，秋季短暂、凉爽、降温剧烈、昼夜温差大、多霜冻，年均气温历年最高5.9℃、最低0.7℃，历年平均气温3.9℃，历年极端最低气温-42.6℃、极端最高气温37.8℃，年均降水量681mm，历年最多降水量1081.3mm、最少降水量247mm，每年冻结期6个月，历年冬季平均气温-19.6℃，历年最大冻深1.8～2m，因此为高寒深季节冻土区，也即高寒深季节冻融区。

3.1.2　填筑管控设计要求

宾县客运站路基施工HJZQ-Ⅱ标段，设计基床之下的路堤下部采用C组填料填筑，除了采用特种结构剂胶凝固化C组填料之外，还有一路段直接采用C组填料而不掺入结构剂，以比较结构剂的性能优越性。采用结构剂胶凝固化C组填料的填筑路基称为固化路基，未采用结构剂胶凝固化C组填料的填筑路基称为素土路基，固化路基与素土路基毗邻，见图3-1。填筑高度、填筑层数与每一层松铺厚度、成型厚度、碾压工艺、质检时间等，固化路基与素土路基完全一致，因此二者之间碾压质量具有很好的可比性。宾县客运站位于极端严寒区，而C组填料冻胀敏感性很大，因此掺入结构剂的目的在于大幅度提高填筑层的密实度、抗冻性、稳定性。

图3-1　固化路基与素土路基

根据特种结构剂用于 C 组填料层密实加固与冻害防控的性能要求，并且努力降低结构剂成本、尽可能就地就近采土（避免选土困难、远距离运输等），通过一系列配合比试验（含不同配合比下的试件冻融试验），合理确定了结构剂的最佳掺入比，以及结构剂与土混合料的最优含水率、最大干密度，并且给出了填筑设计与施工质量管控要求。具体包括：①采用分层填筑工艺，按照试验确定的最佳掺入比（重量百分比为结构剂 9%，土料 91%），将结构剂一次性足量掺入土料中，机械拌合均匀且碾压密实、成型，洒水养护；②结构剂与土混合料分 10 层填筑，每层松铺厚度为 30 ~ 35cm；③混合料的最优含水率为 16. 9%、最大干密度为 1. 74g/cm^3；④每层填筑碾压密实成型后，经检测，地基系数达到 $K_{30} \geq 90$MPa/m、压实系数达到 $\lambda \geq 0.9$，方可填筑下一层。

3. 1. 3　填筑设备与施工流程

推土机一台，挖土机一台，翻斗车一台，农用五铧犁一台，农用旋耕机一台，振动压路机一台（重量>20 吨，最大振动能>36 吨），洒水车一台。

采用两种填筑施工方法：①挖土机拌合特种结构剂填筑方式（工法 1），②散铺特种结构剂填筑方法（工法 2），二者工艺流程简述如下。应该说明，填筑第一层填料，根据过去的经验，开始采用工法 2，但是由于其他条件限制，这种工法不适合（难以将结构剂与 C 组填料拌合均匀），所以改用工法 1，因此工法 2 仅用于第一层填筑的局部施工，而第一层其他部分填筑、第二层 ~ 第十层填筑均采用工法 1。

1）推平碾压密实地基

填筑之前，采用推土机推平地基、振动压路机碾压密实地基，检测地基系数 K_{30}、压实系数 λ 合格后，进行填筑施工，见图 3-2。

(a)碾压密实地基　　(b)碾压密实后地基

图 3-2　推平碾压密实地基

2）工法 1：挖土机拌合特种结构剂填筑工艺流程

（1）在填料采场，采用挖土机均匀拌合特种结构剂与土，见图 3-3。根据填筑施工速度，每次拌合填料体积 3. 15m^3，掺入结构剂 8 袋（每袋 40kg），拌合时若风大扬尘，则增加 1 袋结构剂。

(a)拌合时风大扬尘　(b)固化剂与填料拌合后

图3-3　挖土机拌合剂与填料

(2)采用翻斗车将拌合后的特种结构剂与土混合料运到填筑现场，采用推土机推平混合料，见图3-4。推平之前，控制混合料松铺厚度在30～35cm。

图3-4　混合料运输与推平

(3)混合料推平之后，首先采用旋耕机往返旋打混合料3个来回，以粉碎较大的土块且拌合，然后改用五铧犁往返翻拌混合料3个来回，以尽可能均匀地拌合特种结构剂与土，见图3-5。

(4)特种结构剂与土拌合均匀之后，首先采用推土机推平混合料，然后改用振动压路机“往返静压3个来回→往返动压3个来回→往返静压2个来回”，本层填筑碾压成型，见图3-6。

(5)上一层填筑碾压成型之后，检测地基系数K_{30}、压实系数λ（压实度的重要指标），见图3-7。这两项指标检测值满足设计要求，方可填筑下一层。

(6)最后一个填筑层（第十层）碾压成型之后，采用洒水车对填筑层表面均匀喷洒一次水，见图3-8，自然养护7d，填筑B组填料、A组填料。

3)工法2：散铺特种结构剂填筑工艺流程

(1)通过翻斗车将土料由采土场运到填筑场，首先采用推土机均匀摊铺、推平土料，

图 3-5　翻拌与旋打混合料

图 3-6　填筑层碾压成型

(a)检测K_{30}值　(b)检测压实度

图 3-7　检测填料层施工质量

松铺厚度为 30～35cm，然后采用旋耕机且结合人工尽可能打碎较大的土块，但是无须碾压成型，见图 3-9。

（2）在整平后的填料层表面，按照每个方格 3m×3m，全面规划方格，每个方格摊铺 8 袋特种结构剂（每袋 40kg），见图 3-10，若风大扬尘，每个方格增加 1 袋特种结构剂。按

图 3-8　最后一个填筑层表面喷洒水

(a)摊铺推平填料　(b)人工打土块　(c)旋根机打土块

图 3-9　摊铺与推平填料

照方格均匀摊铺之后，首先采用五铧犁往返翻拌 3 个来回，然后改用旋耕机往返翻搅 3 个来回，以使结构剂与土充分拌合均匀且进一步打碎土块，见图 3-11。

图 3-10　摊铺特种结构剂

（3）特种结构剂与土充分拌合均匀之后，首先采用推土机推平混合料，然后改用振动压路机依次“往返静压 3 个来回→往返动压 3 个来回→往返静压 2 个来回”，如此碾压成型，见图 3-12，检测地基系数 K_{30}、压实系数 λ 满足设计要求（图 3-7），方可填筑下一

图 3-11　拌合特种结构剂与土

层。注意，各层填筑均采用工法 1。

(a)推平　　(b)碾压　　(c)碾压成型状况

图 3-12　填料层碾压成型

3.1.4　填筑质量检测结果

每一层填筑碾压成型后及时检测压实系数 λ、地基系数 K_{30}，检测值满足设计要求，方可填筑下一层。固化土填筑路基（固化路基）、素土填筑路基（素土路基）的填筑质量检测结果见附表 3-1 ~ 附表 3-10，表中一并给出了填料的含水率、最优含水率、最大干密度的检测结果，以及每一填筑层的厚度、标高。检测时间为每一层填筑施工结束后 2 ~ 4h 之内。附表 3-1 ~ 附表 3-10 中各项检测数据来自中国铁道科学研究院北京铁科工程检测有限公司出具的填筑质量检测报告。

检测结果表明：①掺入特种结构剂的填料，每一层压实系数 λ（压实度的重要指标）、地基系数 K_{30} 的检测值均满足中国《新建时速 200 公里客货共线铁路工程施工质量验收暂行标准》与设计要求；②固化路基与素土路基相比，每一填筑层检测的 λ 值，前者明显大于后者，说明结构剂对于提高碾压密实度具有显著的技术优势；③在抽检 K_{30} 值的第三层、第六层、第九层、第十层中，除了第六层之外，其他三层固化路基 K_{30} 平均值均大于素土路基，说明结构剂能够提高填料碾压密实后的强度与承载力。第六层 K_{30} 检测值固化路基小于素土路基的原因详见下述。

3.1.5　质量检测指标分析

如 2.1.2 节所述，按照一定掺入比，将特种结构剂掺入土中且均匀拌合，结构剂活性成分与土中水、黏粒或黏土矿物表面吸附的碱金属元素、金属元素快速发生化学反应，生成大量塑性强度较高的胶体成分、结晶水化物，作为土颗粒的胶结物、土孔隙的充填物，由于这些胶体成分、结晶水化物与土颗粒、孔隙壁之间胶结强度较大，并且生成物较反应物具有一定微膨胀而在土中产生一定约束膨胀应力，所以在较大胶结强度与膨胀体积、膨胀应力联合作用下，固化土将具有较高的强度与较大的密实性（土中孔隙、裂隙、空洞等被充分充填），极其利于路基密实加固与冻害防控。故此，在 C 组填料中掺入一定量结构剂的目的在于改良与提升填料的性能，使之能够达到最大的碾压密实度、胶结强度，从而显著提高填筑层的强度、承载力与密实性、抗渗性、抗冻性、稳定性、耐久性。

根据附表 3-1 ~ 附表 3-10 的填筑施工质量指标检测值，固化路基与素土路基的 C 组填层的压实系数 λ、地基系数 K_{30}、最优含水率、最大干密度比较结果总结于表 3-1。

在路基施工过程中，采用压实度指标评定填筑层碾压密实度（压实质量），压实度指标主要有压实系数 λ、相对密度 D_r、孔隙率 n 等。D_r 专用于各种砂土、砂砾土等无黏性土，但是无法准确测定；n 难以准确测定，并且不适用于施工现场；λ 可以现场快捷而准确测定，并且能够客观反映压实质量，因而适用于实际工程。鉴于此，λ 在填筑工程中应用最广泛，λ 值越接近于 1，压实质量越高。由附表 3-1 ~ 附表 3-10、表 3-1 可见，固化路基与素土路基相比，前者填筑层具有更高的 ω_{top} 值、更小的 ρ_{max} 值，相应的 λ 值也更大，表明掺入特种结构剂能够显著提高填筑施工质量。

表 3-1　固化路基与素土路基填筑质量指标检测值比较结果

固化路基	比较	素土路基
最优含水率 ω_{top}	>	最优含水率 ω_{top}
最大干密度 ρ_{max}	<	最大干密度 ρ_{max}
压实系数 λ	>	压实系数 λ
地基系数 K_{30}	>或<	地基系数 K_{30}

地基系数 K_{30}，虽然与压实系数 λ 一并作为填筑的评定指标，但是 K_{30} 更适合作为填筑层在一定压力作用下强度与承载力的评定指标。一般情况，填筑层 λ 值越高，K_{30} 值也越大。当然，这仅为一般规律性认识。这是因为 K_{30} 意义更在于强调填筑层强度、承载力，而填筑层强度、承载力除了与碾压密实度（压实度指标 λ 值）有关之外，还与填料强度关系密切，即填筑层 λ 值高并不说明填料强度一定大，所以 K_{30} 值也不一定大。在分层填筑中，针对固化路基与素土路基，平行检测了第三层、第六层、第九层、第十层的 K_{30} 值（附表 3-3、附表 3-6、附表 3-9、附表 3-10）。由此可见，第三层、第九层、第十层的 λ 值、K_{30} 平均值，固化路基大于素土路基；第六层，虽然固化路基的 λ 值大于素土路基，但是前者 K_{30} 的检测值、平均值均小于后者，造成这种结果除了上述原因之外，还可能与

检测偶然误差有关。这是因为影响 K_{30} 值因素很多，主要有填料性质、含水率、颗粒级配、压实系数、最大干密度、最优含水率、碾压工艺、试验操作、测试面平整度等。试验与实践表明，填料含水率变化是产生 K_{30} 检测值偶然误差的主要原因，也即 K_{30} 值具有显著的时效性，填筑层碾压之后，若填料含水率大，则 K_{30} 值小，反之，若填料含水率小，则 K_{30} 值大，故此 K_{30} 值因填料含水率变化而离散性大、重复性差，所以现场检测如何消除填料含水率变化对 K_{30} 值影响极其重要，施工中若含水率可靠控制为最优含水率，则可以取得最大压实度，显著提高填筑层的表面刚度、表层强度，因而 K_{30} 值便高。然而，宾县客运站路基填筑施工期间，正值哈尔滨地区雨季，当地经常连续数小时下雨，甚至大暴雨，很难严格控制填料含水率为最优含水率，特别是某一层碾压结束后，若突然下雨而在雨前来不及检测 K_{30} 值，则在雨后晾晒与风干一段时间检测 K_{30} 值（施工中经常如此），尽管表层填料含水率合适，但是表层之下的浅层可能因局部积水而导致含水率偏高，所以难以选择合适的检测点，致使 K_{30} 值的检测偏差在所难免。鉴于上述，相比 λ 值，K_{30} 值作为填筑质量的评定指标显然存在一定问题，检测结果值得商榷，具体应用必须谨慎，至少不能作为填筑质量的主要评定依据。长期以来，国际上如美国、日本、欧洲等地区对 K_{30} 值作为评定填筑质量指标的合理性与可靠性问题一直处于讨论中，尽管存在实际应用与规范要求。

①固化填料的大量生成物——胶体成分与结晶水化物的容重小于土颗粒的容重；②容重较小的生成物较容重较大的反应物具有体积微膨胀性；③容重小于土料的特种结构剂掺量达 9%，结构剂与土的混合料的最大干密度小于素土料的最大干密度。由于这三个方面原因，若不存在偶然误差，现场检测的填料最大干密度：固化路基应小于素土路基。

3.1.6　抗特大暴雨袭击性能

1. 特大暴雨概况

2015 年 8 月 17 日 17：06～18：57，宾县突然发生短时特大暴雨，降雨量 $L=48\sim50\text{mm}$、降雨强度 Q_1 为 $5.56\times10^{-6}\sim6.94\times10^{-6}\text{m/s}$。宾县客运站路基建设施工 HJZQ-Ⅱ标段正位于特大暴雨覆盖范围，固化路基与素土路基均遭到特大暴雨袭击，致使已经完工的 C 组填料填筑层受到强烈影响。图 3-13 给出了紧邻填筑施工路段的地表被特大暴雨强烈冲刷情况。强降雨后第二天，作者便赶赴现场察看固化路基与素土路基的填筑层受强降雨袭击情况。图 3-13 中照片拍摄于 2015 年 8 月 18 日 12：06～13：28，即降雨结束 17h 后。

2. 袭击现象比较

固化路基，特种结构剂的高性能胶凝作用致使填筑碾压密实成型后的 C 组填料层快速发生固化，大幅度提高了填筑层的表面刚度、表面强度、浅层强度，以及密实性、水稳性、抗渗性、抗冲刷性、抗洗刷性，所以尽管填筑施工后短时间遭受持续近 2h 的特大暴雨袭击，但是据现场观察与行走感知，填筑层仍然保持密实、完整、承载、稳定等良好状态。素土路基，在特大暴雨后，表观特征极其松软，甚至呈流塑状。二者抗强降雨袭击性能差别显著，简述如下。

图3-13　宾县客运站路基紧邻填筑施工路段的地表被特大暴雨强烈冲刷情况

（1）降雨结束17h，填筑层表观的硬化特征、干化特征均很突出，见图3-14，体重80kg的人在填筑层上行走，感到很硬实且难见足迹或足迹很浅，见图3-15，这是因为填筑层抗渗性强，雨水难以入渗（浅层也难以渗透），表层或浅层填料未遭受大量雨水长时间浸泡，加之固化填料抗浸水软化性能强，所以特大暴雨后填筑层仍然保持较高的表面硬度、强度与承载力。

（2）素土路基，根据现场观察与行走感觉结果，由于C组填料层未掺入特种结构剂而无高效胶凝固化作用，在持续近2h特大暴雨袭击中，抗强降雨冲刷、抗地表径流洗刷、抗入渗雨水浸泡等性能远不如固化路基填料层。

（3）素土路基，填筑层表面被强降雨冲刷与地表径流洗刷的痕迹显著，见图3-16，这是因为填筑层表面强度低，甚至处于松散或流塑状态，无法抵抗强降雨冲刷作用、地表径流洗刷作用，并且表层未胶结土易被强降雨的雨水冲刷、被径流洗刷。

（4）素土路基，降雨结束17h后，体重80kg的人在填筑层上行走，感觉表层十分松软，不仅足迹较深而突出，而且鞋底沾黏、带泥，见图3-16，这是因为填筑层抗渗性弱，雨水易入渗，表层与浅层填料因大量雨水长时间浸泡而丧失强度、承载力且呈高含水率的软塑或流塑状态。

（5）降雨结束17h后，在素土路基与固化路基接触边界，精细检测二者填筑层表面的相对高差，发现前者表面稍高于后者表面（高差7mm左右）。分析原因为：①填料中的黏粒（黏土矿物）具有一定吸水膨胀性，向土中掺入特种结构剂，因结构剂中碱金属离子、碱土金属离子与黏粒表面电荷之间发生静电作用而破坏或抑制黏粒吸水性，避免或减少黏粒大量吸水膨胀；②掺入结构剂，结构剂活性成分与土中水、碱金属离子、碱土金属离子之间发生化学反应的成生物对土颗粒的高强胶结作用、对土孔隙的饱满充填作用，加之生成物的微膨胀作用（不仅发生体积微膨胀，而且还产生一定膨胀应力），显著提高固化填料的胶结强度与密实性、抗渗性，致使雨水难以入渗，黏土矿物因吸收不了更多水分而不

图 3-14　强降雨后固化路基与素土路基表面状况

能发生更强的膨胀作用，此外生成物的强胶结作用、生成物微膨胀产生的膨胀应力也抑制黏土矿物吸水膨胀；③压实系数 λ 检测表明，掺入结构剂可使填料获得更大的碾压密实度，也利于提高填筑层的强度与密实性、抗渗性；④未掺入结构剂的素填土层，不存在上述三方面作用，并且难以碾压密实，雨水易入渗，一方面高含水率土的体积大于低含水率土的体积，另一方面土中黏粒吸水膨胀得不到抑制，所以特大暴雨后素填土层较固化土层表面标高有所上升。

（6）降雨结束 17h 后，无论是近处观察，还是远处观察，素土路基均显得很潮湿，而固化路基则比较干，二者分界清晰，见图 3-13 ~ 图 3-16，这是因为未掺入特种结构剂的填筑层入渗了大量雨水，所以尽管暴露于阳光下，但是短时间也不能风干，而掺入结构剂的填筑层雨水入渗少，短时间易风干，这一点也说明结构剂利于提高填筑层的密实性、抗渗性，并且弱化或破坏土中的黏粒或黏土矿物吸水性而避免土料大量吸水。

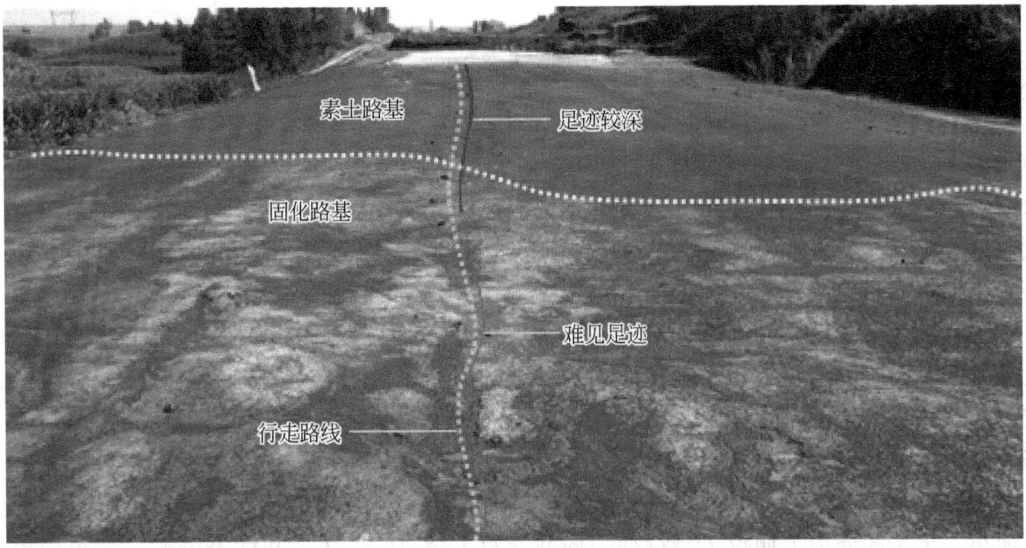

图 3-15　强降雨后固化路基与素土路基对人行走反应特征

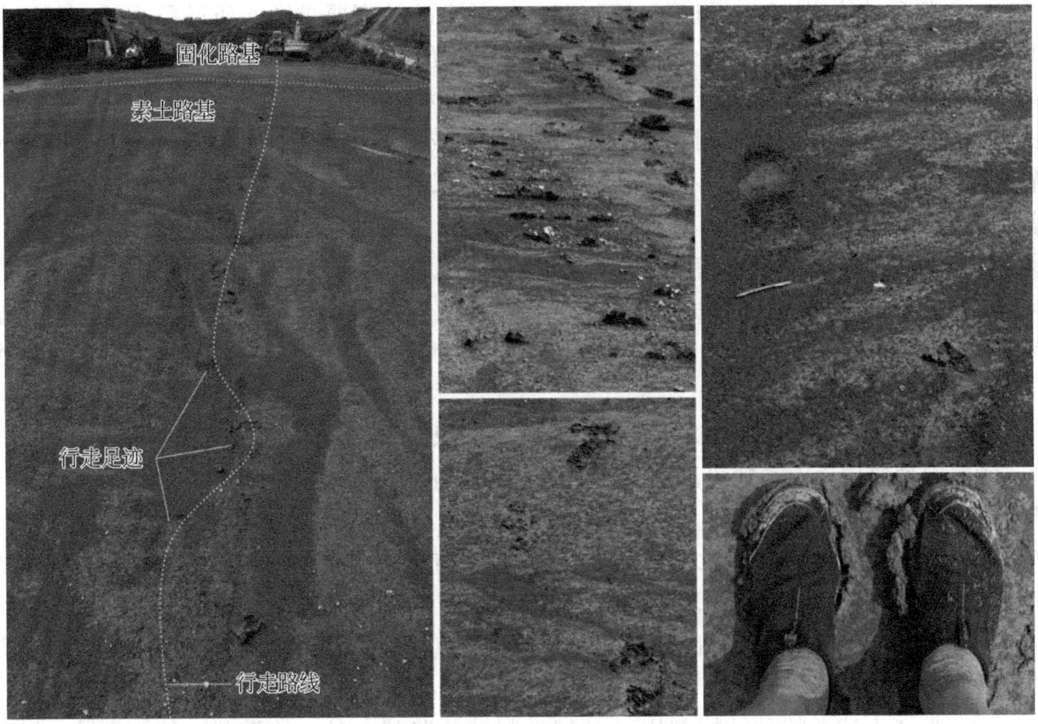

图 3-16　强降雨后素土路基填筑层表观与对人行走反应特征

3.1.7 技术优势补充说明

（1）在C组填料填筑期间，正值哈尔滨地区雨季，当地经常下雨。每一次下雨之后，填筑素土路基，填料需要翻晒与风干7d左右，才能达到满足最大碾压密实要求的最优含水率；而填筑固化路基，由于掺入特种结构剂的高效作用，每一次下雨之后，填料仅需翻晒与风干1~2d，即达到最大碾压密实要求的含水率。因此，结构剂的应用对于雨季填筑缩短工期极其有意义。

（2）自然含水率较高的填料用于填筑素土路基，必须翻晒与风干一段时间才能达到最大碾压密实要求的最优含水率；而掺入特种结构剂的填料用于填筑固化路基，能够很快达到最大碾压密实要求的含水率。因此，结构剂的应用对于只能采到含水率较高的填料填筑路基缩短工期具有重要意义。

（3）填筑现场，有一段约560m长的运料临时便道，因多次下雨浸泡松软、泥泞而无法通车，于是向便道上撒投7袋特种结构剂（每1袋40kg，7袋共计280kg），经过简单拌合、碾压、整平，很快通车，特别是满载填料的三轴卡车频繁通行没有任何问题，凸显结构剂对土的快速胶凝固化增强效应。

（4）特种结构剂用于C组填料填筑路基，对土的类型要求宽、质量要求低，可以就地就近采取一般黏性土，即使土中黏粒含量很高（超过50%），填筑质量也满足高铁路基填筑要求，检测λ值、K_{30}值均达到相关设计标准。因此，结构剂用于C组填料填筑路基，很好地避免了土料选取困难，降低了取土费用，节减了运输费用，在填筑现场及其附近无优质填料可取情况下，显然具有十分重要的实际意义，既避免远距离高费取土与运输，又缩短工期。

（5）特种结构剂用于路基填筑，对C组填料含水率要求宽。应用表明，即使采用含水率25%的土料填筑，工后检测λ值、K_{30}值也满足相关国家标准与设计要求。因此，结构剂用于C组填料填筑路基，避免了填料选择对含水率控制的严格要求，也缩短了高含水率填料翻晒与风干的时间。

（6）掺入特种结构剂的C组填料填筑路基，只要碾压成型，即使工后很快下大雨，也无须拆毁填筑层而对填料再翻晒、再风干、再填筑，并且在浅地下水位地基上填筑，仍然可以取得很好的碾压、密实、成型、水稳等效果，施工效率也高，工后检测λ值、K_{30}值满足相关国家标准与设计要求。不掺入结构剂，直接采用素土填筑路基，填筑层碾压成型，若工后很快下雨，完成的填筑层必须全部翻开，重新翻晒与风干填料，重新填筑，这一过程至少耽误工期15d。因此，结构剂用于C组填料填筑路基，对于雨季施工缩短工期具有重要意义。

（7）鉴于上述，特种结构剂用于C组填料填筑路基，对土的类型、黏粒含量、粗颗粒含量、含水率等要求较宽，特别利于现场就近就地取土、高含水率填料填筑，因此显著降低填料的选取困难、取土费用、运输费用，大幅度缩短高含水率填料的翻晒与风干时间，很好地避免雨季填筑经常遇到的已完成填筑层的再翻开、再翻晒、再风干、再填筑，并且在浅地下水位地基上填筑也可保证施工质量，此外结构剂对填料快速胶凝固化作用而明显缩短工后质检时间，对于加快填筑进度、保证施工质量、节减工程成本等无疑具有极其重要的实际意义，尤其对于雨季与频繁强降雨天气填筑意义重大。

3.1.8　结论与总结

（1）特种结构剂对C组填料具有显著快速胶凝固化的密实效应、增强效应。掺入结构剂的C组填料，每一填筑层的压实系数λ与地基系数K_{30}的检测值均满足相关国家标准与设计要求；采用结构剂的固化路基与未采用结构剂的素土路基相比，每一填筑层检测的λ值，前者明显大于后者，说明结构剂对于提高填筑层的碾压密实度且易于碾压密实具有重要意义；结构剂明显提高填筑层的强度、承载力。因此，结构剂在填料快速胶凝固化与密实增强、提高填筑层强度与承载力、避免碾压密实难度等方面具有显著的技术优势。

（2）固化路基与素土路基相比，掺入特种结构剂的填筑层具有很好的抗特大暴雨袭击性能，说明结构剂能够显著提高填筑层的早强性、密实性、抗渗性、抗侵蚀性、抗软化性、抗浸泡性，以及填筑层表面的强度、水稳性、抗雨冲刷性、抗径流洗刷性等。

（3）高含水率的填料，掺入特种结构剂，结构剂胶凝固化土的化学反应需要吸收大量水，致使结构剂与土的混合料能够很快达到最大碾压密实度要求的含水率，因此采用结构剂，在雨季填筑或只能采取高含水率土料填筑情况下，可以避免长时间翻晒与风干土料，对于加快进度、缩短工期、节减成本等具有重要意义。

（4）在高含水率填料快速胶凝固化增强与填筑层强度、密实度、水稳性、抗渗性、抗冻性、承载力等显著提高方面，特种结构剂的应用凸显了极其高效的技术性能优势。

（5）由于特种结构剂用于C组填料填筑路基，对土的类型、黏粒含量、粗颗粒含量、含水率等要求较宽，可以现场就近就地取土、取用较高含水率土，所以避免了填料选择的较大困难、填料采取的较大费用、运距运输的较大费用、雨季填筑的多次返工、晾晒填料的较长时间、富水场地的填筑困难等诸多问题，因此对于保证质量、加快进度、降低难度、节减费用等无疑具有极其重要的工程意义。

3.2　高等级公路路基滩涂土填筑加固

2005年开始，辽宁省逐步建设滨海高等级公路（辽宁环海高等级公路），全长1443.4km，其中软土路段400km左右，受潮差影响路段100km左右，立足于“亲海”与“近海”的选线原则，沿线地形、地貌与工程地质条件复杂、多变，特别是不少路段为滩涂土、池塘土、吹填土等特殊土地基与路基，如软土、盐化土、碱化土、盐渍土等，这些特殊土具有低强度、大变形、低承载且冻胀敏感性大、稳定性差等不良工程特性，此外潮差侵蚀路段地基处理与路基填筑又存在必须解决的潮差和波浪对路基的强烈影响与破坏作用，并且公路沿线为典型高寒深季节冻土区，还需要长期有效解决特殊土地基处理与路基填筑防冻害问题。归纳起来，公路建设亟待解决特殊土地基处理与路基填筑五方面棘手技术难题：①滨海潮差侵蚀路段受潮差与波浪影响较大，如何显著提高填筑路基的密实度与强度，以有效避免或减轻潮差与波浪对路基破坏作用；②滨海潮差与波浪易于冲刷、掏空路基，如何根据当地潮差与波浪特征，显著提高路基填料的稳定性与填筑的强度、密实度，以减轻潮差与波浪对路基淘空作用、冲刷作用；③软土处理方法很多且施工技术比较成熟，但是每种方法均有各自的适用范围，根据滨海潮差侵蚀路段特殊工程质地条件与高寒冻融环境，如何合理选择有效而节减的处理方法；④滨海潮差侵蚀路段路基填筑过程中，如何减少潮差对路基影响且提出相应的填筑工艺；⑤滨海软土、滩涂土、池塘土、吹填土等盐碱含量偏高，存在不少盐化土、碱化土、盐渍土等，冻胀敏感性大且稳定性差，在高寒冻融环境，加之长期存在的昼夜周期性潮汐作用、四季反复波浪作用、丰富浅表地下水（高盐碱含量的海水）渗透侵蚀作用，致使地基处理与路基填筑难以长期有效解决三大突出的冻胀问题、盐胀问题、融沉问题。在这些特殊土地基处理与路基填筑阶段，若采用某种土壤固化剂对填料实施高度密实加固与盐碱成分大幅度消除，显著提高地基与路基的密实性、抗渗性、稳定性与强度、承载力，无疑能够避免或大幅度减轻地基与路基的冻融病害、盐胀病害，以及潮差与波浪对路基的强烈影响与破坏作用。基于这一理念，在辽宁省滨海高等级公路盘锦段建设中，采用专用于软土、盐渍土等特殊土固化密实加固与无害化处理的特种结构剂（YJ 类结构剂），进行滩涂土路基填筑加固与冻害防控。

辽宁省滨海高等级公路盘锦段，沿线超过 200km 均为富含盐碱的海陆交互相滩涂区的淤泥质软土，承载力很低且稳定性、抗冻性极差，未经处理不能作为路基填料。而盘锦属于滨海平原区，透水性较好的路基填料就近就地来源不足，若从其他地方采取填料，最近也得从锦州采取石料，存在运距远、费用高、耗时长等问题，因此就近就地有效加固处理海滩土填料成为超过 200km 路基工程中一个亟待解决的重要棘手难题。

3.2.1　滩涂土基本物理力学与化学性质

盘锦滩涂土区上部为厚 1.7 ~ 13.5m 的第四纪海陆交互相沉积，主要由淤泥质亚黏土、亚黏土、亚砂土、亚黏土与粉砂互层、夹粉砂亚黏土、粉砂、细砂组成。软土为淤泥质土，分布于上部，厚度 0.4 ~ 7.0m，流塑态，压缩性大，天然含水率的平均值 34.28%、最大值 60.2%（接近或大于液限），孔隙比的平均值 0.967、最大值 1.641，饱和度大于 94.7%，液性指数的平均值 0.88，压缩系数的平均值 0.577，直剪快剪的凝聚力小于 13.3kPa、内摩擦角小于 7.2°，静力触探锥尖阻力的平均值 0.46MPa、标准值 0.42MPa，十字板抗剪强度的平均值 12.27kPa、最大值 16.73kPa，标准贯入试验不超过 2.5 击。表 3-2给出了盘锦—锦州一带海滩典型淤泥质土全盐含量与主要离子含量分析结果，可见，主要为冻胀敏感性与盐胀性突出的中度盐土、重度盐土，少量为轻度盐土。鉴于上述，盘锦滩涂区淤泥质土用于路基填料必须实施盐碱去除的无害化处理，而土去除研究的唯一可行途径是向土中按照一定比例掺入土壤固化剂，利用固化剂的活性成分与土中水、可溶盐反应，生成胶体成分与结晶水化物作为土孔隙充填物、土颗粒胶结物，达到去除土中可溶盐且密实加固土的目的。

表 3-2　盘锦—锦州一带海滩典型淤泥质土全盐含量与主要离子含量　（单位：%）

剖面号取样点	层次	可溶盐含量	CO_3^{2-}	HCO_3^-	C^{4+}	SO_4^{2-}	Ca^{2+}	Mg^{2+}	Na^+	K^+
高 1 高桥季屯	1	0.6519	0	0.0268	0.1735	0.177	0.020	0.0105	0.219	0.00260
	2	0.3912	0	0.0299	0.0623	0.0336	0.009	0.0039	0.123	0.00026
	3	0.0675	0	0.0316	0.0547	0.016	0.002	0.0014	0.061	0.00025
塔 5 塔山畜牧场	1	0.8078	0	0.0203	0.424	0.039	0.006	0.0071	0.311	0.0006
	2	0.1344	0.00115	0.0294	0.0146	0.018	0.005	0.0022	0.023	0.00064
塔 4 塔山上坎子	1	1.5082	0	0.0227	0.759	0.0565	0.013	0.0238	0.486	0.0089
	2	0.2093	0	0.0367	0.0913	0.013	0.002	0.0007	0.068	0.0027
土含盐量分类	轻度盐土 0.1 ~ 0.2，中度盐土 0.2 ~ 0.4，重度盐土 0.4 ~ 0.6									

注：表中数据来自《盘锦固化海滩土路基试验报告》（据冯德成等，2006 年）。

3.2.2　结构剂固化加固滩涂土性能试验

由于路基填筑的土方量大，而工程投资有限，为了尽可能节减结构剂（固化剂）的掺入量而向土中掺入一定比例的普通水泥，必须通过一系列配合比试验，合理确定土、结构剂、水泥三者之间最佳配比，达到要求的固化加固效益且节减成本的目的。应该说明，水泥中含有一些结构剂中相同成分（如氧化钙），因此只要水泥与土、结构剂三者之间混合比恰当，完全可以通过掺入一定量水泥而减少结构剂的掺入比。根据路基填筑性能要求，并且尽可能节减结构剂用量，通过充分的室内配合比试验，确定结构剂掺入比为 1% ~ 3%、水泥掺入比为 3% ~ 7%，选取一个具有代表性的配合比进行击实试验，即土：固化剂：水泥 = 94 ：4 ：2，图 3-17 给出了混合料干密度与含水率之间关系，最佳含水率为 16.3%，最大干密度为 1.80g/cm³。通过正交试验设计方法，优化混合料的最佳配合比，以试件标准养护 7d 的无侧限抗压强度作为优化指标。据此，获得五种不同配合比混合料试件标准养护 7d 的无侧限抗压强度检测结果见表 3-3，击实法制备试件。根据正交分析结

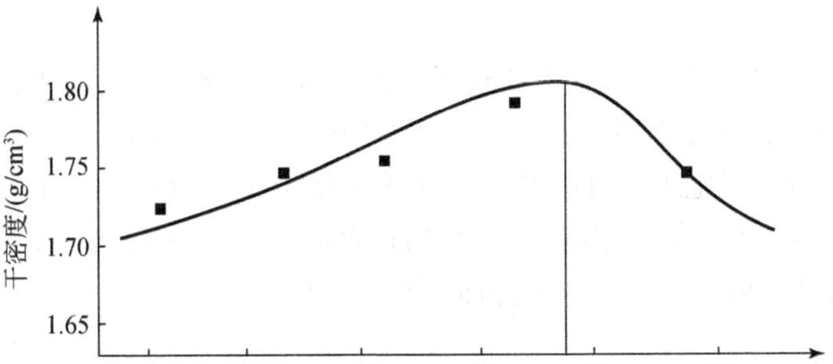

图 3-17　混合料干密度与含水率之间关系

果，结构剂的最优掺入比为 2.5%，水泥的最优掺入比为 6%，混合料的最优配合比为土：结构剂：水泥=91.5：2.5：6，土的固化效果最佳，材料成本也经济节减。这种混合料配比方案，试件标准养护 7d 无侧限抗压强度 1.33MPa、28d 无侧限抗压强度 1.51MPa，初期强度增长快、后期强度增长慢，接近于城市道路底基层固化土 7d 强度要求，因此采用这种配合比进行地基处理或填筑路基可行；此外，这种配合比混合料的试件历经 5 次冻融循环的残余强度比为 56.8%，超过 50%，说明抗冻性较好，满足高寒冻融区填筑路基抗冻性要求。

表 3-3　试件标准养护 7d 无侧限抗压强度与分析

试验号	结构剂掺入比 /%	水泥掺入比 /%	混合料固化强度 /MPa
11	1.0	5.0	0.72
12	1.5	6.0	1.03
13	2.0	7.0	0.96
14	2.5	3.0	0.65
15	3.0	4.0	0.73
22	4.0	8.0	1.40
2 水平 5 次试验 7d 强度平均值	0.75	0.62	
3 水平 5 次试验 7d 强度平均值	0.62	0.63	
1 水平 5 次试验 7d 强度平均值	0.80	0.82	
4 水平 5 次试验 7d 强度平均值	0.64	0.78	

3.2.3　结构剂固化滩涂土路基填筑施工

作为实际工程推广应用中试，首要选择典型盐渍土的滩涂土（重度盐土）试验段，即 K57+100～K57+300，固化土路基宽为 4m，固化土总厚度为 40cm，松铺系数为 1.3，松铺总厚度为 50cm，分两层施工，每层碾压成型厚度为 20cm，混合料的干料配合比为土：固化剂：水泥=94：4：2，采用浅层搅拌法均匀拌合混合料。填筑施工过程简述如下（在下面叙述中，固化剂（结构剂）与水泥合称为外加剂）。

1）施工准备

（1）推土机或平地机一台，洒水车一台，五铧犁一台，悬耕机一台，振动压路机一台（20 吨，最大振动能 36 吨）。

（2）考虑临海空气湿度大，现场施工混合料的最优含水率取 16%，不计结构剂与水泥的含水率（因为二者为干料，含水率极低）。为了保证混合料均匀拌合后的最优含水率在16%左右，据估算，现场采取土的含水率应控制为17.5%左右。翻土与拌合过程中，土中水分难免损失，因此拌合之前湿土含水率应控制在18.5%～19.5%。为了控制这两个含水量，拌合之前，分别检测湿土含水率、混合料含水率。

2）填筑施工过程

填筑施工过程见图3-18。

（1）上土整平：首先摊铺海滩土，然后采用推土机或平地机整平。对于局部过分不平整路段，首先填料整平，然后人工找平或机械整平，以保证均匀撒布外加剂。

(a)规划方格与布施外加剂　(b)均匀撒布外加剂

(c)五铧犁往返翻拌　(d)旋耕机往返翻搅

(e)振动碾压密实成型　(f)静力碾压密实与消除轮迹

(g)养生补水

(h)覆膜养生

图 3-18　填筑施工过程

（2）规划方格：为了便于摊铺外加剂（固化剂+水泥），在整平的滩涂土表面按照10m×4m 规划方格，通过掺入比计算，每个方格固化剂投放 8 袋（每袋 40kg）、水泥投放16 袋（每袋 50kg），考虑施工时较大海风扬尘而损失固化剂、水泥，每个方格各增加 1 袋固化剂、1 袋水泥。

（3）摊铺外加剂：在规划方格中，人工摊铺投放的外加剂。先摊铺水泥，后摊铺固化剂，保证二者摊铺均匀。

（4）拌合外加剂：外加剂均匀摊铺之后，首先采用五铧犁翻拌 2 ~ 3 个来回，然后改用悬耕机翻搅 3 个来回，以保证土与外加剂拌合均匀。

（5）整形碾压成型：土与外加剂均匀拌合之后，首先采用推土机或平地机全场整平，局部不平之处采用人工找平，然后采用 20 吨压路机依次静力碾压 1 个来回、振动碾压 2 个来回、静力碾压 1 个来回，碾压成型。

（6）补水覆膜养护：由于外加剂胶凝固化滩涂土属于吸水化学反应过程，混合料中应有化学反应所需的足量水，因此混合料碾压成型之后，首先采用洒水车洒一次养护水，然后采用塑料膜覆盖固化土，再在上面覆盖一层 20cm 厚的虚土，以防大风掀起塑料膜，进行养护。

3.2.4　填筑施工质量检测与存在问题

填筑施工结束自然养护 7d 之后，通过检测碾压密实的压实度，评定填筑施工质量。压实度检测结果表明，结构剂与水泥联合固化改良滩涂土（重度盐土）具有显著提高固化土强度与密实度的技术性能，固化土的压实度超过 93%，明显超过石灰稳定滩涂土的压实度。特别值得说明的是，养护期正值 10 月，当地最高气温仅 10 ~ 15℃且昼夜温差大，远低于 YJ 类结构剂固化土要求的 22℃以上的环境气温条件，显然不利于固化重度盐滩涂土的强度与密实度快速形成，尽管如此，固化土的压实度仍然达到超过 93% 的理想检测结果，凸显了 YJ 类结构剂对盐渍土具有高效固化密实增强效应。

固化滩涂土路基自然养护 10d 之后，由于工程进度需求，不得不尽快开放交通，频繁通行运送石渣的 40 吨以上重载车。在自然养护龄期越过 30d 的全过程中，虽然重载车一直昼夜反复通行，但是 YJ 类结构剂固化滩涂土填筑层未发现任何破坏迹象。

如上述，YJ 类结构剂固化土过程属于一种吸热化学反应过程（不同于水泥水化过程、石灰土固化过程、三合土固化过程，三者均为放热化学反应过程），而固化滩涂土路基自然养护期正值当地气温远低于要求的不低于 22℃ 环境条件，极不利于固化土的密实与增强，特别是充分发挥结构剂固化土的早强性能、密实性能。这是 YJ 类结构剂固化密实与增强重度盐滩涂土填筑路基施工质量管控存在的重要问题。

3.2.5　结论与总结

（1）工程应用表明，对于如盘锦重度盐滩涂土，单一采用普通水泥作为固化剂，或者采用传统的石灰土技术、三合土技术，无法实现固化加固与无害化处理，但是采用 YJ 类结构剂技术，不仅有效解决这一工程难题，而且固化土具有很好的早强性、密实性、抗冻性，路基填筑之后，可以较早开放交通。

（2）在一定合理配合比条件下，YJ 类结构剂与水泥联合对重度盐滩涂土具有很好的胶凝固化密实与加固效应，能够大幅度去除土中盐碱，显著提高固化土的强度、承载力，以及密实性、稳定性、抗冻性，达到此类滩涂土性能改良与无害化处理的目的。

（3）滨海道路建设中，在就地就近缺乏可用路基填料条件下，按照一定合理比例掺入 YJ 类结构剂、普通水泥，可以就地采用滩涂土填筑路基，从而解决路基填料选择困难，并且大幅度节减工程成本。

第4章　特殊土性能改良与固化加固

世界上，盐渍土、膨胀土、软土、风沙土、湿陷性黄土等特殊土分布极其广泛，更是工程中经常遇到的性能不良土，由此造成的工程病害与病害致灾事故频繁发生。因此，基于避免或减轻工程危害的目的，改良这些特殊土性能一直是各国学者与工程师不懈努力的难点与热点课题，长期大量的研究与实践取得了卓有成效的技术成果。研究、试验、中试与应用表明，矿物基类胶凝材料技术是实现这些特殊土工程性能改良的一种可靠、可行且安全、节减的高效技术途径。承受工程荷载的特殊土应称为特殊土体，即特殊土地基。

4.1　寒区盐渍土性能改良与固化加固

4.1.1　盐渍土基本知识与区域分布

盐渍土，见图4-1，一般称为盐碱土（saline alkali soil），又分为盐土、碱土、盐化土、碱化土。盐土（solonchak）：土中含一定量可溶性盐，以氯化钠、硫酸钠为主，少量碱，pH不一定高。碱土（solonetz）：土中含一定量碱，少量可溶性盐，以碳酸钠、碳酸氢钠为主，pH较高，零星分布。

世界盐碱土分布面积9543800km^2，主要分布于亚洲、欧洲、北美洲、南美洲、非洲。中国盐碱土分布面积991300km^2，位居世界第四，波及23个省、自治区、直辖市，主要分布于东北、华北、西北、青藏高原、滨海等地区，集中于滨海地带、黄淮海冲积平原、松辽平原、晋陕山间河谷盆地、内蒙古河套平原、青海柴达木盆地、甘肃河西走廊、宁夏、新疆。内陆盐碱土形成于地势低平且地下水位较浅地区，如退化湿地、牛轭湖、油田区、冲积扇等，形成于半湿润、半干旱、干旱环境；滨海盐碱土为海水浸渍形成。在剖面上，自上而下，土中盐碱含量逐渐减少，具有成层分布特征；由于盐溶解度差异，由山麓平原→冲积平原→滨海平原（图4-2），土中盐分一般由重碳酸盐→硫酸盐→氯化物变化；盐碱土中腐殖质含量低。油田地区均极其发育盐渍土、盐化土、碱化土，如大庆油田、松原油田、辽河油田、大港油田、胜利油田、江汉油田等广泛分布大面积盐渍土。

在中国，一般基于土中含盐量与pH进行盐渍土分类。根据土中含盐量（%），盐渍土分为轻度盐化土（0.1%～0.2%）、中度盐化土（0.2%～0.4%）、重度盐化土（0.4%～0.6%）。根据土的酸碱度，盐渍土分为强酸性土（pH<5.0）、酸性土（pH=5.0～6.5）、中性土（pH=6.5～7.5）、碱性土（pH=7.5～8.5）、强碱性土（pH>8.5）。根据干土中总盐含量（Z_y,%）、氯化钠含量（L_u,%。计Cl^-）、硫酸盐含量（L_s,%。计SO_4^{2-}），盐渍土分为非盐碱土（Z_y<0.3，L_u<0.02，L_s<0.1）、弱盐碱土（Z_y=0.3～0.5，L_u=0.02～0.04，L_s=0.1～0.3）、中盐碱土（Z_y=0.5～1.0，L_u=0.04～0.1，L_s=0.3～

图4-1 盐渍土现场照片

图4-2 盐渍土由山麓平原→冲积平原→滨海平原差异性分布

0.4）、强盐碱土（$Z_y=1.0\sim2.2$，$L_u=0.1\sim0.2$，$L_s=0.4\sim0.6$）、盐土（$Z_y>2.2$，$L_u\geqslant0.2$，$L_s>0.6$）。

4.1.2 盐渍土工程危害与传统改良方法

盐渍土的不良工程特性：①溶陷性[64]，浸水，土中易溶盐、易溶碱便溶解，导致土的结构破坏，部分或全部丧失承载力，即使在自重力作用下也发生沉陷；②盐胀性[64]，土中硫酸盐结晶体积增大且产生胀应力，致使土的体积增大、结构破坏而疏松，含碳酸盐类土，Na_2CO_3含量达0.5%，也具有明显盐胀性；③冻胀性，负温下因土中水结冰体积增大、盐结晶体积增大而使土发生显著冻胀，加之产生胀应力，导致土的结构破坏，春融期发生显著融沉、部分或全部丧失强度与承载力；④水敏性，土水敏感性极大，表现为浸水膨胀、松软、泥泞，失水收缩、硬结、质轻，并且失水，土体积显著减小，加之盐结晶析出，导致土因大幅度收缩而干裂，土未浸水为凝絮状结构，结构较好，强度较高，承载力较大；⑤腐蚀性，硫酸盐渍土具有强腐蚀性，氯盐渍土、碳酸盐渍土也有不同程度腐蚀性；⑥翻浆性，由于土中易溶盐碱含量高且液、塑限低，易于在较小含水率下丧失抗剪强度、进入液性状态，从而在行车荷载反复作用下出现翻浆，如黑龙江大庆季节冻土区，盐渍土路基春融期融冻翻浆冒泥危害严重。

1. 亟待解决盐渍土无害化处理与工程性能改良问题

过去，国际上一直缺乏长期有效的盐渍土工程性能改良技术。一般采用被动的工程措施处理盐渍土病害及其工程问题，而很少从化学机理入手研究如何有效加固与无害化处理盐渍土。事实上，盐渍土不良工程性能的本质在于土中含有大量化学活性强且溶解性大的盐、碱，若通过化学反应使这些盐、碱转变成化学惰性大且非溶性的胶体成分或结晶水化物，无疑将从本质上解决盐渍土地基、路基、坝基、边坡等长期有效加固与无害化处理问题。

2. 亟待研究盐渍土理论与性能改良措施的配套问题

20世纪50~60年代，中国大规模建设西部铁路，盐胀及其对铁路路基稳定性影响成为这一阶段研究的重点。70年代开始，针对盐渍土地区公路路基，开展了大量盐渍土工程特性、病害规律试验研究与工程实践，1980年出版的《盐渍土地区公路工程》是这一阶段研究工作的系统总结。80年代以后，盐渍土病害防治工作成为研究重点，产生了不少有代表性的研究与实践成果。时至21世纪以来，基础性研究工作主要包括盐渍土物理力学性质、水分盐分迁移机制、盐胀演变规律、盐渍化与冻融关系等，目前亟待开展与工程处理措施紧密结合的细化配套的盐渍土理论研究工作。

（1）盐渍土的基本性质。20世纪50年代，苏联B. M. 别兹露克等较早研究了含盐量影响土的最大干密度、最优含水率、液限、塑限、抗剪强度等，国内学者杨学震等也做过类似研究。20世纪70年代，罗伟甫等在大量盐渍土区公路病害调查基础上，结合室内试验，论述了中国盐渍土的分布、成因、工程性能、公路危害等。此外，中铁第一勘察设计院集团有限公司、天津大学等，研究与探讨了盐渍土的易溶盐含量、界限指标、物理指标等测定方法，除现场荷载试验之外，还研究了地基浸水前、后承载力与变形特性，以及标贯试验、静力触探、动力触探等原位测试技术，取得了一定经验。

（2）盐渍土的微观结构。针对盐渍土的微观结构研究，国内外大多数采用电镜扫描、X-射线衍射分析、差热分析等先进仪器、手段。研究发现，盐渍土一般具有粒状、架空、点接触、接触–胶结等微观结构，结构不稳定，孔径一般远大于粒径；土中可溶盐一般以盐膜形式吸附于黏粒、胶粒周围；黏粒与盐共同作用构成了黄土状盐渍土骨架，胶结物将骨架颗粒胶结于一起，形成盐渍土的连接强度。这项研究提供了盐渍土盐胀机理与规律的解释依据，使从微观角度探讨盐胀机理成为可能。但是，由于技术设备等条件限制，这项研究有待进一步深入。

3. 匮乏治本与长期有效的盐渍土性能改良工程措施

长期以来，一直针对可控因素提出盐渍土地基、路基等病害防治方法，主要包括三大类，即水分隔断类措施、不同加固类措施、盐分去除类措施。水分隔断类措施：阻止水进入盐渍土地基、路基中，从而避免或弱化地基、路基等浸水软化、吸水盐胀、溶解沉陷，主要有提高地基或路堤高度、设置隔离层。不同加固类措施：提高地基、路基、路面的强度与稳定性，主要有强夯加固、浸水预溶强夯（首先浸水预溶，待消除湿陷性部分之后，再强夯加固）、半刚性基层提高路面抗变形能力、挤密桩加固、石灰（水泥、沥青）稳定土。盐分去除类措施：采用换填、化学处置等手段，将与盐胀、溶陷、翻浆密切相关的盐分转化为无害或危害较小的盐分，以达到消除盐渍土病害的目的。

（1）水分隔断类措施。若隔断水分对盐渍土地基、路基等影响，则可较少甚至避免发生导致翻浆出现的土体浸水软化、导致盐胀出现的硫酸盐吸水结晶膨胀、导致溶陷出现的盐分溶解带走等现象，从而降低危害程度。此外，若无水分影响，则盐分可在干燥条件下使地基与路基强度增加，反而有益。

（2）不同加固类措施。强夯加固是处理深厚松土层与软土层的常用方法，具有工艺简单、效果显著、施工快捷、费用较低、适用广泛等优势。若浸水预溶不能完全消除盐渍土的溶陷性，先浸水预溶路基、地基，搁置一段时间，待达到或接近土的最优含水率，再进行强夯，显著提高处理效果。在治理地基与路基盐渍土病害诸多措施中，还有半刚性基层方法，一般向级配良好的砂砾（碎石）层中掺入石灰或水泥等稳定剂作为半刚性基层。对于承载力低且厚度大的盐渍土地基、路基，也可采用碎石桩、石灰砂桩等方法进行加固，以提高强度、减少沉陷。若缺少砂砾料，可采用石灰（水泥）适当改善盐渍土工程性质，使钙离子与钠离子交换。应该说明，有的盐渍土如山东东营黄河三角洲土，采用石灰（水泥）改善工程性质收效并不明显，甚至无效。

（3）盐分去除类措施。对于埋深较浅的超强盐渍土或强盐渍土，为了消除病害隐患，可采取换填法。工程建设之前，采用水浸地基措施使上层土中易溶盐溶解渗入较深土层中，在上层土的易溶盐溶解过程中，土的结构在土自重作用下破坏，部分先存的孔隙被填充，上部地基中空隙减小而发生自重溶沉（预溶沉），由于预溶沉，地基即使再遇水，变形也小得多，从而达到改良盐渍土地基的效果。浸水预溶、换土等方法不适合于含盐量较高、盐渍土层较厚的地基。对此，可采用化学处置方法。目前，化学处置方法一般针对硫酸盐类盐渍土，向土中掺入化学药品，将土中易溶硫酸盐转化为较难溶解的硫酸盐，从而消除产生土体膨胀的主要因素，以达到治理盐胀的目的。

综上所述，长期以来，国内外对盐渍土地基与路基无害化处理一般采用被动的工程措施，而很少从化学机理入手研究如何有效根除或大幅度去除土中有害的易溶盐分、碱分，且有效固化加固盐渍土的高效方法。事实上，盐渍土不良工程性能的根本在于其中含有大量化学活性强且溶解性大的盐分、碱分，完全可以通过化学反应途径，使这些盐、碱成分转变成化学惰性大且非溶性的胶体成分或结晶水化物，无疑将从根本上解决盐渍土地基或路基长期有效无害化处理与固化加固的棘手工程问题。这正是本书此项内容的着眼点，也是国际上此项研究的发展趋势。

4.1.3　盐渍土改良与固化加固化学途径

1. 盐渍土改良与固化加固创新构思

盐渍土中易溶盐由 SO_4^{2-}、Cl^- 等酸根离子与碱金属、碱土金属阳离子组成，碱由 OH^- 离子与碱金属、碱土金属阳离子组成，此外土中黏土矿物表面也吸附大量碱金属、碱土金属元素（以离子形式存在），这些酸根离子、氢氧根离子、碱金属离子、碱土金属离子的化学活性大。因此，可以向盐渍土中按照一定比例掺入其他活性成分，这些活性成分与土中水、酸根离子、氢氧根离子、碱金属离子、碱土金属离子发生一系列化学反应，生成大量塑性强度高、微膨胀且化学惰性大、非溶性的胶体成分、结晶水化物，作为土颗粒胶结物、孔隙充填物、骨架结构物，强胶结土颗粒、密实充填土孔隙，取得对土固化密实加固的目的，不仅显著提高土的抗渗性、抗冻性、抗溶沉性、抗崩解性、抗软化性、稳定性、强度、承载力，且降低土的压实性、腐蚀性，根除或大幅度去除土中有害易溶盐分、碱分，杜绝固化土再次盐渍化与水土污染。基于这种创新性构思，在充分化学反应分析计算基础上，遴选分布广泛、易于获取、成本低廉且无环境污染的多种天然矿物材料，经过精心分级、科学调配且超细碾磨、活化处理，研制了主要用于盐渍土性能改良与无害化处理的特种结构剂，也称为盐渍土固化剂，其中的重要成分是补充由上述酸根离子、氢氧根离子、碱金属离子、碱土金属离子、水反应生成胶体成分、结晶水化物所需的其他活性成分，对盐渍土具有快速胶凝固化与增强性能，工程应用施工快捷、经济节减、无环境污染。

2. 盐渍土改良与固化加固化学机理

采用盐渍土固化剂，改良与固化加固盐渍土，为了降低固化剂掺入比（目的在于降低盐渍土改良与固化加固成本），可以掺入一定比例水泥硅酸盐熟料，若无水泥硅酸盐熟料，也可由32.5R普通硅酸盐水泥或矿渣水泥代替。水泥硅酸盐熟料的主要成分为具有很好化学活性的硅酸三钙（C_3S）、硅酸二钙（C_2S）、铝酸三钙（C_3A）、铁铝酸四钙（C_4AF）等，若仅采用这些成分改良与固化加固盐渍土难以见效或无效，但是与盐渍土固化剂中活性成分联合应用，可以取得很好的盐渍土改良与固化加固效果。盐渍土固化剂的活性成分主要为各种无机盐、氧化物、氯化物等，氧化物全分析结果见表4-1。如上述，盐渍土中

易溶盐由 SO_4^{2-}、Cl^- 等酸根离子与碱金属、碱土金属阳离子组成，碱由 OH^- 离子与碱金属、碱土金属阳离子组成，此外土中黏土矿物表面也吸附大量碱金属、碱土金属元素（以离子形式存在），这些酸根离子、氢氧根离子、碱金属离子、碱土金属离子的化学活性大。盘锦—锦州一带海滩淤泥质土（滩涂土，即盐渍土）的全盐与主要离子含量分析结果见表 3-2，可见，主要为冻胀敏感性大且盐胀性突出的中度盐土、重度盐土，少量为轻度盐土。按照一定掺入比，将固化剂、水泥硅酸盐熟料掺入盐渍土中，拌合均匀、碾压密实，改良与固化加固盐渍土的化学机理阐述如下。

表 4-1　盐渍土固化剂氧化物全分析结果　（单位:%）

氧化物	含量	氧化物	含量
SiO_2	44.62	P_2O_5	0.01
Al_2O_3	12.43	K_2O	0.08
CaO	22.66	Na_2O	0.31
TFeO	2.56	SO_3	10.40
TiO_2	0.36	H_2O^+	2.50
MnO	0.09	CO_2	2.52
MgO	1.20	合计	99.74

注：委托测试单位为吉林大学测试科学实验中心。

（1）普通硅酸盐水泥或矿渣水泥或水泥熟料掺入土中，遇水很快发生一系列水化反应，分别生成均质绒毛状结晶水化物（水化铝酸三钙）、无定型结晶水化物（水化铝酸四钙、水化硅酸二钙、水化硅酸钙）、无定型胶凝体、氢氧化钙，见式（4-1）~式（4-5）。这些结晶水化物与胶凝体具有一定强度，充填于土孔隙、胶结土颗粒，利于降低土的压缩性且提高土的强度、承载力、稳定性、密实性、抗冻性、抗崩解性、抗软化性等。但是，水化反应生成物中含有 $Ca(OH)_2$，而 $Ca(OH)_2$ 为微溶性，很快饱和，逐步抑制水化反应，这就是单纯采用水泥固化加固盐渍土难以见效或无效的一个重要原因；此外，盐渍土中也或多或少含有 Ca（OH）$_2$。

$$3CaO \cdot SiO_2+nH_2O \longrightarrow 2CaO \cdot SiO_2 \cdot (n-1)H_2O+Ca(OH)_2 \tag{4-1}$$

$$2CaO \cdot SiO_2+nH_2O \longrightarrow CaO \cdot SiO_2 \cdot (n-1)H_2O+Ca(OH)_2 \tag{4-2}$$

$$3CaO \cdot Al_2O_3+6H_2O \longrightarrow 3CaO \cdot Al_2O_3 \cdot 6H_2O \tag{4-3}$$

$$4CaO \cdot Al_2O_3 \cdot Fe_2O_3+nH_2O \longrightarrow 3CaO \cdot Al_2O_3 \cdot 6H_2O+X \tag{4-4}$$

$$3CaO \cdot Al_2O_3+Ca(OH)_2+nH_2O \longrightarrow 4CaO \cdot Al_2O_3 \cdot nH_2O \tag{4-5}$$

式中，$3CaO \cdot Al_2O_3 \cdot 6H_2O$ 为水化铝酸三钙；$2CaO \cdot SiO_2 \cdot (n-1)H_2O$ 为水化硅酸二钙；$CaO \cdot SiO_2 \cdot (n-1)H_2O$ 为水化硅酸钙；$4CaO \cdot Al_2O_3 \cdot nH_2O$ 为水化铝酸四钙；X 为无定型胶凝体。

式（4-5）反应物中 $Ca(OH)_2$ 有两个来源：其一是由水泥或水泥熟料中硅酸三钙(C_3S)、硅酸二钙（C_2S）水化生成 $Ca(OH)_2$，见式（4-1）、式（4-2）；其二是盐渍土中 $Ca(OH)_2$，由于盐渍土中 $Ca(OH)_2$ 含量很低，所以通过式（4-5）反应能够使之大部分消耗殆尽，因此利于反应充分快速进行。

（2）盐渍土固化剂掺入土中，遇水立刻反应生成大量铝酸根、硅酸根、硫酸根；此外，盐渍土中也含有较多以易溶盐形式存在的硫酸根。铝酸根、硅酸根、硫酸根将与水泥或水泥熟料水化反应生成物 $Ca(OH)_2$、水化铝酸三钙反应，分别生成水化铝酸三钙（均质绒毛状结晶水化物）、水化硅酸二钙（无定型结晶水化物）、水化硫铝酸钙（具有较大膨胀性的无定型结晶水化物），见式（4-6）~式（4-8），因消耗了土中大量拌合水而利于加速水泥或水泥熟料的水化反应进程，生成的结晶水化物具有一定强度，充填土孔隙、胶结土颗粒，利于降低土的压缩性且提高土的强度、承载力、稳定性、密实性、抗冻性、抗崩解性、抗软化性等。

$$Al_2O_2^{2-}+3Ca(OH)_2+4H_2O \longrightarrow 3CaO \cdot Al_2O_3 \cdot 6H_2O+2H^+ \tag{4-6}$$

$$SiO_4^{4-}+2Ca(OH)_2+nH_2O \longrightarrow 2CaO \cdot SiO_2 \cdot (n-1)H_2O+3H_2O \tag{4-7}$$

$$3SO_4^{2-}+3Ca(OH)_2+3CaO \cdot Al_2O_3 \cdot 6H_2O+23H_2O \longrightarrow 3CaO \cdot Al_2O_3 \cdot 3CaSO_4 \cdot 32H_2O \tag{4-8}$$

式中，$3CaO \cdot Al_2O_3 \cdot 6H_2O$ 为水化铝酸三钙；$2CaO \cdot SiO_2 \cdot (n-1)\ H_2O$ 为水化硅酸二钙；$3CaO \cdot Al_2O_3 \cdot 3CaSO_4 \cdot 32H_2O$ 为水化硫铝酸钙。式（4-6）、式（4-8）反应物中 $Ca(OH)_2$，由水泥或水泥熟料中硅酸三钙（C_3S）、硅酸二钙（C_2S）经过水化反应生成，见式（4-1）、式（4-2）。

（3）盐渍土固化剂中 CaO 也与 H_2O 反应生成 $Ca(OH)_2$。$Ca(OH)_2$ 再与铝酸根、硅酸根、水反应，生成水化铝硅酸钙（具有较大膨胀性与一定强度的无定型结晶水化物）、无定型胶凝体（具有一定强度），见式（4-9），不仅消耗土中大量水分，而且产生的膨胀晶体还成为土骨架成分之一且充填土孔隙（因较大膨胀性而使充填更密实）、胶结土颗粒，无定型胶凝体也充填土孔隙、胶结土颗粒，显著降低土的压缩性且提高土的强度、承载力、稳定性、密实性、抗冻性、抗崩解性、抗软化性等。

$$Ca(OH)_2+Al_2O_2^{2-}+3SiO_4^{4-}+nH_2O \longrightarrow CaO \cdot Al_2O_3 \cdot 3SiO_2 \cdot (n-1)H_2O+Y \tag{4-9}$$

式中，$CaO \cdot Al_2O_3 \cdot 3SiO_2 \cdot (n-1)\ H_2O$ 为水化铝硅酸钙；Y 为无定型胶凝体。

（4）盐渍土固化剂遇水快速产生铝酸根、硫酸根，加之盐渍土中的硫酸根、水，将与盐渍土中黏土矿物吸附的碱金属离子、盐碱成分的碱金属离子发生化学反应，首先生成明矾石，见式（4-10）。明矾石在 $Ca(OH)_2$、$CaSO_4$ 激发下缓慢膨胀且生成凝胶状钙矾石，并且产生具有一定强度的无定型胶凝体，见式（4-11），从而改善水泥集料界面与土颗粒表面微区结构、孔结构、应力状态等，由此调整土的密实度、强度，利于降低土的压缩性且提高土的强度、承载力、稳定性、密实性、抗冻性、抗崩解性、抗软化性等。

$$3Al_2O_2^{2-}+4SO_4^{2-}+2(K^+,Na^+)+6H_2O \longrightarrow 2(K^+,Na^+)Al_3(SO_4)_2(OH)_6 \tag{4-10}$$

$$2(K^+,Na^+)Al_3(SO_4)_2(HO)_6+11Ca(OH)_2+CaSO_4+nH_2O \longrightarrow 3C_3A \cdot 3CaSO_4 \cdot 32H_2O+2(K^+,Na^+)OH+Z \tag{4-11}$$

式中，$3C_3A \cdot 3CaSO_4 \cdot 32H_2O$ 为钙矾石；Z 为无定型胶凝体。

（5）盐渍土固化剂中含有较多微晶状活性 SiO_2；此外，固化剂在水泥或水泥熟料成分激发下与水作用，也产生大量活性胶凝状 SiO_2。这些活性 SiO_2 与 $Ca(OH)_2$ 反应生成具有一定强度与较大膨胀性的水化硅酸钙，见式（4-12），利于固化土发生微膨胀与强度增长。

$$2Ca(OH)_2+SiO_2+mH_2O \longrightarrow 2CaO \cdot SiO_2 \cdot nH_2O \tag{4-12}$$

式中，$2CaO \cdot SiO_2 \cdot nH_2O$ 为水化硅酸钙（无定型结晶水化物）。

（6）盐渍土固化剂遇水产生一定量 NaOH；此外，盐渍土中也含有 NaOH。NaOH 将与活性 SiO_2、$Ca(OH)_2$、H_2O 反应，生成具有一定强度的水化硅酸钙（无定型胶凝体），见式（4-13），从而加速水泥或水泥熟料水化反应进程。生成的无定型胶凝体充填土孔隙、胶结土颗粒，利于降低土的压缩性且提高土的强度、承载力、稳定性、密实性、抗冻性、抗崩解性、抗软化性等。

$$nSiO_2+Na_2O+Ca(OH)_2+mH_2O \longrightarrow CaO \cdot nSiO_2 \cdot mH_2O+NaOH \tag{4-13}$$

式中，$CaO \cdot nSiO_2 \cdot mH_2O$ 为水化硅酸钙。

式（4-13）反应物中 $Ca(OH)_2$ 有三种来源：①主要由水泥或水泥熟料中硅酸三钙（C_3S）、硅酸二钙（C_2S）水化生成 $Ca(OH)_2$，见式（4-1）、式（4-2）；②盐渍土固化剂中 CaO 与 H_2O 反应生成 $Ca(OH)_2$；③盐渍土中 $Ca(OH)_2$。

（7）盐渍土固化剂掺入土中遇水，将与盐渍土中黏土矿物吸附的碱土金属离子、盐碱成分的碱土金属离子反应，生成具有一定强度的结晶水化物——碱土金属水合硅酸盐、具有较高强度的硅质无定型胶凝体，见式（4-14）。生成的碱土金属水合硅酸盐、硅质无定型胶凝体均充填土孔隙、胶结土颗粒，显著降低土的压缩性且提高土的强度、承载力、稳定性、密实性、抗冻性、抗崩解性、抗软化性等。通过式（4-14）反应，首先将盐碱成分的碱土金属离子消耗殆尽，然后再消耗黏土矿物吸附的碱土金属离子，这是由于盐碱成分的碱土金属离子因活性较大而更容易反应，黏土矿物吸附的碱土金属离子因存在较大的吸附作用而不易进入反应体系中。

$$nSiO_2+Na_2O+Ca(Mg,Ba)Cl_2+xH_2O \longrightarrow 2NaCl_2+Ca(Mg,Ba)SiO_2 \cdot xH_2O+(n-1)SiO_2 \tag{4-14}$$

式中，$(n-1)$ SiO_2 为无定型胶凝体；$Ca(Mg, Ba)SiO_2 \cdot xH_2O$ 为碱土金属水合硅酸盐。

（8）盐渍土固化剂掺入土中遇水，很快反应产生 NaOH；此外，盐渍土中也含有 NaOH。NaOH 与活性 SiO_2 反应形成大量微粒结晶体——硅酸钠 $Na_2O \cdot nSiO_2$，见式（4-15）。硅酸钠又与土中 $Ca(OH)_2$ 反应，生成具有一定强度的无定型胶凝体——水化硅酸钙，见式（4-16），充填土孔隙、胶结土颗粒，利于降低土的压缩性且提高土的强度、承载力、稳定性、密实性、抗冻性、抗崩解性、抗软化性等。

$$2NaOH+nSiO_2 \longrightarrow Na_2O \cdot nSiO_2+H_2O \tag{4-15}$$

$$Na_2O \cdot nSiO_2+Ca(OH)_2+mH_2O \longrightarrow CaO \cdot nSiO_2 \cdot mH_2O+NaOH \tag{4-16}$$

式中，$Na_2O \cdot nSiO_2$ 为硅酸钠；$CaO \cdot nSiO_2 \cdot mH_2O$ 为水化硅酸钙。式（4-15）属于一种可逆反应。

（9）盐渍土固化剂掺入土中遇水，立刻产生碱基激活剂，使得土中 $CaCl_2$ 通过式（4-17）反应形成 $Ca(OH)_2$。$Ca(OH)_2$ 再与活性 SiO_2 反应生成具有一定强度与较大膨胀性的水化硅酸钙，见式（4-12），利于土微膨胀与强度增长。

$$CaCl_2+2OH^- \longrightarrow Ca(OH)_2+2Cl^- \tag{4-17}$$

（10）盐渍土固化剂掺入土中，土中可溶性Na_2CO_3、$NaHCO_3$中Na^+参与形成凝胶状钙矾石、无定型胶凝体，见式（4-10）、式（4-11）；在固化剂掺入土中遇水产生的碱基激活剂作用下，CO_3^{2-}、HCO_3^-与Ca^{2-}反应生成$CaCO_3$沉淀，见式（4-18）、式（4-19），似胶凝针状体，具有一定强度，充填土孔隙、胶结土颗粒，利于降低土的压缩性且提高土的强度、承载力、稳定性、密实性、抗冻性、抗崩解性、抗软化性等。

$$Ca^{2-}+CO_3^{2-} \longrightarrow CaCO_3\downarrow \tag{4-18}$$

$$Ca^{2-}+HCO_3^-+OH^- \longrightarrow CaCO_3\downarrow +H_2O \tag{4-19}$$

（11）Cl^-具有较强的进入絮凝状胶体格架中且促进胶体絮凝作用的胶体化学动力性能，因此在盐渍土固化剂掺入土中而形成大量絮凝状胶体之后，盐渍土中Cl^-便进入胶体格架中而长期稳定下来，并且加速胶体絮凝作用，利于胶体长期稳定性与强度上升，进而降低土的压缩性且提高土的强度、承载力、密实性、抗冻性、抗崩解性、抗软化性、稳定性等。

根据上述盐渍土固化剂胶凝固化密实与加固盐渍土的化学过程，不难看出：①固化剂遇水快速产生的铝酸根、硅酸根、硫酸根，以及盐渍土中既有的硫酸根，将最早形成水化硅酸二钙、水化铝酸三钙、水化硫铝酸钙，三者可作为后续反应的晶体生长核，因此大幅度加快各种水化反应进程，生成更多具有一定强度的水化结晶体、胶凝体，显著降低土的压缩性且提高土的强度、承载力、密实性、抗冻性、抗崩解性、抗软化性、稳定性等，并且使土胶凝固化时间较短、强度增长较快；②土胶凝固化中产生的大量水化结晶体、胶凝体，由于在潮湿或水下环境可确保长期稳定性（盐渍土地区地基中显然具备这种长期潮湿或水下环境条件），加之水化结晶体、胶凝体与土颗粒之间强胶结作用，以及二者因微膨胀而对土孔隙的密实充填效应，所以固化土具有很好的长期抗冻性、稳定性；③由于盐渍土中大量可溶盐碱成分（作为土颗粒胶结物、土孔隙充填物、土骨架结构物）在土胶凝固化过程中几乎被反应殆尽，代之以形成大量在潮湿或水下环境长期稳定的非溶性水化结晶体、胶凝体，作为新的土颗粒胶结物、土孔隙充填物、土骨架构成物，因此固化土具有很好的抗浸水溶沉性、抗浸水崩解性、抗浸水软化性；④又因为固化土中绝大多数孔隙均被水化结晶体、胶凝体密实充填，而这些水化结晶体、胶凝体具有一定强度与微膨胀性，固化土密实性大幅度提高、含水率大幅度降低，并且封堵了绝大多数地表水入渗与地下水渗流通道，所以固化土具有很好的抗冻胀性、低压缩性与较高的强度、承载力；⑤通过一系列固化化学反应，消耗了土中具有强腐蚀性的有害盐碱成分，代之以形成大量化学惰性大而无腐蚀作用的水化结晶体、胶凝体，因此固化土显然无由盐碱成分直接导致的腐蚀性，而表现为低腐蚀性或微腐蚀性。

4.1.4 盐渍土固化试件结构性电镜扫描

为了进一步确认采用盐渍土固化剂对盐渍土实施固化加固与无害化处理的化学机理，即胶凝固化反应中是否一定生成如上述化学反应机理阐述中所述的大量结晶水化物与胶体成分，进行了盐渍土固化试件断面电镜扫描检测，检测结果如下。配合盐渍土固化剂使用的水泥为32.5R普通硅酸盐水泥。采用重型击实法制作试件，盐渍土固化剂、32.5R普通硅酸盐水泥、盐渍土三者混合料的含水率控制为最优含水率，试件标准养护 7d、28d，切取试件断面进行电镜扫描。

第一组试件材料配比为：盐渍土：固化剂：水泥=94：4：2，混合料的最优含水率为 16%、最大干密度为 1.8g/cm^3。试件标准养护 7d，断口二次电子成像（secondary electron imaging，SEI）照片见图 4-3，很多新生的纤维状（绒毛状）结晶水化物，周围分布一些絮状无定型胶凝体或无定型结晶水化物。试件标准养护 28d，断口 SEI 照片见图 4-4。相比标准养护 7d 试件，试件标准养护 28d 中原纤维状、绒毛状、絮状等结晶水化物明显变大且增多。

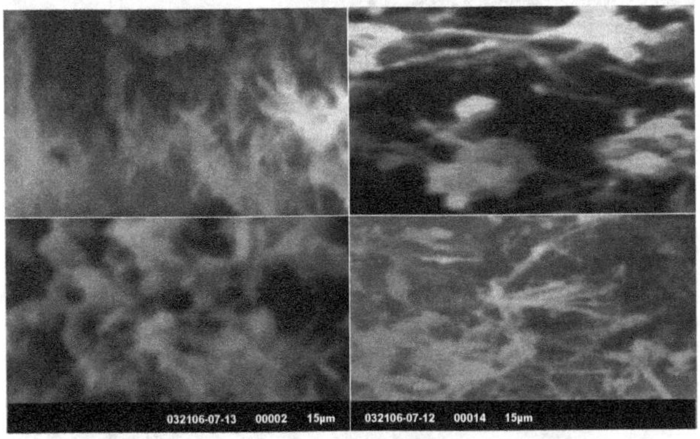

图 4-3　第一组试件标准养护 7d，断口 SEI 照片（×1000）

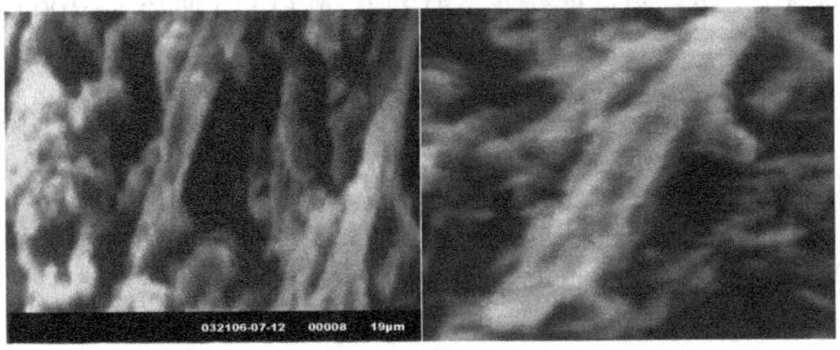

图 4-4　第一组试件标准养护 28d，断口 SEI 照片（×1000）

第二组试件材料配比为：盐渍土：固化剂：水泥=92：6：2，混合料的最优含水率为 15.5%、最大干密度为 1.78g/cm^3。试件标准养护 7d，断口 SEI 照片见图 4-5，很多新生的絮状无定型胶凝体或无定型结晶水化物，偶有新生的纤维状结晶水化物。试件标准养护 28d，断口 SEI 照片见图 4-6，相比标准养护 7d，试件标准养护 28d 中原絮状无定型胶凝体或无定型结晶水化物进一步变大且增多，有的成为玫瑰状或云朵状，基本无纤维状结晶水化物再生。

对比图 4-3～图 4-6 可以看出，在盐渍土固化剂与 32.5R 普通硅酸盐水泥配合胶凝固化盐渍土过程中，通过一系列化学反应生成了大量无定型胶凝体或结晶水化物，表明上述固化化学机理的可靠性；并且，随着试件养护期龄延长、固化剂掺入比增大，无定型胶凝体或结晶水化物的生成量也越多、粒度也越大。由于盐渍土胶凝固化生成了大量无定型胶

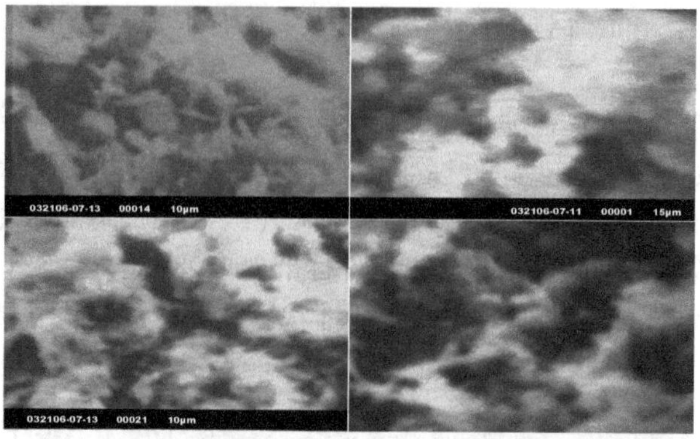

图 4-5　第二组试件标准养护 7d，断口 SEI 照片（×1000）

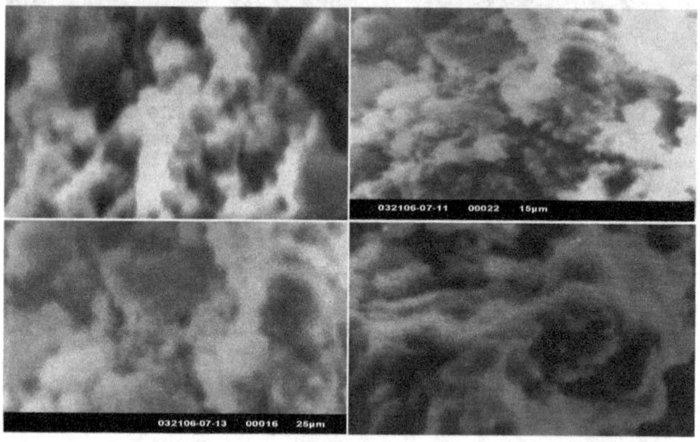

图 4-6　第二组试件标准养护 28d，断口 SEI 照片（×1000）

凝体或结晶水化物，具有一定强度与微膨胀性，并且化学惰性大，在潮湿或水下环境中长期稳定，因此作为土孔隙充填物、土颗粒胶结物、土骨架结构物，极其利于降低土的压缩性且提高土的强度、承载力、密实性、抗渗性、抗震性、抗冻性、抗侵蚀性、抗崩解性、抗软化性、稳定性等，显著改善地基工程性能。

4.1.5　盐渍土固化剂技术性能试验检测

根据盐渍土胶凝固化与无害化处理化学机理、固化试件结构性电镜扫描检测结果可以看出，盐渍土固化剂与普通硅酸盐水泥或水泥熟料配合使用，在合适的配合比、混合料最优含水率条件下，充分碾压密实（击实）与（标准）养护之后，通过胶凝固化的一系列化学反应，不仅能够消除盐渍土中大量有害的盐碱成分，而且生成的大量化学惰性大且具有一定强度与微膨胀性的非溶胶体成分、结晶水化物，在潮湿或水下环境中长期稳定存在，作为土孔隙充填物、土颗粒胶结物、土骨架结构物，极其利于降低土的压缩性且提高土的强度、承载力、密实性、抗渗性、抗震性、抗冻性、抗侵蚀性、抗崩解性、抗软化性、稳定性等，显著改善地基工程性能。

在不良土地基加固工程中，土固化效应的室内试验极其关心标准养护期龄试件的无侧限抗压强度，因此针对我国具有一定地域代表性且分布面积较大的大庆盐渍土（沼泽相成因)、盘锦盐渍土（滨海相成因，滩涂土)、东营盐渍土（三角洲相成因)、烟台盐渍土(海相成因)，采用6种不同材料配比方案的盐渍土固化剂，进行了固化土无侧限抗压强度检测的大量室内试验。

采用6种不同材料配比方案（G1～G6）的盐渍土固化剂，分别固化大庆盐渍土，试件标准养护7d无侧限抗压强度检测结果见表4-2（水泥为哈尔滨天鹅牌32.5R普通硅酸盐水泥，小型试件击实法)，变化于3.81～8.06MPa，达到了很高的固化强度。可见，材料配比方案G1、G2的盐渍土固化剂具有更大的工程推广应用优势，既高效，又节减。

表4-2　大庆盐渍土固化试件标准养护7d无侧限抗压强度检测结果

<table>
<tr><th rowspan="2">试件编号</th><th colspan="3">材料配比/%</th><th rowspan="2">混合料
最优含水率/%</th><th rowspan="2">无侧限抗压
强度/MPa</th></tr>
<tr><th>水泥</th><th>盐渍土固化剂</th><th>盐渍土</th></tr>
<tr><td>DQ01-G1</td><td rowspan="9">10</td><td rowspan="9">2</td><td rowspan="9">88</td><td rowspan="4">12</td><td>5.39</td></tr>
<tr><td>DQ02-G2</td><td>6.09</td></tr>
<tr><td>DQ03-G3</td><td>3.46</td></tr>
<tr><td>DQ04-G4</td><td>4.14</td></tr>
<tr><td>DQ05-G1</td><td rowspan="5">13</td><td>3.96</td></tr>
<tr><td>DQ06-G2</td><td>4.95</td></tr>
<tr><td>DQ07-G3</td><td>4.59</td></tr>
<tr><td>DQ08-G4</td><td>3.81</td></tr>
<tr><td>DQ09-G5</td><td>8.06</td></tr>
<tr><td>DQ10-G1</td><td>7</td><td>2</td><td>91</td><td rowspan="2">12</td><td>6.30</td></tr>
<tr><td>DQ11-G6</td><td>10</td><td>2</td><td>88</td><td>6.09</td></tr>
</table>

注：试件编号DQ01～DQ11表示试件组，G1～G6表示6种不同材料配比方案的盐渍土固化剂。

采用材料配比方案G1的盐渍土固化剂，固化东营盐渍土，试件标准养护28d无侧限抗压强度检测结果见表4-3（水泥为哈尔滨天鹅牌32.5R普通硅酸盐水泥，中型试件击实法)，变化于2.07～3.15MPa，平均值变化于2.20～2.74MPa，达到了较高的固化强度。

表4-3　东营盐渍土固化试件标准养护28d无侧限抗压强度检测结果

<table>
<tr><th rowspan="2">盐渍土固化剂
材料配比方案</th><th rowspan="2">试件编号</th><th colspan="2">无侧限抗压强度/MPa</th></tr>
<tr><th>检测值</th><th>平均值</th></tr>
<tr><td rowspan="2">第1种方案G1</td><td>SD-G1-1</td><td>2.66</td><td rowspan="2">2.74</td></tr>
<tr><td>SD-G1-2</td><td>2.82</td></tr>
</table>

续表

盐渍土固化剂材料配比方案	试件编号	无侧限抗压强度/MPa	
		检测值	平均值
第 2 种方案 G2	SD-G2-1	3.15	2.65
	SD-G2-2	2.14	
第 3 种方案 G3	SD-G3-1	2.07	2.20
	SD-G3-2	2.32	
第 4 种方案 G4	SD-G4-1	2.75	2.61
	SD-G4-2	2.47	
第 5 种方案 G5	SD-G5-1	2.94	2.69
	SD-G5-2	2.45	

注：①试件编号 SD 表示东营，G1 ~ G5 表示 5 种不同材料配比方案的盐渍土固化剂，数字 1 ~ 2 表示试件组。②干料配比为固化剂 4%，水泥 6%，盐渍土 90%。③固化剂、水泥、盐渍土混合料的最优含水率为 15% ~16%。

盘锦盐渍土固化试件，标准养护 7d、28d 无侧限抗压强度检测结果分别见表 4-4、图 4-7。由此可见：①标准养护 7d 无侧限抗压强度的检测值变化于 0.48 ~1.32MPa，标准养护 28d 无侧限抗压强度的检测值变化于 1.01 ~2.89MPa，后者较前者强度提高一倍多，说明养护时间对固化土强度提高具有重要意义；②随着养护时间延长、固化剂掺入比增大、水泥掺入比增大，固化土强度明显或显著提高，见图 4-7；③但是，当固化剂掺入比为 2.5% 时，水泥掺入比超过 5%，固化土标准养护 28d 强度反而因水泥掺比增加而显著降低，见图 4-7（h）。进一步研究表明，在固化剂掺入比一定条件下，水泥中熟料活性成分与固化剂中活性成分、土中盐碱成分、土中黏土矿物表面的吸附碱金属或碱土金属离子发生充分的化学反应之后，若水泥中熟料活性成分还有一定量剩余，则很不利于盐渍土固化加固，因此若固化剂掺入比一定，水泥掺入比过大，将导致盐渍土固化强度发生一定程度降低，水泥熟料剩余越多，强度降低越多。鉴于上述，水泥掺入比、水泥与固化剂相对掺入比，直接影响盐渍土固化加固效果。

表 4-4　盘锦盐渍土固化试件标准养护 7d 与 28d 无侧限抗压强度检测结果

试件编号	材料配比/%			抗压强度/MPa	
	盐渍土固化剂	水泥	盐渍土	7d	28d
D01	1.0	4.0	95.0	0.48	1.01
D02	1.5	4.0	94.5	0.53	1.28
D03	2.0	4.0	94.0	0.68	1.52
D04	2.5	4.0	93.5	0.72	1.67
D05	3.0	4.0	93.0	0.75	1.75

续表

试件编号	材料配比/%			抗压强度/MPa	
	盐渍土固化剂	水泥	盐渍土	7d	28d
D06	3.5	4.0	92.5	0.81	1.83
D07	4.0	4.0	92.0	0.93	1.95
D02	1.5	4.0	94.5	0.53	1.28
D08	1.5	5.0	93.5	0.67	1.48
D09	1.5	6.0	92.5	0.79	1.61
D10	1.5	7.0	91.5	0.86	1.98
D11	1.5	8.0	90.5	0.86	2.37
D03	2.0	4.0	94.0	0.68	1.52
D12	2.0	5.0	93.0	0.95	1.88
D13	2.0	6.0	92.0	1.11	1.94
D14	2.0	7.0	91.0	1.23	2.67
D15	2.0	8.0	90.0	1.32	2.89
D04	2.5	4.0	93.5	0.72	1.67
D16	2.5	5.0	92.5	0.84	2.83
D17	2.5	6.0	91.5	0.91	2.70
D18	2.5	7.0	90.5	1.06	2.65
D19	2.5	8.0	89.5	1.09	2.47

注：①水泥为哈尔滨天鹅牌 32.5R 普通硅酸盐水泥，固化剂为 G1；②固化剂、水泥、盐渍土混合料的最优含水率为 15%～16%；③试件成型用大型试件击实法。

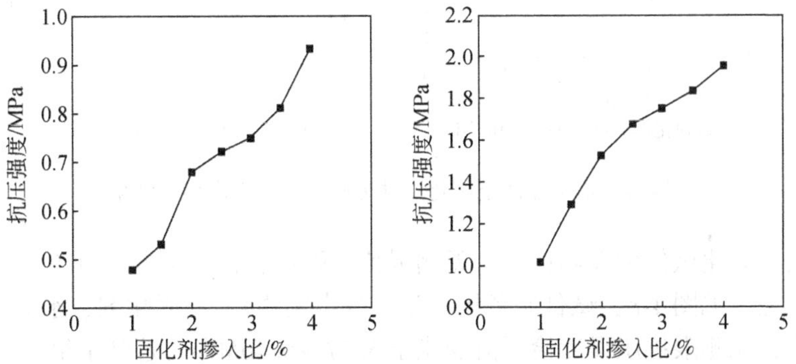

(a)水泥4%，标准养护7d　　(b)水泥4%，标准养护28d

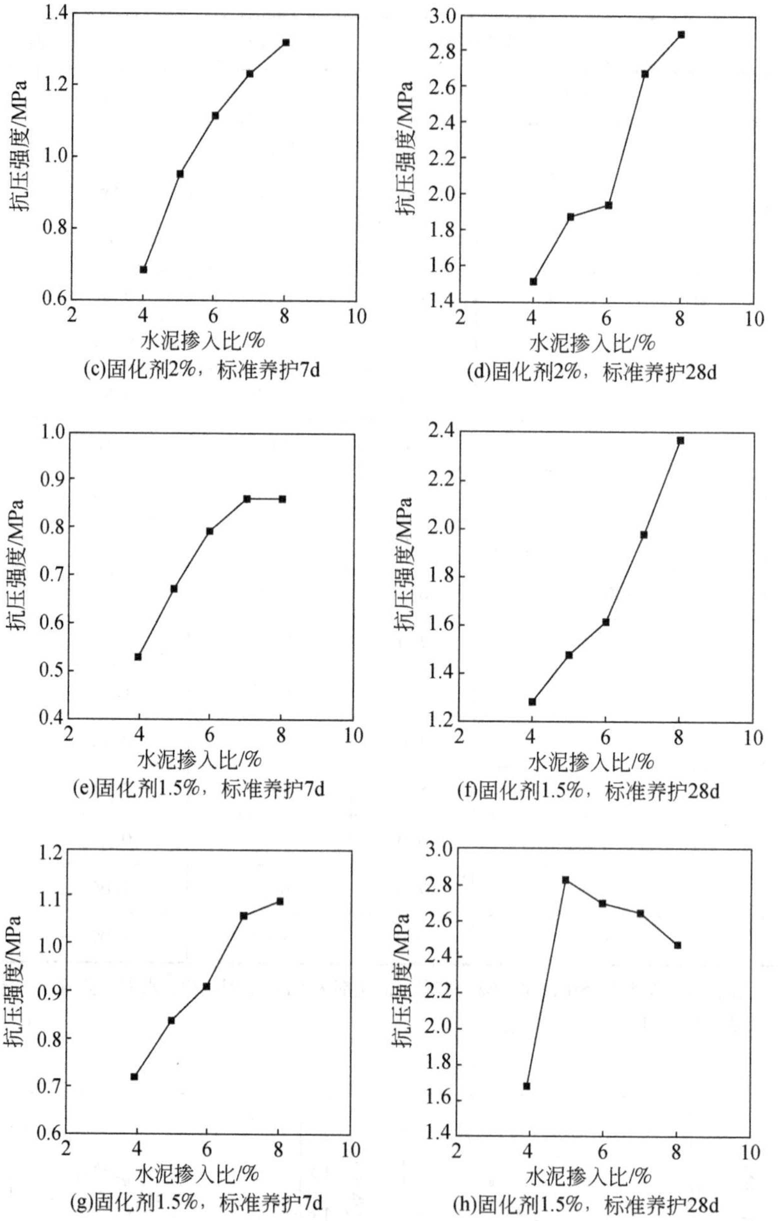

图4-7　盘锦盐渍土固化试件无侧限抗压强度检测结果

烟台盐渍土固化试件标准养护28d无侧限抗压强度检测结果见表4-5（土样取自烟台港务局码头海土，见图4-8；试件制备用小型试件击实法），在固化剂、水泥、盐渍土不同掺入比条件下，无侧限抗压强度检测值变化于5.07～8.40MPa，达到了很高的固化强度。

表 4-5　烟台盐渍土固化试件标准养护 28d 无侧限抗压强度检测结果

<table>
<tr><th rowspan="2">试件组编号</th><th colspan="3">材料配比/%</th><th rowspan="2">最优含水量/%</th><th rowspan="2">抗压强度/MPa</th></tr>
<tr><th>水泥</th><th>盐渍土固化剂</th><th>盐渍土</th></tr>
<tr><td>YT01-G1</td><td rowspan="4">7</td><td rowspan="4">3</td><td rowspan="4">90</td><td rowspan="4">15.7</td><td>5.76</td></tr>
<tr><td>YT02-G2</td><td>7.38</td></tr>
<tr><td>YT03-G3</td><td>7.74</td></tr>
<tr><td>YT04-G4</td><td>6.77</td></tr>
<tr><td>YT05-G1</td><td rowspan="3">8</td><td rowspan="3">2.5</td><td rowspan="3">89.5</td><td rowspan="3">15.2</td><td>5.70</td></tr>
<tr><td>YT06-G2</td><td>5.07</td></tr>
<tr><td>YT07-G3</td><td>5.53</td></tr>
<tr><td>YT08-G1</td><td>5</td><td>4</td><td>92</td><td rowspan="2">15.4</td><td>8.40</td></tr>
<tr><td>YT09-G4</td><td>5</td><td>2</td><td>93</td><td>5.72</td></tr>
</table>

注：①水泥为哈尔滨天鹅牌 32.5R 普通硅酸盐水泥；②试件编号 YT01～09 表示试件组，G1～G4 表示 4 种不同材料配比方案的盐渍土固化剂。

图 4-8　烟台港三期埝东南角场地海相淤泥与粉细砂土

通过固化试件抗渗性抽检，以上各种盐渍土固化试件标准养护 7d、28d 的渗透系数均达到 $n\times10^{-6}$～$n\times10^{-8}$cm/s 量级（n 为系数，如 2.63×10^{-8}cm/s，其中 2.63 即为 n）。

4.1.6　盐渍土固化剂工程应用技术方法

1. 材料配比方案与施工质量管控试验

根据固化土大量室内试验与现场中试结果，盐渍土固化剂用于盐渍土性能改良、固化加固、冻害防控，材料配比方案可以合理确定为：固化剂 2%～5%，32.5R 普通硅酸盐水泥 4%～10%，盐渍土 85%～94%，既满足工程需求，又经济节减。试验研究表明：①固化剂掺入比、水泥掺入比增大，利于提高固化土强度、承载力、密实性、抗冻性、稳定性等且降低压缩性；②但是，若固化剂掺入比一定，则水泥掺入比存在一个“阈值”（这种

"阈值"因盐渍土类型、成因、形成环境不同而变化)，水泥掺入比超过这种"阈值"，随着水泥掺入比增大，不仅不能提高土固化效果，反而起负面作用。

各地盐渍土颗粒级配、胶结类型、矿物类型、黏粒含量、化学成分、盐碱成分等差异较大，加之工程对固化土性能要求也不同，致使固化土施工个例性强，几乎一个工程一个样，因此施工设计之前必须针对具体工程需求且依据相关规范，进行固化土配合比室内试验，并且需结合现场规模试验。试验目的：①遴选固化剂、水泥、土三者之间最佳材料配比方案；②确定混合料的最优含水率；③以取得最佳固化效果为准则，确定现场施工取得最佳碾压密实度的施工方法、质检方法、合格标准，如混合料虚铺厚度、碾压成型厚度、静动碾压能量、往返碾压次数、静载荷试验标准、弯沉检测标准、K_{30}检测标准、工后检测时间等。室内配合比试验要点：①击实法制备试件；②试件标准养护28d，检测试件的无侧限抗压强度、抗渗性、抗冻性、抗软化性，作为满足工程要求的试验控制标准；③首先确定固化剂、水泥、土三者之间最佳材料配比方案，然后确定混合料最优含水率；④基于混合料最佳材料配比方案、最优含水率，批量制备试件，检测标准养护28d的无侧限抗压强度、抗渗性、抗冻性、抗软化性。

2. 施工技术与质量管控方法现场试验

如上述，各地盐渍土差异较大，加之不同工程具体要求不同，致使固化土施工个例性强，几乎一个工程一个样；此外，室内试验结果用于实际工程难免存在一定距离，加之现场施工具有较大粗放性，如实验室制备试件的精细化、养护条件的标准化，现场施工很难达到实验室标准。因此，大规模施工之前，必须基于实验室结果，结合相关技术规范或标准，在施工现场进行固化土施工的规模化试验，据此合理确定规模施工技术、质量管控规则、质量检测时间、质量检测方法、合格评定标准。

现场试验中需要注意五个问题：①固化剂与水泥的含水率可以不考虑，但是必须首先测定盐渍土的天然含水率（计入混合料含水率中)，然后根据实验室确定的固化剂、水泥与盐渍土混合料的最优含水率，计算向混合料中补水量；②若盐渍土中天然含水率很高，即使掺入固化剂、水泥也达不到混合料最优含水率要求，需要采取适当补救措施，如向盐渍土中掺入一定量干土或预排水，或者进行翻晒、增加固化剂与水泥掺量等，以使固化剂、水泥、土混合料达到最优含水率；③现场试验施工方法，首先一定采用设计施工方法，然后根据试验结果，视具体情况适当调整设计施工方法，用于大规模施工；④现场试验施工结束，一定做好养护工作，如若为混合料填筑地基，可向地基表面洒水、覆膜养护；⑤自然养护28d，根据固化土地基类型，如建筑地基、公路路基、铁路路基，分别依据各自检测标准、检测方法，进行施工质量检测，一般以承载力、弯沉等指标作为现场试验合格的评判标准。

现场试验三个目的：①根据现场试验结果，适当微调由室内试验确定的固化剂、水泥、盐渍土三者混合比例；②根据现场试验结果，适当调整原先确定的施工设计方案、质量管控规则、质量检测时间、质量检测方法、合格评定标准；③获得原先未考虑到的施工技术细节与关键注意事项。

3. 固化剂用于地基加固分层填筑技术

盐渍土层厚度不超过3m且无覆盖层或覆盖层薄（覆盖层厚度小于30cm），建议采用分层填筑施工技术，固化加固盐渍土地基，效果很好。分层填筑施工工艺流程如下。

（1）全部挖出拟固化的盐渍土层，原地堆放，并且检测土的天然含水率。

（2）根据固化剂、水泥、盐渍土之间混合比设计，向挖出的土中掺入固化剂、水泥且拌合均匀、分层回填，每一回填层虚厚度以30～35cm为宜，人工翻拌或机械拌合（如大型混凝土搅拌机拌合），拌合中应打碎较大土块；每一层回填后，基于固化剂、水泥、盐渍土混合料的最优含水率计算结果，采用均匀喷洒方式补足水，碾压密实。

（3）也可以采用另一种回填与拌合方法：在未掺入固化剂、水泥之前，首先按照每一回填层虚铺厚度为30～35cm的标准回填、摊平，然后根据设计固化剂掺入比、水泥掺入比，向回填土层上均匀撒布固化剂、水泥，再基于固化剂、水泥、盐渍土三者混合料的最优含水率计算结果，采用均匀喷洒方式补足水，最后采用旋耕机打碎土块、五铧犁翻拌均匀，碾压密实。

（4）回填一层、碾压一层，检测合格后再填筑下一层。采用至少40吨振动压路机，振动碾压3个往返、静力碾压2个往返。每一层虚铺之后，先在虚铺土层上垫上草甸，再碾压密实，碾压结束，拆除草甸，填筑下一层。

（5）各层填筑结束，首先进行地基振动碾压成型、静碾消除轨迹，然后对地基表面喷洒水、覆膜养护。在22℃以上气温环境下自然养护28d，根据相关工程规范或规程要求，现场检测地基固化加固效果，如强度、弯沉、承载力、抗渗性等指标，据此评定地基固化加固的有效性。

（6）值得注意的五点：①固化剂与水泥配合固化加固盐渍土属于一系列连锁吸热化学反应过程，而在野外环境中化学反应吸收的热量来自大气蕴含的热量，环境气温越低，化学反应越慢、完成时间越长，因此若施工时的环境气温低于22℃，自然养护时间需要延长至40～50d，检测填筑质量与固化效应；②若环境气温低于10℃，盐渍土固化加固效果难以保证，建议不要施工；③因为固化剂与水泥配合固化加固盐渍土又为一系列连锁吸水化学反应过程，需要保持充足水分，因此在地基填筑成型之后，应对地基表面喷洒足够养护水，再覆膜养护，并且养护过程中还应视具体情况不定期揭开薄膜补洒养护水；④若需要进一步提高盐渍土固化加固后地基的强度、承载力且降低地基的压缩性、弯沉等，建议在每一层土回填过程中，向土中适当掺入块石、碎石或粗砂，每立方米土中掺入200～300kg块石、碎石或粗砂，效果显著；⑤在条件允许情况下，采用固化加固与堆载预压联合方法处理盐渍土地基效果更好，即采用固化剂与水泥配合固化加固盐渍土施工结束之后，再对地基进行堆载预压。

4. 固化剂用于搅拌桩的复合地基技术

盐渍土层厚度超过3m或盐渍土层之上存在较厚的覆盖层（覆盖层厚度为30～40cm）时，采用上述分层固化加固施工方法，将显著增加施工费用，建议采用复合地基的搅拌桩施工方法进行盐渍土层固化加固。搅拌桩施工方法的工艺流程如下。

（1）首先，将盐渍土固化剂与水泥按照 2∶9～3∶10 比例混合，并且均匀拌合成混合料；然后，按照每向下搅拌一米桩长掺入 315～420kg 固化剂与水泥混合料的比例，计算每一搅拌施工段的混合料用量。

（2）采用现行水泥土搅拌桩的特制搅拌机械，强制搅拌拟加固的盐渍土层与混合料，通过混合料（固化剂+水泥）与土、水之间发生如前所述的一系列化学反应形成具有一定强度、稳定性、整体性的桩体，达到盐渍土性能改良与地基加固的目的。

（3）施工工艺与现行水泥土搅拌桩施工工艺基本一致，只是采用盐渍土固化剂与水泥混合料代替水泥做搅拌桩，也分为粉体强制搅拌法、浆液强制搅拌法。前者，直接向土层中机械强制搅拌固化剂与水泥混合料的干粉；后者，首先将固化剂与水泥混合料加水制成适合机械强制搅拌的浆液，再通过机械向土层中喷射浆液并强制搅拌。

（4）对于大面积盐渍土地基加固，搅拌桩钻孔在水平面上呈“品”字形分布，孔径为 300mm、孔中心距为 1000～1200mm，见图 4-9，每一施工段孔深以 1000～1200mm 为宜。

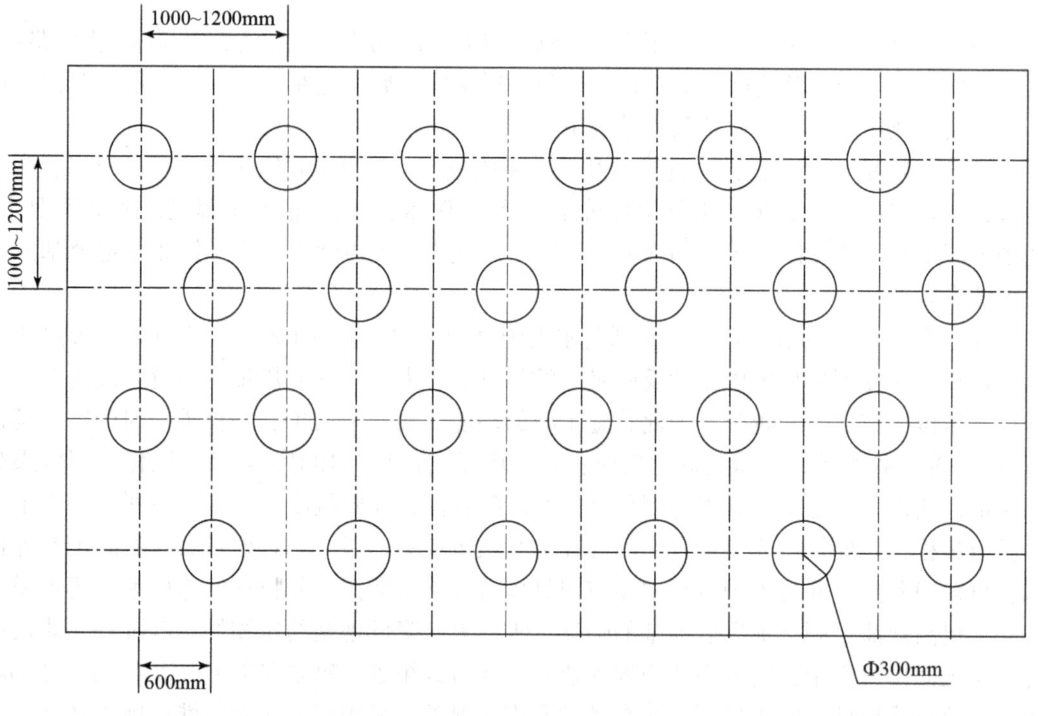

图 4-9　搅拌桩钻孔平面布置图

（5）全场搅拌桩全部施工结束之后，首先进行地基整体振动碾压成型与静碾消除轨迹，然后全场喷洒水、覆膜养护。

（6）在 22℃以上环境气温条件下，自然养护 28d，检测地基加固效果。应该说明，对于搅拌桩加固地基方法，一般通过现场承压板载荷试验方法检测地基承载力，据此评定加固的有效性。

（7）在条件允许情况下，联合采用搅拌桩加固地基方法、堆载预压地基处理方法，地基加固效果更好，即在采用固化剂与水泥配合对盐渍土地基实施搅拌桩加固施工结束之后，再在地基上堆放一定重量荷载（如沙袋、土袋之类）进堆载预压。

（8）值得说明的是：①基于复合地基技术，采用搅拌桩加固地基，要求盐渍土天然地基能够承载大型施工机械设备；②若地基承载力很低或因含水量较高而易振动液化，最好采用上述分层固化加固地基技术；③若地基承载力很低或易振动液化，但是又只能采用搅拌桩工法实施地基加固（如盐渍土层厚度超过 3m 或盐渍土层上存在较厚覆盖层），搅拌桩施工之前，在地基表面垫上钢板或模板，以承载大型施工机械。

4.1.7　盐渍土固化剂加固地基中试范例

在 3.2 节中，详细介绍了盐渍土固化剂用于辽宁环海（滨海）高等级公路盘锦段滩涂土（中度盐土—重度盐土）填筑路基的一个范例。在此，再给出一个现场中试范例，即盐渍土固化剂用于山东东营港经济开发区吹填土地基固化加固现场中试。

1. 工程概况与中试场地

2006 年 10 月，进行现场中试。由于历年黄河带入大量泥沙，东营黄河入海口形成大面积三角洲相沉积，截至 2006 年 10 月，累积盐渍土面积达 $4.65\times10^6 km^2$，并且仍以每年 $26\sim34km^2$ 沉积速度向海推进。长期以来，在东营港经济开发区，采用泵送海土法人工造就了大面积吹填土地基，见图 4-10。然而，这种吹填土属于一种高盐碱含量的粉细砂土——盐渍土，含水率很高、容重很低、抗剪强度很低（特别是凝聚力极低），致使地基承载力很小、稳定性极差，特别是由于含水率接近于饱和状态而很容易发生扰动液化，如人站在上面反复踮脚很快便触发液化现象，见图 4-11，因此不仅不能作为工程地基，而且难以直接进行施工活动（大型工程机械上不去），严重影响东营港经济开发区基本建设，尤其是一些计划进行的大型工程建设一度被搁置，致使东营面临“不缺建筑用地，但是又无地可用”的尴尬局面。过去，多次采用如石灰土技术、三合土技术等加固吹填土地基，

图 4-10　东营港经济开发区大面积吹填土场地

即传统方法采用石灰作为土壤固化剂或石灰与水泥联合作为土壤固化剂加固吹填土地基，但是均未收效。后来，基于大量室内试验结果，经过工程业主、勘察单位、设计单位、施工单位联合多次论证，决定采用盐渍土固化剂进行吹填土地基固化加固现场中试。

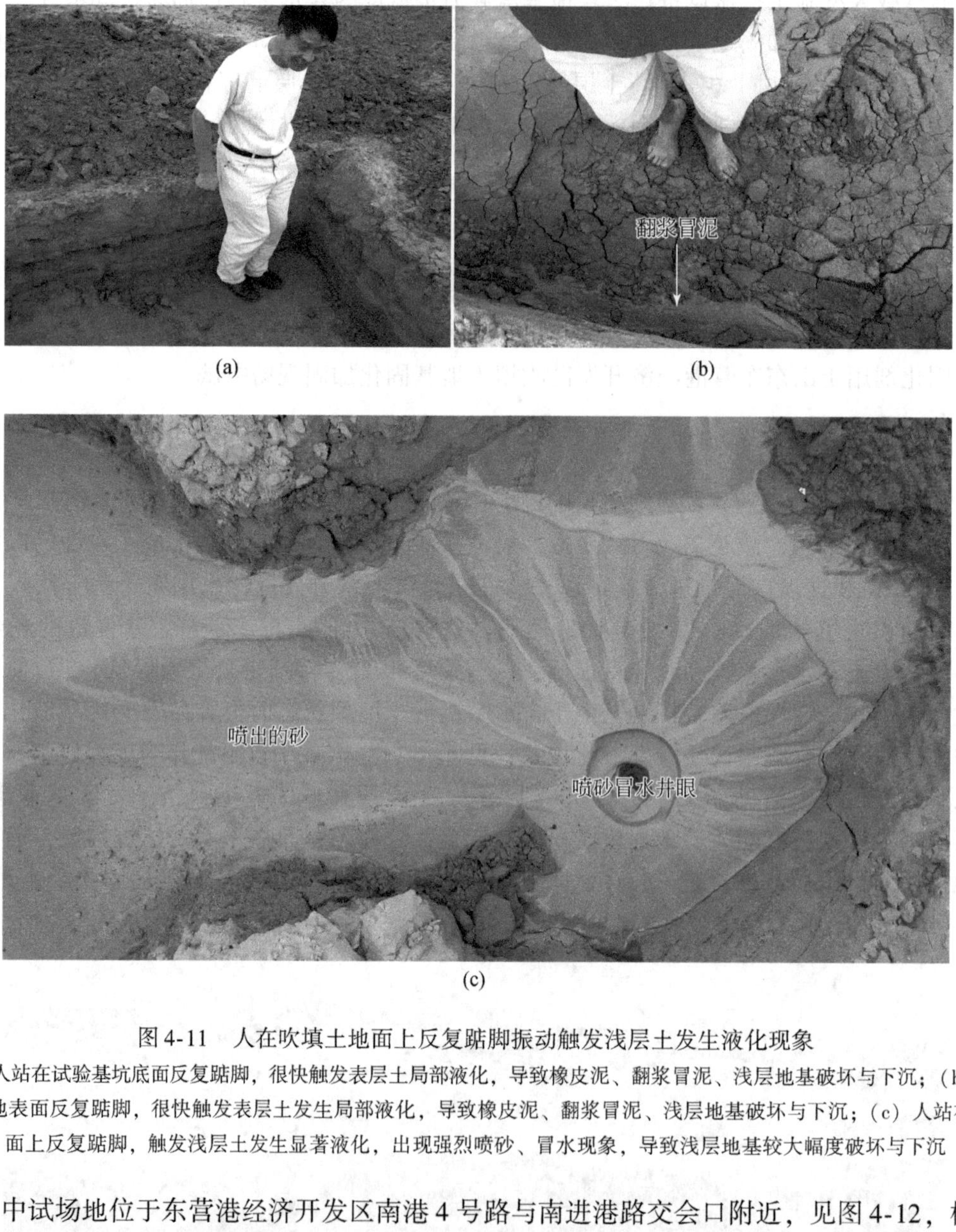

图 4-11　人在吹填土地面上反复踮脚振动触发浅层土发生液化现象

(a) 人站在试验基坑底面反复踮脚，很快触发表层土局部液化，导致橡皮泥、翻浆冒泥、浅层地基破坏与下沉；(b) 人站在地表面反复踮脚，很快触发表层土发生局部液化，导致橡皮泥、翻浆冒泥、浅层地基破坏与下沉；(c) 人站在地面上反复踮脚，触发浅层土发生显著液化，出现强烈喷砂、冒水现象，导致浅层地基较大幅度破坏与下沉

中试场地位于东营港经济开发区南港 4 号路与南进港路交会口附近，见图 4-12，极其邻近水体。共进行了三个不同场地的盐渍土地基固化加固试验，第一个试验场地基坑长 20m×宽 14m×深 3m，第二个试验场地基坑长 16m×宽 12m×深 3m，第三个试验场地基坑长 18m×宽 14m×深 3m。工程业主：东营港经济开发区管委会。勘察单位：东营市勘察测绘院、山东正元建设工程有限责任公司。设计与施工单位：山东正元建设工程有限责任公司。

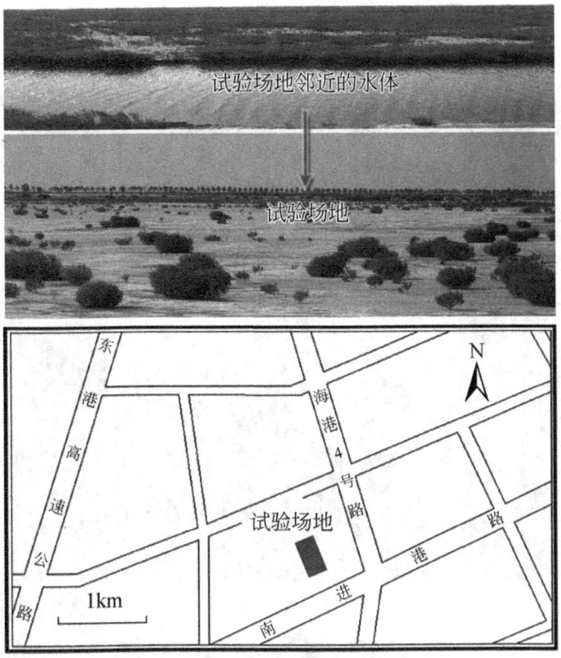

图 4-12　中试场地位置

2. 施工方法与质量检测

立足于满足设计要求且尽可能经济节减的目的，通过取自东营港经济开发区吹填土（盐渍土）固化加固的一系列室内材料配合比试验，合理确定了盐渍土固化剂、水泥、土三者之间混合比例，以及混合料的最优含水率、最大压实度、最大干密度，用于现场中试。现场中试的施工方法与工艺流程简述如下，施工概况见图 4-13。

（1）根据室内配合比试验结果，按照盐渍土固化剂：水泥=2：9 的比例，配制固化剂与水泥的混合料（采用机械拌合器充分拌合均匀），依据固化每立方米盐渍土掺入 130kg 混合料的标准，计算混合料的用量。

（2）全部挖出试验基坑中待固化加固的盐渍土，原地堆放，并且采取原状土样且密封保存，以备室内检测原状土的含水率、容重、强度等各项指标。

（3）将挖出的盐渍土，分层回填到试验基坑中，每一回填层虚厚度为 30cm。

（4）每层土回填结束，根据每层土需要掺入固化剂与水泥混合料的计算结果，在土层上足量均匀布撒混合料，首先将混合料与虚铺回填土人工翻拌均匀，然后人推电动振实机反复振动碾压密实。

（5）上一层土施工结束，再进行下一层土同样施工，直至完成最后一层施工。

（6）最后一层土施工结束，找平地面，全场均匀喷洒水、覆盖薄膜，自然养护 28d，采用静载荷试验检测固化土地基承载力。

施工结束，自然养护 28d，采用浅层平板载荷试验，见图 4-14，检测盐渍土固化加固效果，以承载力作为是否达到设计要求的评判标准。委托检测单位：山东正元建设工程有

图 4-13　施工概况

限责任公司。受委托检测单位：山东正元地球物理信息技术有限公司。

共进行了三个不同场地的盐渍土地基固化加固试验。盐渍土固化之前，三个场地地基承载力的检测值分别为 75kPa、80kPa、90kPa。设计要求盐渍土固化加固之后，三个场地地基承载力自然养护 28d 不低于 120kPa。盐渍土固化加固之后，自然养护 28d，三个场地地基检测承载力分别达到 180kPa、210kPa、300kPa，完全满足设计要求。

(a) 准备沙袋　　(b) 堆放沙袋

(c) 沙袋堆毕　　(d) 开始试验

图 4-14　浅层平板载荷试验检测固化盐渍土地基承载力概况

4.1.8　固化加固盐渍土耐久性与抗冻性

长期以来，化学方法固化加固土耐久性问题一直处于争议中。这是由于：①化学方法加固土耐久性涉及许多不定影响因素；②自然环境中土的颗粒成分、矿物成分、化学成分、地下水活性、地下水循环等复杂多变，致使难以清楚认识土固化的化学机理与过程；③特别是土化学固化理论与实践的发展历史不长，缺乏长期实践资料验证。至于盐渍土化学固化加固，这三方面原因尚在其次，更重要的是认识与解决相当棘手的有害盐碱成分问题。研究与实践表明，化学方法改良与加固后的盐渍土存在三种破坏形式，即渗透破坏、溶蚀破坏、冻融破坏。以下主要基于这三种破坏形式，结合固化土的破坏机理分析、抗冻性试验、自然冻融考验，阐述盐渍土固化剂用于改良与加固盐渍土的耐久性问题。

1）渗透破坏与耐久性

地下水渗流而作用于岩土上的力称为渗透压力或动水压力，土颗粒因渗流与渗透压力作用流失而导致土结构破坏称为渗透破坏，分为潜蚀破坏（流砂、管涌等现象）、挤出破坏（颗粒集合体沿渗流通道被部分或整体挤出现象），涵盖化学破坏、机械破坏。盐渍土固化剂固化加固盐渍土，在科学合理的固化剂掺入比条件下，均匀拌合、密实碾压且保证不缺水养护、不低于22℃环境气温养护，首先根除了土中原本为土孔隙充填物、土颗粒胶结物、土骨架结构物的可溶盐碱成分，代之以形成大量化学惰性大、潮湿或水下环境长期稳定且具有一定塑性强度、胶结强度、微膨胀的胶体成分与结晶水化物，作为土孔隙充填物、土颗粒胶结物、土骨架结构物，显著提高固化土的抗剪强度、密实性、抗渗性、抗侵蚀性、抗软化性、抗崩解性，进而提高固化土抗地下水的潜蚀破坏、挤出破坏、化学破坏、机械破坏，确保固化土的耐久性。

2）溶蚀破坏与耐久性

岩土的溶蚀破坏属于一种地质环境化学反应过程，即岩土在具有一定化学活性的流体或地下水作用下发生成分变化与结构破坏而导致强度下降或丧失强度、稳定性降低或丧失稳定的次生地质过程。采用目前广泛应用的石灰、水泥等作为稳定剂（外加剂，固化剂）加固软弱土，如水泥土技术、石灰土技术、三合土技术等。但是，这类固化土具有一定抗化学活性，地下水溶蚀破坏性能较差，尤其是石灰、水泥作为稳定剂不适合于加固盐渍土（收效很小或无效）。这是由于石灰、水泥在固化化学反应过程中不可避免地生成较多的氢氧化钙，氢氧化钙呈针状晶体析出且与钙矾石、水化硅酸钙一起凝聚形成网状结构而使土硬化，但是在具有一定化学活性地下水作用下，氢氧化钙易与水中二氧化碳发生水化反应而生成碳酸钙，又因渗水逐渐侵蚀碳酸钙、氢氧化钙而使之转变为可溶性的重碳酸钙、硫酸钙，导致固化土发生溶蚀破坏。采用盐渍土固化剂，改良与固化加固盐渍土，化学反应的最终生成物中无有害成分——氢氧化钙，因而避免了最终生成有害可溶性重碳酸钙、硫酸钙；此外，盐渍土固化通过一系列化学反应过程，消除了土中大量有害的可溶盐碱成分，保留下来在土中占绝对优势的高岭石、埃洛石、伊利石、蒙脱石等化学惰性很大的黏土矿物与砂粒，以及新生的强化学惰性的大量胶体成分与结晶水化物。因此，采用盐渍土固化剂，改良与固化盐渍土具有很好的抗活性地下水与酸、碱侵蚀性能，所以抗溶蚀破坏性能强，从而显著提高固化土的耐久性。

3）冻融破坏与耐久性

位于冻融影响范围的性能改良与固化加固盐渍土，如路基、地基（非取暖建筑物或构筑物的地基）、坝基，抗冻性极其重要，直接影响工程冻融病害与病害致灾。盐渍土固化剂用于盐渍土固化加固的抗冻性能，需要试验检验。

为了检测盐渍土固化剂用于盐渍土固化加固的抗冻性能，委托了黑龙江省工程质量水利检测中心站（国家法定工程质量检测单位），进行了盐渍土固化剂固化加固黑龙江尼尔基水库库区黏土的抗冻性检测。尼尔基水库库区黏土为低液限盐渍土，土中可溶盐与主要离子含量检测结果见表4-6。工程与试验概况：①黑龙江省水利厅计划将盐渍土固化剂用于尼尔基水库配套工程防渗加固，指定委托黑龙江省工程质量水利检测中心站对固化剂用于库区黏土固化加固的抗冻性做试验检测；②采用击实法制备试件（试件密度控制为 $1.65g/cm^3$，即约为土最大干密度96%），水泥为哈尔滨天鹅牌425普通硅酸盐水泥，水为哈尔滨饮用自来水；③试件的干料配比为黏土90%、85%、80%，水泥10%、15%、

20%，固化剂10%、15%、20%；④要求分别检测试件标准养护7d、28d无侧限抗压强度、抗冻性指标、渗透系数；⑤抗冻性试验，要求试件在-52～40℃温度条件下冻融25次循环，检测试件无侧限抗压强度损失率、质量损失率。抗冻性检测结果表明（表4-7），盐渍土固化试件标准养护28d，在-52～40℃温度条件下冻融25次循环，不破坏，并且无侧限抗压强度损失率检测不出，质量损失率小于2%或检测不出，反映具有良好的抗冻性能，因此盐渍土固化剂可以用于寒区盐渍土地基固化加固。

表4-6 黑龙江尼尔基水库库区黏土可溶盐与主要离子含量检测结果 （单位:%）

土层	可溶盐	HCO_3^-	SO_4^{2-}	Ca^{2+}	Mg^{2+}	Na^+	K^+
表层土	0.4726	0.0318	0.1841	0.0190	0.0112	0.2311	0.0023
下层土	0.3251	0.0302	0.0287	0.011	0.0143	0.137	0.0011

表4-7 黑龙江尼尔基水库库区黏土固化试件抗压强度与抗冻性检测结果

材料配比/%			击实试验		抗压强度试验		抗冻性试验	
黏土	水泥	盐渍土固化剂	最大干密度/(g/cm³)	最优含水率/%	标准养护7d抗压强度/MPa	标准养护28d抗压强度/MPa	抗压强度损失率/%	质量损失率/%
78	20	2	1.72	16.2	4.64	6.51	—	—
77	20	3	1.72	16.4	4.88	6.44	—	—
76	20	4	1.72	16.2	4.41	6.17	—	—
83	15	2	1.72	16.1	3.21	4.20	—	—
82	15	3	1.72	16.0	3.50	4.76	—	—
81	15	4	1.71	16.2	3.91	4.73	—	—
85	13	2	1.70	16.5	2.54	3.60	—	1.6

此外，在辽宁环海等级公路盘锦段建设论证中，采用盐渍土固化剂固化加固滩涂土（重度盐土）填筑路基，进行了固化土抗冻性检测。固化滩涂土试件的材料配比方案为土91.5%、固化剂2.5%、水泥6%，三者混合料的最优含水率为16%、最大干密度为1.8g/cm³，水泥为哈尔滨天鹅牌32.5R普通硅酸盐水泥，水为哈尔滨饮用自来水，重型击实法成型试件，试件标准养护28d，在-52～40℃温度条件下反复冻融100次循环，检测试件的残余强度比为56.8%～58.2%（试件反复冻融100次循环之后的无侧限抗压强度与冻融之前的无侧限抗压强度之百分比），说明盐渍土固化剂用于重度盐渍土固化加固的抗冻性较好。

抗冻性能属于工程材料耐久性的一个重要评估指标。因此，上述抗冻性试验结果表明，采用盐渍土固化剂固化加固盐渍土具有很好的耐久性。

4）抗浸泡性与耐久性

为了进一步考察采用盐渍土固化剂固化加固盐渍土的耐久性，还进行了固化土试件及其碎块长期没入水中的抗水浸泡性能试验。具体试验情况为：2008年9月，采用水泥7%

（32.5R 普通硅酸盐水泥）、盐渍土 90%（盘锦滩涂土、重度盐土）、固化剂 3% 的材料配比方案，混合料的最优含水率为 15.7%，制备了一组试件（小型击实法成型）；试件标准养护 28d，2008 年 10 月 7 日测定试件的无侧限抗压强度为 3.07MPa，并且当日采用哈尔滨饮用自来水浸泡试件及其碎块，以检验土固化土的抗水浸泡性能，见图 4-15（照片拍摄于 2010 年 2 月 5 日）。可见，试件及其碎块尽管历经 16 个月的长期浸泡，但是仍然保持原先状态，手感硬性而基本未崩解，也未明显软化，并且浸泡的上清液无色透明、无气味。因此，采用盐渍土固化剂固化盐渍土具有很好的抗水长期浸泡性能且不对水质造成影响，表明固化土耐久性好。

图 4-15　盐渍土固化试件与碎块没水浸泡试验

5）运行考验与耐久性

如前所述，2008 年 10 月，盐渍土固化剂在辽宁环海高等级公路盘锦段建设中获得了成功试用，即固化滩涂土（中度与重度盐土）填筑路基。盘锦位于东北典型高寒季节冻土区（冻深远超过 1m），冬季最低气温低于-23℃，夏季最高气温达 38℃左右。采用盐渍土固化剂进行了两个中试路段的固化滩涂土填筑路基，迄今经历了 12 个自然冻融循环、2009 年 11 月～2010 年 3 月历史最寒冷严冬冻胀考验，试验路段固化海滩土路基表现出很好的抗冻性，冬季无明显冻胀现象，春融期也未出现融沉与翻浆，并且施工期路基弯沉、抗压强度等各项检测结果均满足规范对滨海高等级公路路基规定要求；另外，试验路段施工结束仅在 10℃左右气温下自然养护 30d 便开放交通，尽管重达 40 吨重载车昼夜频繁通行振动、碾压，但是固化滩涂土填筑层一直保持良好状态，说明固化滩涂土路基具有很好的抗震性能（这也是评价耐久性的一个重要指标）。此外，盐渍土固化剂用于山东东营港经济开发区吹填土固化加固，经历十几个完整自然冻融循环与一个历史最寒冷严冬冻胀考验，固化土地基状态也很好。鉴于上述，采用盐渍土固化剂固化加固盐渍土地基具有很好的耐久性。

4.1.9　结论与总结

盐渍土工程性能不良在于其中含有较多可溶性盐、碱。在含水率较低的相对“干”土中，这些可溶性盐、碱，一方面处于结晶状态作为土骨架一部分而利于提高土的强度、承载力且降低受力变形，另一方面因盐、碱结晶体积膨胀而使土发生有害于工程的盐胀作用、碱胀作用；在含水率较高的相对“湿”土中，这些可溶性盐、碱便溶解于水而破坏土的结构，致使土的强度与承载力大幅度降低、受力变形显著增大，从而产生显著的工程危害；若土发生冻胀，这些可溶性盐、碱便随着毛细孔隙水向冻结缘迁移结晶而发生有害于工程的盐胀作用、碱胀作用；反之，若土发生融沉作用，这些可溶性盐、碱便溶解于水加大融沉作用，更加剧土的结构破坏，致使土的强度与承载力更大幅度降低、受力变形更显著增大，严重危害工程。

盐渍土中可溶性盐、碱由碱金属阳离子、碱土金属阳离子、氢氧根离子、酸根阴离子组成，而这些离子成分也正是盐渍土固化剂中活性成分与水、水泥中活性成分等反应生成大量结晶水化物与胶体成分所需要的反应物成分，因此采用一定合理的掺入比，将盐渍土固化剂、水泥掺入盐渍土中，并且控制混合物含水率为最优含水率，混合物充分拌合均匀且碾压密实成型，在自然养护条件下，完全可以大幅度消除盐渍土中有害盐碱成分并显著提高固化土的强度、密实性、抗冻性、稳定性、承载力，降低受力变形，从而取得盐渍土性能改良与固化加固的工程效果。

4.2　沙漠风沙土抗风蚀固化加固

4.2.1　工程背景与国家需求

中国的沙漠、沙化、荒漠化与戈壁面积广泛，主要分布在35°N～50°N，75°E～125°E之间大面积区域，波及新疆、青海、甘肃、内蒙古、陕西、吉林、黑龙江等7省、自治区，沙漠面积7.00×10^5km^2，沙漠与戈壁面积1.28×10^6km^2（约占陆地面积13%），荒漠化面积2.61×10^6km^2（约占陆地面积27%），沙化面积1.72×10^6km^2（约占陆地面积18%），大面积沙漠主要位于西北、华北北部、东北西部，集中于西北干旱区（约占全国沙漠面积80%），自西至东主要有塔克拉玛干沙漠、古尔班通古特沙漠、库姆塔格沙漠、柴达木盆地沙漠、巴丹吉林沙漠、腾格里沙漠、乌兰布和沙漠和库布齐沙漠。

由于国家基础建设与经济发展的重大需求，在沙漠、沙化、荒漠化与戈壁中，必须进行普通铁路、重载铁路、高速铁路、快速铁路、高速公路、高等级公路等各种道路交通工程建设。道路建设中路基填料用量很大而不可能远距离选料、运输，要求就地就近采取，因此在辽阔的沙漠、沙化与荒漠化地区修建道路，路基填料必须就地就近采取沙漠沙。而采用沙漠沙填筑路基面临一个重要问题是道路运行中路基必须有能力抵抗沙漠强风场环境的长期风蚀作用，特别是路堤或高路堤路基受风蚀破坏作用更大。沙漠沙粒度均匀（级配不良）、颗粒磨圆度高、黏粒含量极低或几乎不含黏粒、含水率很低或极低或几乎干燥，致使土的抗剪强度低或极低，尤其是凝聚力很低或极低，并且难以碾压密实或长期处于初始碾压密实状态，孔隙率大且孔隙通透性好。因此，直接采用沙漠沙填筑的路基，难以或无法抵抗沙漠强风场环境长期风蚀作用，因为风场强、风力大、旋风多，加之风向多变、夹杂较多沙粒、起风频次多、风沙暴多，所以对路基风蚀作用很强。风洞试验表明，矿物基类胶凝材料与短纤维加筋联合加固风沙土，显著提高加固土的抗风蚀性能，可以作为沙漠风场环境路基填筑料。

4.2.2 风沙土加固技术原理

在矿物基类系列胶凝材料中，专用于半荒漠与沙漠风沙土工程（如路堤、防沙坝）稳定与抗风蚀固化加固的特种材料为FS类结构剂。沙漠沙（风沙土）的颗粒成分以细砂为主（80%～90%），粗砂、粉粒、黏粒等含量甚微，有机质含量很少或极少，含水率一般为2%～3%，加之颗粒磨圆度高、分选好（颗粒级配不良），因此土的自然凝聚力很小或极小、内摩擦也很小，致使土的稳定性与抗风蚀性能很差。

FS类结构剂胶凝固化加固风沙土的化学原理与矿物基类系列胶凝材料固化加固其他土如软土、盐渍土等化学原理一致。由于风沙土中碱金属与碱土金属元素含量极低或几乎不含这些元素，根据化学反应分析结果，在FS类结构剂中适当补充一些十分典型的黏土（黏粒含量极高），以确保结构剂中碱金属与碱土金属元素的含量满足风沙土胶凝固化化学反应的需求。

按照一定比例，将FS类结构剂掺入风沙土中，结构剂与风沙土混合物的含水率控制为最优含水率，充分拌合均匀、碾压密实成型、自然养护或以规定时间标准养护，利用结构剂的其他活性成分与水、碱金属离子、碱土金属离子发生一系列无机化学反应，生成大量塑性强度高、胶结强度大、化学惰性大且微膨胀的胶体成分与结晶水化物，作为土颗粒胶结物、土孔隙充填物、土骨架结构物，强胶结土颗粒、密实充填土孔隙且形成强稳定土骨架，实现风沙土的长期稳定与抗风蚀的胶凝固化强加固作用。

按照一定比例，将短聚丙烯纤维掺入风沙土中，充分均匀拌合、碾压密实，利用纤维与沙粒之间摩擦作用、纤维对沙粒缠绕作用、纤维对沙粒附着作用、纤维对沙粒网络作用，利于提高风沙土的抗剪强度指标（特别是内摩擦力），在一定程度上弥补风沙土的易散性、易裂性、易损性。试验表明，FS类结构剂与短纤维联合加固风沙土的效果更显著，其中一个重要意义在于，因结构剂胶凝作用而使短纤维与沙粒之间产生更强的附着作用、摩擦作用，充分发挥结构剂与纤维之间各自加固风沙土的性能优势。采用FS类结构剂与丙烯纤维联合加固的风沙土简称为纤维增强固化土。图4-16为采用FS类结构剂与短丙烯纤维联合加固风沙土试件，即纤维增强固化风沙土试件。可见，即使试件拉裂开，试件仍然表现出“藕断丝连”现象，说明纤维对风沙土具有很好的加筋效应。

长期以来，土的加筋，一般采用铺设土工膜、土工布、土工格栅等水平加筋技术，见图4-17（a）。水平加筋对于控制土体侧向变形有效，但是难以控制土体竖向变形。铁路路基失效往往并非强度破坏，而是不均匀沉降变形。这是因为：①路基不均匀沉降引起轨道竖向不平顺，直接威胁行车安全；②列车荷载，因连续延伸钢轨与密布轨枕分布式共同分担而使得荷载强度（单位面积荷载）实际并不很大，并且这种并不很大的荷载强度通过道床传至路基，因沿深度消散而较多或大幅度衰减，路基真正承担的列车荷载强度并不很大，一般不引起路基发生强度破坏（除非路基填筑存在施工质量问题，或者存在路基冻害问题）。因此，正常情况下，铁路路基安全防控的关键在于可靠控制路基竖向变形。铁路建设中的路基填筑，相比传统的水平加筋技术，采用短纤维均匀拌合于填料中且碾压密实，实现对填筑路基三维加筋，见图 4-17（b），改善路基三维受力状态，不仅能够控制路基水平变形，而且更有效控制路基竖向不均匀沉降变形，特别是填筑“高路堤”路基凸显纤维三维加筋的技术优势，这正是铁路路基填筑加固的一个新的发展方向。

图 4-16　纤维增强固化风沙土试件

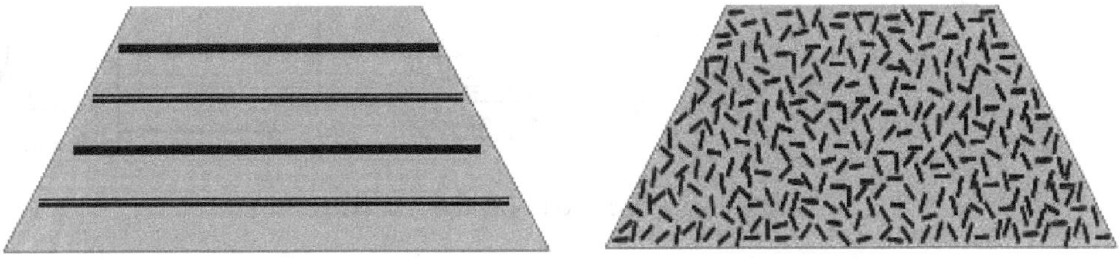

(a) 土工格栅水平加筋示意图　　(b) 短纤维三维加筋示意图

图 4-17　填筑路基加固两种不同性能加筋示意图

鉴于上述，在沙漠风场环境道路建设工程中，采用沙漠沙填筑路基，应积极推行 FS 类结构剂与丙烯纤维联合加固路基，不仅显著提高路基填筑强度与稳定性、抗风蚀性能，而且可靠控制路基水平侧向变形、竖向不均匀沉降变形，对于铁路路基安全运行意义更大，尤其是对高速铁路路基、重载铁路路基、普通铁路高填方路基。

4.2.3　路基抗风蚀风洞试验

为了考验采用 FS 类结构剂与短丙烯纤维联合加固沙漠沙路基抗风蚀性能，在中国科学院寒区旱区环境与工程研究所沙漠与沙漠化重点实验室，进行了路基模型抗风蚀风洞试验。

1）试验装备与模型概况

风沙环境风洞为直流闭口吹气式风洞，包括动力段、整流段、试验段、扩展段，洞体全长37.78m，试验段长度16.23m、宽度1.0m、高度0.6m，风速在1～40m/s范围连续可调。设计两种风（气流）试验条件：①外来沙源，②无外来沙源。图4-18为路基抗风蚀风洞试验示意图，图4-19为模拟沙漠风场环境风洞试验装备概况。指示风速为：风洞轴线高度30cm处的标定风速，采用电子微压差仪标定。制备路基模型的沙料取自巴准重载铁路沿线路基填筑采用的毛乌素沙漠沙，选取两个典型路段沙料，分别称为1号沙、2号沙，前者较后者粒径略粗，二者的颗分曲线见图4-20。为了比较不同路基形式抗风蚀性能，分别进行了两种路基模型风洞试验，其一是路堤路基，其二是路堑路基，二者几何尺寸见表4-8（风向角为气流方向与路基延伸方向之间夹角），实物照片见图4-21。

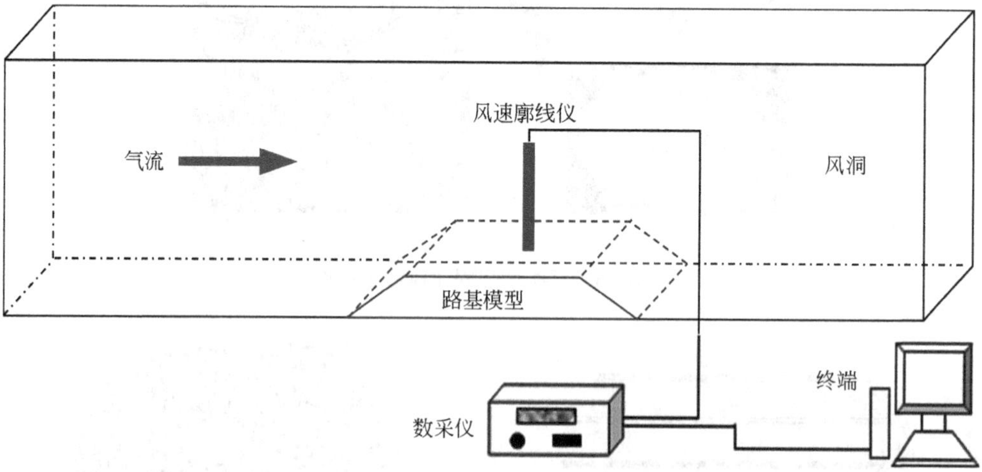

图4-18　路基抗风蚀风洞试验示意图

图4-19　模拟沙漠风场环境风洞试验装备概况

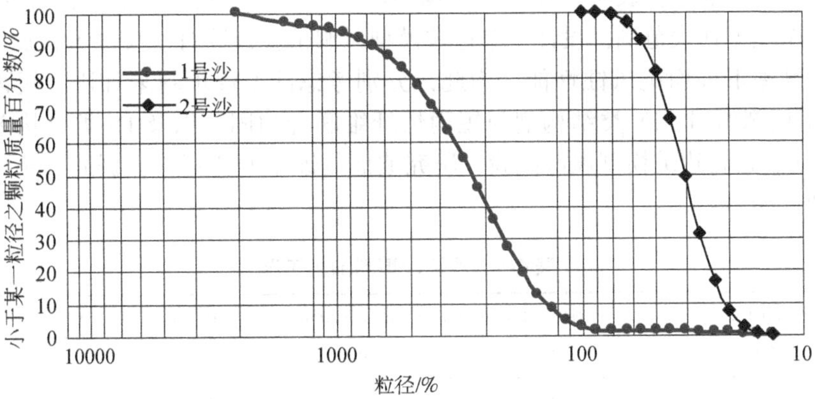

图 4-20　沙漠沙颗分曲线

表 4-8　路堤路基与路堑路基风洞试验模型几何尺寸

<table>
<tr><th>路基</th><th>风向角/（°）</th><th>高/深度/cm</th><th>路堤坡率</th><th>路基面宽度/cm</th></tr>
<tr><td rowspan="8">路堤</td><td>30</td><td>5</td><td rowspan="3">1 : 1. 75</td><td rowspan="8">19. 5</td></tr>
<tr><td>60</td><td>5</td></tr>
<tr><td>90</td><td>10</td></tr>
<tr><td rowspan="2">90</td><td>12. 5</td><td rowspan="2">1 : 1. 75</td></tr>
<tr><td rowspan="4">5</td></tr>
<tr><td rowspan="3">90</td><td>1 : 1. 5</td></tr>
<tr><td>1 : 1. 75</td></tr>
<tr><td>1 : 4</td></tr>
<tr><td>路堑</td><td>90</td><td>10</td><td>1 : 1. 75</td><td>19. 5</td></tr>
</table>

图 4-21　路堤路基与路堑路基风洞试验模型

现场调查与风洞试验表明，在沙漠风场环境中，路堤边坡、路堑边坡备受风蚀破坏，因此作为一个典型代表范例，设计一个边坡模型风洞试验，针对沙漠沙填料加固与否，重点考察不同坡率下坡面抗风蚀性能。为此，分别考虑沙漠沙填料未加固、短丙烯纤维加固、FS 类结构剂加固、FS 类结构剂与短丙烯纤维联合加固，以及 FS 类结构剂不同掺入比，见表 4-9，进行边坡模型风洞试验，研究坡面侵蚀率变化规律，据此评价沙漠沙加固填料抗风蚀性能。

表 4-9　沙漠沙填料加固工况

编号	加固土	结构剂掺入比/%	纤维长度/mm	纤维掺入比/%	坡率
X1	纤维土	0	9	0.227	1∶1.5
X2	纤维土	0	9	0.227	1∶1.75
X5	纤维土	0	9	0.227	1∶3
X3	纤维土	0	9	0.227	1∶4
X4	纤维土	0	9	0.227	1∶6
XG4	纤维固化土	3	9	0.227	1∶1.75
XG3	纤维固化土	4	9	0.227	1∶1.75
XG1	纤维固化土	5	9	0.227	1∶1.75
XG2	纤维固化土	6	9	0.227	1∶1.75
XG5	纤维固化土	7	9	0.227	1∶1.75

2）试验方案与检测要点

风洞试验气流分为干净风、挟沙风（气流中含沙子），采用三种不同指示风速等级，即 12m/s、18m/s、24m/s，每一种风速持续稳定吹 3min。利用风速廓线仪数据采集系统自动检测风速廓线数据，计算机自动处理数据且直接输出结果。风速廓线仪为 10 路风速自动采集仪，测针高度分别为 2mm、5mm、10mm、20mm、40mm、80mm、120mm、160mm、200mm、250mm，同时采集风速、风压。每隔 2s 采集一组数据，一组数据 10 个点，数据采集持续 40s，采集 20 组数据取平均值作为测量风速。测点位置依次为迎风侧 $20H$、$15H$、$10H$、$5H$、$3H$、H，迎风侧坡脚，迎风侧路肩，路面中点，背风侧路肩，背风侧坡脚，背风侧 $-H$、$-3H$、$-5H$、$-10H$、$-15H$、$-20H$，H 为路基模型高度。

气流挟沙条件下风洞试验，路基模型各试验工况输沙率情况，以模型位置为界面，在模型之前的来风方向，依次铺设长 400cm 沙漠沙层（厚 15cm，模拟挟沙风）、长 40cm 草方格（模拟防沙措施）、长 60cm 碎石层（模拟防沙措施），见图 4-22；风沙流测定，选取连续等高阶梯式集沙仪，见图 4-23，输沙率测点在模型背风侧坡脚 100cm 处，集沙仪高度为 20cm，每一集沙口断面 2cm×2cm，共 10 层集沙口，收集一段时间通过模型的风沙，集沙仪采集的沙通过称重法测量。

为了考察防沙与否路基风蚀不同情况，还进行了不同指示风速下无防沙措施的模型风洞试验，作为参照。1 号沙模型试验：指示风速为 12m/s、18m/s、24m/s，挟沙风稳定持续吹蚀 90min。2 号沙模型试验：指示风速为 8m/s、10m/s、12m/s，挟沙风持续稳定吹蚀

图 4-22　路堤风洞试验模型设计概况

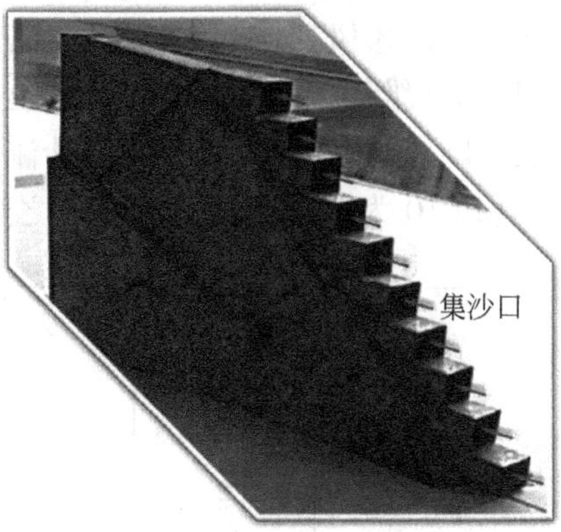

图 4-23　集沙仪

90min。不同设计工况：分别设置防沙措施、不设防沙措施，试验考察风沙流沿竖向分布规律，即输沙率随竖向高度变化规律。如上述，在沙漠风场环境中，路堤边坡、路堑边坡备受风蚀影响与破坏作用，表 4-10 给出了吹蚀风速与对应的吹蚀时间，图 4-24 为边坡模型风洞试验概况。

风蚀率 $Q=(m_1-m_2)/(st)$。Q 为风蚀率［$g/(m^2 \cdot min)$］；m_1 为风蚀前质量（g）；m_2 为风蚀后质量（g）；s 为风蚀面积（m^2）；t 为风蚀时间（min）。

表 4-10　边坡模型风洞试验吹蚀风速与吹蚀时间

吹蚀风速/(m/s)	8	10	15	20	25
吹蚀时间/min	30	30	15	10	5

3）试验结果与影响因素

在短丙烯纤维掺入比（0.227%）一定条件下，不同结构剂掺入比下风蚀率与风速之间关系见图 4-25。由图可见：①风速小于 15m/s，结构剂掺入比对坡面抗风蚀性能影响不

图 4-24　边坡模型风洞试验概况

大，即风沙流对坡面侵蚀作用不大；②风速大于 15m/s，风沙流对坡面侵蚀作用显著增大，风蚀率随风速增大而快速增大；③风速超过 20m/s，风沙流对坡面侵蚀作用趋于稳定，表明在设计的结构剂掺入比与纤维掺入比条件下，风速必须远超过 20m/s，风沙流对坡面侵蚀作用才能显著再增大；④在风速一定条件下，风沙流对坡面侵蚀作用因结构剂掺入比增大而减小，风蚀率对数（以 10 为底的对数）与风速之间关系呈 S 形曲线。

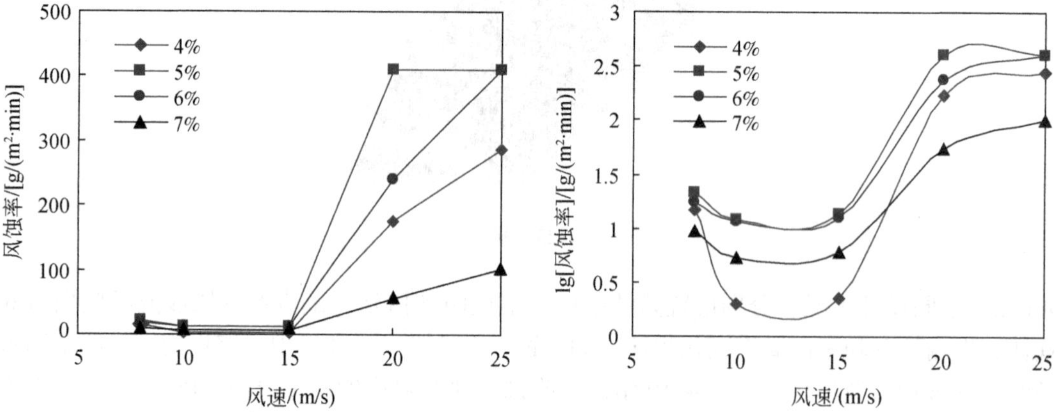

图 4-25　不同结构剂掺入比下风蚀率与风速之间关系

在短丙烯纤维掺入比（0.227%）一定条件下，不同风速下风蚀率与结构剂掺入比之间关系见图 4-26。由图可见：①风速为 8m/s、10m/s、15m/s，风蚀率极低［2～22g/(m^2·min)］，并且风蚀率与结构剂掺入比之间关系曲线基本重合，表明这三种风速下风沙流对坡面侵蚀作用很小且效果基本一致；②风速为 20m/s、25m/s，相比于以上三种风速，风速率显著增大［76～455g/(m^2·min)，最高增大超过 400 倍］，表明因风速增大，风沙流对坡面风蚀作用很大；③但是，在高风速下，凸显结构剂掺入比增大对于控制风沙流对坡面风蚀作用的实际意义；④综合来看，结构剂掺入比为 4% 或 7%，更利于控制风沙流对坡面风蚀作用。由于风速大于 15m/s 的风蚀率开始明显增加，因此重点考察风速在 15～25m/s 之间风蚀率变化：①风速为 15m/s，结构剂掺入比为 5% 的风蚀率是结构剂掺入比为 7% 的风蚀率的 2.245 倍；②风速为 20m/s，结构剂掺入比为 5% 的风蚀率是结构剂掺入比为 7% 的风蚀率的 7.428 倍；③风速为 25m/s，结构剂掺入比为 5% 的风蚀率是结构剂掺入比为 7% 的风蚀率的 4.093 倍；④20m/s 是坡面风蚀作用最严重的风速，基于降低风蚀率、提高强度、降低成本三方面综合考虑，结构剂掺入比取 7% 较合理。

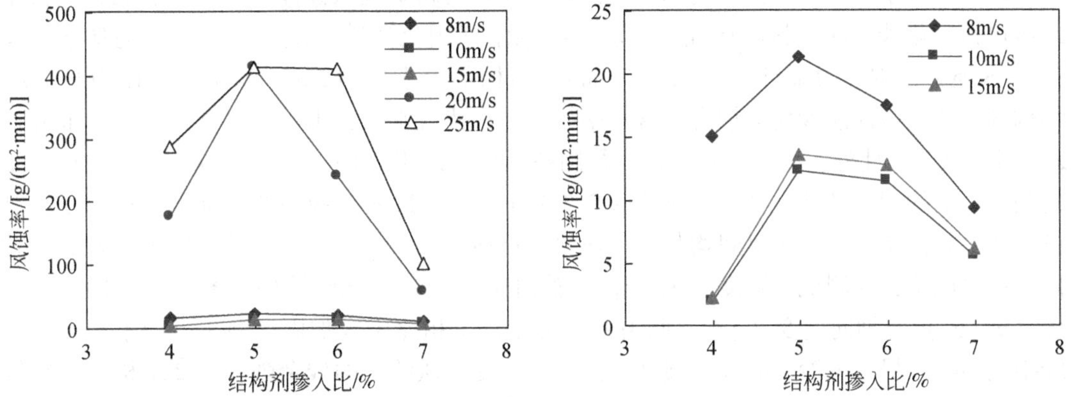

图 4-26　不同风速下风蚀率与结构剂掺入比之间关系

在沙漠沙中短纤维掺入比 0.3% 条件下，不同风速的风沙流作用，坡面风蚀率与结构剂掺入比之间关系见图 4-27。由图可见：①风速不超过 15m/s 的低风速风沙流作用下，坡面风蚀率极低且不同结构剂掺入比对风蚀率基本无影响，只能说明这种低风速风沙流在试验设计的短时间内并未对坡面产生明显风蚀作用；②但是，当风速达到 20m/s 或 25m/s 时，风沙流对坡面风蚀作用极其强烈，风蚀率大幅度提高，即使如此，若结构剂掺入比为 7%，则极其显著地降低了风沙流对坡面风蚀作用。

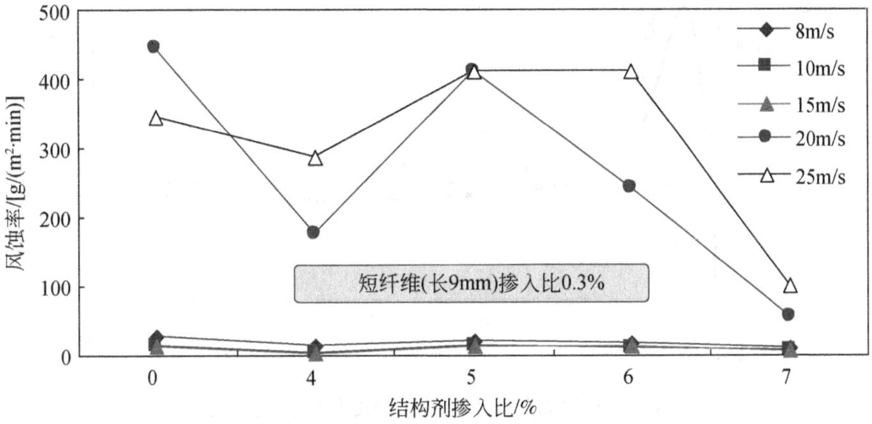

图 4-27　纤维掺入比一定、不同风速下风蚀率与结构剂掺入比之间关系

4.2.4　抗风蚀性能强度试验

在沙漠风场环境中，采用沙漠沙填筑路基，抗风沙流侵蚀性能，主要取决于填料强度。因此，为了进一步考察结构剂固化沙漠沙填料对路基抗风蚀性能提升的意义，进行了纤维增强固化沙漠沙填料破坏强度试验。纤维增强固化沙漠沙试件制备采用毛乌素沙漠沙、FS 类结构剂、丙烯纤维（长度 9mm），结构剂掺入比为 5%，纤维掺入比为 0.3%，结构剂、纤维与沙漠沙均匀拌合，含水率控制为最优含水率，击实法制备试件，标准养护 28d 进行试验。此外，为了比较，还平行制备了另外两组试件，其一是沙漠沙中未掺入结构剂、纤维的素土试件，其二是仅掺入 0.3% 纤维而未掺入结构剂的纤维土试件，二者制备方法、养护条件、养护时间均与纤维增强固化沙漠沙试件一致。实验方法为：普通三轴固结排水试验，检测试件强度（$\sigma_1-\sigma_3$）、轴向应变（ε）。试验结果见图 4-28，即试件强度（$\sigma_1-\sigma_3$）与轴向应变（ε）之间关系。可见：①相比于未加固风沙土，即素土，掺入纤维仅小幅度提高风沙土的峰值强度，但是明显提高风沙土的残余强度；②结构剂与纤维联合加固风沙土，能够大幅度提高风沙土的峰值强度，但是风沙土的残余强度则较仅采用纤维加固风沙土的残余强度有所降低，说明纤维加固对于提高风沙土残余强度具有一定意义。鉴于此，结构剂与纤维联合加固风沙土，可以很好发挥各自的优势、弥补各自的缺陷。

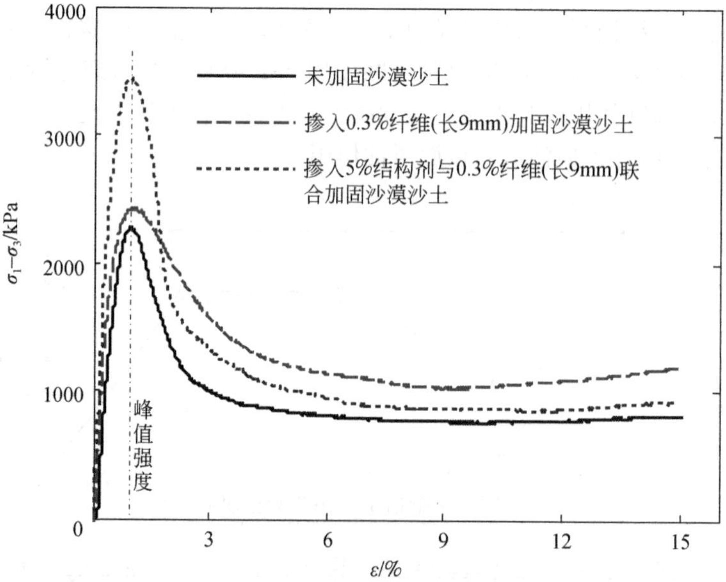

图 4-28　不同加固条件下风沙土强度与应变之间关系

4.2.5　纤维增强固化土施工

FS 类结构剂与聚丙烯纤维联合加固沙漠沙（风沙土）施工的关键在于混合料的均

匀拌合，即采取何种办法将结构剂、短纤维与风沙土拌合均匀，直接影响加固效果。不同于一般黏性土或粉土，沙漠沙一般为黏粒含量极低或不含黏粒的散沙。试验表明：①干燥状态，结构剂与干沙容易拌合均匀，但是结构剂胶凝固化化学反应需要吸收水分，而在潮湿状态，结构剂与沙难以拌合均匀；②干燥状态，短纤维与沙漠沙拌合均匀很困难，这是因为纤维很细，不仅纤维之间易相互吸附于一起，而且拌合过程中纤维易成球；③潮湿状态，短纤维与沙漠沙易于拌合均匀。鉴于此，研究提出了结构剂、短纤维与沙漠沙机械均匀拌合的一种使用方法。具体措施：①采用机械三道高速强制拌合方法，见图 4-29，每一道搅拌速度不低于 400r/min；②混合料的每一种成分掺入比均采用重量百分比，按照结构剂掺入比、短纤维掺入比，计算每一批次混合料中沙漠沙量、结构剂量、短纤维量，将三者一次性同时投入拌合设备中，其中结构剂通过自然强风吹入拌合设备中、短纤维通过雾化水强风吹入拌合设备中（目的在于使沙漠沙与结构剂、短纤维初步混合）；③在投料过程中，同时启动第一道普通叶片高速搅拌、第二道螺旋叶片高速搅拌、第三道螺旋叶片高速搅拌，如此，输出的混合料，沙漠沙与结构剂、短纤维便达到很好的拌合均匀程度，用于填筑。每一批次拌合 2 ~ 3m^3 混合料，可以满足快速填筑施工要求。填筑施工：①采用分层填筑方法，每一填筑层混合料虚铺厚度以30 ~ 35cm 为宜；②混合料虚铺均匀，采用 40 吨振动压路机，先振动碾压 3 次往返，再静力碾压 1 次往返，碾压结束 3h，按照规范方法检测合格，进行下一层填筑施工；③最后一层填筑结束、表面销迹、检测合格，喷洒养护水、覆膜，自然养护一定时间，进行面层施工。图 4-30 为现场填筑施工概况。

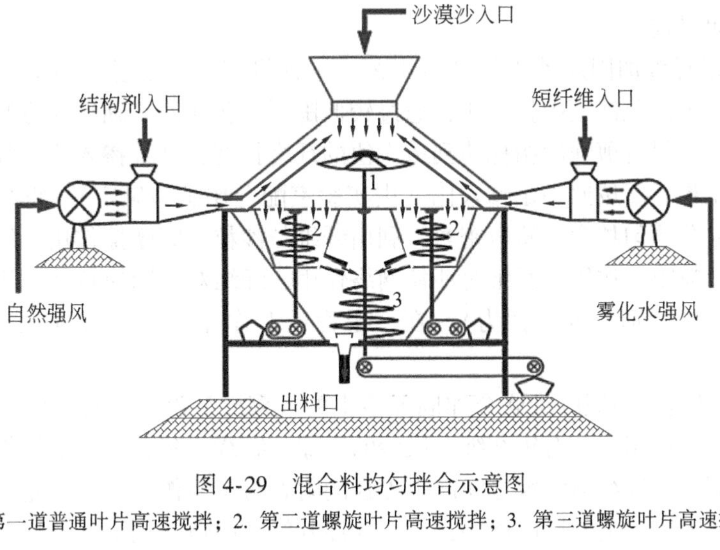

图 4-29　混合料均匀拌合示意图

1. 第一道普通叶片高速搅拌；2. 第二道螺旋叶片高速搅拌；3. 第三道螺旋叶片高速搅拌

4.2.6　结论与总结

（1）FS 类结构剂加固沙漠沙的基本工艺与本证机理：①根据沙漠沙（风沙土）达到

图 4-30　现场填筑施工概况

最佳或满足工程的固化加固性能要求（以试件标准养护 28d 检测无侧限抗压强度、抗渗性作为合格评定指标，以击实法制备试件），通过实验室配合比试验，合理确定结构剂的掺入比，以及风沙土与结构剂混合料的最优含水率、最大压实度，作为现场施工质量管控指标；②按照一定掺入比（由实验室配合比试验确定），将结构剂掺入风沙土中并拌合均匀、碾压密实（达到实验室配合比试验确定的最大压实度），结构剂与风沙土混合料的含水率控制为最优含水率，利用结构剂中活化矿物基类材料成分与水、碱金属离子、碱土金属离子发生一系列无机吸热化学反应，生成大量塑性强度高、胶结强度大、化学惰性大且微膨胀的胶体成分与结晶水化物，作为土颗粒胶结物、土孔隙充填物、土骨架结构物，强胶结土颗粒、密实充填土孔隙且形成强稳定土骨架，实现风沙土长期稳定与抗风蚀的胶凝固化增强作用，显著提高风沙土强度、承载力、稳定性与抗沙漠强风场环境的风蚀性能；③由于固化加固风沙土的化学反应属于一系列吸热化学反应，因此在 22℃以上气温环境施工与养护的固化效果最佳。

（2）聚丙烯纤维加固风沙土的基本工艺与本证机理：①通过实验室一系列配合比试验，合理确定纤维向风沙土中掺入比，通过较低围压下普通静三轴试验检测纤维加固土的抗剪强度指标，获得抗剪强度指标达到最大值的纤维长度、纤维掺入比、纤维土最大压实度，用于实际工程；②按照一定掺入比（由实验室配合比试验确定），将短聚丙烯纤维掺入风沙土中，充分均匀拌合、碾压密实，利用纤维与沙粒之间摩擦作用、纤维对沙粒缠绕作用、纤维对沙粒附着作用、纤维对沙粒网络作用、纤维对土团块拉筋作用，提高风沙土的抗剪强度指标（特别是内摩擦力），在一定程度上弥补风沙土的易散性、易裂性、易损性。

（3）FS 类结构剂与短纤维联合加固风沙土的效果更显著，既有结构剂对风沙土的胶凝固化与密实充填作用，又有短纤维对风沙的摩擦、缠绕、附着、网络等作用，并且因结构剂胶凝作用而使短纤维与沙粒之间产生更强的附着与摩擦作用，因此充分发挥结构剂与纤维之间各自加固风沙土的性能优势，大幅度提升纤维增强固化土的强度、承载力与稳定性、抗风蚀性。沙漠沙与结构剂、短纤维混合料中，结构剂掺入比为 7%、短纤维掺入比为 0.3%，填筑的路基抗沙漠强风场环境风蚀性能最佳，成本也合理。

（4）实际施工：①根据实验室确定的结构剂掺入比、纤维掺入比、纤维长度，将结构剂、短纤维掺入风沙土中，采用机械三道高速强制拌合方法（第一道普通叶片高速搅拌，第二道为螺旋叶片高速搅拌），并且在投入风沙土过程中，结合自然强风吹送结构剂、雾化水强风吹送短纤维，能够快速均匀拌合混合料；②采用分层填筑工艺，每一层混合料的虚铺厚度控制为 30～35cm，采用 40 吨振动压路机，先振动碾压 3 次往返，再静力碾压 1 次往返，碾压结束 3h，按照规范方法检测合格，进行下一层填筑施工，最后一层填筑结束、表面销迹、检测合格，喷洒养护水、覆膜，自然养护一定时间，进行面层施工。

4.3　软弱土固化性能改良与加固

4.3.1　软弱土类型与不良性能

软弱土包括淤泥土、淤泥质土与部分冲填土、杂填土、高压缩性土，基本特征是天然含水量高、天然孔隙比大、抗剪强度低、压缩系数高、渗透系数小。软弱土中淤泥土、淤泥质土特称为软土，为形成于各种静水沉积环境且经过生物化学作用的饱和或高含水率的软黏性土，以淤泥土、淤泥质土为主，少量有机质土、泥炭质土、泥炭土。软土的颗粒成分主要为黏粒、粉粒，并且含有机质，黏粒的矿物成分为蒙脱石、高岭石、伊利石，这些矿物晶粒很细、呈薄片状、表面带负电荷，因此与土中水、阳离子相互作用而形成偶极水分子，吸附于颗粒表面形成水膜，在不同沉积环境形成各种絮状结构。软土的基本特征[65-69]：①富含有机质，有机质土的有机质含量 5%～10%，泥炭质土的有机质含量 10%～60%，泥炭的有机质含量>60%；②高含水率，天然含水率 ω 一般为 50%～70%，甚至为 200%，天然含水率大于液限（$\omega>\omega_L$），饱和度 $S_r>95\%$；③高孔隙性，天然孔隙比e 一般为 1～2，甚至为 3～4，淤泥土的天然孔隙比≥1.5，淤泥质土的天然孔隙比为 $1\leqslant e<1.5$（淤泥与一般黏性土的过渡类型）；④低渗透性，天然渗透系数 $k=n\times10^{-9}\sim n\times10^{-8}$cm/s，并且水平向渗透系数较竖向渗透系数大得多；⑤高压缩性，天然压缩系数 $\alpha=0.7\sim1.5\text{MPa}^{-1}$，最大 $\alpha=4.5\text{MPa}^{-1}$；⑥低抗剪强度，抗剪强度很小且与载荷速度、排水固结条件密切相关，三轴快剪的内摩擦角 $\varphi=0°$，凝聚力 $c<20$kPa，直接快剪的内摩擦角 $\varphi=2°\sim5°$，凝聚力 $c<15$kPa，固结快剪的内摩擦角可达 8°～12°，凝聚力为 20kPa 左右，因此提高软土地基强度，必须控制施工速度与施工方法，以及使用期载荷速度；⑦强结构性，结构性很强，触变性很大，灵敏度很高，形成于三角洲相、潟湖相或滨海相、牛轭湖相等软土的灵敏度 $S_t=4\sim10$，甚至为 13～15；⑧高蠕变性，长期荷载下，蠕变极其显著，长期缓慢变形、强度日益衰减、主固结沉降时间长、次固结沉降长期存在。高含水量、高孔隙性决定了软土的高压缩性、低抗剪强度，低渗透性、高含水量决定了软土的固结过程、增强过程缓慢，高含水量、低渗透性、高压缩性决定了软土的大变形且变形稳定时间漫长。

4.3.2　中国软弱土区域分布

中国软弱土区域分布极其广泛，天然软土或软弱土主要广泛分布于滨海平原、河谷平原、三角洲、湖泊盆地、沼泽地（湿地）、山间谷地等广大区域。例如，东北三江平原、松嫩平原、辽河平原（跨域黑龙江、吉林、辽宁、内蒙古），渤海湾天津、塘沽与黄骅港地区，东南沿海大部分地区，长江中下游、长江三角洲、珠江中下游、珠江三角洲、黄河三角洲，淮河流域，云贵高原的山间谷地，五大淡水湖周围地区，青藏高原部分地区，广泛分布不同厚度、不同类型、不同埋深的天然软土或软弱土。

除了天然软弱土之外，在中国基础建设与城市发展进程中，历年产生了大量高压缩性的人工冲填土、杂填土，特别是如北京、西安、洛阳、南京、杭州、合肥、武汉、长沙、成都、广州等历史悠久的文化名城更是存在历史杂填土。

当今，中国快速发展的高速铁路、重载铁路、高速公路城市地铁与机场、输送、风电等重大基础建设面临的一大挑战是广泛分布的各种软弱土。特别是广泛分布的渗透性很小的软土，在建筑荷载作用下固结很慢。例如，软土层厚度超过 10cm，若仅依靠建筑荷载作用，则达到满足工程要求的不低于 90% 固结度可达 5 ~ 10 年之久，甚至长达 30 年，基础沉降稳定性上升、强度增长极其缓慢。此外，中国是一个冻土大国，存在极端低温冻融作用，而软土与部分软弱土如吹填土又是一类冻胀敏感性大的特殊土，天然地基冻害大。因此，必须采取措施进行软土与软弱土性能改良与加固，以满足地基强度、承载力、稳定性、抗冻性等要求。软土层渗透性存在各向异性，水平向渗透系数一般大于竖向渗透系数，尤其是软土层中夹透水性好的土层如砂土层，这一点利于物理方法如堆载法、真空排水法等加固地基。但是，在多数情况下，物理方法加固地基效果难以保证或存在成本高、耗时长等问题，因此化学方法便日益获得重视与广泛应用，各种土壤固化剂应运而生。

4.3.3 软弱土改良化学方法

发展土壤固化技术成为提高软土或软弱土强度的一个有效途径。采用化学方法改良软弱土工程性能，目的在于快速提高土的强度、承载力、密实性、稳定性（含水稳性）、抗渗性、抗冻性且大幅度降低土的沉降量，满足地基的工程要求，因此逐步发展了软弱土性能改良与加固的土壤固化技术（土壤化学固化处理方法）这一新的研究方向。土壤化学固化处理方法，主要向软弱土中按照一定比例掺入土壤固化剂（也称为结构剂或特种结构剂或外加胶凝材料等），通过固化剂的一系列化学胶凝固化作用，实现土的性能改良与加固。目前，土壤化学固化处理方法已成为涵盖土质学、土力学、土壤化学、胶体化学、无机化学、结晶学等多学科的综合性手段，广泛用于地基、路基、边坡、大坝、堤防、隧道、地铁、采矿等各种岩土工程防渗加固与冻害防控。

随着土壤化学固化处理方法工程应用日益广泛，已经发展了各种化学胶凝材料作为土壤固化剂，按照外观形式分为液体土壤固化剂、粉体土壤固化剂，按照主要成分分为无机类土壤固化剂、有机类土壤固化剂、生物酶类土壤固化剂、复合型土壤固化剂等[65]。

无机类土壤固化剂，多数呈粉末状固体（粉体土壤固化剂），主要由无机盐、水泥、石灰等按照一定比例混配而成，再按照一定比例掺入软弱土中遇水发生一系列无机化学反应，如水解反应、水化反应等，形成大量强度较高的土颗粒胶结物、土孔隙充填物，如水化硅酸钙、水化铝酸钙、游离氢氧化钙等水化物，改良与加固软弱土体。这些水化物多数以分散胶体形式与土的细粒成分中大量自由水结合，将之转化为结合水且保存下来。随着水化反应不断进行，水化物逐渐生成形态各异且不溶于水的稳定水化结晶物。一部分水化结晶物呈纤维状，钉扎于土的细粒基团中或延伸充填土孔隙；另一部分水化结晶物呈片层状、絮状，包裹土的细粒基团，这些水化结晶物互相构联、搭接、交织而形成一种稳定的空间网络状或架状结构，从而改善固化土的综合性能。无机类土壤固化剂，具有取材广、成本低、见效快等优势，不仅广泛用于软弱土性能改良与加固，而且还用于建筑垃圾、建筑渣土、煤矸石、尾矿、磷石膏、钛石膏、尾矿等各种工业固废物无害化处置与资源化利用。

有机类土壤固化剂，多数呈液态或膏状体（液体土壤固化剂），按照一定比例掺入软弱土中，通过对土中细颗粒作用，实现土的性能改良与加固。基本原理为：固化剂成分与土中细颗粒结合且发生离子交换反应，使细颗粒表面电荷与土中水分电荷充分交换，将土中因大量细颗粒存在而具有的天然“亲水性”结构体转变为“憎水性”结构体，因此大幅度降低天然细粒土（软土即为典型细粒土）因毛细孔隙力、表面张力等作用而具有的显著吸水性，成为干燥蓬松结构，易于碾压密实、振动密实、夯击密实。例如，广泛应用的“土固精”土壤固化剂，按照一定比例掺入土中且充分拌合均匀，将使土中胶质电离失去表面阳性，并且发生一系列物理化学反应，溶液中高价离子可以改变土颗粒表面电荷特性，降低土颗粒之间排斥力使土颗粒更易于密实，破坏土颗粒对水吸附力而使之无法吸收更多水分，特别是这种电反应恒久且不可逆转，从而显著降低土的含水率且使含水量达到恒久的稳定平衡状态，同时形成的大量结晶盐因具有很好的化学稳定性、结晶强度、胶结强度而作为良好的土颗粒胶结物、土孔隙充填物，因此处理后的固化土很容易压实稳固。有机类固化剂，具有掺入比小、运输方便、施工快捷、适应性强、应用面广等优势，但是未从实质上改变土的结构，因此固化土的抗水性差且易受环境影响，有效寿命短。

生物酶类土壤固化剂，多数为乳浊液，实际为多氨基蛋白质，按照一定比例掺入软弱土中，首先通过生物酶的催化作用而增强土中细颗粒之间的黏合性，然后进行机械静压密实、振动密实、夯击密实，实现土的性能改良与密实加固[27]。生物酶类土壤固化剂无毒、无害，具有提高土的密度、强度、承载力且改善土的膨胀性等良好作用，但也未从实质上改变土的结构，因此具有有机类土壤固化剂类似的性能缺陷。

复合型土壤固化剂，由多种无机活性与非活性材料按照一定比例混配的新型土壤固化剂，按照物态，进一步分为液体形态、粉体形态[70]，均可用于软弱土性能改良与加固。绝大多数复合型土壤固化剂均由主体固化材料与辅助激发剂两部分组成，根据各地不同土的颗粒级配、细粒成分、细粒性质与不同工程的具体要求，合理确定复合型土壤固化剂的不同原材料类型与配比方案。

随着基础建设不断发展，工程规模越来越大、平面布置越来越复杂、竖向荷载越来越大、舒适度要求越来越高，而场地条件越来越复杂、地基土性越来越差，土的性能改良与加固化学方法的应用也越来越广泛。土壤固化剂，主要用于软弱土、盐渍土、膨胀土、红黏土、风沙土、湿陷性黄土等各种特殊土性能改良与加固。特别是公路、铁路等属于长大线性工程，路基填筑对填料用量很大（自然填料获取方法远远满足不了日益增长的工程需求）且要求就地就近取材，而因环境保护要求又不允许就地就近大量炸山凿取碎石、挖掘河道采砂，又因为建设投资限制而不可能远距离运输大量筑路材料，基于这两种情况，必须就地就近采用工程性能较差的软弱土等特殊土，这些特殊土必须进行性能改良与加固处理；目前我国正在加快发展高速铁路且积极推进高铁全球规划，高铁对路基工后沉降控制（正线路基工后沉降不超过15mm，过渡段工后沉降不超过5mm）与冻胀控制（路基工后冻胀不超过8mm）要求极其严格，我国为冻土大国，且计划的欧亚高铁、中俄加美高铁穿越45°N以北的北半球大面积冻土区，难免有各种冻胀敏感性大的软弱土路基、特殊土场地桩基，必须对这些特殊土进行更加严格的性能改良与加固处理；此外，我国也正在加快建设地下工程、城市地铁、港口工程、重载铁路、风电工程等重大基础设施，同样存在必须可靠解决的上述软弱土等特殊土问题。各种土壤固化剂技术，在软弱土等特殊土性能改良、密实加固、冻害防控等方面，日益凸显优越的技术性能，尤其是很好地解决了就地就近取材的难题且具有工艺技术简单、施工过程困难小、成本低、见效快等优势，在道路等重大基础设施建设方面拥有广阔的应用前景。

还有值得说明的是，近年来，光伏发电作为一种绿色、环保的太阳能获取技术，在国内外一度快速发展。在我国人口密度大、经济总量大、电能消耗大、养鱼水面大而电能严重不足、土地资源短缺的东部或东南沿海地区，"渔光互补"（在养鱼滩涂上架设光伏电板，既养鱼、又发电）作为一种新型土地综合利用模式，不仅有效克服了光伏发电区域的限制、解决了土地资源短缺的问题，而且对优化地区能源结构、改善环境且提高鱼塘滩涂地区产能具有重要意义。但是，滩涂地区土层强度低、承载力小、稳定性差、风载荷大，根据《建筑结构荷载规范》（GB 50009—2012）、《光伏发电站设计规范》（GB 50797—2012），要求传统光伏支架置入土中达6～8m才保证结构安全，即使采用预应力管桩也需要置入土中4m。若采用土壤固化剂原位改良与加固一定深度的滩涂土层而使之变成具有较高强度、承载力、稳定性的硬化壳层，无疑将显著缩短光伏支架置入土的深度、预制管桩长度，进而大幅度降低光伏电站建造成本且提高光伏支架安全性、耐久性。研究与应用表明[68]，水泥作为软土胶凝材料，可以有效改良与加固软土或软弱土，如水泥掺入比为8%～15%，固化土试件标准养护28d的无侧限抗压强度可达1.5MPa。然而，水泥虽然可以作为滩涂软土或软弱土性能改良与加固的胶凝材料且也能有很好的研究成果，但是因为水泥的应用，不仅增大水的pH而影响水体生态环境，而且水泥对土的固化效率较低、固化土强度不高。因此，急需开发一种绿色高效的新型土壤胶凝材料以解决上述问题。

近20年来，通过我们大量研究与应用表明[2,59-63]，以矿渣、钢渣、粉煤灰、脱硫灰为主要原材料，研制的土壤固化剂作为一种新型高效的绿色RT类结构剂，即以矿渣、钢渣、粉煤灰、脱硫灰为主要原料研制的一种土壤固化剂作为一种新型绿色胶凝材料，对软土或软弱土等特殊土具有很好的性能改良与加固效果。淤泥属于软弱土中性能很差且很难改良的一种特殊土，因此作为软弱土性能改良与固化加固的一个典型且重要的范例，下面介绍采用以矿渣、钢渣、粉煤灰、脱硫灰为主要原材料研制的土壤固化剂（RT类结构剂）改良与固化加固淤泥的研究成果。

4.3.4 淤泥固化土试件制备

充分烘干采取的淤泥，采用滚动式球磨机将淤泥充分磨碎成粉末，目的在于使试验结果精准。首先，按照球料比为 1∶2（陶瓷研磨球 Φ30mm），将干燥的淤泥放入滚动式球磨机中干磨 1h，获得干土粉；然后，控制胶凝材料（RT 类结构剂）与干土配合比分别为 1∶1、1∶2、1∶3、1∶4、1∶5、1∶6，控制水料比分别为 0.4、0.45、0.5、0.55、0.6，将干土粉与胶凝材料加入含有一定量水的搅拌容器中，依次慢搅 30s（150r/min）、快搅 90s（400r/min），如此反复搅拌 10min，制成均匀的固化土泥浆，测量料浆的坍落度；将泥浆注入规格 70.7mm×70.7mm×70.7mm 的模具中成型试件，通过振动消除泥浆中气泡，试件静养 1d 脱模；试件置于 20±2℃的水中，养护不同龄期，得到固化土试件，待检测各项性能。

4.3.5　影响淤泥固化因素——水料比

图 4-31 为 RT 类结构剂与淤泥干土质量比为 1∶2，固化土试件标准养护 28d 无侧限抗压强度与水料比之间的关系曲线[2]。由此可见，随着水料比增大，固化土强度逐渐降低，主要由于含水率增加而使得固化土中孔隙率增加、自由水增加、密实度降低，并且减弱了 RT 类结构剂对土中细粒基团的胶结强度。水料比为 0.4、0.45，固化土浆液的坍落度不超过 45mm，不符合注浆行业标准中坍落度 150mm 的灌注要求，因此这种浆液不能用于注浆施工；水料比为 0.5～0.6，固化土浆液的坍落度为 171～207mm，符合注浆行业标准中坍落度要求，可泵性好，并且浆液的含水率为 33.3%～37.5%（浆液含水量与浆液总量之百分比），大于淤泥的天然含水率，水下作业容易使 RT 类结构剂与淤泥混合均匀，这种浆液制备的固化土试件标准养护 28d 的无侧限抗压强度高，达到 5.0～6.8MPa。鉴于上述，工程中应根据实际强度要求严格控制水料比。

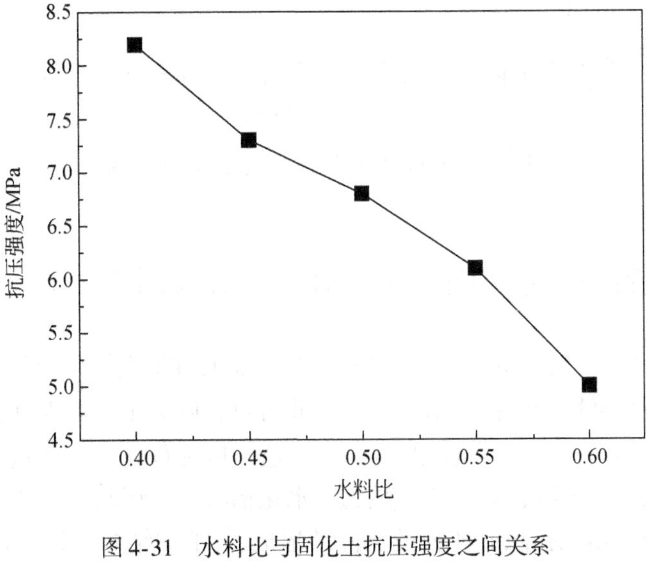

图 4-31　水料比与固化土抗压强度之间关系

软化系数：材料饱水极限抗压强度（饱和单轴抗压强度）R_w 与干燥极限抗压强度（干燥单轴抗压强度）R_f 之比为 k_R，$k_R=R_w/R_f$，$k_R=0\sim1$。软化系数 k_R 是评价材料耐水性的一个重要指标，k_R越大表明材料耐水性越好（抗水软化性越强），$k_R>0.85$ 表明材料浸水软化性弱，$k_R<0.85$ 表明材料浸水软化性强（软化材料）。材料软化系数 k_R 直接影响工程质量与耐久性：对于严重受水浸蚀或长期浸泡于水中或处于潮湿环境中的工程结构，应选择高软化系数 k_R 的材料；经常或长期处于干燥环境中的工程结构，可以不考虑材料的软化系数 k_R。

滩涂淤泥固化土地基长期处于水下或富水环境中，如滩涂鱼塘中光伏支架固化土地基长期置于水环境中，必须依据固化土的软化系数 k_R 评价地基长期浸泡于水中的软化性能。图 4-32 为 RT 类结构剂与淤泥干土质量比为 1∶2，水料比对固化土试件标准养护 28d 软化系数影响的检测结果[2]。由此可见，随着水料比增大，试件软化系数逐渐降低；水料比为 0.5～0.6，固化土试件软化系数为 0.907～0.921，满足地基耐水性要求（软化系数 $k_R>0.85$）。考虑地基固化土高的强度、软化系数，更利于稳固设置光伏支架，以及旋喷桩施工对 RT 类结构剂可泵性要求，确定水料比为 0.5。

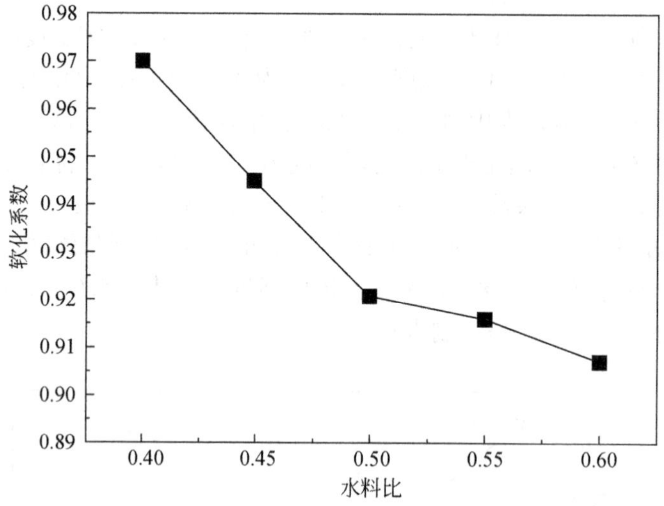

图 4-32　水料比与固化土软化系数之间关系

4.3.6　影响淤泥固化的因素——RT 类结构剂掺入比

图 4-33 为水料比 0.5，试件标准养护 3d、7d、28d，RT 类结构剂与淤泥干土质量比对固化土无侧限抗压强度影响的检测结果[2]。由此可见，随着 RT 类结构剂与干土质量比减小，试件标准养护 3d、7d、28d 抗压强度降低，这是因为固化土的强度主要由 RT 类结构剂水化物（水化反应生成物，如水化硅酸钙、水化铝酸钙、钙矾石、氢氧化钙、水化铁酸钙等）胶结土颗粒、填充孔隙而使松散土固结形成，RT 类结构剂掺入比越小，水化物越少，胶结的土颗粒越少、未胶结的散颗粒越多，充填的土孔隙越少、未充填的土孔隙越多，因此固化土的强度越低；RT 类结构剂与干土质量比为 1∶4，试件标准养护 28d 抗压强度为 3.7MPa，显著高于相同掺入比下水泥固化土标准养护相同龄期的抗压强度[71]。

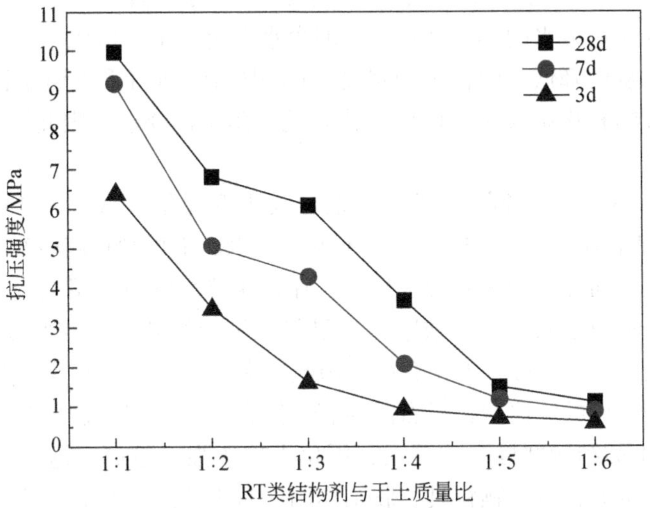

图 4-33　不同养护期龄固化土无侧限抗压强度随着 RT 类结构剂与干土质量比变化试验结果

RT 类结构剂是一种快硬性胶凝材料，淤泥固化土早期强度较高，随着标准养护龄期延长，试件无侧限抗压强度逐渐增加。固化土试件标准养护 7d 相比标准养护 3d，抗压强度平均涨幅为 85.5%；固化土试件标准养护 28d 相比标准养护 7d，抗压强度平均涨幅为 34.9%。这是因为 RT 类结构剂中矿渣活性成分在水化硬化初期形成大量针状钙矾石，胶结土颗粒，形成固化土早期强度。

图 4-34 为试件标准养护 28d，RT 类结构剂与干土质量比对固化土软化系数 k_R 影响的检测结果[2]。由此可见，随着 RT 类结构剂与干土质量比降低，固化土试件软化系数减小。这是因为：①干土掺入比越大，固化土中细粒基团越多，而充分吸水的细粒基团不具

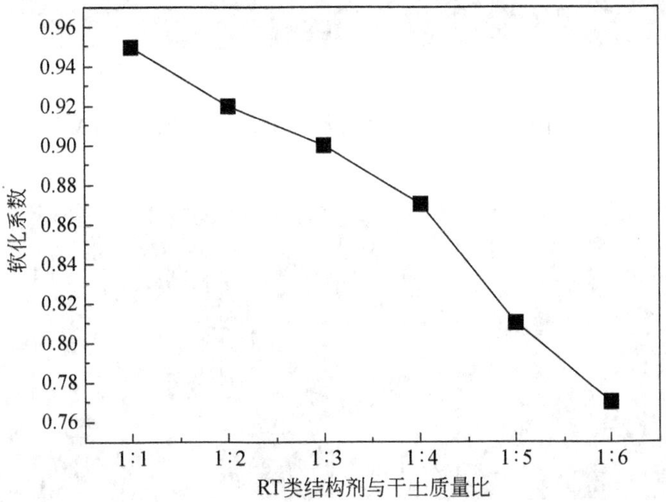

图 4-34　固化土软化系数随着 RT 类结构剂与干土质量比变化试验结果

备结构强度；②吸水的固化土颗粒之间存在水膜，减弱了颗粒之间的黏结作用、摩擦作用；③吸水饱和或大量吸水的部分细粒基团的含水率超过土的液限，并且形成的液泡又增大了土的孔隙率，从而降低了固化土的强度。RT 类结构剂与干土质量比≥1：4，标准养护 28d 固化土试件的软化系数大于 0.85，满足地基耐水性要求，因此固化土地基适用于长期泡水或潮湿环境。

图 4-35 与图 4-36[2] 为不同 RT 类结构剂掺入比下固化土试件 SEM 图像。由此可见，RT 类结构剂掺入比较小（图 4-35），固化土颗粒的表面不规则程度较高、棱角突出且颗粒间空隙明显，颗粒表面几乎未吸附胶凝物质，片状颗粒因应力作用而松散聚集，土孔隙未填充，这些孔隙既形成了固化土的缺陷，又阻碍了胶凝物质生长与胶凝骨架构建；RT 类结构剂掺入比较大（图 4-36），土孔隙被结构剂的水化物（胶凝物质）填充或构联。结构剂的水化反应初期生成的针棒状钙矾石晶体有效结合土的基团，这也是固化土强度显著增高的主要原因。RT 类结构剂掺入比越大，固化土抗压强度越高，这是因为结构剂胶凝体系水化反应的大量生成物对土颗粒具有胶结作用、对土孔隙具有充填作用。进一步研究与实践表明，构成固化土强度的主要因素为原状土强度、土物理改良强度、结构剂水化硬化胶结强度、结构剂硬凝反应强度，以后二者占主导地位。固化土中结构剂胶凝性物质含量越多，土颗粒的胶结作用、土孔隙的充填作用越强，因此土的强度、承载力、密实度、抗渗性、抗软化性、抗冻性等越高。

(a)　　(b)

图 4-35　固化土与干土质量比为 1：6 的固化土试件 SEM 图像

(a)　　(b)

图 4-36　固化土与干土质量比为 1：2 的固化土试件 SEM 图像

4.3.7　淤泥固化化学原理

RT 类结构剂掺入淤泥中，结构剂的活性成分遇水发生如下反应，分别生成水化硅酸钙（C-S-H）、钙矾石（AFt）。

$$Ca^{2+}+Si(OH)_4 \longrightarrow C\text{-}S\text{-}H \tag{4-20}$$

$$Al(OH)_3+Ca^{2+}+CaSO_4 \cdot 2H_2O \longrightarrow 3CaO \cdot Al_2O_3 \cdot 3CaSO_4 \cdot 32H_2O(AFt) \tag{4-21}$$

胶凝材料体系的水化反应产物主要为 C-S-H 凝胶、钙矾石 AFt。钙矾石 AFt 为晶须状、柱状，通过对固化土裂纹或孔隙的桥联作用、钉扎作用、偏转作用，在一定程度上阻止裂纹或孔隙的扩展，进而提高固化土的强度、承载力、稳定性；并且，钙矾石 AFt 也可与大量 C-S-H 凝胶等物质相互交织形成网状结构，包裹土的基团或形成结构骨架，进一步提高固化土的强度、承载力、稳定性；此外，大量具有一定胶结强度的 C-S-H 凝胶等物质还作为土颗粒的胶结物、土孔隙的充填物，极利于提高固化土的强度、承载力、密实性、抗渗性、抗软化性、抗崩解性、抗冻性、稳定性。

RT 类结构剂改良与固化淤泥的化学机理和水泥固化土机理基本一致。

4.3.8　软弱土与流砂土地基粉喷桩加固范例

工程中，软弱土与流砂土地基加固经常采用深层搅拌技术。粉喷桩又称为加固土桩，隶属于深层搅拌技术加固地基方法的一种新方法，即采用粉末状土壤固化剂进行软基搅拌处理，适合于加固各种成因的饱和或较高含水率软黏土/软黏性土，一般用于加固淤泥、淤泥质土、粉土与较高含水率黏性土，也可以加固粉细流砂土。粉喷桩技术分为两种工艺，即干喷法、湿喷法，目前以湿喷法为主。干喷法：按照一定掺入比，向拟加固土中喷射固化剂干粉且使固化剂干粉与土充分搅拌均匀。湿喷法：首先按照一定水料比将固化剂干粉与水混合制成可以喷射的均匀浆体，然后向拟加固土中喷射浆体且使浆体与土充分搅拌均匀。深层搅拌技术加固地基，过去主要采用水泥、石灰等作为固化剂的主料，通过特制机械强制搅拌方法，将固化剂与拟加固的软弱土或流砂土强制搅拌混合均匀，利用固化剂与土之间发生一系列复杂的物理结合与化学反应，迫使软弱土或流砂土硬结成具有一定整体性与水稳性的优质地基。对于盐渍土、滨海滩涂土、海相吹填土，由于土中盐、碱含量较高（盐土、碱土、盐化土、碱化土），采用水泥、石灰作为固化剂做粉喷桩加固难以见效或达不到设计的桩体强度要求、复合地基承载力要求，而采用 RT 类结构剂进行此类较高盐、碱含量土地基粉喷桩加固，则可以很容易满足这两项设计要求。作为实际应用的两个典型范例，以下介绍 RT 类结构剂（融工博大 SS-C-S 型土壤固化外加剂）分别用于粉喷桩加固粉细流砂土地基、软弱土地基。融工博大 SS-C-S 型土壤固化外加剂适用于路基的水稳层、本体填筑固化加固与低等级公路的面层加固，建筑地基处理、堤坝防渗加固、简易机场加固，以及流砂土、软弱土等特殊土性能改良与加固。

1）典型案例一：流砂土地基粉喷桩加固

安徽省马鞍山市含山县运漕高新园某工厂建设 600m²生产车间，在面积 100m²范围密集安装 10 个立式储料罐、3 个斗提，每个罐子高度 26m/27m、重量 120kg，斗提高度 30m/35m，厂区地质状况复杂且因靠近长江流域而使得地下水丰富、水位较高、补给充分，天然地基为上覆耕土夹淤泥层（厚度 2～3m，含水率很高或接近饱和，地表情况见图 4-37）、下伏深厚粉细流砂层（地表之下 2～3m 开始出现流砂层，含水率超过 80%），因此地基面临的两个重要问题是承载力不足、稳定性差，需要采用粉喷桩工艺进行罐体地基加固。原设计采用传统 P. O42. 5 水泥作为地基土加固的固化剂，根据试验结果，水泥掺入比达到 25%，才勉强满足设计要求，固化剂材料成本高且桩体强度低，加固效果差。后改用融工博大 SS-C-S 型土壤固化外加剂，采用湿喷法做搅拌桩（单轴搅拌桩工艺，采用外加剂制成喷射浆液的水料比为 1∶1，比重 1. 49），进行基坑止水、防护与地基加固、场坪稳定（硬化），外加剂掺入比仅为 10%，即满足设计要求（搅拌桩施工结束，在当地冬季气候条件下，自然养护 14d，经抽心检测，绝大多数桩体无侧限抗压强度≥3MPa），可靠安装 10 个立式储料罐、3 个斗提，见图 4-38。

图 4-37　场地前期处理

应用表明，相比于当地某知名品牌 P. O42. 5 水泥，采用融工博大 SS-C-S 型土壤固化外加剂进行耕土夹淤泥层（软土）与流砂土层地基粉喷桩加固，凸显重要的性能优势：①硬化速度快、周期短、强度高且后期强度增进率大，缩短工期 70%；②节减固化剂材料成本约 50%；③桩体抗压强度高，复合地基承载力大、稳定性好。分别采用融工博大 SS-C-S 型土壤固化外加剂、当地某知名品牌 P. O42. 5 水泥作为土壤固化剂，固化本工程的粉细流砂土、软土，试验结果见表 4-11。据表 4-11 不难看出融工博大 SS-C-S 型土壤固化外加剂的技术优越性。

图 4-38　地基粉喷桩加固与应用情况

表 4-11　融工博大 SS-C-S 型土壤固化外加剂与 P. O42.5 水泥固化土试验结果

土的类型	固化剂	掺入比/%	无侧限抗压强度/MPa		
			标准养护 3d	标准养护 7d	标准养护 28d
流砂	P. O42.5 水泥	7.2	0.60	0.92	1.56
	融工博大 SS-C-S 型土壤固化外加剂	7.2	2.15	3.82	5.59
软土	P. O42.5 水泥	6.8	0.28	0.40	0.83
	融工博大 SS-C-S 型土壤固化外加剂	6.8	0.81	1.47	2.40
	P. O42.5 水泥	9.5	0.59	1.00	1.41
	融工博大 SS-C-S 型土壤固化外加剂	9.5	2.06	3.45	4.24

注：掺入比 =（固化剂重量÷土重量）%。

2）典型案例二：软弱土地基粉喷桩加固

上海明基生物厂房位于上海市浦东新区高科东路金桥出口加工区（南区），地基为软土淤泥，属于既有厂房地基加固，见图 4-39。原设计采用 P. O42.5 水泥作为固化剂，进行粉喷桩加固地基，要求粉喷桩体自然养护 28d 无侧限抗压强度达到 2MPa；但是，通过实验室配合比试验，只有水泥掺入比达到 20% ~35%，试件标准养护 28d 无侧限抗压强度才能达到或超过 2MPa，而实际粉喷桩为粗放式施工，粉喷桩体自然养护 28d 无侧限抗压强度与实验室精细化制备试件且标准养护 28d 无侧限抗压强度相比需要打 20% ~30% 的折扣。表 4-12 给出了融工博大 SS-C-S 型土壤固化外加剂、P. O42.5 水泥固化软土淤泥的配合比试验结果。由表4-12可以看出，融工博大SS-C-S型土壤固化外加剂对软土淤泥的固化效果显著优于P. O42.5水泥对软土淤泥的固化效果，即使采用10%掺入比，前者固化试件标准养护28d无侧限抗压强度为2.75MPa（15%掺入比，固化试件标准养护14d无侧限抗压强度超过3MPa），后者固化试件标准养护28d无侧限抗压强度仅0.57MPa。

图4-39 上海明基生物厂房软土淤泥地基粉喷桩加固之前概况

表4-12 融工博大SS-C-S型土壤固化外加剂与P. O42.5水泥固化软土淤泥试验结果

软土淤泥含水率/%	掺入比/%	固化剂	无侧限抗压强度/MPa		
			标准养护3d	标准养护7d	标准养护28d
60	10	融工博大SS-C-S型土壤固化外加剂	1.16	1.56	2.75
	15		1.67	3.94	4.98
	20		2.44	4.67	7.63
	10	P. O42.5水泥	0.21	0.35	0.57
	15		0.25	0.35	0.63
	20		0.51	0.79	1.50
	25		0.73	1.42	2.50
	35		1.63	2.77	4.95

根据粉喷桩体自然养护28d无侧限抗压强度达到2MPa的设计要求，结合表4-11给出的两种固化剂固化软土淤泥的配合比试验结果，并且考虑较低固化剂材料成本、较短工

期，决定改用融工博大 SS-C-S 型土壤固化外加剂进行软土淤泥地基粉喷桩工艺加固。采用湿喷法（双管法旋喷桩工艺），外加剂掺入比为 15%（基于安全储备考虑的掺入比；若采用 P. O42.5 水泥，则需要掺入 35%，才具有相同固化效果），喷射浆液的水料比为 1 : 1，现场制备喷射浆液见图 4-40，旋喷施工与施喷桩固化效果见图 4-41。

图 4-40　现场制备喷射浆液

4.3.9　结论与总结

除了土中含有一定量有机质成分之外，软弱土工程性能“软弱”的主要原因在于土的软弱结构、高含水率。由于天然软弱土骨架的颗粒很细、颗粒之间胶结强度较弱或很弱，加之绝大多数颗粒表面均存在薄膜水（吸附水）隔离作用、自由水作用，土颗粒之间连接强度很低、很不稳定、孔隙率较高或很高、自由含水率很高，因此土的结构不稳定、结构强度低且有的土（如淤泥或淤泥质土）结构性强、灵敏度高、触变性大。鉴于此，若想改善软弱土的工程性能，必须改变土的骨架结构、提高土的胶结强度、增大土的密实性、降低土的含水率。为了取得这四方面固化加工效果，基于矿物基类胶凝材料原理与水泥固化土机理，开发了一种高性能 RT 类结构剂，用于软弱土性能改良与固化加固。按照一定掺

图 4-41　旋喷施工与旋喷桩固化效果

入比，将 RT 类结构剂掺入软弱土中，并且控制结构剂与土混合物（即胶凝材料体系）之间的含水率为最优含水率，充分拌合均匀且碾压密实成型，在自然条件下养护一定时间，利用胶凝材料体系的主要水化反应产物——C-S-H 凝胶、钙矾石 AFt，对土颗粒的胶结作用、桥联作用、钉扎作用、偏转作用，对土基团的网状包裹作用、交织缠绕作用，以及对土孔隙的充填作用，从而实现对土的固化、密实、增强，显著提高土的强度、承载力、密实性、抗渗性、抗软化性、抗崩解性、抗冻性、稳定性。实际工程应用与配合比试验结果表明，软弱土、流砂土地基粉喷桩加固，采用 RT 类结构剂（融工博大 SS-C-S 型土壤固化外加剂）作为固化剂的固化效果远远优于采用 P. O42. 5 水泥作为固化剂的固化效果，并且前者较后者大幅度缩短工期、显著节减固化剂材料成本。

第5章 工业固废资源化与无害化利用

当今，随着世界各国基础建设与经济不断快速发展，日益累积大量不同类型工业固废[39-41,43,46-48,51,72-76]，特别是中国已迈入基础建设与城市发展的快车道，日益产生大量工业固废，如建筑垃圾、建筑渣土、煤矸石、粉煤灰、高炉渣、尾矿、磷石膏、脱硫石膏、钻井泥浆、赤泥、石粉等。这些工业固废有的含有一定量有害化学成分、重金属元素，甚至放射性元素，露天排放、掩埋排放，不仅占用大量耕地、破坏植被且额外增加企业生产费用（如征地费、毁林费、环境补偿费、污染治理费、安全防护费等），而且具有一定环境危害，如污染空气、土壤、地表水、地下水且可能直接危害植被、农作物、牲畜、人身健康；另外，这些工业固废完全可以回收实现资源化与无害化利用，不仅利于解决自然资源日益短缺问题，而且避免环境危害、土地浪费且降低企业生产费用。因此，工业固废资源化与无害化利用成为世界各国不断努力追求的目标。鉴于上述，针对建筑垃圾、建筑渣土、煤矸石、粉煤灰、高炉渣、尾矿、磷石膏、脱硫石膏、钻井泥浆、赤泥、石粉等不同工业固废资源化与无害化利用、环保安全处置，通过多年研究与实践，开发了特种结构剂的系列专用技术。

5.1 全尾矿回收充填地下采空区

5.1.1 尾矿处置与采空区充填概况

矿产开采与选冶过程中日益产生大量尾矿，逐年累积增加。尾矿实际为含水率超过60%的尾矿浆，无法直接使用，只能通过建立尾矿库露天存放。尾矿库是一种高危害性、高破坏性的高势能危险源、环境风险源，一旦泄漏，将对自然环境造成严重污染，严重影响工业生产且危害环境土壤、地表水、地下水、植被、农业、生活，并且尾矿坝一旦坍塌，不仅造成滑坡灾害，见图5-1，而且可能形成破坏性很大的泥石流。因此，尾矿库安全与灾害问题长期备受关注，但一直难以长期有效地可靠解决。

地下采矿留下很大的采空区。在重力与构造应力作用下，地下采空区可能产生地裂缝或发生地面塌陷，因此会破坏土地、植被、生态环境、地表水循环、地下水循环、建筑物、构筑物、基础设施等，甚至会造成生命、生产、财产重大损失。矿山充填技术是保证采空区稳定、实现安全作业、保护生态环境、保障生命财产安全、维持社会可持续发展的一条重要而有效的途径。

长期以来，国内外对地下采空区主要采用分级尾矿充填方式。这种充填方式，导致分级残存的尾矿因无利用价值而只能露天排放于尾矿库或干堆，造成环境土壤、地表水、地下水、生态系统等重大环境问题；此外，分级尾砂利用率仅为50%左右，一般需要补充充

图 5-1 尾矿库与尾矿坝坍塌灾害

填骨料配合尾砂使用，这对矿山生产也造成一定影响。采用全尾矿充填方式，充填地下采空区的成本很高，充填费用占采矿总成本 20%，甚至高达 40%，其中固化剂成本占充填总成本 75% 左右。利用工业废渣开发新型无机胶凝材料作为尾矿固化剂，用于充填地下采空区，不仅节约充填成本，而且还可实现工业固废资源化综合利用，因此开发适用于尾矿充填地下采空区的新型高性能固化剂日益引起人们广泛关注与研究兴趣。

应用表明，相比于干式充填与水力充填，采用胶凝材料胶结尾矿充填地下采空区是一种低成本、高效益的充填方式。将硅酸盐水泥或其他胶凝材料掺入尾矿浆中，通过拌合形成具有一定流动性的可固化的膏状浆料，泵送浆料至地下采空区，实现一次或逐次充填。由胶凝材料固化的尾矿在地下采空区形成具有一定强度的固化体，支撑矿坑，防止塌陷。根据矿山要求，回填后的固化尾矿 3d、7d、28d 无侧限抗压强度必须分别不低于 0.4MPa、0.7MPa、1.0MPa。基于矿山条件，合理选取胶凝材料作为尾矿固化剂，利用固化尾矿作为地下采空区充填材料，不仅可以消耗大量尾矿，减少因固废露天排放而造成的环境危害、生态危害、次生地质灾害、占用土地等，还可以实现固废资源化循环利用，并且替代混凝土充填而降低采矿成本。

土聚水泥是一种新型碱激发胶凝材料，工程应用，既具有强度高、耐久性好、环境亲和力强等特点，又可以缓解普通水泥需求，进而减小水泥生产污染环境程度。具有火山灰活性的硅酸铝矿物，如火山灰，通过水泥、矿渣等激发作用，可以形成强度较高的土聚水泥，已广泛用于各种水泥应用行业。基于土聚水泥原理，近十几年来，我们开发了两类新型尾矿固化剂（JW 类结构剂）：其一是以西藏地区火山灰为原材料，通过水泥与添加剂激发作用，开发了一类高性能尾矿固化剂，可以高效胶凝固化尾矿浆用于充填地下采空区，系统研究了尾矿固化剂形成尾矿充填固化材料的力学性能与作用机制，为解决西藏地区尾矿充填地下采空区问题提供了技术依据；其二是以高炉渣等为原材料，通过强碱激发作用，开发了另一类高性能尾矿固化剂，可以高效胶凝固化尾矿浆用于充填地下采空区，成功用于马鞍山铁矿开采充填地下采空区。

5.1.2　采空区尾矿充填材料制备

作为一个典型范例，介绍以火山灰为主要原材料制备尾矿固化剂、再由尾矿固化剂作为胶凝材料制备充填采空区的尾矿浆——充填胶凝材料。

尾矿固化剂制备：火山灰置于70℃烘箱中烘干12h，脱去火山灰中水；脱水的火山灰分别在400℃、500℃、600℃、700℃温度下煅烧且保温40min；煅烧的火山灰放入球磨罐中，按照球料比1∶3（不锈钢研磨球：Φ20mm）球磨6h；球磨的火山灰过筛剔除其中的大颗粒，获得活化火山灰；按照质量比65∶30∶5称取32.5复合硅酸盐水泥、活化火山灰、钛石膏（工业固废），掺入适量添加剂——激活剂，球磨充分均匀混合，制出尾矿固化剂。

充填胶凝材料制备：按照质量比1∶6称取尾矿固化剂、干尾矿，二者拌合均匀且加水搅拌，控制水料比为0.35，依次经过慢搅30s（150r/min）、快搅90s（400r/min），反复搅拌10min，制出可固化的充填胶凝材料（膏状尾矿浆）；为了检测充填胶凝材料的固化性能，将充填胶凝材料注入40mm×40mm×160mm模具中成型，振动消除气泡，静养1d脱模，获得固化尾矿浆试件，试件置于20±2℃水中养护，分别养护3d、7d、28d，检测各项性能。

5.1.3　尾矿充填材料性能影响因素——火山灰活化温度

图5-2为火山灰煅烧温度与尾矿充填材料抗压强度之间关系检测结果，试件在20±2℃水中分别养护3d、7d、28d。由此可见，火山灰活化温度显著影响尾矿充填材料的力学性能；在600℃下煅烧的活化火山灰的反应活性最高，结合添加剂激发，尾矿充填材料固化试件的无侧限抗压强度最高，养护3d、7d、28d试件的无侧限抗压强度分别为1.03MPa、2.20MPa、3.85MPa，高于行业规范要求；煅烧温度过高或过低均不利于火山灰活化，其中400℃下煅烧火山灰制备的尾矿充填材料固化试件强度最低（养护28d试件的无侧限抗压强度为3.01MPa），但是也高于行业规范要求；煅烧温度过高反而导致火山灰活性降低，这是因为过高煅烧温度下部分火山灰成分开始结晶且转化为莫来石、方石英等非活性相，致使火山灰反应活性部分丧失。

5.1.4　尾矿充填材料性能影响因素——充填材料减水剂

在煅烧温度600℃下激发火山灰，采用活化火山灰与水泥、石膏等作为原材料，制备尾矿固化剂。采用尾矿固化剂作为胶凝材料固化胶结尾矿浆，控制水料比为0.35，胶凝材料与干尾矿质量比为1∶6，按照不同比例掺入减水剂（减水剂掺入比：0.5%，1.0%，1.5%，2.0%），成型尾矿充填材料试件，试件在20±2℃水中养护28d，检测试件无侧限抗压强度，检测结果见图5-3。由此可见，随着减水剂掺入比增大，尾矿充填材料试件抗压强度显著降低，这是因为减水剂作为填料颗粒表面活性剂，具有提高充填矿浆流动

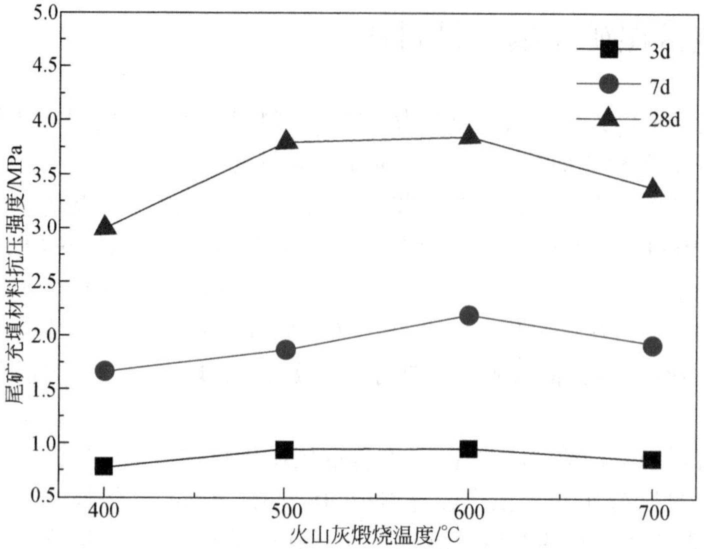

图 5-2　火山灰煅烧温度与尾矿充填材料抗压强度之间关系

性能、降低表面张力、分散絮凝结构、释放包裹游离水等作用，此外随着充填矿浆流动性能增加，尾矿充填材料试件在硬化过程中容易发生沉降、偏析等作用，导致试件成分不均匀，也影响试件力学性能，因此尾矿充填材料试件抗压强度因减水剂掺入比增大而降低。

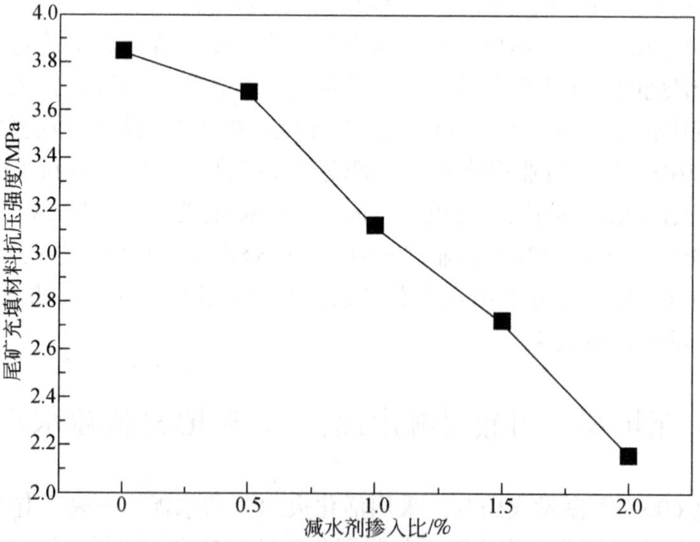

图 5-3　减水剂掺入比与尾矿充填料抗压强度之间关系

实际充填施工中，为了使尾矿充填材料（充填矿浆）具有足够的流动度而保证可泵性，需要掺入一定比例减水剂。掺入 0.5% 减水剂，显著改善了充填矿浆的流动性，试件在 20±2℃水中养护 28d 无侧限抗压强度可达 3.68MPa，满足行业规范要求。

图 5-4 为尾矿充填材料的泌水率与减水剂掺入比之间关系。由此可见，随着减水剂掺入比增大，尾矿充填材料的泌水率逐渐增加，掺入减水剂的尾矿充填材料的泌水率明显高于未加减水剂的尾矿充填材料的泌水率；掺入 0.5% 减水剂，尾矿充填材料的泌水率为 3.99%。实际充填施工中，可以采用逐次回填方式，以减轻尾矿充填材料的泌水现象，尽可能避免因添加减水剂而对尾矿充填材料固化力学性能产生的不利影响。

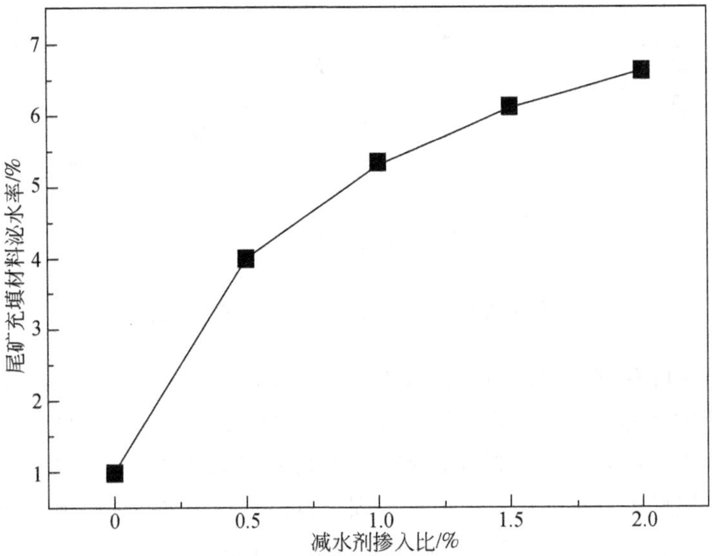

图 5-4　尾矿充填料泌水率与减水剂掺入比之间关系

图 5-5 为尾矿充填材料干缩率与减水剂掺入比之间关系。由此可见，随着减水剂掺入比增大，尾矿充填材料固化试件的干缩率逐渐降低，减水剂掺入比为 2%，尾矿充填材料固化试件的干缩率为 0.48%。在尾矿充填材料固化过程中，减水剂利于尾矿颗粒快速沉降，并且因降低尾矿充填材料早期水化物的絮凝性而利于排出包裹游离水，使得尾矿充填材料固化试件的密实性增高、孔隙率降低，因此减水剂含量高的尾矿充填材料固化试件的干缩率较低。

5.1.5　尾矿充填材料性能影响因素——尾矿固化剂成分

制备两种尾矿固化剂：其一是采用经过活化处理的矿渣制备尾矿固化剂，称为矿渣基尾矿固化剂；其二是采用经过 600℃热激发火山灰与水泥等材料混配制备尾矿固化剂，称为铝硅酸尾矿固化剂。按照一定掺入比，将矿渣基尾矿固化剂、铝硅酸尾矿固化剂，分别掺入尾矿中，水料比为 0.35，制成尾矿充填材料，试件成型静养 1d 脱模，试件在 20±2℃水中养护 7d。图 5-6 为采用两种尾矿固化剂的不同掺入比制备的尾矿充填材料固化试件的无侧限抗压强度与尾矿固化剂掺入比之间关系。由此可见：①掺入矿渣基尾矿固化剂的尾矿充填材料固化试件的抗压强度优于掺入铝硅酸尾矿固化剂的尾矿充填材料固化试件的抗

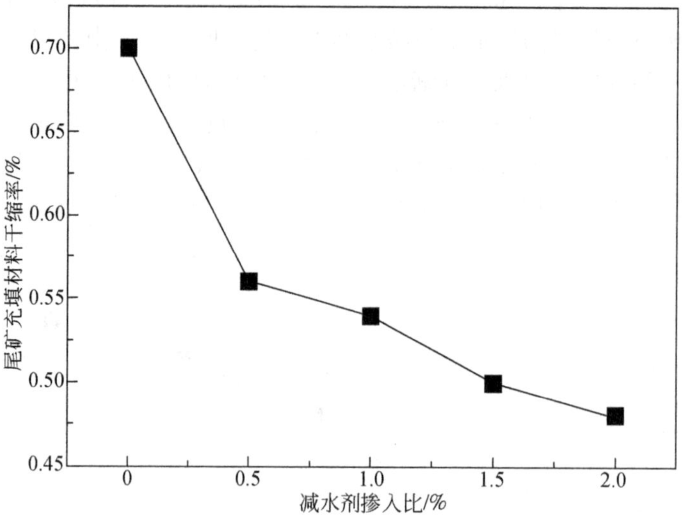

图 5-5　尾矿充填材料干缩率与减水剂掺入比之间关系

压强度；②在尾矿固化剂与尾矿质量比低于 1∶10 条件下，采用两种尾矿固化剂制备的尾矿充填材料固化试件的抗压强度均满足行业规范养护 7d 抗压强度不低于 0.7MPa 的要求；③矿渣基尾矿固化剂掺入尾矿中制备的尾矿充填材料固化试件的抗压强度显著高于铝硅酸尾矿固化剂掺入尾矿中制备的尾矿充填材料固化试件的抗压强度；④矿渣基尾矿固化剂与尾矿质量比为 1∶12，制备的尾矿充填材料固化试件养护 7d 抗压强度为 1.3MPa；⑤铝硅酸尾矿固化剂与尾矿质量比为 1∶12，制备的尾矿充填材料固化试件养护 7d 抗压强度不到 0.65MPa。矿渣基尾矿固化剂中的胶凝活性物质多于铝硅酸尾矿固化剂中的胶凝活性物质，因此前者对尾矿胶凝固化性能更好，制备的尾矿充填材料固化试件具有更高的力学强度。但是，由于区域限制，矿渣基尾矿固化剂的原材料并非随处可取，针对如西藏等地区矿渣资源匮乏，只能就地取材，精心研制满足地下采空区充填与泵送施工要求的尾矿固化剂，实现资源综合利用。

采用三种不同的尾矿胶凝材料，即 32.5 复合硅酸盐水泥、42.5 普通硅酸盐水泥、铝硅酸尾矿固化剂，按照 1∶6 掺入比掺入尾矿中，分别制备三种不同的尾矿充填材料。图 5-7 为尾矿充填材料固化试件的无侧限抗压强度随养护龄期变化情况，试件成型静养 1d 脱模、置于 20±2℃水中养护。由此可见：①随着养护龄期增加，尾矿充填材料固化试件的抗压强度显著增大；②掺入 42.5 普通硅酸盐水泥、铝硅酸尾矿固化剂的尾矿充填材料固化试件的抗压强度明显大于掺入 32.5 复合硅酸盐水泥的尾矿充填材料固化试件的抗压强度；③并且，掺入 42.5 普通硅酸盐水泥与掺入铝硅酸尾矿固化剂的尾矿充填材料固化试件的抗压强度在不同养护龄期下均比较接近，如掺入铝硅酸尾矿固化剂的尾矿充填材料固化试件养护 28d 抗压强度为 3.83MPa，掺入 42.5 普通硅酸盐水泥的尾矿充填材料固化试件养护 28d 抗压强度为 3.90MPa，二者均明显高于掺入 32.5 复合硅酸盐水泥的尾矿充填材料固化试件养护 28d 抗压强度（2.91MPa）。经过激发的活化火山灰对尾矿具有较大的胶凝固化活性，胶凝固化过程中生成较多高强度的地质聚合物，因此显著提高了尾矿充填

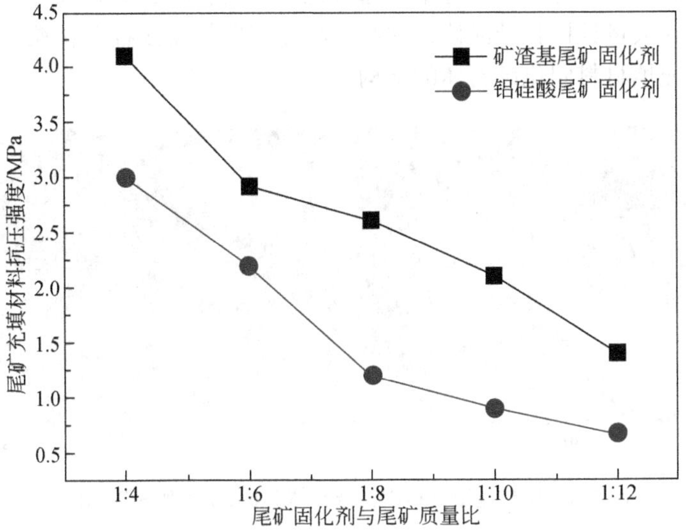

图5-6　尾矿固化剂掺入比与尾矿充填材料抗压强度之间关系

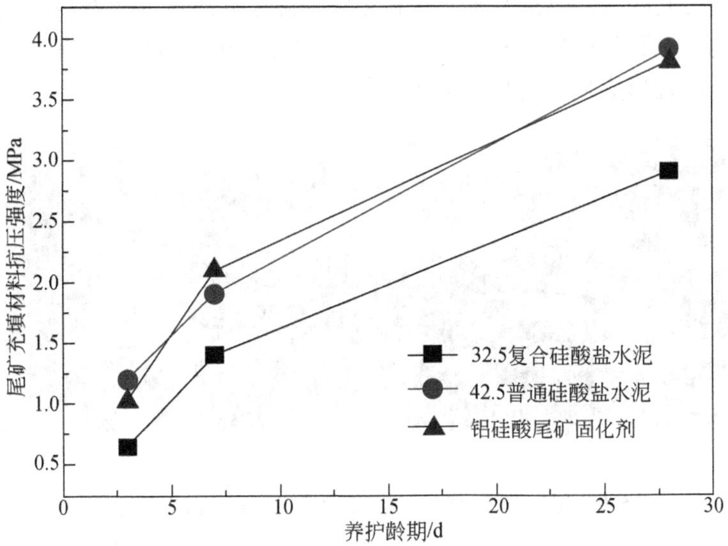

图5-7　尾矿充填材料抗压强度与养护龄期之间关系

材料固化力学性能。

5.1.6　尾矿充填材料固化微观形貌

按照1∶6掺入比将铝硅酸尾矿固化剂掺入尾矿中，控制水料比为0.35，制成尾矿充填材料，试件成型静养1d脱模，试件在20±2℃水中养护。图5-8为尾矿充填材料固化结石体养护3d微观SEM图像。由此可见，尾矿充填材料固化结石体中堆积大量小团状与片层状颗粒，整体形成了一种珊瑚状骨架，通过包裹方式、构联方式等与尾矿颗粒结合，颗粒之间空隙中存在大量针棒状结晶体，这些结晶体支撑与连接各个颗粒，以纤维增强方式进一步增强尾矿充填材料固化结石体的结构。

(a)　　(b)

图 5-8　尾矿充填材料固化结石体养护 3d 微观 SEM 图像

图 5-9 为尾矿充填材料固化结石体养护 28d 微观形貌 SEM 图像。通过比较图 5-8 与图 5-9可以看出，新生的团状颗粒进一步长大成明显的珊瑚状结构，新生颗粒之间、新生颗粒与尾矿颗粒之间的构联更加紧密，颗粒之间空隙中针棒状晶体减少，这是因为固化剂水化早期产生的钙矾石晶体形成 C-S-H 凝胶，进而与活化火山灰受碱激发形成的地聚物骨架，逐渐包裹颗粒且形成强度更高的结构。

(a)　　(b)

图 5-9　尾矿充填材料固化结石体养护 28d 微观 SEM 图像

5.1.7　尾矿固化材料充填应用范例

马钢（集团）控股有限公司姑山矿业公司和睦山矿，年产铁矿石 6.0×10^7 吨，铁矿精粉 1.1×10^6 吨（大型矿山），尾矿浆 6.0×10^5 吨。过去，长期采用尾矿库露天排放尾矿浆，见图 5-10。尾矿库露天排放尾矿浆存在三方面严重环境问题：①尾矿浆长期存放于尾矿库中，因大量入渗地下而对环境土壤、地下水造成严重污染；②长期存放于尾矿库中的尾矿浆，因水蒸发而留下大量尾矿干粉，造成矿山环境大气严重风尘污染；③尾矿库占用与破坏大量耕地，更存在建尾矿库的征地困难，甚至无地可征，严重影响采矿生产。此外，采用尾矿库露天排放尾矿浆显著增大采矿生产成本，如征地费、环境补偿费、植被补偿费、作物补偿费、建筑补偿费等，并且尾矿库的库容有限、尾矿的沥水时间长也对采矿生产成本造成一定负面影响，尾矿坝的稳定控制与滑坡监控还需要增加一定采矿生产成本。在地下开采遗留的地下采空区（每年留下采空区 $8.3\times10^6 m^3$），必须可靠回填，否则将发生地面塌陷且造成耕地、道路、建筑等破坏，一般采用混凝土充填地下采空区。采用混凝土充填地下采空区存在四方面问题：①混凝土充填造价高，因此会额外增加矿山企业生产成本；②由于混凝土具有显著的固化体积收缩性，本已充满的地下采空区在混凝土固化后又留下未充填的空间，因此混凝土充填往往保证不了效果；③采用混凝土充填地下采空区消耗大量水泥、砂石料，从而加大原材料资源浪费、生产水泥能源消耗与碳排放；④采用混凝土充填地下采空区，充填施工要求作业人员在超过36℃地下巷道环境中进行高强度连续工作，特别是要求及时人工清理沉淀固化于搅拌叶片上混凝土的工作强度很高，存在较大的安全隐患。鉴于上述，从2012年开始，采用我们研制的矿渣基尾矿固化剂，按照一定掺入比，将固化剂掺入尾矿浆中，制成尾矿充填材料，代替混凝土，泵送充填地下采空区。

图5-10　马钢（集团）控股有限公司姑山矿业公司和睦山矿选冶尾矿露天排放

矿渣基尾矿固化剂用于全尾充填地下采空区的技术性能：在尾矿浆由选冶生产线排放路径上，按照一定掺入比向尾矿浆中掺入尾矿固化剂；在尾矿浆排放路径上，通过机械搅拌，将固化剂与尾矿浆充分混合均匀；因固化剂高效作用，能够快速沥出尾矿浆中大量水，沥出的水经检测达到采矿工业用水标准，可以回收再用于选冶，因此又节减了选冶水费；沥水后沉淀的尾矿（全尾）全部回填于地下采空区，采用全自动数控回填生产线，避免了人工回填生产的高强度作业、安全隐患；因尾矿固化具有体积微膨胀性而能够全部充满采空区（尾矿固化体积微膨胀性来源于固化剂的固化性能），避免了混凝土充填因存在固化体积收缩性而无法实现采空区全部充满的缺陷；尾矿固化强度可达42MPa，远远超过采空区充填要求的3MPa强度。总之，采用矿渣基尾矿固化剂实施全尾充填采空区，可以全部回收选冶中产生的大量尾矿浆代替混凝土充填采空区，避免了尾矿露天排放的各种危害，节减了选冶的生产成本，杜绝了采空区人工充填的安全隐患，因此拥有极大的技术效益、环境效益、安全效益、经济效益、社会效益。

矿渣基尾矿固化剂用于全尾充填地下采空区，充填生产的相关试验检测与主要工艺过程见图5-11，充填采空区生产概况见图5-12，简述如下。

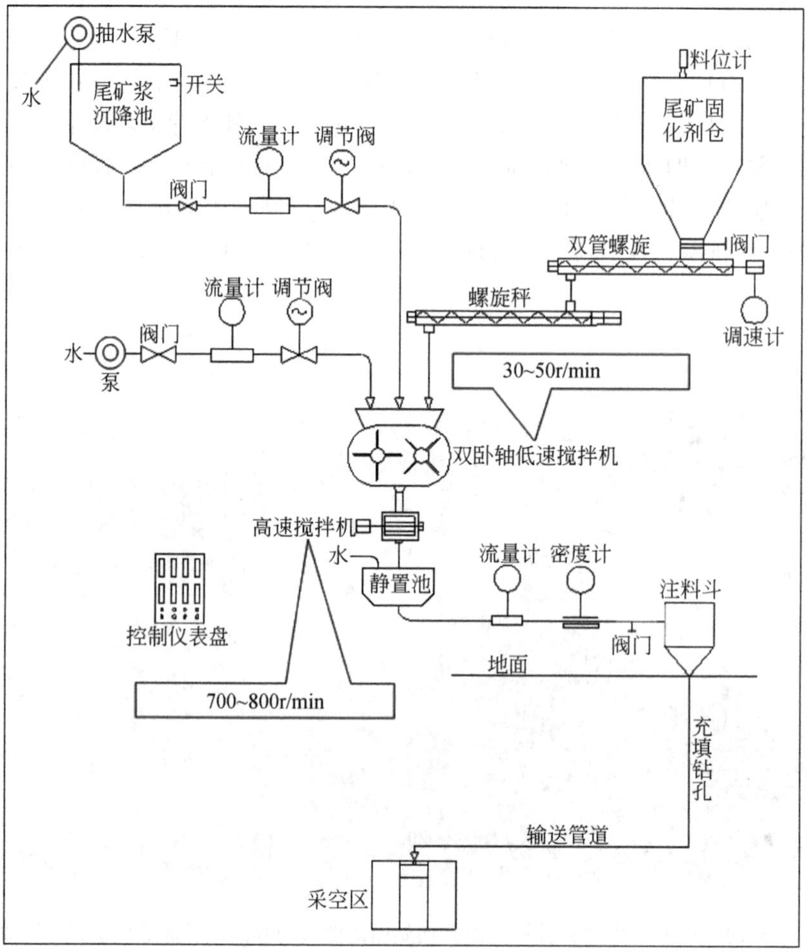

图5-11　全尾充填采空区工艺过程

（1）通过室内试验，详细检测尾矿浆（全尾）的容重、浓度与颗粒的粒度成分、黏粒含量、砂粒含量等。

（2）根据回填地下采空区对尾矿浆沥水沉淀物的固化强度等性能要求，通过室内配合比试验，合理确定向尾矿浆中掺入矿渣基尾矿固化剂的掺入比，即固化剂与尾矿浆中干料的质量比。

（3）根据充填采空区泵送对尾矿浆的黏度与浓度要求，通过室内试验合理确定尾矿浆的含水率。

图 5-12　马钢（集团）控股有限公司姑山矿业公司和睦山矿选冶尾矿充填采空区生产概况

(4) 根据选冶中单位时间排出尾矿浆量，如 1.5 ~ 2.5m^3/min，按照尾矿浆容重、浓度，计算尾矿浆中干料重量，即单位时间排出尾矿干料重量。

(5) 根据选冶中单位时间排出尾矿干料重量，按照固化剂掺入比，计算单位时间向尾矿浆中掺入固化剂重量。

(6) 在尾矿浆由选冶生产线排放路径上，设置尾矿浆沉降池，将尾矿浆送入其中预沉淀一段时间，回收析出的水并泵送至选冶用水系统。

(7) 按照单位时间向尾矿浆中掺入固化剂的重量，在尾矿浆由选冶生产线排放路径上，向尾矿浆中掺入固化剂，并且初步低速混拌约 60s（搅拌速度为 30 ~ 50r/min）。

(8) 通过低速混拌，固化剂与尾矿浆之间达到初步混合之后，及时高速搅拌 3 ~ 4s（搅拌速度为 700 ~ 800r/min），使固化剂与尾矿浆充分均匀混合。

(9) 固化剂与尾矿浆均匀混合之后，在静置池中静置约 60s，首先将从尾矿浆中沥出的大量水泵送至选冶用水系统，然后将沥水后的尾矿沉淀物泵送充填地下采空区。

5.2 尾矿回收生产免烧建筑型材

JW 类结构剂还可以用于金属尾矿全部回收生产建筑型材，如砌块、步道砖、道牙石、护坡板等[42]。具体方法为：①联合采用 JW 类结构剂沥水沉淀方法与带式辊压方法，见图 5-13，脱去尾矿浆中大量水，要求脱水后的沉淀物含水率接近于最优含水率；②根据建筑型材强度、抗渗性、抗冻性、抗软化性等性能要求，通过配合比试验结果，合理确定结构剂与尾矿浆沉淀物之间混合比；③按照试验确定的结构剂掺入比，向尾矿浆沉淀物中掺入结构剂，并且机械化充分混合均匀；④采用机械方法压制尾矿建筑型材，见图 5-14；⑤成型的尾矿建筑型材移至露天场地，喷洒水、覆膜，自然养护若干天，抽检型材强度等性能满足相关技术要求，结束养护。表 5-1 给出了由黑龙江木兰县铁矿尾矿粉掺入 JW 类结构剂制成试件标准养护无侧限抗压强度与软化系数检测结果。试件成型：混合料含水率控制为 12%，Φ30mm×30mm 圆柱体模具压制，压制强度为 10MPa。

图 5-13 尾矿浆带式辊压方法脱水

图 5-14　尾矿粉混合生产免烧建筑型材

表 5-1　铁尾矿粉与结构剂混合制成标砖抗压强度与软化系数检测结果

JW 类结构剂	结构剂与尾矿粉配合比	3d 抗压强度/MPa	7d 抗压强度/MPa	28d 抗压强度/MPa	软化系数
1 号结构剂	1 : 4	8. 48	9. 07	14. 88	0. 856
	1 : 6	5. 16	6. 20	7. 36	0. 833
	1 : 8	2. 94	4. 15	4. 95	0. 839
2 号结构剂	1 : 4	6. 82	8. 20	12. 59	0. 879
	1 : 6	4. 79	6. 11	8. 16	0. 866
	1 : 8	3. 34	3. 71	4. 75	0. 797
3 号结构剂	1 : 4	7. 97	13. 61	2259	0. 873
	1 : 6	6. 14	9. 61	13. 29	0. 878
	1 : 8	4. 87	7. 43	8. 96	0. 858

5.3 煤矸石回收资源化综合利用

5.3.1 煤矸石露天存放危害性

煤炭开采与洗选加工过程中产生大量煤矸石固体废物[4,39,41,43,48,72,75]。煤矿的排矸量约占煤炭开采量10%～25%，已成为累堆积量与占用土地最多的工业废弃物之一，见图5-15，不仅具有极大的环境危害，而且占用大量土地资源。我国能源结构以煤炭为主，每年累积大量煤矸石，2009年煤炭产量3.05×10^9吨，新增煤矸石4.3×10^8吨，2008年煤矸石利用率为58%，其余部分就近自然混杂堆积，随着煤炭产量持续增加，煤矸石的堆存量逐年累积，有限的应用之余只能露天堆积，目前全国已有2300多座煤矸石山、储存煤矸石超过7.0×10^9吨，且以每年1.5×10^8～2.0×10^8吨的速度增加，煤矸石堆存占地面积$1.9\times10^8m^2$且以每年$4\times10^6m^2$的速度增加，严重威胁有限的土地资源（我国人均耕地不足$1000m^2$）。

煤矸石中含有一定量残煤、碳质泥岩、碎木等可燃物，长期露天堆积将发生自燃现象（我国2300多座矸石山中大约1/3发生过自燃现象），煤矸石中C、S是自燃的物质基础，由于自然的矸石山内部温度可达800～1000℃，因此使煤矸石融结且排放出大量CO、CO_2、SO_2、H_2S、NO_x、C_mH_n等有害气体（以SO_2为主），严重危害环境，甚至造成人员窒息死亡。在大气环境中，煤矸石中硫化铁等氧化，不断释放热量，使煤矸石中可燃物温度达到燃点，矸石堆（山）便自燃。资料表明，煤矸石中硫铁矿占超过40%且存在硫铁矿结核，矸石堆便发生自燃。

煤矸石露天排放，因降雨喷淋或长期处于浸渍状态，煤矸石中粉尘成为水中悬浮物，有害成分溶解进入水体、土壤，造成水环境与土壤环境二次污染。酸性较强的淋溶水进入水体，将对生物产生严重危害，如消灭或抑制水中微生物生长，妨碍水体自净。煤矸石中，除了含有SiO_2、Al_2O_3、Fe、Mn等之外，还含有痕量元素，如Pb、Cr、Hg、As、Cd等，这些元素多数为有毒重金属元素，进入水体或渗入土壤，将严重破坏土壤或水环境，危害农作物、水产养殖。

煤矸石堆（山）往往坡度较陡、结构较松散、防范措施较少，并且不少地区煤矸石直接沿山坡随意堆放，因此存在很大的崩塌、滑坡、泥石流等安全隐患。煤矸石堆的自然休止角一般为38°～40°，若堆积过高、坡度过大或存在开挖扰动、爆炸扰动、暴雨侵蚀，很容易发生坍塌、滑坡、泥石流等灾害。

煤矸石堆（山）中含有许多有害的干燥废渣物如粉尘，风起粉尘，危害大气环境与人身健康。

由于煤矸石兼具煤、石材、化工原料等应用性，因此煤矸石是一种可利用的宝贵资源。煤矸石综合利用，不仅能够改善矿区生态环境、避免土地占用，而且还可以节约有限的自然资源，因此可促进矿区可持续发展。长期以来，煤矸石已广泛应用于发电、筑路、建材、填筑洼地、充填采空区等。然而，目前煤矸石的利用率仍然较低。加大煤矸石资源

图 5-15　煤矸石露天存放与煤矸石堆自燃现象

化综合利用是进一步解决因露天堆积带来严重危害社会、环境等问题的必要途径。

5.3.2　煤矸石资源化综合利用

1）煤矸石燃烧发电

碳含量高且粉尘少的煤矸石发热量较高，可以作为燃料用于发电。我国煤矸石发电始于 20 世纪 70 年代，四川永荣矿务局、江西萍乡矿务局率先开展煤矸石发电试验，四川永荣矿务局于 1975 年首次试验成功了煤矸石发电，开创了我国煤矸石发电的先河。早期煤矸石电厂主要采用沸腾炉燃烧，燃烧率低、耗能大、烟气大、灰尘大且锅炉磨损严重，因此发展大容量沸腾炉困难，限制了煤矸石大型发电厂建设。流化床锅炉技术问世之后，由于循环流化床锅炉对低热值燃料适应性强，我国从 20 世纪 80 年代末开始发展煤矸石电厂循环流化床锅炉发电技术，陆续建设了宁夏石嘴山矿务局煤矸石发电厂、石炭井矿务局煤矸石发电厂、陕西蒲白矿务局煤矸石发电厂、白水煤矿煤矸石发电厂等，增加了电除尘设备、脱硫设备。然而，长期以来，煤矸石电厂的发电能力远满足不了煤矸石处理能力，因此目前正致力于发展超大容量煤矸石低热值发电厂。但是，单纯追求高参数、大容量发电机组仍然不够，因为煤矸石发电面临巨大的环保压力，即难以满足《火电厂大气污染物排放标准》（GB 13223—2011）规定的环保指标。煤矸石发电产生的烟气中飞灰含量大，要求具有很高的烟尘监测与控制技术。因此，研究适用于煤矸石电厂烟尘监测、处理的新技术与新规范，并且开发灰渣协同利用新技术，成为煤矸石发电的必然发展趋势。

2）煤矸石生产建材

煤矸石可以用于制备多种不同建筑材料。例如，高岭石含量较高的煤矸石也称为煤系高岭土，可以作为水泥、砌块等生产原料；方解石、石灰石等碳酸钙含量较高的煤矸石，可以直接作为石料；石英含量较高的煤矸石，可以用于生产人工砂料、碎石料，制备混凝土。采用煤矸石制备烧结砖，坯料中煤矸石可占80%以上，坯料配比一般为煤矸石70%～80%、黏土10%～15%、沙子10%～15%；适用制备烧结砖的煤矸石化学成分有一定要求，即SiO_2含量50%～70%，Fe_2O_3含量2%～8%，MgO含量低于3%，S含量低于1%。早期煤矸石制砖工艺简单、设备性能落后、产品性能差。近十几年来，随着固废建材利用减免税、限制黏土烧结砖等政策逐步落实与加强，煤矸石制砖技术日益实现了多品种、多用途、系列化，由实心砖向多孔砖、空心砖方向发展，焙烧窑也由轮窑向隧道窑方向发展。

若煤矸石中SiO_2、Al_2O_3、Fe_2O_3总含量超过80%，则是生产水泥的一种天然黏土质原料，可以代替黏土制备硅酸盐水泥、特种水泥、无熟料水泥等。煤矸石也可以用于制备轻骨料（轻骨料是为了减少混凝土密度而采用的一类多孔骨料），采用煤矸石生产的轻骨料主要分为烧结型煤矸石多孔料、膨胀型煤矸石陶粒。煤矸石陶粒的松散密度为480～590kg/m^3，颗粒密度为850～950kg/m^3，筒压强度为1.27～2.50MPa，吸水率为5.2～8.2%，采用煤矸石陶粒作为轻骨料可以配制200～300号混凝土，具有密度小、强度高、低吸水等优势，适用于制备各种建筑预制件。煤矸石棉是由煤矸石与石灰作为原料，经过高温熔化、喷吹而制成的一种建筑材料，原料配比一般为煤矸石60%、石灰石40%或煤矸石60%、石灰石30%、萤石6%～10%。采用以焦炭为燃料的冲天炉熔化煤矸石，焦炭与原料配比为1∶2.3～1∶5。

WK类结构剂作为一种高性能胶凝固化材料而对一定含水率的煤矸石碎块与粉末具有很好的促凝、硬化、增强、稳定等作用，按照一定比例掺入煤矸石碎块与粉末中充分拌合均匀，通过机械研制，可以生产免烧砌块、步道砖等，见图5-16，试件成型、喷洒水在20±2℃环境温度下自然养护7d的无侧限抗压强度超过15MPa。

3）煤矸石用于填料

煤矸石可以用于填筑路基、填筑大坝、填筑堤防、充填采空区、采煤沉陷区等，见图5-17，消耗煤矸石量很大，因此成为煤矸石大量消耗与综合利用的一个重要途径，广泛用于充填采煤沉陷区、地下采空区与筑路基、堤坝等，对于土地复垦、生态恢复、环境保护、灾害防控、固废利用、节减成本等意义重大，如向采煤沉陷区直接排放煤矸石与向矸石山排矸相比不增加费用。研究与实践表明，采用煤矸石为主要材料，经过适当粉碎，按照一定掺入比，向粉碎的煤矸石中掺入具有促凝、早强、增强、稳定等作用的某种固化剂，如WK类结构剂，可以制备高性能煤矸石填料，即固化填料。

若煤矸石中含有较多具有一定化学活性的SiO_2、Al_2O_3、Fe_2O_3等，粉碎与碾磨成粉末

图5-16　煤矸石机械粉碎与压制砌块或步道砖

(a)粉碎煤矸石　(b)煤矸石充填采空区

图5-17　煤矸石机械粉碎与充填地下采空区

状，也可以作为碎石、沙子、渣土等混合物固化加固的固化剂，制备高性能煤矸石填料。煤矸石掺入比、填料含水率、施工延迟时间、养护条件、养护龄期等对固化填料性能具有重要影响。例如，随着煤矸石掺入比增大，固化填料的无侧限抗压强度明显提高，煤矸石掺入6%的固化填料，标准养护7d、28d的无侧限抗压强度分别为3.9MPa、5.4MPa，满足相关国家标准技术要求；随着含水率增大，固化填料的无侧限抗压强度先增大、后减小，含水率为12.7%的抗压强度达到最大值，之后强度急剧下降；随着施工延迟时间延长，固化填料的无侧限抗压强度先增大、后减小，施工延迟4h的抗压强度达到最大值；随着养护龄期增加，固化填料的无侧限抗压强度显著增大，标准养护7d、60d、90d的无侧限抗压强度分别为3.90MPa、5.90MPa、6.45MPa。

进一步研究表明，煤矸石凝石似膏体充填材料具有良好的力学性能、耐久性能，标准养护3d、7d、28d的无侧限抗折强度分别为4.4MPa、5.9MPa、7.9MPa，标准养护3d、7d、28d的无侧限抗压强度分别为21.3MPa、38.0MPa、49.5MPa，因此煤矸石凝石似膏体充填材料可以作为胶凝材料用于充填采煤沉陷区、地下采空区，见图5-18。采用煤矸石充填恢复的采煤沉陷区，既可以作为建筑地基，也可以覆土还耕。煤矸石用于筑路、筑坝具有无须特殊处理的优势。

图5-18　煤矸石凝石似膏体充填材料充填地下采空区与采煤沉陷区

4）煤矸石化工材料

采用煤矸石还可以制备氯化铝、水玻璃、氧化硅、碳化硅、硫酸铵等不同材料。煤矸石制备氯化铝：以煤矸石与化工副产品盐酸作为主要原料，经过破碎、焙烧、磨碎、酸浸、沉淀、脱水、浓缩、结晶等工艺制成，制取结晶三氯化铝的煤矸石要求含铝量较高、含铁量较低；煤矸石酸浸之前，通过焙烧方法，脱掉附着水、结晶水，改变晶体结构而使之活化，以利于酸浸；焙烧方法是将煤矸石破碎至粒度小于8mm，送入沸腾炉，在700℃温度下焙烧0.5～1h；焙烧的煤矸石渣排到渣场，自然冷却之后，送入球磨机磨碎，经过酸浸、沉淀、过滤、浓缩、结晶、脱水，最终得到三氯化铝。煤矸石制备水玻璃：煤矸石经过盐酸处理之后，渣中活性高的二氧化硅与碱反应生成水玻璃。煤矸石制备硫酸铵：煤矸石中硫化铁在高温下生成二氧化硫，进一步氧化成三氧化硫，三氧化硫遇水生成硫酸，硫酸与氨化合生成硫酸铵。

5）煤矸石制备肥料

煤矸石中含Fe、S、As、Gd等多种元素，这些元素含量达到一定值，可以回收利用。煤矸石中存在含碳页岩、含炭粉砂岩，以及15%左右有机质，并且含有植物生长所需的B、Zn、Cu、Co、Mo、Mn等微量元素，因此粉碎碾磨的煤矸石与过磷酸钙混配，加入水、活化剂，进行堆沤，可以制成新型农肥。煤矸石是挟带固氮微生物、解钾微生物、解磷微生物的一种理想载体与基质，以固氮磷肥、钾肥、细菌肥为主，可以制备煤矸石生物肥料。

煤矸石综合利用，可以充分利用煤矸石赋含的经济效益，降低固废排放，避免环境危害、安全事故，但是目前的应用技术也仍存在能耗高、效益低、二次污染等问题，因此需要进一步开发与完善现行技术，实现煤矸石高值、高效利用。

5.4　粉煤灰回收资源化综合利用

5.4.1　粉煤灰露天存放危害性

粉煤灰是从燃煤烟气中收捕的微小灰粒，又称烟灰，粒径一般在1～100μm之间，主要物相是占比50%～80%玻璃体，矿物主要有莫来石、α-石英、方解石、钙长石、硅酸钙、赤铁矿、磁铁矿等，还有少量未燃碳，活性氧化物主要为SiO_2、Al_2O_3、Fe_2O_3、CaO，具有多孔结构、火山灰活性。粉煤灰是煤在1300～1500℃悬浮燃烧条件下经过热面吸热后冷却形成，因表面张力作用而大部分呈表面光滑且微孔细小的球状，其中一部分灰粒因在熔融状态下互相碰撞、粘连而成为表面粗糙且多棱角的蜂窝状粒子团。粉煤灰化学组成取决于燃煤成分、煤粒粒度、锅炉型式、燃烧温度、燃烧时间、收集方式等。燃煤发电产生大量粉煤灰，燃烧1吨煤产生250～300kg粉煤灰，特别是我国电能主要来自燃煤发电，粉煤灰排放量很大，年均超过4.0×10^8吨。根据生态环境部评估数据，2018年我国粉煤灰年产量4.9×10^8吨。虽然我国粉煤灰综合利用率达到80%，但是历年积累的粉煤灰存量仍然很高，目前总堆积量超过20亿吨。

粉煤灰露天堆积排放，见图5-19，不仅严重污染大气、土壤、降水、地表水、地下水，进而危害植被、作物、牲畜与人身健康，而且占用大量土地资源。因此可将粉煤灰视为一种二次资源，可以充分利用粉煤灰中有用成分，实现粉煤灰回收资源化利用，提高粉煤灰经济价值，减少环境污染，避免生态破坏，促进经济可持续发展、环境友好发展。20世纪20年代开始，不少国家均陆续研究粉煤灰环保处置与资源化利用问题，取得了一定效果。

图5-19　热电厂粉煤灰露天堆积排放

5.4.2 粉煤灰资源化综合利用

20 世纪 70 年代，世界性能源危机、环境污染、资源枯竭等强烈激发了粉煤灰资源化综合利用的研究与实践热潮，多次举办国际性粉煤灰会议，日益取得长足进展。目前，粉煤灰成为国际引人瞩目的资源丰富、价格低廉、兴利除害的新兴建材与化工原料，备受重视，研究工作由理论转向应用，粉煤灰产品不断增加，应用技术不断更新。

基于应用的目的与方便，根据干灰细度，将粉煤灰分为三级：Ⅰ级灰，细度（0.045mm 方孔筛筛余量）≤12%（一般 8%～12%），需水量≤95%，烧失量≤0.5%；Ⅱ级灰，细度（0.045mm 方孔筛筛余量）≤25%（一般 14%～25%），需水量≤105%，烧失量≤8.0%；Ⅲ级灰，细度（0.045mm 方孔筛筛余量）≤45%（一般 26%～45%）。粉煤灰的颜色是一项重要的质量指标，可以反映含碳量，并且在一定程度上也反映细度，颜色越深，粒度越细，含碳量越高。根据游离氧化钙含量，粉煤灰又分为 F 类粉煤灰（低钙粉煤灰，CaO 含量<10%）、C 类粉煤灰（高钙粉煤灰，CaO 含量>10%）、复合粉煤灰。高钙粉煤灰的颜色偏黄，燃烧褐煤或次烟煤产生，具有一定水硬性、火山灰活性、胶凝性，可以作为水泥混合料；低钙粉煤灰的颜色偏灰，燃烧无烟煤或烟煤产生，具有火山灰活性，可以作为混凝土掺合料，利于降低水泥胶凝的水化热。粉煤灰的颗粒呈多孔型蜂窝状组织（珠粒），粒径范围为 0.5～300μm，因比表面积较大而具有较强吸附活性，颗粒因珠壁具有多孔结构、孔隙率高达 50%～80% 而具有很强的吸水性。

粉煤灰资源化综合利用，从过去的填筑路基、地基、堤坝与混凝土掺和料、土壤改良等简单粗放式应用，发展到如今的水泥主体原材料、水泥混合建筑型材、大型水利枢纽工程、泵送混凝土、大体积混凝土制品、高级填料等高级化利用。

1）粉煤灰改良土壤

粉煤灰的密度约 2.12g/cm^3（低于一般耕土密度）、平均粒径小于 10μm、容重低、比表面积大，因此具有很好的透气性、吸附活性；粉煤灰中营养元素如 Mg、K、B 等可以作为植物生长养分，利于提高农作物产量、质量；对于黏性土壤，粉煤灰可以提高土壤透气性且降低容重；对于砂性土壤，粒径小的粉煤灰可以填充土壤中孔隙，从而增强土壤保水性、提高抗旱能力。因此，粉煤灰是一种很好的土壤改良外加剂。粉煤灰改良土壤，要求根据土壤 pH 可靠控制粉煤灰掺入量，避免因粉煤灰掺入量过大而引起重金属等有毒物质富集效应。

2）粉煤灰用于建材

粉煤灰在建材领域应用越来越广泛。为了进一步提高粉煤灰综合利用附加值，以粉煤灰作为主要原料之一且掺入外加剂、辅料等开发的各种新型建材日益受到关注，如混凝土、砌块、步道砖、道牙石、护坡板、保温板、隔音板。随着粉煤灰应用技术不断更新，未来必然由普通水泥混凝土向地聚物等高强建材转化，在保证粉煤灰高消纳量之同时，进一步提高粉煤灰建材的技术性能。粉煤灰作为混凝土掺合料，可以改善混凝土的和易性并节减水泥用量，Ⅰ级灰适用于钢筋混凝土，Ⅱ级灰适用于钢筋混凝土、混凝土，Ⅲ级灰适用于混凝土，C30或超过C30混凝土适用于Ⅰ级灰、Ⅱ级灰。

3）粉煤灰制备陶瓷

粉煤灰中含有Si、Al、Fe、Ca等元素，类似于黏土、长石等陶瓷原料的化学组成，并且粉煤灰颗粒更细，可以省去破碎、研磨等工序，因此粉煤灰是一种优良的陶瓷原料。粉煤灰可以改善陶瓷性能且成本较低，以粉煤灰作为主要原料制备的陶瓷（粉煤灰陶瓷）具有良好的环保效益、经济效益。以粉煤灰、黏土、长石作为原料，通过高温烧结工艺，可以制备出粉煤灰陶瓷，粉煤灰掺量40%的粉煤灰陶瓷的抗折强度可达52.97MPa，吸水率仅0.18%。

4）粉煤灰多孔材料

多孔材料中具有大量微细孔结构、毛细孔结构，因此广泛用于各种选择性吸附作用、过滤作用、催化作用。粉煤灰具有多孔结构，但是因为粉煤灰孔容较小而使之多孔特性不明显，所以国内外利用粉煤灰作为载体或吸附剂的研究较少，多数利用粉煤灰富含硅元素、铝元素的特点，以粉煤灰作为原料制备硅铝酸盐多孔材料，如微孔沸石等，这些粉煤灰多孔材料具有良好的离子交换性、催化性、吸附性等。粉煤灰多孔材料对汞吸附作用成为较受关注的研究课题。试验表明：①向粉煤灰中适当掺入其他活性成分，利于提高粉煤灰对汞吸附性能；②在CO_2-O_2-N_2体系中，单独加入SO_2，粉煤灰对汞吸附能力与SO_2浓度密切相关；③单独加入HCl，随着HCl浓度增加，粉煤灰对汞吸附能力逐渐增加；④单独加入NO，显著促进粉煤灰对汞吸附作用；⑤HCl、SO_2共同作用，粉煤灰对汞吸附效果优于SO_2单独存在对汞吸附效果，但是比HCl单独存在对汞吸附效果差；⑥在掺入HCl、SO_2前提下，若再掺入NO，粉煤灰对汞吸附效率与吸附量均获得很大提升；⑦粉煤灰对HgO具有物理吸附与化学吸附双重作用。

5）粉煤灰制备陶粒

陶粒：采用黏土矿物、长石等硅酸盐系材料，配合激活剂，按照一定掺入比混配并充分拌合均匀、碾磨至粉末状、控制混合料含水率，经过成球、煅烧制备而成。陶粒具有强度高、密度低、多孔隙、强吸附等特点，广泛应用于建筑、水处理、花卉养植等，特别作为轻质粗骨料用于制备混凝土，可以减轻混凝土重量且具有一定保温隔热性能、吸音降噪性能，应用前景好。粉煤灰中富含活性大的SiO_2（玻璃相）、Al_2O_3、C，因此按照一定掺入比添加于陶粒原料中，可以提高陶粒的多项良好性能。我们在铁尾矿中按照一定掺入比添加粉煤灰，制备出粉煤灰-铁尾矿陶粒，并且系统研究了这种新型陶粒的主要性能与形成过程。

粉煤灰-铁尾矿陶粒制备工艺流程：①按照一定配合比，混配铁尾矿粉、粉煤灰、稳定剂并搅拌15min以使之混合均匀；②控制混合料的含水率为40%，将水加入混合料中并搅拌15min，使混合料与水拌合均匀；③通过机械成球方法，将混合料制成球径为10～20mm的生料球；④将生料球置于干燥箱中在100℃温度下干燥12h；⑤将干燥后的生料球置于箱式电阻炉中，首先在500℃温度下预烧20min，然后升温至700～1100℃煅烧10～40min（升温率控制为5℃/min）；⑥煅烧后，在电阻炉中自然冷却，得到粉煤灰-铁尾矿陶粒。

研究表明，随着煅烧保温时间延长，粉煤灰-铁尾矿陶粒的堆积密度与表观密度明显增大、空隙率与吸水率也降低，保温时间从10min延长至40min，堆积密度从1159.79kg/m^3增大至1295.57kg/m^3，表观密度从2116.98kg/m^3增大至2260.98kg/m^3，空隙率从45.21%降低至42.72%，吸水率从10.12%降低至3.85%。因此，保温时间越长，陶粒烧结越充分，越致密，密度越大，空隙率、吸水率越低。

图5-20为在1100℃煅烧温度条件下，粉煤灰-铁尾矿陶粒的筒压强度与保温时间之间关系。由此可见，在1100℃煅烧温度条件下，随着保温时间延长，粉煤灰-铁尾矿陶粒的筒压强度显著增加，筒压强度从2.6MPa增加到12.8MPa，保温时间为40min，筒压强度达到最高值，因此1100℃煅烧温度，40min是较优的保温时间。随着保温时间延长，粉煤灰-铁尾矿陶粒的密度增加，从而增强陶粒的筒压强度。

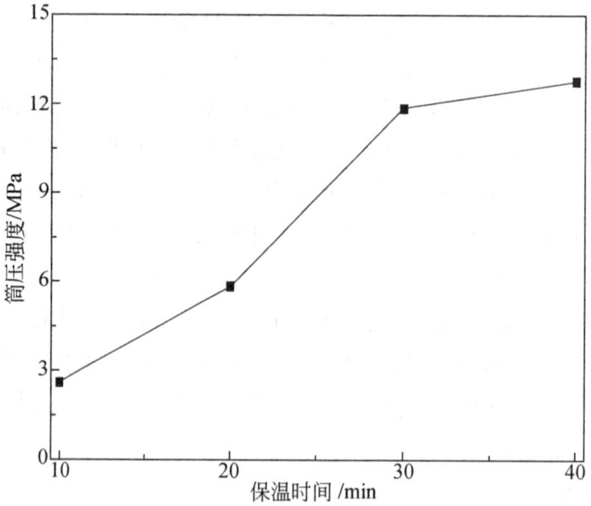

图5-20 在1100℃煅烧温度条件下，粉煤灰-铁尾矿陶粒筒压强度与保温时间之间关系

针对1100℃煅烧温度下分别保温10min、40min制备的粉煤灰-铁尾矿陶粒，通过XRD技术与SEM技术，分析陶粒的晶相与微观形貌变化，据此研究尾矿粉中不同成分与不同微观形貌在陶粒煅烧过程中作用。图5-21为在1100℃煅烧温度条件下，分别保温10min、40min，制备的粉煤灰-铁尾矿陶粒的XRD衍射图谱［图5-21（a）、（b）］，铁尾矿粉末的XRD衍射图谱［图5-21（c）］。由此可见，在1100℃煅烧温度条件下保温10min的粉煤灰-铁尾矿陶粒的晶相［图5-21（a）］与铁尾矿粉末的晶相［图5-21（c）］相比，陶粒中Al_2O_3、$CaCO_3$、MgO晶相消失，存在一些未完全反应的SiO_2、Fe_2O_3、$Ca_3(PO_4)_2$晶相。除了未完全反应的SiO_2、Fe_2O_3、$Ca_3(PO_4)_2$晶相之外，粉煤灰-铁尾矿陶粒主要由单斜$CaSiO_3$、三斜Al_2SiO_5、三斜$MgSiO_3$、斜方$Ca_2Fe_2O_5$、六方$Ca_7Si_2P_2O_{16}$、三斜$CaAl_2Si_2O_8$等构成。在1100℃煅烧温度条件下，原料中$CaCO_2$分解成CaO、CO_2，SiO_2与CaO、Al_2O_3、MgO、$Ca_3(PO_4)_2$等高温固相反应生成$CaSiO_3$、Al_2SiO_5、$MgSiO_3$、$Ca_7Si_2P_2O_{16}$、$CaAl_2Si_2O_8$，Fe_2O_3与CaO高温固相反应生成$Ca_2Fe_2O_5$。随着保温时间延长至40min，原料中SiO_2、Fe_2O_3、$Ca_3(PO_4)_2$晶相的衍射峰强度显著减少［图5-21（b）］。

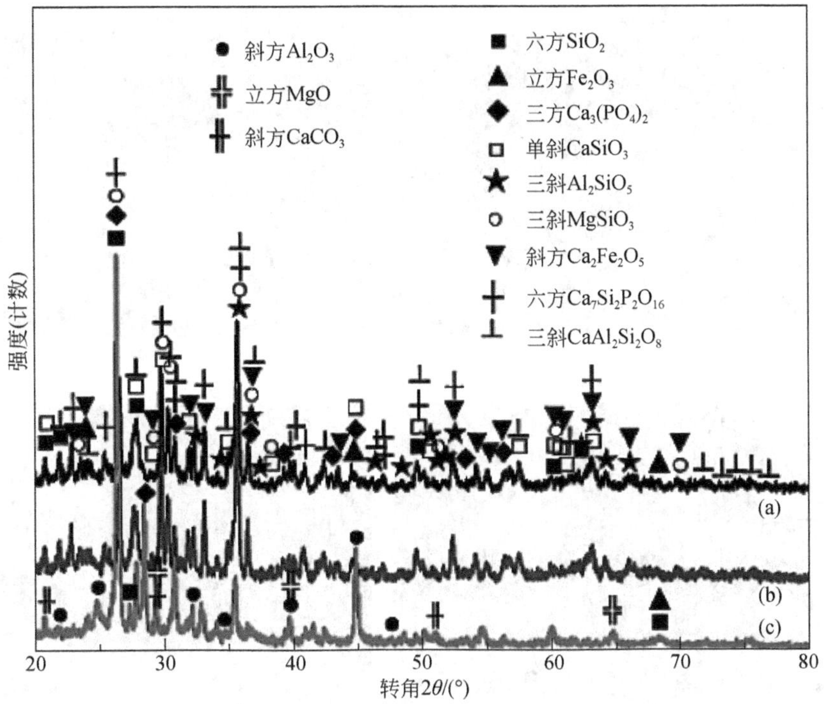

图 5-21　煅烧 1100℃温度不同保温时间粉煤灰-铁尾矿陶粒 XRD 图谱

（a）保温 10min 陶粒；（b）保温 40min 陶粒；（c）铁尾矿粉

因此，随着保温时间增加到 40min，原料反应较完全，粉煤灰-铁尾矿陶粒主要由 $CaSiO_3$、Al_2SiO_5、$MgSiO_3$、$Ca_7Si_2P_2O_{16}$、$CaAl_2Si_2O_8$、$Ca_2Fe_2O_5$ 等晶相构成。以上也说明，高温煅烧条件下，因硅酸盐、硅磷酸盐、铁酸盐等晶相形成而导致粉煤灰-铁尾矿陶粒筒压强度增加。

图 5-22 为在 1100℃煅烧温度条件下，分别保温 10min、40min 制备的粉煤灰-铁尾矿陶粒的 SEM 图像。由此可见，煅烧温度 1100℃条件下保温 10min，粉煤灰-铁尾矿陶粒[图 5-22（a）、（b）]由微米级与亚微米级的无规则颗粒构成，无规则颗粒粒径小于 100μm，并且存在大量粒径小于 1μm 的亚微米级颗粒，颗粒结合较松散，颗粒间存在大量直径为微米级的孔洞结构。通过测试，铁尾矿粉、粉煤灰在 950℃与保温 45min 煅烧条件下的烧失率分别为 10.08%、4.27%，说明铁尾矿粉、粉煤灰中存在低温挥发的水分、有机物与高温反应形成的挥发物。因此，主要由于较低温度下水分与有机物分解、挥发，以及高温 $CaCO_2$ 反应生成 CO_2 气体挥发，从粉煤灰-铁尾矿陶粒中逸出，陶粒中产生微米级孔洞结构。在 1100℃煅烧温度条件下，保温时间延长至 40min，制备的粉煤灰-铁尾矿陶粒由微米级与亚微米级颗粒构成，虽然存在一些直径小于 100μm 的孔洞结构，但是陶粒中无松散颗粒，陶粒致密度显著提高，说明随着高温固相反应完成，陶粒中因形成致密结构而促进密度提高、吸水率降低。

粉煤灰-铁尾矿陶粒的生成主要分为三个过程，即预热阶段、升温阶段、烧结阶段。预热阶段：温度由室温上升至 500℃，主要是生料球中水分挥发，组成生料球的固体颗粒

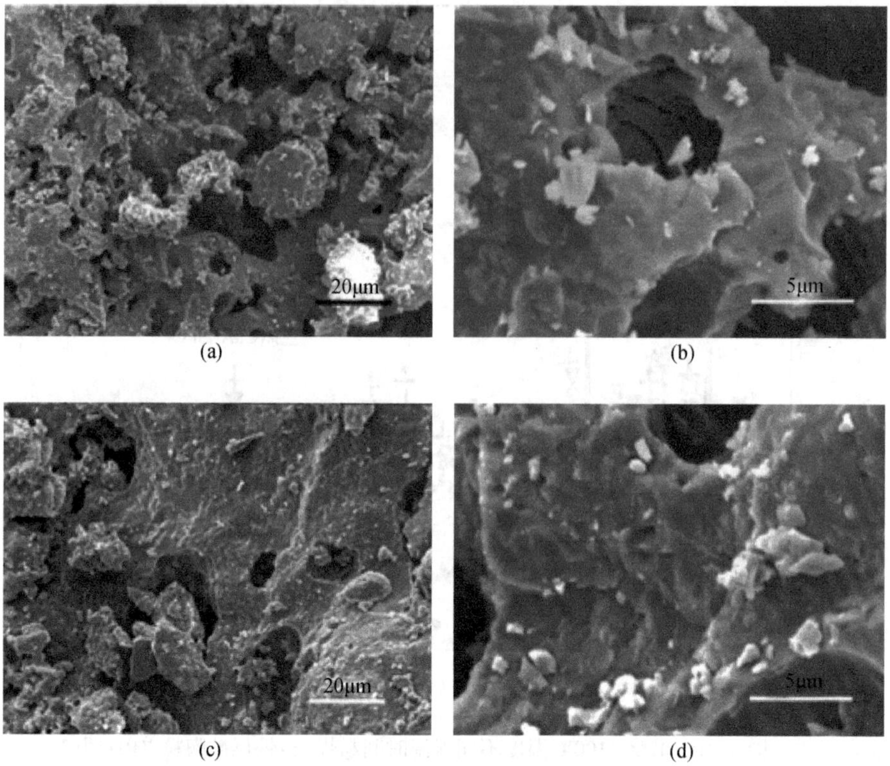

图 5-22 煅烧 1100℃温度不同保温时间粉煤灰-铁尾矿陶粒 SEM 图像

（a）（b）保温 10min；（c）（d）保温 40min

逐渐靠拢，生料球发生少量收缩，孔隙率增加。升温阶段：温度由 500℃上升至 800℃，陶粒内部发生复杂的热化学反应，陶粒中有机物、碳酸钙等化合物发生氧化反应、分解反应，因产生气体逸出而使陶粒内部形成一定量孔隙，这些孔隙可在不同温度煅烧的陶粒显微形貌中观察到。烧结阶段：温度由 800℃上升至 1100℃，陶粒原料由多种结晶矿物与非晶质体构成，各种矿物、不同非晶质体的熔点不同，因此原料只能在一定温度范围发生先后逐渐熔融。煅烧温度超过 1000℃，陶粒中开始出现低熔点物质的液相，这些低熔物液相填充于未熔颗粒之间的空隙中，并且在低熔物液相表面张力作用下，使未熔颗粒逐渐靠拢，体积急剧收缩，孔隙率下降，密度提高，强度增加，这一过程与陶粒密度、强度随着煅烧温度上升、保温时间延长而发生的变化趋势一致。烧结阶段，SiO_2与 CaO、Al_2O_3、MgO、$Ca_3(PO_4)_2$等高温固相反应生成 $CaSiO_3$、Al_2SiO_5、$MgSiO_3$、$Ca_7Si_2P_2O_{16}$、$CaAl_2Si_2O_8$，Fe_2O_3与 CaO 高温固相反应生成 $Ca_2Fe_2O_5$。随着煅烧温度上升、保温时间延长，粉煤灰-铁尾矿陶粒的收缩持续增加，导致陶粒中孔隙率不断降低、孔径不断减小，因此应提高陶粒密度、筒压强度。

5.5 建筑固废与渣土资源化利用

5.5.1 工程背景与安全需求

当今，随着城市建设大规模发展，特别是老城区改造与旧建筑物拆除，陆续产生大量建筑固废，即混凝土、砌块或黏土砖、瓷砖、玻璃、墙面涂层等各种碎块混合物。建筑固废总量占城市垃圾总量30%～40%，成为一类极其危害环境的污染源，对大气、地表水、地下水、土壤等造成不同程度污染与破坏。无害化排放与处置建筑固废是城市建设发展中一大棘手难题，引起各国政府与民众极大关注，亟待深入研究，予以妥善解决。建筑固废完全可以回收再利用[77]，发达国家已有成功的先例。我国城市绝大部分建筑固废未经处理便运往郊外或乡村，露天堆放或填埋（仅少量用于筑路材料、填筑低洼地等），不仅额外增加大量征地费、清运费等，而且不利于环境保护，如清运与堆放过程中遗洒、粉尘飞扬等存在严重的二次环境污染。为了实现我国建筑、建材与环境协调、可持续发展，亟待研究开发建筑固废资源化利用技术。目前，要求采取科学手段使建筑固废具有再生资源功能，如用于制备再生骨料混凝土，回收废弃混凝土作为循环再生骨料，既可以解决因大量废弃混凝土排放而造成生态环境日益恶化问题，又可以减少天然混凝土骨料日益消耗与短缺问题，进而从根本上解决因建材资源日益匮乏而对生态环境破坏的问题。此外，建筑固废与粉煤灰、高炉渣、煤矸石、石灰等混合也可以作为道路基层材料、面层材料等。建筑固废还可以用于生产免烧砌块、步道砖、道牙石、护坡石等，在禁用天然黏土砖与限制使用天然石材、沙料的今天，此项应用意义重大。

城市地铁、轻轨、快速道、管廊等基础设施建设施工与地下空间开发、基坑开挖，产生大量渣土。少部分渣土可就近回填利用，绝大部分渣土会运至城郊消纳点（渣土场）。渣土运输过程中因难免洒落与扬尘而会对城市道路与大气造成污染。大量渣土堆积，不仅侵占有限土地资源，还易发生大滑坡与泥石流安全事故，造成生命、生产、财产损失。例如，2015年12月20日，深圳光明渣土场发生特大滑坡（滑坡体积$2.7\times10^6m^3$，滑动距离1.1km，属特别重大安全事故），见图5-23，仅13min就造成73人死亡、4人下落不明、17人受伤、33栋建筑损毁掩埋（一排排房屋如多米诺骨牌般接连倒下），直接经济损失8.81亿元。全球每年至少发生数十起渣土场滑坡与泥石流安全事故，但是如深圳光明渣土场发生的“12·20”特大滑坡极其罕见。目前，国内渣土利用主要作为路基填料，利用率、附加值均较低。我国西北具有生土墙材的悠久历史，即免烧黏土墙材的传统，这种以黏土与石灰作为原材料的墙材，虽然落后于时代，但是对于大量渣土利用具有一定启示。利用渣土与胶凝剂混合制备渣土固化胶凝材料，生产各种免烧建筑型材，不仅避免耕地占用、环境污染、安全隐患、额外费用，而且还可以增加渣土利用率、附加值。

采用一种矿物基类胶凝材料——GJ类结构剂作为胶凝固化剂，或者采用改性矿渣水泥作为主料制备胶凝固化剂，免烧固化建筑固废或渣土生产空心砖、实心砖、步道砖、道牙石、护坡石等建筑型材。改性矿渣水泥由矿渣微粉、粉煤灰、PO42.5水泥、外加剂按

图 5-23　深圳光明渣土场“12 · 20”特大滑坡灾害

照一定配合比调配而成，其中主要材料为矿渣微粉、粉煤灰，混合料在搅拌机中高速搅拌10min。通过充分的胶凝固化化学反应分析计算与配合比试验，系统研究了固化剂与建筑固废或渣土之间不同配比（胶土比）对生产的免烧建筑型材的抗压强度、抗渗性能、抗冻性能、抗软化性能等影响，优选确定了建筑固废或渣土胶凝固化材料的最优成分体系。

5.5.2　材料配比与试件制备

1）固废与渣土准备

捡出建筑固废中纸片、布片、塑料、橡胶、钢筋、铁钉、铁丝、木头、竹子等各种废弃物，除此之外，建筑固废中可以含有灰土、石灰、白粉、玻璃、陶瓷等，无须分选；建筑固废中往往存在一定量如砖头等很大块体，因此需要采用破碎机进行适当粉碎，碎块最大尺度以不超过2cm为宜。若建筑固废或渣土含水率过高或很潮湿，则必须晾晒干或烘干。

2）材料配合比指标

采用GJ类结构剂作为建筑固废或渣土的胶凝固化剂，生产免烧建筑型材的一般材料配比为固化剂5.5%～7.5%（干重量百分比）、固废或渣土92.5%～94.5%（干重量百分比）；采用42.5R普通硅酸盐水泥代替部分固化剂，可以获得基本相同的胶凝固化效果，材料配比为固化剂1.5%～3.0%、水泥4.0%～6.0%、固废或渣土93.0%～94.5%；固化剂与固废或渣土配合，固化剂、水泥与固废或渣土配合，混合料的含水率控制为最优含水率，即混合料达到最大压实度的含水率。采用改性矿渣水泥作为建筑固废或渣土的胶凝固化剂，生产免烧建筑型材，改性矿渣水泥与固废或渣土之比为1∶4～1∶12（干重量比），混合料含水率控制为20%左右，以混合料达到最大压实度的最优含水率为宜。

3）试件制备与养护

按照一定配合比，将固化剂掺入建筑固废或渣土中，首先在搅拌机中干拌10min以使混合料充分拌合均匀，然后向拌合均匀的混合料中加水（控制混合料含水率为最优含水率），继续搅拌 10min 以使水与混合料充分拌合均匀。将混合料填充入不锈钢实心砖模具，模具尺寸为 200mm×100mm×60mm，采用压力机通过静压工艺成型，在压强 5 ~ 20MPa 下恒压 2s，加载速率 1 ~ 3kN/s，得到试件尺寸约 200mm×100mm×50mm；也可以采用制备标准砖模具，模具容积为 240mm×115mm×63.6mm，制备尺寸为 240mm×115mm×53mm 标准砖，以便于与传统标准黏土砖性能比较。试件脱模，置入温度 20±2℃、湿度 90% RH 的养护箱中养护，分别养护 3d、7d、28d，得到不同养护龄期的试件。

5.5.3　建筑固废固化与应用

1）固废固化砖性能

采用两种不同配比方案与性能的 GJ 类结构剂作为固废胶凝固化剂，配合 42.5R 普通硅酸盐水泥，按照不同掺入比，将砖混结构拆除的建筑固废胶凝固化成免烧标准砖，标准养护 28d 无侧限抗压强度检测结果见表 5-2。由此可见：①第 2 种固化剂性能胶凝固化固废的性能优于第 1 种固化剂；②提高标准砖试件无侧限抗压强度，水泥掺入比的升高具有一定作用，而固化剂掺入比加大作用不明显，甚至起反作用，因此并非固化剂掺入比越大越好；③两种不同固化剂与不同材料配比条件下，制备的免烧标准砖试件的标准养护 28d 无侧限抗压强度检测值绝大多数满足或高于普通黏土砖抗压强度单块最小值不小于 10MPa 的国标要求，极少数低于国标要求；④综合考虑固化成本且满足国标要求，固废生产免烧砖的材料配比方案，以固化剂 1.5%、水泥 4.0% 或 6.0%、固废 94.5% 或 92.5% 为宜，成本较低且满足国标对普通黏土砖单块抗压强度最小值的要求。

表 5-2　建筑固废生产免烧标砖标准养护 28d 无侧限抗压强度检测结果

试件分组	试件编号	材料配比/%			检测强度/MPa	平均值/MPa
		固化剂	水泥	建筑固废		
第 1 组	111	1.5	4.0	94.5	10.25	10.94
	212				11.63	
第 2 组	121	2.0	4.0	94.0	9.62	10.29
	222				10.95	
第 3 组	131	3.0	4.0	93.0	9.94	10.67
	232				11.39	
第 4 组	141	1.5	6.0	92.5	12.19	13.43
	242				14.66	
第 5 组	151	1.5	4.0	94.5	11.23	11.75
	252				12.26	
第 6 组	161	2.0	4.0	94.0	10.21	10.11
	262				10.01	

续表

试件分组	试件编号	材料配比/%			检测强度/MPa	平均值/MPa
		固化剂	水泥	建筑固废		
第7组	171	3.0	4.0	93.0	9.66	10.04
	272				10.41	
第8组	181	1.5	6.0	92.5	13.84	13.06
	282				14.28	

注：试件编号为三位数字编号，第一位数字表示固化剂种类（第1种、第2种），第二位数字表示试件组号（1~8），第三位数字表示同一组试件抽检件数（1、2）。

为了进一步确认GJ类结构剂与水泥配合生产免烧固废砖的技术性能，在哈尔滨某一黏土砖生产厂，采用哈尔滨砖混结构固废，通过机械压制成型方法进行应用中试（放大试验），见图5-24，生产一批标准砌块，包括240mm×115mm×53mm标准砖、390mm×190mm×190mm空心砖，混合料配合比为100kg固废掺入固化剂（GJ类结构剂）1.42~2.88kg，水泥3.12~5.40kg（按照2004年原材料与压制成本估算，每块标准实心砖原材料与压制成本为人民币0.06~0.08元），自然养护14d检测，各种材料配比方案的标准实心砖单块无侧限抗压强度均超过14MPa（甚至超过20MPa）、空心砖单块无侧限抗压强度平放检测均达到或超过6MPa。通过比较发现，工厂化机械压制固废砌块的强度显著高于实验室小型设备压制固废砌块的强度。进一步研究表明：①GJ类结构剂与水泥配合生产免烧固废砖，工厂化机械压制的有效压力以10MPa左右为宜，但是压力也不能过高，否则成型砖自然养护初期因残余内应力释放回弹作用而出现破裂现象；②固废中混凝土之类块体越大、越多，越利于提高成型砖的强度，因此不要将固废粉碎过细、过均匀，一般粉碎即可；③自然养护期间，环境气温越高、湿度越大，越利于砖成型早且强度上升快、终期强度大，这是因为GJ类结构剂作用，致使固废胶凝固化化学反应为吸热（不同于水泥水

(a)建筑固废 (b)压制免烧砖
(c)免烧实心砖

图5-24 砖混结构固废生产免烧砖工厂中试

化反应)、吸水反应；④成型砖自然养护环境温度要求不低于 20±2℃、湿度要求不低于 90% RH，养护期间需要对砖堆及时喷洒水且覆盖草帘或塑料薄膜。

2）固废固化砖应用

在成都军区某炮兵团储油基地（成都）改扩建工程中，将拆除既有旧建筑产生的固废作为主要材料，按照一定比例掺入 GJ 类结构剂、水泥，就地生产免烧砖用于新建工程，见图 5-25，不仅全部消耗了建筑固废，而且节减了可观的排放费、建材费、运输费等，并显著缩短工期。

图 5-25　建筑固废机械压制生产免烧实心砖

目前，建筑固废生产免烧砌块、步道砖、道牙石等型材，完全实现了机械化与自动化过程，包括固废粉碎与进厂、混合料计量与拌合、混合料计量加水与拌合、混合料传输与入斗、机械压制与压力控制、成品计量累垛与养护覆膜、成品运输至养护场地等，见图 5-26。

(a)建筑固废　(b)自动化生产线　(c)成品下线与成品自然养护

图 5-26　建筑固废机械化与自动化生产与免烧砌块

5.5.4　建筑渣土固化与应用

采用 GJ 类结构剂作为固化剂，胶凝固化深圳盾构余泥、建筑渣土，见图 5-27。试件材料配比方案与自然养护 7d 无侧限抗压强度检测结果见表 5-3、表 5-4。由此可见，固化剂对余泥与渣土的固化效应极大，并且固化剂掺入比对余泥、渣土固化效果具有显著影响，总体上，固化剂掺入比越大，试件强度越高。对于深圳市，消耗大量露天堆放的盾构余泥与建筑渣土的很好途径是填海造地，即先将盾构余泥与建筑渣土固化成不同尺度的块体，抛入海中，直至块体堆全露出水面，再采用未固化的渣土充填块体之间空隙且覆盖块体堆，最后采用大吨位振动压路机往返充分振动碾压密实，获得的地基可以短时间用于工程建设。为了考察固化的盾构余泥或建筑渣土块体是否具有很好的抗海水浸泡软化性能，特将自然养护 7d 试件完全浸入海水中长期浸泡，见图 5-28，结果表明，固化试件具有极好的抗软化性能。此外，为了进一步确认粗放式施工能否将含水率很高的盾构余泥与固化剂充分拌合均匀而达到理想的固化效果，采用大塑料桶作为模具，首先将高含水率盾构余泥与固化剂混合且人工拌合而形成混合稠浆，然后将混合稠浆盛入大塑料桶中且充分振动与搅拌密实，自然养护 14d，破坏塑料桶取出固化块体，采用大锤人工反复强力锤击固化块体，发现块体固化强度很高，固化块体根本锤击破坏不了，而只能在固化块体棱角处强力锤击才能破坏，见图 5-29。

(a)建筑渣土　(b)盾构余泥

图 5-27　深圳盾构余泥与建筑渣土

表 5-3　深圳盾构余泥固化试件抗压强度

试件编号	结构剂：干土	抗压强度/MPa
DGN2	1：2	11.59
DGN3	1：3	8.77
DGN4	1：4	7.60

续表

试件编号	结构剂：干土	抗压强度/MPa
DGN5	1：5	5.29
DGN6	1：6	3.00
DGN7	1：7	2.64

表 5-4　深圳建筑渣土固化试件抗压强度

试件编号	结构剂：干土	抗压强度/MPa
ZT2	1：2	8.92
ZT3	1：3	9.85
ZT4	1：4	4.85
ZT5	1：5	5.65
ZT6	1：6	6.52
ZT7	1：7	5.23
ZT8	1：8	5.43
ZT9	1：9	4.26

图 5-28　渣土与余泥固化试件浸泡试验

鉴于上述，GJ 类结构剂作对深圳盾构余泥与建筑渣土具有很好的胶凝固化效果，完全可以在城市大量盾构余泥或建筑渣土消耗与资源化综合利用、安全处置中大规模推广应用。

改性矿渣水泥也是一种良好的建筑渣土与盾构余泥的固化剂。图 5-30 为胶土比（改性矿渣水泥与渣土或余泥之比，干料比）对不同养护龄期建筑渣土固化试件无侧限抗压强度影响。由此可见：①随着胶土比减小，即改性矿渣水泥掺入比减小，不同龄期渣土固化试件抗压强度降低；②胶土比一定，固化试件抗压强度随着养护龄期延长而明显增加；③胶土比降至 1：12，固化试件养护 3d 就有较高抗压强度，达到 3.33MPa。渣土固化试件

(a)制备盾构余泥块体　　(b)强力锤击块体侧面　　(c)强力锤击块体棱角

图 5-29　渣土与余泥固化试件浸泡试验

主要在 10MPa 压力下成型，使得固化试件致密度高，密度达到 2.039g/cm³，因此改性矿渣水泥与渣土颗粒之间紧密接触，水泥中激发成分加速其他活性成分之间快速发生水化反应，生成的水化物 C-S-H 凝胶、钙矾石对渣土颗粒具有强胶结与填隙作用，将渣土颗粒胶结成为整体且致密度提高，所以固化试件抗压强度快速提高；水化物产生的大量相反电荷还可以降低渣土颗粒的δ-电位，使颗粒之间由于范德华力作用增强而紧密接触，所以采用不同胶土比制备的渣土固化试件养护 3d 便有较高强度，也即改性矿渣水泥对渣土固化的早强性好；胶土比从 1∶12 增加到 1∶4，渣土固化试件养护 3d 抗压强度由 3.33MPa 增加到 7.14MPa，养护 28d 抗压强度由 6.3MPa 增加到 15.81MPa，达到《非烧结垃圾尾矿砖》(JC/T 422—2007) 标准中 MU15 强度等级的指标要求。

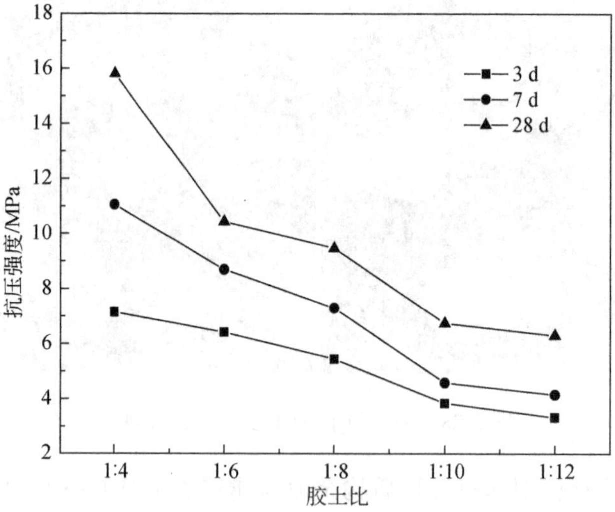

图 5-30　胶土比与固化渣土抗压强度之间关系

图 5-31 为胶土比与渣土固化试件吸水率之间关系。由此可见，随着胶土比增大，渣土固化试件吸水率显著增加，胶土比 1∶12 的试件吸水率为 11.23%，胶土比升至 1∶4 的试件吸水率降到最低（8.12%），这主要是由于改性矿渣水泥掺入比加大，胶结渣土颗粒、充填堆积空隙的水化物增加，尤其是因固化试件中形成大量钙矾石而使得试件中颗粒聚集

更密集、孔隙率减少，因此试件吸水率随着胶土比增大而增加。

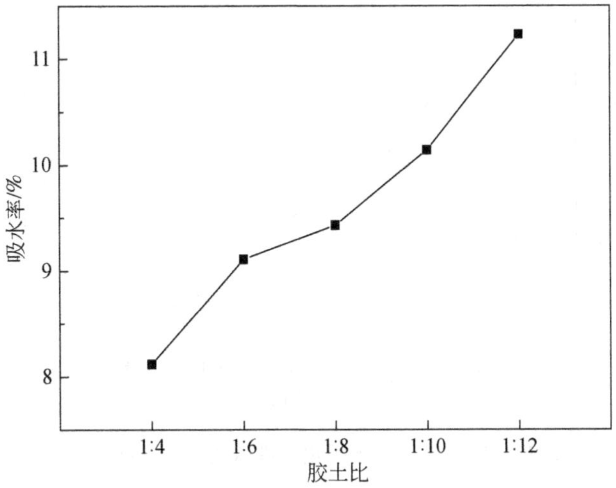

图 5-31　胶土比与渣土固化试件吸水率之间关系

图 5-32 为胶土比与渣土固化试件软化系数之间关系。由此可见，随着胶土比降低，即改性矿渣水泥掺入比降低，渣土固化试件软化系数明显减小，渣土比 1∶4 的渣土固化试件软化系数为 0.80，试件强度损失率最低，而胶土比降低至 1∶12，渣土固化试件软化系数大幅度下降至 0.53，试件强度损失率很大，这与试件吸水率变化趋势一致。由上述胶土比对渣土固化试件吸水率影响性可知，改性矿渣水泥掺入比越小，试件达到饱水状态的吸水率越高，进而对试件强度降低影响程度越大，这主要因为毛细管虹吸作用导致破坏应力引起，从而造成渣土固化试件软化系数快速降低。渣土中含有遇水膨胀的蒙脱石、高岭石、蛇纹石、水云母、蛭石、滑石等黏土矿物，尤其是蒙脱石因亲水性很强而具有很强的吸水膨胀效应，因此改性矿渣水泥掺入比较小的渣土固化试件耐水性较差、软化系数较低。随着改性矿渣水泥掺入比加大，渣土固化过程中产生的水化物，不仅提高试件密实度而降低孔隙率，而且包裹黏土矿物而减少与水接触，使得试件软化系数大幅度提高，胶土比 1∶4 的试件软化系数达到 0.8，满足《非烧结垃圾尾矿砖》（JC/T 422—2007）中软化系数要求。

图 5-33 为渣土固化试件经历 15 次干湿循环之后，胶土比与试件抗压强度损失率之间关系。由此可见，渣土固化试件经历 15 次干湿循环之后，胶土比为 1∶4、1∶6、1∶8 的试件，无侧限抗压强度损失率分别为−9.08%、−3.07%、−1.73%。由此说明，渣土固化试件经历 15 次干湿循环之后，随着胶土比减小，即改性矿渣水泥掺入比减小，试件强度不但未降低，反而有一定提升。这是因为渣土固化试件养护方法影响试件强度，若采用塑料薄膜密封试件养护，则整个养护过程仅依靠试件成型时含水率（20%）较难满足改性矿渣水泥水化反应对水的需求，但是试件在干湿循环过程中，浸入试件的水能够保证试件中水化反应持续较快进行且反应较彻底，因此可以产生较多水化物，而水化物对试件强度的贡献大于干湿循环的强度破坏，所以试件强度随着干湿循环的次数增加而增加。然而，当

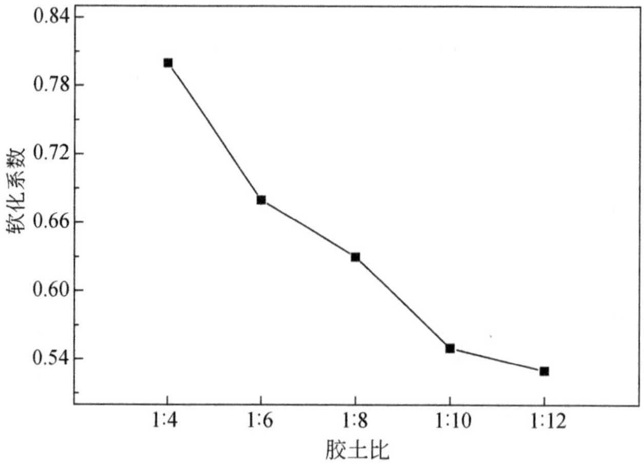

图 5-32　胶土比与渣土固化试件软化系数之间关系

胶土比减小至 1 : 10、1 : 12 时，渣土固化试件经历 15 次干湿循环之后，试件强度分别损失 3. 93%、7. 49%，即干湿循环使试件强度损失较大。这是因为改性矿渣水泥掺入比很小，试件中水化物生成量较少，因此水化物对试件强度的增加程度小于干湿循环过程中毛细管破坏应力，导致 15 次干湿循环之后试件强度明显降低。周永祥等在盐渍土固化试件干湿循环对强度影响研究中也发现类似现象。

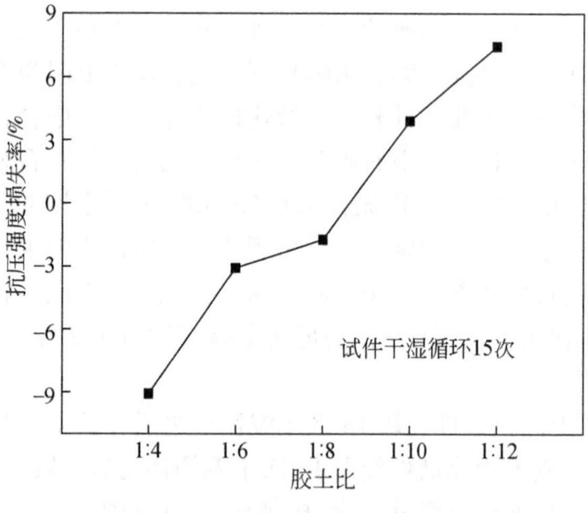

图 5-33　胶土比与渣土固化试件抗压强度损失率之间关系

图 5-34 为渣土固化试件经历 15 次干湿循环之后，胶土比与试件质量损失率之间关系。由此可见，渣土固化试件经历 15 次干湿循环之后，试件质量损失率随着胶土比减小而增大，这是由于改性矿渣水泥掺入比降低而减弱渣土颗粒之间胶结作用、颗粒之间空隙充填作用，导致干湿循环后试件质量损失率增大。但是，整体上，试件质量损失较小，

1∶12胶土比的试件质量损失率为 1.93%，胶土比降至 1∶4 的试件质量损失率仅为 0.61%。结合上述干湿循环之后试件抗压强度损失率结果可以看出，渣土固化试件具有较强的抗干湿循环性能。

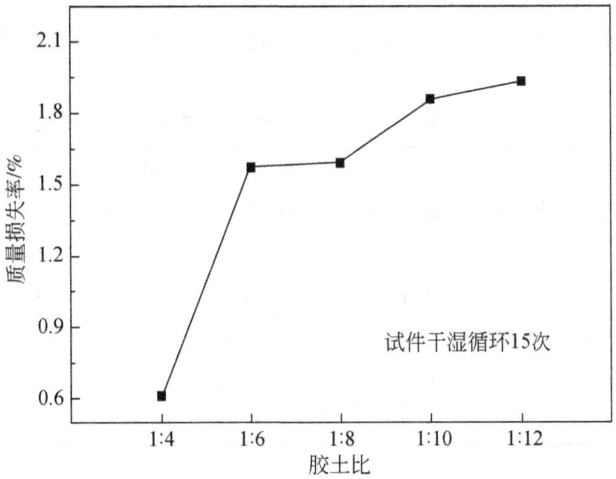

图 5-34　胶土比与渣土固化试件质量损失率之间关系

试验表明，冻融循环 18 次之后，不同胶土比的渣土固化试件的表面均无裂纹出现。图 5-35 与表 5-5 为冻融循环次数对不同胶土比的渣土固化试件无侧限抗压强度影响。由此可见，胶土比 1∶4、胶土比 1∶12 的渣土固化试件未冻融之前的抗压强度分别为 15.20MPa、6.34MPa，经历 3 次冻融循环试件抗压强度分别降至 13.69MPa、5.70MPa，但是经历 6 次、12 次、18 次冻融循环试件抗压强度反而增大（随着冻融循环次数增加而增大），经历 18 次冻融循环之后试件抗压强度甚至分别达到 17.03MPa、7.22MPa，各种胶土比试件均如此。类似于干湿循环影响原因：①渣土固化试件在充分饱水或 3 次以上冻融循

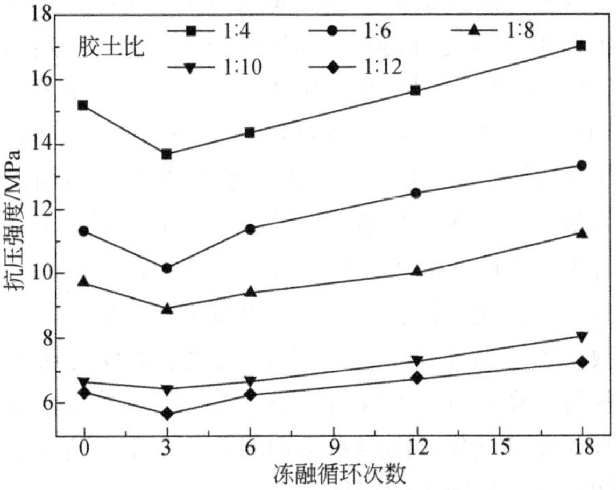

图 5-35　不同胶土比下冻融循环次数与抗压强度之间关系

环条件下，渣土活性成分与改性矿渣水泥活性成分之间继续发生水化反应；②冻融循环次数少（少于3次），毛细水冻融过程产生的破坏应力大于水化物增加对结构增强的贡献，使得试件强度降低；③随着冻融循环次数增加，产生的水化物增多，毛细水冻融过程产生的破坏应力小于水化物增加对结构增强的贡献，使得试件强度提高。此外，由图5-35还可以看出，冻融循环次数相同，渣土固化试件抗压强度随着改性矿渣水泥掺入比增加而显著增加。

表5-5　不同胶土比下冻融循环次数对抗压强度影响

胶土比	无侧限抗压强度/MPa				
	冻融循环次数0	冻融循环次数3	冻融循环次数6	冻融循环次数12	冻融循环次数18
1∶4	15.20	13.69	14.34	15.61	17.03
1∶6	11.33	10.17	11.38	12.48	13.31
1∶8	9.74	8.91	9.41	10.03	11.21
1∶10	6.67	6.44	6.67	7.32	8.05
1∶12	6.34	5.70	6.27	6.73	7.22

5.5.5　渣土或余泥固化机理

根据建筑渣土或余泥固化试件不同养护龄期的无侧限抗压强度、吸水率、软化系数、冻融循环稳定性、干湿循环稳定性等试验结果不难看出，针对制备的试件，胶土比为1∶4时，抗压强度、软化系数最高，吸水率、强度损失率、质量损失率最低，具有最佳的物理性能。因此，针对胶土比为1∶4，不同养护龄期的渣土固化试件进行XRD与SEM检测表征，据此研究渣土胶凝固化的结构特征与微观形貌，进而剖析渣土固化胶凝材料的固化机理。

图5-36为胶土比1∶4不同养护龄期渣土固化试件与渣土的XRD衍射图谱。由此可见：①渣土固化试件主要由二氧化硅晶相（JCPDS卡，PDF卡号：99-0088）构成，还存在水钙沸石（JCPDS卡，PDF卡号：57-0124）、高岭石（JCPDS卡，PDF卡号：29-1488）、蒙脱石（JCPDS卡，PDF卡号：29-1490）、蛇纹石（JCPDS卡，PDF卡号：20-0452）等晶相；②XRD衍射图谱中未见改性矿渣水泥水化物晶相，这是因为改性矿渣水泥胶凝固化渣土产生的凝胶体为无定型结构，并且产生的钙矾石晶相数量占比不高，所以相比于渣土试件，经过3d、7d、28d不同龄期养护的渣土固化试件，XRD图谱中未出现新的衍射峰，也可以解释渣土固化试件，虽然表现出较为理想的抗冻融循环性能、抗干湿循环性能，但是软化系数不大（胶土比1∶4试件的软化系数仅为0.8），即28d养护龄期试件中存在未改性的蒙脱石、高岭石、蛇纹石等黏土成分，这些层状硅酸盐晶体成分遇水膨胀且发生液塑化、失水收缩且硬化，即遇水结构弱化、失水结构强化，从而导致试件软化系数不大且软化系数随着胶土比减小而降低。

图5-37为胶渣比1∶4不同养护龄期渣土固化砖SEM图像。由图5-37（a）、（b）可以看出，养护3d、7d，渣土固化试件中土颗粒之间的水化胶结物较少，含少量针状钙矾

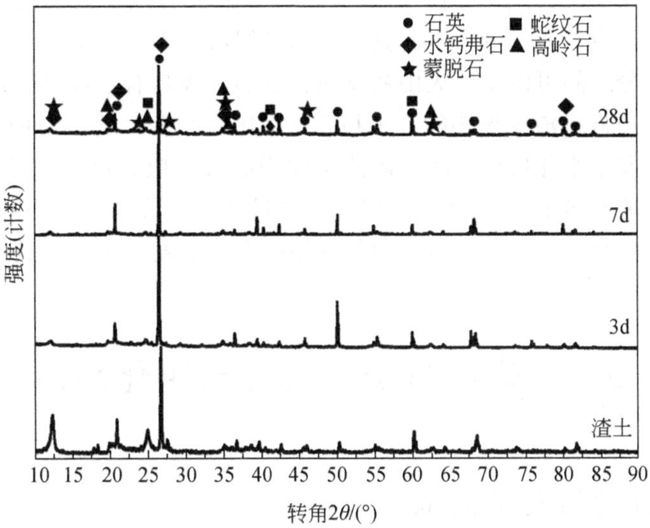

图 5-36　胶土比 1：4 不同养护龄期渣土固化试件与渣土 XRD 衍射图谱

石、薄片状 C-S-H 凝胶物，说明养护 3d 之后开始发生水化反应，但是水化反应程度不高。由图 5-37（c）中可以看出，养护 28d，渣土固化试件中土颗粒之间形成大量 C-A-H 凝胶物、C-S-H 凝胶物，将土颗粒胶结成整体，生成的大量纳米棒状钙矾石也填充土颗粒之间空隙，使得渣土固化试件形成较致密的结构。这些钙矾石、凝胶物等不断产生，宏观表现为渣土固化试件无侧限抗压强度随着养护龄期延长而显著增加，并且基本不受干湿循环与冻融循环影响。

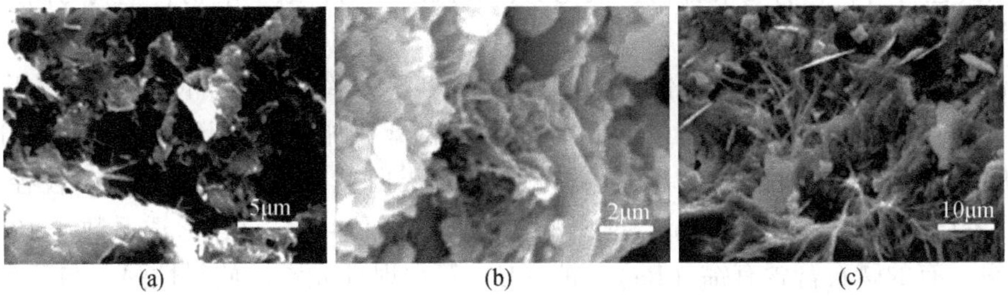

图 5-37　胶土比 1：4 不同养护龄期渣土固化砖 SEM 图像

（a）养护 3d；（b）养护 7d；（c）养护 28d

通过对比分析胶土比 1：4 的不同养护龄期渣土固化试件 XRD 图谱、SEM 图像，获得了渣土胶凝固化机理的重要认识：①渣土中矿物主要为石英、少量黏土矿物，石英化学惰性极大，在无其他活性成分作用下黏土矿物也很稳定，因此在一般环境条件下，渣土总体可视为惰性物质；②但是，向渣土中掺入一定量改性矿渣水泥或 GJ 类结构剂作为固化剂，并且加入一定量水，充分搅拌混合均匀且高压成型，固化剂中活性成分与水、渣土中黏粒或黏土矿物表面吸附的碱金属或碱土金属元素反应（水化反应），水化反应速度加快，使渣土材料快速硬化，获得较高的早期强度。改性矿渣水泥中含有硅酸盐水泥熟料（主要含

C_3S 与 C_2S 矿物）、硫酸钙、水淬高炉矿渣（人造火山灰）以及外加的碱金属硫酸盐、碳酸盐和硅酸盐复合而成的激发剂，因此其自身即可组成火山灰反应系统。改性矿渣水泥与水混合之后，各组分之间可以发生火山灰反应，从而生成具有水硬性物质，如 C-S-H、C-A-H 和钙矾石等。改性矿渣水泥中的 C_3S 和 C_2S 水化后产生大量 $Ca(OH)_2$，可以和矿渣玻璃相中的富硅成分发生水化反应，改性矿渣水泥中硫酸盐成分可以和矿渣中的 Al_2O_3 发生水化反应，分别生成 C-S-H 和钙矾石。因此，改性矿渣水泥中 CaO-SiO_2-Al_2O_3 系统的火山灰反应活性不仅提高了建筑固废渣土固化样品的后期强度，也使其具有良好的耐水性和抗冻融性。

5.6 磷石膏资源化与无害化利用

5.6.1 工程背景与安全需求

工业副产物（工业固体废弃物）——石膏/磷石膏具有多样化来源[38]，如磷化工的副产物石膏、钛白粉的副产物石膏、氟化工的副产物石膏、烟气脱硫副产物石膏、湿法冶金的副产物石膏、生化的副产物柠檬酸石膏等。磷石膏是湿法生产磷酸工艺的副产物，主要化学组分为 $CaSO_4 \cdot mH_2O$（$m=0\sim2$），灰白色或灰黑色，略有异味，$pH=1.5\sim4.9$，含水率较高，游离水含量可达 20%～25%，黏性较强，堆积密度可达 $1000kg/m^3$；磷石膏的晶体形态主要有四种，分别为板状晶、针状晶、密实晶、多晶核（以板状晶为主），胶结性能不如天然石膏；由于湿法生产磷酸工艺条件、磷矿成分差异，磷石膏的杂质组成十分复杂，主要包含磷矿、磷酸络合物、氟化物、有机添加剂、酸不溶物、金属与磷酸盐络合物、放射性元素等。

在温度越来越高的加热条件下，磷石膏逐步失去结晶水，依次转变为半水石膏（$CaSO_4 \cdot 0.5H_2O$）、无水石膏（$CaSO_4$），而无水石膏在加热温度超过 1200℃才分解，因此磷石膏具有良好的热稳定性。陈化的磷石膏为灰白色粉末，成分稳定，粒径为 10～300μm，密度为 $1.40\sim1.85g/cm^3$，堆积密度为 $1.05\sim1.45g/cm^3$，渗透系数为 $10^{-5}\sim10^{-3}$ cm/s 量级。有的磷石膏含有镭（Ra）、铀（U）等放射性元素，放射性强弱与磷矿石来源有关。

世界上，磷石膏堆存量、产排量巨大，但是利用率很低，综合利用率不到 10%。中国磷石膏主要集中分布于云南、湖北、贵州、四川、安徽等磷矿富集区，综合利用率约 30%。近年来，中国磷石膏产排量逐年减少，利用量与利用率逐步上升，预计到 2022 年磷石膏产量约 7300 万吨，综合利用率可达 43%，但是由于磷石膏利用率低，堆存量也在逐年增长。目前，中国大型磷肥企业多采用湿法排渣，在山谷筑坝堆存，建有管道收集回水并循环使用，而小型磷肥企业多采用干法排渣，堆存于平地。

磷石膏大量露天堆存或填埋排放，见图 5-38，既占用土地，也加重环境负荷。磷石膏中残存磷、氟、游离酸（磷酸、硫酸、氢氟酸——酸性副产品，$pH<3$，强酸性）且含有砷、银、钡、镉、铬、铅、汞、硒等有害元素，并且存在放射性镭族元素（最高的放射性

元素有^{226}Ra、^{238}U、^{210}Po)，露天堆存或填埋排放，这些有害物质因长期降水淋滤而在环境土壤与地下水中日益累积增多，因此造成越来越重的环境二次污染，治理难度越来越大。对于露天堆存的磷石膏，为了解决严重的风起粉尘污染环境大气问题，有的采用在磷石膏堆上植草措施，见图5-39，虽然避免了风起粉尘污染问题，但是解决不了上述各种有害物质对环境土壤与地表水、地下水污染问题，因此这种处置措施治理磷石膏环境危害实在是“治标不治本”，不值得提倡。

图5-38 磷石膏露天堆存环境危害极大

(a)磷石膏堆与磷化工厂
(b)草皮覆盖磷石膏堆
(c)磷化工厂
(d)磷石膏堆
(e)磷石膏中有害物质污染地表水

图5-39 露天磷石膏堆上植草

避免风起磷石膏扬尘，但避免不了磷石膏中有害物质渗入土壤与地下水磷石膏资源化利用的主要途径为水泥缓凝剂、土壤改良剂、石膏砌块、筑路材料、充填地下采空区或露天矿坑、制备硫酸铵等。在传统烧结黏土砖逐渐禁用与淘汰背景下，磷石膏制砌块成为磷石膏资源化利用的一个重要方向，既利于解决磷石膏处置问题，又能很好地解决建筑材料资源日益短缺问题。

但是，由于磷石膏中放射性元素含量超标、重金属元素含量超标、强酸性物质含量较高、风起粉尘污染很严重，直接应用磷石膏则不可避免地存在环境土壤污染、环境水体污染、破坏生态环境、损害人体健康、腐蚀工程结构，因此必须可靠解决磷石膏资源化综合利用的无害化处理问题；此外，磷石膏资源化利用，如生产建筑材料，必须立足于生产成本低、免热处理（免烧，避免碳排放）、产品多样化且耐水性强、利用比例高或全消耗、可靠固定重金属与放射性元素、绿色生产（无三废排放）；目前，磷石膏资源化利用率比较低（如年产磷石膏上亿吨，水泥缓凝剂用量仅 5%），固定磷石膏中重金属与放射性元素成本高（200 元/吨），磷石膏型材怕水问题成为推广的重要瓶颈（溶解度 2.05g/L）。总之，磷石膏大规模资源化利用亟待解决的关键问题，即重金属问题、放射性问题、强酸性问题、利用率问题、水稳性问题、免烧结问题、低成本问题。

长江上游四川省邛崃市与什邡市磷矿资源丰富，一直是中国传统磷化工基地，目前已有数十个磷石膏露天堆场，堆存数千万吨，因磷化工不断发展而对当地，甚至整个长江流域生态环境造成的污染问题日趋严重。为了助推长江流域环境治理、加快建设美丽繁荣和谐四川、不断提高工业固废资源化利用水平，我们以长江流域磷石膏作为主要原料，以矿物基类胶凝材料——LG 类结构剂作为固化剂（外加剂），研制出了性能稳定且满足环保要求的磷石膏免烧砌块、步道砖、护坡石，系统研究了砌块力学性能，可以用于道路、市政、建筑等工程，有助于解决磷石膏难于处置、污染环境等问题，对于磷石膏固废资源化利用具有重要的经济效益、社会意义。

5.6.2 磷石膏免烧砌块制备

根据磷石膏胶凝固化化学反应分析计算结果，并且结合一系列新配合比试验，合理确定磷石膏与 LG 类结构剂之间配合比（%）、二者混合料含水率（20%，满足混合料达到最大压实度与磷石膏充分胶凝固化反应所需的含水率要求）。首先，将磷石膏与 LG 类结构剂混合料投入搅拌机中，快速搅拌 5 ~ 10min，使混合料充分拌合均匀；然后向混合料中一次性足量加入水，继续搅拌 5 ~ 10min，使水与混合料拌合均匀；将混合料填充入不锈钢砌块模具中，模具尺寸为 200mm×100mm×60mm；采用压力机通过静压工艺成型砌块，在恒载荷压强（5 ~ 20MPa）下持续 2s，加载速率 1 ~ 3kN/s，成型砌块尺寸 200mm×100mm×50mm，见图 5-40；砌块脱模置入养护箱，养护温度 20±2℃、湿度 90% RH，龄期分别为养护 3d、7d、28d。

5.6.3 砌块强度之影响因素——压制强度

胶磷比 = LG 类结构剂：磷石膏。图 5-41 为胶磷比 = 1：1，磷石膏免烧砌块成型的压

图 5-40　胶凝固化磷石膏砌块

制强度与砌块的无侧限抗压强度之间关系。由图 5-41 可以看出：①随着压制强度增大，不同养护龄期砌块抗压强度均明显增大，压制强度为 5MPa，砌块养护 28d 抗压强度最低，只有 17.84MPa；②从养护 3d 的早期强度来看，压制强度为 15MPa、20MPa 的砌块抗压强度分别达到 9.66MPa、10.02MPa，相比于压制强度为 10MPa 的砌块抗压强度明显提高；③养护 28d，不同压制强度的砌块之间抗压强度差距有所减少，这是由于压制强度越高，砌块越致密，磷石膏与 LG 类结构剂颗粒之间接触越紧密，混合料水化反应越快、越彻底，生成的水化产物 C-S-H 凝胶、钙矾石对磷石膏颗粒具有强烈胶结作用、填隙作用，因此砌块抗压强度快速提高；④养护足够长时间如 28d，不同压制强度的砌块混料均发生充分反应，所以即使压制强度增大，砌块养护 28d 抗压强度变化幅度也不大，砌块抗压强度增长速度趋于减缓，压制强度为 10MPa 的砌块，相对于压制强度为 5MPa 砌块，养护 28d 抗压强度提高 48.6%，而压制强度分别为 20MPa、15MPa 的砌块，相对于压制强度为 15MPa、10MPa 砌块，养护 28d 抗压强度仅分别提高 10.8%、10.6%。压制强度越高，压力机性能要求也越高，动能损耗越大。由于磷石膏具有一定可塑性，很高压制强度，不仅易黏结压头、脱模困难，而且成型砌块因高压下产生较大的内应力而易出现应力释放裂缝，因此通过反复试验，确定了较优的压制强度——10MPa。

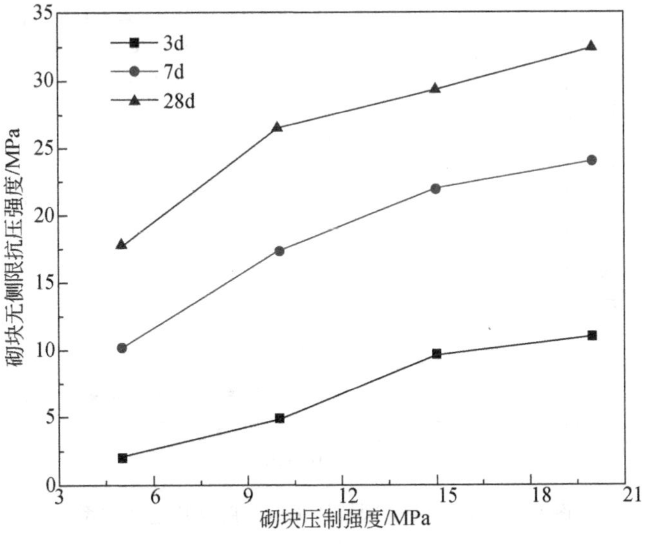

图 5-41　砌块无侧限抗压强度与压制强度之间关系

5.6.4　砌块性能之影响因素——胶磷比

图5-42为不同养护龄期磷石膏免烧砌块的无侧限抗压强度与胶磷比之间关系曲线。由图5-42可以看出：①不同龄期的砌块抗压强度随着胶磷比增大而增大，胶磷比在由1∶1变化至1∶1.5范围，砌块抗压强度下降幅度较大，1∶1胶磷比的砌块养护28d抗压强度为26.51MPa，而1∶1.5胶磷比的砌块养护28d抗压强度为19.05MPa，1∶2.5胶磷比的砌块养护28d抗压强度最小（15.66MPa），这是由于砌块强度来源于水化反应产生的C-S-H等凝胶、$Ca(OH)_2$的胶结强度，混合料中活性较小或非活性成分被水化反应产生的OH^-离子激活，生成大量C-S-H凝胶、C-A-H凝胶，其中C-A-H凝胶继续与磷石膏反应生成钙矾石晶体，这些水化产物显著提高砌块强度，因混合料中磷石膏含量增加而减少水化产物量，并且因磷石膏为酸性物质而降低混合料的碱度，所以随着混合料中磷石膏掺入比增加，不同龄期的砌块抗压强度降低；②所有胶磷比的砌块养护3d抗压强度均较低，砌块养护7d抗压强度相比于养护3d抗压强度增幅较大，如1∶1胶磷比砌块养护3d抗压强度为4.90MPa、养护7d抗压强度为17.37MPa，增加2.5倍，这是由于磷石膏与C-A-H生成的钙矾石附着于混合料颗粒表面，减少颗粒与水的接触面积，加之磷石膏又为酸性，二者均延缓混合料水化反应进程，导致砌块早期强度较低，但是随着水化反应进一步发生，结晶压力达到一定值，将钙矾石阻碍局部冲破，水化反应得以继续进行，混合料的碱度逐渐提高，因此加快碱激发进程，致使养护龄期从3～7d砌块的抗压强度增加速度大幅提高。总体上，磷石膏免烧砌块强度较高且达到《非烧结垃圾尾矿砖》（JC/T 422—2007）标准中MU15强度等级的指标要求，其中1∶1胶磷比的砌块达到MU25强度等级指标要求。

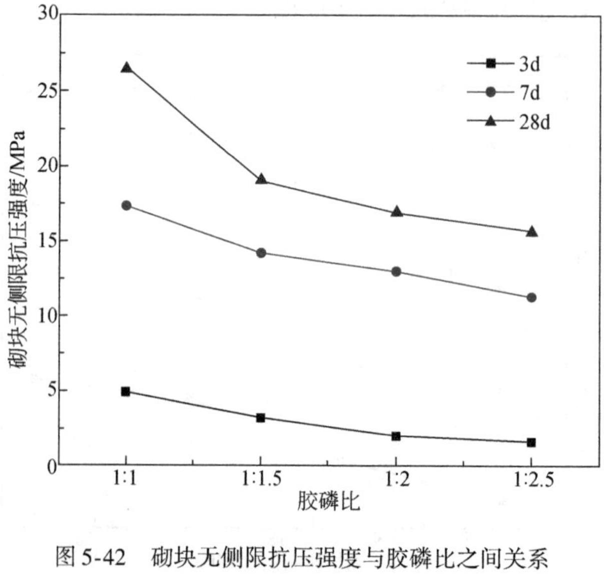

图5-42　砌块无侧限抗压强度与胶磷比之间关系

图5-43为10MPa压制强度，28d养护龄期，磷石膏免烧砌块吸水率与胶磷比之间关系。由图5-43可以看出，随着胶磷比降低，砌块吸水率逐渐增大，如1∶1胶磷比砌块的吸水率为1.08%、1∶2.5胶磷比砌块的吸水率为1.28%，但是不同胶磷比砌块的吸水率均较小且变化幅度也较小，这是由于10MPa压制强度下成型砌块的致密度很高，加之混合料胶凝固化中生成了大量水化产物，尤其是在充足$CaSO_4$环境下生成了大量钙矾石，使得砌块孔隙率很低，因此砌块吸水率低。

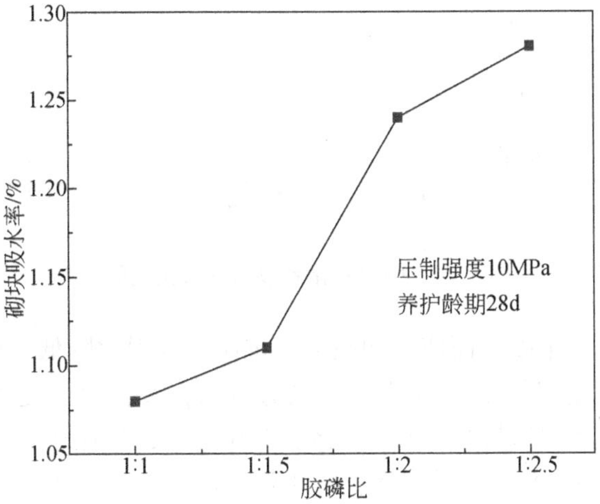

图5-43　砌块吸水率与胶磷比之间关系

图5-44为10MPa压制强度，28d养护龄期，磷石膏免烧砌块软化系数与胶磷比之间关系。一般磷石膏砌块耐水性（抗浸水软化性）较差，因此严重制约了磷石膏产品推广应用。但是，由图5-44可以看出，采用LG类结构剂作为磷石膏胶凝固化的高性能外加剂，制备的磷石膏免烧砌块的软化系数较高，1∶1胶磷比砌块的软化系数为0.90，砌块软化系数随着LG类结构剂掺入比降低而有所降低，直至1∶2.5胶磷比砌块的软化系数最低为0.84，但是所有胶磷比砌块的软化系数均满足《非烧结垃圾尾矿砖》（JC/T 422—2007）的指标要求。这是因为LG类结构剂与磷石膏反应生成的水化产物，一方面降低砌块孔隙率，减小因毛细虹吸作用而产生的破坏应力，另一方面磷石膏溶于水，若磷石膏颗粒直接接触水将降低砌块强度，但是生成的水化产物包裹了磷石膏颗粒，因此减少磷石膏颗粒与水接触面积，从而缓解磷石膏颗粒溶于水的程度，二者结合使得砌块具有很好的耐水性能。然而，随着磷石膏掺入比增加，水化产物减少，磷石膏颗粒包裹程度变小，水化产物与磷石膏颗粒之间结合力减弱，砌块孔隙率增加，导致胶磷比从1∶1增加到1∶2.5砌块软化系数降低。

图5-45为不同胶磷比下，磷石膏免烧砌块无侧限抗压强度与冻融循环次数之间关系。从5-45可以看出：①不同胶磷比的砌块经历3次冻融循环之后强度均有少量损失，但是随着冻融循环次数持续增加，砌块抗压强度反而有所增大，如1∶1胶磷比的砌块，冻融之前抗压强度为23.86MPa，经过3次冻融循环之后抗压强度为23.07MPa，抗压强度降低3.31%，这是因为冻融循环过程中的冻胀作用使得砌块中孔隙的孔径变大且相邻孔隙贯

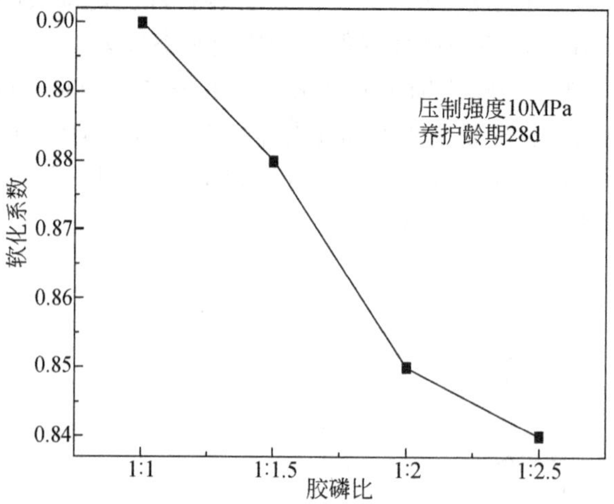

图 5-44　砌块软化系数与胶磷比之间关系

通，较大的孔隙甚至发生破裂而使结构破坏，抗压强度因此降低，此外毛细水冻融过程产生的破坏应力大于水化产物增加对结构增强的贡献；②但是，随着冻融循环次数继续增加，达到 6 次冻融循环之后抗压强度增大到 23. 62MPa，相比于经历 3 次冻融循环，抗压强度提高 2. 38%，达到 18 次冻融循环，抗压强度达到 23. 92MPa，这是因为前 3 次冻融循环使砌块孔隙变大且连通，甚至结构破坏，利于水充分渗入砌块，致使 6 次或 6 次之后冻融循环发生于砌块充分饱水状态，磷石膏与 LG 类结构剂因此继续发生水化反应，生成较多水化产物，使得砌块抗压强度有所提高，此外随着循环次数增加，毛细水冻融过程产生的破坏应力小于水化产物增加对结构增强的贡献。

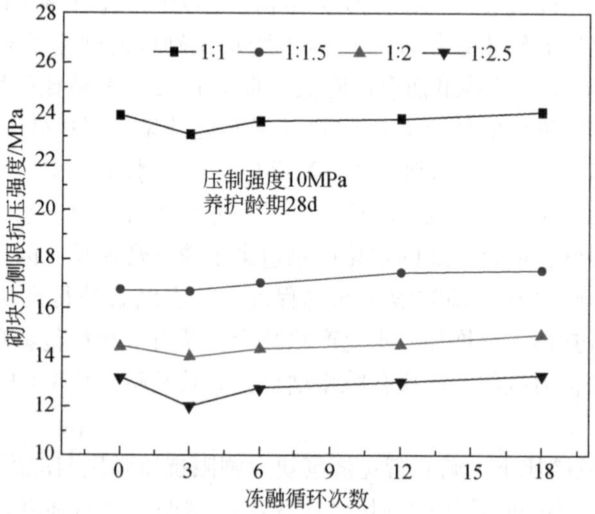

图 5-45　砌块抗压强度与冻融循环次数之间关系

图 5-46 为经历 18 次冻融循环之后，磷石膏免烧砌块质量损失率与胶磷比之间关系。由图 5-46 可以看出，经历 18 次冻融循环之后，1 ∶ 1 胶磷比的砌块的质量损失率为 0.14%，砌块的质量损失率随着胶磷比降低而增大，直至胶磷比为 1 ∶ 2.5，砌块的质量损失率达到最高值 0.53%，这是随着胶磷比增大，砌块因吸水率提高而加剧冻融破坏作用，进而使砌块的质量损失率增大。但是，总体上，不同胶磷比的砌块的质量损失率均较低，宏观表现为经历 18 次冻融循环之后砌块表面无裂纹、无边角破坏。

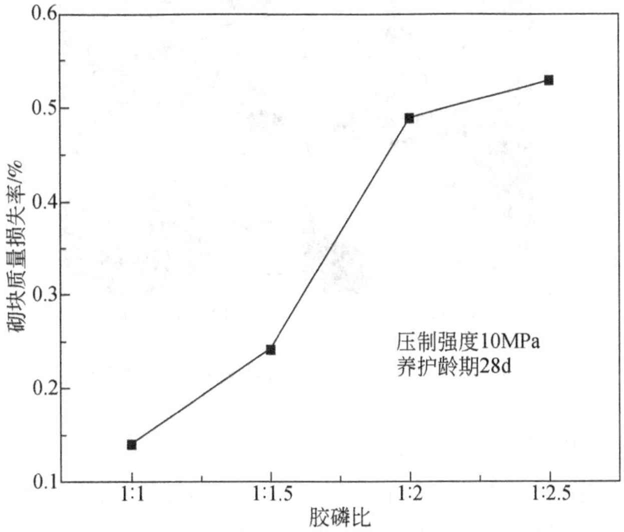

图 5-46　砌块质量损失率与胶磷比之间关系

5.6.5　磷石膏资源综合利用

制备砌块是磷石膏资源化利用的一个可行途径，也是目前世界各磷石膏堆存量与排放量大国努力消耗磷石膏的主流。但是，磷石膏历史堆存量大、当前排放量大，而制备砌块对磷石膏消耗十分有限，根本解决不了磷石膏大量堆放问题，因此必须努力开发磷石膏资源化无害化多途径综合利用技术。鉴于此，我们基于矿物基类胶凝材料原理与技术，研究提出了磷石膏资源综合利用的多个先进理念与多个技术途径。

1）*磷石膏充填采空区*

地下开采煤炭与固体矿产往往留下大量采空区，这些采空区需要充填，否则将引起地面塌陷、耕地与林地破坏、建筑物与埋地管网损害等。完全可以利用磷石膏代替混凝土等充填采空区，不仅避免消耗混凝土、砂石等宝贵建筑材料，进而显著节减矿山企业开采费用，而且还可大量消耗磷石膏。基于上述磷石膏生产免烧砌块的化学机理与技术方法，采用天然矿物材料研制一种专用的矿物基类胶凝材料——LG-Y 类结构剂，作为提升磷石膏浆体性能的一种外加剂，按照一定比例掺入磷石膏浆体中并搅拌均匀，制成适合于泵送充填的磷石膏膏状体（浆体），实现机械化地下充填施工，类似于图 5-47（a），此外也可以将 LG-Y 类结构剂与磷石膏干料充分搅拌混合均匀，制成适合于皮带传送充填的干混合料（干料），实现机械化地下充填施工，类似于图 5-47（b）。由于 LG-Y 类结构剂高效胶凝固化作用，不仅显著提高磷石膏固化强度与水稳性、微膨胀性，而且可靠固定磷石膏中有害重金属元素、放射性元素，避免环境岩土与地下水污染。

(a)浆体充填　　(b)干料充填

图 5-47　磷石膏固化充填采空区（类似）

2）模袋磷石膏护坡堤

在海堤、海岸、湖岸、库岸、渠道、边坡等工程中，经常采用模袋混凝土或模袋土进行岸坡与边坡防护，类似于图 5-48，具有成本较低、施工快捷、效果显著等优势，特别是模袋土可以就地取材，大幅度降低材料成本、节减运输费、加快工程进度。磷石膏可以制备类似于模袋混凝土或模袋土的模袋磷石膏，用于岸坡与边坡防护。具体措施：①采用能够自然出水的土工布或尼龙丝布，依据设计尺寸要求，加工模袋；②根据设计强度要求，按照一定配合比，将 LG-Y 类结构剂与磷石膏混合且干料搅拌均匀，制成混合料；③基于泵送入模袋对浆液性能要求，向混合料中加入一定量水（无明显化学污染的灌溉水或饮用水），并且搅拌均匀，制成适合于泵送的磷石膏膏状体（磷石膏胶凝材料）；④在设计的护坡或护堤位置布置模袋，将磷石膏膏状体泵入模袋，直至模袋饱满；⑤自下而上，第一层模袋布置与灌入施工结束，再施工第二层模袋，如此反复，直至最上一层模袋。由于 LG-Y 类结构剂高效胶凝固化与脱水作用，致使模袋中磷石膏膏状能够快速胶凝固化与沥水（沥出的水通过模袋排出），并且显著提高磷石膏固化强度与水稳性、微膨胀性，还可以可靠固定磷石膏中有害重金属元素、放射性元素，避免环境岩土与地下水污染。

3）磷石膏板整治河道

采用 LG-Y 类结构剂与磷石膏均匀混合成磷石膏胶凝材料，进而制成无侧限抗压强度不低于 C30 混凝土板、厚度不低于 35cm，且水稳性好、耐干裂的磷石膏板（压制成型或现场支模浇筑成型），完全可以用于河道“四面光”整治，即河底、两岸边坡、河底顶面均铺设磷石膏板，并且还可以采用磷石膏胶凝材料在河道两岸塑造景观，类似于图 5-49。这种措施能够大幅度消耗历史堆存与当前排放的磷石膏。例如，截至 2020 年 10 月，四川成都周边地区历史堆存的磷石膏达到 $7.0\times10^{7}m^{3}$，并且目前仍然在大量排放，不仅严重危

图5-48　模袋土等护坡堤（类似）
模袋C20磷石膏/铁石膏护坡堤

害当地土壤环境、水体环境、大气环境、人身健康、农作物、植被，而且占用大量耕地，亟待尽快消耗或环保处置这些磷石膏，若采用磷石膏进行河道整治与两岸景观塑造，假如河道底宽200m、面宽260m、深度30m、岸坡1∶1，做河道“四面光”的磷石膏板厚度0.35m，则1000m长河道做“四面光+两岸景观”将消耗磷石膏至少$2.0\times10^5m^3$，400km河道消耗磷石膏达$8.0\times10^7m^3$，显然全部消耗了现存$7.0\times10^7m^3$的磷石膏，而成都地区河道很多，且不少河道淤积严重。采用磷石膏胶凝材料整治河道主要意义有：①大量消耗堆存磷石膏，避免环境土壤、地下水、地表水、大气与生命、生产、财产危害；②因大量消耗磷石膏而使磷矿开采企业或磷化工企业得以继续进行产业经济；③从淤积河道中清除的淤泥可以用于农业耕作或用作植被的肥土；④从河道中清除的砂石料可以用于建筑材料，特别是在目前建筑砂石料日益短缺与开采日益受限情况下意义更大；⑤大量消耗磷石膏废料用于河道整治与两岸景观塑造，既美化环境，又避免消耗水泥与砂石等建筑材料，并且节减大量工程投资。采用LG-Y类结构剂与磷石膏的混合胶凝材料，不仅胶凝固化速度快、强度高、水稳性好、耐久性长，而且能够可靠固定磷石膏中有害重金属元素、放射性元素，避免环境土壤、水体、大气等污染。

4）磷石膏土壤固化剂

磷石膏的主要成分为$CaSO_4\cdot2H_2O$，除了含有少量有害重金属元素、放射性元素与磷酸盐、磷灰石、氟化物、五氧化二磷之外，此外还含有SiO_2、Fe_2O_3、FeO、MgO、Al_2O_3等，以及铁、镁、铝等硫酸盐。磷石膏中$CaSO_4\cdot2H_2O$、SiO_2、Fe_2O_3、FeO、MgO、Al_2O_3与铁、镁、铝等硫酸盐（有的具有一定化学活性、有的不具有化学活性），正是开发矿物基类胶凝材料的有益成分。基于矿物基类胶凝材料原理，首先将磷石膏进行活化处理与超细碾磨，然后根据不同土壤固化剂的性能要求，通过化学反应分析计算，再向磷石膏中掺入一定量经过活化处理与超细碾磨的若干种天然矿物材料（目的：①补充磷石膏中不含但土壤固化剂需要的活性成分；②进一步提高磷石膏中相关成分活性；③激活磷石膏中不具有化学活性的成分，如石英；④通过化学方法固定磷石膏中有害重金属元素与放射性元素

图 5-49　磷石膏胶凝材料整治河道与塑造景观

等；⑤加快磷石膏胶凝固化进程；⑥可靠保证磷石膏胶凝固化之后的水稳性、抗裂性、耐久性)，研制一类新型高效的磷石膏土壤固化剂。这类磷石膏土壤固化剂的主要用途：①用于松软地基加固、特殊土性能改良与加固；②固化土、砂砾石、石粉等植被建筑材料；③钻井泥浆与污染土无害化处理，见图 5-50；④盾构泥浆（余泥）脱水与固化利用，见图 5-51、图 5-52；⑤钡渣无害化处置与土壤环境钡渣污染修复（磷石膏钡渣固化剂)，见图 5-53。总之，基于矿物基类胶凝材料原理，以磷石膏为主料，根据目的与要求，按照一定比例掺入若干种天然矿物材料，可以研制出多种土壤固化剂，分别用于土体防渗加固、冻害防控与特殊土性能改良、泥浆脱水固化、污染土无害化处置等，应用前景十分广泛。

图 5-50　钻井泥浆与污染土

5.6.6　磷石膏利用环保检测

如前所述，磷石膏中往往含有多种有害重金属元素、放射性元素。为了验证 LG 类结构剂用于磷石膏胶凝固化是否能够可靠固定磷石膏中有害成分，采用未长期堆存的磷石膏

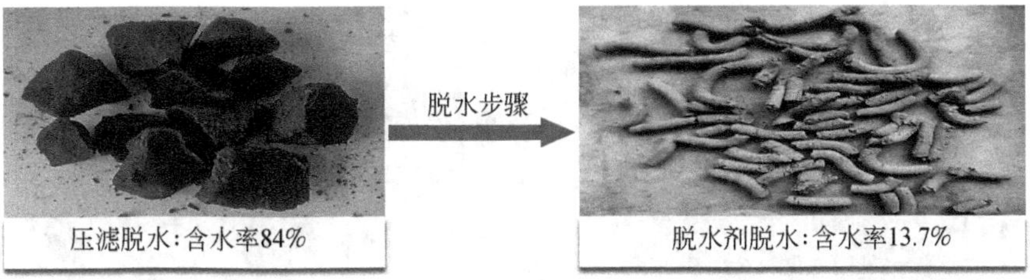

脱水剂	掺入比/%	脱水前泥浆含水率/%	抽滤时间/min	自然干化时间/h	脱水后泥浆含水率/%
RG-011	0	84.7	30	30	52.3
	5	84.7	6	30	13.7

图 5-51　磷石膏脱水剂用于盾构余泥脱水

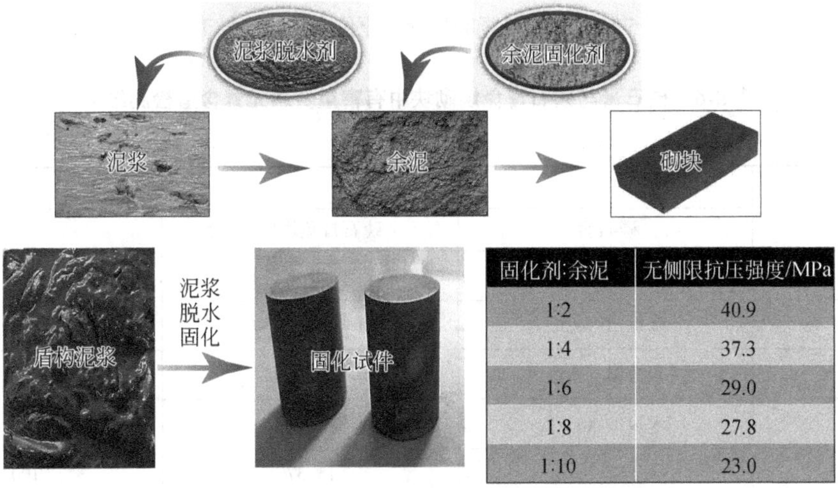

固化剂:余泥	无侧限抗压强度/MPa
1:2	40.9
1:4	37.3
1:6	29.0
1:8	27.8
1:10	23.0

图 5-52　宁波地铁盾构泥浆脱水与固化利用

(取自四川某一磷化工厂) 制备砌块，分别检测磷石膏、砌块中有害重金属元素含量、放射性元素含量，重金属元素含量，见表 5-6。由表 5-6 可以看出：①磷石膏中含有铅、钡两种有害重金属元素，二者含量分别为 22.5mg/kg、1232mg/kg，远高于《危险废物鉴别标准　浸出毒性鉴别》(GB 5085.3—2007) 标准中规定的铅、钡的含量限值，说明磷石膏重金属元素含量超标，直接堆存将造成环境污染；②采用 LG 类结构剂将磷石膏胶凝固化成免烧砌块之后，重金属元素铅在砌块中几乎被全部固定而检测不出，重金属元素钡在砌块中绝大部分被固定，钡的检测值仅为 15.37mg/kg [满足国标《危险废物鉴别标准　浸出毒性鉴别》(GB 5085.3—2007) 中规定的钡含量限值]，远低于磷石膏中钡的含量 1232mg/kg。因此，采用 LG 类结构剂将磷石膏胶凝固化成免烧砌块中的有害重金属元素含量符合《危险废物鉴别标准　浸出毒性鉴别》(GB 5085.3—2007) 中规定的重金属元素含量要求，可以用作建筑材料。

图 5-53　钡渣堆场高压旋喷原位去害化修复工程

表 5-6　磷石膏与磷石膏免烧砌块中有害重金属元素含量检测结果

（单位：mg/kg）

重金属元素	含量		规定值
	磷石膏	磷石膏免烧砌块	
铅	22.5	未检出（<5）	5
镉	未检出（<5）	未检出（<5）	1
铬	未检出（<5）	未检出（<5）	15
砷	未检出（<5）	未检出（<5）	5
钡	1232	15.37	100
锑	未检出（<5）	未检出（<5）	5
汞	未检出（<5）	未检出（<5）	0.1
硒	未检出（<5）	未检出（<5）	1

注：检测仪器：ICP-OES；检测方法：ASTM F963-2017。

表 5-7 给出了四川省什邡市长期堆存的磷石膏、LG 类结构剂胶凝固化磷石膏制成砌块的有害重金属元素与放射性元素含量的检测结果。由表 5-7 可以看出：①磷石膏中含有铅、钡两种有害重金属元素，二者含量分别为 25.2mg/kg、1240mg/kg，远高于《危险废物鉴别标准　浸出毒性鉴别》（GB 5085.3—2007）中规定的铅、钡的含量限值，并且放射性元素^{226}Ra 含量也较高，且超出标准中规定的^{226}Ra 的含量限值，说明磷石膏重金属元素与放射性元素含量超标，直接堆存将造成环境污染；②采用 LG 类结构剂将磷石膏胶凝固化成免烧砌块之后，8 种有害重金属元素在砌块中几乎被全部固定而检测不出。因此，采用 LG 类结构剂将磷石膏胶凝固化成免烧砌块中的有害重金属元素与放射性元素含量，符合《危险废物鉴别标准　浸出毒性鉴别》（GB 5085.3—2007）中规定的有害重金属元

素与放射性元素含量要求，可以用作建筑材料。

表 5-7　磷石膏与磷石膏免烧砌块中有害成分含量检测结果

检测项目		磷石膏	磷石膏免烧砌块	规定值
铅/（mg/kg）		25.2	未检出（<5）	5
镉（mg/kg）		未检出（<5）	未检出（<5）	1
铬/（mg/kg）		未检出（<5）	未检出（<5）	15
砷/（mg/kg）		未检出（<5）	未检出（<5）	5
钡/（mg/kg）		1240	未检出（<5）	100
锑/（mg/kg）		未检出（<5）	未检出（<5）	5
汞/（mg/kg）		未检出（<5）	未检出（<5）	0.1
硒/（mg/kg）		未检出（<5）	未检出（<5）	1
放射性	^{226}Ra/（Bq/kg）	189.1	115.3（放射性比活度）	
	^{232}Th/（Bq/kg）	0.0	43.3（放射性比活度）	
	^{40}K/（Bq/kg）	0.0	112.7（放射性比活度）	
	内照射指数	0.9	0.6	A 类产品
	外照射指数	0.5	0.5	

注：重金属元素检测方法：ASTM F963-2017；重金属元素检测仪器：ICP-OES；放射性检测方法：GB 6566—2010；内照射指数=$C_{Ra}/200$；外照射指数=$C_{Ra}/370+C_{Th}/260+C_K/4200$，$C_{Ra}$、$C_{Th}$、$C_K$ 分别为建筑材料中天然放射性核素镭-226、钍-232、钾-40 放射性比活度，单位为（Bq/kg）；检测结果不确定度 $I\sigma \leqslant 20\%$；括号中数据（<5）为方法检出限制/未检出表示低于方法检出限制。

5.6.7　磷石膏胶凝固化机理

图 5-54 为不同养护龄期，1∶1 胶磷比，磷石膏免烧砌块 XRD 衍射图谱。由图 5-54 可以看出：①标准养护 3d、7d、28d，砌块中新晶体均为 $CaSO_4 \cdot 2H_2O$ 晶相、钙矾石晶相；②随着养护龄期延长，钙矾石衍射峰强度逐渐变强，说明胶凝体系随着水化反应时间延长而不断生成钙矾石，从而提高砌块强度、密实度；③然而，随着养护龄期延长，$CaSO_4 \cdot 2H_2O$ 衍射峰强度明显下降，并且不同养护龄期 XRD 图谱中未发现水化硅酸钙等凝胶水化产物，这是由于凝胶水化产物为无定型物质，无 XRD 衍射峰，所以 XRD 图谱中观察不到凝胶水化产物衍射峰，但是随着水化产物增加，将掩盖其他晶相在 XRD 图谱中波峰，因此 $CaSO_4 \cdot 2H_2O$ 衍射峰强度随着养护龄期长而明显下降；④此外，养护龄期 28d 砌块 XRD 图谱中存在一个较宽弥散峰，位于 18°～25°之间，说明存在无定型结构。

图 5-55 为标准养护 3d、7d、28d，胶磷比 1∶1 时，磷石膏免烧砌块的 SEM 图像。由图 5-55（a）可以看出，养护龄期 3d，砌块中的颗粒较分散，水化产物较少，说明砌块中开始发生水化反应，但是水化反应程度不高，因此砌块抗压强度较低。由图 5-55（b）、（c）可以看出，养护龄期延长至 7d、28d，随着水化反应持续进行，砌块中因水化反应而

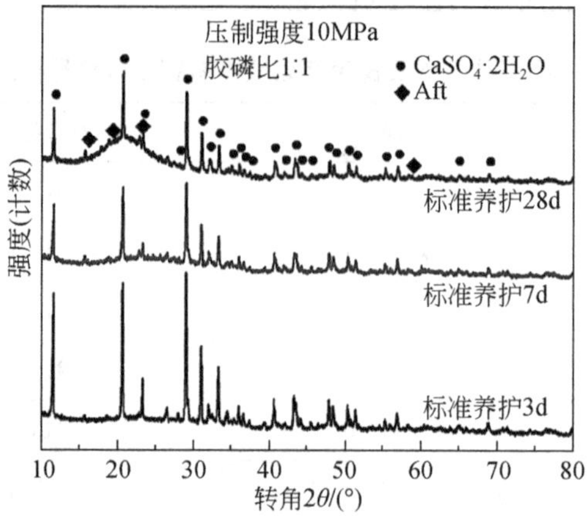

图 5-54　不同龄期磷石膏免烧砌块 XRD 衍射图谱

不断生成针状钙矾石、网络状 C-S-H 凝胶物质，尤其是养护至 28d，砌块中产生大量水化产物胶结体，填补空隙，逐渐形成致密整体，宏观表现为提高砌块抗压强度、密实度，并且砌块具有良好的物理性能。

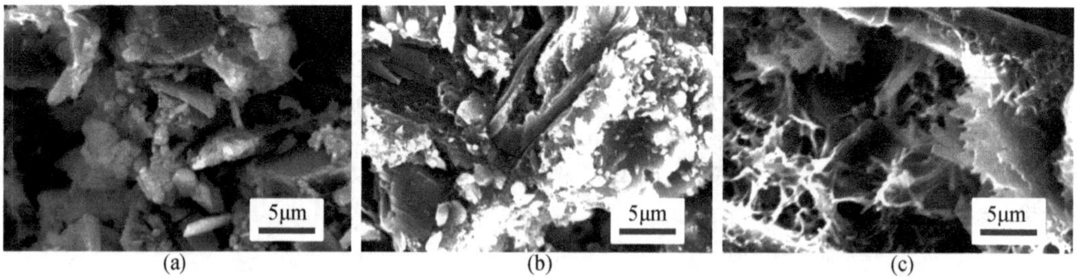

图 5-55　胶磷比 1∶1 不同养护龄期磷石膏免烧砖 SEM 图像
（a）标准养护 3d；（b）标准养护 7d；（c）标准养护 28d

通过对比磷石膏免烧砌块的 XRD 图谱与 SEM 图像，并且结合磷石膏胶凝固化化学反应分析，认识了 LG 类结构剂用于磷石膏胶凝固化生产免烧砌块的固化机理：①在磷石膏与 LG 类结构剂混合料中加入水，结构剂中活性成分遇水首先开始发生水化反应，生成水化硅（铝）酸钙、碱，水化硅（铝）酸钙初步胶结磷石膏颗粒；②随着水化反应持续进行，混合料中碱越来越多，大量 OH^- 离子激发混合料中其他非活性成分的活性，发生一系列火山灰链式反应，生成 C-S-H、C-A-H 等水化产物，继续胶结磷石膏颗粒；③砌块加压成型，致使混合料颗粒之间紧密接触，因此加快不同成分之间水化反应进程且反应较彻底；④混合料中超过 50% 含量的磷石膏一部分提供 $CaSO_4 \cdot 2H_2O$ 与 C-A-H 反应生成钙矾石，充填砌块孔隙，因此提高砌块的致密度；⑤但是，混合料中磷石膏的含量远超过反应所需的量，大部分未反应的磷石膏作为微集料，被 C-S-H、钙矾石等水化产物包裹，胶结成整体，使得砌块具有良好的物理性能。

5.6.8　有害成分固定机理

由于磷石膏中含有一定量有害重金属元素、放射性元素，若采用目前常规方法应用磷石膏，如采用烧结工艺制备烧结磷石膏砌块，或者直接利用磷石膏充填采空区或低洼地，磷石膏中有害重金属元素、放射性元素必然危害环境土壤、地下水、地表水、农作物、植被、人身健康，因此磷石膏资源化利用过程中必须可靠固定其中的有害重金属元素、放射性元素。基于这一重要认识，我们在开发磷石膏资源化综合利用矿物基类胶凝材料技术中，应聚焦两点，其一是有效胶凝固化磷石膏而达到工程应用目的，其二是通过新生的结晶水化物与胶体成分可靠固定有害重金属元素、放射性元素，实现磷石膏资源化与无害化综合利用。在磷石膏胶凝固化过程中，利用矿物基类胶凝材料中的活性成分与磷石膏中活性成分、水发生一系列化学反应，生成具有一定强度且水稳性好、耐久性长的胶体成分与结晶水化物，胶凝固化磷石膏颗粒且密实充填孔隙，结晶水化物在结晶过程中捕捉包裹磷石膏中有害重金属元素、放射性元素，并且胶体成分在形成过程中，不同胶粒之间强接触区域也包裹了磷石膏中有害重金属元素、放射性元素，见图 5-56，因此可靠固定磷石膏中有害重金属元素、放射性元素，实现磷石膏资源化与无害化综合利用。

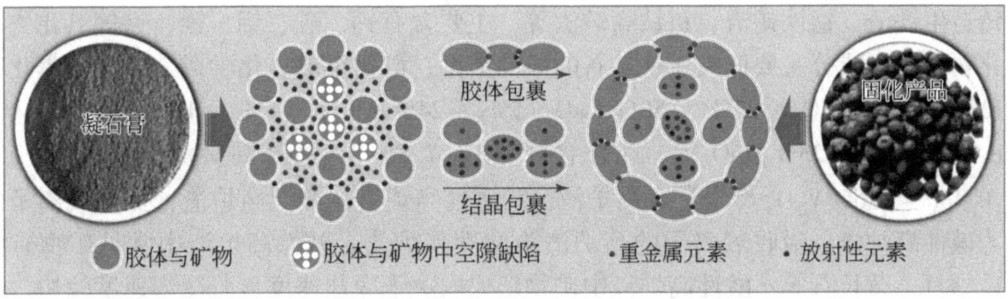

图 5-56　磷石膏中重金属元素与放射性元素被结晶包裹与胶体包裹示意图

5.7　高炉渣资源化综合高效利用

5.7.1　高炉渣综合利用现状

据产业信息网 2019 年 3 月 5 日报道①，截至 2017 年：①全球铁矿石探明储量 1700 亿吨，主要分布在澳大利亚（29.41%）、俄罗斯（14.71%）、印度（14.12%）、巴西

① 产业信息网．2017 年全球及中国铁矿石资源储量及地区分布情况分析．https://www.chyxx.com/industry/201710/574645.html［2019-03-05］.

（13.53%）、中国（12.35%），见图 5-57；②全球铁矿石产量 21.63 亿吨，其中澳大利亚与巴西铁矿石产量占比合计超过 60%，中国有大型以上矿区 101 个（超大型铁矿床 10 个）、中型矿区 470 个、小型矿区 1327 个。据中商情报网 2020 年 1 月 2 日报道，2019 年中国铁矿石产量为 84435.6 万吨。全球铁矿石平均品位 48.82%，其中印度、瑞典铁矿石品位较高（超过 60%），中国、美国铁矿石品位较低（平均品位低于 35%，中国铁矿石平均品位 34.29%）①。

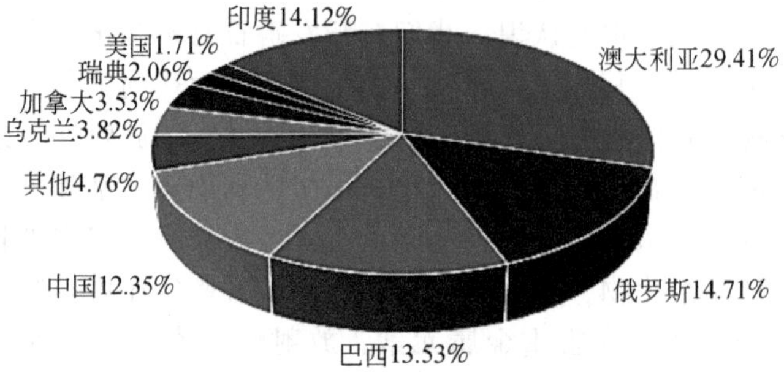

图 5-57　全球铁矿石探明储量主要分布

高炉渣是由铁矿石、石灰石、焦炭等炼铁产生的副产物，见图 5-58，分为炼钢生铁渣、铸造生铁渣、锰铁矿渣、钒钛高炉渣等，主要含有钙、硅、铝、镁、铁等氧化物、少量硫化物，化学成分主要取决于铁矿石的成因类型、矿物组成、化学成分，活性氧化物主要为 27% ~ 40% SiO_2、23% ~ 50% CaO、5% ~ 24% Al_2O_3、1% ~ 10% MgO、0.1% ~ 2% Fe_2O_3、0.1% ~23% MnO 等，此外含 0.1% ~ 7.8% S，特殊高炉渣还有 27% ~ 29% TiO、0.1% ~ 0.6% V_2O_3[2,5,50,52]。高炉渣分为碱性高炉渣、酸性高炉渣，提供氧离子的高炉渣为碱性高炉渣，吸收氧离子的高炉渣为酸性高炉渣。碱性高炉渣中常见矿物有尖晶石、硅钙石、黄长石等；酸性高炉渣中矿物形成取决于冷却速度，若冷却速度较快，则全部凝结成玻璃体；反之，若冷却速度较慢，则出现结晶相，如斜长石、假硅石灰、黄长石。

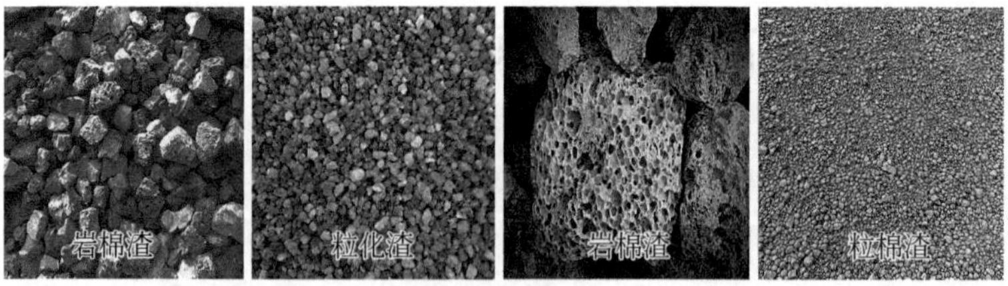

图 5-58　高炉渣

① 中商情报网. 2019 年全国铁矿石产量为 84435.6 万吨　同比增长 4.9%. https://baijiahao.baidu.com/s?id=1656408460248100433&wfr=spider&for=pc [2020-01-22].

依据铁矿石品位不同，每冶炼 1 吨成品铁排出 0.3 ~ 1 吨高炉渣，铁矿石品位越低，高炉渣排量越大。据统计，全球每年大约产生高炉渣 1.1×10^{12} 吨，中国每年大约产生高炉渣 6×10^{8} 吨，数据极其巨大。高炉渣是一类富含多种有益成分的易熔性混合物，属于具有多种用途的宝贵材料。德国于 1862 年开始利用高炉渣，美国于 1915 年开始利用高炉渣，20 世纪 20 年代起建筑业广泛利用高炉渣，50 年代高炉渣实现排与用平衡、逐步消除存渣，20 世纪中期后高炉渣综合利用迅速发展，1980 年日本利用率为 85%，1979 年苏联利用率超过 70%，20 世纪末美国、日本、欧洲等地区工业发达国家高炉渣当年排出、当年用完（全部实现高炉渣资源化利用）。在中国，20 世纪 50 年代以前，高炉渣作为废弃物排放，从 70 年代开始利用高炉渣，1981 年利用率为 83%。

高炉渣可主要作为筑路材料、软基填料、土壤改良材料、铁路道砟、混凝土骨料、沥青路面、多孔轻料、墙体材料、矿渣棉、微晶玻璃、硅钙渣肥、矿渣铸石、热铸矿渣、水泥材料（如矿渣硅酸盐水泥、石膏矿渣水泥、石灰矿渣水泥等）、水处理材料、保温材料、吸隔音材料、防火材料、搪瓷材料、陶瓷材料等[78]。

目前，在高炉渣综合利用方面，主要作为肥料、热量回收、钛等贵金属回收、制备泡沫玻璃、生产水泥等[70,74,79]。采用碳酸钠溶液、浓氨水、硫化煤油，通过溶剂萃取方法，可以提取高炉渣中金属钛，液钛一级萃取率达到 90.25%。以高炉渣与废玻璃为原料、碳酸钠为发泡剂，通过球磨、压块、烧结等工艺，制备泡沫玻璃，这种泡沫玻璃是一种具有微小气孔的绝热吸音材料，具有不吸温、不吸水等优势，可以作为建筑隔热砖、隔热板。植物生长，除了需要氮、磷、钾之外，还需要辅助元素，如钙、镁、锰、锌等；高炉渣中富含铁、钙、硅、锰且与土壤成分相似，可以作为植物生长肥料；以高炉渣作为原料可以生产缓释氮肥，首先通过高炉渣与黏合剂混合制成包膜溶液，然后向包膜机中加入颗粒状尿素，将包膜溶液喷至尿素颗粒表面形成致密包覆层，得到高炉渣包膜氮肥，21d 的水溶率可达 20.34%，超过市售缓控释肥水溶率值（15.2%）。

高炉出渣温度约 1400℃，1 吨高炉渣热量冷却后可向空气中释放 1.7GJ 热能，但是这种方式热能利用率低。炉渣热能回收方法主要有介质交换法，但是存在能耗较高、设备占地较大、热能回收率较低等问题。采用综合系统且结合物理化学方法逐级回收高炉渣中热量可以提高高炉渣中热能回收率，热回收效率达到 75.4%，较传统蒸汽回收方法明显提高热回收率。

高炉渣具有与水泥类似的形成过程且与水泥的化学组成基本相同，是一种典型人造火山灰，因此可以高炉渣作为主要原料制备新型、环保、绿色胶凝材料，取代水泥用作模袋固化土。围海造地中修建围堰，传统方法采用抛石斜坡堤、泥装草袋堤心结构，近年来又发展充沙袋斜坡堤、模袋混凝土护坡，消耗大量砂石料、水泥且增加碳排放。本着降低造价、就地取材、避免碳排放的先进理念，我们通过研究与实践，充分利用软土地区大量土料资源，形成模袋固化淤泥或淤泥质土围堰技术。具体措施：直接就地采取淤泥或淤泥质土，按照一定比例，掺入以高炉渣为主要原材料、以激发天然矿物材料为辅料制备的高性能土壤固化剂（高炉渣土壤固化剂，矿物基类胶凝材料的一种类型），机械搅拌均匀而形成流动态的拌合土泥浆，泵送充灌码放就位的大型土工模袋中形成模袋固化土，逐层码放充灌形成围堰。采用此项新技术，不仅可以节省大量材料费用，还可以变废为宝，大大减少波浪对围堰破坏作用。此外，此项模袋固化土技术，还可以用于就地采取的其他土作为主要材料，按照一定比例，掺入高炉渣土壤固化剂，制成护坡模袋固化土，用于渠道、水库、海岸、湖泊、河道等护坡。

通过我们研究与实践，高炉渣中含有大量活性 SiO_2、CaO、Al_2O_3、MgO、Fe_2O_3 等氧化物，以高炉渣作为主要原材料，补充掺入某些分布广泛、易于获取且成本低廉的天然矿物材料，经过活化处理、超细碾磨，还可以制备高性能土壤固化剂、特殊土性能改良剂、磷石膏无害化利用固化剂等胶凝材料。

5.7.2　岸坡防护模袋固化土

1. 模袋固化土制备工艺

现场制备模袋固化土工艺：①在施工现场开挖一定容量的泥浆搅拌池，并且在池中不同位置布置若干机械化快速搅拌叶片（每个搅拌轴上自上而下至少设置两层叶片）；②将现场就地就近采取的淤泥或淤泥质土、渣土、黏性土、泥沙土等放入泥浆搅拌池中，根据泵送对泥浆黏度要求合理控制泥浆含水率；③启动快速搅拌大约 10min，制成可泵送的膏状体纯泥浆；④根据固化土强度设计要求的实验室试验结果，向纯泥浆中掺入一定比例高炉渣土壤固化剂（掺入比为固化剂与干土料之比），同时快速搅拌大约 10min，制成可泵送灌入模袋的固化剂与泥浆混合料膏状体[2]。

实验室制备模袋固化土试件工艺：①采用烘干方法，将用于试验性能检测的淤泥或淤泥质土、建筑渣土、黏性土、泥沙土等脱水，形成干土料；②将干土料放入球磨机中，球料比为 1∶2（陶瓷研磨球：Φ30mm），球磨 30min，以使干土料充分磨成粉末状；③将球磨后的粉末状干土料过 5 目筛（筛孔孔径 4mm），以去除干土料中较大团块；④向过筛后的粉末状干土料加水且采用净浆搅拌器快速搅拌成纯泥浆；⑤向纯泥浆中加入不同比例的高炉渣土壤固化剂，控制固化剂与干土料质量比分别为 1∶1、1∶2、1∶3、1∶4、1∶6，控制水料比分别为 0.45、0.50、0.55、0.60、0.65（料：固化剂+干土料）；⑥将固化剂与土料的混合浆液依次慢搅 30s（搅拌速度：150r/min）、快搅 90s（搅拌速度：400r/min），如此反复搅拌 10min，获得均匀的固化土泥浆；⑦将固化土泥浆注入 70.7mm×70.7mm×70.7mm 模具中成型，通过振动消除泥浆中气体，静养 1d 后试件脱模；⑧脱模试件置于 20±2℃水中养护不同龄期，检测固化土性能。

2. 固化土性能影响因素——水料比

图 5-59 为固化土无侧限抗压强度与水料比之间关系，高炉渣土壤固化剂与干土料质量比分别为 1∶4、1∶5、1∶6，试件养护 28d。由图 5-59 可以看出，固化土抗压强度随着水料比增加而逐渐减小，水料比由 0.45～0.5，固化土抗压强度降低幅度较大，这是因 0.45 水料比的浆液失去流动性而使得成型试件抗压强度较高，而水料比达到或超过 0.5 的浆液逐渐恢复流动性。水料比越大，浆液流动性越好。水料比为 0.6，浆液的坍落度为 153mm，满足实际施工中泵送要求。

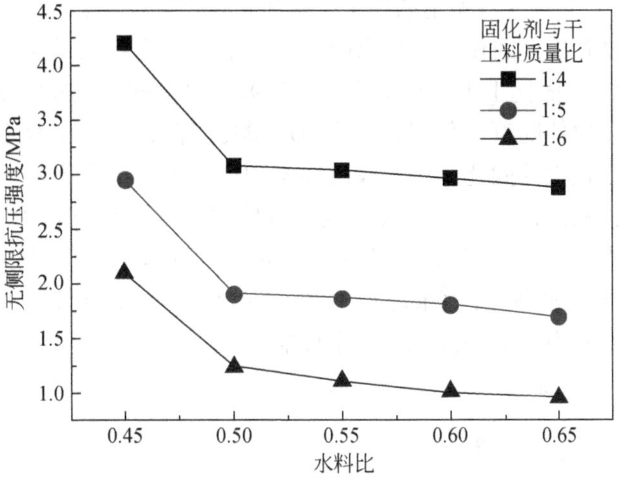

图 5-59 固化土无侧限抗压强度与水料比之间关系

3. 固化土性能影响因素——固化剂掺入比

图 5-60 为固化土无侧限抗压强度与固化剂掺入比（固化剂和干土料质量比）之间关系，水料比为 0.6，试件标准养护 3d、7d、28d。由图 5-60 可以看出：①固化土抗压强度随着固化剂掺入比减小而降低，这是由于固化剂掺入比减小，胶凝体系胶结能力降低，未能充分固结土壤基团；②固化剂与干土料质量比为 1∶1，不同养护龄期的固化土抗压强度均最高，标准养护 28d 的固化土抗压强度达到 10.49MPa；③养护 3d 的固化土抗压强度较低，这是由于养护龄期较短，胶凝体系水化反应不充分，产生的胶结成分较少；④固化土早期强度上升较快，短时间便达到较高抗压强度，如标准养护 3d、7d，说明胶凝体系水化反应较快。基于固化成本与固化土强度两方面考虑，固化剂和干土料最佳质量比可以取1∶3，固化土标准养护 28d 抗压强度可达 5.82MPa，完全满足各种工程对固化土强度需求。

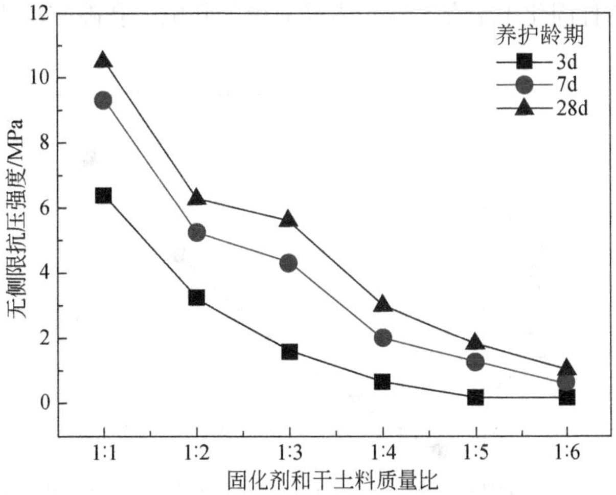

图 5-60 无侧限抗压强度与固化剂和干土料质量比之间关系

图 5-61 为固化土干容重与固化剂和干土料质量比之间关系，水料比为 0.6，试件养护 28d。由图 5-61 可以看出，固化土干容重随着固化剂和干土料质量比降低而减小，固化剂和干土质量比为 1∶1，固化土干容重最大（1.729×10^3 kg/m^3）。这是因为一方面固化剂重度大于干土料重度，致使随着固化剂和干土料质量比降低，固化土容重减小；另一方面固化剂和干土料质量比较大的固化土中，胶凝体系中产生更多水化产物，所以更好与更彻底胶结密实土料基团，从而提高固化土致密度，致使固化土干容重较大。进一步试验表明：①水料比为 0.6，固化土软化系数随着干土料含量增加而降低，但是固化土软化系数均大于 0.85，因此固化土耐水性好；②随着干土料含量增加，固化土中土基团较多，遇水后土基团易形成无强度的液泡，影响固化土力学性能。

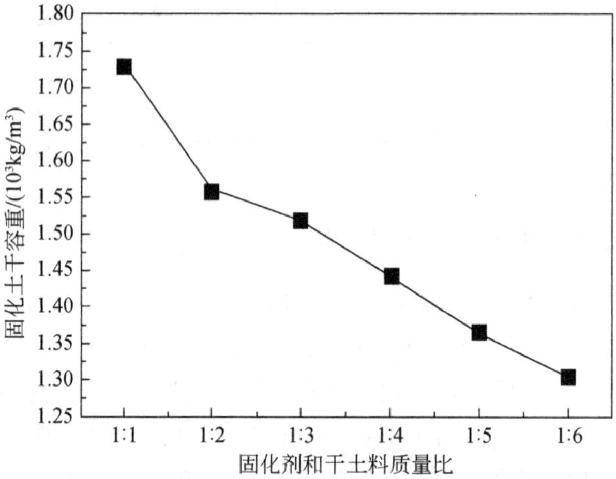

图 5-61 固化土干容重与固化剂和干土料质量比之间关系

图 5-62 为固化土干缩率与固化剂和干土料质量比之间关系，水料比为 0.6，试件养护 28d。由图 5-62 可以看出，固化土干缩率随着固化剂和干土料质量比降低而增大，这是由于随着固化剂和干土料质量比降低，胶凝体系中水化胶结物较少，固化土胶结不彻底或胶结程度较差，并且固化土中存在较多未被充填的孔隙或孔隙充填程度较差，导致固化土干缩率增大。

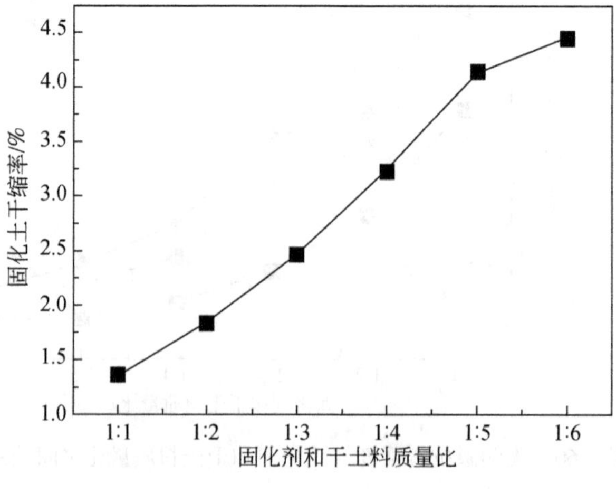

图 5-62 固化土干缩率与固化剂和干土料质量比之间关系

4. 固化土微观形貌特征

高炉渣土壤固化剂与干土质量比为 1 : 5，混合料的水料比为 0.6，试件标准养护 3d、28d，固化土微观形貌 SEM 图像见图 5-63。由图 5-63 可以看出，试件标准养护 3d（胶凝固化初期）固化土中便产生大量钙矾石 AFt 针棒状晶体（说明土胶凝固化速度较快），试件标准养护 28d 固化土中胶结物主要为片层状 C-S-H 凝胶、$Ca(OH)_2$晶体，土胶凝固化初期与早期产生的针棒状钙矾石进一步转变为 C-S-H 凝胶。

(a)试件养护3d　(b)试件养护28d

图 5-63　固化土微观形貌 SEM 图像

5.7.3　新型多用途胶凝材料

高炉渣形成温度高达 1400℃，其中各种成分均达到很高的活化程度，特别是含有化学活性很大且含量较高的多种氧化物如 SiO_2、CaO、Al_2O_3、MgO、Fe_2O_3、MnO 等，尤其是存在一定量化学活性很大或较大的碱金属与碱土金属元素如 K、Na、Ca、Mg 等，而这些活性氧化物与碱金属元素、碱土金属元素则是土壤固化剂、建材固化剂等胶凝材料的必要成分。因此，以高炉渣为主要原材料，适当补充加入少量经过强碱激发或高温活化处理的天然矿物材料，如石英、斜长石、硬石膏、明矾石、方解石等，可以制备具有多种用途的不同种胶凝材料，分别用于土体防渗加固与冻害防控、特殊土性能改良与加固、渣土与余泥生产免烧砌块、煤矸石等固废资源化利用、钻井泥浆无害化处理与利用、污染土无害化处理与利用、尾矿充填采空区与干堆等。图 5-64 为四川成都邛崃，某一建筑工地，采用高炉渣与天然矿物材料配合研制的一种高性能土壤固化剂，按照一定比例掺入就地采取的耕土中并拌合均匀，修建建筑工地临时道路——填筑路基且支模建筑面层，在夏季 36℃气温下施工，路基碾压成型与面层浇筑结束 3h 便快速显著硬化（锤击钢钎难以破坏），自然养护 3d 后便开通 40 多吨运土卡车，突显固化剂对耕土的高效快速胶凝固化作用。

(a)面层成型养护

(b)锤击钢钎难以破坏　　(c)支模浇筑面层

图 5-64　高性能土壤固化剂固化耕土填筑路基与浇筑面层

5.8　铝土矿尾矿资源化综合利用

5.8.1　铝土矿赤泥尾矿资源化无害化综合利用现状

铝土矿选冶产生约 25% 尾矿（赤泥），如年产 5.0×10^5 吨精矿便产生近 1.3×10^5 吨尾矿，这些尾矿露天堆存将带来环境污染问题、占用土地问题、矿库安全问题，见图 5-65。铝土矿尾矿中含有大量有用资源，如 1.5 铝硅比的铝土矿尾矿高于高岭土的铝硅比，具有二次开发利用价值，因此铝土矿尾矿资源化利用研究成为提高铝土矿尾矿资源化利用率的一个重要途径。目前，关于铝土矿尾矿资源化利用主要有制备建筑材料、低温陶瓷材料、耐火材料、墙体材料、复合吸水材料、井下充填材料等[40,46,47]。

铝土矿尾矿生产建筑材料是最容易利用、消耗量最大、环保效益最好的一个重要途径。铝土矿尾矿中含有高岭石、伊利石、一水硬铝石等，这些均为有价值的非金属矿物，可以代替天然原材料生产环保材料[51,73]。铝土矿尾矿可以替代生产水泥所需的部分黏土、铁质校正原料、全部铝质校正原料等。低温陶瓷是一种在接近常温条件下通过化学键合固结而成的类陶瓷材料，以低温陶瓷为主，以植物作为改性材料，生产的低温陶瓷木材是一种新型绿色环保材料，这种材料既有传统木材的加工性、韧性，又有陶瓷的稳定性、硬

图5-65　铝土矿尾矿（赤泥）

度、耐磨性、耐水性、耐腐蚀性、阻燃性等特点，相比于有机高分子材料制造的人造木材，具有成本低、耐温性好、耐候性优、尺寸稳定、硬度高且无毒害气体释放等优点。以铝土矿尾矿为基础制备低温陶瓷水泥作为胶凝材料，以石英砂为骨料，制备的人造石材的抗压强度超过80MPa。以铝土矿尾矿胶凝材料、锯末为原料，制备的低温陶瓷木材的抗折强度超过7.5MPa。

铝土矿尾矿主要含有活性Al_2O_3、SiO_2、Fe_2O_3、TiO_2、CaO、Na_2O、K_2O等，适用于生产耐火砖等耐火材料。在1250℃温度下煅烧铝土矿尾矿，可以得到显气孔率8.3%、体积密度2.63g/cm^3、吸水率3.2%的尾矿熟料，在尾矿熟料中加入30%未煅烧尾矿且在1250℃温度下保温5h，制备的尾矿砖可以达到黏土烧结砖的标准要求。以铝土矿尾矿为主要原料，通过溶液聚合方法，可以制备吸水性能良好的复合吸水材料，尾矿利用率超过50%。

在采矿过程中，采空区地压控制问题日益突出，成为安全高效采矿的主要障碍，充填采矿法是深部开采与复杂应力环境地压控制的有效途径之一，而充填法采矿每采1吨矿石需要回填0.25～0.4m^3填充材料，铝土矿尾矿可以作为充填材料，具有就地取材、来源丰富、输送方便等优势。尾矿充填有两种工艺，即尾矿水力充填、尾矿胶结充填。尾矿充填工艺对尾矿理化性质要求：①尾矿中多种矿物性能稳定、不易风化、不易水解，不易氧化自燃，并且不释放大量有毒、有害或剧烈臭味气体；②尾矿粒级组成利于迅速脱水且形成密实充填体；③尾矿与尾矿水中无破坏水泥安定性、降低充填体强度的过量有害成分。铝土矿尾矿理化性质完全符合上述要求，因此可以代替细砂、碎石等充填采空区。

赤泥是从铝土矿中提炼氧化铝而排放的碱性粉末状固体废渣。赤泥排放量因铝加工业的发展而快速增加，但是赤泥因颗粒细、含水率高、碱性强等特性而严重限制大规模资源化利用。赤泥堆积在赤泥库或堆场中，不仅占用土地、危害环境，而且具有滑坡、溃坝、泥石流等安全隐患。因此，利用赤泥固有的化学成分特性，实现安全堆存或资源化利用，具有重要的环保意义。

近年来，基于天然矿物结晶与固溶胶形成原理，我们以铝土矿赤泥为主要原材料，按照一定比例，添加水泥、矿渣、粉煤灰、秸秆等，开发了铝土矿赤泥-秸秆轻质砂浆材料，并且系统研究了这种新型材料的技术性能，满足轻质保温墙体材料的标准要求。

5.8.2 铝土矿赤泥-秸秆轻质砂浆制备精细化流程

铝土矿赤泥-秸秆轻质砂浆制备精细化流程：①铝土矿赤泥置于球磨机中球磨 30min；②将适量赤泥粉末与赤泥固化材料加入含有适量水的烧杯中，充分搅拌均匀，制成赤泥浆料；③测量赤泥浆料体积，按照相应体积分数选取浸湿的秸秆粉末，即浸湿秸秆粉末体积=赤泥浆料体积×0%（10%，20%，30%，40%，50%），掺入赤泥浆料中，充分搅拌均匀，得到铝土矿赤泥-秸秆轻质砂浆；④铝土矿赤泥-秸秆轻质砂浆注入 40mm×40mm×160mm 模具中成型，振动去除料砂浆中气泡，静置 1d 脱模，将试件置于养护室，标准养护（温度 20±2℃、相对湿度≥90%），得到不同养护龄期的铝土矿赤泥-秸秆轻质砂浆试件，检测各项性能。

铝土矿赤泥-秸秆轻质砂浆工程应用批量制备工艺流程与上述实验室制备工艺流程一致。

5.8.3 铝土矿赤泥-秸秆轻质砂浆结石体基本性能

图 5-66 为秸秆掺入比对不同养护龄期铝土矿赤泥-秸秆砂浆试件无侧限抗压强度影响。由图 5-66 可以看出：①随着秸秆掺入比增大，铝土矿赤泥-秸秆砂浆胶凝固化结石体早期无侧限抗压强度降低；②秸秆掺入 10%，试件养护 3d、7d、28d 无侧限抗压强度较不掺入秸秆无侧限抗压强度均大幅度降低，如掺入 10% 秸秆试件养护 28d 无侧限抗压强度为 7.25MPa，而不掺入秸秆试件养护 28d 无侧限抗压强度为 10.45MPa，掺入与不掺入秸秆相比无侧限抗压强度降低 30.6%，这是因为掺入秸秆而出现大量空隙；③但是，秸秆掺入 10% 与 20% 试件无侧限抗压强度相近，而后随着秸秆掺入比增加，试件无侧限抗压强度降低很小，表明试件中硅铝成分具备参加水化反应活性，因此有效弥补了因秸秆集料引入而导致强度降低。

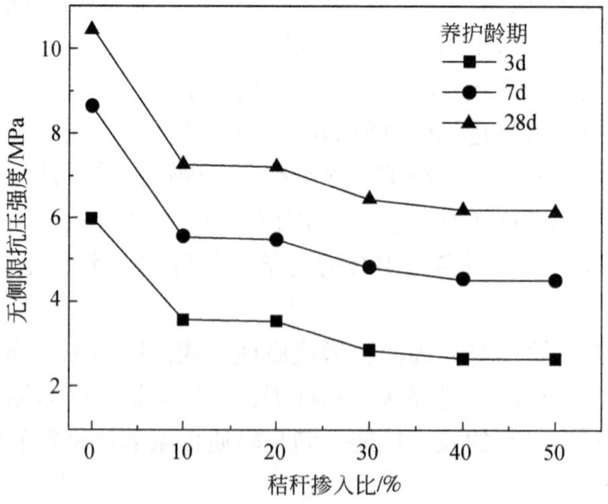

图 5-66 秸秆掺入比与赤泥-秸秆砂浆结石体无侧限抗压强度之间关系

图5-67为秸秆掺入比对不同养护期龄铝土矿赤泥-秸秆砂浆试件抗折强度影响。由图5-67可以看出：①随着秸秆掺入比增大，铝土矿赤泥-秸秆砂浆试件养护3d、7d、28d抗折强度均随之增大；②秸秆掺入比由0增大到30%，试件养护28d抗折强度增加缓慢，仅增加0.22MPa；③秸秆掺入比超过30%，随着秸秆掺入比增加，试件抗折强度增加明显，秸秆掺入比达到50%，试件抗折强度为所制备试件的最大值（1.91MPa）。随着秸秆掺入比增加，试件中纤维与硅铝成分含量同步增多，使得均匀分布在胶凝材料硬化基体中的秸秆纤维具有一定承载能力、较高延展性，秸秆中硅铝成分导致秸秆与基体结合处及其邻近区域结构获得一定强化，利于增强基体材料韧性，因此试件抗折强度随着秸秆掺入比增加而提高。

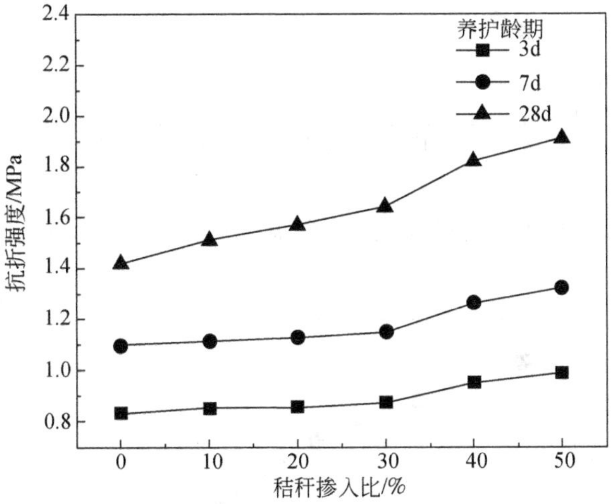

图5-67　秸秆掺入比与赤泥-秸秆砂浆结石体抗折强度之间关系

采用软化系数衡量铝土矿赤泥-秸秆轻质砂浆硬化试件（结石体）水稳性。图5-68为秸秆掺入比对铝土矿赤泥-秸秆轻质砂浆试件软化系数影响。由图5-68可以看出：①随着秸秆掺入比增大，养护28d试件软化系数先增大后减小；②未掺入秸秆，试件软化系数为0.93，秸秆掺入比增大至30%，试件软化系数达到最大值0.97，而秸秆掺入比增大至50%，试件软化系数却降低。这是由于秸秆掺入比不超过30%时，随着秸秆掺入比增大，秸秆提供的硅铝成分增加，生成的C-S-H凝胶、C-A-H凝胶及其碳化产物$CaCO_3$等耐水性产物有效包裹不耐水的秸秆颗粒，致使试件软化系数随着秸秆掺入比增大而增大。但是，随着秸秆掺入比继续增大，胶凝体系中产生的耐水性产物量不足以有效包裹不耐水的秸秆颗粒，因此试件软化系数随着秸秆掺入比增大而降低。掺入秸秆试件的软化系数均高于未掺入秸秆试件的软化系数，说明秸秆中的无机组分参与水化反应而提高结石体的结构水稳性。

图5-69为秸秆掺入比对铝土矿赤泥-秸秆轻质砂浆试件导热系数影响。由图5-69可以看出：①随着秸秆掺入比增大，试件（结石体）导热系数降低；②秸秆掺入比为30%～40%，试件导热系数降低速率增大；③秸秆掺入比增加到50%，试件导热系数由0.63W/(m·K)下降到0.40W/(m·K)。因此，秸秆的轻质、疏松结构中空气对结石体热

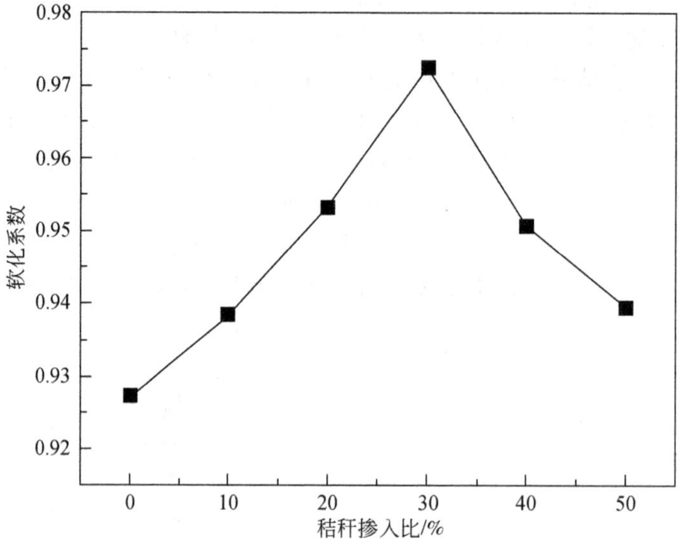

图 5-68　秸秆掺入比与赤泥-秸秆轻质砂浆结石体软化系数之间关系

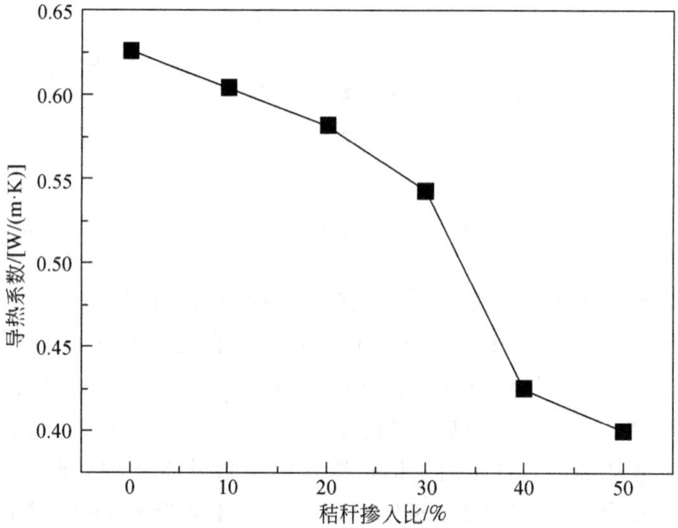

图 5-69　秸秆掺入比与赤泥-秸秆轻质砂浆结石体导热系数之间关系

阻增大具有一定促进作用。

铝土矿赤泥-秸秆轻质砂浆硬化结石体体积密度是评价这种新型建筑材料实用性的一个重要物性指标。图 5-70 为秸秆掺入比对铝土矿赤泥-秸秆轻质砂浆试件体积密度影响。由图 5-70 可以看出，随着秸秆掺入比增大，试件（结石体）体积密度降低，秸秆掺入比增大到 50%，试件体积密度由 1.54g/cm^{3}降低至 1.41g/cm^3，减少 8.44%，这是由于秸秆轻质且多孔隙，掺入秸秆的赤泥砂浆结石体致密度下降，因此试件体积密度随着秸秆掺入比增大而降低。

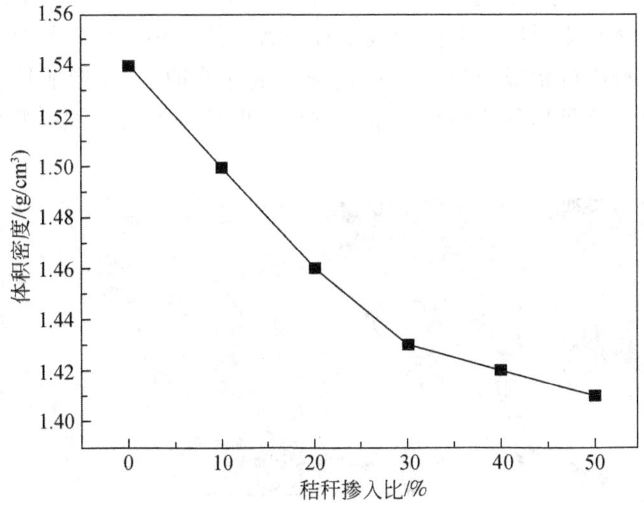

图 5-70　秸秆掺入比与赤泥-秸秆轻质砂浆结石体体积密度之间关系

5.8.4　铝土矿赤泥-秸秆轻质砂浆结石体微观形貌

图 5-71 为秸秆不同掺入比铝土矿赤泥-秸秆轻质砂浆结石体 SEM 图像。由图 5-71 可以看出：①图 5-71（a）显示，秸秆掺入比为 10% 时，结石体中水化产物 C-S-H、C-A-H、$Ca(OH)_2$、$CaCO_3$等团聚成不同形貌，并且与赤泥中的惰性细颗粒聚集胶结成整体，存在少量空隙；②图 5-71（b）显示，秸秆掺入比为 30% 时，秸秆镶嵌于胶凝材料中，秸秆表面与周围物质发生水化反应而形成的水化颗粒附着于秸秆表面；③图 5-71（c）显示，秸秆掺入比为 50% 时，较多秸秆纤维聚集于一起，由于秸秆掺入量较高，部分秸秆缠聚，未分散均匀。分析原因，随着秸秆掺入比增大，试件中秸秆数量增加，胶凝材料与秸秆无机成分发生水化反应，但是赤泥砂浆体系中秸秆掺入量过多，致使较长的秸秆可能缠结于一起而分散不均匀，对综合性能造成不利影响。因此，在赤泥砂浆中掺入适量秸秆，可以获得较好的赤泥砂浆使用性能。

(a)秸秆掺入比10%　(b)秸秆掺入比30%　(c)秸秆掺入比50%

图 5-71　秸秆不同掺入比赤泥-秸秆轻质砂浆结石体 SEM 图像

图 5-72 为不同养护龄期铝土矿赤泥-秸秆轻质砂浆结石体 SEM 图像。由图 5-72 可以看出：①图 5-72（a）显示，试件养护 3d 下，由于秸秆参与反应时间较短，秸秆表面较光

滑平整，仅有极少量水化产物附着于秸秆表面；②图 5-72（b）显示，试件养护 7d 下，胶凝材料的水化产物与未反应物共同形成了较为致密的结构，秸秆纤维表面也出现明显的水化产物，说明秸秆中硅铝成分反应活性较强，试件养护 7d 便形成较多水化胶凝产物而紧密包裹秸秆纤维。这种秸秆增强结构很好解释，即秸秆加入赤泥砂浆体系中，可以显著提升结石体力学性能。

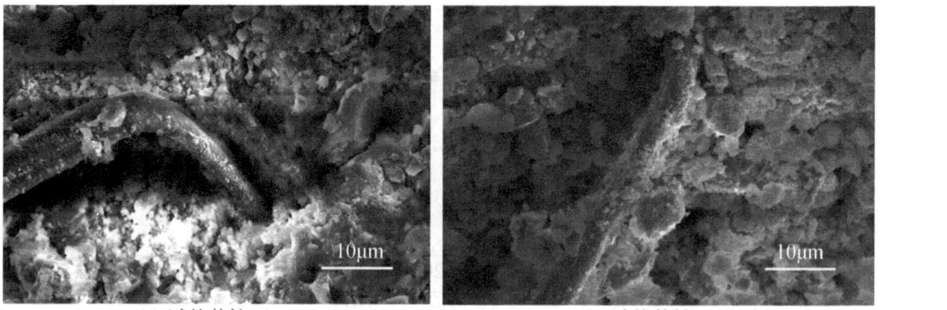

(a) 试件养护3d　　(b) 试件养护7d

图 5-72　不同养护龄期赤泥-秸秆轻质砂浆结石体 SEM 图像

5.9　废弃碎石粉资源化综合利用

5.9.1　废弃碎石粉资源化综合利用现状

中国是一个多山地国家，石材资源极其丰富，近 30 年来，随着高铁、铁路、地铁、轻轨、公路、大坝、水利、机场、港口、桥梁、电站、渠道、市政、展馆、储库、房建、地下空间等大规模工程建设日益加快发展，已成为世界建筑石材、装饰石材生产第一大国。在开采与加工石材过程中产生大量石材尾矿、边角料等废弃碎石粉，见图 5-73，这些废弃碎石粉难于处理与利用，主要以填埋与露天堆存方式处理，不仅占用大量土地、造成环境污染，而且浪费宝贵资源。若合理利用这些废弃碎石粉作为水泥砂浆掺合料、混凝土骨料，便可以有效解决环境污染问题、资源浪费问题。相比于矿渣、粉煤灰，废弃碎石粉来源广泛、价格低廉、运输方便、免除烘干，不仅可以节约资源、避免占地、改善环境，而且具有可观的经济效益、环保效益、社会效益。目前，废弃碎石粉综合利用主要集中于水泥与混凝土领域[36,44]。

混凝土生产消耗大量天然石料，并且开采石料过程中又产生大约 20% 碎石粉。采用采石场废弃碎石粉配制混凝土，不仅可以减少不可再生石材消耗，而且还可以变废为宝，具有重要的资源节减、降低成本、环境保护等现实意义[49,76]。因此，进行了大量研究与实践，如以废弃碎石粉代替天然砂料，分析掺入碎石粉对于水泥胶砂试件/构件、混凝土试件/构件的成型、强度、水稳性、耐久性、抗渗性、抗冻性等影响规律，以及在水泥基材料中碎石粉代替天然砂料的可行性、代替天然砂料方式、代替天然砂料掺入比等。结果表明，废弃碎石粉可以代替天然砂料掺入水泥基材料中，在水泥胶砂或混凝土中按照一定比

图5-73　石材开采与石材加工产生碎石粉

例掺入适量碎石粉，对水泥胶砂试件/构件、混凝土试件/构件强度降低影响较小，碎石粉代替天然砂料的合适掺入比为15%。相比于水泥胶砂基准试件，废弃碎石粉代替天然砂料制备的胶砂试件的强度降低幅度随着碎石粉掺入比增大而增加，但是若碎石粉掺入比为15%，碎石粉胶砂试件标准养护28d抗折强度、抗压强度降低幅度较小。废弃碎石粉代替天然砂料，按照一定比例掺入减水剂、粉煤灰，有利于提高水泥胶砂试件强度。在废弃碎石粉代替天然砂料的代砂率相同条件下，相比于原状碎石粉代替天然砂料制备的胶砂试件，碎石粉经过去底处理之后代替天然砂料制备的胶砂试件标准养护28d抗折强度、抗压强度分别提高13.1%、12.3%，若同时掺入0.7%减水剂、15%粉煤灰，则经过去底处理的碎石粉代替天然砂料与原状碎石粉代替天然砂料相比，在制备的试件标准养护28d下，前者较后者抗折强度、抗压强度分别提高17.1%、6.0%。进一步研究与实践表明：①废弃碎石粉按照一定比例掺入水泥胶砂中可以改善砂浆和易性、降低砂浆干缩性，并且减小施工温度、胶凝时间对砂浆稠度影响，利于在夏季施工；②粒度小于5mm碎石粉可以代替部分天然砂料作为砂浆骨料，碎石粉掺入比一般为水泥用量5%～10%。

掺入减水剂、粉煤灰同样可以提高废弃碎石粉代替部分天然砂料配制混凝土的试件强度。在混凝土中加入一定量废弃碎石粉，可以改善混凝土和易性，但是试件抗压强度有所降低。废弃碎石粉代替天然砂料的代砂率为15%，混凝土早期抗压强度、后期抗压强度降低幅度最小，相比于其他代砂率，15%代砂率的混凝土试件标准养护7d、28d抗压强度分别提高4.0%、2.6%，若再掺入一定量减水剂、粉煤灰，则还将使混凝土试件标准养护7d、28d抗压强度分别提高19.5%、18.6%。废弃碎石粉颗粒可以起辅助胶凝材料作用，改善混凝土工作性能，提高混凝土试件抗压强度。在水泥用量不变条件下，废弃碎石粉掺入比为20%，混凝土早期强度、后期强度与混凝土基准试件相比提高程度最大，分别提高25.5%、13.4%。相比于混凝土基准试件，废弃碎石粉等量取代水泥掺入混凝土中，将大幅度降低混凝土和易性、强度，混凝土强度降低幅度随着碎石粉替代率增大而增大。花岗岩石材加工厂的废弃石泥进行脱水得到花岗岩石粉，以花岗岩石粉作为原料可以制备加气混凝土砌块，利用花岗岩石粉生产新型墙体材料是实现资源化利用的一个可行途径，具有良好的经济效益、环境效益[80-82]。

鉴于上述，废弃碎石粉作为水泥掺合料，不仅能够降低水泥用量、促进节能降耗、节约建材资源、降低生产成本，而且可以避免碎石粉长期露天堆积而对环境造成不良影响。废弃碎石粉作为一种新型掺合料在水泥胶砂、混凝土、水泥土领域应用前景广阔。

5.9.2 废弃碎石粉生产免烧砌块步道砖

按照一定掺入比，将矿物基类胶凝材料——GJ 类结构剂掺入废弃碎石粉中且机械拌合均匀，控制混合料的含水率为最优含水率，采用 10MPa 压力压制成型，制成建筑砌块或步道砖，喷洒水、覆膜，在环境温度不低于 22℃条件下自然养护 7d，强度、抗渗性、抗冻性等指标便可以达到相关标准要求。在四川邛崃某一工业固废生产建筑砌块厂，采用当地来自采石场的碎石、岩屑、土等混合物作为主料，按照一定比例掺入 GJ 类结构剂，机械压制生产一批空心砖，自然养护 7d（图 5-74），委托法定建材质量检测单位，按照国家标准黏土砖抽检要求，标准砖单块无侧限抗压强度检测平均值为 12.5 ~ 16.7MPa，30m 压力水头下渗透系数检测值低于 5.6×10^{-7}cm/s（几乎检测不出），并且抗冻性检测结果也满足国标要求（在-40 ~ 40℃温度下反复冻融 25 次循环——快冻、快融，无侧限抗压强度损失率低于 3.4%，质量损失率低于 1.1%），在水中浸泡软化系数检测值为 0.89 ~ 0.92。因此，GJ 类结构剂、水泥与采石场固废的混合料生产的免烧空心砖完全可以实际应用。

图 5-74 采石场固废机械压制生产免烧空心砖

5.10 结论与总结

何为工业固废？一种工业副产固体尾料，如尾矿、赤泥、凝石膏、钛石膏、粉煤灰、煤矸石、高炉渣、碎石粉等，若用错地方、放错位置，或者当前技术无法安全应用、有效应用，或者当前无应用之处，即为工业固废。事实上，不存在工业固废，任何一种工业副产固体尾料，只要靠掌握尾料的颗粒成分、活性成分、物理性质、水理性质、力学性质、变化趋势、稳定状态与改性措施、活化途径、加工技术、胶凝方法、应用领域、应用技术等，完全可以应用于该用之处，从而变成资源材料（变废为宝），可充分发挥应用功能。鉴于此，基于矿物基类胶凝材料技术且结合土聚水泥原理、高温焙烧活化原理、强碱发活化原理、超细碾磨活化原理，分别针对全尾矿回收充填采空区、尾矿回收生产免烧建筑型材、煤矸石回收资源化综合利用、粉煤灰回收资源化综合利用、建筑固废与渣土资源化利用、磷石膏资源化与无害化利用、高炉渣资源化综合高效利用、铝土矿尾矿资源化综合利用、废弃碎石粉资源化综合利用、钻井泥浆与污染土无害化利用、盾构泥浆脱水与固化利用、钡渣无害化处置与土壤钡渣污染修复等，采用矿物材料、高炉渣、火山灰等作为原材料，开发了特种结构剂系列专用的新型高性能胶凝材料与应用技术，实现多种工业固废资源化与无害化综合利用，凸显技术先进性、环保安全性、经济节减性。

第6章　快速胶凝高强固化高性能锚固剂

岩土工程锚固技术：锚杆或锚索一段可靠固定于岩土体中，另一端与支护结构可靠锁固，如此，锚杆或锚索便与支护结构、岩土体形成一个统一工作体系。这种岩土体包括被锚固与支挡的危岩土体、提供锚固力即抗拉力（因危岩土体失稳而产生的拉力）的稳定岩土体，广泛应用于边坡、基坑、隧道、采掘巷道、地下空间等危岩土体安全防护。支护结构分为挡土结构、护坡结构，配合锚杆或锚索的挡土结构有抗滑桩、桩-板墙、混凝土挡土墙等，配合锚杆或锚索的护坡结构一般为格构梁。锚索或锚杆-支护结构体系中，控制危岩土体稳定性的力分为支挡力、锚固力，支挡力由挡土结构承担，锚固力由锚杆或锚索承担，格构梁护坡结构只对锚杆或锚索起锁固作用，通过锚杆或锚索将锚固力传递至稳定岩土体（固定锚杆或锚索的锚固段的岩土体）。工程中，一般对锚索施加预应力，因此称之为预应力锚索，广泛应用于边坡工程、滑坡防治、深基坑工程、危岩隧道工程、特殊岩土隧道工程，可以充分调用岩土体自身能量、强度、自承能力，确保施工与运行安全。锚固技术是近代与现代岩土工程技术的一个重要分支，本质是改造与利用岩土体自身力学性能，将岩土体自身作为自承体，从而提高岩土工程整体稳定性与安全性、改善周围环境与工程质量、节约工程材料与缩短工期。

自1872年英国北威尔士露天页岩矿首次采用锚杆加固边坡以来，岩土工程锚固技术已有100多年发展历史。目前，国外仅岩石锚杆就多达600多种，每年锚杆使用量近2.5亿根。我国岩土工程锚固技术发展开始于20世纪50年代后期，主要用于矿山巷道，60年代拓展到铁路、水利、边坡与地下人防、国防等工程，70年代初深基坑工程开始广泛采用土体锚杆；进入21世纪，随着我国经济发展，基础建设投入持续增大，特别是深基坑、地下空间、跨海交通与地铁、铁路、高铁、公路、水电、港口等工程建设跃入跨越式发展的繁荣新时代，岩土工程锚固技术与高强锚杆得到空前发展，解决了各类工程中日益增多的边坡防护、岩土稳定、巷道变形、地板抗浮、顶板加固等诸多难题。

6.1　快速胶凝高强固化高性能锚固剂固化机理

6.1.1　锚固材料历史沿革与高性能锚固剂诞生

在岩土锚固体系中，锚固体为锚索或锚杆可靠固定于稳定岩土体中的锚固段，作为锚索或锚杆提供锚固力（抗拉力）的传递介质体，用于连接锚索或锚杆与稳定岩土体，锚固效果在很大程度上取决于锚固体的材料性质，因此相关规范对锚固体的材料性质做了明确规定。在岩土锚固体系中，规范规定了拉力型锚索或锚杆要求水泥注浆体强度等级不低于32.5R、压力型锚索或锚杆要求水泥注浆体强度等级不低于42.5R。并且，根据岩土体性质，规范还规定了锚固体强度：①土体拉力型预应力锚索或锚杆，要求锚固段注浆体抗压强度不低于20MPa；②土体压力型预应力锚索或锚杆，要求锚固段注浆体抗压强度不低于30MPa；③岩体拉力型预应力锚索或锚杆，要求锚固段注浆体抗压强度不低于30MPa；④岩体压力型预应力锚索或锚杆，要求锚固段注浆体抗压强度不低于35MPa。此外，规范中还给出了锚固段的水泥砂浆（水泥结石体）与不同类型岩土体黏结强度、注浆体与锚索或锚杆黏结强度的参考值。目前，工程中主要锚固体材料简述如下。

1）水泥质锚固体

水泥质锚固体，采用水泥砂浆或纯水泥浆作为注浆材料，对加固与锚固岩土体，最简单且应用最广泛。目前水泥种类繁多、性质各异，针对不同工程环境选用的水泥有所差异；为了满足工程需求，可以向水泥浆液或水泥砂浆中掺入一定比例的某种添加剂，以改善水泥浆液或水泥砂浆性能、提高锚固体锚固效应、缩短预应力张拉时间等。

2）快硬水泥药卷

快硬水泥药卷，诞生于美国，1975年美国矿务局（United States Bureau of Mines）通过“超快硬无机锚杆黏结剂”可行性论证。我国20世纪80年代开始研究水泥药卷锚固，截至1987年初，煤炭行业累积使用水泥药卷锚固达1780万根，经济效益显著。主要类型有JC型水泥药卷、TZ-2水泥药卷、KM84型水泥药卷、M-R型快硬膨胀药卷、M-Q型快硬膨胀药卷、M-D型快硬膨胀药卷。

3）树脂类锚固剂

树脂类锚固剂，由德国最早研究，1959年制出第一批药卷式树脂锚固剂，1959年9月开始在阿玛里煤矿做应用性试验，1961年取得成功。树脂类锚固剂（树脂锚杆）有三个发展阶段：第一阶段为端锚树脂锚固，对涨壳式锚杆的涨壳注入树脂锚固剂进行锚固；第二阶段为全长树脂锚固，锚固效果进一步提升；第三阶段为树脂锚固注浆，随着工艺进步，树脂锚杆开始用于地质条件更复杂的锚固工程。我国于20世纪70年代开始树脂锚杆研究工作，1974年底煤炭矿务部门开始试验研究，1976年先后在多个矿井进行应用性试验，同年通过煤炭部技术鉴定。后来发现，树脂锚固剂因具有一定毒性而危害人体、环境，并且需要专门设备搅拌混合，此外随着使用时间延长而出现老化现象。

长期以来，在我国锚固工程中，基本黏结材料多为普通水泥砂浆或改性水泥砂浆，主要由硅酸盐类水泥或硫铝酸类水泥复合各种功能外加剂、掺合料、无机填料等组成，具有耐火、不老化、接近混凝土弹性模量、可湿作业、价格相对低等优势。但是，普通水泥砂浆或改性水泥砂浆作为锚固黏结材料，也存在一些重要性能缺陷，如硬化速度较慢、早期强度增长耗时长（注浆结束，自然养护14～28d，方可施加预应力），因此在一定程度上因影响施工进度而造成经济损失，特别是若张拉不合格，则需要重新补锚、补拉，导致工期延长，此外由于水泥砂浆结石体（固结体或注浆体）抗拉性能较差，在张拉荷载作用下易产生裂缝，从而导致钢绞线锈蚀，显著影响预应力锚索耐久性。因此，长期以来，实现锚固剂（锚固段注浆材料）的速凝、早强、高强等技术性能，备受工程界普遍关注。

鉴于上述，近十几年来，研究人员一直努力尝试快速锚固材料。例如，树脂锚固剂具有凝结硬化速度快、强度增长速度快、终期强度高等性能优势，可以应用于矿井、巷道；

药卷式高早强锚固剂具有微膨胀作用，遇水即发生速凝、早强、减水、膨胀、高强，专用于各类地下工程与抢险工程中预应力锚杆、预应力锚索、基础加固。然而，尽管树脂锚固剂、药卷式高早强锚固剂具有速凝、早强、高强等优越性能，但是存在施工条件苛刻、毒性大、价格高且碱性环境易脆化、易老化等致命缺陷，因此严重影响推广应用。

4）高性能锚固剂

针对现有锚固剂存在的性能问题、应用问题、推广问题，我们基于矿物基类胶凝材料技术原理，开发了一种快速胶凝高强固化高性能锚固剂，即新型高强快速锚固剂，制备的预应力锚索（锚杆）的锚固段注浆浆液，具有速凝、快硬、早强、膨胀、高强且大幅度缩短工期、显著节减劳务成本等诸多技术优势，如浆液试件成型标准养护24h的无侧限抗压强度可达30MPa，最重要的特点是可以根据地层条件合理选择材料配比（以适应不同地层条件下可靠应用），并且因凝胶时间可控、强度快速增长、显著膨胀作用而实现不同地质条件下快速锚固施工。

6.1.2　高性能锚固剂快速胶凝高强固化锚固机理

快速胶凝高强固化高性能锚固剂的成分复杂，以细砂为主料，按照一定比例掺入硫铝酸盐、硅酸盐、硫酸盐、碳酸盐、氧化镁、二氧化硅、萘系减水剂、硼酸等，以及自制关键成分——激活剂、促膨剂。根据场地地层特点与地下水条件，可以通过配合比试验，确定合理的材料配比、水料比与制浆搅拌速度、搅拌时间。浆液在胶凝、固化、硬化过程中发生一系列复杂的无机化学反应，类似于自然矿物结晶作用、胶体形成作用，生成化学惰性大且塑性强度高、胶结强度高、黏结强度高的大量结晶水化物与胶体成分，作为浆液结石体（固结体）中非活性颗粒，如砂粒的胶结物、孔隙的充填物，实现颗粒高强胶结、孔隙密实充填，从而形成高强密实的固结体。浆液固结体，既填充锚杆或锚索的锚固段的钻孔，又作为锚固段钻孔周围地层中颗粒或粒团的胶结物（胶结物与颗粒或粒团之间形成很高的胶结强度）、孔隙或裂隙或空洞的充填物（充填物与孔隙或裂隙壁之间形成很高的胶结强度），并且固结体与锚固段的锚杆钢筋或锚索钢绞线束之间还产生很高的胶结强度。由于浆液形成固结体胶凝固化化学反应的生成物体积大于反应物体积，浆液胶凝固化发生体积膨胀作用。这种体积膨胀作用具有三方面重要意义：①因浆液胶凝固化体积膨胀而使形成的固结体极其致密，所以结石体具有很强的抗地下水渗流、潜蚀、溶蚀、软化与抗酸、碱侵蚀性能；②因浆液胶凝固化体积膨胀而使固结体密实充填封堵锚固段钻孔周围地层中孔隙或裂隙、空洞，所以锚固段钻孔周围的受力地层同样具有很好的抗地下水渗流、潜蚀、溶蚀、软化与抗酸、碱侵蚀性能；③因固结体体积膨胀而产生较大的膨胀内因应力，有利于锚固段充分发挥锚固力或产生更大的锚固力。

在激活剂与促膨剂联合作用下，氧化镁与二氧化硅反应的生成物，有利于显著提高固结体强度，萘系减水剂用于改善锚固剂浆液材料的和易性，硼酸用于延长浆液胶凝固化时间而满足可注性、流动性、渗透性，硫铝酸盐、硅酸盐、硫酸盐、碳酸盐有利于浆液胶凝固化体积膨胀作用。快速胶凝高强固化高性能锚固剂具有快速胶凝、快速固化、快速硬化与早强性好、强度上升快、终期强度高、膨胀作用大、锚固力大、性能稳定可靠、地层适应性广等诸多性能优势，因此锚杆或锚索注浆结束之后快速形成稳定、可靠、膨胀且锚固力很大的锚固体，并且固结体快速强胶结锚固段地层中颗粒或粒团、快速密实充填锚固段地层中孔隙或裂隙、空洞，实现周围地层快速堵水且防止应力释放、颗粒流失。此外，针对快速胶凝高强固化高性能锚固剂实际应用，提出的快速锚索施工工艺，结合锚固剂的技术性能，可以在注浆结束24h之内，甚至10～12h达到锚索承载力设计值，进行锚索快速张拉。应该说明，锚固段注浆结束10～12h张拉锚索是实验室结果，实际应用因出于安全可靠考虑而在锚固段注浆结束18～20h进行锚索张拉。

快速胶凝高强固化高性能锚固剂实际应用，要求严格控制水料比，最适宜的水料比为0.23～0.26。锚固剂浆液的可注性与流动性、渗透性等可调节，因此避免了施工“注浆困难、加水缓解”情况，并且因浆液胶凝固化具有一定膨胀性而保证了最小握裹厚度。

6.2 快速胶凝高强固化高性能锚固剂性能试验

青岛西海岸轨道交通有限公司计划，青岛地铁1号线、6号线、13号线等，始发井基坑防护预应力锚索（锚杆）锚固段注浆，全部采用快速胶凝高强固化高性能锚固制备注浆浆液。在确保预应力锚索（锚杆）锚固段注浆锚固性能前提下，要求大幅度缩短注浆结束至锚索张拉的间隔时间，实现显著加快预应力锚索（锚杆）施工速度、节减预应力锚索（锚杆）施工工时费、缩短地铁工程总工期。因此，根据设计要求，需要进行系统而充分的实验室浆液性能配合比试验，以确保快速胶凝高强固化高性能锚固用于预应力锚索（锚杆）锚固段注浆性能可靠且具有足够的安全保障。

由于采用快速胶凝高强固化高性能锚固制备浆液进行预应力锚索（锚杆）锚固段注浆，工程业主对浆液性能提出较高要求（相比于传统水泥砂浆）：快速胶凝高强固化高性能锚固制备浆液，浆液泌水率≤1%、初始流动度≥260mm、30min流动度保留值≥230mm、初凝时间≤120min、胶凝固化1d单向自由膨胀率≥0.020%，浆液结石体（试件）标准养护1d无侧限抗压强度≥22.0MPa、标准养护3d无侧限抗压强度≥40.0MPa、标准养护28d无侧限抗压强度≥70.0MPa，结石体（试件）标准养护28d钢筋握裹强度（圆钢）≥4.0MPa。

通过实验室浆液性能配合比试验，采用快速胶凝高强固化高性能锚固制备浆液，在0.23～0.26水料比条件下，浆液基本不泌水（采用现行试验仪器，检测不出浆液泌水率）、初始流动度≥270mm、30min流动度保留值≥260mm、初凝时间≤45min（远小于120min）、胶凝固化1d单向自由膨胀率≥0.069%，浆液结石体（试件）标准养护1d无侧限抗压强度≥30.8MPa，标准养护3d无侧限抗压强度≥43.7MPa，标准养护28d无侧限抗压强度≥80.0MPa，结石体（试件）标准养护28d钢筋握裹强度（圆钢）≥5.0MPa，各项指标检测结果全部满足或优于设计要求值。

表6-1给出了两种水料比与不同标准养护龄期的快速胶凝高强固化高性能锚固浆液试件的无侧限抗压强度检测结果。由表6-1可以看出，试件即使仅标准养护1d无侧限抗压强度也超过35MPa/37MPa，标准养护3d无侧限抗压强度便超过48MPa/51MPa，而标准养护7d无侧限抗压强度便超过62MPa/65MPa，标准养护28d无侧限抗压强度便超过65MPa/

68MPa，标准养护 365d 无侧限抗压强度便超过 70MPa/72MPa，说明即使浆液水料比增大（相比于上述 0.23～0.26 水料比）对结石体强度有明显负面影响，但是在浆液 0.28 与 0.27 水料比条件下，不仅初期强度仍然很高、早期强度上升很快，而且后期强度（终期强度）也很高。

表 6-1　快速胶凝高强固化高性能锚固浆液试件的无侧限抗压强度检测结果

水料比	无侧限抗压强度/MPa				
	标准养护 1d	标准养护 3d	标准养护 7d	标准养护 28d	标准养护 365d
0.28	35.2	48.3	62.7	65.1	70.8
0.27	37.3	51.7	65.4	68.9	72.3

表 6-2 给出了适合于预应力锚索锚固段注浆的相同水料比条件下快速胶凝高强固化高性能锚固浆液与 425 普通硅酸盐水泥浆液性能比较试验结果。由表 6-2 可以看出，快速胶凝高强固化高性能锚固浆液的泌水率为 0.0、结石率为 100%、初凝时间不到 42min、胶凝膨胀率超过 1%，而 425 普通硅酸盐水泥浆液的泌水率高达 10%～20%、结石率仅为 80%～90%、初凝时间超过 45min、胶凝体积显著收缩，特别是前者浆液试件标准养护 1d 无侧限抗压强度即超过 30MPa，而后者浆液试件标准养护 3d 无侧限抗压强度才超过 17MPa，前者浆液试件标准养护 3d 无侧限抗压强度即超过 55MPa，而后者浆液试件标准养护 28d 无侧限抗压强度才超过 42.5MPa。此外，前者浆液结石体还具有抗渗、抗冻、抗磨、抗侵蚀、抗碳化、抗碱集料反应、钢筋耐锈蚀等良好性能。相比于 425 普通硅酸盐水泥浆液，凸显快速胶凝高强固化高性能锚固浆液的技术优越性。

表 6-2　快速胶凝高强固化高性能锚固浆液与 425 普通硅酸盐水泥浆液性能比较

技术指标	快速胶凝高强固化高性能锚固浆液	425 普通硅酸盐水泥浆液
泌水率/%	0.0	10～20
结石率/%	100	80～90
初凝时间/min	<42	>45
胶凝膨胀率%	>1	显著收缩
无侧限抗压强度	标准养护 1d：>30MPa	标准养护 3d：>17MPa
	标准养护 3d：>55MPa	标准养护 28d：>42.5MPa
结石体 耐久性与相关性能	抗渗、抗冻、抗磨 抗侵蚀、抗碳化、抗碱集料反应 钢筋耐锈蚀	抗渗、抗冻、抗磨 抗侵蚀

鉴于上述，快速胶凝高强固化高性能锚固，完全可以代替传统水泥砂浆，用于制备预应力锚索（锚杆）锚固段注浆浆液，取得更好的应用效果。

6.3　快速胶凝高强固化高性能锚固剂应用范例

6.3.1　青岛地铁 13 号线井冈山路站 D 出入口基坑围护

青岛地铁 13 号线井冈山路站 D 出入口场地工程地质条件，上覆第四系土层主要为工程性质较差的杂填土层（厚度 1.8 ~2.9m、土质松散）、淤泥质粉质黏土层，下伏基岩为燕山晚期强风化—中风化、裂隙较发育且局部破碎成砂土状、工程性质较差或很差的花岗岩，因地下水丰富而使得基坑施工积水很多、泥泞施工严重，这些均有害基坑施工稳定性。基坑概况见图 6-1。

(a)基坑泥泞施工　　(b)基坑施工积水

图 6-1　青岛地铁 13 号线井冈山路站 D 出入口基坑概况

由于采用快速胶凝高强固化高性能锚固制备的锚固段注浆浆液，浆液胶凝固化不泌水、100% 结石且膨胀性，预应力锚索属于压力型锚索，也称为预应力挤压型锚索。基坑围护预应力锚索施工分为锚索组装、机械钻孔、锚索安装、锚固段注浆（锚索注浆）、张拉锁定、性能测试、第三方测试，见图 6-2。注浆结束 20h，开始逐级加载张拉，首先加载至锚索预应力锁定值 370kN，锚固体未发生破坏，在此基础上，继续逐级加载至预应力设计值 510kN（43MPa），此时钢梁发生变形，锚固体仍未发生位移变化。经过第三方测试，采用锚索形式、注浆浆液，在锚固段注浆结束 20h 之内，锚索预应力测试值满足设计要求 510kN。

特别值得说明的是，青岛地铁 13 号线井冈山路站 D 出入口基坑，前期因利群占地问题而停止施工、延误工期，2018 年 4 月 10 日具备基坑开挖条件（设计开挖土方量 $2.4\times10^4m^3$），为了确保 2018 年底 13 号线全线开通，决定 2018 年 5 月以快速胶凝高强固化高性能锚固制备浆液进行预应力锚索锚固段注浆，2018 年 7 月 14 日基坑全部开挖完成，2018 年 9 月 15 日主体结构完成，由于采用了这种新型高性能材料的快速锚固施工工艺，

图 6-2　青岛地铁 13 号线井冈山路站 D 出入口基坑预应力锚索施工与质检流程

不仅使得基坑开挖防护工期整体缩短 30d，而且还有效解决了井冈山路站施工工期紧张问题，因此为 13 号线按期全线开通提供了有力保障。

6.3.2　青岛地铁 6 号线创石区间盾构始发井基坑围护

1. 工程概况与工程地质条件

青岛地铁 6 号线创智谷站—石山路站区间（简称创石区间）盾构始发井为 03 工区关键节点工程，承担 TBM 始发任务且直接影响 6 号线整体工期，基坑设计深度 33.8m、长度 32.6m、宽度 26.8m，下穿开城路，中心里程为 YDK28+478.800。开城路宽度 23.4m，双向 6 车道，车流量大。井深南北两侧管线多，沿开城路两侧敷设。创石区间盾构始发井平面图见图 6-3，基坑安全防护采用“钢管桩+钢腰梁+快速锚索（锚杆）”结构体系，锚索为预应力锚索、锚杆，锚索、锚杆的锚固段注浆均采用快速胶凝高强固化高性能锚固剂。创石区间隧道由创智谷站出发，沿规划的珠山路向东北方向前进，区间隧道下穿柏果树河、蔡家庄水库之后向东转弯沿前湾港路向东敷设，直到石山路站，区间隧道在 YDK28+478.800 处设置盾构始发井，始发井后期兼做轨排井，此处线间距约 13.9m，左右线共用一处盾构始发井。

1）临近既有工程与管线情况

临近既有工程：始发井位于开城路下方，周边主要既有工程为井口北侧 110kV 高压线塔，高压线塔中心距离基坑边界 21.5m，基础形式为独立基础，基础平面尺寸 10m×10m、埋深 3m；井口南侧分布输电线杆、通信电缆杆，最近距离井边界 25m；距离始发井基坑南侧 15～39m 范围存在调流路，即始发井占用开城路的调流路，双向 6 车道，含人行道，路宽 24m。

管线情况：始发井位于开城路下方，两侧管线沿开城路敷设，始发井南、北两侧管线较多，主要管线情况见表 6-3。

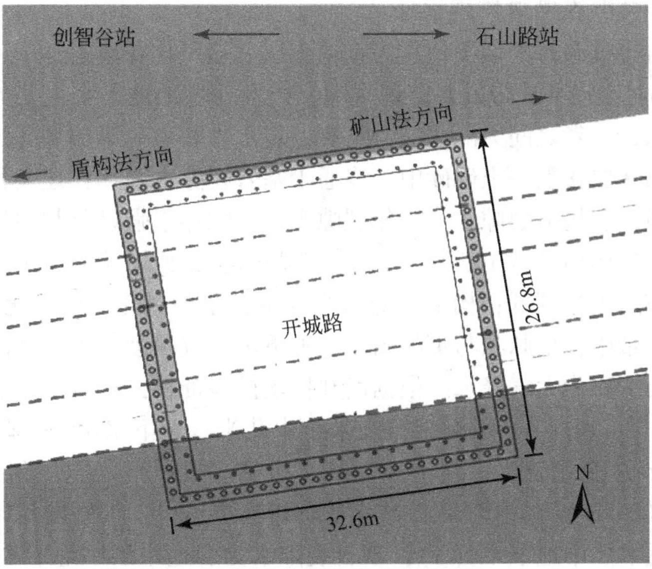

图 6-3　创石区间盾构始发井平面图

表 6-3　始发井施工场地管线情况

管线类型	管线描述	安全防控措施
4 根 400mm×200mm 通信光缆	位于开城路南侧，改移后距始发井 2.7～5.7m，埋深 1.3m	盾构始发井支护体系为两级钢管桩+锚索（锚杆）支护体系。控制基坑渗漏与变形。 对于施工前探测基坑周边的既有管线，应在施工中加强管线位移监测，如邻近道路一侧变形过大、漏水等，及时对道路进行限载、限速，并且在漏水处进行注浆堵水加固，以保证基坑安全。 控制爆破振速。管线爆破振速≤1.0cm/s，以保证管线安全。 施工组织有应急预案。施工前准备一定数量应急钢支撑或其他材料，准备抢险加固
DN800 雨水砼管	位于开城路南侧，改移后距始发井井口 15.4～19.5m，埋深 3.0m	
DN400 给水铸铁管	位于开城路南侧，距始发井 4.5～7.3m，埋深 1.8m	
2 根 DN630 热水钢管	位于开城路南侧，距始发井 6.4～10.0m，埋深 2.0m	
2000mm×2200mm 电力砼管廊	位于开城路南侧，距始发井 20.2～21.2m，埋深 4.2m	
DN250 中压燃气 PE 管	位于开城路南侧，距始发井 31～33m，埋深 2m	
DN500 雨水砼管	位于开城路北侧，距始发井 3.8～4.8m，埋深 1m	
2 根 400mm×200mm 通信光缆	位于开城路北侧，距始发井 3.4～5.6m，埋深 0.5m	

2）工程地质与水文地质概况

始发井场地岩土分布自上而下依次为素填土层、强风化花岗岩、中风化花岗岩、微风化花岗岩，见图6-4，局部地带发育节理裂隙。始发井场地地下水主要类型为第四系孔隙潜水、基岩裂隙水，二者之间无隔水层，具有一定水力联系。第四系孔隙潜水：主要赋存于第1层填土与第9层含黏性土砾砂中，连通于基岩裂隙水，存在地表径流补给。基岩裂隙水分为风化裂隙水、构造裂隙水。风化裂隙水主要赋存于强风化与中风化花岗岩中，岩石由于风化与破裂作用而呈砂土状、角砾状、碎块状，呈似层状分布于低洼地带，地表径流方向随着地形坡度由高到低；构造裂隙水主要赋存于中风化与微风化基岩构造破碎带、岩脉挤压裂隙密集带中，呈脉状与带状出露，地下水渗流深度较大，径流方向复杂，具有一定承压性，补给主要为大气降水。根据凿井抽水试验资料，基岩裂隙水单井涌水量一般 $<20m^3/d$，渗透系数 $k<4m/d$，影响半径几米至十几米。地下水由大气降水于上覆孔隙水补给，涌水量季节性变化较大，富水性为贫至极贫。根据《岩土工程勘察规范》（GB 50021—2001）（2009 年版）中附录 G 与水质分析检测结果：①始发井场地环境类型属于Ⅰ类，潜水为强透水层中地下水（A），基岩裂隙水为弱透水层中地下水（B）；②地下水腐蚀性判定为Ⅰ类环境，地下水对混凝土结构在干湿交替情况下有微腐蚀性、在无干湿交替情况下有微腐蚀性；③按照地层渗透性 A 考虑，地下水对混凝土结构有微腐蚀性；④地下水对钢筋混凝土结构中钢筋在长期浸水条件下有微腐蚀性、在干湿交替情况下有微腐蚀性。

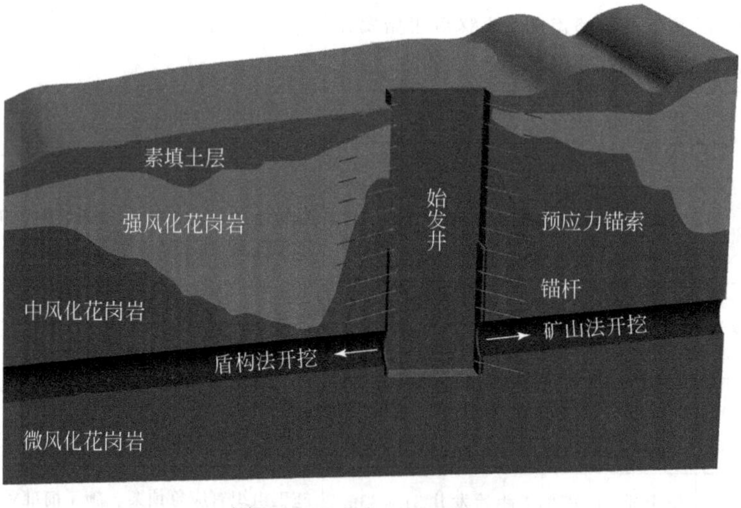

图6-4　基坑场地地质概况

2. 工程设计与施工概况

1）盾构始发井安全防护设计

根据盾构始发井（基坑）的水平断面大小、深度、施工要求与所处的环境条件、地质条件，基坑围护结构采用“钢管桩（吊脚桩）+钢腰梁+快速锚索（锚杆）”结构体系，预应力锚索、锚杆的锚固段注浆材料采用快速胶凝高强固化高性能锚固剂。防护体系具体型式：基坑（盾构始发井）上部采用“219（$t=10$mm）钢管桩@1500+预应力锚索”防护，钢管桩插入深度原则为填土层与全风化岩层不小于5.5m、强风化层不小于3.5m、中风化与微风化岩层不小于1.5m，桩顶设置800mm×800mm冠梁，预应力锚索环向（水平）间距1.5m、竖向间距2.5m，桩底设一道锁脚锚索，坡面护坡采用厚度100mm喷射C25混凝土并挂8张间距200mm×200mm钢筋网；基坑（盾构始发井）下部采用“146（$t=10$mm）钢管桩@2000+锚杆”防护，钢管桩插入深度原则也为填土层与全风化岩层不小于5.5m、强风化层不小于3.5m、中风化与微风化岩层不小于1.5m，锚杆环向（水平）间距1.5m、竖向间距2.5m，坡面护坡也采用厚度100mm喷射C25混凝土并挂8张间距200mm×200mm钢筋网。为了密封盾构始发洞门并为轨排期间提供安全储备，下层基坑设置临时二衬，临时二衬厚度为侧墙400mm/600mm、底板500mm。结合同类或相近场地地层与地下水条件下的既往同类工程经验，并且考虑邻近既有地面建筑与地下结构、埋地管网等情况，依据工程类比方法、数值模拟结果，确定始发井结构与参数。最终确定的盾构始发井基坑整体预应力锚索/锚杆布置见图6-5，A-A'剖面图、B-B'剖面图与相应的设计参数见图6-6、图6-7，表6-4、表6-5。

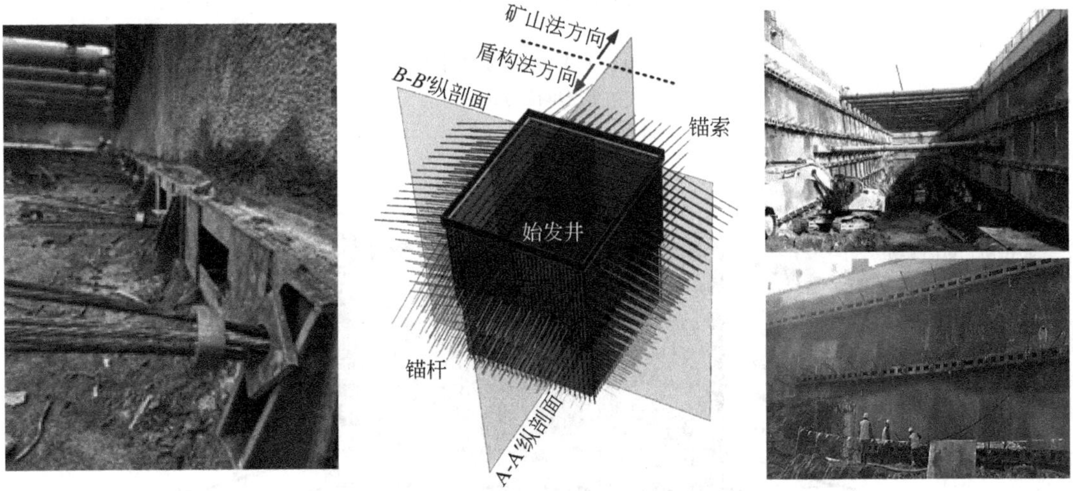

图6-5　始发井预应力锚索与锚杆布置示意图与现场照片

2）预应力锚索施工工艺与要求

预应力锚索快速施工流程：施工准备，安装锚索，设置垫墩，锚固段注浆，锚索张拉，补偿张拉，见图6-8。

其中，施工准备分为技术准备、材料准备、机械准备、工序安排。技术准备：查阅施工图纸，组织图纸会审，进行设计与安全交底（按照施工方案与规范要求对施工人员进行技术交底、安全交底），明确施工重点、难点，划分关键施工过程、特殊施工过程，按照图纸与规范要求合理安排组织施工，为准时开工创造条件。材料准备：根据施工计划组织施工材料，要求进场材料满足设计要求、相关规范规定（抽样材料提前进场）。机械准备：根据施工计划组织施工机械进场，合理选择施工机械是保证顺利施工的一个重要环节，机械型号与数量选择原则为满足工程设计技术与质量标准、适应地层特点与施工方法要求、

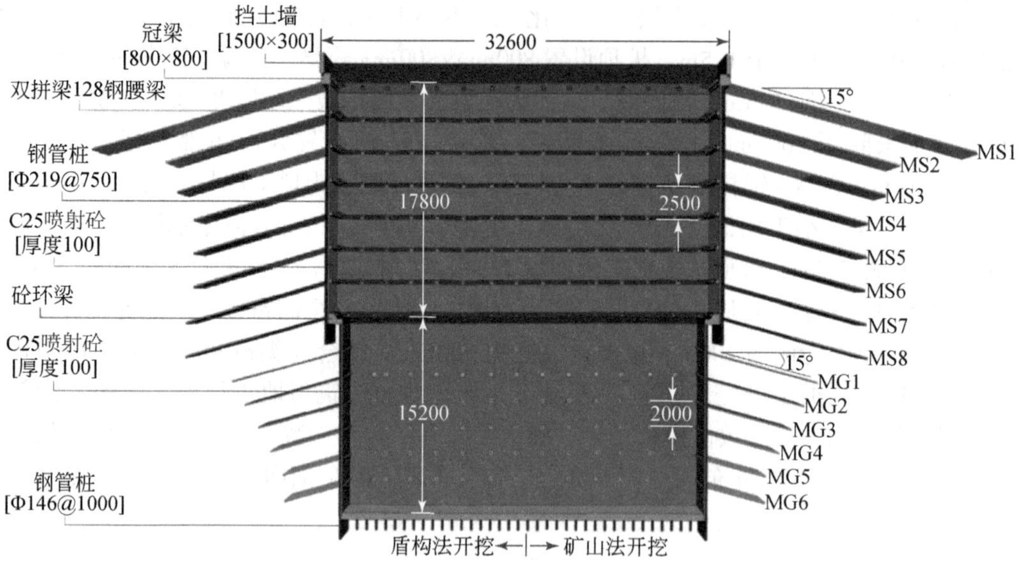

图 6-6 *A*-*A*′剖面与设计参数

数据单位为 mm

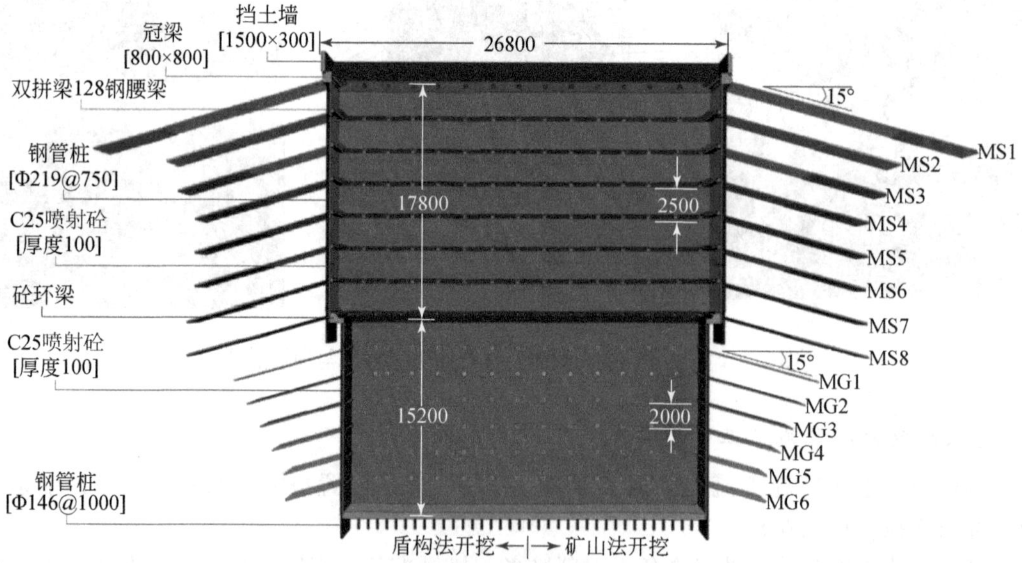

图 6-7 *B*-*B*′剖面与设计参数

数据单位为 mm

表 6-4　*A-A′*纵剖面预应力锚索与锚杆设计参数

	编号	筋体类型	水平间距/mm	竖向间距/mm	倾角/(°)	钻孔直径/mm	总长度/mm	自由段长度/mm	锚固段长度/mm	预加轴力/kN	抗拔力设计值/kN
预应力锚索	MS1	2Φs15.2	1500	2500	15	1500	18000	12000	6000	90	149.4
	MS2	2Φs15.2	1500	2500	15	1500	16500	10500	6000	90	149.4
	MS3	3Φs15.2	1500	2500	15	1500	15500	9500	6000	160	276.7
	MS4	3Φs15.2	1500	2500	15	1500	14500	8500	6000	280	496.3
	MS5	3Φs15.2	1500	2500	15	1500	13500	7500	6000	280	496.3
	MS6	2Φs15.2	1500	2500	15	1500	13000	7000	6000	190	330.8
	MS7	2Φs15.2	1500	2500	15	1500	12000	6000	6000	190	330.8
	MS8	3Φs15.2	1500	2500	15	1500	14000	7000	7000	220	386.0
锚杆	MG1	1Φ28	2000	2000	15	90	10000	—	—	—	174.8
	MG2	1Φ28	2000	2000	15	90	9000	—	—	—	165.0
	MG3	1Φ28	2000	2000	15	90	8000	—	—	—	155.3
	MG4	1Φ28	2000	2000	15	90	7000	—	—	—	145.6
	MG5	1Φ28	2000	2000	15	90	6000	—	—	—	136.0
	MG6	1Φ28	2000	2000	15	90	5000	—	—	—	126.3

表 6-5　*B-B′*纵剖面预应力锚索与锚杆设计参数

	编号	筋体类型	水平间距/mm	竖向间距/mm	倾角/(°)	钻孔直径/mm	总长度/mm	自由段长度/mm	锚固段长度/mm	预加轴力/kN	抗拔力设计值/kN
预应力锚索	MS1	2Φs15.2	1500	2500	18	1500	18000	12000	6000	90	149.4
	MS2	3Φs15.2	1500	2500	15	1500	16500	10500	6000	90	149.4
	MS3	3Φs15.2	1500	2500	15	1500	15500	9500	6000	160	276.7
	MS4	3Φs15.2	1500	2500	15	1500	14500	8500	6000	280	496.3
	MS5	2Φs15.2	1500	2500	15	1500	13500	7500	6000	280	496.3
	MS6	2Φs15.2	1500	2500	15	1500	13000	7000	6000	190	330.8
	MS7	2Φs15.2	1500	2500	15	1500	12000	6000	6000	190	330.8
	MS8	3Φs15.2	1500	2500	15	1500	14000	7000	7000	220	386.0

续表

	编号	筋体类型	水平间距/mm	竖向间距/mm	倾角/(°)	钻孔直径/mm	总长度/mm	自由段长度/mm	锚固段长度/mm	预加轴力/kN	抗拔力设计值/kN
锚杆	MG1	1Φ28	2000	2000	15	90	10000	—	—	—	174.8
	MG2	1Φ28	2000	2000	15	90	9000	—	—	—	165.0
	MG3	1Φ28	2000	2000	15	90	8000	—	—	—	155.3
	MG4	1Φ28	2000	2000	15	90	7000	—	—	—	145.6
	MG5	1Φ28	2000	2000	15	90	6000	—	—	—	136.0
	MG6	1Φ28	2000	2000	15	90	5000	—	—	—	126.3

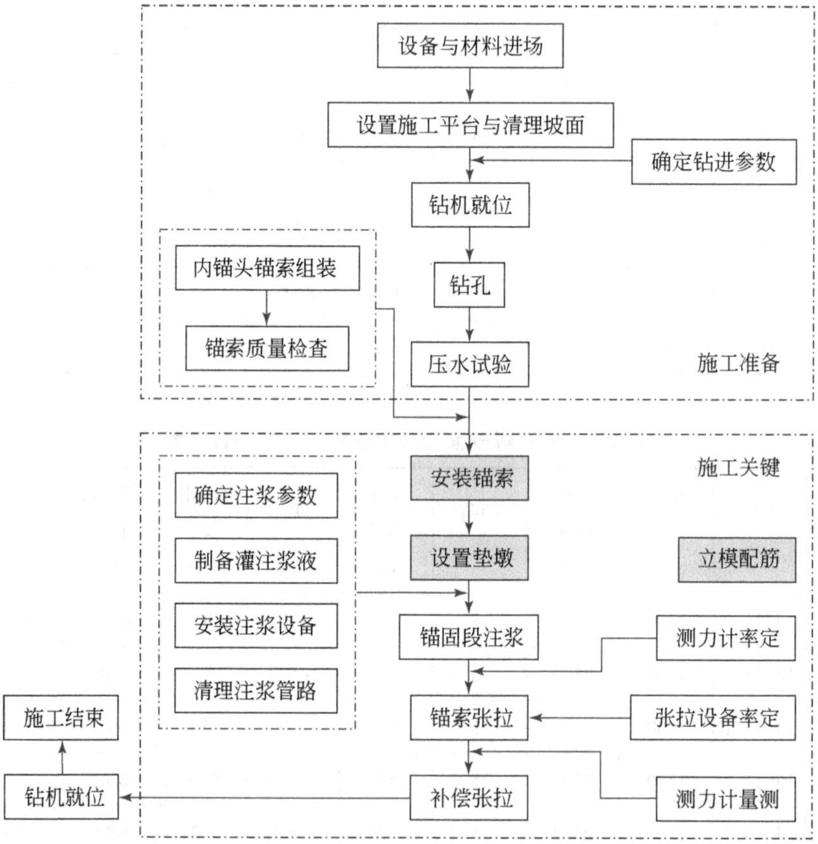

图 6-8　预应力锚索快速施工流程

适应场地大小与内搬迁要求、适应工期与供水供电条件等，根据主机设备型号与数量进行辅助设备与器具选型、配套。工序安排：基坑（始发井）占地面积大、开挖深度大且工期紧，要求预应力锚索施工分序进行，即分阶段、分层次、分小段，土方开挖必须配合锚索施工，每层土方挖至上一层锚索之下 500mm 停止（严禁超挖），桩-锚防护体系的下层土方开挖必须在上一层锚索张拉锚固之后进行。围护桩能否充分发挥支挡作用、预应力锚索能否充分发挥锚固作用、围护桩与预应力锚索能否充分发挥共同协调防护作用，关键在于：①围护桩与预应力锚索之间可靠连接，即要求预应力锚索牢固锁定于围护桩上；②任一纵断面（*A*-*A*′纵剖面，*B*-*B*′纵剖面）上各个围护桩形成一个可靠排桩体系（以充分发挥排桩体系支挡作用），因此要求采用弹性模量或刚度较大的型钢（如厚壁方钢管）作为横肋，自上而下每一层预应力锚索均设置一道横肋，目的在于可靠连接排桩体系中每一根围护桩，每相邻两根围护桩中间（中心位置）均设置一根预应力锚索的锚固头，见图 6-9。

图 6-9　围护排桩-预应力锚索-钢横肋连接照片

钻机成孔的质量直接影响预应力锚索施工质量、锚索锚固效果、桩-锚体系防护效应，要求根据设计要求，不同锚索选用不同直径钻头。钻机成孔分为三个重要环节，即放线、钻机就位、钻孔。放线：按照设计要求，放线且检查、记录。钻机就位：牢固搭设施工排架，钻机定位准确，水平孔必须采用 2mm/m 精度的水平尺校核钻杆水平度、测量仪测定钻进方向角，钻机就位之后，按照设计要求校正孔位垂直度、水平度、角偏差。钻孔：采用水作业钻进法（钻出的泥渣采用水冲刷出孔，直至返出的水流不浑浊），多点平行作业，钻进、出渣、清孔等工序一次完成（防止塌孔，不留残土），适用于各种软硬土层——特别是存在地下水或土含水率大或流砂层，施工方便、工效高，但是现场积水多；间孔跳钻（跳打），全套管跟管钻进，易塌孔土层采用泥浆循环护壁；钻进时，首先启动水泵，使冲洗液（泥浆）从钻杆中心流向孔底，在一定水压下（0.15～0.30MPa），水流挟带钻削的土屑从钻杆与孔壁之间的缝隙排出，不断供浆冲洗，始终保持孔口水位，根据地质条件控制钻进速度（成孔速度，以 300～400mm/min 为宜），随时监测钻进速度、冲洗压力、钻杆平直，钻至规定深度之后，继续采用泥浆反复冲洗钻孔中泥沙。

钻孔清理质量是保证预应力锚索施工质量关键之一。钻机成孔之后，孔中残留大量泥浆、泥皮、沉渣，必须彻底清理干净，并且要求孔壁完整且不得塌陷、松动，否则严重降低预应力锚索的锚固力。预应力锚索或锚杆施工钻孔，不能使用膨润土泥浆作为循环护壁泥浆，以免在孔壁上形成泥皮而难以清除。钻孔结束，验孔合格，才能进行下一道工序。

预应力锚索采用钢绞线。钢绞线选择与锚索加工要求：①按照设计要求，分别采用 3Φs15.2、4Φs15.2、5Φs15.2 高强度低松弛预应力钢绞线，醒目可靠标记钢绞线不同单元；②钢绞线下料长度=锚固长度+张拉长度+外锚头长度+外留长度，每根钢绞线下料长度误差不大于50mm；③锚索编束之前，确保每一根钢绞线排列均匀、平直、不扭、不叉，剔出死弯、机械损伤、锈蚀严重的钢绞线，轻度锈蚀的钢绞线应除锈，严禁锚索接头、焊枪断料；④钢绞线若涂有油脂，必须清除锚固段油脂，以免影响黏结锚固体；⑤锚固段锚索束必须清污且进行防锈处理；⑥沿索体轴线方向每隔1.5～2.0m设置一个定位支架，注浆管穿过索体安装、准确定位，绑扎结实牢固；⑦锚固段端头设置挤压锚具，锚固段长度、自由段长度满足设计要求；⑧锚索束上每隔1.0m设置一个紧箍环、扩张环，然后绑扎于对中支架上，2个对中支架之中点必须捆绑锚索束（须待锚索束入锚孔，再与注浆管一起捆绑）。锚索安装要求：①锚孔成孔之后尽快安装锚索，安装之前检查孔道是否阻塞、清理干净与锚索体质量，此外锚索运输避免触地擦伤；②安装锚索，防止锚索扭压弯曲，检查注浆管是否完善；③在锚索入孔过程中，避免移动对中器，确保自由段有黏结护套或防腐体系无损伤，防止破坏钻孔；④锚索插入钻孔深度不小于锚索长度95%；⑤锚索插孔弯曲半径大于2.0m，未入孔的锚索须离地且不得拖行；⑥在向钻孔中推送锚索过程中，力求用力均匀，不得转动锚索体，不断检查排气管、注浆管（确保锚索体推送至预定深度之后排气管与灌浆管畅通）；⑦若锚索推送困难，则抽出锚索，检查锚索的清洁程度、钻孔的清洁程度、配件固定的可靠程度、防护层的损坏程度、排气管的畅通程度、注浆管的畅通程度，并且据检查结果进行有效处理；⑧锚具、垫板与锚索同轴安装，锚索体锁定后的偏差满足验标与设计要求，垫板与垫墩接触面无任何空隙。

锚固段注浆是预应力锚索施工中的一道关键工序，注浆效果的关键在于浆液性能、注浆方法、注浆压力。快速胶凝高强固化高性能锚固剂制备浆液，进行锚固段注浆。制浆工艺：①根据工程对浆液可注性要求、快速胶凝固化要求、结石体强度要求、结石体膨胀要求、锚固段锚固力要求、注浆后尽快张拉要求、锚固剂用量节减要求，通过充分的浆材配比与浆液性能试验，合理确定浆液水料比（即浆液拌合水与锚固剂干料之重量比）为0.23～0.28；②根据浆液水料比与批次注浆量，计算批次锚固剂用量、水的用量；③向制浆桶中注入足量水（通过水泵流量调节钮控制注水流量），启动搅拌叶片，在低速搅拌过程中向制浆桶中一次性足量投入锚固剂（系统自动启动供料、自动停止供料）；④制浆桶中锚固剂量、水量达到计算的批次用量时，系统自动启动高速搅拌（设计搅拌速度：80r/min），搅拌1～2min，制成合格浆液，合格浆液的判定标准为手感细腻、静置稳定（基本不泌水或泌水性极小）；⑤开启浆液传递管，将浆液导入低速搅拌桶中，进行低速搅拌（设计搅拌速度：30r/min）；⑥在低速搅拌过程中，启动注浆泵，进行注浆。

注浆方法与关键问题处理措施：①采用静压注浆方法，开启注浆泵，通过注浆压力档位调节器、注浆泵转速调节钮、气泵流量调节钮进行注浆参数调整；②注浆压力一般控制为1MPa，浅层锚索注浆压力控制为较低压力（0.8MPa）而避免地面冒浆；③在注浆过程中，若注浆量大幅度减少（表明注浆管堵塞）或注浆管爆裂，必须拔出锚索体、注浆管，更换注浆管，再放置锚索体；④若注浆中途耽搁的时间超过浆液初凝时间，要求拔出锚索体、注浆管，彻底清孔，再放置锚索体、注浆管，重新注浆；⑤一般要求实际注浆量大于计算注浆量，或以锚具排气孔不再排气且孔口溢出浓浆作为注浆结束标准；⑥若一次注不满或注浆后发生沉降，则要求补充注浆，直至注满为止。上一钻孔注浆结束，拔出注浆管，开启水泵，采用大流量清水清洗注浆管路、注浆泵，直至注浆管口流出清水，防止浆液在注浆泵与管路中凝结，最后关闭设备电源、回收注浆管，注浆设备移至下一钻孔继续注浆。

锚索张拉锁定：①采用符合技术要求的锚具（张拉端采用夹片式锚具），张拉设备采用 YC-6C 型穿心式千斤顶、SY-60 型高压油泵；②锚固体强度大于设计强度 70%，进行锚索张拉；③正式张拉之前，取 0.1～0.2 倍轴向拉力设计值 N，预张拉锚索 1～2 次而使锚索体完全平直、各部位接触紧密；④张拉至设计荷载，锁紧锚索，完成锚定；⑤锚索锁定之后，若监测到预应力发生明显损失，必须补偿张拉；⑥张拉要求锚具台座的承压面平整垂直于锚索轴线方向；⑦采用 Q235 钢板加工张拉端承压垫板、固定端垫板；⑧确定锚索张拉顺序，要求考虑邻近锚索之间相互影响；⑨采用大千斤顶，张拉整排锚索，以跳拉法或往复式拉法为宜，目的在于保证钢绞线与横梁受力均匀。

3. 预应力锚索施工质量控制

1）施工基本要求

施工之前，根据设计要求、进度要求、节减要求与相关规范规定，进行快速胶凝高强固化高性能锚固剂技术性能试验检测，即采用锚固剂制备不同水料比的灌注浆液，系统检测浆液的泌水性、初始黏度、黏度变化、胶凝速度、固化速度、硬化速度、膨胀性能与结石体不同标准养护期的抗压强度、抗软化性、抗崩解性，以及制浆搅拌速度、搅拌时间对浆液性能与结石体性能的影响，据此合理确定浆液材料配比与制浆搅拌速度、搅拌时间，用于实际注浆。锚索正式施工之前，根据实际具体情况且参照《建筑基坑支护技术规程》（JGJ 120—2012），任意抽取 3 根锚索，进行钻孔、注浆、张拉、锁定等现场试验，试验张拉的最大荷载取为 1.4 倍标准值，据此检验设计方案的合理性、机械设备的适应性、施工工艺的可靠性。

2）成孔质量控制

根据地层情况与锚索孔参数如深度、直径等，合理选用钻机，如地质钻机或专用锚索钻机，钻进方式视实际情况采用干钻或湿钻。钻孔之前，测量定位，放出孔位，采用角度仪检测钻孔倾角以保证锚索倾角正确。钻孔位置误差控制：锚孔水平方向与垂直方向孔距误差均不大于 50mm。放线准确与否直接影响锚索位置是否符合设计要求，因此要求重视钻孔位置与倾角，逐一核对与立即纠正。锚索钻孔遵守的规定：①根据设计要求，准确确定孔位；②严格控制锚孔水平方向与垂直方向孔距误差不超过要求范围，钻孔倾角允许偏差为±3°，钻孔底部偏离轴线的允许偏差为锚索长度 2%，钻孔孔径不小于施工图纸与相关规定要求；③锚索施工，机械成孔，宜采用跳打方法，全套管跟管钻进工艺，确认索体长度；④在易塌孔土层中钻进采用泥浆循环护壁以防塌孔；⑤湿式钻孔，采用清水冲洗钻孔，直至流出清水为止；⑥清孔完成，快速拔出钻杆、安放锚索体。在钻孔施工中，要求严格控制成孔质量、成孔速度、成孔角度，见图 6-10。

3）锚索结构质量控制

加工锚索，必须可靠防水；在现场应用之前，必须检查锚索是否损坏。锚索体制作，必须依据施工图，并且符合规定：①锚索下料长度，要求考虑锚索成孔深度、腰梁尺寸、

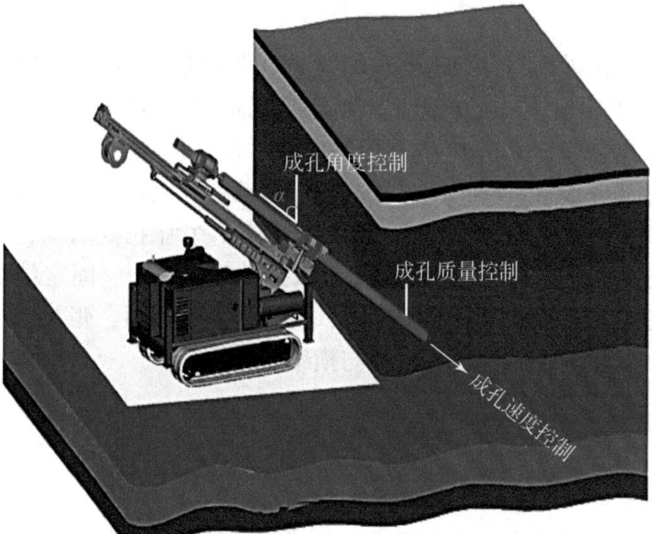

图6-10　预应力锚索成孔控制三项示意图

台座尺寸、张拉锁定设备所需长度；②制作之前，清除锚索表面油污、锈膜；③锚索体材料为钢绞线、高强钢丝，严禁接头、焊接断料；④锚索体自由段要求涂润滑油且外包塑料布或套塑料波纹管，并且扎牢；⑤沿锚索体轴线方向每隔1.5～2.0m设置一个定位支架，锚索体保护层的厚度不小于20mm。锚索体安放符合规定：①安放之前，检查索体制作质量是否符合设计要求、各部位是否牢固；②安放时避免索体扭转、弯折与部件松脱；③注浆管随索体一同放入钻孔中，注浆管端部距索体端部以50～100mm为宜；④锚索中索体设计长度L为锚索末端至张拉端腰梁垫板面之间长度，钻孔深度$=L+500$mm；⑤安放时防止注浆管拔出，若注浆管拔出的长度超过500mm，要求拔出索体，修整后重新安放。

4）制浆与注浆质量控制

预应力锚索施工，灌注锚固段浆液的材料配比、水料比与制成的浆液性能直接影响锚固力，因此必须确保浆液的材料配比、水料比的科学性、合理性。快速胶凝高强固化高性能锚固剂制备浆液：①要求水料比为0.23～0.28，制浆用水为饮用水或无明显污染的灌溉水，并且采用旋流式高速搅浆机或双叶泵高速搅浆机（搅拌速度：80r/min），以保证浆液均匀性、分散性、和易性、可注性、不泌水与快速胶凝、快速固化、快速硬化、固化膨胀，以及结石体强度高、水稳性好；②浆液随制、随注，初凝之前完成灌注，禁止在制浆桶中长时间存放；③锚固段注浆压力0.8～1.0MPa，排气管回浓浆后即以0.8MPa或1.0MPa压力闭浆30min；④自由段注浆压力不小于0.8MPa；⑤注浆泵工作压力应符合设计要求，并且考虑输浆过程中管路压力损失，确保足够的注浆压力；⑥注浆过程中，若注浆量大幅度减少（注浆管堵塞）或注浆管爆裂，必须拔出锚索体、注浆管，更换注浆管，再放置锚索体；⑦注浆过程中，若注浆中途耽搁的时间超过浆液初凝时间，要求拔出锚索体、注浆管，彻底清孔，再放置锚索体、注浆管，重新注浆。

5）锚索张拉与锁定质量控制

锚索张拉符合规定：①张拉之前，要求标定张拉设备；②按锚固体强度设计强度的70% 进行张拉；③台座的承压面平整且垂直于锚索轴线方向；④确定锚索张拉顺序，要求考虑邻近锚索之间相互影响；⑤锚索张拉控制，要求符合设计要求。锚索锁定符合规定：①采用符合技术要求的锚具；②锚索张拉至设计的锁定值之后，按照设计的预应力值锁定；③锚索锁定之后，若监测出明显的预应力损失，则要求补偿张拉。锚索张拉与锁定质量现场检测见图 6-11。

图 6-11　锚索张拉与锁定质量现场检测

4. 预应力锚索设计可靠性与施工质量检测

为了检测预应力锚索的设计可靠性、施工质量，特别是锚固段长度与锚固力是否足够安全、快速胶凝高强固化高性能锚固剂应用是否足够可靠，施工之前、施工之后（竣工验收），分别进行了预应力锚索现场抗拔试验，以获取实际抗拔力，据此评定预应力锚索设计可靠性、施工质量。试验分为极限抗拔试验、锚索性能试验、锚索验收试验。锚索施工质量检测规定：①采用抗拔验收试验方法，检测锚索承载力，试验数量为锚索总数 5% 且不少于 6 根；②在锚头安装测试元件，检测锚索抗拉力，检测数量不少于锚索总数 3% 且不少于 3 根。

1）极限抗拔试验

极限抗拔试验也称为基本试验，目的在于评定预应力锚索是否安全可靠、施工工艺是否合理，并且根据极限承载力确定允许承载力。在代表性地层中进行极限抗拔试验。试验采用的锚索钢绞线、锚索体制作方法、锚索体几何尺寸、锚固段注浆材料、浆液材料配比与水料比、注浆方法与注浆压力、锚索预应力张拉工艺与时间、锚索锁固方法与工艺、地层与地下水条件等和工程实际一致。拉拔荷载加到锚索破坏为止，以获得预应力锚索的极限承载力，极限承载力除以安全系数 K，即为锚索的允许使用荷载。拉拔试验采用的临时性预应力锚索，按照主动土压力计算外荷载的安全系数取 $K=1.5$，按照静止土压力计算外荷载的安全系数取 $K=1.33$。拉拔试验，采用 YC-6C 型穿心式千斤顶、SY-60 型高压油泵，对预应力锚索施加拉力，由小到大分级施加拉力，拉力每级施加的增值为锚索设计抗拉力 20% ~25%，同一地层与地下水条件场地试验的锚索数量不少于 3 根。

2）锚索性能试验

预应力锚索性能试验又称为抗拉试验，即在锚索设置施工之后进行抗拉试验，目的在于获得锚索受拉变形的荷载-变位曲线，以合理确定锚索施工合格的验收标准。抗拉试验，在锚索施工验收之前且锚固段注浆体强度达到设计强度 70% 之后进行，试验锚索数量为施工总锚索数量 3% ~5% 且不少于 3 根。试验采用的锚索钢绞线、锚索体制作方法、锚索体几何尺寸、锚固段注浆材料、浆液材料配比与水料比、注浆方法与注浆压力、锚索预应力张拉工艺与时间、锚索锁固方法与工艺、地层与地下水条件等和工程实际一致。但是，不同于上述极限抗拔试验，预应力锚索抗拉试验，拉拔荷载不加到锚索破坏。拉拔加荷方式，依次为预应力锚索设计荷载 0.25 倍、0.50 倍、0.75 倍、1.00 倍、1.20 倍、1.33 倍。

3）锚索验收试验

锚索验收试验是检验施工的锚索承载能力是否达到设计要求，确定在设计抗拉荷载作用下的锚固安全度，并且对锚索施加一定预应力。采用 YC-6C 型穿心式千斤顶、SY-60 型高压油泵，对锚索施加拉力、预应力。试验采用分级加荷方式，临时性锚索每级荷载依次为设计荷载 0.25 倍、0.50 倍、0.75 倍、1.00 倍、1.20 倍，永久性锚索继续加到设计荷载 1.5 倍；试验加荷之后，再卸载至由设计确定的某一荷载值，紧接着可靠锁固锚头，此时即对锚索施加了预应力。每次加荷稳定之后，测量锚头的变位值，据此绘制锚索变形的荷载-变位曲线，以此与锚索性能试验的荷载-变位曲线对照，若验收试验的锚索总变位值不超过性能试验的锚索总变位值，即评定为预应力锚索施工合格，否则为不合格，锚索承载力将降低，要求采取补救措施。应该说明：①锚索验收试验，要求试验的锚索数量不少于施工总锚索数量的 5%，且不少于 3 根；②对于特殊要求工程，按照设计要求适当增加验收的锚索数量；③在塑性指数 $I_p>17$ 的土层、极风化泥质岩层、裂隙发育张开且填充黏性土岩层等软弱地层中施工预应力锚索，要求进行拉拔荷载作用下的锚索蠕变试验，以考察在因锚索受拉而诱发锚固段地层发生蠕变条件下锚索锚固作用的可靠性、时变性，同一地层条件下蠕变试验的锚索不得少于 3 根。

6.4 快速胶凝高强固化高性能锚固剂应用效果

针对青岛地铁 6 号线创石区间盾构始发工作井基坑工程，为了比较锚固效果，基坑预应力锚索的锚固注浆材料，分别采用传统水泥砂浆、快速胶凝高强固化高性能锚固剂，注浆结束，及时连续监测连接预应力锚索（锚杆）的围护桩体的水平位移，目的在于根据水平位移监测结果分析评定这两种注浆材料的锚固效果。通过围护桩体水平位移监测数据比较发现：①相比水泥砂浆锚固材料，采用快速胶凝高强固化高性能锚固剂作为锚固注浆材料，桩体水平位移显著减小，并且注浆结束 24 ~48h，桩体水平位移开始稳定，桩顶水平位移稳定于4.5mm左右；②而采用传统水泥砂浆作为锚固注浆材料，注浆结束144～168h，桩体水平位移才开始稳定，桩顶水平位移稳定于12mm左右；③采用快速胶凝高强固化高性能锚固剂作为锚固注浆材料与采用传统水泥砂浆作为锚固注浆材料相比，前者的桩体水平位移较后者的桩体水平位移减少62.5%；④采用快速胶凝高强固化高性能锚固剂作为锚固注浆材料，注浆结束至预应力锚索张拉的时间间隔由24h缩短至8～10h（采用传统水泥砂浆作为锚固注浆材料，注浆结束至预应力锚索张拉的时间间隔一般为24h）。分析原因：①采用快速胶凝高强固化高性能锚固剂作为锚固注浆材料，锚固段注浆体强度快速上升且浆液结石体发生膨胀作用（形成压力型预应力锚索或锚杆），因此快速产生设计要求的锚固力、大幅度缩短预应力锚索张拉时间，并且因锚固力更大而使围护桩体更充分发挥支挡作用，压力型预应力锚索或锚杆与桩体联合产生更大的围护效应，快速而可靠控制基坑变形，避免强度破坏与更大的水平位移；②而采用传统水泥砂浆作为锚固注浆材料，锚固段注浆体胶凝速度慢、初期强度低、强度上升慢且浆液存在较大泌水性、胶凝固化发生体积收缩作用，致使注浆结束至预应力锚索张拉之间时间间隔很长、不能快速控制基坑变形，并且难以达到或达不到设计要求的锚固力、围护桩体不能分发挥与不能快速发挥支挡作用，进而预应力锚索或锚杆与桩体不能及时而很好地联合产生应有的围护效应，即不能快速而可靠地控制基坑变形，导致局部强度破坏与产生更大的水平位移。

创石区间盾构始发井基坑围护预应力锚索注浆结束20h，现场进行锚索拉拔试验检测，随机抽检的64#锚索、68#锚索的位移-荷载（s-Q）曲线（散点图）、位移-时间（s-t）曲线（散点图）见图6-12。由图6-12可以看出：①64#锚索在荷载达到425kN时位移趋于稳定（425kN对应的加载点与卸载点接近于重合）；②不同荷载级别下加载、卸载，68#锚索各个同一荷载下加载点与卸载点很接近；③在设计荷载496.3MPa作用下，64#锚索、68#锚索快速稳定且稳定时间基本一致（大约36s）。表6-6给出了随机抽检的64#锚索、68#锚索、70#锚索最大试验荷载下弹性总位移的检测结果，满足设计要求。

表6-6　最大试验荷载下预应力锚索检测结果

锚索编号	最大试验荷载/kN	弹性总位移/mm	轴向拉力标准值/kN	抗拔力设计值/kN	弹性总位移理论值/mm	检测结果
64#	505.3	40.16	360.9	496.3	36.83	合格
68#	505.3	38.55	360.9	496.3	36.83	合格
70#	505.3	39.47	360.9	496.3	36.83	合格

创石区间盾构始发井基坑施工周围地面沉降、管线沉降、建筑物沉降等环境变形现场监测结果见图6-13，监测时间为2020年10月。图中编号DBC为地表沉降监测点，编号GXC为基坑影响范围管线沉降监测点；编号JGC为基坑影响范围建筑物沉降监测点；图6-13（a）中最大值<7mm表示地面沉降实际监测的最大值的绝对值小于7mm，图6-13（b）中最大值<4mm表示管线沉降实际监测的最大值的绝对值小于4mm，图6-13（c）中最大值<4mm表示建筑物沉降实际监测的最大值的绝对值小于4mm；预警值（沉降的控制值）为基坑施工期间确保监测对象安全的监控值，据此判断监测对象沉降是否超出允许范

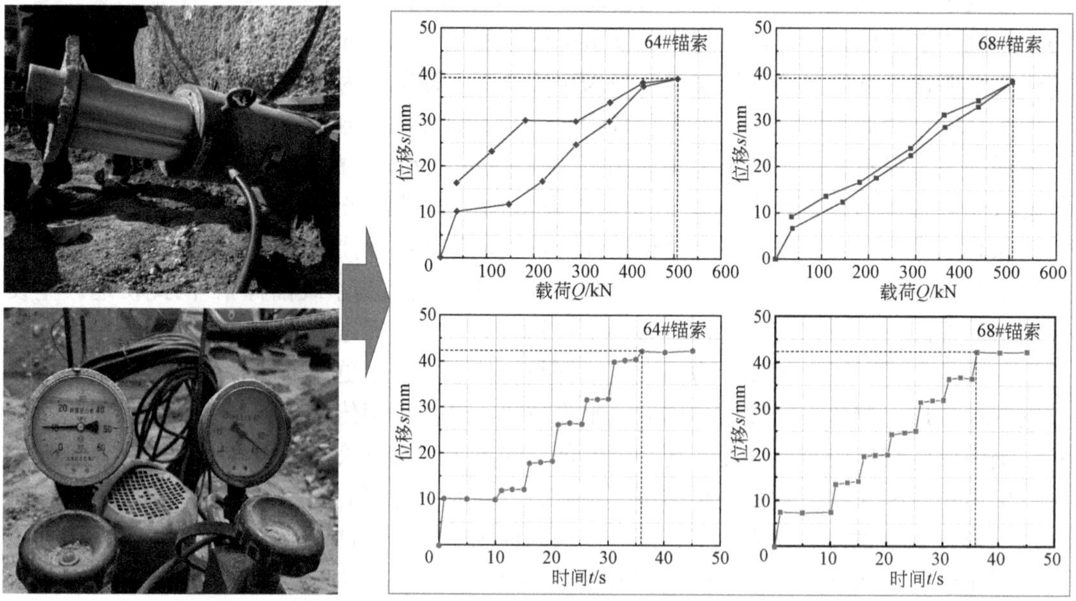

图 6-12　预应力锚索试验曲线

围、施工是否出现异常，地面沉降监测的预警值为±30mm，管线沉降监测的预警值为±20mm，建筑物沉降监测的预警值为±10mm。图 6-13 中各监测点布设位置见图 6-14。由图 6-13 可以看出，在基坑施工过程中，施工影响范围的地面沉降时程监测值、管线沉降时程监测值、建筑物沉降时程监测值均远小于各自的预警值，说明施作的"围护桩-预应力锚索（锚杆）体系"安全防护极其可靠，确保基坑施工环境变形安全。现场监测与观察表明，基坑施工期间，围护桩-预应力锚索（锚杆）体系受力状态良好，安全防护性能得以充分发挥，基坑及其周边环境位移很小且时程变化趋于稳定。

2018 年 4 月 ~2021 年 6 月，快速胶凝高强固化高性能锚固剂先后成功应用于青岛地铁 1 号线、6 号线、13 号线等基坑施工安全防护，累积施工预应力锚索（锚杆）超过 6×10^4m。这些工程应用表明，采用快速胶凝高强固化高性能锚固剂制备的浆液，进行预应力锚索的锚固段静压注浆，锚索抗拉受力状态、锚索-围护桩体系整体维护受力状态均显著优于传统水泥砂浆灌注锚固段的受力状态，并且锚索轴力经监测稳定在合理范围之内，锚索抗拉性能、锚索-围护桩体系整体维护性能得到充分发挥，围护桩体水平位移变化量显著减小且在可控范围之内，保证基坑长期稳定、维护结构安全可靠，保障施工单位安全生产。

此外，快速胶凝高强固化高性能锚固剂应用，有效解决了因传统水泥砂浆灌注锚固段使得预应力锚索施工工期长而造成的地铁开通延期问题、工时费较大问题、机械租赁费较高问题、水电费较多问题。快速胶凝高强固化高性能锚固剂应用的工期较传统水泥砂浆应用的工期减少 2/3，并且大幅度降低预应力损失值。按照山东省定额计算，在人工、机械租赁、水电等单位费用不变条件下，相比于传统水泥砂浆灌注预应力锚索的锚固段，采用快速胶凝高强固化高性能锚固剂制备浆液灌注预应力锚索的锚固段，工程总成本节省约 60%。

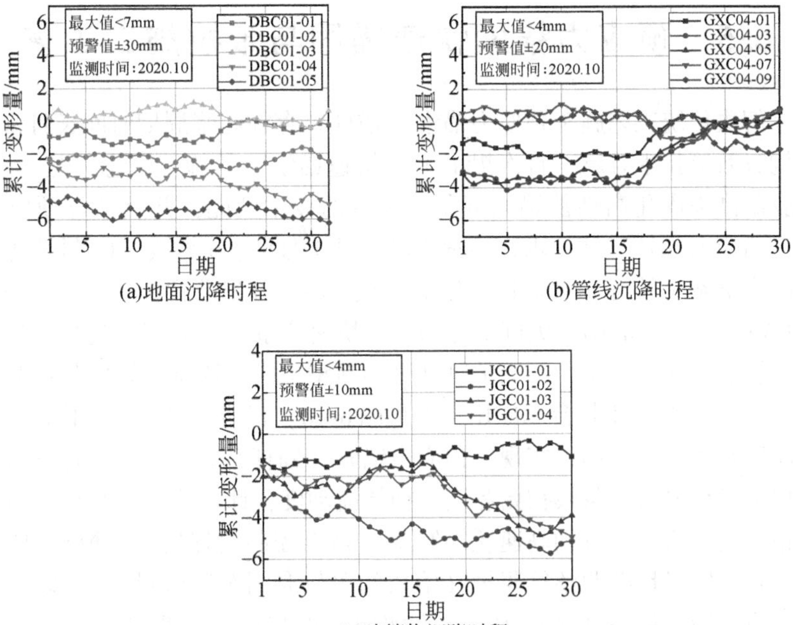

(a)地面沉降时程　(b)管线沉降时程

(c)建筑物沉降时程

图6-13　基坑施工周围环境变形监测结果

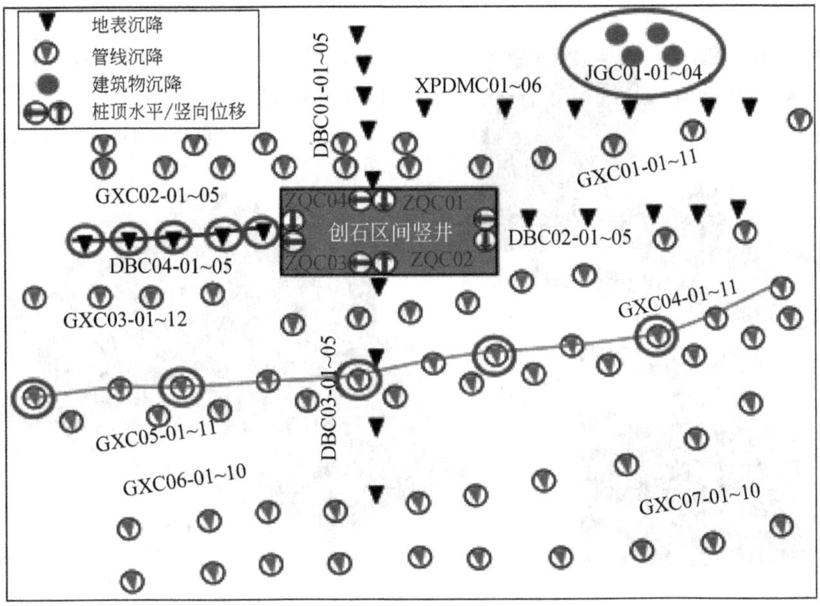

图6-14　监测点与创石区间盾构始发井基坑之间位置关系

6.5　预应力锚索快速锚固与张拉施工工艺

为了可靠解决传统工艺施工预应力锚索（锚杆）存在注浆周期时间长且常见预应力损失、锚索结构失效等技术难题，首次提出了“快速锚索”的施工理念。基于这一新理念，针对由快速胶凝高强固化高性能锚固剂制备浆液的技术性能，并且结合预应力锚索（锚杆）施工工艺特点与加快工期要求，根据青岛地铁1号线、6号线、13号线等基坑施工安全防护中预应力锚索（锚杆）锚固段注浆的实践经验，开发了预应力锚索快速锚固与张拉施工工艺（FAST），其中的第一关键部分为高效快速注浆施工的智能化自动反馈快速注浆工艺与相应的智能化注浆台车，第二关键部分为新型预应力锚索。智能化注浆台车组成与效果图见图6-15，智能化注浆台车应用场景见图6-16。智能化自动反馈快速注浆工艺与相应的智能化注浆台车工程应用，实现了预应力锚索（锚杆）施工多个工序的智能化自动过程，具体是根据设计要求的浆液初始黏度、初始流动度，计算浆液水料比，自动精准定量给料、自动精准定量给水、自动高速搅拌制浆（精准控制搅拌速度、搅拌时间）、自动低速搅拌给浆、自动实时精准调整给浆量（给浆的单位时间泵浆流量）、自动实时启动注浆系统、自动实时反馈与调整注浆压力、自动实时反馈与调整注浆量（包括单位时间注浆量、任一时刻之前累计注浆量）、自动实时反馈与结束注浆（依据设计注浆结束标准，如单孔段的总注浆量、最大注浆压力、气管回浓浆后以设计压力闭浆30min等）。开发的新型预应力锚索，见图6-17。应用表明，相比于现行预应力锚索，这种新型预应力锚索具有承载体耐久性高、锚固力显著提升、抗压性能好、防腐性能强等优势。

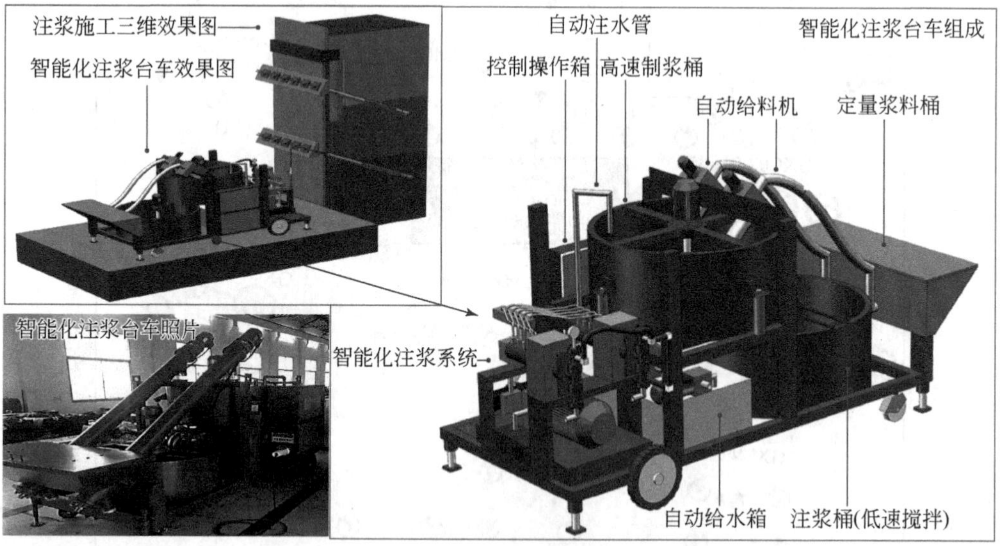

图6-15　智能化注浆台车组成与效果图

预应力锚索快速锚固与张拉施工工艺，确保预应力锚索（锚杆）注浆的浆液饱满、密实度提高、锚索质量好、施工效率高，成功用于青岛地铁1号线、6号线、13号线等，工

图 6-16 智能化注浆台车应用场景

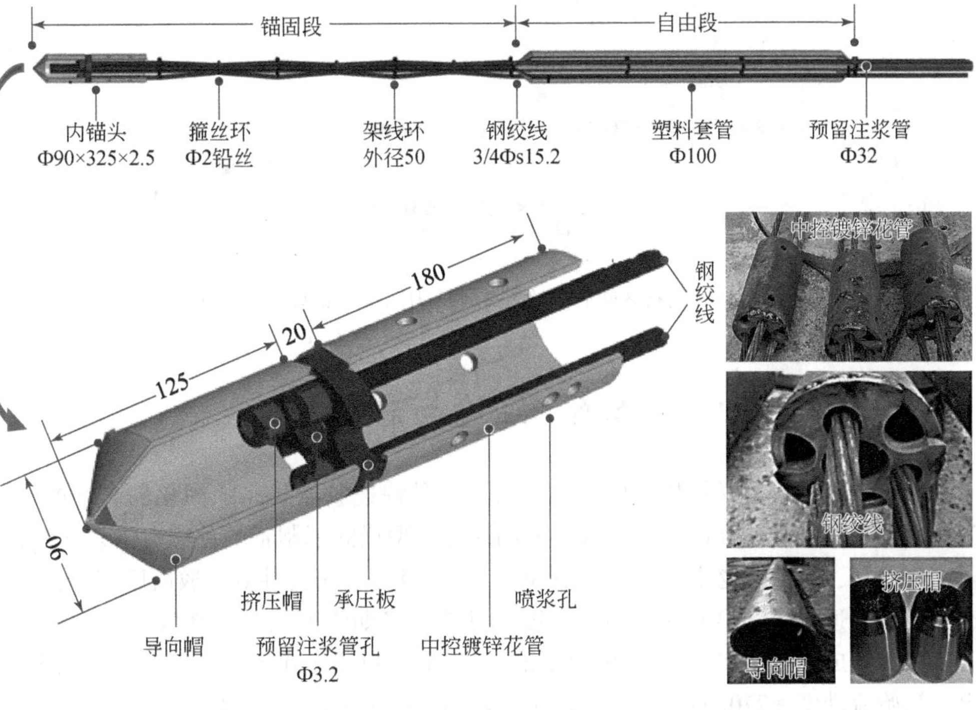

图 6-17 新型预应力锚索结构效果图与实物照片

数据单位为 mm

期缩短至少 50%，大幅度提高工效，对于提高工程项目经济效益、社会效益、环境效益具有重要意义。以创石区间盾构始发井基坑安全防护预应力锚索（锚杆）施工为例，见图 6-18，相比于现行技术与水泥砂浆注浆材料，采用预应力锚索快速锚固与张拉施工工艺、快速胶凝高强固化高性能锚固剂注浆材料，平均每个循环节减工期 3 ~ 4d，整个基坑施工工期节减 2 ~ 3 个月，施工工期节减效应极其显著。青岛地铁 1 号线、6 号线、13 号线等各个基坑安全防护预应力锚索（锚杆）施工应用结果表明，由于采用预应力锚索快速锚固与张拉施工工艺、快速胶凝高强固化高性能锚固剂注浆材料，不仅平均每个循环节减工期 3 ~ 4d、每个基坑施工工期节减 2 ~ 3 个月，而且还有效解决了因传统技术与注浆材料而避免不了的施工工期延长、施工成本高的工程难题，将工期缩减为传统工期的 1/7，显著节省了人工成本、管理成本，而且大幅度提高了锚固体强度、承载力，并且可靠控制了复杂地层变形，避免工程事故，保障施工人员与设备安全，对于提高社会效益与经济效益具有重要意义。

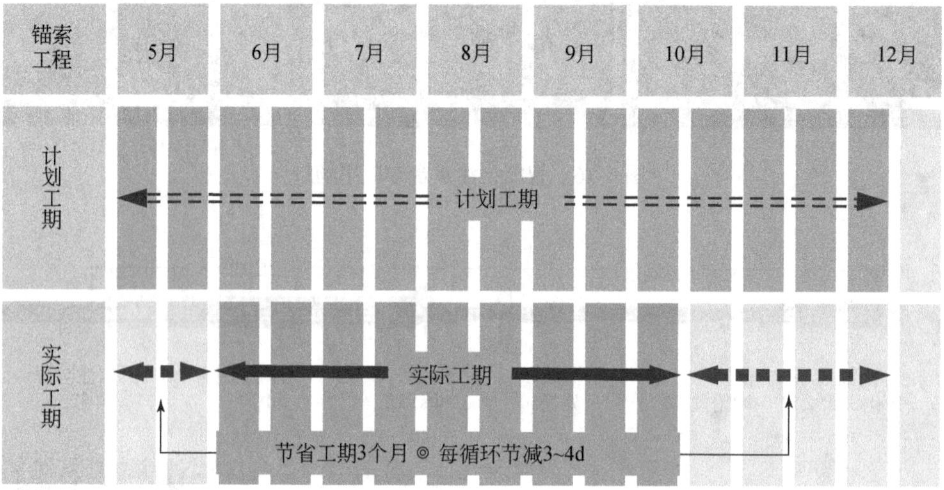

图 6-18　创石区间盾构始发井预应力锚索（锚杆）施工工期

6.6　结论与总结

基于矿物基类胶凝材料技术原理，开发了一种快速胶凝且高强固化的高性能锚固剂，称为快速胶凝高强固化高性能锚固剂。采用这种新型锚固剂制备的预应力锚索（锚杆）锚固段注浆材料，具有不泌水、结石率100%、流动性好、可注性好、胶凝膨胀、快速胶凝、快速硬化、快速早强、早期强度高、强度上升快、终期强度大、高强且大幅度缩短工期、显著节减劳务成本等诸多技术优势。例如：①浆液水料比为0.23～0.26，浆液泌水率检测不出、初始流动度≥270mm、30min流动度保留值≥260mm、初凝时间≤45min、胶凝固化1d单向自由膨胀率≥0.69%，结石体标准养护1d无侧限抗压强度不小于30.8MPa、3d不小于43.7MPa、28d不小于80.0MPa（钢筋握裹强度超过5.0MPa）；②浆液水料比为0.27/0.28，结石体标准养护1d无侧限抗压强度超过35MPa/37MPa、3d超过48MPa/51MPa、7d超过62MPa/65MPa、28d超过65MPa/68MPa、365d超过70MPa/72MPa，说明稍高一些水料比对浆液结石体强度的负面影响很小，因此可以根据实际需求，通过适当调整浆液的水料比，改变浆液的流动度；③在满足灌注要求的相同水料比条件下，这种锚固剂浆液的泌水率为0.0、结石率为100%、初凝时间不到42min、胶凝膨胀率超过1%，而425普通硅酸盐水泥浆液的泌水率高达10%～20%、结石率仅为80%～90%、初凝时间超过45min、胶凝体积显著收缩，特别是前者结石体标准养护1d无侧限抗压强度即超过30MPa，而后者结石体标准养护3d无侧限抗压强度才超过17MPa，前者结石体标准养护3d无侧限抗压强度即超过55MPa，而后者结石体标准养护28d无侧限抗压强度才超过42.5MPa，此外前者结石体还具有抗渗、抗冻、抗磨、抗侵蚀、抗碳化、抗碱集料反应、钢筋耐锈蚀等良好性能；④实际应用表明，采用这种新型锚固剂制备的浆液，最重要的特点是可以根据地层条件合理选择材料配比（以适应不同地层条件下可靠应用），并且因凝胶时间可控、强度快速增长、显著膨胀作用而实现不同地质条件下快速锚固施工。鉴于上述，作为新一代预应力锚索（锚杆）锚固段注浆材料，相比于长期广泛应用的传统水泥砂浆，凸显快速胶凝高强固化高性能锚固浆液的技术优越性。

为了可靠解决传统工艺施工预应力锚索（锚杆）存在注浆周期时间长且常见预应力损失、锚索结构失效等技术难题，首次提出了“快速锚索”的施工理念。基于这一新理念，针对快速胶凝高强固化高性能锚固剂浆液性能，并且结合预应力锚索（锚杆）施工工艺特点与加快工期要求，根据青岛地铁 1 号线、6 号线、13 号线等基坑施工安全防护中预应力锚索（锚杆）锚固段注浆的实践经验，开发了预应力锚索快速锚固与张拉施工工艺，第一关键部分为智能化自动反馈快速注浆工艺与相应的智能化注浆台车（实现高效快速注浆施工），第二关键部分为新型预应力锚索（实现可靠快速设置与精准张拉）。FAST 工程应用，实现了：①预应力锚索（锚杆）施工多个工序的智能化自动过程，即自动精准定量给料、自动精准定量给水、自动高速搅拌制浆、自动低速搅拌给浆、自动实时精准调整给浆量、自动实时启动注浆系统、自动实时反馈与调整注浆压力、自动实时反馈与调整注浆量、自动实时反馈与结束注浆；②大幅度提升锚固段的耐久性、锚固力、膨胀性、抗压性、抗腐性等；③显著加快施工进度而大幅度缩短工期、节减劳务费。

青岛地铁 1 号线、6 号线、13 号线等基坑工程全面应用表明：①FAST 确保预应力锚索（锚杆）注浆饱满、高度密实、高质量锚固、高效率施工（工期缩短至少 50%）；②由于联合采用 FAST、快速胶凝高强固化高性能锚固剂，不仅平均每个循环节减工期 3 ~ 4d，每个基坑施工工期节减 2 ~ 3 个月，有效解决了现行技术与传统水泥砂浆解决不了的施工工期长与成本高的难题，将工期缩减为传统工期的 1/7，显著节省了人工成本、管理成本，而且大幅度提高了锚固体强度、承载力，并且可靠控制了复杂地层变形，避免工程事故，保障施工人员与设备安全，对于提高工程项目经济、社会、环境等效益具有重要意义。

第 7 章　特种结构剂应用环保安全检测

特种结构剂工程应用，必须具有可靠的环保安全性，绝不能造成土壤或地下水二次污染。特种结构剂工程应用的环保安全性，取决于两方面，其一为特种结构剂中的有害成分种类及其含量，其二为特种结构剂固化加固土的化学反应过程中是否产生新的有害成分及其含量。针对这两方面，通过试验手段，详细检测特种结构剂工程应用环保安全性。由矿物基类胶凝材料衍生出多种不同用途的系列特种结构剂，这些结构的基本组成成分相同（不同成分之间配合比存在一定差异），并且固化加固土或改良特殊土性能的化学机理也相同，因此工程应用的环境危害性基本一致。鉴于此，选择 YJ 类结构剂作为一个典型范例，试验检测工程应用的环保安全性。YJ 类结构剂，主要用于盐渍土或盐化土、碱化土固化加固与无害化处理，也用于制备特种黏土固化浆液进行岩土工程注浆防渗加固。

7.1　特种结构剂中有害成分检测

YJ 类结构剂属于一种灰白色、无气味、粉末状固态物，细度一般变化于 250 ~ 1600 目之间，见图 7-1，由多种天然矿物材料按照一定比例混合后且经高温活化或强碱激活与超细碾磨制成，非易燃、易爆、有毒危险品，在环境温度不超过 75℃条件下可安全使用。其他特种结构剂也基本如此。

图 7-1　YJ 类结构剂样品照片

采用的天然矿物材料避免了一切放射性危害矿物，如石英、斜长石、正长石、角闪石、辉石、黑云母等，因此特种结构剂中有害成分检测，可以不考虑放射性元素，而只要根据国家相关环境土壤与地下水保护或环评规定，详细检测有害重金属元素类型及其含量、有机质类型及其含量，即满足结构剂工程应用环保安全性评价要求。

2000年11月委托国家法定检测单位——吉林大学测试科学实验中心，分别检测了特种结构剂中有害重金属元素含量、有机质成分，其中有机质检测采用红外光谱测试，检测结果见表7-1、图7-2。由表7-1可知，结构剂中13种主要重金属元素含量的检测值均为痕量级，并且重要有害重金属元素Cr、Cu、Ni、Zn、As、Pb、Cd、Hg的检测值均满足《土壤环境质量标准》（GB 15618—1995）中Ⅰ类土壤环境质量（一级标准）的标准限值。应该说明，实际应用中，由于结构剂掺量很少（2%～5%），由结构剂夹带入土的有害重金属元素无疑极其微量，无妨于环保安全。由图7-2可知，结构剂红外光谱检测未发现有机基团振动谱带（波数一般为2800～3000cm^{-1}、1300～1400cm^{-1}），说明结构剂中无任何有机成分。

表7-1　特种结构剂中有害重金属元素含量检测值与土壤环境质量标准限值对比

（单位：mg/kg）

检测项目	检测值	《土壤环境质量标准》(GB 15618—1995)限值			备注
		Ⅰ类土壤环境质量*(一级标准)	Ⅱ类土壤环境质量**(二级标准)		
Ba	111.5				国标无规定
Be	<3				国标无规定
Co	1.87				国标无规定
Cr	28	90	350（水田）	250（旱地）	
Cu	17.65	35	100（农田）	200（果园）	
Ni	5.76	40	60		
Sr	1310				国标无规定
V	55.22				国标无规定
Zn	70.2	100	300		
As	14.76	15	20（水田）	25（旱地）	
Pb	31.8	35	350		
Cd	0.104	0.20	1.0		
Hg	0.088	0.15	1.0		

* 主要适用于国家规定的自然保护区（原有背景重金属含量高的除外）、集中式生活饮用水源地、茶园、牧场及其他保护区的土壤，土壤质量基本保持自然背景水平。执行一级标准：保护区域自然生态、维持自然背景的土壤环境质量的限制值。

** 主要适用于一般农田、蔬菜地、茶园、果园、牧场等土壤，土壤质量基本上对植物和环境不造成危害和污染。执行二级标准：保障农业生产、维护人体健康的土壤环境质量的限制值；土壤pH值>7.5。

注：检测依据为GB/T 14506—2010。

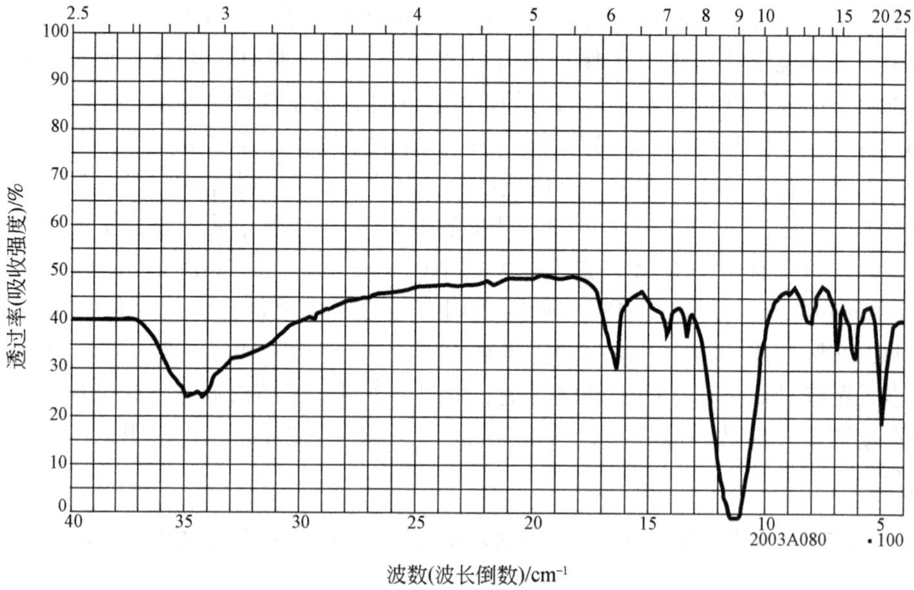

图 7-2　特种结构剂红外谱线图

测试单位：吉林大学测试科学实验中心

7.2　固化土碎块浸泡上清液检测

按照工程应用一般掺入比，采用特种结构剂固化加固盐渍土，以击实法制备试件，试件标准养护 28d 压碎。根据浸泡上清液的试验规程要求，采用 pH = 5.96 蒸馏水浸泡试件碎块 24h（按照 50g 碎块对 1000mL 蒸馏水的比例加水浸泡），通过离心分离法提取浸泡碎块的上清液，用于检测上清液中国家规范要求检测的各种有害成分。2000 年 11 月委托国家法定检测单位——吉林大学测试科学实验中心，按照国家规范规定的相关水质检测与评价要求，参照《地表水环境质量标准》（GB 3838—2002），检测了碎块浸泡上清液的 pH、有害成分。碎块浸泡上清液无色透明（色度≤4°）、无气味，上清液中有害成分检测结果见表 7-2。由表 7-2 可知，碎块浸泡上清液 pH 与总磷（P）、氟化物（F^-）、钡、铜、铬、铅、铁、锰、铍、银、锌、汞、镉等含量极低或检测不出。上清液中各种有害成分的检测值与相关国家规范的规定限值对比见表 7-3。由表 7-3 可知，上清液的 pH 与氨氮、硫酸盐、硝酸盐、亚硝酸盐、氯化物、硫化物、氟化物、氰化物、碘化物、总磷及有害重金属元素等含量的检测值，符合国标 GB 3838—2002 中Ⅰ类标准～Ⅲ类标准，以及《地下水质量标准》（GB/T 14848—2017）中Ⅰ类标准～Ⅲ类标准的标准限值，说明结构剂工程应用不造成地下水污染。

表 7-2　盐渍土固化试件碎块浸泡上清液理化检测结果

检测项目	检测值	检测依据
色度	3	GB 3838—2002 GB/T 15555. 1—1995 HJ 751—2015 HJ 786—2016 GB/T 15555. 3—1995 GB/T 15555. 4—1995 GB/T 15555. 5—1995 HJ 749—2015 GB/T 15555. 7—1995 GB/T 15555. 8—1995 GB/T 15555. 10—1995 GB/T 15555. 11—1995 GB/T 14671—1993 GB/T 14204—1993 GB 7486 GB 15618—1995
pH	7. 08	
氨氮(NH_3-N)/(mg/L)	0. 02	
硫酸盐(SO_4^{2-})/(mg/L)	0. 00	
总磷(P)/(mg/L)	0. 019	
氯化物(Cl^-)/(mg/L)	0. 00	
硝酸盐(N)/(mg/L)	0. 000	
亚硝酸盐(N)/(mg/L)	0. 000	
硫化物/(mg/L)	0. 05	
氟化物(F^-)/(mg/L)	0. 12	
氰化物(CN^-)/(mg/L)	0. 000	
碘化物/(mg/L)	—	
铍/(mg/L)	—	
钡/(mg/L)	0. 003	
铝/(mg/L)	0. 001	
钴/(mg/L)	0. 000	
硒/(mg/L)	0. 000	
银/(mg/L)	0. 0003	
铜/(mg/L)	0. 0028	
锌/(mg/L)	0. 0156	
砷/(mg/L)	0. 0005	
镍/(mg/L)	0. 000	
汞/(mg/L)	0. 0000	
镉/(mg/L)	0. 0000	
铬/(mg/L)	0. 0017	
铅/(mg/L)	0. 0041	
铁/(mg/L)	0. 0597	
锰/(mg/L)	0. 0010	

表 7-3　固化土试件碎块浸泡上清液理化检测值与相关国家规定限值对比

检测项目	检测值	GB 3838—2002 限值		GB/T 14848—2017 限值	
		Ⅰ类标准	Ⅲ类标准	Ⅰ类标准	Ⅲ类标准
色度	3	—	—	5	15
pH	7. 08	6 ~ 9		6. 5 ~ 8. 5	
氨氮/ (mg/L)	0. 02	0. 15	1	0. 02	0. 2

续表

检测项目	检测值	GB 3838—2002 限值		GB/T 14848—2017 限值	
		Ⅰ类标准	Ⅲ类标准	Ⅰ类标准	Ⅲ类标准
硫酸盐/（mg/L）	0.00	250	250	50	250
总磷/（mg/L）	0.019	0.02	0.2	—	—
氯化物/（mg/L）	0.00	250	250	50	250
硝酸盐/（mg/L）	0.000	10	10	2	20
亚硝酸盐/（mg/L）	0.000	—	—	0.001	0.02
硫化物/（mg/L）	0.05	0.05	0.05	—	—
氟化物/（mg/L）	0.12	1	1	1	1
氰化物/（mg/L）	0.000	0.005	0.2	0.001	0.05
碘化物/（mg/L）	—	—	—	0.1	0.2
铍/（mg/L）	—	0.002	0.002	0.00002	0.0002
钡/（mg/L）	0.003	0.7	0.7	0.01	1
铝/（mg/L）	0.001	—	—	0.001	0.1
钴/（mg/L）	0.000	1	1	0.005	0.05
硒/（mg/L）	0.000	0.01	0.01	0.01	0.01
银/（mg/L）	0.0003	—	—	—	—
铜/（mg/L）	0.0028	0.01	1	0.01	1
锌/（mg/L）	0.0156	0.05	1	0.05	1
砷/（mg/L）	0.0005	0.05	0.05	0.005	0.05
镍/（mg/L）	0.000	0.02	0.02	0.005	0.05
汞/（mg/L）	0.0000	0.00005	0.0001	0.00005	0.001
镉/（mg/L）	0.0000	0.001	0.005	0.0001	0.01
铬/（mg/L）	0.0017	0.01	0.05	0.005	0.05
铅/（mg/L）	0.0041	0.01	0.05	0.005	0.05
铁/（mg/L）	0.0597	0.3	0.3	0.1	0.3
锰/（mg/L）	0.0010	0.1	0.1	0.05	0.1

注：①GB 3838—2002 限值：地表水环境质量国家标准，Ⅰ类标准主要适用于源头水、国家自然保护区，Ⅲ类标准主要适用于集中式生活饮用水水源地二级保护区、一般鱼类保护区、游泳区。②GB/T 14848—2017 限值：地下水环境质量国家标准，Ⅰ类标准主要反映地下水化学组分天然低背景含量，适合各种用途，Ⅲ类标准以人体健康基准值为依据，主要适用于集中式生活饮用水水源及工、农业用水。

7.3　应用环保安全性化学反应分析

在 4.1.3 节中，作为一个典型范例，详细给出了特种结构剂用于盐渍土性能改良与固化加固的化学机理与反应过程、反应生成物。矿物基类胶凝材料的系列结构剂，无论是盐渍土等特殊土性能改良与固化加固，还是普通土固化加固、制备特种黏土固化浆液注浆材料、工业固废资源化利用，技术性能的化学机理、反应过程、反应生成物等基本一致，均是利用结构剂中活性成分与水、水泥或水泥熟料活性成分、普通土或盐渍土等特殊土或工业固废中活性成分（主要为碱金属离子、碱土金属离子，SO_4^{2-}、Cl^-、OH^-等阴离子次之）发生一系列化学反应，除了生产大量化学惰性大且非溶性的胶体成分与结晶水化物之外，不产生任何新的有害生成物。因此，结构剂工程应用的化学反应生成物中不存在环境危害成分。

7.4　结论与总结

参照环境土壤与地下水的适用性与污染程度评价的相关国家标准，根据特种结构剂中有害成分与固化土碎块浸泡上清液中有害成分检测结果，并且结合结构剂应用的化学反应生成物，论证了结构剂工程应用不存在任何环境土壤与地下水污染，具有极大的环保安全性。

第8章　特种黏土固化浆液与技术性能

传统注浆技术具有适应面广、设备简单、施工快捷、成本较低、见效较快等诸多优势，因此在岩土加固、止水堵漏、冻害防治等工程中应用历史悠久且日益广泛。但是，注浆技术成败主要取决于三个重要方面：①注浆泵性能，不同注浆泵不仅对浆液初始容重、初始黏度、黏度变化等具有不同要求，而且提供的灌注压力也不同，因而决定了对浆液的有效灌注深度、有效扩散半径、有效注浆量、注浆饱满程度等，进而影响注浆效果；②注浆技术，针对不同地层的浆液灌注渗透性条件、不同灌注深度、不同注浆目的等，如可静压注浆的砂卵石层、中砂土层、粗砂土层、杂土层、残坡积层、破碎岩层、碎石层与不可灌注的黏土层、软土层、淤泥层、细砂土层、粉土层、粉质黏土层，以及地基或堤坝防渗注浆、加固注浆、防冻注浆，分别提出与开发了静压注浆、高压注浆、劈裂注浆、柱面注浆、球面注浆、袖阀管注浆、浅层注浆、深层注浆、单液注浆、双液注浆、全段一次注浆、分段循环注浆等不同施工工艺；③浆液性能，不同浆液存在容重、初始容重、初始黏度、黏度变化、稳定性、静置泌水性、压力泌水性、流动性、渗透性、可注性、早强性、胶凝速度、初凝时间、终凝时间、早期强度、终期强度、强度上升速度、结石体抗渗性、结石体抗震性、结石体抗软化性、结石体抗崩解性、结石体抗动水或酸碱侵蚀性等多方面性能差异，显著影响或决定了注浆效果、注浆工艺、应用条件。在上述三方面中，浆液性能极其关键，无论注浆泵性能如何优越、注浆技术如何高超，若浆液性能存在缺陷，也达不到设计要求的注浆效果。正因为如此，长期以来，在浆液类型与性能改善方面做了大量研究与实践工作，取得了显著进展。

8.1　注浆材料沿革与特种黏土固化浆液

最早的注浆材料为纯黏土浆液，硅酸盐水泥问世之后，开始采用纯水泥浆液进行注浆施工，并且纯水泥浆液逐渐成为主流注浆材料。而后，为了改善纯水泥浆液技术性能，通常向纯水泥浆中加入一定量黏土，以提高浆液稳定性、流动性、渗透性、可灌性且降低浆液泌水性，并且降低浆材成本，因此出现了水泥黏土浆液（黏土掺入比稍大于水泥掺入比）、黏土水泥浆液（黏土掺入比稍小于水泥掺入比）。若黏土掺入比显著大于水泥掺入比，黏土便成为浆液的主要材料，水泥仅起改善黏土浆液技术性能的结构剂作用，这种水泥黏土浆就是一种黏土固化浆液[16,20,25]。近20多年来，黏土固化浆液在注浆工程中应用日益广泛。但是，这种黏土固化浆液存在两个技术缺陷：①浆液黏度、胶凝时间不能据实际需求而可靠控制，因此在大动水压力条件下、大渗流条件下、岩溶条件下，注浆效果差，甚至难以成功；②浆液因泌水性大、胶凝体积收缩而使其结石率难以保证，因此降低结石体与裂隙或渗流通道之间结合力、结石体对裂隙或渗流通道充填度，保障不了注浆防渗帷幕的整体堵水效果[60,61,63]。

研究与实践表明，基于天然矿物结晶原理，采用多种天然矿物材料作为原材料，研制一种专用于改善黏土固化浆液技术性能的结构剂或外加剂，称为特种结构剂，按照一定掺入比掺入黏土固化浆液中充分搅拌均匀，黏土固化浆液便改性成为特种黏土固化浆液。特种结构剂的主要功能：①显著提高浆液稳定性、流动性、渗透性、可灌性，大幅度降低或避免浆液泌水，避免或减轻地下水对浆液稀释作用，加快浆液胶凝速度，浆液胶凝固化具有良好的微膨胀性；②大幅度提高浆液结石率或具有 100% 结实率，结石体早强性好、强度上升快、终期强度高；③结石体具有显著抗震（振）性、抗软化性、抗崩解性、抗侵蚀性且抗渗性极大；④加快浆液中水泥水化反应速度、浆液整体胶凝固化反应进程；⑤通过改变特种结构剂的掺入比，可以根据实际需求，控制浆液的初始黏度、黏度演变、注浆时间、渗透性能、扩散半径、胶凝时间、固化时间与结石体的硬化时间、早期强度、终期强度。因此，特种黏土固化浆液不仅具备普通黏土固化浆液技术优势，而且抗稀释性很强、胶凝时间可控、结石率更高、胶凝体积微膨胀、结石体强度更高、结石体抗渗性更大、结石体抗震性更好。

特种黏土固化浆液胶凝固化中形成胶结物的化学机理主要属于天然矿物结晶原理或伴随天然矿物结晶的胶体形成原理，并且浆液材料关键成分——特种结构剂也是由多种天然矿物材料研制而成，因此本质上，特种黏土固化浆液为一种矿物基类注浆材料[83-87]。

纯水泥浆液、水泥黏土浆液、黏土水泥浆液、黏土固化浆液或掺入水玻璃、氯化钙、生石灰等各种外加剂的纯水泥浆液均属于水泥基类注浆材料。水泥基类注浆材料与矿物基类注浆材料之间胶凝固化、硬化化学机理显著不同，如前者为放热化学反应、后者为吸热化学反应。

8.2　特种黏土固化浆液稳定性与工程意义

浆液静置泌水性、抗稀释性、压力排水性为评估注浆材料稳定性的主要依据，其中以浆液静置泌水性最重要。

注浆材料分为悬浊液、真溶液。水泥浆、黏土浆、水泥黏土浆等无机系浆液均为悬浊液，有机系浆液大部分为真溶液。浆液稳定性仅针对悬浊液，表征浆液在流动速度减慢或静置条件下均匀性变化的快慢，也即搅拌均匀的浆液在停止搅拌与流动之后继续保持原有分散度的时间长短。维持原有分散度的时间越长，浆液越稳定，反之，浆液越不稳定。特种黏土固化浆液属于一种悬浊液，由于浆液材料中黏土为主要成分且占绝对优势的掺入比，浆液分散性好、触变性大，在一定水料比范围因稳定性极高而几乎不泌水。稳定浆液作为新型注浆材料，工程应用广泛而普遍。实践表明，稳定浆液与不稳定浆液注入地层中，注浆效果、结石体耐久性完全不同。不稳定浆液因发生颗粒沉淀分层而出现三方面重要问题：①注浆过程中，机具、管路、空隙易堵塞，甚至注浆过早结束；②注浆结束后，因颗粒沉淀分层而使注入的浆液在竖向出现密度显著不均匀现象，加之浆液过大的泌水性、胶凝固化收缩性，所以明显降低结实率且强烈影响结石体均匀性，并且在上部仍然遗留未封堵的空隙，致使注浆堵水效果显著下降；③结石体断面存在较多毛发状孔洞，在地下水长期侵蚀下易被溶蚀而形成渗流通道。稳定浆液由于较高的稳定性且胶凝固化过程中无多余水分析出，因此结石体密实性较大且具有较强抗侵蚀性能，可以提高注浆帷幕耐久性、整体堵水性。鉴于上述，选用悬浊浆液，一定要首先考虑浆液稳定性，然后再考虑浆液其他性能。

8.2.1　浆液稳定性与影响因素

注浆工程中，采用泌水率定量评价浆液稳定性。浆液泌水率也是浆液泌水性的表征指标。浆液泌水率 δ_ω：制备的浆液静置一定时间，泌出水的体积 V_ω 与原浆液的体积 V_ξ 之百分比，即 $\delta_\omega=(V_\omega/V_\xi)\times100\%$。纯水泥浆液，虽然在注浆工程中历史悠久，但是依然是目前的一种常用注浆材料。在注浆工程中，根据实际情况，按照由稀至浓逐级变换方法，将纯水泥浆液分为几种水料比，如 5∶1、3∶1、2∶1、1∶1、0.8∶1、0.6∶1、0.5∶1 等七个比级，其中以水料比 1∶1、0.8∶1 应用最广泛，适合很多条件下注浆建造防渗帷幕。各级水料比的纯水泥浆液性能试验结果见表 8-1，水泥为 525 普通硅酸盐水泥，黏度为漏斗黏度计的黏度。由表 8-1 可以看出，大水料比的纯水泥浆液很不稳定，即使是工程中常用的 0.8∶1、0.6∶1 水料比也满足不了《水工建筑物水泥灌浆施工技术规范》(SL 62—2020) 中稳定浆液泌水率不大于 5% 的要求。因此，尽管纯水泥浆液结石体渗透系数较小（小于等于 $n\times10^{-8}$ cm/s，n 为系数，下同），但是注浆加固体渗透系数实测值很难达到 $n\times10^{-7}$ cm/s，甚至只有 $n\times10^{-3}$ cm/s ~ $n\times10^{-2}$ cm/s。实践表明，在部分纯水泥浆注浆填充的裂隙中，往往仍然存在空穴或渗流通道。因此，长期以来，越来越多采用浓的纯水泥浆液进行工程注浆。

表 8-1　纯水泥浆液性能试验结果

水料比	初始黏度/s	初始容重/(kg/m³)	静置 2h 泌水率/%	初始凝聚力/(N/m²)
5∶1	15.2	1.10×10^3	81	0.02
3∶1	15.5	1.20×10^3	65	0.08
2∶1	16.3	1.29×10^3	52	0.12
1∶1	17.1	1.52×10^3	23	0.45
0.8∶1	24.7	1.59×10^3	18	2.6
0.6∶1	72.4	1.70×10^3	9	5.5
0.5∶1	90.6	1.83×10^3	5	8.6

对于地下水水头较低且流速较小的地层，浓浆灌注确实在一定程度上解决了纯水泥浆液的非稳定问题。但是，对于地下水丰富且动水压力大的地层，灌注纯水泥浆液，浆液的不稳定性问题便暴露，这是因为纯水泥浆液持水性差，极易被稀释，浆液在扩散过程中被地下水稀释，浓浆便逐渐变成稀浆，从而由稳定浆液变成了不稳定浆液。

特种黏土固化浆液是一种稳定性极大的悬浊浆液。特种黏土固化浆液的泌水率检测结果见表8-2，水料比分别取3∶1、2∶1、1.5∶1、1.25∶1、1∶1，其中水料比1.25∶1、1∶1适合于绝大多数地层与地下水条件注浆建造防渗帷幕，水泥为525普通硅酸盐水泥，黏土为马鞍山姑山矿采场普通黏土，特种结构剂掺入量=水泥掺入量×10%，如若水泥掺入10kg，则特种结构剂掺入1kg。

由表8-2可见：①不同材料配比与不同水料比制备的特种黏土固化浆液的稳定性均极大、泌水性均极小；②随着水料比增大，浆液稳定性降低、泌水性增大；③黏土与水泥掺入量的比值越大，浆液越趋于稳定；④水料比小于2∶1的浆液极稳定、泌水率极小。各地黏土由于成因、形成环境、黏粒含量、黏土矿物种类、黏土矿物含量、活性化学成分等不同，造浆率、浆液持水性、浆液泌水率等差别很大。因此，在实际注浆工程中，现场就地就近采取黏土制备特种黏土固化浆液，正式批量造浆之前，必须进行不同材料配比与不同水料比的小额调浆试验，通过检测浆液容重、初始黏度、黏度变化、泌水率等，可靠确定满足浆液稳定性与可注性要求的最佳材料配比方案，包括水料比。

表8-2 特种黏土固化浆液静置2h泌水率检测结果 （单位:%）

水料比	静置2h泌水率		
	水泥掺入比25%	水泥掺入比20%	水泥掺入比10%
3∶1	6	3	2
2∶1	3	3	1
1.5∶1	2	1	1
1.25∶1	1	0.5	测不出
1∶1	测不出	测不出	测不出

比较表8-1与表8-2可以看出：①特种黏土固化浆液稳定性远大于纯水泥浆液稳定性；②满足浆液可注性（漏斗黏度不超过30s）的水料比，纯水泥浆液为1∶1、0.8∶1，特种黏土固化浆液为1.25∶1、1∶1，但是前者泌水率为23%、18%，后者泌水率小于1%或检测不出，因此前者不满足《水工建筑物水泥灌浆施工技术规范》（SL 62—2020）中稳定性浆液泌水率不大于5%的要求，而后者则很好地满足了这一要求。

8.2.2 注浆充填机理与工程意义

在封堵孔隙与裂隙等注浆过程中，稳定浆液与不稳定浆液充填机理不同，进而影响堵水效果。灌注不稳定浆液，如大水料比纯水泥浆液，浆液渗透速度随着与注浆孔距离增加而减小，致使水泥颗粒在渗透途径中逐渐沉积而形成水泥塞，水泥塞一般不完全封堵浆液渗透通道，见图8-1。但是，浆液渗透途径中出现的水泥塞，将对注浆效果产生两方面负面影响：①为了满足浆液可注性与渗透性要求，纯水泥浆液必须具有很高含水率，除了水泥胶凝固化反应消耗一部分水之外，浆液中多余的大量拌合水将排除，而水泥塞则影响多余拌合水的排除，因为多余拌合水只能越过水泥塞排除，见图8-1；②渗透途径中存在的水泥塞显著影响或阻碍浆液渗透，浆液只能绕过水泥塞渗透，见图 8-1，致使注入的浆液难以达到或达不到设计要求的扩散半径，进而影响注浆效果；③由于渗透途径中存在的水泥塞影响或阻碍浆液扩散、浆液中多余拌合水排除，无疑消耗较多注浆压力，致使注入的浆液难以达到或达不到设计的扩散半径，或者注入的浆液难以甚至无法渗入细小的渗流通道，或者达不到设计的注浆量，进而影响注浆效果或影响注浆结束时间的正确判定；④正是由于这三方面原因，采用非稳定浆液注浆，往往需要较长的注浆历时。

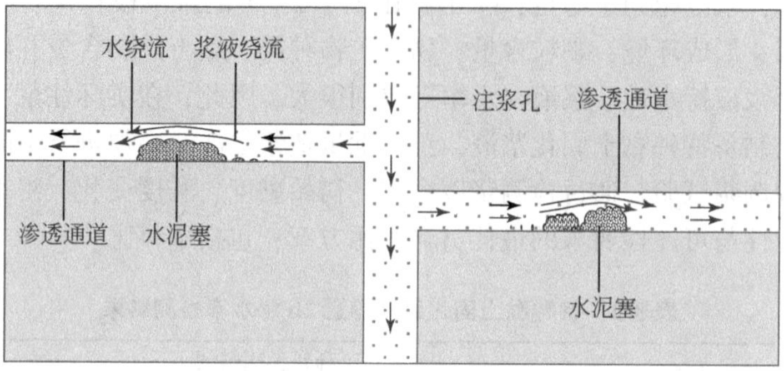

图 8-1　不稳定浆液注浆充填机理示意图

特种黏土固化浆液注浆属于一种稳定浆液。采用稳定浆液注浆，在浆液渗透途径即渗透通道上，首先形成浆液压力渗透前缘，前缘后面的浆液完好地充满渗流通道，见图 8-2，浆液胶凝固化之后便形成坚固而密实的结石体。稳定浆液满足可注性要求的水料比条件下，在注浆过程中浆液受压，基本无多余的拌合水排出，也不存在浆液颗粒沉淀现象，并且具有适宜的流动性，因此确保浆液在渗流通道如孔隙、裂隙、空洞中顺利渗流。试验与工程应用表明，特种黏土固化浆液灌注充填渗流通道具有多方面重要性能优势：①注入的浆液全部充满地层或岩土中渗流通道的可能性大，由于浆液中基本无多余的拌合水，所以不因灌注之后多余水分排出而留下未填满的通道，因此可以减少灌浆工作量，保证注浆效果；②由于浆液中基本无多余拌合水，所以浆液结石体力学强度高、密实性大且与通道两壁胶结作用强，进而保证注浆效果；③浆液结石体的结构密实且主要由化学惰性很大的黏土矿物与浆液胶凝固化过程中新生的大量结晶水化物、胶体成分等组成，因此结石

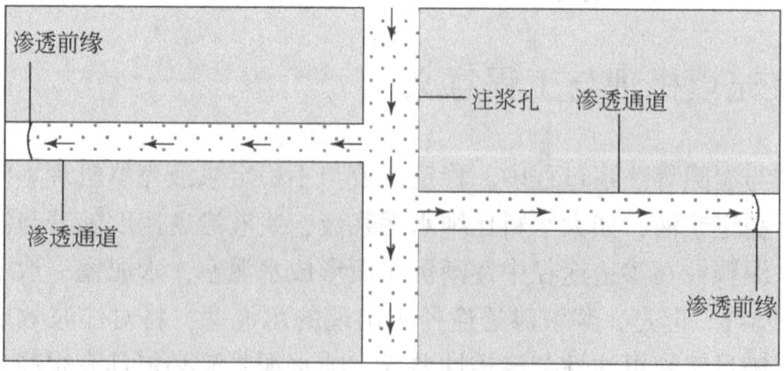

图 8-2　稳定浆液注浆充填机理示意图

体抗地下水或酸碱的化学溶蚀能力强；④浆液黏度较大、稳定性高、抗地下水稀释性强，因此可以避免地层或岩土不必要的大量吸浆；⑤注浆效果可以预测，而不稳定浆液注浆效果难以预测或不可预测；⑥浆液可泵性好、压力渗透性好，不存在因浆液离析作用而造成可泵性差的性能问题；⑦注入的浆液在渗流过程中不发生颗粒沉淀现象，因此渗流通道上不存在如纯水泥浆液因颗粒沉淀而形成的影响浆液渗流的水泥塞，显然利于保证注浆效果。

8.3　特种黏土固化浆液流变性与流变机理

注入的浆液在地层或岩土中运动规律与地下水运动规律很相似，不同之处是浆液因具有更大的黏度而不如水容易流动。浆液流动性正是表征浆液在灌注压力作用下的流变性能：浆液流动性越好，浆液在流动过程中压力损失便越小，在地层或岩土中扩散距离也越远；反之，浆液流动性越差，浆液在流动过程中压力损失便越大，在地层或岩土中扩散距离也越近，即浆液越不容易扩散。

注入地层或岩土中浆液的流动（渗透）与变形的性质称为浆液的流变性，表示浆液流变与时间之间关系的曲线称为流变曲线。浆液黏度是指浆液的静态黏度，属于刻画浆液流变性的一个重要参数。浆液在胶凝之前，黏度随着外力即注浆压力变化、时间延长而不断变化。一般采用流变方程或流变曲线刻画浆液的流变性，据此进一步考虑浆液流变性对注浆设计参数的影响问题。

浆液黏度的测定仪器主要有漏斗黏度计、旋转黏度计。漏斗黏度计结构简单、操作方便，但是只能检测浆液的表观黏度，适用于施工现场。旋转黏度计适用于精准测量各种牛顿流体的绝对黏度、非牛顿流体的流变性。根据浆液流变性不同，可以将注浆工程中常用的浆液分成两大类，即牛顿流体、非牛顿流体。

牛顿流体的剪应力 τ 与剪应变速率 γ 之间呈线性关系，即黏滞系数 η 为一常数，$\tau=\eta\gamma$，流变曲线为一通过坐标原点的直线，见图 8-3。τ 表示单位面积上内摩擦力（Pa），γ 表示流速梯度（s^{-1}），μ 表示牛顿黏度或黏度系数（Pa · s）。牛顿流体是一种单相均匀体系，水、多数化学浆液、稀纯水泥浆液均为牛顿流体，一旦受剪切力作用即开始流动（因此流变曲线通过坐标原点），速度梯度也与剪应力之间成正比关系。

非牛顿流体的一种类型为宾厄姆流体，剪应力 τ 与剪应变速率 γ 之间也呈线性关系，即黏滞系数 η 也为一常数，但是流变曲线为一不通过坐标原点的直线，见图 8-3，也就是说，流体存在初始静切力或初始凝聚力 τ_s，只有外力产生的剪应力 τ 达到或超过初始静切力 τ_s时，才发生流变。具有这种性质的流体是由于流体中存在一定浓度固相颗粒，在静止状态下形成粒间结构。若外力产生的剪应力 τ 很小，流体不流变；只有外力产生的剪应力 τ 超过初始静切力 τ_s而足以破坏粒间结构时，浆液才发生类似于牛顿流体的流变。宾厄姆流体的流变方程为 $\tau=\tau_s+\eta\gamma$。

非牛顿流体的另一种类型为黏塑性流体，由于流体中固相颗粒不均匀分布，在表面引力与斥力联合作用下易形成非均匀的颗粒结构，即分布与结构不均匀的粒间结构。流体在外力作用下发生机理复杂的流变（图 8-4）：①在低剪应变速率 γ 条件下，流变曲线快速

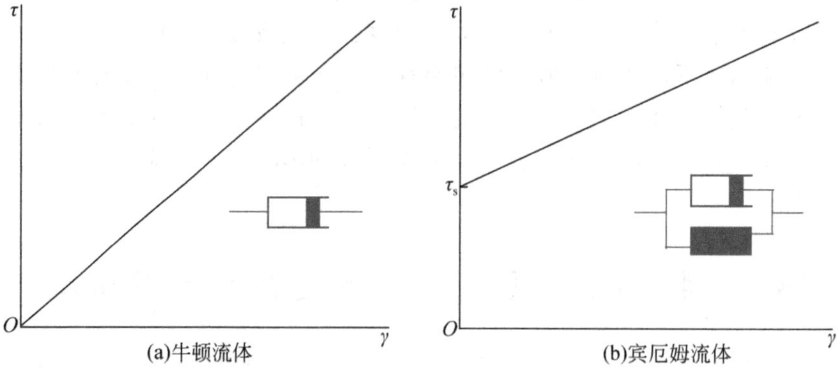

图 8-3 牛顿流体与宾厄姆流体变曲线

偏离直线而成为下凹型曲线，这是因为粒间结构随着剪应变速率 γ 增大而较快速破坏，致使黏滞系数 η 较快速降低；②之后，同样在低剪应变速率 γ 条件下，随着剪应变速率 γ 继续增大，粒间结构破坏趋于稳定，黏滞系数 η 降低也随之趋于稳定而向稳态流变（直线型流变）过渡；③剪应变速率 γ 继续增大至层流阶段，流变曲线转变为直线型，这是因为当粒间结构破坏至一定程度便趋于稳定而不再被破坏，黏滞系数 η 稳定于某一值。图 8-4 中，τ_c 为流体受力瞬时的初始静切力（初始凝聚力），τ_i 为流体受力流变演变成线性流变对应的初始静切力，τ_s 意义等同于图 8-3 中宾厄姆流体初始静切力，γ_i 为流体前一阶段下凹型流变曲线与之后直线型流变曲线之间分界的剪应变速率。黏塑性流体的流变方程可以分段表示为式（8-1），式中 η_1（γ）表示黏滞系数 η_1 为剪应变速率 γ 的非线性函数、η_2 为不随剪应变速率 γ 变化的常量。

$$\begin{cases}\tau=\tau_c+\eta_1(\gamma)\gamma & (\gamma<\gamma_i)\\ \tau=\tau_i+\eta_2\gamma & (\gamma\geqslant\gamma_i)\end{cases} \tag{8-1}$$

由图 8-3 与图 8-4 可以看出，在外加切向剪应力作用下，宾厄姆流体、黏塑性流体只有剪应力达到初始静切力才流动，而牛顿流体因无初始凝聚力而可在任意大小的切向剪应力作用下流动，这正是宾厄姆流体、黏塑性流体与牛顿流体的主要区别。因此，理论上，在任意大小外加切向剪应力作用下，牛顿流体均可以扩散到无限远处，而宾厄姆流体、黏塑性流体扩散距离则有限，甚至不扩散。

试验研究与工程实践表明，特种黏土固化浆液属于一种非牛顿流体，由于浆材配比、水料比不同，既可以是宾厄姆流体，也可以是黏塑性流体，只有注浆压力达到某一值（外加切向剪应力不小于浆液流变的初始静切力 τ_s 或 τ_c），才可以将浆液注入地层或岩土中，并且注浆压力越大，浆液渗透扩散的距离越远。

采用 NXS-11A 型旋转黏度计测定特种黏土固化浆液黏度，即旋转黏度，见图 8-5。这种黏度计采用同轴双圆筒上旋式结构测量原理（图 8-5）：由一个电机驱动，外筒固定、内筒旋转，共五个测量系统（A，B，C，D，E）；浆液充满于两个圆筒之间，电机驱动内筒旋转，内筒表面受到浆液黏滞作用，而内筒又与电机转子同时旋转，所以转子也随之受到同样力矩作用，并且将力矩传至可动框架，可动框架随之旋转；可动框架旋转到某一角

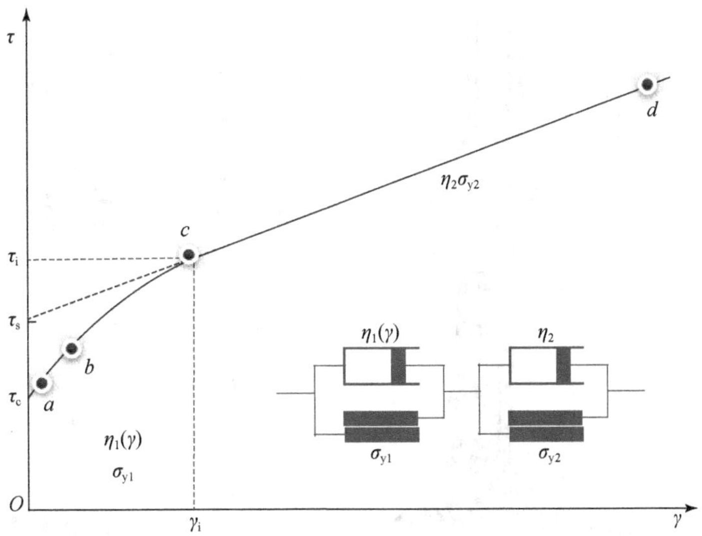

图 8-4 黏塑性流体流变曲线

度而使测量弹簧力矩与转子力矩相等，即二者力矩达到平衡，转角由刻度盘读出，转角值与浆液黏度值成正比，而浆液初始黏度值又与初始静切力值成正比。这种旋转黏度计的转速分 15 档，即有 15 个速度梯度，根据式 $\tau=m\alpha$ 计算每种速度梯度对应的浆液切向剪应力，其中 m 为转筒常数、α 为转角。依据浆液旋转黏度检测结果，绘制浆液流变曲线，通过流变曲线评定浆液流变类型。

采用 NXS-11A 型旋转黏度计系统 B，测定两种代表性浆材配比与水料比的特种黏土固化黏浆液黏度，据此绘制浆液流变曲线（流变趋势线，即流变过程散点图），见图 8-6。由图 8-6 可以看出：①两种浆材配比与水料比的特种黏土固化黏浆液的流变性接近于黏塑性流体的流变性、不符合宾厄姆流体的流变性；②剪切速率梯度 $dv/dx>50s^{-1}$，浆液流变的剪应力 τ 与剪切速率梯度 dv/dx 之间近似于线性变化关系；③剪切速率梯度 $dv/dx<50s^{-1}$，浆液流变曲线又转为一曲线形式。描述特种黏土固化浆液的流变性的几个重要参数如下。

（1）塑性黏度。黏度是指浆液中阻碍浆液不同部分之间相对流动的一种特性，也即浆液中液体之间、固体颗粒之间、液体与固体颗粒之间的内摩擦作用的宏观表现。不同类型浆液的黏度不同。特种黏土固化浆液是一种具有结构性的黏塑性流体，内摩擦现象相当复杂。由图 8-4 可以看出，黏塑性流体从静止到流动整个过程的黏度不断变化，只有位于直线段的黏度才为一常数，即直线段的斜率，称为塑性黏度，表示为 η_p。

（2）屈服值。屈服值又称为凝聚力或动切力，属于浆液在层流状态下结构强度的一种度量指标。在浆液流变曲线上，屈服值是直线段延长线在 τ 轴上的截距，即图 8-4 中的 τ_s，表示为 τ_d。

（3）静切力。静切力是指足以破坏浆液内部网状结构而使浆液开始流变所需的最小剪应力，即图 8-4 中 τ_c，据此描述浆液处于静止状态浆液中胶体颗粒、固体颗粒之间形成网

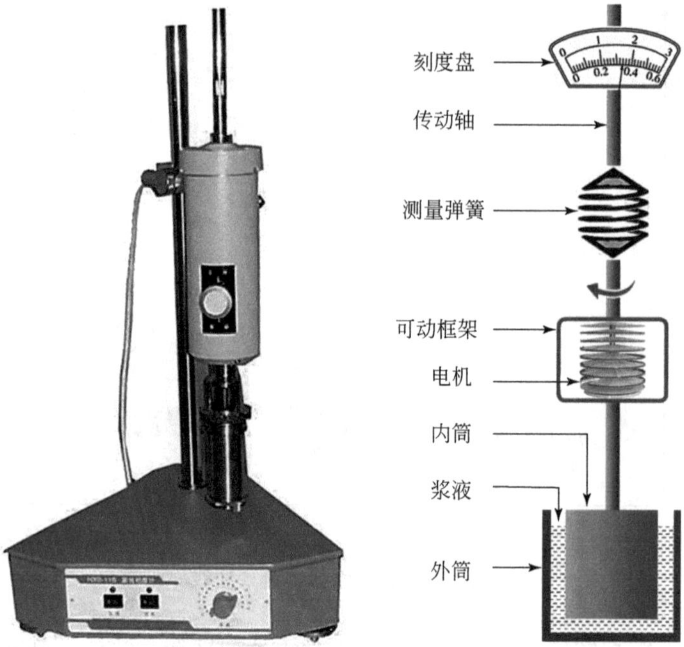

(a)实物照片　　(b)测量原理

图 8-5　NXS-11A 型旋转黏度计

状结构的结构性强度。浆液所受的剪应力 $\tau \geqslant \tau_c$，浆液才流动；浆液所受的剪应力 $\tau<\tau_c$，浆液不流动。因此，τ_c是浆液能否发生流动的外施剪应力 τ 的临界值。一般情况下，τ_s按照式（8-2）取用。

$$\tau_c = 0.5M\phi \tag{8-2}$$

式中，M 为旋转黏度计的扭簧系数［单位：Pa/（°）］；ϕ 为旋转黏度计一挡转速的读数（单位:°）。稳定黏塑性流体的特性采用塑性黏度 η_p、屈服值 τ_d、静切力 τ_s三个指标确定。通过这三个指标，可以确定浆液的内在流态，这在实际注浆工程中研究浆液的可注性极其有意义。由图 8-4 可以看出：①oa 段，τ 仅稍大于 τ_c，浆液沿渗流通道壁首先克服壁阻力开始产生流动，流动速度很慢（塞流现象）；②ab 段，τ 明显大于 τ_c，浆液中网状结构越来越多被破坏，浆液流动速度逐步加快；③bc 段，随着剪应力 τ 进一步增大，浆液塞流现象全部消失，越来越接近于全部流动，流变曲线接近于抛物线；④cd 段，剪应力 τ 达到或超过 τ_i，流变曲线变为直线，表现为浆液在渗流通道的横截面上全部流动。故此，只有施加于浆液的剪应力 $\tau \geqslant \tau_c$，浆液才开始流动，之后，随着剪应力 τ 连续增大，浆液流速不断加快，直至过渡到剪应力与速度梯度的比值为一常数，即注入的浆液进入渗流通道横截面的全截面流动状态。

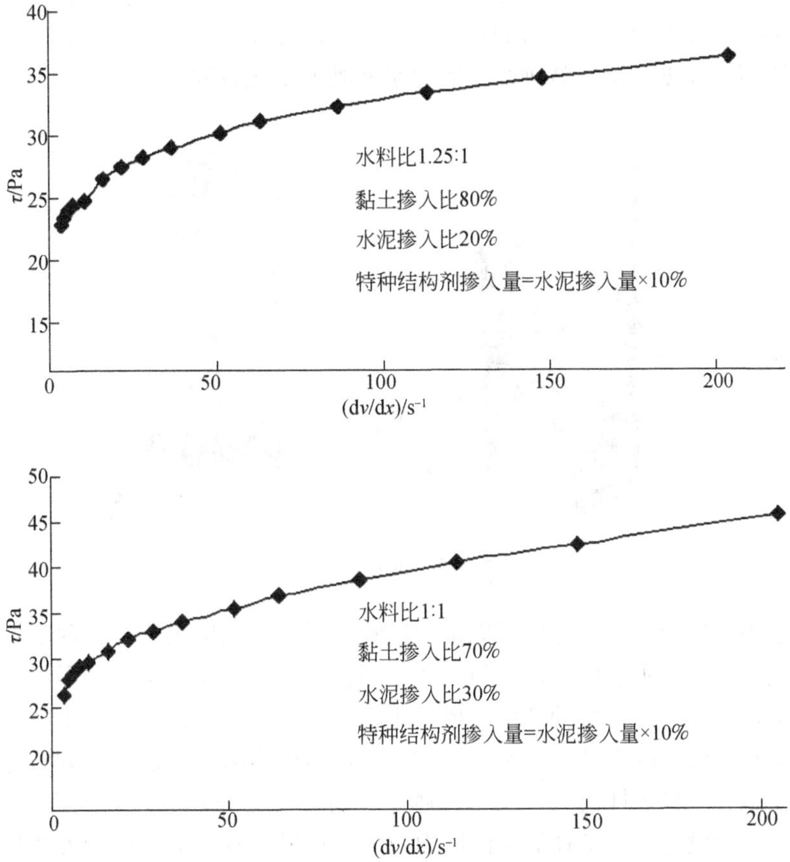

图 8-6　特种黏土固化黏浆液流变曲线检测结果

8.4　特种黏土固化浆液漏斗黏度变化时程

浆液黏度为实际注浆设计的一个重要参数，直接影响浆液可注性、渗透性与扩散半径、结束时间、注浆效果。特种黏土固化浆液属于一种非牛顿流体，黏度随时间延续越来越大——特别是在注浆压力作用下尤其如此，显著影响浆液在管路中流动与在地层或岩土中扩散，因此黏度随时间变化历程备受注浆施工关注。试验与实践表明，影响特种黏土固化浆液黏度的主要因素为胶凝时间、水料比、水泥掺入比、特种结构剂相对水泥掺入比（掺入量），注浆压力也有一定影响。在设计确定的浆材配比、水料比、注浆压力一定条件下，注浆施工将十分关心黏度与胶凝时间之间关系，因为其直接决定灌注施工速度、结束注浆时间。故此，针对注浆施工要求，很有必要基于注浆工程中广泛应用且具有一定典型代表性的浆材配比、水料比，详细研究特种黏土固化浆液黏度时程变化问题，以便为注浆施工提供一定参考依据。

如上所述，测定浆液黏度的仪器有漏斗黏度计、旋转黏度计。漏斗黏度计，见图 8-7，虽然只能得到浆液表观黏度（漏斗黏度），但是结构简单、操作快捷、便于携带，因此适合于施工现场使用。旋转黏度计，见图8-5，适合于实验室中精确测定各种牛顿流体的绝对黏度、非牛顿流体的流变性，目的在于研究浆液流变性、流变本构方程。面对实际注浆工程时，采用漏斗黏度计测定特种黏土固化浆液黏度变化时程。

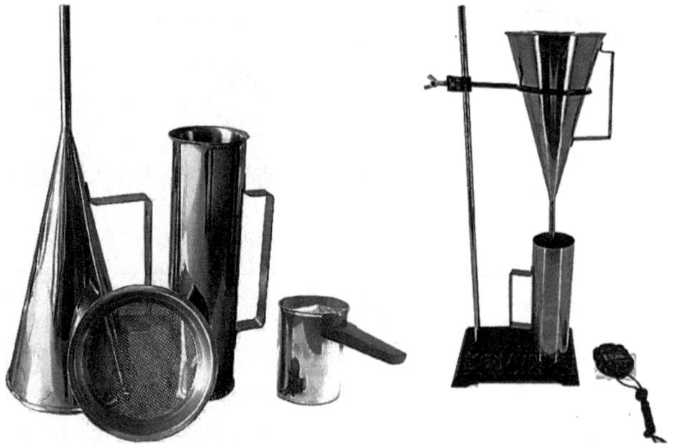

图8-7　漏斗黏度计

特种黏土固化浆液的漏斗黏度可以定性反映浆材中水泥掺入比、特种结构剂相对水泥掺入比、黏土掺入比、水料比。试验与实践表明，特种黏土固化浆液的漏斗黏度越大，说明浆材中黏土掺入比越大、特种结构剂掺入比越大、水泥掺入比越小、水料比越小，整个浆液体系中絮状结构、网络结构、缠绕结构、质点结构等越多、越密且分布越均匀，因此体系结构强度越大、稳定性越大、泌水性越小，迫使结构破坏的外力越大，浆液流动性、渗透性越小，达到设计扩散半径的灌注压力越大。针对具有一定地域代表性且注浆工程中常用的黏土（取自河南信阳）、红黏土（取自广西南宁），考虑不同浆材配比、不同水料比，制备特种黏土固化浆液，检测漏斗黏度变化时程，见图8-8，其中特种结构剂掺入比即特种结构剂掺入量与水泥掺入量之比（也即特种结构剂相对水泥掺入比）。

在水料比0.8∶1、水泥与黏土掺入比1∶4条件下，针对3种不同特种结构剂掺入比，制备的特种黏土固化浆液，漏斗黏度时程变化检测结果见图8-8（a）、（b），相应的黏度时程变化拟合式见表8-3。由图8-8（a）可以看出，采用南宁红黏土制备的浆液，随着特种结构剂掺入比增大，75min之内浆液黏度随着时间延续变化很小，其中50min之前，3种不同特种结构剂掺入比的浆液，黏度时程变化趋势线基本重合，表明3种特种结构剂掺

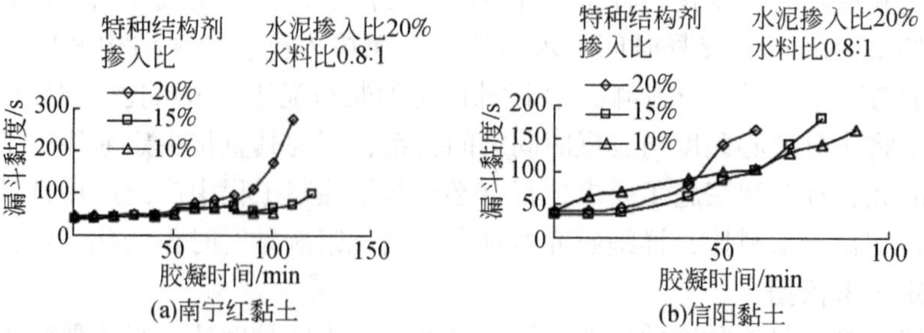

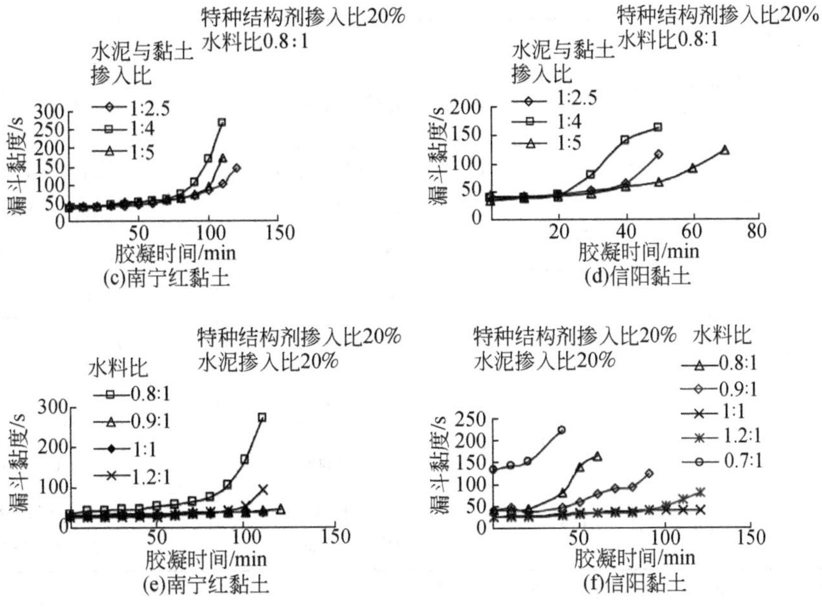

图8-8　特种黏土固化浆液漏斗黏度变化时程

入比对浆液黏度影响甚小；而75min之后随着时间延续浆液黏度明显增大，特别是特种结构剂掺入比20%的浆液在75min之后，黏度迅速上升。由图8-8（b）可以看出，采用信阳黏土制备的浆液，3种不同特种结构剂掺入比的浆液，黏度时程变化基本一致，即黏度随着时间延续而上升，特种结构剂不同掺入比对黏度影响较小。

表8-3　特种黏土固化浆液漏斗黏度时程变化拟合式

浆材配比		水料比	黏度时程变化拟合式	
特种结构剂掺入比/%	水泥与黏土掺入比		南宁红黏土	信阳黏土
20	1∶4	0.8∶1	$\mu=2.2263e^{0.0112t}$ $R^2=0.9222$	$\mu=1.8772e^{0.0184t}$ $R^2=0.8364$
15	1∶4	0.8∶1	$\mu=1.5386e^{0.0113t}$ $R^2=0.9233$	$\mu=2.3999e^{0.0163t}$ $R^2=0.9916$
10	1∶4	0.8∶1	$\mu=1.6575e^{0.0058t}$ $R^2=0.9029$	$\mu=2.6497e^{0.0234t}$ $R^2=0.9725$
20	1∶2.5	0.8∶1	$\mu=1.0789e^{0.0177t}$ $R^2=0.973$	$\mu=1.4827e^{0.0275t}$ $R^2=0.8795$
20	1∶4	0.8∶1	$\mu=2.2263e^{0.0112t}$ $R^2=0.9222$	$\mu=2.1056e^{0.015t}$ $R^2=0.7776$
20	1∶5	0.8∶1	$\mu=1.2989e^{0.0131t}$ $R^2=0.9886$	$\mu=2.3644e^{0.0124t}$ $R^2=0.8948$

续表

浆材配比		水料比	黏度时程变化拟合式	
特种结构剂掺入比/%	水泥与黏土掺入比		南宁红黏土	信阳黏土
20	1∶4	0.7∶1	$\mu=0.1587t+5.2196$ $R^2=0.9928$	$\mu=4.1196e^{0.0148t}$ $R^2=0.9748$
20	1∶4	0.8∶1	$\mu=2.2263e^{0.0112t}$ $R^2=0.9222$	$\mu=2.3483e^{0.0139t}$ $R^2=0.8084$
20	1∶4	0.9∶1	$\mu=1.9273e^{0.0063t}$ $R^2=0.9604$	$\mu=2.5691e^{0.0113t}$ $R^2=0.9823$
20	1∶4	1∶1	$\mu=1.8719e^{0.0067t}$ $R^2=0.9806$	$\mu=1.9714e^{0.0088t}$ $R^2=0.9754$
20	1∶4	1.2∶1	$\mu=0.0284t+1.796$ $R^2=0.9266$	$\mu=1.8797e^{0.0067t}$ $R^2=0.8551$

注：μ 为浆液漏斗黏度；t 为浆液胶凝时间；R 为拟合优度。

在水料比 0.8∶1、特种结构剂掺入比 20% 条件下，针对 3 种不同水泥与黏土掺入比，制备的特种黏土固化浆液，漏斗黏度时程变化检测结果见图 8-8（c）、（d），相应的黏度时程变化拟合式见表 8-3。由图 8-8（c）可以看出，采用南宁红黏土制备的浆液，随着水泥与黏土掺入比增大，80min 之内浆液黏度随着时间延续变化很小（黏度微小上升），3 种不同水泥与黏土掺入比的浆液，黏度时程变化趋势线基本重合，表明在此时段之内，水泥与黏土这 3 种掺入比对浆液黏度影响甚小）；而 80min 之后，浆液黏度随着时间延续快速上升，1∶4 水泥与黏土掺入比浆液的黏度最大、上升很快，1∶5 水泥与黏土掺入比浆液的黏度次之，1∶2.5 水泥与黏土掺入比浆液的黏度最小、上升较慢。由图 8-8（d）可以看出，采用信阳黏土制备的浆液，随着水泥与黏土掺入比增大，20min 之内，3 种水泥与黏土掺入比的浆液，黏度时程变化趋势线基本重合且近似平行于时间轴，表明在此时段之内，浆液黏度保持不变，水泥与黏土这 3 种掺入比对黏度无影响；而 20min 之后，1∶4 水泥与黏土掺入比浆液的黏度快速上升且大于 1∶5、1∶2.5 水泥与黏土掺入比浆液的黏度；20～40min 之间，1∶5、1∶2.5 水泥与黏土掺入比浆液的黏度时程变化趋势线基本重合且缓倾斜于时间轴，表明在此时段之内，这 2 种水泥与黏土掺入比浆液的黏度基本一致且缓慢上升；40min 之后，1∶5 水泥与黏土掺入比浆液的黏度上升速度较快，而 1∶25 水泥与黏土掺入比浆液的黏度上升速度较慢，前者黏度越来越大于后者黏度。

在水泥与黏土掺入比 1∶4、特种结构剂掺入比 20% 条件下，针对 4 种与 5 种不同水料比制备的特种黏土固化浆液，漏斗黏度时程变化检测结果见图 8-8（e）、（f），相应的黏度时程变化拟合式见表 8-3。由图 8-8（e）可以看出，采用南宁红黏土制备的浆液，0.8∶1 水料比浆液黏度大于 0.9∶1、1∶1、1.2∶1 水料比浆液黏度；80min 之内，浆液黏度随着时间延续呈近似线性缓慢上升；80min 之后，浆液黏度由非线性时程变化转变为线性时程快速上升；0.9∶1、1∶1 水料比浆液黏度几乎一致且一直呈线性缓慢上升；87min 之内，1.2∶1 水料比浆液黏度与 0.9∶1、1∶1 水料比浆液黏度一致，三者黏度时程变化趋势线重合且一直呈线性缓慢上升；87min 之后，1.2∶1 水料比浆液黏度快速上升且越来越大于 0.9∶1、1∶1 水料比浆液黏度。由图 8-8（f）可以看出，采用信阳黏土制备的浆液，0.7∶1 水料比浆液黏度远大于 0.8∶1、0.9∶1、1∶1、1.2∶1 水料比浆液黏度；0.7∶1 水料比浆液黏度，在 25min 之内上升较慢，25min 之后上升较快；25min 之内，0.8∶1 与 0.9∶1 水料比浆液黏度基本一致且不变；25min 之后，0.8∶1 水料比浆液黏度越来越大于 0.9∶1 水料比浆液黏度，前者黏度上升速度较后者快；90min 之内，1∶1 与 1.2∶1 水料比浆液黏度基本一致且仅微小上升；90min 之后，1.2∶1 水料比浆液黏度上升速度较快，而 1∶1 水料比浆液黏度基本不变；总体上，水料比由 0.7∶1→0.8∶1→0.9∶1→1∶1（1.2∶1），浆液黏度越来越小。

根据图 8-8 试验结果，对于红黏土，建议采用 1∶4～1∶5 水泥与黏土掺入比（即 15%～20% 水泥、80%～85% 黏土）、20% 特种结构剂掺入比（即特种结构剂掺入＝水泥掺入量×20%）、0.8∶1 水料比，制备特种黏土固化浆液。因为这种浆材配比与水料比浆液：①初始漏斗黏度为 30～50s，满足一般注浆泵对浆液可注性的初始黏度要求；②75～80min 之内，漏斗黏度缓慢上升而不超过 100s，满足浆液泵送在管路中流动与在地层或岩土中渗透达到设计扩散半径对黏度的限值要求；③75～80min 之后，漏斗黏度快速上升且很快超过 100s，满足注入的浆液在地层或岩土中快速形成防渗加固帷幕与封堵地下水渗流通道对黏度上升的要求；④浆材成本较低，满足工程节减性要求。而对于信阳黏土，建议采用 1∶5 水泥与黏土掺入比、10%～15% 特种结构剂掺入比、0.9∶1 水料比，制备特种黏土固化浆液。因为这种浆材配比与水料比浆液：①初始漏斗黏度在 45s 左右，基本满足一般注浆泵对浆液可注性的初始黏度要求；②60min 之内，漏斗黏度缓慢上升且不超过 100s，满足浆液泵送在管路中流动与在地层或岩土中扩散达到设计扩散半径对黏度的限值要求；③60min 之后，漏斗黏度快速上升且很快超过 100s，满足注入的浆液在地层或岩土中快速形成防渗加固帷幕与封堵地下水渗流通道对黏度上升的要求；④浆材成本较低，满足工程节减性要求。

8.5　特种黏土固化浆液注浆扩散半径

注浆理论因实践需求而发展起来，流体力学、固体力学是注浆理论发展的理论基础。长期以来，形成了多种注浆方法，如渗透注浆、劈裂注浆、压密注浆、旋喷注浆、摆喷注浆、双液注浆、单液注浆、球面注浆、柱面注浆、袖阀管注浆、全孔一次注浆、分段循环注浆、二次注浆等，其中渗透注浆（以防渗为主要目的注浆）、劈裂注浆（以加固为主要目的注浆）、压密注浆（以加固与防渗为双重目的注浆）为工程中广泛应用的三种主要注浆方法。因此，注浆理论研究中，一般针对这三种注浆方式中某一种方式，并且基于注入的浆液在地层或岩土中某个单一流动形式，诠释注浆机理，分析注浆压力、注入浆量、扩散半径、注浆时间之间关系，据此建立注浆公式且提出注浆结束标准，包括注浆压力、注入浆量、扩散半径等计算方法。事实上，注入的浆液在地层或岩土中往往以多种形式渗透流动，并且这些流动形式随地层条件、岩土类型、渗流通道、地下水、灌注深度、浆液性质、注浆压力、注浆时间等变化而相互转化或并存，如渗透注浆中存在劈裂现象、劈裂注浆中存在渗透现象、压密注浆中存在劈裂或渗透现象。不过，尽管注入的浆液在地层或岩土中流动形式复杂多变，但是在一定条件下总是以某种流动形式为主。如何基于工程实际且正确运用注浆理论，研究查明注入的浆液在具体地层或岩土中以何种流动形式为主扩散，满足注浆设计要求，成为可靠解决注浆防渗、加固、防冻等工程问题之关键。在下述内容中，只讨论注入地层或岩土中的特种黏土固化浆液以渗透与充填两种流动形式的扩散规律。影响浆液在地层或岩土中最大扩散半径的因素很多，如泵送压力、地层空隙率、空隙孔径、空隙连通状况、浆液容重、浆液稳定性、浆液黏度、黏度变化、胶凝时间等。在注浆设计中，灌注地段一旦确定之后，地层参数便固定不变，影响扩散半径的可调因素便是注浆方式、注浆压力、浆液性质，如浆液的容重、稳定性、初始黏度、黏度变化、胶凝时间等。

8.5.1　浆液流动性机理与主控因素

浆液流动性是指在一定注浆压力作用下，浆液在地层或岩土中渗透流动扩散的性能。本质上，浆液流动性取决于注浆过程中浆液内部质点之间、浆液与空隙壁之间产生的相互作用阻力。由图 8-2 ~ 图 8-4 可以看出，不同于牛顿流体，对于宾厄姆流体和黏塑性流体，在注浆压力作用下，只有浆液内部产生的剪应力超过迫使浆液流动的最小剪应力——初始静切力（屈服值）时，浆液才发生黏性流动。

注入地层或岩土中的特种黏土固化浆液，随着扩散距离越来越大，浆液所受阻力越来越大、流量越来越小、渗流越来越慢，注浆压力消耗也随之越来越大，浆液渗透扩散至某一位置，若传至此位置的注浆压力小于此处浆液扩散阻力，浆液便停止扩散。由图 8-4 可知：①由注浆压力作用而在浆液内部产生的剪应力 $\tau=\tau_c$，浆液剪切速率 $\gamma=0$，即注入的浆液在地层或岩土中停止扩散的瞬间，浆液受到的扩散阻力正是静切力；②注入地层或岩土中的浆液，扩散速度越快、剪切速率越大、受到阻力越大，要求注浆压力在浆液中产生的剪应力也越大。因此，浆液的塑性黏度 η_p 显著影响浆液在一定注浆压力作用下、在一定空隙比地层或岩土中从注浆孔向远处的扩散速度，但是浆液扩散半径的主要影响因素是浆液静切力。

特种黏土固化浆液是一种黏度或黏滞系数发生时程变化的非牛顿流体，因此注入地层或岩土中浆液的静切力也具有明显的时程变化。由于浆液静切力对注入地层或岩土中的浆液扩散具有控制作用，只有由注浆压力在浆液内部产生的剪切力大于浆液静切力，浆液才能渗透流动。浆液静切力因注浆时间延长而增大，当浆液静切力超过由注浆压力在浆液中产生的剪应力时，浆液便停止渗透扩散，所以浆液扩散距离有限。因此，浆液静切力随着注浆时间延长而增大对注浆效果具有重要影响，甚至起决定性作用。针对具体地层、岩土、空隙、地下水、动水压力、灌注深度等，在一定注浆压力作用下，浆液静切力决定了浆液扩散距离与有效注浆半径，浆液静切力越小，越易注浆，注浆半径也越大。然而，静切力过小的浆液不稳定，并且引起浆液扩散半径过大，甚至出现永远灌不满的“跑浆”现象，更重要的是过小静切力的浆液抗地下水稀释性能差，特别是浆液静切力小于地下水动水压力时，注入的浆液将被地下水冲走；反之，静切力过大的浆液，不仅容易堵塞注浆管路，而且注入地层或岩土中的浆液难以渗透扩散，扩散过程中消耗注浆压力也很大，浆液扩散越远，需要的注浆压力也越大。浆液的塑性黏度 η_p 也随着注浆时间延长而增大，对于实现注浆效果所需注浆时间有重要影响，因此在满足浆液可注性且达到设计扩散半径、注浆效果前提下，通过充分的浆液性能调配的小额配比试验，即不同浆材配比与水料比试验，应尽可能降低浆液的塑性黏度 η_p。

8.5.2　浆液胶凝时间与扩散半径

在注浆工程中，浆液胶凝时间是确定浆液可注性、适用性、灌注时间、扩散半径的重要依据，胶凝时间对注浆效果影响很大。例如，凝胶时间过长，注入的浆液易被地下水冲散、难以形成完整防渗加固帷幕，不适用于大渗流通道、大渗流量、大动水压力条件；胶凝时间过短，浆液容易堵塞注浆管路、注浆孔、渗流通道且扩散半径较短，不适用于封堵地层或岩土中较小孔隙、裂隙、空洞。

特种黏土固化浆液胶凝时间的测定方法、测定仪器不同于水泥浆液或水泥黏土浆液即水泥基类浆液。适合于注浆防渗加固的水泥浆液或水泥黏土浆液的初凝时间变化于 3 ~ 8h 之间，一般采用维卡仪测定浆液胶凝时间。特种黏土固化浆液胶凝快、固化快，达到初凝的浆液已具有相当高的塑性强度，维卡仪测定的胶凝时间远短于浆液可泵期，而事实并非如此。因此，维卡仪测定的特种黏土固化浆液的胶凝时间仅有一定参考意义。实际工程中，采用倒杯法测定特种黏土固化浆液的胶凝时间。倒杯法测定特种黏土固化浆液胶凝时间的操作步序见图 8-9。准备两个相同容量的量杯 A、量杯 B，采用量杯 A 取一定量浆液，立刻将量杯 A 中浆液全部倒入量杯 B 中，再立刻将量杯 B 中浆液全部倒入量杯 A 中，再立刻将量杯 A 中浆液全部倒入量杯 B 中，如此反复交替倒杯，直至浆液不再流动为止(从量杯中倒不出浆液)，经历的反复交替的倒杯时间即为浆液的胶凝时间，也就是制成浆液的时间至浆液在重力作用下失去流动性的时间。

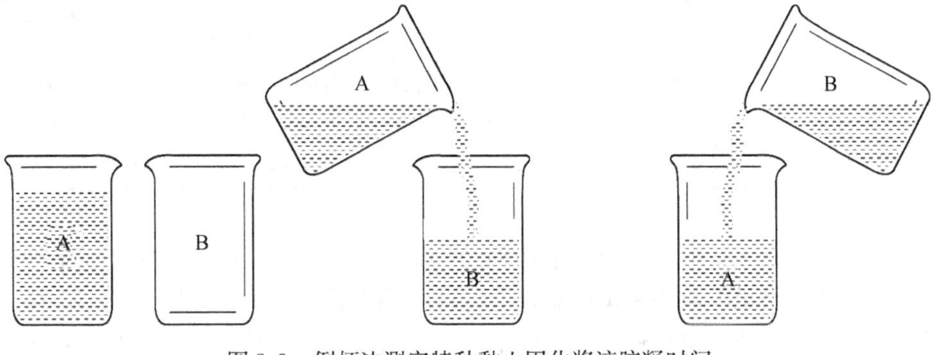

图 8-9　倒杯法测定特种黏土固化浆液胶凝时间

针对在具有一定地域代表性且注浆工程中常用的黏土（取自广西南宁）、粉质黏土(取自黑龙江哈尔滨)、红黏土（取自江西萍乡)，进行浆液胶凝时间与浆液材料配比、水料比之间关系试验检测，检测结果见附表 8-1 ~ 附表 8-3、表 8-4。试验中，分别考虑不同水料比、不同水泥与黏土掺入比、不同特种结构剂掺入比（特种结构剂掺入量与水泥掺入量之百分比，又称特种结构剂相对水泥掺入比)，因为三者对浆液胶凝时间有影响或重要影响。由附表 8-1 ~ 附表 8-3、表 8-4 可以看出：①特种结构剂掺入比为 7.5%，特种黏土固化浆液胶凝时间较长，达几十分钟；②特种结构剂掺入比为 10%，浆液胶凝时间很短，仅 10s 左右或几十秒；③但是，特种结构剂掺入比为 12.5% 时，浆液胶凝时间相较于掺入比为 10% 的试样又有延长；④水泥与黏土掺入比改变对浆液胶凝时间影响不明显；⑤浆液胶凝时间因水料比降低而显著缩短。进一步试验研究表明：①特种结构剂掺入量=水泥掺入量×（10% ~12.5%），制备的特种黏土固化浆液，不仅容易达到速凝，而且特种结构剂与黏土、水泥具有良好的混合效果；②水泥与黏土相对掺入比不同，对特种黏土固化浆液胶凝时间影响较大，在特种结构剂掺入量=水泥掺入量×10% 或 12.5% 条件下，随着水泥掺入比加大，浆液胶凝时间明显缩短，主要原因在于特种结构剂绝对掺入量因水泥掺入量增加而增加，对于缩短浆液胶凝时间有积极作用；③特种结构剂掺入量=水泥掺入量×10%，水泥掺入比对浆液胶凝时间影响较小；④特种结构剂掺入量=水泥掺入量×15%，水泥掺入比对浆液胶凝时间影响复杂，如水泥掺入比为 10%、20%、30%，浆液胶凝时间分别为 4min18s、8min32s、8min32s。试验与工程实践表明，特种结构剂掺量比为 10% ~12.5%、水泥掺入比为 10% ~20%、黏土掺入比为 80% ~90%、水料比为 0.8 : 1 ~1 : 1，制备的浆液能够达到速凝且特种结构剂与黏土、水泥之间具有良好的混合效果，适于多种场地与地下水条件下注浆防渗加固，既经济节减、又快速见效且效果显著。

表 8-4　特种黏土固化浆液与水泥浆液胶凝时间检测结果

	黏土掺入比/%	水泥掺入比/%	水料比	浆液胶凝时间			
				特种结构剂掺入比 7.5%	特种结构剂掺入比 10%	特种结构剂掺入比 12.5%	特种结构剂掺入比 15%
特种黏土固化浆液	90	10	1.5 : 1	56min	12s	108s	4min18s
	80	20		42min	9s	80s	8min32s
	70	30		29min	11s	61s	1min20s
水泥浆液	水料比			浆液胶凝时间			
				特种结构剂掺入比 7.5%	特种结构剂掺入比 10%	特种结构剂掺入比 12.5%	特种结构剂掺入比 15%
	0.5 : 1			45min	<10s	<10s	<10s

为进行对比，表 8-4 中一并列入了特种结构剂加入 0.5 : 1 水料比的普通水泥浆液中浆液胶凝时间测定结果。由表 8-4 可见：①特种结构剂掺入量=水泥掺入量×7.5%，浆液胶凝时间基本满足一般地层与地下水条件下注浆建造防渗帷幕要求；②但是，特种结构剂掺入量=水泥掺入量×10%（12.5%，15%），由于浆液胶凝时间过短，只适合于浅层注浆或大渗流通道如岩溶地层注浆。

通过 NXS-11A 型旋转黏度计对特种黏土固化浆液黏度的测定结果，可以更清楚看出浆液静切力时程变化规律。特种结构剂掺入比较小，浆液表现出明显触变性、缓慢振凝性，见图 8-10。这种浆液的黏度变化规律与纯水泥浆液的黏度变化规律很相似：制成的浆液，25min 之前，两种浆液的静切力均呈下降趋势，表明二者均具有触变性；25min 之后，两种浆液的静切力开始上升，表明二者已进入胶凝过程。总之，特种结构剂掺入比较小，特种黏土固化浆液属于一种长凝型浆液，胶凝之前，可以有充分时间保证浆液在注浆管中输送、在地层或岩土中扩散，使扩散半径达到设计要求。

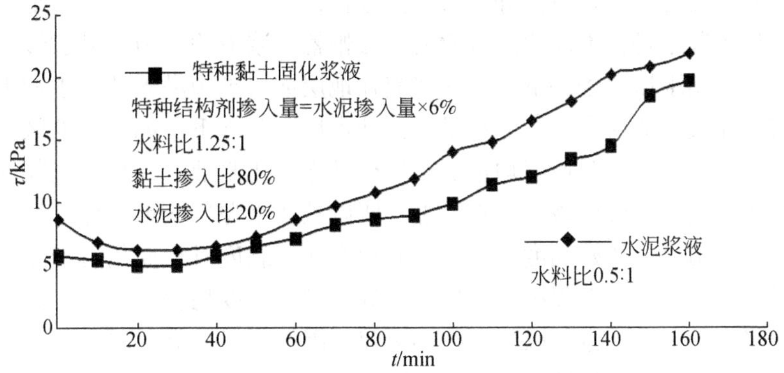

图 8-10　特种黏土固化浆液与水泥浆液静切力时程变化

由图 8-11 可以看出，若特种结构剂相对于水泥掺入量较大，特种黏土固化浆液将变成一种具有急速振凝性的短凝型浆液，浆液静切力迅速增长而很快进入胶凝状态。因此，特种结构剂掺入量直接影响特种黏土固化浆液的胶凝时间、初始静切力、静切力上升速度、初始黏度、黏度上升速度等，进而显著影响浆液可注性、渗透性、可灌注时间、注浆效果等。

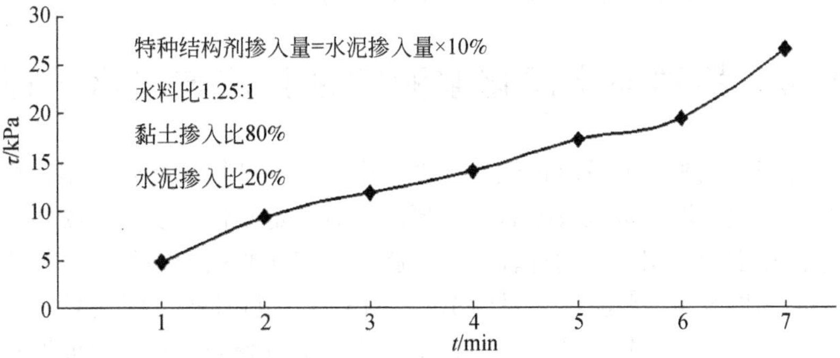

图 8-11　特种黏土固化浆液静切力时程变化

比较图 8-10 与图 8-11 可以看出，特种黏土固化浆液胶凝过程即为静切力增大过程。在地层或岩土结构较均匀、渗透系数较小情况下，要求掺入较少量特种结构剂制备满足设计要求的特种黏土固化浆液，这种浆液为长凝型浆液，浆液静切力上升不快，具有足够时间保持较低的黏度在地层或岩土中渗透扩散，达到设计扩散半径。在砂砾层、卵石层、岩溶地层、杂填土、断裂带等渗透系数很大且有较大地下水动水压力作用条件下，采用特种黏土固化浆液注浆建造防渗加固帷幕，要求加入较多量特种结构剂制备短凝型浆液，以缩短浆液胶凝时间，并且增大初始静切力、初始黏度，加快静切力上升速度、黏度上升速度，实现快速封堵渗流通道且减少或避免浆液流失。

总之，特种黏土固化浆液因特种结构剂相对于水泥掺入量不同而分为长凝型浆液、短凝型浆液，二者具有不同工程性质，根据实际注浆需求，可以使浆液胶凝时间在几十秒至几十分钟范围可控。随着时间延长，浆液逐渐变稠，通过 NXS-11A 型旋转黏度计可以测得浆液静切力时程变化规律。浆液静切力上升过快，注入浆液在地层或岩土中扩散距离较短，达不到设计扩散半径，不能建立有效的防渗帷幕；浆液静切力上升过慢，在地层空隙较大或较大地下水动水压力条件下，注入浆液在地层或岩土中易被地下水冲走，达不到注浆效果。尤其是在大渗流通道、大涌水量、大动水压力条件下，如岩溶地区，普通水泥浆由于初始静切力、静切力上升速度均远低于特种黏土固化浆液，并且水泥浆液初始黏度较低且黏度上升速度很慢，极易被地下水冲走，所以灌注水泥浆液无法保证注浆效果。鉴于上述，浆液初始静切力、初始黏度、静切力时程变化、黏度时程变化对于注浆效果具有极其重要的实际意义。在注浆工程中，较稀浆液静切力、黏度均较低且静切力、黏度均上升较慢，即使注浆压力不大，也可以灌入细小裂隙，因此为了可靠封堵细小裂隙，力争降低浆液初始黏度、初始静切力且控制黏度上升速度、静切力上升速度。但是，对于地下水丰富、动水压力较大且存在大范围东西地层，低黏度与低静切力浆液难以抵抗地下水较大动水压力作用，容易造成浆液流失现象；高黏度浆液的静切力较大而大于地下水动水压力，可以避免注入的浆液被地下水冲走，取得良好注浆效果。鉴于上述，在地层结构不均匀且存在大空隙、丰富地下水、大动水压力条件下，首先采用黏度高且胶凝时间短的短凝型特种黏土固化浆液进行充填注浆，以快速堵住大的漏浆通道且提高地层对浆液渗透的均匀性，然后改用黏度低且胶凝时间长的长凝型特种黏土固化浆液进行渗透注浆，这就是二次注浆流程，不失为一种取得设计注浆效果良好可行的措施。

8.6 特种黏土固化浆液塑性强度与堵水机理

采用浆液静切力刻画浆液胶凝体塑性强度。由于特种结构剂高效作用，特种黏土固化浆液静切力与黏度快速增大进入胶凝状态，形成具有一定塑性强度的胶凝体。这种胶凝体接近于膏状体，在重力作用下流动性较小，而施加一定注浆压力则具有良好流动性。试验表明，特种结构剂掺入量=水泥掺入量×(10% ~15%)，特种黏土固化浆液胶凝体塑性强度增长不是很快，处于一种软塑状态，适合于灌注。浆液胶凝体塑性强度增长越慢，浆液软塑状态保持越久，浆液可注期也越长。

特种黏土固化浆液胶凝体塑性强度是浆液内部抵抗变形与流动性能的一个重要评价指标。因此，测量浆液胶凝体塑性强度与测量浆液静切力意义同等重要。研究浆液胶凝体塑性强度变化规律，目的在于把握浆液流变性。若浆液处于流体状态，可以通过 NXS-11A 型旋转黏度计测量浆液静切力。若浆液静切力超过 NXS-11A 型旋转黏度计量程，则改用浆液塑性强度仪（图 8-12）测定浆液胶凝体塑性强度。塑性强度表征浆液胶凝体抗切性能，主要用于估计注浆加固体的堵水性能、承受地下水压力能力。若地下水压力较大、渗流量较大，要求注入浆液形成的膏状体尽快建立一定塑性强度以抵抗地下水压力与稀释作用，并且在注浆压力作用下膏状体能够克服自身塑性强度而向外扩散。

实际应用表明，特种黏土固化浆液塑性强度增长速度对于浆液堵水效果有重要影响，如 2002 年完成的马鞍山姑山铁矿采场东帮 100m 高边坡注浆防渗加固工程。浆液塑性强度增长过快、黏度上升过快，注浆阻力很快增大，浆液扩散半径难以达到设计要求；反之，

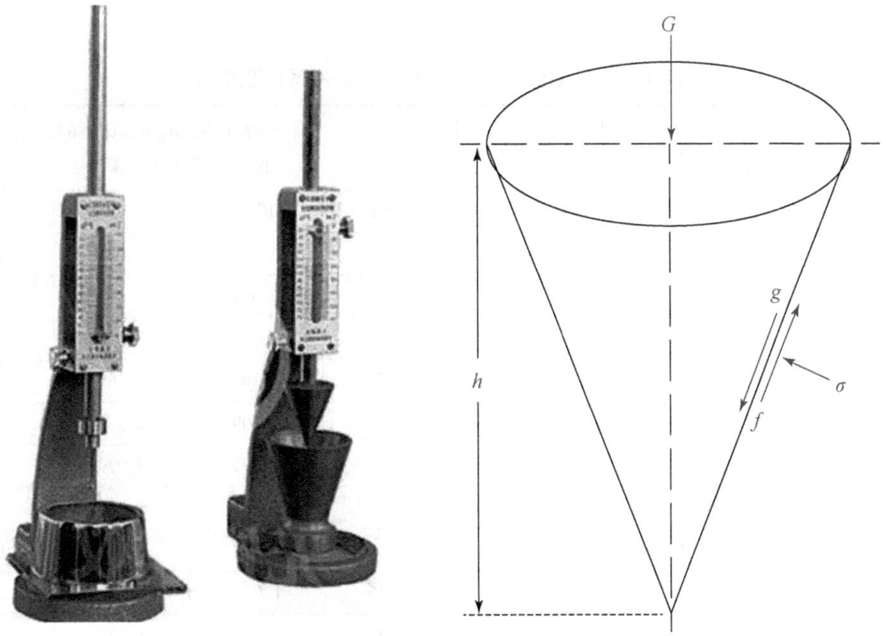

(a)实物照片　　(b)计算原理

图 8-12　浆液塑性强度仪与工作原理图

σ 为周围浆液对锥体侧面的正应力（侧面法向应力），g 为剪切应力 f 的反力（即周围浆液受到锥体的剪切应力）

浆液塑性强度增长过慢，在大空隙、大涌水量、大动水压力条件下，注入的浆液难以抵抗地下水作用而导致浆液流失。

测定特种黏土固化浆液塑性强度的塑性强度仪，可以采用维卡仪改制而成，将维卡仪的试针换成锥体，置于浆液表面，锥体在自重作用下自然下沉至浆液中一定深度 h 而达到平衡，锥体侧面受到的浆液剪应力即为浆液极限剪应力 f，称为浆液塑性强度 P_s，计算方法见式（8-3）。

$$\begin{cases} P_s = \dfrac{k_a G}{h^2} \\ k_a = \dfrac{\cos^2\left(\dfrac{\alpha}{2}\right)\cot\left(\dfrac{\alpha}{2}\right)}{\pi} \end{cases} \tag{8-3}$$

式中，α 为锥体顶角（°）；h 为锥体沉入深度（mm）；G 为锥体总重量（g）。

采用塑性强度仪，精准检测了特种黏土固化浆液、纯水泥浆液的胶凝体塑性强度，二者检测结果一并列于表 8-5，据此绘制的胶凝体塑性强度时程 P_s-t 变化曲线见图 8-13 ~ 图 8-16。由表 8-5 与图 8-13 ~ 图 8-15 可以看出，因特种结构剂速凝剂作用而使得特种黏土固化浆液早期胶凝时间大幅度缩短。之后 2h，浆液胶凝体塑性强度增加不多且处于膏状体状态，这便为特种黏土固化浆液灌注与堵水提供了如下条件：①由于浆液胶凝体具有一定塑性强度，所以能够抵抗相当大动水压力，胶凝体塑性强度越高，抵抗动水压力能力也越强；②由于浆液胶凝体在一定时段塑性强度不大且增长缓慢，在注浆作用下，可以继续扩散，从而有效充填大孔洞、大裂隙，达到设计的扩散半径、注浆效果。上述即为特种黏土固化浆液注浆堵水的主要机理。

表 8-5　浆液胶凝体塑性强度 P_s–t 关系检测结果

	水料比	水泥掺入比/%	胶凝时间/min	不同特种结构剂掺入比下的胶凝体塑性强度/kPa			
				7.5%	10%	12.5%	15%
特种黏土固化浆液	1.5∶1	10	10	—	0.536	1.034	1.709
			20	—	0.692	1.489	2.326
			30	—	0.928	2.326	2.768
			60	0.327	1.394	2.768	3.350
			120	0.582	1.709	3.350	5.234
		15	10	—	0.692	0.929	0.209
			20	—	0.837	1.034	0.692
			30	—	0.928	1.394	1.982
			60	0.536	1.034	1.982	3.350
			120	1.034	1.982	5.234	4.636
		20	10	—	0.427	0.582	1.394
			20	—	0.536	1.034	2.768
			30	—	0.633	1.489	3.350
			60	0.837	1.709	2.768	5.234
			120	2.768	9.304	13.398	20.934
纯水泥浆液	0.5∶1	66.66	10	—	0.308	1.489	1.709
			20	—	0.837	3.350	6.835
			30	—	1.159	9.304	20.934
			60	0.398	5.234	148.867	83.738
			120	1.159	9.304	405.488	405.4875

注：—表示浆液塑性强度低于塑性强度仪量程而无法测出。

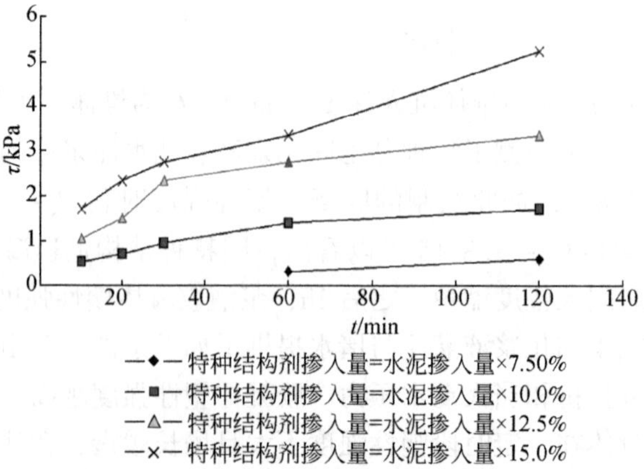

图 8-13　特种黏土固化浆液静切力时程变化（水料比 1.5∶1，水泥掺入量 10%）

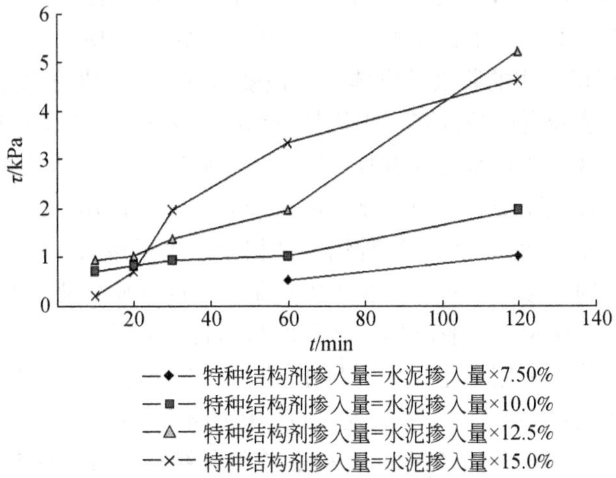

图 8-14　特种黏土固化浆液静切力时程变化（水料比 1.5∶1，水泥掺入量 15%）

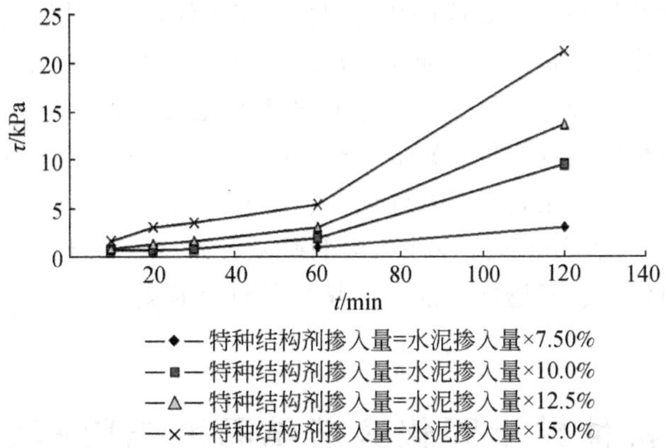

图 8-15　特种黏土固化浆液静切力时程变化（水料比 1.5∶1，水泥掺入量 20%）

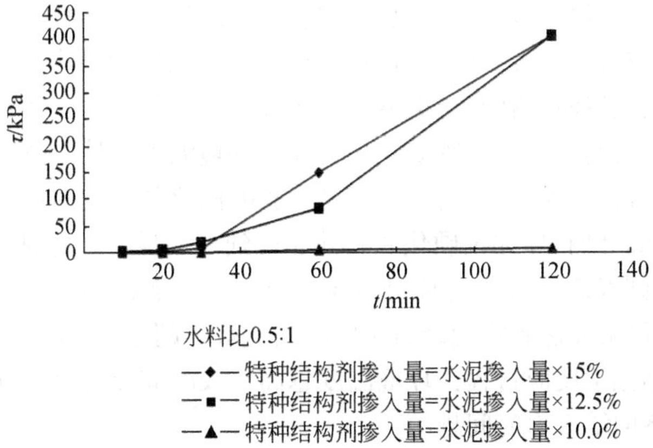

图 8-16　特种结构剂提高水泥浆液静切力效应

由图 8-13 ~ 图 8-15 还可以看出：①10%、15% 水泥掺入比对特种黏土固化浆液胶凝体塑性强度影响不大；②在浆液制备结束 1h 之内，20% 水泥掺入比的浆液胶凝体塑性强度与 10%、15% 水泥掺入比的浆液胶凝体塑性强度基本一致；③在浆液制备结束 1h 之后，20% 水泥掺入比的浆液胶凝体塑性强度很快超过 10%、15% 水泥掺入比的浆液胶凝体塑性强度，且一直上升，这显然与水泥浆液胶凝时间长且胶凝体后期塑性强度大有关，因此若水泥掺入量较大，在浆液胶凝后期便凸显水泥对胶凝体硬化作用；④在三种不同水泥掺入比情况下，浆液胶凝体塑性强度均因特种结构剂相对于水泥掺入比增加增大，后期强度尤其如此，表明特种结构剂掺入量对特种黏土固化浆液胶凝体塑性强度建立与提高具有重要意义，特种结构剂掺入比越大，胶凝体塑性强度越高且建立越快。

制备注浆材料，若不采用黏土，而直接采用特种结构剂、纯水泥作为制浆材料，是否可以获得性能更好的灌注浆液。为了考察这一点，按照不同掺入比，即特种结构剂掺入量=水泥掺入量×7.5%（10.0%，12.5%，15%），将特种结构剂掺入 0.5∶1 水料比的纯水泥浆液中，浆液胶凝体静切力（塑性强度）、胶凝时间的测定结果一并列于表 8-5 中。从表 8-5 与图 8-16 可以看出：①特种结构剂相对于水泥掺入量低于 10% 的浆液，胶凝时间很长，短期很难建立塑性强度；②特种结构剂相对于水泥掺入量超过 12.5% 的浆液，虽然可以很快建立塑性强度，但是由于浆液在短暂时间内塑性强度快速增长而达到泵压难以推动的程度，所以注入的浆液在地层或岩土中扩散半径很难得到保证。特别值得强调的是，纯水泥浆液，采用特种结构剂促凝，浆液胶凝时间可调范围小、塑性强度增长过快，一旦施工被迫间歇，极易堵塞注浆管、堵塞注浆孔、堵塞渗流通道，因此工程中不宜采用特种结构剂作为纯水泥浆液的促凝剂，特种结构剂必须与水泥、黏土按照一定掺入比配合使用，才能制备满足可注性、渗透性与灌注封堵性的性能良好浆液，达到设计的扩散半径、注浆效果。

8.7　特种黏土固化浆液结石率与胶凝膨胀性

结石率为表征浆液通过胶凝固化而形成具有一定强度与固定结构的固态聚合物性能的定量指标。结石率大小或高低取决于浆材类型、浆材配比、水料比、环境温度、胶凝固化时间且与制浆工艺关系密切，制浆工艺包括各种材料掺入先后顺序、搅拌时间、搅拌速度等。针对特种黏土固化浆液，在黏土类型、水泥标号、浆材配比、水料比一定条件下，影响结石率的主要因素为制浆工艺、胶凝固化时间、环境温度，浆材拌合越均匀、胶凝固化时间越长、环境温度越高，结石率越高。但是，胶凝固化到一定时间之后，结石率便达到终值而不再升高（标志结石体完全硬化——并非达到终期强度，此时的结石率称为终期结石率），不同浆液达到终期结石率的时间不同，纯水泥浆液达到终期结石率的时间一般为 4 ~ 5h，特种黏土固化浆液达到终期结石率的时间一般不超过 50min。特种黏土固化浆液胶凝固化过程属于吸热化学反应过程，环境温度越高，胶凝固化速度越快，结石越快，终期结石率越高，达到终期结石率时间越短。

结石率是可靠刻画浆液胶凝固化体积胀缩性（即膨胀性、收缩性）的一个定量指标。结石率 β，即经过一定胶凝固化时间之后，结石体的体积 V_{ψ} 与原浆液的体积 V_{ξ} 之比，$\beta=$

$V_ψ/V_ξ$。$β<1$，表明浆液胶凝固化体积收缩，收缩率为 $(V_ξ-V_ψ)/V_ξ$；$β>1$，表明浆液胶凝固化体积膨胀，膨胀率为 $(V_ψ-V_ξ)/V_ξ$。结石率也与浆液泌水性关系密切，一般情况下，浆液静置泌水率越大，结石率越低；反之，浆液静置泌水率越小，结石率越高。但是，影响结石率高低的重要因素是浆液胶凝固化过程中反应物总体积与生成物总体积的差值。针对特种黏土固化浆液，由于浆液静置泌水率很低，甚至不泌水，并且浆液胶凝固化过程中反应物的总体积大于生成物的总体积，所以一般表现出胶凝微膨胀性。

精心制备了特种黏土固化浆液，以详细考察浆液结石率与胶凝微膨胀性。制浆方法：按照一定水料比，即水与浆材（水泥+黏土+特种结构剂）之比，采用水泥净浆搅拌器，首先制备纯黏土浆液，然后按照一定掺入比将水泥、特种结构剂一次性同时足量加入纯黏土浆液中，高速搅拌 8min，制成浆材与水混合均匀的特种黏土固化浆液。表 8-6 列出了特种黏土固化浆液静置 2h 结石率测定结果。由表 8-6 可以看出：①在特种结构剂相对水泥掺入比相同条件下，随着水泥掺入比增加，浆液结石率降低；②在水泥掺入比相同条件下，随着特种结构剂相对水泥掺入比增加，浆液结石率提高；③水料比、水泥掺入比、特种结构剂相对水泥掺入比条件下，制成的浆液，胶凝固化基本不收缩或收缩率极低且较多具有微膨胀性。

表 8-6　特种黏土固化浆液结石率测定结果

水泥掺入比	水料比	2h 浆液结石率（$β$）		
		特种结构剂掺入比 7%	特种结构剂掺入比 10%	特种结构剂掺入比 15%
25%	2：1	0.97	1	1.01
	1.5：1	0.99	1.03	1.01
	1.25：1	1	1.03	1.04
	1：1	1	1.04	1.05
15%	2：1	0.97	1.01	1.01
	1.5：1	1	1.05	1.06
	1.25：1	0.95	1.04	1.05
	1：1	1	1.05	1.07
10%	2：1	1	1	1
	1.5：1	1	1.05	1.06
	1.25：1	1	1.03	1.08
	1：1	1	1.05	1.07

为了从宏观方面（宏观表象）进一步考察水泥黏土浆液（注浆工程中广泛应用的常规注浆材料，也即一种水泥基类注浆材料）、特种结构剂粉煤灰黏土浆液与特种黏土固化浆液之间胶凝固化胀缩性差异、结石率差异，针对这三种浆液又平行做了相同水料比的几组试件（其中一组试件标准养护 15d 胶凝固化宏观表象见图 8-17），试件规格为 40mm×40mm×160mm，浆材配比见表 8-7，水泥为 425 普通硅酸盐水泥，黏土为哈尔滨商业黏土，粉煤灰为三级粉煤灰，水为哈尔滨饮用自来水。特种结构剂粉煤灰黏土浆液：以粉煤灰全

部代替特种黏土固化浆液中水泥，特种结构剂掺入量、黏土掺入量、水料比等同于特种黏土固化浆液，见表 8-7。图 8-17 中的浆材配比与水料比为：试件（a），水泥掺入比 20%，黏土掺入比 80%，特种结构剂相对水泥掺入比 10%（特种结构剂掺入量 = 水泥掺入量×10%），水料比 0.6：1；试件（b），水泥掺入比 20%，黏土掺入比 80%，水料比 0.6：1；试件（c），粉煤灰掺入比 20%，黏土掺入比 80%，特种结构剂相对粉煤灰掺入比 10%（特种结构剂掺入量 = 粉煤灰掺入量×10%），水料比 0.6：1。

(a)　(b)　(c)

图 8-17　浆液试件照片

表 8-7　浆材配比与水料比　（单位：g）

水料比	特种黏土固化浆液			水泥黏土浆液		特种结构剂粉煤灰黏土浆液		
	特种结构剂	水泥	黏土	水泥	黏土	特种结构剂	粉煤灰	黏土
1：1.5	25	250	1000			25	250	1000
1：1.25	25	250	1000			25	250	1000
1：1	25	250	1000			25	250	1000
1：0.6	40	400	1600	440	1600	40	400	1600
1：0.5	40	400	800					

由图 8-17 十分清楚地看出，试件标准养护 15d：①特种黏土固化浆液充分胶凝固化，结石体强度相当高（无侧限抗压强度检测值高达 4.24MPa），试件明显膨胀而鼓出试件模，并且试件因膨胀而与模具壁之间紧密结合、无任何缝隙，见图 8-17（a），表明浆液基本无泌水性、结石率极高、硬化速度很快且具有一定胶凝固化微膨胀性；②水泥黏土浆液胶凝固化程度很低，结石体强度十分小（手很容易在试件上压出印坑），并且试件因收缩性大而与模具壁之间出现很大收缩缝，见图 8-17（b），表明浆液泌水性很大、结石率较低、

硬化速度很慢且具有较大胶凝固化收缩性；③特种结构剂粉煤灰黏土浆液胶凝固化程度极低，结石体基本无强度（试件拿不上手、手极容易在试件上压出印坑），并且试件因收缩性很大而与模具壁之间出现很大收缩缝，见图 8-17（c），表明浆液泌水性很大、结石率较低、几乎不硬化，且具有较大胶凝固化收缩性。比较图 8-17（a）～（c）不难看出，采用特种黏土固化浆液进行地基、路基、堤坝等注浆防渗加固与冻害防控，无疑具有十分良好的性能优势。

迄今为止，除了某些化学浆液或高分子聚合物浆液之外，注浆防渗加固与冻害防控工程中广泛应用的各种浆液注入地层或岩土中胶凝固化均发生一定体积收缩，并且这些浆液具有较大或一定泌水性且结石率低或较低。因此，即使灌注的浆液起初完全充满渗流通道，也因为浆液泌水性大、结实率低、胶凝固化体积收缩，结石体与渗流通道接触带上依然出现未被封堵的渗水裂隙或孔隙，正如此，尽管结石体自身抗渗性强，但是也不能保证注浆加固体一定可靠抗渗。鉴于上述，注浆加固体抗渗性能不只取决于结石体自身抗渗能力，还与浆液泌水性、结石率、胶凝固化胀缩性三者关系密切。在浆液性能满足可注性与渗透扩散性要求前提下，只有尽可能降低浆液泌水性、提高浆液结石率、保证胶凝固化不收缩甚至微膨胀，才能够可靠封堵注浆加固体中渗流通道。这正是特种黏土固化浆液开发努力追求的一个重要目标，目前已经完美实现了这一目标。

特种黏土固化浆液，在满足可注性与设计扩散半径、注浆效果要求下，合理控制水料比，注入地层或岩土中，由于特种结构剂高效作用，胶凝固化均表现出一定微膨胀性，微膨胀受渗流通道约束作用而产生一定内应力，加之基本不泌水或泌水率极低、极高或近于100%结实率，大幅度增大结石体抗渗与抗挤出性能，进而保证注浆加固体可靠抗渗性能。可以通过以下措施，进一步提升或保证特种黏土固化浆液泌水率很低或极低、结实率极高或近于100%，以达到显著提高注浆效果的目的。

（1）在满足浆液可注性——黏度指标前提下，尽可能控制为较低水料比。由表 8-2 可以看出，水料比不超过 1.25∶1，浆液泌水率几乎为零、结石率几乎达到或超过 100% 且具有一定微膨胀性。因此，在满足浆液可注性与设计扩散半径、注浆效果要求条件下，为了达到最佳注浆效果，严格控制水料比极其重要。

（2）不同于广泛应用的水泥基类注浆材料，特种黏土固化浆液之所以具有胶凝固化微膨胀性，是因为特种结构剂的重要作用。水泥基类浆液胶凝固化作用属于放热化学反应过程且泌水性大、收缩性大，特种黏土固化浆液胶凝固化作用属于吸热化学反应过程且泌水性极小甚至不泌水、微膨胀或收缩性极小。故此，综合考虑浆液性能要求、节减性要求，适当增大特种结构剂掺入比，对于进一步降低泌水率、提高浆液结石率、增大膨胀性具有重要意义。

（3）特种黏土固化浆液主要材料为黏土或黏性土，在特种结构剂高效作用下，黏土矿物是浆液胶凝固化具有一定微膨胀性的另一原因。试验表明，在各种黏土矿物中，蒙脱石对于提高浆液胶凝固化膨胀性起重要作用。因此，选择蒙脱石含量占绝对优势的膨润土制备特种黏土固化浆液，不仅浆液胶凝固化膨胀性更大，而且制浆出浆率更高。此外，由表 8-6 中浆液结石率测定结果可以看出，在满足工程对浆液结石体强度要求前提下，适当提高黏土掺入比，有利于增大浆液胶凝固化膨胀性。

（4）注浆加固体中渗流通道在注入的压力浆液作用下发生一定径向膨胀扩展，注浆结束之后，浆液压力逐渐释除，渗流通道径向膨胀扩展部分便自然收敛回复，将对浆液结石体产生一定挤密效应，从而在一定程度上提高注浆加固体防渗加固效果，现场试验与实际应用也证实了这一点。因此，适当提高注浆压力，以向渗流通道中注入更多且压力更大的浆液，很有利于提高注浆效果。当然，在大孔隙与大裂隙条件下，尤其是岩溶地层，过高注浆压力可能引起漏浆问题、跑浆问题；此外，若上覆地层或岩土自重压力过小（如浅层或超浅层注浆），注浆压力也不宜过高，否则，可能出现灌注冒顶现象，即高压浆液突破上覆层而翻到地面。

（5）试验与实践表明，制备特种黏土固化浆液，搅拌速度越快、时间越长，不同浆材之间、浆材与水之间混合越均匀，越有利于提高造浆率、浆液结石率且降低泌水率。根据经验，首先应将纯黏土浆液充分搅拌均匀，然后向纯黏土浆液中一次性同时加入水泥、特种结构剂，立刻高速搅拌 7 ~ 10min。

（6）由表 8-6 中浆液结石率测定结果可以看出，在满足工程对浆液结石体强度要求前提下，适当降低水泥掺入比，有利于提高浆液结实率、降低浆液泌水性，进而增大浆液胶凝固化膨胀性。

8.8 特种黏土固化浆液胶凝固化化学机理

如前所述，按照一定配合比例，将特种结构剂与黏土、水泥均匀混合而形成混合料，并且控制一定水料比向混合料中加入足量水，充分搅拌均匀，制成满足可注性、渗透性、封堵性等性能要求的特种黏土固化浆液。黏土主要由化学惰性极大的蒙脱石、高岭石、埃洛石、伊利石、叶蜡石等黏土矿物或黏粒组成，在自然环境中，不仅这些黏土矿物或黏粒表面吸附大量化学活性极大的碱金属元素、碱土金属元素，而且黏粒或土颗粒之间也存在一定量非稳定的化合态碱金属或碱土金属元素。特种结构剂主要由化学活性极大的无机盐、氧化物、氯化物等组成。制备特种黏土固化浆液的水泥为普通硅酸盐水泥，熟料主要矿物成分为具有良好化学活性的硅酸三钙（C_3S）、硅酸二钙（C_2S）、铝酸三钙（C_3A）、铁铝酸四钙（C_4AF）。因此，在拌合水作用下，特种黏土固化浆液在胶凝固化过程中将发生一些复杂化学反应，形成具有较高强度、极大密实性、很强封堵性等良好性能的结石体。特种黏土固化浆液的配制工艺：首先制备纯黏土浆液，然后向纯黏土浆液中一次性同时足量加入水泥、特种结构剂且高速搅拌均匀。制备纯黏土浆液属于黏土矿物颗粒集合体或团块被水分散的物理过程，不发生化学反应；而向纯黏土浆液中加入水泥、特种结构剂，将快速发生多种化学反应。

8.8.1 浆液胶凝固化化学机理

（1）水泥加入纯黏土浆液，在拌合水作用下，发生水化反应，分别生成：均质绒毛状结晶水化物——水化铝酸三钙，无定型结晶水化物——水化铝酸四钙、水化硅酸二钙、水化硅酸钙，无定型胶凝体，氢氧化钙，见式（8-4）~式（8-8）。这些结晶水化物、胶凝体具有一定强度，充填注浆加固体的孔隙、裂隙、空洞，从而提高注浆加固体强度且降低渗透系数。但是，水泥水化反应生成物中含有氢氧化钙［$Ca(OH)_2$］，$Ca(OH)_2$因溶解度较小而在反应体系中很快饱和，从而抑制水泥水化作用继续进行。

$$3CaO \cdot SiO_2+nH_2O \longrightarrow 2CaO \cdot SiO_2 \cdot (n-1)H_2O+Ca(OH)_2 \tag{8-4}$$

$$2CaO \cdot SiO_2+nH_2O \longrightarrow CaO \cdot SiO_2 \cdot (n-1)H_2O+Ca(OH)_2 \tag{8-5}$$

$$3CaO \cdot Al_2O_3+6H_2O \longrightarrow 3CaO \cdot Al_2O_3 \cdot 6H_2O \tag{8-6}$$

$$4CaO \cdot Al_2O_3 \cdot Fe_2O_3+nH_2O \longrightarrow 3CaO \cdot Al_2O_3 \cdot 6H_2O+X \tag{8-7}$$

$$3CaO \cdot Al_2O_3+Ca(OH)_2+nH_2O \longrightarrow 4CaO \cdot Al_2O_3 \cdot nH_2O \tag{8-8}$$

式中，$3CaO \cdot Al_2O_3 \cdot 6H_2O$ 为水化铝酸三钙（具有一定强度的均质绒毛状结晶水化物）；$2CaO \cdot SiO_2 \cdot (n-1)H_2O$ 为水化硅酸二钙（具有一定强度的无定型结晶水化物）；$CaO \cdot SiO_2 \cdot (n-1)H_2O$ 为水化硅酸钙（具有一定强度的无定型结晶水化物）；$4CaO \cdot Al_2O_3 \cdot nH_2O$ 为水化铝酸四钙（具有一定强度无定型结晶水化物）；X 为无定型胶凝体（具有一定强度）。式（8-8）反应物中 $Ca(OH)_2$ 由水泥中硅酸三钙（C_3S）、硅酸二钙（C_2S）水化后生成，见式（8-4）、式（8-5）。

（2）特种结构剂氧化物全分析结果见表 8-8。加入特种结构剂，在拌合水作用下，特种结构剂中活性成分立刻反应生成大量铝酸根（$Al_2O_2^{2-}$）、硅酸根（SiO_4^{4-}）、硫酸根（SO_4^{2-}）。铝酸根、硅酸根、硫酸根将与水泥水化反应生成物——氢氧化钙［$Ca(OH)_2$］、水化铝酸三钙（$3CaO \cdot Al_2O_3 \cdot 6H_2O$）反应，分别生成：均质绒毛状结晶水化物——水化铝酸三钙，无定型结晶水化物——水化硅酸二钙，具有较大膨胀性的结晶水化物硫铝酸钙，见式（8-9）~式（8-11），因消耗了浆液中的大量拌合水而有利于加速水泥水化反应的进程，同时所生成的结晶水化物均具有一定的强度，既成为浆液结石体的主要骨架成分之一而有助于提高其强度，又充填于被加固土体空隙中或以胶结物形式存在而有助于提高被加固土体的强度且降低其渗透系数。

表 8-8　特种结构剂氧化物全分析结果　（单位:%）

氧化物类型	含量
SiO_2	44.62
Al_2O_3	12.43
CaO	22.66
TFeO	2.56
TiO_2	0.36
MnO	0.09
MgO	1.20
P_2O_5	0.01
K_2O	0.08
Na_2O	0.31
SO_3	10.40
H_2O^+	2.50
CO_2	2.52
合计	99.74

测试单位：吉林大学测试科学实验中心（2003 年 1 月）。

$$Al_2O_2^{2-}+3Ca(OH)_2+4H_2O \longrightarrow 3CaO \cdot Al_2O_3 \cdot 6H_2O+2H^+ \tag{8-9}$$

$$SiO_4^{4-}+2Ca(OH)_2+nH_2O \longrightarrow 2CaO \cdot SiO_2 \cdot (n-1)H_2O+3H_2O \tag{8-10}$$

$$3SO_4^{2-}+3Ca(OH)_2+3CaO \cdot Al_2O_3 \cdot 6H_2O+23H_2O \longrightarrow 3CaO \cdot Al_2O_3 \cdot 3CaSO_4 \cdot 32H_2O \tag{8-11}$$

式中，$3CaO \cdot Al_2O_3 \cdot 6H_2O$ 为水化铝酸三钙（具有一定强度的均质绒毛状结晶水化物）；$2CaO \cdot SiO_2 \cdot (n-1)H_2O$ 为水化硅酸二钙（具有一定强度的无定型结晶水化物）；$3CaO \cdot Al_2O_3 \cdot 3CaSO_4 \cdot 32H_2O$ 为水化硫铝酸钙（具有较大膨胀性且有一定强度的无定型结晶水化物）。式（8-9）、式（8-10）反应物中 $Ca(OH)_2$ 由水泥中硅酸三钙（C_3S）、硅酸二钙（C_2S）水化反应生成，见式（8-4）、式（8-5）。

（3）特种结构剂中氧化钙（CaO）与拌合水反应生成氢氧化钙［$Ca(OH)_2$］。$Ca(OH)_2$ 再与铝酸根（$Al_2O_2^{2-}$）、硅酸根（SiO_4^{4-}）、拌合水（H_2O）反应，生成具有较大膨胀性的结晶水化物——铝硅酸钙［$CaO \cdot Al_2O_3 \cdot 3SiO_2 \cdot (n-1)H_2O$］，以及具有一定强度的无定型胶凝体，见式（8-12），不仅消耗了浆液中大量拌合水，而且生成的膨胀晶体成为浆液结石体的主要骨架成分之一，无定型胶凝体充填于注浆加固体的空隙中或以胶结物形式存在，显著提高结石体强度且降低渗透系数。这种结石体可作为注浆加固体承重结构，并且充填于地层或岩土空隙中以有效堵塞地下水渗流通道。

$$Ca(OH)_2+Al_2O_2^{2-}+3SiO_4^{4-}+nH_2O \longrightarrow CaO \cdot Al_2O_3 \cdot 3SiO_2 \cdot (n-1)H_2O+Y \tag{8-12}$$

式中，$CaO \cdot Al_2O_3 \cdot 3SiO_2 \cdot (n-1)H_2O$ 为结晶水化物——铝硅酸钙（具有较大膨胀性）；Y 为具有一定强度的无定型胶凝体。

（4）在浆液拌合水作用下，特种结构剂中活性成分反应转变成的大量铝酸根（$Al_2O_2^{2-}$）、硫酸根（SO_4^{2-}），再与拌合水、黏土矿物或黏粒表面吸附的大量碱金属元素作用，首先生成一定量明矾石，见式（8-13），明矾石在 $Ca(OH)_2$、$CaSO_4$ 激发下缓慢膨胀且生成凝胶状钙矾石，并且产生具有一定强度的无定型胶凝体，见式（8-14），从而改善浆液材料如黏土集料、水泥集料的界面微区结构、孔结构、应力状态等，由此调整结石体密实度、增大结石体颗粒或团块之间胶结强度，进而提高结石体强度、抗渗性。

$$3Al_2O_2^{2-}+4SO_4^{2-}+2(K^+,Na^+)+6H_2O \longrightarrow 2(K^+,Na^+)Al_3(SO_4)_2(OH)_6 \tag{8-13}$$

$$\begin{aligned}&2(K^+,Na^+)Al_3(SO_4)_2(OH)_6+11Ca(OH)_2+CaSO_4+nH_2O \longrightarrow \\ &3C_3A \cdot 3CaSO_4 \cdot 32H_2O+2(K^+,Na^+)OH+Z\end{aligned} \tag{8-14}$$

式中，$3C_3A \cdot 3CaSO_4 \cdot 32H_2O$ 为钙矾石（凝胶状，在潮湿或水环境具有明显膨胀性）；Z 为具有一定强度的无定型胶凝体。

（5）特种结构剂中含有较多活性 SiO_2，除此之外，在浆液拌合水中作用下，特种结构剂与水泥熟料作用，又产生大量活性 SiO_2。SiO_2 与 $Ca(OH)_2$ 反应生成水化硅酸钙（$2CaO \cdot SiO_2 \cdot nH_2O$），见式（8-15），使得浆液结石体发生膨胀、强度增长。

$$2Ca(OH)_2+SiO_2+mH_2O \longrightarrow 2CaO \cdot SiO_2 \cdot nH_2O \tag{8-15}$$

式中，$2CaO \cdot SiO_2 \cdot nH_2O$ 为水化硅酸钙（无定型结晶水化物，具有一定强度与较大膨胀性）；SiO_2 为微晶状活性二氧化硅。

（6）在浆液拌合水作用下，特种结构剂中活性成分反应产生一定量氧化钠（Na_2O）。Na_2O 与活性 SiO_2、$Ca(OH)_2$ 反应，生成具有一定强度的无定型胶凝体（$CaO \cdot nSiO_2 \cdot$

mH_2O)，见式（8-16），因此加速水泥水化反应进程。这些无定型胶凝体充填于注浆加固体空隙中或作为土颗粒胶结物，利于提高注浆加固体强度且降低渗透系数。

$$nSiO_2+Na_2O+Ca(OH)_2+mH_2O \longrightarrow CaO \cdot nSiO_2 \cdot mH_2O+NaOH \tag{8-16}$$

式中，$CaO \cdot nSiO_2 \cdot mH_2O$ 为水化硅酸钙（具有一定强度的无定型胶凝体）。

式（8-16）中反应物的 $Ca(OH)_2$ 主要由水泥熟料中硅酸三钙（C_3S）、硅酸二钙（C_2S）水反应生成，见式（8-4）、式（8-5），次之由特种结构剂中 CaO 与 H_2O 反应生成。

（7）特种结构剂中活性成分与浆液中拌合水、黏粒或黏土矿物表面吸附的碱土金属元素反应，生成具有一定强度的结晶水化物——碱土金属水合硅酸盐，以及具有较高强度的硅质无定型胶凝体，见式（8-17）。这些碱土金属水合硅酸盐、硅质无定型胶凝体充填于注浆加固体空隙中或胶结土颗粒/土团块，从而提高注浆加固体强度且降低渗透系数。

$$\begin{gathered} nSiO_2+Na_2O+Ca(Mg,Ba)Cl_2+xH_2O \longrightarrow \\ 2NaCl_2+Ca(Mg,Ba)SiO_2 \cdot xH_2O+(n-1)SiO_2 \end{gathered} \tag{8-17}$$

式中，$(n-1)SiO_2$ 为具有较高强度的无定型胶凝体；$Ca(Mg,Ba)SiO_2 \cdot xH_2O$ 为具有一定强度的碱土金属水合硅酸盐结晶水化物。

（8）在浆液拌合水作用下，特种结构剂中活性成分很快反应生成氢氧化钠（NaOH）。NaOH 与活性二氧化硅（SiO_2）作用形成大量硅酸钠（$Na_2O \cdot nSiO_2$），见式（8-18）。硅酸钠又与浆液中 $Ca(OH)_2$ 反应，生成具有一定强度的无定型胶凝体——水化硅酸钙，见式（8-19），充填于注浆加固体空隙中或胶结土颗粒/土团块，提高注浆加固体强度且降低渗透系数。

$$2NaOH+nSiO_2 \rightleftharpoons Na_2O \cdot nSiO_2+H_2O \quad (\text{可逆反应}) \tag{8-18}$$

$$Na_2O \cdot nSiO_2+Ca(OH)_2+mH_2O \longrightarrow CaO \cdot nSiO_2 \cdot mH_2O+NaOH \tag{8-19}$$

式中，$Na_2O \cdot nSiO_2$ 为硅酸钠（水玻璃，微粒结晶体）；$CaO \cdot nSiO_2 \cdot mH_2O$ 为水化硅酸钙（具有一定强度的无定型胶凝体）。

（9）在浆液拌合水作用下，特种结构剂中活性成分反应产生的铝酸根、硅酸根、硫酸根，将最早形成水化硅酸二钙、水化铝酸三钙、水化硫铝酸钙，三者又可作为后续反应的晶体生长核，从而加快各种水化反应进程，生成更多的具有一定强度的水化结晶体、胶凝体，使得浆液结石体或注浆加固体强度增长较快（迅速建立塑性强度）、渗透系数降低幅度较大，浆液胶凝固化速度加快、胶凝时间（初凝时间、终凝时间）缩短。不仅如此，由于特种结构剂高效作用，特种黏土固化浆液在胶凝固化过程中产生大量极其利于提高浆液结石体或注浆加固体强度、抗震（振）性、密实性的胶凝体。特种黏土固化浆液胶凝固化过程具有微膨胀性，并且因浆液胶凝固化生成大量结晶水化物与胶体成分而消耗大量拌合水，因此在满足浆液可注性与注浆效果的水料比条件下，浆液胶凝固化几乎无多余水分泌出，所以浆液结石率极高，甚至100%结石且显著或大幅度高于相同水料比的水泥浆液、黏土水泥浆液、黏土固化浆液，此外浆液结石体与注浆加固体中空隙或土颗粒、土颗粒团块之间有较大的黏结强度。鉴于上述，基于浆液胶凝固化化学机理考察，采用特种黏土固化浆液进行地层或岩土注浆防渗加固与冻害防控显然拥有现行各种注浆材料的诸多技术性能优势，实际应用中也证明了这一点。

8.8.2　浆液胶凝固化检测结果

针对一定材料配比、水料比与标准养护一定龄期的浆液结石体（试件）断面，进行浆液胶凝固化反应生成物扫描电镜检测，目的在于可靠确认特种黏土固化浆液胶凝固化化学机理。以资对比，一并做了纯黏土浆液结石体、普通水泥浆液结石体扫描电镜检测，这两种浆液结石体与特种黏土固化浆液结石体的标准养护龄期、水料比均相同。

图 8-18 为纯黏土浆液结石体断口铂碳覆膜 SEI 照片，标准养护 7d 龄期照片中明显可见微粒状新生晶核，标准养护 28d 龄期照片中新生晶体较大。图 8-19 为普通水泥浆液结石体断口铂碳覆膜 SEI 照片，标准养护 7d 龄期照片中明显可见粒度较大的絮状新生晶体、棒状新生晶体，标准养护 28d 龄期照片中主要出现粒度较大的絮状新生晶体，二者均为水泥水化产物，絮状新生晶体为无定型胶凝体、无定型结晶水化物，棒状新生晶体貌似均质结晶水化物。对比图 8-18 与图 8-19 可以看出，普通水泥浆液结石体强度、抗渗性优于纯黏土浆液结石体。

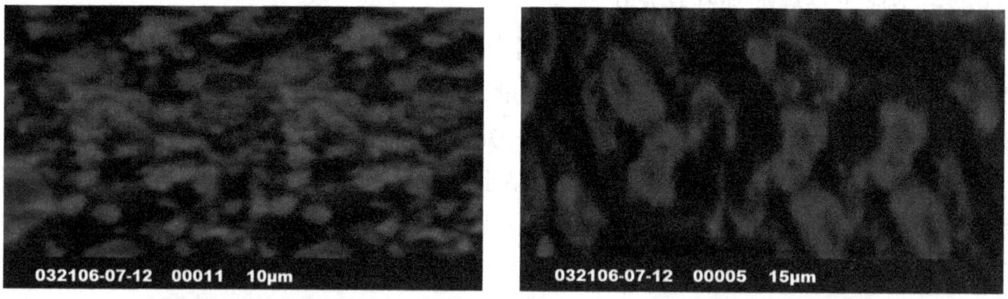

(a)水料比1.5:1,标准养护7d　　(b)水料比1.5:1,标准养护28d

图 8-18　纯黏土浆液结石体断口铂碳覆膜 SEI 照片（×1000）

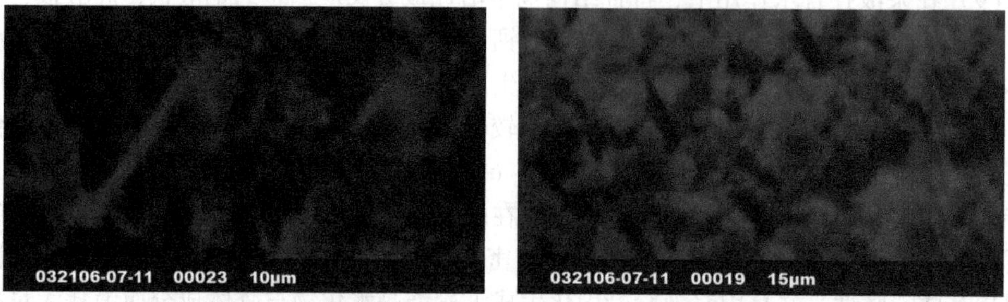

(a)水料比1.5:1,标准养护7d　　(b)水料比1.5:1,标准养护28d

图 8-19　普通水泥浆液结石体断口铂碳覆膜 SEI 照片（×1000）

水泥掺入比为 20%，特种结构剂掺入量=水泥掺入量×10%，水料比为 1.5∶1，试件标准养护 7d 龄期的结石体断口铂碳覆膜 SEI 照片见图 8-20。由图 8-20 可以看出，结石体中出现很多新生的纤维状（绒毛状）结晶水化物，这些结晶水化物周围分布一些絮状无定型胶凝体、无定型结晶水化物。水泥掺入比为20%，特种结构剂掺入量=水泥掺入量×10%，试件标准养护28d龄期的结石体断口铂碳覆膜SEI照片见图8-21。由图8-21可以看出，采用相同材料配比、水料比制备的试件，相比于标准养护7d龄期，标准养护28d龄期结石体中原纤维状、绒毛状、絮状等结晶水化物明显长大且增多。因此，特种黏土固化浆液胶凝固化与养护试件关系密切，试件养护龄期越长，浆液胶凝越彻底，结石体固化程度越高。

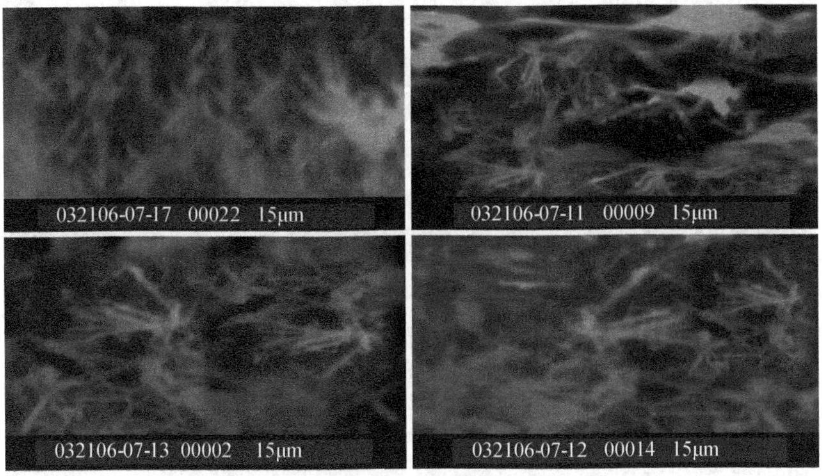

图8-20　试件标准养护7d龄期的结石体断口铂碳覆膜SEI照片（×1000）
水泥掺入比为20%，特种结构剂掺入量=水泥掺入量×10%，水料比为1.5：1

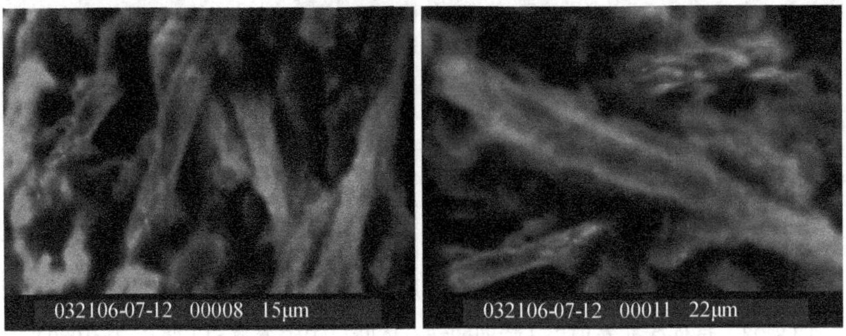

图8-21　试件标准养护28d龄期的结石体断口铂碳覆膜SEI照片（×1000）
水泥掺入比为20%，特种结构剂掺入量=水泥掺入量×10%，水料比为1.5：1

水泥掺入比为20%，特种结构剂掺入量=水泥掺入量×15%，水料比为1.5：1，试件标准养护7d龄期的结石体断口铂碳覆膜SEI照片见图8-22。由图8-22可以看出，结石体中出现很多新生的絮状无定型胶凝体、无定型结晶水化物，偶有新生的纤维状结晶水化物。水泥掺入比为20%，特种结构剂掺入量=水泥掺入量×15%，水料比为1.5：1，试件标准养护28d龄期的结石体断口铂碳覆膜SEI照片见图8-23。由图8-23可以看出，采用相同材料配比、水料比制备的试件，相比于标准养护7d龄期，标准养护28d龄期结石体中原絮状无定型胶凝体、无定型结晶水化物进一步长大且增多，部分胶凝体、结晶水化物继续演变成玫瑰状、云朵状，基本无纤维状结晶水化物再生。

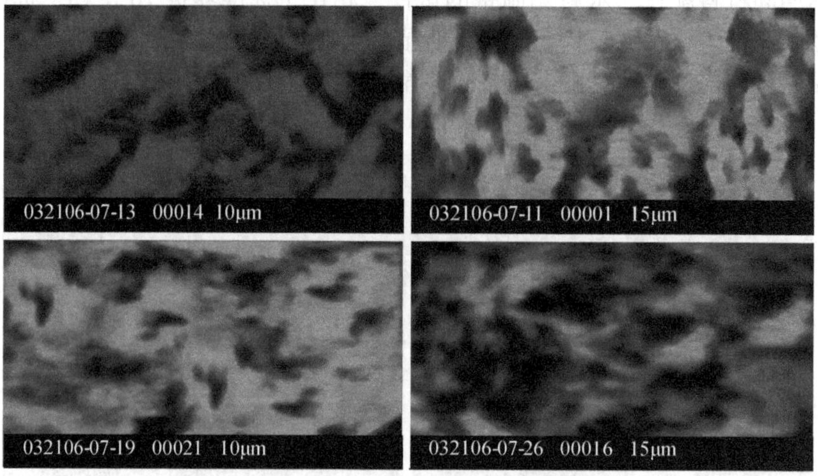

图 8-22　试件标准养护 7d 龄期的结石体断口铂碳覆膜 SEI 照片（×1000）

水泥掺入比为 20%，特种结构剂掺入量 = 水泥掺入量×15%，水料比为 1.5∶1

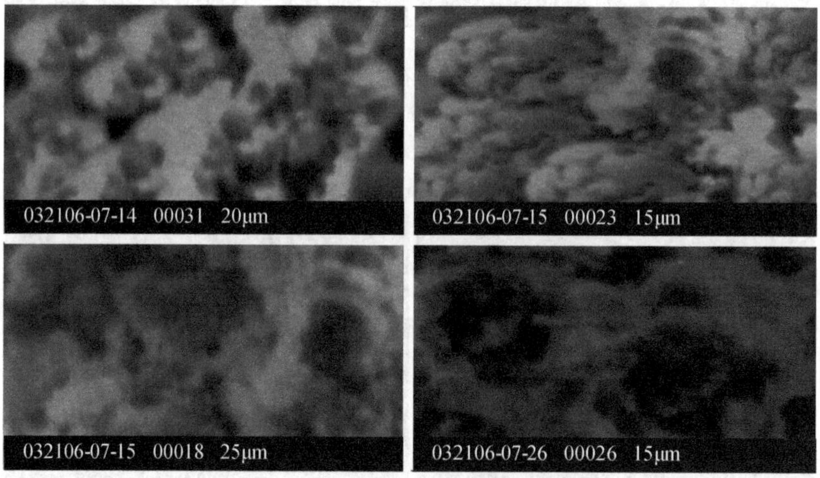

图 8-23　试件标准养护 28d 龄期的结石体断口铂碳覆膜 SEI 照片（×1000）

水泥掺入比为 20%，特种结构剂掺入量 = 水泥掺入量×15%，水料比为 1.5∶1

比较图 8-18 ~ 图 8-23 不难看出，相比于试件标准养护龄期相同的纯黏土浆液结石体、普通水泥浆液结石体，特种黏土固化浆液结石体中产生大量无定型胶凝体、结晶水化物，这对于提高结石体或注浆加固体强度、稳定性、密实性、抗渗性、耐久性等技术性能具有重要意义，此外结石体中产生大量具有一定塑性强度的胶凝体、结晶水化物，还有利于显著改善结石体或注浆加固体的抗震（振）性能。马钢（集团）控股有限公司姑山铁矿采场东帮 100m 高边坡注浆防渗加固工程的实际应用表明，特种黏土固化浆液注浆加固体具有很好的抗渗性、抗震性、耐久性，详见 14.1 节。

8.9　结论与总结

（1）基于天然矿物结晶原理，并且采用多种天然矿物材料，研制一种专用于制备高性能注浆材料的新型结构剂——特种结构剂，采用这种特种结构剂与黏土或黏性土、水泥按照一定比例混合且加入水制成的浆液称为特种黏土固化浆液，本质上为矿物基类注浆材料。在满足浆液可注性与设计扩散半径、注浆效果等要求前提下，通过合理控制浆材配比、水料比，制备的浆液属于一种非牛顿流体，具有初始黏度较大且可控、黏度上升较快且可控、泌水性很小或基本不泌水、结实率极高或几乎 100% 结实率、稳定性极大、抗地下水稀释性很强、灌注渗透流动性很好、胶凝固化微膨胀性明显、初凝时间较短且可控、胶凝体塑性强度较大、早强性好、强度上升快、密实性很大、抗渗性强、抗震性好等诸多性能优势。影响浆液静切力、初始黏度（漏斗黏度）、黏度时程变化、胶凝时间与胶凝体塑性强度的主要因素为特种结构剂相对掺入比、水泥与黏土掺入比、黏土或黏性土类型、水料比。浆液之所以具有很好可注性、流动性、渗透性，是因为浆材中用量占绝对优势的材料为掺入比达 80% ~90% 的黏土（主要成分为粒度小于 0.05mm 的黏粒或黏土矿物），致使浆液颗粒细度极小、分散性很好、触变性很大。

（2）特种黏土固化浆液胶凝固化化学机理：在浆液拌合水作用下，特种结构剂中活性成分与水、土中碱金属或碱土金属元素、水泥水料中活性成分等发生一系列化学反应，生成大量塑性强度较大、黏结或附着强度较大且化学惰性大、水稳性好的胶体成分与结晶水化物，作为注浆加固体中颗粒胶结物、空隙充填物，正因为这些胶体成分与结晶水化物具有如此结构密实与增强效应，使得浆液胶凝体对颗粒或颗粒团块胶结作用强且与孔隙比之间黏结作用强，所以可实现密实与增强注浆加固体的注浆目的。

（3）特种黏土固化浆液注浆属于一种稳定浆液，在浆液渗透途径上，不仅不存在因浆液颗粒沉淀形成部分或全部堵塞渗流通道而影响或阻断浆液继续渗透扩散的重要问题，而且首先形成浆液压力渗透前缘，前缘后面的浆液完全充满渗流通道，并且在注浆压力作用下浆液基本无多余拌合水排出（即浆液不能存在压力排水问题），此外因浆材中占绝对优势的材料为黏土而使得浆液能够注入细小的孔隙或裂隙中，从而保证浆液胶凝固化之后形成坚固而密实的结石体。

（4）特种黏土固化浆液也是一种具有现行各种注浆材料不具备的特殊性能的膏状体注浆材料，若地下水压力较大、渗流量较大，注入浆液形成的膏状体能够尽快建立一定塑性强度以抵抗地下水压力与稀释作用，并且在注浆压力作用下膏状体能够克服自身塑性强度而向外扩散。

（5）浆液可注性、泌水性、稳定性、渗透性、结实率与胶凝固化胀缩性直接决定注浆半径、注浆效果。特种黏土固化浆液，通过合理控制浆材配比、水料比，可以使浆液具有很好的稳定性、渗透性，不仅满足可注性与注浆半径、注浆效果要求，而且注入地层或岩土中胶凝固化均表现出一定微膨胀性。微膨胀受渗流通道约束作用而产生一定内应力，加之基本不泌水或泌水率极低、极高或近于 100% 结实率，因此大幅度增大结石体抗渗与抗挤出性能，进而保证注浆加固体可靠抗渗性能。

(6) 由于特种黏土固化浆液的初凝时间（从十几秒至几十分钟）、初始黏度、黏度变化、终凝时间、早期强度等均能够基于特种结构剂掺入比、水料比而可控，因此针对具体工程，可以视具体情况进行间隙注浆、重复注浆，以逐步提高注浆加固体强度、密实性且延长耐久性，获得最佳注浆效果。

(7) 总之，特种黏土固化浆液是一种基于现代先进理念开发的一种新型高性能注浆材料——矿物基类胶凝材料，拥有纯黏土浆液、化学浆液与水玻璃水泥浆液、水泥黏土浆液、黏土固化浆液等水泥基类注浆材料不具备的诸多优越的技术性能，能够可靠解决大渗流通道、大动水压力、大渗流量条件下有效注浆防渗加固与冻害防控的棘手工程难题。

第 9 章　特种黏土固化浆液结石体性能

浆液胶凝固化与硬化形成具有一定结构强度的固态聚合物称为结石体。在浆材配比与水料比一定的条件下，结石体性能取决于环境温度、胶凝反应、硬化时间，环境温度越高、硬化时间越长，胶凝反应生成物化学惰性、水稳性、胶结性等越大，结石体强度、抗渗、抗冻、抗震、抗软化、抗崩解等性能越优。若胶凝体具有一定膨胀性，则结石体性能更优。注浆浆液，胶凝固化时间一般不长，而完全硬化时间较长，也即达到结石体（胶凝体）强度不再上升的时间较长。但是，胶凝体硬化一定时间之后，结石体性能便达到终值而不再提升（称为终期性能，如终期强度），不同浆液结石体达到终期性能的硬化时间不同，纯水泥浆液结石体终期硬化时间一般为 45d 左右，特种黏土固化浆液终期硬化时间一般为 30d 左右。特种黏土固化浆液胶凝固化过程属于吸热化学反应过程，环境温度越高，胶凝固化速度越快，结石体早期强度越高、终期强度越高、强度上升越快、达到终期强度时间越短。

在一定场地地层或岩土与地下水条件下，注浆防渗加固与冻害防控，无论采用何种注浆方式，施工工时费差别不大，降低工程造价的关键在于合理选择浆液材料，注浆材料成本直接决定工程造价。故此，针对具体工程注浆设计，必须根据具体情况选择合适的注浆材料，选择注浆材料需要考虑材料采购成本、运输成本、制浆成本、注浆设备、浆液可注性、浆液性能、结石体性能、注浆效果、地层条件、地下水条件等，在保证满足设计扩散半径、注浆效果前提下，施工快捷、保证效果、成本较低是注浆材料选择必须考虑的三方面重要因素。当然，由于注浆目的与效果要求不同，采用注浆材料也不同。例如，岩土加固注浆，要求浆液结石体与注浆加固强度较高、水稳性好、耐久性长，水泥浆液则成为首选；岩土防渗注浆，如堤坝出险防渗（渗漏治理），浆液结石体强度要求不高、结石体或注浆加固体抗渗性与耐久性要求很高。

第 8 章已讨论，特种黏土固化浆液因特种结构剂掺入比不同而分为长凝型浆液、短凝型浆液，短凝型浆液主要用于工程抢险注浆，以及大渗流通道或大动水压力、大渗流量、岩溶地层等极端条件下注浆，目的在于快速封堵渗流通道、快速堵水且避免浆液流失，而长凝型浆液则是注浆防渗加固工程中主要浆液材料，适合于绝大多数地层条件、岩土条件、地下水条件。因此，以下主要只针对长凝型浆液，阐述特种黏土固化浆液结石体的技术性能。

9.1　特种黏土固化浆液注浆加固体稳定性

长期以来，关于注浆加固体稳定性问题（即抗破坏性问题或耐久性问题）一直处于争议中，主要因为注浆加固体稳定性或耐久性涉及较多不确定性影响因素，此外由于注浆理论及其工程应用发展历史较短，尚缺乏足够科学或合理的工程资料验证。注浆实践表明，注浆加固体破坏主要有两方面原因，其一是浆液结石体本身破坏，其二是结石体与渗流通道壁之间胶结或黏结破坏，结石体或注浆加固体的破坏机理主要分为渗透破坏、溶蚀破坏。下面主要基于结石体或注浆加固体这两种破坏机理，讨论特种黏土固化浆液注浆加固体稳定性问题。

9.1.1 注浆加固体抗渗透破坏与稳定性

地下水在地层或岩土中渗透流动而作用于岩土体（土颗粒）上的力称为渗透压力或动水压力。这种渗透压力达到一定值，地层或岩土中颗粒便逐渐被渗流挟带流失，日益导致结构破坏，称为渗透破坏，包括潜蚀破坏、挤出破坏。针对注浆加固体，潜蚀破坏是指在渗流作用下浆液结石体颗粒与岩土颗粒发生流砂、管涌；挤出破坏是指在渗透压力作用下结石体与岩土沿着渗流通道被部分或整体挤出。如前所述，特种黏土固化浆液注浆具有优于普通水泥浆液、水玻璃水泥浆液、纯黏土浆液、水泥黏土浆液、黏土固化浆液等现行注浆材料诸多优良技术性能。采用特种黏土固化浆液对地层或岩土注浆防渗加固与冻害防控，由于浆液结石体本身强度较高或很高、密实性很大、抗软化性很强，胶凝体与岩土颗粒或渗流通道之间具有较高的黏结强度，保证浆液到达设计扩散半径、充满渗流通道，浆液具有很好的抗地下水稀释性、胶凝固化微膨胀性、泌水性很小或几乎不泌水、结实率很高甚至100%结石，并且因浆材中占绝对优势的成分为粒径小于0.05mm且在拌合水作用下能够充分扩散开的黏粒或黏土矿物而使得浆液整体流动性好、易渗入细小孔隙或裂隙中，因此结石体对注浆加固体中各种渗流通道具有完美的封堵效应，所以只要基于合理设计方案精心施工、确保工程质量，完全确保注浆帷幕整体堵水效果，避免注浆加固体渗透破坏，即可保证注浆加固体长期稳定性。

9.1.2 注浆加固体抗溶蚀破坏与稳定性

基于工程地质与水文地质条件，溶蚀破坏属于一种化学反应过程，即在具有一定化学活性流体，如地下水作用下，因长期化学反应而使得地层与岩土发生成分变化、结构弱化、结构破坏，导致地层与岩土强度下降或丧失强度，实际为一类次生地质作用过程。采用纯水泥浆液、水玻璃水泥浆液、黏土水泥浆液、黏土固化浆液等水泥基类材料进行注浆，注浆加固体抗具有一定化学活性地下水溶蚀破坏性能较差，这是因为浆液结石体中含有较多或大量可溶性或微溶性水泥水化反应产物，易被地下水长期溶蚀破坏，导致结石体强度下降或丧失强度。溶蚀破坏机理：在浆液胶凝固化过程中，水泥中硅酸三钙、硅酸二钙等发生水化反应生成水化硅酸钙、氢氧化钙，氢氧化钙呈针状晶体析出且与钙矾石、水化硅酸钙一起凝聚形成网状结构而使结石体硬化；但是，在具有一定化学活性地下水作用下，结石体中氢氧化钙易与水中二氧化碳发生反应生成碳酸钙，又由于渗水逐渐侵蚀碳酸钙、氢氧化钙而使之转变为可溶性重碳酸钙、硫酸钙。采用特种黏土固化浆液注浆，浆液结石体的主要成分为化学惰性极大的高岭石、埃洛石、伊利石、蒙脱石等黏土矿物，并且在浆液胶凝固化过程中还产生大量化学惰性极大且具有一定塑性强度与较高胶结强度或黏结强度的胶体成分、结晶水化物，因此结石体具有很强的抗地下水（矿化）或抗酸碱侵蚀性能；此外，浆液胶凝固化过程中还产生大量化学惰性极大且具有一定塑性强度与较高胶结强度或黏结强度的胶体成分、结晶水化物，作为岩土颗粒胶结物、空隙充填物，加之浆液胶凝固化又具有微膨胀性且基本不泌水、近于 100% 结实率，可强胶结岩土中颗粒、封堵岩土中渗流通道。因此，特种黏土固化浆液注浆加固体很难被溶蚀破坏而保证长期稳定性，显然可以大范围扩大注浆应用领域，且延长防渗加固帷幕有效“存活”寿命。

9.1.3　注浆加固体稳定性进一步剖析

以上基于渗透破坏、溶蚀破坏讨论了特种黏土固化浆液注浆加固体稳定性问题，在此做几点补充剖析。特种黏土固化浆液胶凝固化过程中产生大量具有一定塑性强度与较高胶结强度或黏结强度的胶体成分、结晶水化物，由此形成的浆液结石体无疑保持较大的塑性强度，所以注浆加固体无疑具有很好的长期抗震（振）性、抗冲击性，特别适用于采矿或隧道掘进等需要进行爆破或振动施工条件下注浆建造防渗加固帷幕（2002 年 9 月，在马钢（集团）控股有限公司姑山矿露天采场东帮 100m 高边坡防注浆渗入加固工程中应用结果，证明了特种黏土固化浆液注浆加固体具有很好的抗震性能，详见第 14 章）。特种黏土固化浆液初始黏度、黏度变化、初凝时间（从十几秒至几十分钟）、终凝时间、早期强度、终期强度等均可以视具体要求可调、可控，因此可以进行间隙注浆、重复注浆，以逐步提高注浆加固体强度、抗渗性、稳定性，获得最佳注浆加固效果。相比于纯水泥浆液、纯黏土浆液、黏土水泥浆液、黏土固化浆液等现行注浆材料，特种黏土固化浆液具有较大的吸水性能（因胶凝固化反应生成大量胶体成分、结晶水化物而消耗大量拌合水）、较好的流动性能、可控的固化性能（初凝时间、终凝时间、固化速度、早期强度、终期强度等均可控）、较强的抗稀释性能等诸多性能优势，不仅可以广泛用于一般条件下注浆防渗加固工程，而且还能够在较大的地下水流速与较高的动水压力条件下、在大溶洞与大裂隙条件下进行注浆并获成功（如广西龙州金龙水库主坝注浆防渗加固工程的成功应用，坝基为大溶洞与大裂隙的石灰岩，详见第 13 章），因此保证各种复杂地层、岩土、渗漏与地下水条件下注浆加固体强度、稳定性、耐久性。特种黏土固化浆液具有良好的流变性、可注性，可以根据不同地层、岩土与地下水条件，以及注浆不同设计要求，适当调整浆液流变性，可靠封堵地下水渗流通道，满足设计对注浆加固体强度、稳定性、耐久性等要求。不少需要注浆防渗加固的工程地基由细砂土或粉细砂土组成，由于细砂土或粉细砂土地层强度较大、孔隙很小、孔隙度低、孔隙连通性差，采用普通水泥浆液、黏土水泥浆液等进行注浆，浆液很难注入土层或达不到设计扩散半径，因而注浆加固体强度、稳定性、耐久性得不到保证；而特种黏土固化浆液中占绝对优势的浆材成分为十分细小的黏土颗粒，在拌合水作用下土颗粒团块容易分散，并且在一定灌注压力作用下浆液能够充分扩散、易渗入细小孔隙中，适合于细砂土或粉细砂土地层注浆防渗加固，可以保证注浆加固体强度、稳定性、耐久性。特种黏土固化浆液的主要浆材为黏土或黏性土，可以在注浆施工现场就地就近采取，从而大幅度降低浆材成本（约为 0.5∶1 水料比的普通水泥浆液材料成本的 1/3），所以具有很高的经济节减效益，对于为了进一步提高注浆加固体强度、稳定性、耐久性而采取超量注浆措施创造了十分有利的经济节减条件。

9.2 特种黏土固化浆液结石体抗压强度

浆液结石体强度是保证注浆加固体不发生渗透破坏的重要因素之一。特种黏土固化浆液在地层或岩土中充填、渗透、压密、胶凝直至最终固化为结石体，随着结石体强度不断提高、体积逐渐微膨胀，结石体与渗流通道之间结合得越来越紧密，既提高注浆加固体抗渗性，又增强注浆加固体强度。砂砾石地层注浆帷幕渗透破坏机理研究表明，提高砂砾石地层注浆帷幕稳定性且防止细颗粒流失、管涌，关键在于降低注浆帷幕透水性，而非提高浆液结石体强度，因此无须过多提高浆材的水泥用量。事实上，工程中以抗渗为目的的帷幕注浆体，仅要求充填于地层空隙中的浆液结石体能够抵抗地下水静水压力、动水压力而不被挤出，依据与之相应的计算，在 20m 压力水头下维持结石体稳定性所需的抗剪强度仅为不低于 0. 2MPa。参照现行注浆材料如纯黏土浆液、普通水泥浆液、水玻璃水泥浆液、水泥黏土浆液、黏土固化浆液等结石体性能与应用条件，特种黏土固化浆液结石体标准养护 28d 的无侧限抗压强度若达到 0. 5 ~ 1. 0MPa，即满足注浆防渗加固的工程要求。

9.2.1 浆液结石体抗压强度测试正交试验设计

基于若干次浆液配比试验结果，并且结合注浆应用实践，获得影响特种黏土固化浆液结石体强度的主要因素为水料比、黏土掺入比、水泥掺入比、结构剂相对于水泥掺入量，掺入比均为重量百分比（%），其中结构剂相对于水泥掺入量即特种结构剂掺入量 = 水泥掺入量×$m\%$，$m\%$ 为重量百分比（%），m 为注浆设计的质量分数，共 4 个影响因子。又因为黏土掺入比+水泥掺入比 = 100%，所以二者取其一即可，如取水泥掺入比，因此减少为 3 个影响因子。据此，为了尽可能减少试验工作量，特采用正交试验设计原理分析各个因子对目标函数——浆液结石体抗压强度影响的权值。

正交试验是研究多因素多水平的一种可靠实验设计与分析方法。正交试验设计基于一套合理编制的正交试验表，从众多影响因子的全面试验中，挑选出试验次数较少且颇有代表性的因子组合进行试验，以尽可能减少有效试验取样，经过简单计算，考察各因子对目标函数（指标）影响程度。正交试验结果分析，一般分为直观分析法、方差分析法。在直观分析法中，基于极差法分析试验数据，即采用各因子列的极差大小表示对指标影响的主次顺序，采用空列极差表示试验误差。极差法计算量小、简单易懂，可以直观描述问题；但是，极差法未严格区分试验过程中由试验条件、误差改变引起的数据波动，也未提供判断所考察因子作用是否显著的标准。为了弥补极差法直观分析的不足，可以采用方差分析法。

在特种黏土固化浆液结石体抗压强度试验中，一并采用了直观分析法、方差分析法，考虑浆液稳定性、可注性等因素受制于注浆实际（即试验中，这些因素必须满足实际需求，不能因试验主观性而随意改变），水料比的因子水平选定为 1 : 1、1. 25 : 1、1. 5 : 1（这种浆液黏度适中、稳定性良好、适宜灌注），水泥掺入比的因子水平选定为 10%、

15%、20%，特种结构剂相对水泥掺入比的因子水平选定为 0%、4%、8%，最后确定为三因子三水平试验，采用 $L_9(3^4)$ 正交试验表，见表 9-1，其中抗压强度为试件标准养护 28d 无侧限抗压强度。

表 9-1　特种黏土固化浆液结石体无侧限抗压强度正交试验结果

试验号	影响因子				抗压强度/MPa
	水料比 A	水泥掺入比 B	特种结构剂相对于水泥掺入量 C	D	
	列号				
	1	2	3	4	
1	1（1∶1）	1（10%）	1（0%）	1	1.25
2	1（1∶1）	2（15%）	2（4%）	2	2.38
3	1（1∶1）	3（20%）	3（8%）	3	3.28
4	1（1.25∶1）	1（10%）	2（4%）	3	0.75
5	2（1.25∶1）	2（15%）	3（8%）	1	1.60
6	2（1.25∶1）	3（20%）	1（0%）	2	1.31
7	3（1.5∶1）	1（10%）	3（8%）	2	0.94
8	3（1.5∶1）	2（15%）	1（0%）	3	0.88
9	3（1.5∶1）	3（20%）	2（4%）	1	1.50
k_1	6.90	2.94	3.44	4.35	
k_2	3.66	4.85	4.63	4.62	
k_3	3.31	6.09	5.81	4.90	
$\underline{k}_1$	2.30	0.98	1.15	1.45	
$\underline{k}_2$	1.22	1.62	1.54	1.54	
$\underline{k}_3$	1.10	2.03	1.94	1.63	
R	1.20	1.05	0.79	0.18	

注：$k_1 \sim k_3$ 为每个因素各个水平的指标和；$\underline{k}_1 \sim \underline{k}_3$ 为 $k_1 \sim k_3$ 除以因素数；R 为标准差。

9.2.2　浆液结石体抗压强度试验测试方法

根据特种黏土固化浆液结石体抗压强度测试的直观分析法与方差分析法的正交试验设计结果，并且参照《水泥胶砂强度检验方法（ISO 法）》（GB/T 17671—1999），进行结石体抗压强度试验。采用普通水泥胶砂强度试验模具（40mm×40mm×160mm）且充分振捣、表面抹平成型试件，试件成型后即刻置于塑料模袋中密封（避免试件中水分蒸发损失），首先在环境温度下静置 6h，然后移至标准养护室养护 7d、28d，采用 WE-50B 型数控液压万能试验机检测试件无侧限抗压强度。

9.2.3　浆液结石体抗压强度试验测试结果

按照正交试验成果分析方法，进行了特种黏土固化浆液结石体抗压强度的九种浆材配比试验，首先采用直观分析法对强度测定值进行极差计算，计算结果见表9-1、表9-2。由极差计算结果可以很直观看出，影响结石体强度的主要因素是水料比，结石体抗压强度因水料比增大而不断降低，其次是水泥掺入量、特种结构剂掺入量，结石体抗压强度因水泥掺入量增加、特种结构剂掺入量增加而提高。为了进一步考察各因子对结石体抗压强度影响的显著性水平的相互差异、试验误差，又进行结石体抗压强度考核指标方差分析，分析结果见表9-2。由表9-2 可以看出：①水料比、水泥掺入比对结石体抗压强度有显著影响（因为黏土掺入比+水泥掺入比=100%，特种结构剂掺入量=水泥掺入量×m%，所以水泥掺入比的影响也即黏土掺入比、特种结构剂掺入量的影响），水料比越小、水泥掺入比越大（也即黏土掺入比越小、特种结构剂掺入量越大），结石体抗压强度越大；②据上述，特种结构剂掺入量对结石体抗压强度也有一定影响；③结石体抗压强度检测的试验误差为$(S_e)^{0.5}=(0.025)^{0.5}=0.158$MPa。

表 9-2　特种黏土固化浆液结石体标准养护 28d 抗压强度方差分析

方差来源	偏差平方和	自由度	平均偏差平方和	F（均方差/自由度）	临界值	显著性
水料比	$S_A=2.610$	2	1.305	52.2	$F_{0.01}(2,2)=99$	*
水泥掺入比	$S_B=1.677$	2	0.838	33.34	$F_{0.05}(2,2)=19$	*
结构剂掺入量	$S_C=0.943$	2	0.481	18.86	$F_{0.1}(2,2)=9$	*
误差	$S_e=0.051$	2	0.025			
总和	5.281	8				

9.3　特种黏土固化浆液结石体抗渗性

注浆工程实践表明，决定浆液结石体与注浆加固体抗渗性的因素主要有浆液泌水率、结石率、胶凝固化胀缩性。第 7 章讨论了特种黏土固化浆液泌水率、结石率、胶凝固化膨胀性等与浆材配比、水料比、水泥掺入比、黏土掺入比、特种结构剂相对水泥掺入比之间关系。浆液结石体抗渗性与地下水在结石体中单位渗流量、渗透压力、渗透速度关系密切，进而影响结石体耐久性、注浆加固体耐久性，因此结石体抗渗性成为评价注浆材料可靠性的一个重要指标。浆液结石体抗渗性不满足工程对注浆加固体耐久性需求，将引起注浆加固体因溶蚀作用、渗透作用而缩短使用寿命。浆液结石体密实度越大、透水性越小，注浆加固体使用寿命越长。鉴于上述，特种黏土固化浆液结石体抗渗性试验研究十分重要。

9.3.1 浆液结石体抗渗性试验思想

研究与实践表明，特种黏土固化浆液结石体渗透系数与浆液水料比、水泥掺入比（决定了黏土掺入比）、特种结构剂相对水泥掺入比（特种结构剂掺入量=水泥掺入量×$m\%$）等三方面因素密切相关，特别是特种结构剂相对水泥掺入比对结石体渗透系数影响更大，一般情况下，水料比越小、水泥掺入比越大、特种结构剂相对水泥掺入比越多，结石体渗透系数就越小。针对工程中较多应用的水泥黏土浆液或黏土固化浆液，关于水料比、水泥掺入比对结石体渗透系数影响问题，过去已有较多试验研究，取得了不少有益的认识；而在浆材配比方面，特种黏土固化浆液不同于水泥黏土浆液或黏土固化浆液，主要是前者增加了一个至关重要的关键成分——高效改善浆液性能的特种结构剂，这是因为特种结构剂高效作用也显著改变了水泥与黏土之间相对掺入比，即大幅度降低水泥掺入比、相应大幅度提高黏土掺入比。鉴于上述，在特种黏土固化浆液结石体渗透系数试验中，在水料比、水泥掺入比、搅拌时间、搅拌速度等一定条件下，只研究特种结构剂相对水泥不同掺入比对结石体渗透系数影响。

9.3.2 浆液结石体抗渗性试验方法

工程中，采用浆液结石体的渗透系数刻画结石体的抗渗性。测定特种黏土固化浆液结石体渗透系数仪器设备有 WS-55 型渗透仪、恒定水头装置、标准养护箱、量筒、环刀、刮刀、玻璃板、秒表等，试验方法与步骤如下。

（1）在环刀内面、环刀与玻璃板接触面上涂少许黄油。涂黄油起两方面作用，其一是起密封作用，避免渗漏浆液、水；其二是渗透系数检测之后，环刀中浆液结石体易于取出。

（2）平放玻璃板，将环刀平放于玻璃板上，环刀与玻璃板便形成不漏浆液、不漏水的环刀-玻璃板模具。

（3）将制备的浆液注入环刀-玻璃板模具中，反复精心振捣以充分密实浆液，抹平表面，试件成型之后，置于标准养护箱养护 7d、28d。注意，每一种材料配比与水料比的浆液至少平行制备 6 个相同试件，分两组，每一组 3 个试件，分别标准养护 7d、28d，用于检测不同养护龄期试件渗透系数。

（4）将达到设计养护龄期的环刀试件推入套筒，安装完毕，连接装好试件容器的进水管口与恒定水头装置。

（5）试件容器在恒定水头下静置一段时间，待出水管有水溢出，开始测定时间与渗水量，连续测定不同时长的渗水量。

（6）由于环刀试件结构与渗流通道基本均匀一致，试件表面均匀受压力水头作用且试件内部不同位置同一过水断面也均匀受压力水头作用（不同位置不同过水断面受压力水头作用不同），渗流路径也很短，因此完全可以基于达西定律计算结石体渗透系数。鉴于此，根据式 $k=(QL)/(SHT)$，计算浆液结石体渗透系数。其中，k 为渗透系数（cm/s），Q 为渗透水量（cm^3），S 为试件断面积（cm^2），L 为渗流路径即试件高度（cm），H 为压力水头（cm），T 为测渗时长（s，渗流的时间长度）。

9.3.3　浆液结石体抗渗性试验结果

通过上述试验方法，检测了特种黏土固化浆液结石体渗透系数，以及未掺入特种结构剂的水泥黏土浆液，即黏土固化浆液结石体渗透系数（目的在于比较特种黏土固化浆液结石体与水泥黏土浆液结石体之间渗透系数差别，可以根据二者之间渗透系数差别评价特种结构剂胶凝固化浆液的技术性能，因为二者的水泥掺入比、黏土掺入比、水料比与试件制备方法、养护条件、养护试件完全一致，加之渗透系数检测的仪器设备、方法步序也一样，那么产生渗透系数差别的原因只能是特种结构剂胶凝固化效应），据此绘制结石体渗透系数与特种结构剂相对水泥掺入比之间关系趋势曲线（基于散点图拟合趋势曲线：$k=0.0002x^2-2\times10^{-5}x+1\times10^{-6}$，$k$ 为渗透系数，x 为特种结构剂相对水泥掺入比，即特种结构剂掺入量=水泥掺入量×$m\%$），见图 9-1。由图 9-1 可以看出：①特种结构剂相对水泥掺入比不同的 10 个试件的结石体渗透系数的检测值均很小，这是因为实验室精心制备的环刀试件的密实度很大；②未掺入特种结构剂的水泥黏土浆液即黏土固化浆液结石体渗透系数明显大于特种黏土固化浆液结石体渗透系数，凸显出了特种结构剂对浆液的高效胶凝固化作用。

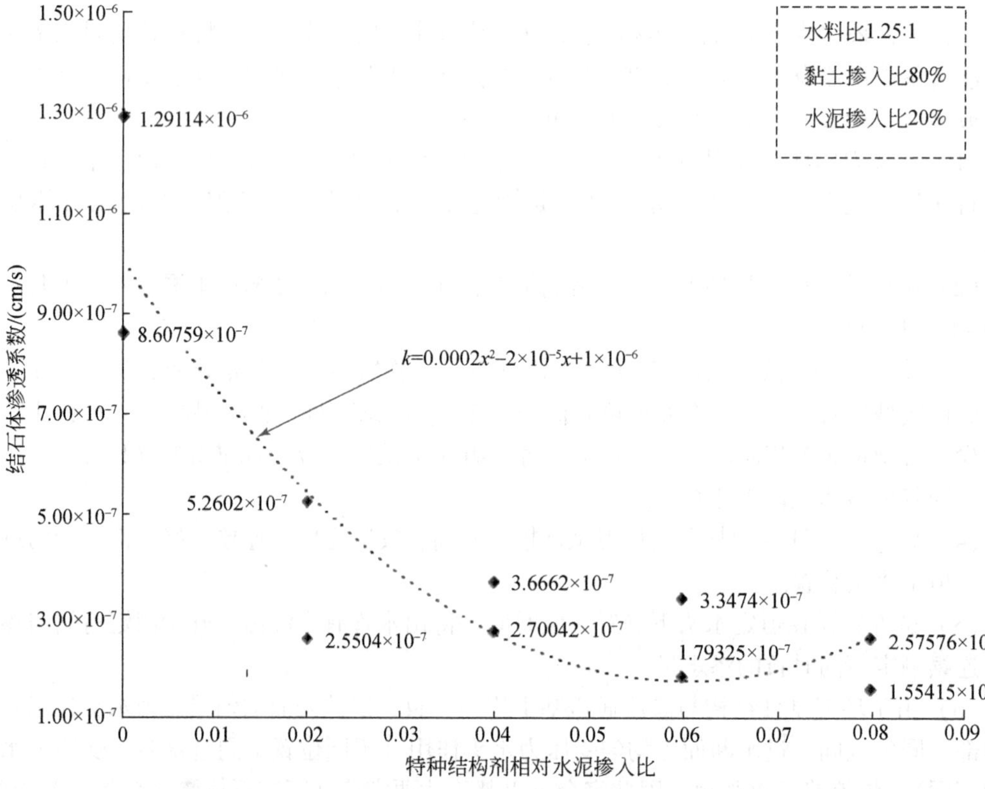

图 9-1　浆液结石体渗透系数与特种结构剂相对水泥掺入比之间关系

研究与实践表明，相比于水泥黏土浆液或黏土固化浆液结石体，特种黏土固化浆液结石体抗渗性能提高主要原因有三方面：①由于掺入特种结构剂，浆液胶凝过程中产生大量具有一定塑性强度与胶结强度的胶体成分、结晶水化物，作为结石体中土颗粒胶结物、孔隙充填物，从而显著提高了结石体的密实性；②特种结构剂中活性成分与浆液中拌合水、水泥熟料活性成分、黏粒或黏土矿物表面吸附的大量碱金属或碱土金属元素发生一系列化学反应，生成大量胶体成分、结晶水化物，致使浆液胶凝固化具有一定微膨胀性，但是因为环刀对结石体膨胀产生约束作用（浆液注入地层或岩土中，渗流通道对结石体膨胀同样产生约束作用），致使结石体中因产生内应力而处于受压状态，不仅更增大结石体的密实性，而且避免结石体与环刀之间出现渗水缝隙（在注浆加固体中，也避免结石体与渗流通道壁之间遗留渗流缝隙）；③特种黏土固化浆液胶凝固化过程中生成大量胶体成分、结晶水化物需要吸收较多拌合水作为结构水、结晶水，因此采用满足浆液可注性且达到设计要求扩散半径、注浆效果的合适水料比制备的浆液，胶凝固化将不再有多余水分泌出，也就是说，浆液泌水性很小甚至不泌水、结实率很高甚至达到 100% 结实率，显然利于提高结石体密实度、结石体与环刀壁（注浆加固体中渗流通道壁）之间的黏结紧密程度。

9.4　结石体抗压强度与抗渗性提升措施

特种黏土固化浆液结石体抗压强度、渗透系数为实际工程注浆设计的必要指标。在静压水头较大且存在动水压力作用条件下，要求浆液结石体具有较大抗压强度、很小渗透系数。因此，进一步提升浆液结石体抗压强度与抗渗性，成为一个重要的注浆工程问题。研究与实践表明，在制浆用黏土或黏性土、水泥类型与标号、搅拌时间与搅拌速度一定条件下，影响浆液结石体抗压强度与抗渗性的主要因素为浆液材料配比、特种结构剂性能、养护条件、养护时间，其中特种结构剂性能最关键（备受实际工程注浆设计重视），而特种结构剂性能取决于主要原材料类型、关键成分掺入比。经过浆液胶凝固化详细化学分析计算与精细配合比试验发现，合理提高特种结构剂中活性 SiO_2、活性 Al_2O_3、活性 Fe_2O_3 三者百分含量，并且结合强碱激发作用，可以大幅度提高特种结构剂对浆液胶凝固化化学性能，进而显著提升浆液结石体抗压强度、抗渗性（很小渗透系数）。为此，在现有特种结构剂技术基础上，通过适当调整原材料配比方案，进一步研究开发了性能更优的高性能特种结构剂，实现了浆液结石体抗压强度大幅度提升且降低了渗透系数。

采用性能更优的高性能特种结构剂，针对在我国具有一定地域代表性的南宁黏土、南宁红黏土、龙州红黏土、萍乡红黏土、信阳黄土、马鞍山黏土、哈尔滨粉质黏土等七种天然黏性土，以及南宁商业黏土、哈尔滨商业黏土、马鞍山商业黏土，进行浆液结石体抗压强度、抗渗性与养护时间、浆材配比之间关系的大量试验研究。试验中，分别考虑不同水料比、水泥掺入比、特种结构剂掺入比、养护时间等四方面影响因素，针对每一种制浆黏土或黏性土，制备特种黏土固化浆液，分别检测试件（规格 70.7mm×70.7mm×70.7mm）标准养护 7d、28d 无侧限抗压强度、渗透系数，检测结果见附表 9-1 ~ 附表 9-6，抗压强度检测设备为数控 TYA-200 型电液式压力试验机（精级：1 级），渗透系数检测方法如上述。由附表 9-1 ~ 附表 9-6 可以看出：①在相同浆材配比与水料比条件下，即黏土或黏性土掺入比 80% ~90%、水泥掺入比 10% ~20%、特种结构剂掺入比 10% ~20% [特种结构剂掺入量=水泥掺入量×(10% ~20%)]、水料比 0.8∶1~1.25∶1，采用上述 10 种黏土与黏性土制备浆液，试件标准养护 7d、28d，结石体抗压强度与渗透系数检测值均满足帷幕注浆防渗加固要求；②浆材配比、养护条件、养护时间一定条件下，随着水料比增大，结石体抗压强度、渗透系数显著降低；③水泥掺入比、黏土掺入比、养护条件、养护时间、水料比一定条件下，随着特种结构剂掺入比增大，结石体抗压强度明显提高、渗透系数明显见效；④特种结构剂掺入比、养护条件、养护时间一定条件下，水料比较小，随着水泥与黏土掺入比增大，结石体抗压强度明显提高、渗透系数明显减小，但是水料比较大，结石体抗压强度、渗透系数不一定因水泥与黏土掺入比增大而增大；⑤浆材配比、水料比一定条件下，随着养护时间延长，结石体抗压强度提高、渗透系数减小，但是有的变化幅度较大、有的变化幅度较小。

实际工程注浆设计中，更注重浆液结石体渗透系数与渗透坡降之间关系，因此又针对哈尔滨粉质黏土、萍乡红黏土、南宁红黏土、南宁黏土、信阳黄土等，制备特种黏土固化浆液，进行浆液结石体渗透系数与渗透坡降（压力水头）之间关系试验检测。试验中，针对这 5 种制浆用土，分别考虑注浆工程中常用的 4 种水料比（0.6∶1，0.8∶1，1∶1，1∶1.2）、3 种水泥掺入比（10%，15%，20%；对应的 3 种黏土掺入比为 90%，85%，80%；水泥为 32.5R 普通硅酸盐水泥）、3 种特种结构剂掺入比 [特种结构剂掺入量=水泥掺入量×（10%，15%，20%）]、6 种渗透坡降（12m，15m，18m，24m，30m，44m）、1 种养护时间（标准养护 28d）等五方面影响因素。浆材配比为黏土掺入比 80%，水泥掺入比 20%，特种结构剂掺入量=水泥掺入量×10%，水料比 1∶1 的结石体渗透系数与渗透坡降之间关系检测结果见附表 9-7。由于渗透坡降限制，试验中试件未发生渗透破坏，因此试验结果仅供参考。根据以上浆材不同配比与不同水头下的结石体渗透系数与渗透坡降之间关系，参见附表 9-7，并且结合实际注浆工程抽检资料，可以归纳出如下重要认识。

（1）浆材配比：黏土掺入比 80% ~85%，水泥掺入比 15% ~20%，特种结构剂掺入量=水泥掺入量×15% ~20%（如若水泥掺 100kg，那么特种结构剂掺入 15~20kg），水料比 0.8∶1~1∶1。试件标准养护 28d，浆液结石体渗透系数不小于 10^{-6}cm/s 量级，可使注浆加固渗透系数至少降低至 10^{-5}cm/s 量级，结石体达到渗透破坏的坡降超过 60m 压力水头，如马钢（集团）控股有限公司姑山矿采场东帮 100m 高边坡注浆防渗加固工程应用范例。

（2）浆材配比：黏土掺入比 85% ~90%，水泥掺入比 10% ~15%，特种结构剂掺入量=水泥掺入量×10% ~15%，水料比 0.8∶1~1∶1。试件标准养护 28d，浆液结石体渗透系数不小于 10^{-6}cm/s 量级，可使注浆加固渗透系数至少降低至 10^{-5}cm/s 量级，结石体达到渗透破坏的坡降超过 40m 压力水头，如广西龙州金龙水库主坝注浆防渗加固工程应用范例。

（3）各地黏土或黏性土的颗粒组成与黏粒含量、黏土矿物类型与含量、碱金属或碱土金属类型与含量、盐碱类型与含量等存在一定差异，加之各地不同品牌 32.5R 普通硅酸盐或矿渣水泥熟料成分与性能差异，致使浆液结石体渗透系数与渗透坡降之间关系也存在一定差异。

9.5　结石体长期浸泡抗软化与抗崩解性

为了考察特种黏土固化浆液结石体在没入水中长期浸泡抗软化性、抗崩解性，针对试件浸泡之前、浸泡之后分别检测无侧限抗压强度，并且将检测抗压强度压碎的试件碎块（即结石体碎块）长期浸泡于水中，以考察结石体长期浸泡抗崩解性。制备浆液：水料比1.25∶1，黏土掺入比80%，水泥掺入比20%，特种结构剂掺入量=水泥掺入量×10%，水泥为425普通硅酸盐水泥，黏土取自马钢（集团）控股有限公司姑山矿采场，拌合水为哈尔滨饮用自来水。平行制备两组试件，试件规格为40mm×40mm×160mm。浸泡浆液试件与结石体碎块的水为蒸馏水（pH=5.96）。

2002年10月7日，试件标准养护达到28d，立刻检测一组试件无侧限抗压强度为6.21MPa，同时将另一组试件浸泡于蒸馏水中，并且也将检测无侧限抗压强度压碎的试件碎块泡于蒸馏水中；2003年10月7日，检测浸泡一年后的另一组试件无侧限抗压强度为5.83MPa。由此可见，试件在蒸馏水中浸泡一年后抗压强度降低6.12%，表明浆液结石体具有较强抗水长期浸泡性能。

2002年10月7日~2010年5月5日，结石体碎块经过历时7年7个月长期浸泡，碎块基本不崩解掉渣，浸泡水无色透明、无气味（图9-2），并且碎块基本保持原貌不变，手感脆硬性好、软化不明显，表明浆液结石体长期浸泡具有很好的抗崩解性，不对水质造成明显影响。

图9-2　结石体碎块浸泡照片

9.6　特种黏土固化浆液结石体抗冻性与耐久性

在注浆防渗加固与冻害防控中，采用现行广泛应用的水泥基类注浆材料，注浆施工难以长期有效，特别是土石坝除险加固，一次施工结束，隔2年或3年甚至1年又出现渗漏险情，又需要注浆堵水加固，从而造成多次反复工程投资。因此，注浆工程耐久性成为长期难以解决的棘手技术问题，一直备受关注，采取浆液材料改性、注浆工艺改善等多种措施，努力解决工程耐久性问题。长期实践表明，解决注浆工程耐久性问题，必须从两方面着手，即高性能注浆材料、先进注浆工艺，需要根据具体工程实际情况，包括地层或岩土中渗漏孔隙、裂隙、空洞等渗漏通道几何大小、空间分布、连通性、可灌注性，以及地下水渗流量、动水压力等，有针对性地合理选择注浆材料、注浆工艺，其中注浆材料最重要。浆液结石体抗冻性是评价注浆工程耐久性的一个重要指标。试验与应用表明，基于满足可注性、渗透性、扩散半径、注浆效果等要求，合理控制浆材配比、水料比，制备的特种黏土固化浆液结石体具有很强抗冻性，对于保证注浆加固体耐久性具有重要意义。也就是说，结石体抗冻性是结石体与注浆加固体耐久性的一个重要评价指标。

特种黏土固化浆液中各种浆材之间、浆材与拌合水之间完全可以达到很均匀的拌合程度，而若按照一定掺入比，将特种结构剂直接掺入水泥、黏土中且控制混合物含水率为最优含水率，无论如何拌合，也达不到浆液的均匀拌合程度，即特种结构剂、水泥、土、水之间不可能十分均匀拌合于一起，肯定影响固化混合料成型试件的抗冻性，也即在特种结构剂、水泥、黏性土三者配合比相同条件下，制备的特种黏土固化浆液试件的抗冻性无疑强于特种结构剂、水泥、黏性土三者混合料在最优含水率条件下制备的试件的抗冻性。鉴于上述，以下采用注浆中常用的浆材配比，将特种结构剂、水泥、黏性土三者充分拌合均匀且控制混合料含水率为最优含水率，分别通过试件试验与工程应用两个途径，检测与验证特种结构剂固化土的抗冻性。若特种结构剂固化土具有很强抗冻性，那么特种黏土固化浆液结石体抗冻性无疑更强，注浆加固体耐久性自然更好。

9.6.1　特种结构剂固化土抗冻性试件试验检测

委托黑龙江省工程质量水利检测中心站（国家法定工程质量检测单位）进行了特种结构剂固化土试件的抗冻性试验检测。其工程与试验概况为：①黑龙江省水利厅拟将特种结构剂用于尼尔基水库配套工程防渗加固，委托黑龙江省工程质量水利检测中心站对特种结构剂固化土试件的抗冻性做试验检测；②采用击实法制备特种结构剂固化土试件，特种结构剂、水泥、黏性土三者混合物的击实密度控制为 1.65g/cm^3（约为混合物最大材密度 96%）、含水率控制为最优含水率，黏性土为尼尔基水库配套工程的低液限黏土，水泥为 425 普通硅酸盐水泥（哈尔滨天鹅牌），拌合水为哈尔滨饮用自来水；③混合物的材料配比、最大干密度、最优含水率见表 9-3；④要求分别检测试件标准养护 7d、28d 无侧限抗压强度、抗冻性；⑤试件抗冻性规定检测在−52 ~ 40℃条件下反复冻融 25 次循环的无侧限抗压强度损失率、质量损失率。特种结构剂固化土抗压强度与抗冻性检测结果见表 9-3。结合表 9-3 检测结果、试件冻融前后表观特征可知，特种结构剂固化土试件标准养护 28d，在−52 ~ 40℃条件下反复冻融 25 次循环不破坏，并且抗压强度损失率检测不出、质量损失率小于 2% 或检测不出，表明其具有很强抗冻性，可以用于高寒区工程防渗加固。如上所述，抗冻性属于工程材料耐久性的一个重要评价指标，因此特种结构剂固化土抗冻性的上述试验检测结果也很好地佐证了特种黏土固化浆液结石体具有更强的抗冻性，进而说明注浆加固体具有长期耐久性。

表 9-3　特种结构剂固化土抗压强度与抗冻性检测结果

材料配比			击实试验		抗压强度试验		抗冻性试验	
黏土/%	水泥/%	特种结构剂/%	最大干密度/(g/cm^3)	最优含水率/%	标准养护 7d/MPa	标准养护 28d/MPa	抗压强度损失率/%	质量损失率/%
78	20	2	1.72	16.2	4.64	6.51	—	—
77	20	3	1.72	16.4	4.88	6.44	—	—
76	20	4	1.72	16.2	4.41	6.17	—	—
83	15	2	1.72	16.1	3.21	4.20	—	—

续表

材料配比			击实试验		抗压强度试验		抗冻性试验	
黏土/%	水泥/%	特种结构剂/%	最大干密度/(g/cm³)	最优含水率/%	标准养护7d/MPa	标准养护28d/MPa	抗压强度损失率/%	质量损失率/%
82	15	3	1.72	16.0	3.50	4.76	—	—
81	15	4	1.71	16.2	3.91	4.73	—	—
85	13	2	1.70	16.5	2.54	3.60	—	1.6

9.6.2 特种结构剂固化土抗冻性实际应用验证

在第3章中，详细介绍了特种结构剂用于中国东北高寒冻融区（极端冻融区）填筑路基冻害防控的两个典型案例。

案例1：哈佳高铁宾县客运站路基施工HJZQ-Ⅱ标段冻害防控，按照时速超过200km高速铁路无砟轨道填筑路基设计标准，要求采用冻胀不敏感填料，即A组填料、B组填料，但是由于施工现场就地就近难以采取这两组填料，而远距离足量采取这两组填料也困难且存在采取与运输费用高问题，最后决定在基床之下通过特种结构剂固化就地采取易采的冻胀敏感性较大的细粒土（C组填料）填筑路基（施工发现特种结构剂固化加固效果很好、固化速度很快且固化层施工结束不久便具有很强的抗大暴雨冲刷性能、抗雨水浸泡性能，此外大幅度缩短施工质检时间，也采用了不少D组填料掺入C组填料中混合填筑），实现路基固化加固与冻害防控；2015年8月填筑施工结束，至2021年尽管已经历了6个完整自然冻融循环——特别是2021年1~3月当地历史最寒冷严冬的冻胀考验，但是固化土路段仍然表现出很好的正常运行状态，表明特种结构剂固化加固冻胀敏感性大的细粒填料可以用于严寒地区高速铁路无砟轨道路基填筑加固与冻害防控。

案例2：辽宁省滨海高等级公路盘锦段滩涂土填筑路基冻害防控，由于盘锦地区广泛分布海相滩涂土，而滩涂土因粒度很细且盐碱含量较高而成为冻胀敏感性极大的一种特殊土，按照公路工程规范要求，这种特殊土不能用于填筑高等级公路路基，但是因为施工现场就地就近取不到填料非冻胀敏感性土作为路基填料，最近也得从70km以外的大石桥采取抗冻胀的粗粒填料，取土费与运输费很高，所以采用特种结构剂固化土技术，根据实验室试验结果，合理确定特种结构剂、水泥、滩涂土三者干料混合比例，以及混合料最优含水率、施工工艺（混合料虚铺厚度、碾压密实工艺、洒水养护方法、质量检测方法、合格评定标准是关键），采用特种结构剂固化现场就地采取的滩涂土进行路基填筑，实现路基固化加固与冻害防控；2008年9月填筑施工结束，至2021年尽管已经历了13个完整自然冻融循环——特别是2009年11月~2010年3月、2021年1~3月当地历史两个最寒冷严冬的冻胀考验，但是固化海滩土路基仍然表现出很好的抗冻性能，并且填筑施工过程中路基每一填筑层弯沉、抗压强度等各项检测结果均满足规范对滨海地区高等级公路路基的规要求，凸显特种结构剂固化加固冻胀敏感性大的海滩土具有显著的抵抗极端严寒冻害性能、改良高盐渍含量特殊土性能。

本章中的案例为哈尔滨工业大学黄河路校区道路冻害治理。哈尔滨位于极端高寒冻融区，城市道路冻害严重，不少路段因冻害几乎 2～3 年维修一次、部分路段甚至每年维修一次。2011 年春融期过后，在哈尔滨工业大学黄河路校区道路冻害维修中，作为新材料试用路段，通过学生第九食堂至土木工程学院一段路，采用特种结构剂、水泥、粉质黏土三者混合料填筑路基水稳层以防止再发生冻害，混合料配合比为特种结构剂 3%、水泥 10%、粉质黏土 87%，混合料最优含水率为 15.7%，采用人工与铲车联合拌合方法充分均匀拌合混合料，混合料分两层碾压密实，每层虚铺厚度 25cm、碾压至 15cm，振动往返碾压两个来回、静力往返碾压一个来回，第一层填筑结束后，洒水自然养护 3h，待检测合格后填筑第二层；第二层填筑结束后，洒水自然养护 3h，待检测合格后，搁置 24h，铺设沥青混凝土面层，施工主要过程见图 9-3。2011 年 5 月施工结束至 2021 年 5 月已经历 10 个完整自然冻融循环作用，但是路面、路基仍然状态很好，表明特种结构剂与水泥配合使用对冻胀敏感性大的细粒土（粉质黏土）具有很好的固化稳定、加固与抗高寒冻害性能。

(a)掺特种结构剂　　(b)目前道路状况

图 9-3　哈尔滨工业大学黄河路校区道路冻害防控施工与运行状况

根据实际工程应用的上述 3 个案例，足以说明特种结构剂与水泥按照一定掺入比配合使用对黏土或黏性土、高盐碱含量海相滩涂土等冻胀敏感性土具有很好的固化加固与冻害防控作用。由于特种结构剂、水泥、土之间干料粗放式拌合根本无法达到理想的均匀化程度，而采用特种结构剂、水泥、土作为浆材制备一定适合于注浆的浆液，在大量拌合水条件下进行机械化高速搅拌，使这三种材料与拌合水之间达到理想的均匀化混合程度，自然前者能够取得很好的土料固化加固与冻害防控的技术效果，那么后者无疑将取得更好的抗冻效果。

总之，结合特种结构剂固化土抗冻性试件试验检测、特种结构剂固化土抗冻性实际应用验证，足以证明特种黏土固化浆液结石体抗冻性很强，进而说明结石体与注浆加固体具有很好的长期耐久性。

9.7　特种黏土固化浆液结石体抗震性与耐久性

工程中，浆液结石体抗震性是评定注浆（防渗）加固体耐久性的一个重要标准。2002 年，在马钢（集团）控股有限公司姑山矿露天采场 100m 高边坡卵石层注浆防渗加固中应用表明，特种黏土固化浆液结石体具有很好抗震性，进而显著提升注浆防渗加固体整体抗震性能。

工程基本概况：姑山矿为马钢（集团）控股有限公司一个重要铁矿石生产基地，具有 100 多年露天开采历史，年产铁矿石 100 万吨；截至 2002 年，采坑直径超过 4400m、最低高程低于-88m，矿区东帮青山河堤防顶部至采坑底部的边坡高达 100m（地面之上堤防高度+12m，地面之下采坑深度-88m）；多年来，一直沿用露天大爆破开采，见图 9-4。每次开采爆破均触发图中 40 多吨重型工程机械左右摆动 10～15cm，并且距离爆破点 4～5km 也明显感到地面地震动；采场东帮青山河堤防 100m 高边坡卵石层渗漏严重，渗漏与开采

(a)2002年9月现场情况　(b)2009年8月开采情况

图 9-4　马钢（集团）控股有限公司姑山矿露天采场 100m 高边坡概况

大爆破震动强烈影响边坡稳定性，威胁采矿安全，如 2001 年 5 月三处滑坡掩埋大型工程机械，因此亟待对边坡进行可靠防渗加固处理；2002 年 9～10 月，姑山矿业公司邀请专家多次论证解决边坡抗渗性与抗震性方案，最后决定对临近采坑区危险坡段采用特种黏土固化浆液进行注浆防渗加固。

注浆设计要求：要求卵石层中注浆帷幕墙体能够承受由大爆破开采触发的Ⅷ度～Ⅹ度强地震动；采用商业白黏土与当地天然粉质黏土配合制备特种黏土固化浆液，水泥为 32.5R 普通硅酸盐水泥；根据不同部位地质条件与渗漏状况，确定的浆材配比为水泥掺入比 20%～33%、黏土掺入比 67%～80%、特种结构剂相对水泥掺入比 10%～15%（特种结构剂掺入量=水泥掺入量×10%～15%，如按照特种结构剂掺入比 10% 计算，若水泥掺入量 10kg，则特种结构剂掺入量 1kg），水料比为 8∶5～2∶1，控制浆液初始黏度为 30±5s 且在 1h 内黏度基本稳定或缓慢上升；注浆之前，卵石层渗透系数 $k=5.79\times10^{-2}\sim9.26\times10^{-2}$ cm/s，要求注浆之后降到 $1.08\times10^{-5}\sim3.48\times10^{-5}$ cm/s；采用静压注浆方法，并且基于不同深度与不同部位渗漏情况，适当调整注浆压力，灵活采用全孔一次注浆工艺或分段循环注浆工艺。

注浆抗震效果：2002 年 11 月注浆施工结束以来，注浆帷幕墙体已运行近 19 年，尽管经历每天采矿高强度频繁大爆破震动作用长期考验，但是运行状态仍然良好，表明特种黏土固化浆液结石体与注浆防渗加固体具有很好的抗震性能；而与之毗邻的高边坡采用普通水泥浆液灌注的帷幕墙体，在注浆施工结束次年就因爆破震害又发生大流量渗漏。

鉴于上述，在频繁大爆破长期振动与大渗流量极端条件下，凸显特种黏土固化浆液注浆防渗加固体的长期耐久性，得益于浆液胶凝固化产生的大量具有较大塑性强度的胶体成分、结晶水化物作为浆液结石体中胶凝体重要胶结成分，不仅结石体具有较高强度与很好的抗渗性、抗震性、微膨胀性，而且结石体可充满渗流通道，并且结石体与土颗粒、卵石、孔隙壁之间接触紧密、黏结强度高，因此大幅度提升注浆防渗加固体抗震性、稳定性、耐久性。

9.8　结论与总结

（1）采用特种黏土固化浆液注浆加固地层或岩土，由于浆液结石体具有较高强度、较大密实性，结石体与渗流通道壁之间胶结强度较高，并且因浆液胶凝固化微膨胀作用，几乎 100% 结实率，基本不泌水而使岩土体完全充满水流通道，因此只要基于合理设计方案精心施工、确保工程质量，能够保证有效注浆防渗加固与冻害防控。

（2）特种黏土固化浆液结石体具有很强抗渗透破坏性、抗溶蚀破坏性、抗浸水软化性、抗浸水崩解性等，加之结石体具有较高强度、较大密实性与对渗流通道可靠封堵性，并且结石体占绝对优势的组成成分为化学惰性极大的黏土矿物、长英质粉细粒，浆液胶凝固化形成结石体又产生大量化学惰性大、抗酸碱浸蚀性强、抗地下水浸蚀性强的胶体成分与结晶水化物，特种结构剂与水泥配合固化土具有很好的抗震性、抗冻性，因此应确保了结石体与注浆（防渗）加固体的长期耐久性。

（3）影响特种黏土固化浆液结石体强度与密实性的主要因素为水料比、黏土与水泥掺入比、特种结构剂与水泥掺入比、特种结构剂活性成分类型与含量。结石体抗压强度、抗渗性因水料比增大而下降，结石体抗压强度、抗渗性因水泥掺入比增大、特种结构剂相对水泥掺入比增大而提升。水料比对结石体强度影响最大，较大水料比的浆液不宜用于注浆加固，仅适用于注浆防渗。

（4）影响浆液结石率的主要因素：①在特种结构剂相对水泥掺入比不变条件下，随着水泥掺入比增大，浆液结石率降低；②在水泥掺入比不变条件下，随着特种结构剂掺入比增大，浆液结石率提高；③在水料比<2 ：1、10% <水泥掺入比增大<20% 、10% <特种结构剂相对水泥掺入比<15% 条件下，浆液结石体膨胀性明显，注入的浆液因渗流通道约束作用而产生一定内应力，从而大幅度增强结石体与注浆加固体抗渗性能、抗挤出性能。

（5）制备性能优越的特种黏土固化浆液，特种结构剂相对水泥存在一最优掺入比，在水料比、水泥掺入比、黏土掺入比确定之后，要求通过充分针对结石体性能的一系列配合比试验，以合理确定特种结构剂相对水泥的最优掺入比（掺入量）。配合比试验，以结石体强度与抗渗性满足设计要求、浆液满足可注性且达到设计要求为寻优目标。

第 10 章　特种黏土固化浆液注浆适应性

在实际注浆工程中，各地需要注浆防渗、注浆不加固、注浆防冻等地层与岩土条件复杂多变，为了推广特种黏土固化浆液注浆应用范围，必须明确注浆对不同地层与岩土的适应性。通过实际应用与室内试验两方面途径，可以确定特种黏土固化浆液用于地基、路基、堤坝、边坡等注浆防渗加固与冻害防控对不同地层与岩土适应性。

10.1　特种黏土固化浆液注浆适应性试验检测

试验概况：①采用具有一定地域代表性的不同天然土，如南宁黏土、萍乡红黏土、信阳黄土、哈尔滨粉质黏土、绥化中粗砂土、大庆盐渍土、安达黑土（腐殖质与有机质含量很高的黏土与粉质黏土）、盘锦海土（盐碱含量较高的海相滩涂土）、东营吹填土（盐碱含量很高的海土与三角洲土）等 9 种不同土，作为注浆加固的地基土；②按照注浆防渗加固与冻害防控工程中常用的浆液不同材料配比、水料比，制备特种黏土固化浆液；③根据实际工程中通常需要向地基中注入的浆液量，确定向地基土中掺入的浆液量；④向地基土中掺入足量浆液，充分拌合均匀且适当压实成型（模型地基规格：100cm×60cm×30cm）；⑤地基土中浆液掺入量按照土体积 10% 计算，即 0.18m^3 土掺入 0.018m^3 浆液；⑥模型地基自然养护 28d，注意观察表观变化，并且切取试件测定无侧限抗压强度、渗透系数；⑦采用两种不同的水泥掺入比、黏土掺入比、特种结构剂相对水泥掺入比，一种水料比，制备可灌注浆液；⑧针对上述 9 种地基土，按照 10% 掺入比，将制备的浆液掺入地基土中，分别做模型地基，用于检测浆液固化效果。

试验结果：依据水泥掺入比 10%（20%）、黏土掺入比 90%（80%）、特种结构剂相对水泥掺入比 10%、水料比 0.8 制备的浆液，对上述 9 种天然地基土均有很好的固化加固效果，除了少数试件之外，大多数试件检测的无侧限抗压强度 $P \geqslant 2$MPa、渗透系数 $k \leqslant n \times 10^{-5}$cm/s（$n$ 为系数，下同），见附表 10-1，表明特种黏土固化浆液对地基注浆防渗加固具有广泛的各种不同土性的土层适应性。

10.2　特种黏土固化浆液注浆适应性应用验证

近 20 年来，特种黏土固化浆液在各地不同地层、岩土与地下水条件下注浆防渗加固工程中获得多次成功应用。例如，2002 年 9 ~ 10 月，马钢（集团）控股有限公司姑山矿露天采场东帮 100m 高边坡注浆防渗加固（图 9-4，详见第 14 章），解决了大渗流砂卵石层止水加固问题、采矿大爆破震害防控问题；2003 年 6 ~ 7 月，广西南宁邕江防洪大堤江滨医院段注浆除险加固（详见第 14 章），解决了素填土与杂填土层（含粗砂、小砾卵石）止水加固问题；2003 年 6 ~ 7 月，黑龙江绥化红兴水库坝基高压旋喷注浆建造止水帷幕墙

（试验工程，施工结束 28d 对帷幕墙体抽心检测，坝基杂砂土固化强度为 4.44～7.24MPa，渗透系数为 3.74×10^{-6}cm/s），解决了杂砂土层（包括粉细砂、细砂、中砂、粗砂）；2006 年 10 月～2007 年 7 月，江西萍乡杨梅水库大坝与芦洞水库大坝注浆除险加固（图 10-1），解决了黏土与杂填土层止水加固问题、坝体–坝肩接触带破碎基岩止水加固问题、裂隙基岩大渗流止水问题；2003 年 7～11 月，广西龙州金龙水库主坝注浆除险加固（详见第 14 章），解决了土石坝坝体–基岩接触带止水加固问题、基岩大溶洞与大裂隙封堵问题、坝基大渗流（渗流量达 960L/s）与大动水压力条件止水问题；2009 年 12 月～2010 年 2 月，湖南双峰峡山塘水库大坝注浆除险加固（图 10-2），解决了坝体大渗流问题、坝基基岩破碎带止水加固问题；2005 年 6 月，北京地铁 5 号线雍和宫站回填土地基注浆加固（详见第 14 章），解决了地铁站人工暗挖施工触发高压缩性深厚回填土层沉降可靠控制问题（雍和宫是国家保护建筑，要求临近地铁站暗挖施工必须严格控制地面沉降，但是因为深厚回填土高压缩性而导致暗挖施工中地面连续沉降至警戒线，采用水泥浆液灌注密实加固土层无法控制沉降，改用特种黏土固化浆液灌注很快控制沉降）；2006 年 4 月，中国石化集团辽宁抚顺石油一厂煤矿地下采空区回填注浆（图 10-3），解决了采空区回填问题、裂隙岩层止水问题、地裂缝控制问题、地面沉降控制问题；2010 年 9 月，哈尔滨铁路局滨绥线 K125+0—050 段路基冻害注浆治理（图 10-4），解决了浅表地下水丰富软弱土场地细粒填料路基显著冻胀与大幅度融沉治理问题、铁路不中断行车条件下冻害治理难题（从路基侧面向路基中注浆）。应该说明，滨绥线 K125+0—050 段路基冻害，虽然采用特种黏土固化浆液注浆很好地解决了路基冻害防控问题，但是因为浅层静压注浆，施工中难以可靠控制灌注压力，因压力过大而出现灌注冒顶现象，致使部分浆液返入上覆道床，将整个道砟层很强固结于一起而失去道砟应有的重要作用，如减振作用、调谐轨道作用，只得拆除道床重做道砟，然而这从另一角度证明了特种黏土固化浆液的高效固化作用。我国是一个冻土大国，高寒冻融区分布面积达 $3.67\times10^{6}\text{km}^2$，其中广泛分布各种铁路，路基冻害问题亟待解决，特种黏土固化浆液注浆是解决路基冻害问题的一个很好途径。目前，我们正在研究解决特种黏土固化浆液对路基注浆的施工工艺问题，以避免向路基中注浆而向道砟中返浆现象。

(a)水库与大坝远景　(b)大坝下游　(c)坝肩破碎基岩渗漏状况

(d)注浆施工　(e)制备特种黏土固化浆液

图 10-1　江西萍乡杨梅水库大坝坝体与芦洞水库大坝注浆除险加固

(a)水库　(b)主坝　(c)浸泡搅拌分散制浆黏土

(d)主坝渗漏状况　(e)制浆

(f)抽心观察注浆效果　(g)监控注浆压力　(h)注浆

图 10-2　湖南双峰峡山塘水库大坝注浆除险加固

(a)注浆施工现场　(b)特种黏土固化浆液修补地面

(c)注浆

图 10-3　中国石化集团辽宁抚顺石油一厂煤矿地下采空区回填注浆概况

(a)铁路在线运营

(b)现场取制浆黏性土

(c)向浆液中掺入特种结构剂

(d)从路基侧面注浆

(e)制备特种黏土固化浆液

(f)从路基侧面注浆

图 10-4　滨绥线 K125+0—050 段路基冻害注浆治理

根据上述自然土层或填土层、裂隙或破碎岩层或岩溶层、土石坝或坝体与坝基（坝肩）接触带等不同地层或岩土条件下、不同渗漏与动水压力条件下注浆防渗加固与冻害防治的实际应用结果，客观验证了特种黏土固化浆液用于注浆工程对各种自然土层、人工填土层、裂隙岩层、破碎岩层、岩溶岩层等具有极其广泛适应性。

10.3 特种黏土固化浆液注浆适应性本征机理

除了10.2节给出的9个成功案例之外，特种黏土固化浆液还在全国多地成功用于其他数十个注浆防渗加固与冻害防控工程。基于上述不同土拌合浆液制备模型地基固化密实加固试验与大量实际工程注浆应用结果，足以说明在地层或岩土中孔隙、裂隙、溶隙等可灌注条件下，特种黏土固化浆液用于止水、堵漏、防渗、加固与冻害治理、防控等注浆工程，对各种黏土、红黏土、黄土、粉质黏土、砂土、盐渍土、黑土（高腐殖质与有机质含量的软黏土、粉质黏土、耕土）、海土、滩涂土、三角洲土、吹填土、素填土、杂填土、砂砾（卵）石层、基岩裂隙、坝体（坝肩）与基岩接触带等具有极其广泛适应性，并且效果显著，特别是在大孔隙、大裂隙、大溶洞与大渗流量、大动水压力条件下注浆更凸显技术性能优越性。

特种黏土固化浆液在注浆工程中应用具有广泛适应性的本质机理：在满足浆液可注性、扩散半径、注浆效果等要求前提下，合理控制浆材配比、水料比，制备的浆液属于一种稳定浆液，泌水性很小或基本不泌水、抗地下水稀释性强、初始黏度适合灌注、黏度上升速度可靠、胶凝时间较短且可控、胶凝固化微膨胀、胶凝体硬化强度较大且上升快，可注性好、渗透性强（灌注压力作用下能够渗入水泥基类浆液无法进入的细小渗流通道）且不存在压力排水现象，在灌注渗透途径上因首先形成压力渗透前缘而保证后续浆液充满渗流通道，灌注渗透中不存在因颗粒沉淀形成栓塞而影响或堵塞浆液渗透（因此确保浆液在渗流通道顺利渗流），结石体早期强度较大且上升快、终期强度很大（相比于自然固结土、填筑密实土）、密实性大、抗渗性强、抗软化性强、抗崩解性强、抗酸碱浸蚀性强、抗震性很强、抗冻性极强，结石体与土团粒或团块（包括砂粒）、砾石或卵石、岩石、孔隙壁、裂隙壁、溶洞壁等之间无缝紧密黏结或胶结且黏结或胶结强度较高，因胶凝体微膨胀在结石体中产生一定内应力即膨胀应力作用而使结石体更密实、结石体与渗流通道壁之间黏结或胶结更紧密、注浆加固体强度与密实性更高。通过改变特种结构剂相对水泥掺入比而制备短凝型浆液、长凝型浆液，分别用于一般渗流条件下注浆、大渗流通道与大动水压力下注浆。正是因为这些优越的技术性能，才使得特种黏土固化浆液可以广泛用于不同地层或岩土条件、不同孔隙或裂隙与溶洞条件、不同地下水渗流量与动水压力条件等各种下注浆防渗加固、冻害治理、冻害防控情况。

10.4 结论与总结

特种黏土固化浆液作为一种不同于水泥基类注浆材料的新一代高性能注浆材料，在地层或岩土可注浆条件下，分别针对以止水防渗为目的、以密实加固为目的、以冻害防治为目的，基于满足浆液可注性、扩散半径、注浆效果三个根本要求，合理控制浆材配比、水料比，制备的浆液可以广泛用于不同地层或岩土条件、不同孔隙或裂隙与溶洞条件、不同地下水渗流量与动水压力条件等各种情况下的注浆施工，且取得理想的注浆效果，均得益于浆液诸多优越的技术性能。因此，特种黏土固化浆液在注浆工程中适应性很强、应用面很广泛。

第 11 章 特种黏土固化浆液注浆扩散模型

工程技术，因工程需求而诞生，也因试验与实践而发展，并且早期或前期阶段只能依据试验与实践才得以发展，随着试验与实践经验日益积累至一定程度，便上升到规律性认识、机理性诠释，因此进入基于试验与实践的理论研究与发展阶段，目的在于进行技术推广研究，进而为技术推广应用提供必要的理论支撑。注浆技术也如此，自 1802 年提出以来，已走过了四个阶段近 200 年发展历史，20 世纪 70 年代进入现代注浆阶段，逐步重视注浆理论研究。注浆理论脱胎于流体力学理论，主要研究注浆压力、注浆时间、注浆量、注浆半径之间关系，目的在于建立科学合理的注浆扩散模型，为实际工程注浆设计提供一定理论依据。因此，研究特种黏土固化浆液注浆扩散模型，必须熟悉流体力学相关的基本理论、基本知识。

11.1 流体力学相关基本理论与基本知识

11.1.1 多孔介质中渗流与相关基本知识

流体以缓慢或迟缓速度流动通过多孔介质中复杂曲折的渗流通道称为渗流，见图 11-1。土是一类典型多孔介质，由土的颗粒骨架与相互连通的毛细孔隙、孔隙、裂缝、空洞等组成；岩石一般难以模拟为多孔介质，但是在研究岩石渗流问题中，一些结构面密集分布岩体或碎裂岩体可以近似为多孔介质。渗流力学的一个分支是研究流体在多孔介质中运动规律，其中专门研究流体在岩土中运动规律充分体现了流体力学与土力学、岩石力学、多孔介质理论、表面物理、物理化学等多学科之间交叉、渗透、融合。渗流的本质是流体在多孔介质中沿着孔径细小且曲折复杂的通道中缓慢流动。渗流的基本特点：①渗流通道曲折复杂；②缓慢或迟缓的速度；③绝大多数为紊流，极少数为层流；④绝大多数为非稳定流运动，极少数为稳定流运动；⑤一般为缓变流动，偶尔为非缓变流动[24,30]。

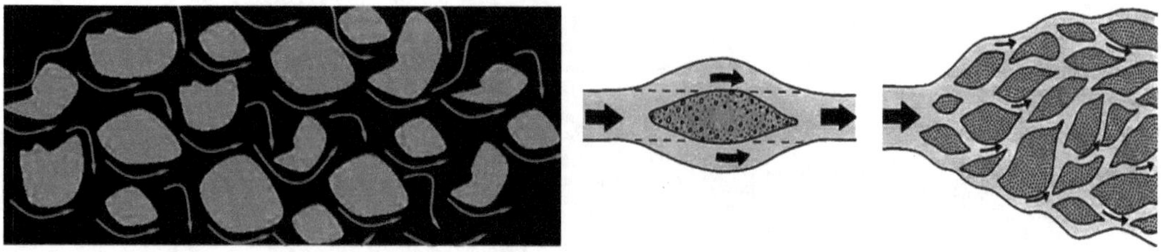

图 11-1 多孔介质中渗流示意图

紊流：在多孔介质中，同一过流体断面上流体各质点的运动方向（所在点流线的切线方向）不一致，并且在渗流通道上流线随机交叉。层流：在多孔介质中，同一过流体断面上流体各质点的运动方向平行一致，并且在渗流通道上流线无交叉现象。过流体断面：在多孔介质中，垂直于流线的横断面，可以是平面，也可以是任一曲面，通过同一断面上各流线均垂直于该断面（图 11-2）。若为地下水在土中渗流，过流体断面又称为过水断面。

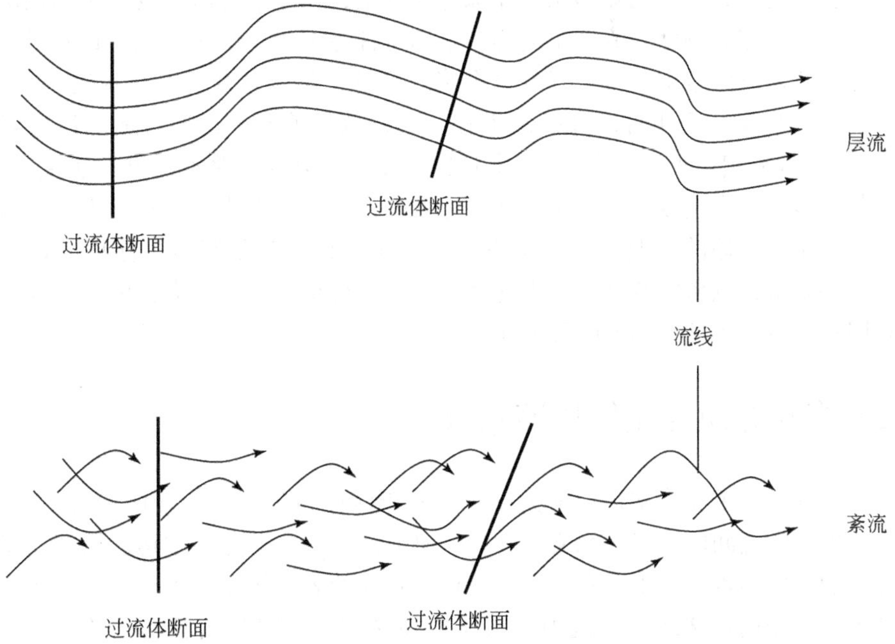

图 11-2　流体在多孔介质中层流与紊流示意图

稳定流运动：渗流场中流体各运动要素如渗透系数不随时间变化而变化的运动。非稳定流运动：渗流场中流体某一运动要素或某几个运动要素如渗透系数、水力坡度或压力水头等随时间变化而变化的运动。缓变流动：流线弯曲度很小而近似为直线、相邻流线之间夹角很小而近似于平行、各过流体断面近似为平面、同一过流体断面上各点渗透坡降（即水力坡度或压力水头）近似相等的渗透流动，见图 11-3。非缓变流动：不满足缓变流动的

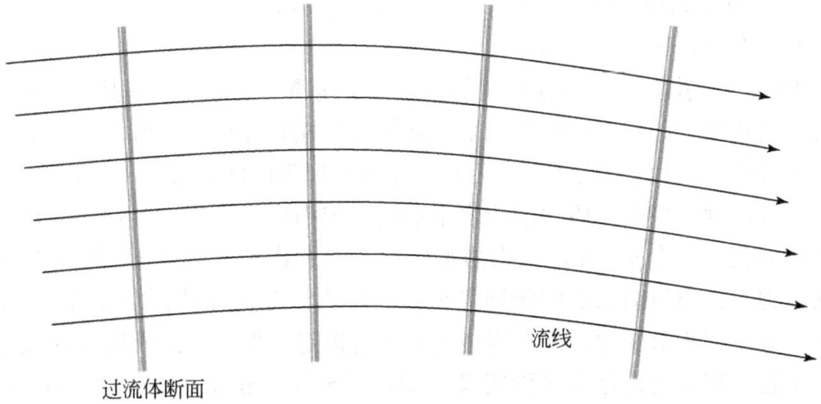

图 11-3　流体在多孔介质中缓变流动示意图

任一条件的渗透流动。注入地层或岩土中的特种黏土固化浆液渗透流动实际为三维渗流问题，但是绝大多数一般场地条件下，可以假设为缓变流动，将使研究灌注浆液渗透运动规律的复杂三维问题简化为较为简单的二维问题[88-91]。

影响流体在多孔介质中渗流的因素较多而复杂，如介质层产状、介质密实度、孔隙率、孔隙类型、孔隙大小、孔隙形状、孔隙连通程度、孔隙壁光滑程度、渗透坡降或渗透压力、流体容重、流体黏度、流体温度等。采用特种黏土固化浆液注浆，针对具体地层或岩土体，在这些影响因素中，可控因素只有浆液容重、浆液黏度（含黏度时程变化）、渗透坡降，在满足浆液可注性与设计扩散半径、注浆效果前提下，通过适当改变浆材配比（特别是特种结构剂相对水泥掺入比）、水料比，能够可靠控制浆液黏度与黏度时程变化，但是控制浆液容重难度也较大，至于浆液渗透坡降，通过适当改变注浆压力可以得到一定控制。在注浆工程多遇的一般场地与地下水条件下，针对满足浆液可注性与设计扩散半径、注浆效果要求，制备的特种黏土固化浆液，浆液容重变化并不大，因此注浆设计最注重的影响因素是浆液黏度与黏度时程变化。

11.1.2　多孔介质与流体压缩系数

流体力学的一个重要分支是渗流力学，是介于流体力学与多孔介质理论、表面物理、物理化学、生物学之间的一门边缘交叉学科，研究流体在多孔介质中运动规律。渗流主要特点与考虑的主要因素有：①多孔介质单位体积孔隙的表面积比较大，表面作用明显，因此必须考虑黏性作用；②地下渗流中渗透压力往往较大，因此一般需要考虑流体的压缩性；③孔隙、裂隙等渗流通道形状较复杂、阻力较大、毛细管力较普遍，因此有时还需要考虑分子力；④地下渗流中还可能伴随复杂物理化学过程。简而言之，多孔介质是指一种含有大量孔隙、裂隙等渗流通道的固体材料，即固体材料中含有孔隙、裂隙等各种毛细或细小渗流通道体系。从渗流角度定义多孔介质，还需要规定从介质一侧到另一侧有若干连续且广泛分布的渗流通道。因此，给出以下三点必要描述[92-95]。

（1）多孔介质是由多相介质占据一定空间的，其中的固相称为固体骨架或固体颗粒、未被固相占据的空间称为孔隙，孔隙中可以是气体或液体，也可以是多相流体。

（2）多孔介质中固相、孔隙均遍布整个介质，也就是说，在介质中取一适当大小的体元，体元中必须有一定比例的固体、孔隙。

（3）多项介质中孔隙有一部分或大部分是相互连通且流体可以在其中流动，这部分孔隙称为渗流有效孔隙，而不连通孔隙或虽连通但为死端孔隙称为渗流无效孔隙（流体不能在这类孔隙中渗流），针对渗流而言，无效孔隙也可视为固体骨架。

在地下一定深度，多孔介质地层或岩土承受一定内应力作用、外应力，内应力是饱和介质流体产生的孔隙压力 p（在此仅为静水压力，未考虑动水压力），外应力 σ 是上覆地层或岩土的重力。介质压缩系数的两种定义：①在外应力 σ 保持恒定条件下，因内应力 p 改变而引起介质体积相对变化；②在内应力 p 保持恒定条件下，因外应力 σ 改变而引起介质体积相对变化。相对变化存在多种定义，如介质整体体积 V_b 相对变化 dV_b/V_b、固体骨架体积 V_s 相对变化 dV_s/V_s、孔隙体积 V_p 相对变化 dV_p/V_p。1953 年 Hall 定义了一个介质如岩石的有效压缩系数 c_p，即单位压力变化引起孔隙体积相对变化，见式（11-1）。

$$c_p = \frac{1}{V}\frac{dV}{dp}\bigg|_{\sigma=常数} \tag{11-1}$$

式（11-1）等价于孔隙压缩系数 c_Φ：

$$c_\Phi = \frac{1}{\Phi}\frac{d\Phi}{dp}\bigg|_{\sigma=常数} \tag{11-2}$$

式（11-2）进一步积分得

$$\Phi = \Phi_0 \exp[c_\Phi(p-p_0)] \tag{11-3}$$

式中，Φ 为孔隙度；Φ_0 为对应于压力 p_0 的孔隙度。这里只考虑介质处于弹性变形范围之内，压差 $p-p_0$ 并不大时，式（11-3）可以近似为

$$\Phi = \Phi_0[1+c_\Phi(p-p_0)] \tag{11-4}$$

式（11-4）即为介质固体骨架弹性变形的状态方程，也称为孔隙度变化的状态方程。

类似于介质固体骨架压缩系数，也可以得到介质中液体的压缩系数 c_f 与相应的状态方程，见式（11-5）、式（11-6）。

$$c_f = -\frac{1}{V}\frac{dV}{dp} = \frac{1}{\rho}\frac{d\rho}{dp} \quad （压缩系数） \tag{11-5}$$

$$\rho = \rho_0 \exp[c_f(p-p_0)] \quad （状态方程） \tag{11-6}$$

式中，p_0 为参考压力；ρ_0 为参考压力下液体密度。

在本章后续内容中，将详细阐述，采用特种黏土固化浆液注浆止水、防渗、加固与冻害治理、冻害防控，在有限的注浆压力作用下，不需要考虑浆液压缩变形、压缩系数。

11.1.3　流体黏性与黏度

在切应力作用下，流体将发生变形即流变。流体的连续变形称为流动。流体阻止自任何变形的性质称为黏性。为了揭示流体黏性的本质，可以通过试验考察介于两块水平且相互平行的平板之间流体的流动情况，即库埃特流（Couetteflow）。试验方法见图 11-4，下面平板保持静止，上面平板在自身所在的平面内做等速 U 水平运动。试验表明：①在上面

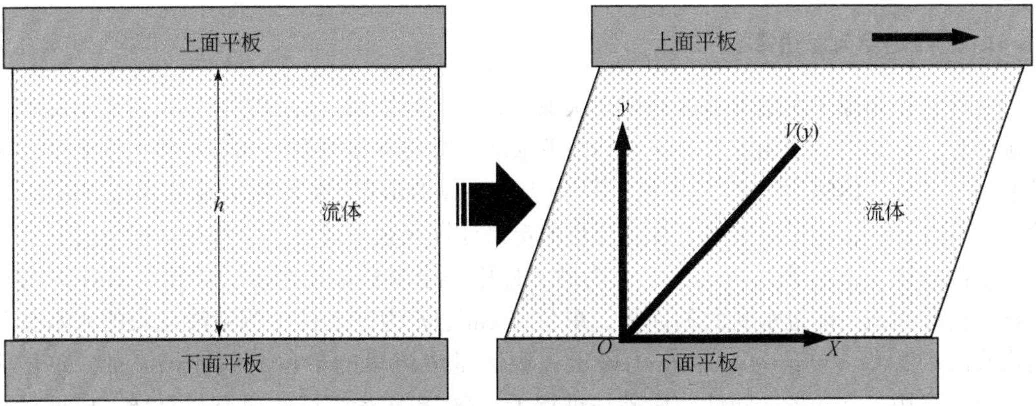

图 11-4　库埃特流试验示意图

平板发生水平运动过程中，流体一直附着于两个平板壁面上；②建立直角坐标系，x 轴位于下面平板之内，y 轴垂直于下面平板且自下面平板至上面平板方向为正方向，下面板表面的流体速度为零，上面平板表面的流体速度为 U，自下面平板表面至上面平板表面流体速度呈线性分布，因此流体速度 v 正比于自速度考察点到下面平板表面的距离 y，即 $v(y)$。设两块平板之间距离为 h，则有

$$v(y)=\frac{U}{h}y \tag{11-7}$$

维持这个运动，必须对上面平板施加一个切向力，此力与流体的摩擦力相平衡。由试验可以知道，平板单位面积上的作用力正比于 U/h。记流体单位面积上的摩擦力为 τ，则 τ 也与 U/h 成正比，二者之间比例系数记为 μ。

将式（11-7）对 y 求偏导数 $\partial v(y)/\partial y=U/h$，于是得到：

$$\tau=\mu\frac{\partial v}{\partial y}=\mu\frac{U}{h} \tag{11-8}$$

式（11-8）称为牛顿黏滞定律，即牛顿流体的剪应力 τ 与剪应变 $\partial v/\partial y$（剪切率）之间关系，比例系数 μ 称为流体的黏度或动力黏度（流体黏性的量度），单位为 MPa · s。

11.1.4 多孔介质中渗流运动方程

渗流运动方程刻画流体受到的压力梯度、重力、黏性力等外力与流体质点运动的加速度、速度之间关系，即在这些外力联合作用力下流体运动状态。渗流运动方程是牛顿第二定律在流体流动状态研究中的具体应用。在渗流力学中，运动方程、连续性方程是两个基本方程，而针对非等温渗流还有一个能量方程。这三个方程是描述物质存在与运动形式的普遍物理规律，称为基本方程。另一类方程是关乎物质特性方程，称为物性方程，包括状态方程、本构方程。状态方程表述物质（如流体、固体骨架）各种热力学状态参数之间关系，主要是物质特性参数随着压力变化、温度变化而变化。在注浆工程中，不考虑温度对浆液特性参数影响，特种黏土固化浆液注浆也如此。研究特种黏土固化浆液注浆扩散模型，理论基础是流体渗流的运动方程（即达西定律）、连续性方程。

1. 达西定律与渗透率

达西定律起源于对地下水运动规律认识的大量试验结果，实际为地下水渗流运动的最基本方程，更是之后线相继发展起来的地下水动力学与下相关学科如岩石水力学等的关键核心理论基础。1856 年，法国水利工程师达西（H. Darcy）在解决法国第戎（Dijon）城给水问题过程中，为了解决地下水渗流量的定量计算问题，设计一个渗流试验装置，后来称为达西渗透仪，见图 11-5（图中 L 为砂土柱中测量渗流段的高度，单位为 cm；S 为砂土柱的横截面积，即过水断面的面积，单位为 cm^2；h 为砂土柱中测量渗流段的入水头与出水头的水头差，单位为 cm；Q 为砂土柱中测量渗流段的单位时间体积流量，单位为 cm^3/s），采用直立的各向同性均质砂柱进行了 1000 多次渗流试验研究与总结。根据试验研究结果得出一个极其重要的结论性认识：通过砂柱横截面的单位时间体积流量 Q 与横截

面积 S 和渗透段的水头差 h 成正比、与渗流段的高度 L 成反比，见式（11-9）。

$$Q=kS\frac{h}{L} \tag{11-9}$$

式中，k 为砂土柱的渗透系数或水力传导系数（单位为 cm/s，其物理意义为水在砂土柱中渗流速度）；h/L 为水力梯度或水力坡度（物理意义为水在砂土柱中渗流单位距离的水头损失或水压力损失）。

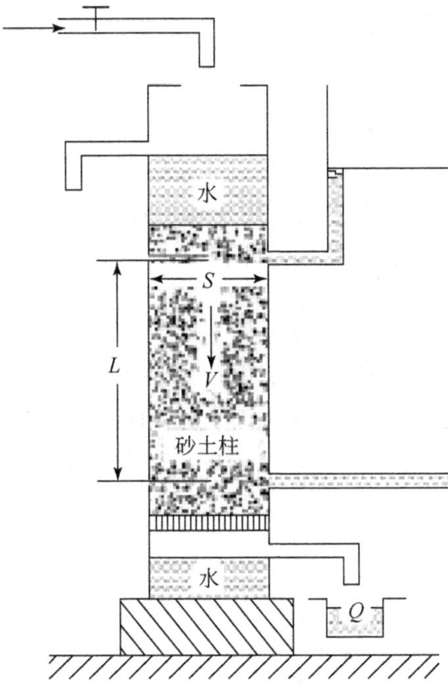

图 11-5　达西渗透化试验装置示意图

式（11-9）即为著名的达西定律。达西定律突破了困扰世界 100 多年的地下水渗流定量计算的工程难题。不仅如此，达西定律还推动了流体力学与相关领域的科学与技术发展，并且也是注浆理论诞生与发展的重要理论基础，这是因为在渗透注浆条件下，广泛应用的纯黏土浆液、水泥基类浆液、特种黏土固化浆液甚至某些化学浆液等可以近似简化为满足达西定律的渗透流体。

根据达西定律与水力学原理，在图 11-5 中，砂土柱中每个过水断面上单位质量水的总能 E_e 由压力能 E_p、势能 E_z、动能 E_v 三部分组成，见式（11-10）。

$$E_e=E_p+E_z+E_v=\frac{p}{g}+gz+\frac{v^2}{2} \tag{11-10}$$

式中，z 为砂土柱中任一高度计算点与压力水头起算点（如砂土柱的底面或砂土柱中测量渗流段的底面，在以下推导中，z 按照砂土柱中测量渗流段的底面计算）之间距离（即高度）；p 为任一高度 z 计算点的压力（压力水头高度）；v 为任一高度 z 计算点的渗流速度；g 为重力加速度。

式（11-10）可以采用总水头表示如下：

$$h=\frac{E_e}{g}=\frac{p}{\rho g}+z+\frac{v^2}{2g} \tag{11-11}$$

式中，h 为总水头（压力能 E_p、势能 E_z、动能 E_v 统一换算成水头累加于一起，即图 11-5 中入水头与出水头的水头差）；ρ 为水的密度；动能项 $v^2/(2g)$ 相比于其他两项因很小而可以略去。在图 11-5 中，若砂土柱中测量渗流段的顶面压力为 p_1、底面压力为 p_2，并且略去动能项 $v^2/(2g)$，则式（11-11）改写为

$$h=L+\frac{p_1-p_2}{\rho g} \tag{11-12}$$

将式（11-12）代入式（11-9），得

$$v=\frac{Q}{S}=k\left(1+\frac{p_1-p_2}{\rho gL}\right)=k\left[\frac{\rho gL+(p_1-p_2)}{\rho gL}\right] \tag{11-13}$$

实验表明，渗透系数 k 与流体（如水）的重度 $\gamma=\rho g$ 成正比，而与流体的黏度 μ 成反比（黏度单位：Pa · s），采用 k' 作为比例系数，即有

$$k=\frac{k'\gamma}{\mu} \tag{11-14}$$

式中，k' 为介质的渗透率。k' 为多孔介质的一个重要特性参数（量纲：长度的平方，即 cm^2），刻画多孔介质对流体（如水）的渗透能力，依据达西定律而被定义。

针对特种黏土固化浆液注浆，在地层或岩土中的渗流场，若考虑介质的渗透率，则水、浆液的渗透系数计算式如下：

$$k_\omega=\frac{k'_\omega\gamma_\omega}{\mu_\omega} \tag{11-15}$$

$$k_j=\frac{k'_j\gamma_j}{\mu_j} \tag{11-16}$$

式中，k_ω 为水的渗透系数；k_j 为浆液的渗透系数；k'_ω 为地层或岩土对水的渗透率；k'_j 为地层或岩土对浆液的渗透率；γ_ω 为水的重度；γ_j 为浆液的重度；μ_ω 为水的黏度；μ_j 为浆液的黏度。

由于渗透率表示地层或岩土对水或浆液等流体的渗透能力，而与水或浆液的性质无关，因此 $k'_\omega=k'_j$，从而有

$$k'_j=k'_\omega=\frac{k_\omega\mu_\omega}{\gamma_\omega} \tag{11-17}$$

在 20±2℃温度下，水的黏度为 10^{-3} Pa · s，容重为 $10^4 N/m^3$，则由式（11-17）计算得到 $k_j=k_\omega=10^{-7}k'_\omega$。由此可见，通过式（11-17），根据水的渗透系数，可以推算浆液注入层或岩土对水或浆液等流体的渗透率，进而推算浆液在注入地层或岩土中渗透系数。因此，式（11-17）具有重要的实际应用意义。

2. 渗流连续性方程

根据质量守恒定律，不计流体重力影响且采用简化分析方法，建立多孔介质中流体的渗流连续性方程。在多孔介质渗流场中，任取一个控制体 Ω，多孔介质的孔隙度为 Φ，多孔介质中流体完全饱和。控制体 Ω 的外表面为 S，在外表面 S 上任取一个面圆为 dS，面圆

dS 的外法线方向为 $\boldsymbol{n}$，流体通过面圆 dS 的渗流速度为 v。因此，单位时间通过面圆 dS 的流体质量为 $\rho v \cdot \boldsymbol{n}\mathrm{d}S$，$\rho$ 为流体的密度，单位时间通过控制体 Ω 整个外表面 S 流出的流体总质量为

$$\oint\!\!\!\oint_S \rho v \cdot \boldsymbol{n}\mathrm{d}S \tag{11-18}$$

另外，在控制体 Ω 中，任取一个体元体 $\mathrm{d}\Omega$，因为非稳态性而引起流体密度随时间变化，这一变化使微元体 $\mathrm{d}\Omega$ 中流体质量增加率为［$\partial(\rho\Phi)\mathrm{d}\Omega$］，因此整个控制体 Ω 的流体质量增加率 ζ_{m} 为

$$\zeta_{\mathrm{m}} = \int_{\Omega} \frac{\partial(\rho\Phi)}{\partial t}\mathrm{d}\Omega \tag{11-19}$$

根据质量守恒定律，控制体 Ω 中的流体质量的增量与通过表面 S 流出的流体质量的矢量和为零：

$$\int_{\Omega} \frac{\partial(\rho\Phi)}{\partial t}\mathrm{d}\Omega + \oint\!\!\!\oint_S \rho v \cdot \boldsymbol{n}\mathrm{d}S = 0 \tag{11-20}$$

式（11-20）为积分形式，利用高斯公式，式（11-20）中的面积分项可转化 ρv 散度（在微分时步 dt 中，从 $\mathrm{d}\Omega$ 中通过 dS 向外流出的流量）的体积分：

$$\oint\!\!\!\oint_S \rho v \cdot \boldsymbol{n}\mathrm{d}S = \int_{\Omega} \nabla(\rho v)\mathrm{d}\Omega \tag{11-21}$$

将式（11-21）代入式（11-20），整理得到：

$$\int_{\Omega}\left[\frac{\partial(\rho\Phi)}{\partial t} + \nabla(\rho v)\right]\mathrm{d}\Omega = 0 \tag{11-22}$$

式中，∇为哈密顿算子（矢量），即$\nabla=(\partial/x,\partial/y,\partial/z)$，$x$、$y$、$z$ 为三个直角坐标。

由于控制体 Ω 具有任意性，只要被积函数连续，则若整个体积分等于零，必然导致被积函数为零，因此可以得到微分形式的连续性方程，

$$\frac{\partial(\rho\Phi)}{\partial t}+\nabla(\rho v)=0 \tag{11-23}$$

式（11-23）为多孔介质中流体的非稳态流动的连续性方程的一般形式。

将连续性方程与达西定律联合求解，可以消去流体的渗流速度 v，而表示成压力 p 与流体密度 ρ 之间关系。因此，将式（11-24）代入式（11-23），便得到连续性方程的一般常用形式，见式（11-25）。

$$v=-\frac{k}{\mu}(\nabla p) \tag{11-24}$$

$$\frac{\partial(\rho\Phi)}{\partial t}-\nabla\left[\frac{\rho k}{\mu}(\nabla p)\right]=0 \tag{11-25}$$

3. 渗流偏微分方程

在 11.1.4 节中，详细导出了渗流连续性方程。为了方便数值计算，还需要进一步给出渗流偏微分方程。根据 11.1.4 节的阐述，控制体 Ω 的渗流连续性方程见式（11-26），渗流速度达西定律表示形式见式（11-27），渗流状态方程见式（11-28）与式（11-29）。

$$\frac{\partial(\rho\Phi)}{\partial t}+\nabla(\rho v)=0 \tag{11-26}$$

$$\begin{cases} v_x=-\dfrac{k_x}{\mu}\dfrac{\partial p}{\partial x} \\ v_y=-\dfrac{k_y}{\mu}\dfrac{\partial p}{\partial y} \\ v_z=-\dfrac{k_z}{\mu}\dfrac{\partial p}{\partial z} \end{cases} \tag{11-27}$$

$$\rho=\rho_0[1+c_f(p-p_0)] \tag{11-28}$$

$$\Phi=\Phi_0[1+c_\Phi(p-p_0)] \tag{11-29}$$

式中，v_x、v_y、x_z 为在三维直角坐标系下从控制体 Ω 中渗出流体或向控制体 Ω 中渗入流体的三个坐标渗透速度；k_x、k_y、k_z 为在三维直角坐标系下多孔介质对流体的三个坐标渗透率；ρ_0 为流体的初始密度；p_0 为流体承受的初始压力（初始压力水头高度）；c_f 为流体压缩系数；c_Φ 为孔隙压缩系数；Φ_0 为多孔介质的初始孔隙度。

将式（11-28）与式（11-29）相乘，得到：

$$\Phi_\rho=\rho_0\Phi_0[1+(c_f+c_\Phi)(p-p_0)]+0(c^2) \tag{11-30}$$

式中，$0(c^2)$ 表示含有压缩系数 2 阶以上的项。因为 $c^2\mapsto 1$，所以略去 $0(c^2)$ 完全满足工程对精度要求。令多孔介质中流体与孔隙的综合压缩系数 $c_t=c_f+c_\Phi$，则有

$$\frac{\partial(p\Phi)}{\partial t}=\rho_0\Phi_0 c_t\frac{\partial p}{\partial t} \tag{11-31}$$

式（11-31）为多孔介质中渗流连续性方程式（11-26）左边的第一项。下面继续讨论渗流连续性方程式（11-26）左边的第二项$\nabla(\rho v)$，此项包含速度 3 个分量的导数项，即 $\partial(\rho v_x)/\partial x$、$\partial(\rho v_y)/\partial y$、$\partial(\rho v_z)/\partial z$。

$$\frac{\partial(\rho v_x)}{\partial x}=-\rho_0\frac{\partial}{\partial x}\left[(1+c_f\Delta p)\frac{k_x}{\mu}\frac{\partial p}{\partial x}\right]=-\rho_0\left[(1+c_f\Delta p)\frac{\partial}{\partial x}\left(\frac{k_x}{\mu}\frac{\partial p}{\partial x}\right)+c_f\frac{k_x}{\mu}\left(\frac{\partial p}{\partial y}\right)^2\right] \tag{11-32}$$

$$\frac{\partial(\rho v_y)}{\partial y}=-\rho_0\frac{\partial}{\partial y}\left[(1+c_f\Delta p)\frac{k_y}{\mu}\frac{\partial p}{\partial y}\right]=-\rho_0\left[(1+c_f\Delta p)\frac{\partial}{\partial y}\left(\frac{k_y}{\mu}\frac{\partial p}{\partial y}\right)+c_f\frac{k_y}{\mu}\left(\frac{\partial p}{\partial y}\right)^2\right] \tag{11-33}$$

$$\begin{aligned}\frac{\partial(\rho v_z)}{\partial z}&=-\rho_0\frac{\partial}{\partial z}\left\{(1+c_f\Delta p)\frac{\partial}{\partial z}\left[\frac{\partial p}{\partial z}+\rho_0(1+c_f\Delta p)g\right]\right\}\\&=-\rho_0\frac{\partial}{\partial z}\left\{\left[(1+c_f\Delta p)\frac{\partial}{\partial z}\left(\frac{k_z}{\mu}\frac{\partial p}{\partial z}\right)+c_f\frac{k_z}{\mu}\left(\frac{\partial \rho}{\partial z}\right)^2\right]\right\}\\&\quad+\rho_0 g\left[2c_f\frac{k_z}{\mu}\frac{\partial p}{\partial z}+(1+c_f\Delta p)\frac{\partial}{\partial z}\left(\frac{k_z}{\mu}\right)\right]\end{aligned} \tag{11-34}$$

叠加式（11-32）～式（11-34），针对式（11-35）情形，并且略去 $\partial(k_z/\mu)/\partial z$，得到式（11-36）。

$$\nabla^2 p\Delta\frac{c_f\sum\limits_{i=1}^{3}\left(\dfrac{\partial p}{\partial x_i}\right)^2}{1+c_f\Delta p} \tag{11-35}$$

$$\nabla(\rho v)=-\rho_0\left[\frac{\partial}{\partial x}\left(\frac{k_x}{\mu}\frac{\partial p}{\partial x}\right)+\frac{\partial}{\partial y}\left(\frac{k_y}{\mu}\frac{\partial p}{\partial y}\right)+\frac{\partial}{\partial z}\left(\frac{k_z}{\mu}\frac{\partial p}{\partial z}\right)+2\rho_0 g c_{\mathrm{f}}\frac{k_z}{\mu}\frac{\partial p}{\partial z}\right] \tag{11-36}$$

将式（11-31）、式（11-36）代入连续性方程式（11-26），并且将方程右端项近似改写成 $\rho_0(1+c_{\mathrm{f}}\Delta p)q \doteq \rho_0 q$，则得到关于压力函数 p 的 2 阶偏微分方程：

$$\frac{\partial}{\partial x}\left(\frac{k_x}{\mu}\frac{\partial p}{\partial x}\right)+\frac{\partial}{\partial y}\left(\frac{k_y}{\mu}\frac{\partial p}{\partial y}\right)+\frac{\partial}{\partial z}\left(\frac{k_z}{\mu}\frac{\partial p}{\partial z}\right)+2\rho_0 g c_{\mathrm{f}}\frac{k_z}{\mu}\frac{\partial p}{\partial z}=\Phi c_{\mathrm{t}}\frac{\partial p}{\partial t} \tag{11-37}$$

略去重力影响，并且假设多孔介质为各向同性介质，即 $kx=ky=kz=k$，则式（11-37）变为

$$\frac{\partial^2 p}{\partial x^2}+\frac{\partial^2 p}{\partial y^2}+\frac{\partial^2 p}{\partial z^2}=\frac{\Phi\mu c_{\mathrm{t}}}{k}\frac{\partial p}{\partial t} \tag{11-38}$$

令 $\alpha=k/(\Phi\mu c_{\mathrm{t}})$，$\alpha$ 为导压系数，则式（11-38）变为

$$\frac{\partial^2 p}{\partial x^2}+\frac{\partial^2 p}{\partial y^2}+\frac{\partial^2 p}{\partial z^2}=\frac{1}{\alpha}\frac{\partial p}{\partial t} \tag{11-39}$$

在柱面坐标系下（r，θ，z），式（11-39）转变为

$$\frac{1}{r}\frac{\partial}{\partial r}\left(r\frac{\partial p}{\partial r}\right)+\frac{1}{r^2}\frac{\partial^2 p}{\partial\theta^2}+\frac{\partial^2 p}{\partial z^2}=\frac{1}{\alpha}\frac{\partial p}{\partial t} \tag{11-40}$$

式中，θ 为极角；r 为极径；z 轴为柱面中轴线；t 为渗流时间。若多孔介质为各向同性均质介质，则多孔介质对流体的渗透率不随角度变化而变化，并且忽略重力影响，式（11-40）变为

$$\frac{1}{r}\frac{\partial}{\partial r}\left(r\frac{\partial p}{\partial r}\right)=\frac{1}{\alpha}\frac{\partial p}{\partial t} \tag{11-41}$$

在球面坐标系下（r，θ，φ），式（11-39）转变为

$$\frac{1}{r^2}\frac{\partial}{\partial r}\left(r^2\frac{\partial p}{\partial r}\right)+\frac{1}{r^2\sin^2\varphi\partial\theta^2}+\frac{1}{r^2\sin^2\varphi\partial\varphi}\frac{\partial}{\partial\varphi}\left(\sin\varphi\frac{\partial p}{\partial\varphi}\right)=\frac{1}{\alpha}\frac{\partial p}{\partial t} \tag{11-42}$$

式中，r 为考察点至球坐标系原点距离；φ 为方位角（0°～360°）；θ 为仰角（0°～180°）；t 为渗流时间。若多孔介质为各向同性均质介质，则多孔介质对流体的渗透率不随角度变化而变化，并且忽略重力影响，式（11-42）变为

$$\frac{1}{r^2}\frac{\partial}{\partial r}\left(r^2\frac{\partial p}{\partial r}\right)=\frac{1}{\alpha}\frac{\partial p}{\partial t} \tag{11-43}$$

11.2　注浆扩散模型简化条件与计算模型图

注入的特种黏土固化浆液在地层或岩土中扩散形式取决于注浆方式：①球面注浆，通过注浆管端头喷浆，即点源注浆，浆液呈球面扩散，见图 11-6（a），一般情况下注浆孔较深；②柱面注浆，采用花管分段注浆，即通过注浆管下部一段喷浆，浆液呈柱面扩散，见图 11-6（b）。同样基于柱面注浆、球面注浆，并且采用两种注浆控制准则，即注浆量控制、注浆压力控制，建立特种黏土固化浆液注浆扩散模型，即注浆公式，据此研究影响浆液扩散的主要因素，分析浆液黏度、注浆压力、注浆量、注浆时间与浆液在注浆加固体中渗透率等对地层或岩土中压力分布的影响，进而计算注浆量变化时程、扩散半径变化

时程。

地层或岩土中注浆压力分布、浆液扩散半径等影响因素较多，但是为了建立球面注浆模型且获得解析解，不可能考虑所有的影响因素，否则问题相当复杂，无法求出解析解，而只能抓住主要影响因素，并且还需要适当合理简化初始条件、边界条件、渗流条件。因此，结合试验与实践资料，针对建立特种黏土固化浆液注浆扩散模型，合理提出如下基本简化假定条件。

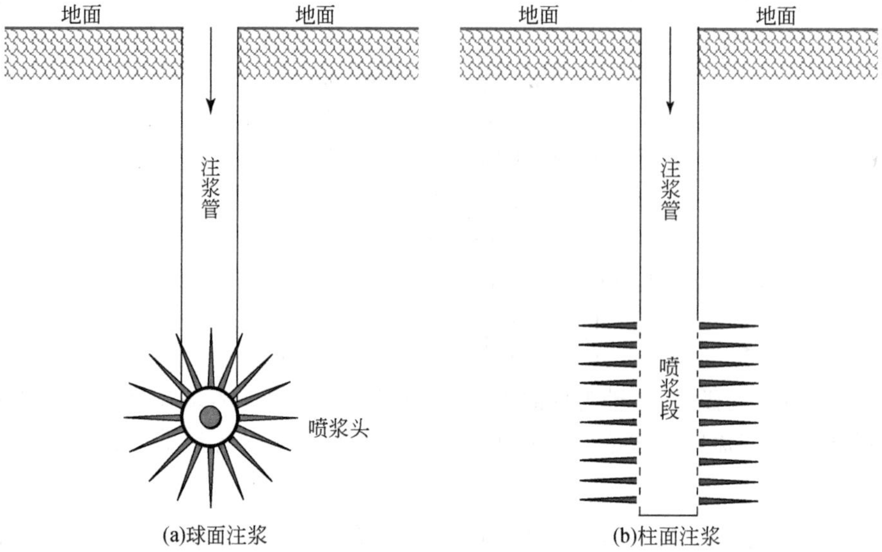

图 11-6　注浆方式

（1）简化假定条件 1：通过注浆管端头喷出的浆液以渗透方式在地层或岩土中近似呈球面扩散，见图 11-6（a）。特种黏土固化浆液注浆应用，除了工程中并不多见的大孔隙、大裂隙、大溶洞与大动水压力、大渗流量条件下静压注浆之外广泛存在的一般条件下注浆，可以简化为浆液以渗透方式扩散；此外，一般情况下，地层或岩土中渗漏孔隙或裂隙等占比并不大，即孔隙率或裂隙率较小，并且可以进行一般静压注浆施工深度范围的侧压力系数也不很小，而有效注浆半径一般也只有 75cm，这个小范围的地层或岩土可以近似认为是各向同性均质体，所以从注浆管端头喷出的浆液可以简化鉴定为球面扩散。因此，这一简化假定基本合理。

（2）简化假定条件 2：在注浆压力作用下，浆液不可压缩，即浆液压缩模量很大且远远大于传入地层或岩土中注浆压力，因此浆液不发生体积压缩。适合于灌注的特种黏土固化浆液的含水率较高或很高，如常用的 1∶1～1.25∶1 水料比的浆液的含水率为 50.0%～55.6%，浆材干料几乎悬浮于大量拌合水中，注浆压力绝大部分由拌合水承担，水因压缩模量无限大而工程荷载无法压缩，更何况静压注浆泵压并不很大，泵压大多数不超过 0.5MPa，少数情况下可能达到 0.8～1.0MPa，这种泵压通过较长管路传到喷浆端头直至扩散半径范围将显著衰减，作用于喷出浆液上压力不大，浆液中干料受到的压缩微乎其微。因此，这一简化假定基本合理。

（3）简化假定条件 3：注浆过程中浆液的黏度基本不变。由于受限于浆液的可注性、可泵性，要求浆液初始漏斗黏度为 30s 左右，且在灌注过程中黏度只能很小幅度缓慢上升（否则，影响浆液泵送与在地层或岩土中渗透扩散，达不到扩散半径、注浆效果），更何况特种黏土固化浆液的黏度变化可以通过改变特种结构剂相对水泥掺入比而完全可控。因此，这一简化假定基本合理。

（4）简化假定条件 4：浆液渗透扩散不计重力影响。除了工程中不多见的注浆封堵地层或岩土中大孔隙、大裂隙、大溶洞之外，绝大多数防渗加固与冻害防控注浆，浆液渗透扩散的动力均来自注浆压力，而相比注浆压力，浆液重力作用很小或极小，更何况特种黏土固化浆液中占绝对优势的干料为黏土或黏性土，而非水泥，所以浆液容重并不大。因此，这一简化假定基本合理。

（5）简化假定条件 5：注入地层或岩土中浆液，渗透扩散满足达西定律。由于特种黏土固化浆液属于一种拌合均匀性很高的稳定浆液且灌注过程中黏度变化很小、无颗粒物沉淀（因不形成沉淀颗粒栓塞而不影响浆液渗透）、流动性好，并且注入地层或岩土中浆液渗透扩散深度不快或较慢，此外浆液在渗透通道因首先形成压力渗透前缘而保证前缘后面浆液完好充满渗流通道，加之一般情况下浆液渗流通道直径很小（除了不多见的大孔隙、大裂隙、大溶洞之外），所以可以认为浆液渗透雷诺系数很小，满足层流条件，即达西定律条件。因此，这一简化假定基本合理。

立足于上述基本简化假定条件，依据注浆压力控制准则，可以建立特种黏土固化浆液球面注浆与注浆扩散模型。球面注浆扩散计算模型见图 11-7，图中 a 为注浆管半径，r 为浆区（浆液扩散区域）与水区分界面（浆液扩散球面）半径，R 为设计注浆区域球面边

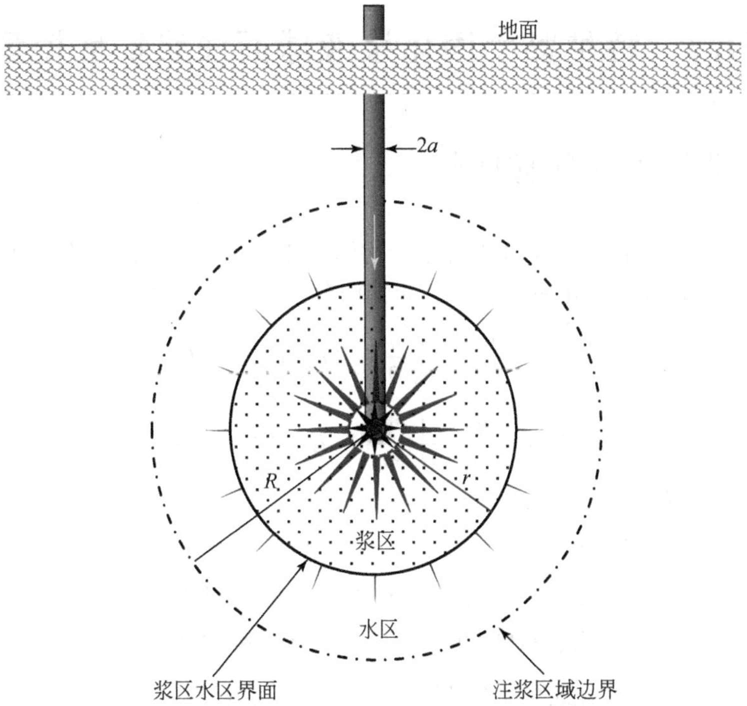

图 11-7　球面注浆扩散计算模型

界半径（设计浆液扩散范围球面半径）。柱面注浆扩散计算模型见图 11-8，图中 a 为注浆管半径，r 为浆区（浆液扩散区域）与水区分界面（浆液扩散柱面）半径，R 为设计注浆区域柱面边界半径（设计浆液扩散范围柱面半径），h 为喷浆段高度，oo'为注浆管中轴线。根据计算模型图，并且结合相关理论，可以推导球面注浆扩散模型、柱面注浆扩散模型。

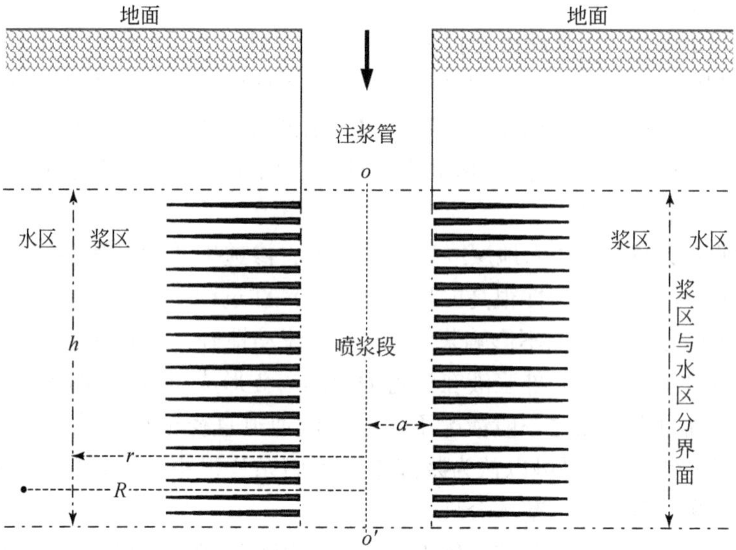

图 11-8　柱面注浆扩散计算模型

11.3　特种黏土固化浆液球面注浆扩散模型

11.3.1　注浆压力分布模型式

根据图 11-7，基于流体力学理论且结合达西定律原理、流体渗透连续性原理，建立注入地层或岩土中特种黏土固化浆液压力分布偏微分方程，见式（11-44）。

$$\begin{cases}\dfrac{\partial^2 p_1}{\partial r^2}+\dfrac{2}{r}\dfrac{\partial p_1}{\partial r}=\dfrac{1}{\alpha_1}\dfrac{\partial p_1}{\partial t} & (a\leqslant r\leqslant R,t>0)\\ \dfrac{\partial^2 p_2}{\partial r^2}+\dfrac{2}{r}\dfrac{\partial p_2}{\partial r}=\dfrac{1}{\alpha_2}\dfrac{\partial p_2}{\partial t} & (R\leqslant r\leqslant \infty,t>0)\end{cases} \tag{11-44}$$

式（11-44）定解条件：

$$\begin{cases}p_1(r,t)=p_{\mathrm{w}} & (r=a,t>0)\\ p_1(r,t)=p_2(r,t)=p_{\mathrm{c}} & (r=R,t>0)\\ p_2(r,t)=p_0 & (r\to\infty,t>0)\\ \dfrac{k_1}{\mu_1}\dfrac{\partial p_1}{\partial r}=\dfrac{k_2}{\mu_2}\dfrac{\partial p_2}{\partial r} & (r=R,t>0)\end{cases}$$

式（11-44）初始条件：

$$p_1(r,t)=p_2(r,t)=p_0 \quad (t=0)$$

式中，p_1 为浆区压力（浆液扩散区域）；p_2 为水区压力；k_1 为浆液渗透率；k_2 为水渗透率；μ_1 为浆液黏度；μ_2 为水黏度；r 为浆液扩散区域边缘距离注浆管端头喷浆孔长度（浆区与水区分界面即球面）；R 为设计注浆区域球面边界半径（设计浆液扩散范围球面半径）；t 为注浆时间；p_c 为浆区与水区分界面压力（球面压力）；p_w 为注浆管喷浆孔附近地层或岩土中孔隙水压力；p_0 为无限远处地层或岩土中孔隙水压力（即初始孔隙水压力）。以下据式（11-44）分别求解浆区压力方程、水区压力方程。

根据玻耳兹曼变换，有

$$u=\frac{r^2}{4\alpha t} \quad \alpha=\frac{k}{\Phi\mu c_t}$$

于是，据式（11-44）与定解条件、初始条件，有

$$\begin{cases}\dfrac{d^2p_1}{du^2}+\left(1+\dfrac{3}{2}u\right)\dfrac{dp_1}{du}=0 & (u_a\leqslant u<u_R)\\ \dfrac{d^2p_2}{du^2}+\left(1+\dfrac{3}{2}u\right)\dfrac{dp_2}{du}=0 & (u_R\leqslant u<\infty)\end{cases}$$

$$\begin{cases}p_1(u)=p_w & (u=u_a)\\ p_1(u)=p_2(u)=p_c & (u=u_R)\\ p_2(u)=p_0 & (u\to\infty)\end{cases}$$

式中，u 为考察点距离注浆管端头的喷浆孔中心距离；u_a、u_R 均为浆液扩散边界。令 $y=\dfrac{dp}{du}$，则有

$$y'+\left(1+\frac{3}{2}u\right)y=0 \tag{11-45}$$

浆区压力方程，可据式（11-45）求解如下：

$$y_1=\frac{dp_1}{dr}=c_1\frac{e^{-u}}{u^{\frac{3}{2}}}$$

进一步积分得

$$p_1(u)=c_2+c_1\int^{u}\frac{e^{-u}}{u^{\frac{3}{2}}}du \tag{11-46}$$

取积分下限为 u_a，则由边界条件 $u=u_a$、$p_1(u)=p_w$，可以求得 $c_2=p_w$。于是，式（11-46）变为

$$p_1(u)=p_w+c_1\int_{u_{r_0}}^{u}\frac{e^{-u}}{u^{\frac{3}{2}}}du \tag{11-47}$$

当 $u=u_R$ 时，$p_1(r,t)=p_c$。据此，可以求得

$$c_1=\frac{p_c-p_w}{\displaystyle\int_{u_a}^{u_R}\frac{e^{-u}}{u^{\frac{3}{2}}}du}$$

于是，式（11-47）变为

$$p_1(u)=p_w+\frac{p_c-p_w}{\int_{u_a}^{u_R}\frac{e^{-u}}{u^{\frac{3}{2}}}du}\int_{u_a}^{u}\frac{e^{-u}}{u^{\frac{3}{2}}}du \quad （浆区压力方程） \tag{11-48}$$

同样道理，水区压力方程，可以据式（11-46）求解如下：

$$y_2=\frac{dp_2}{dr}=c_3\frac{e^{-u}}{u^{\frac{3}{2}}}$$

进一步积分得

$$p_2(u)=c_4+c_3\int^{u}\frac{e^{-u}}{u^{\frac{3}{2}}}du$$

取积分下限为 u_R，则由边界条件 $u=u_R$、$p_2(u)=p_c$，可以求得 $c_4=p_c$。于是

$$p_2(u)=p_c+c_3\int_{u_R}^{u}\frac{e^{-u}}{u^{\frac{3}{2}}}du$$

由于浆液扩散过程中压力逐渐消散（压力梯度趋向于零），可以将无限边界转换为有限边界处理问题。当 $r=x$ 时，即 $u=u_x$，压力梯度趋近于零。

当 $u=u_x$ 时，$p_2(u=u_x)=p_0$。据此，可以求得

$$c_3=\frac{p_0-p_c}{\int_{u_R}^{u_x}\frac{e^{-u}}{u^{\frac{3}{2}}}du}$$

于是，有

$$p_2(u)=p_c+\frac{p_0-p_c}{\int_{u_R}^{u_x}\frac{e^{-u}}{u^{\frac{3}{2}}}du}\int_{u_R}^{u}\frac{e^{-u}}{u^{\frac{3}{2}}}du \quad （水区压力方程） \tag{11-49}$$

对式（11-49）两边求导且令 $\partial p_2/\partial r\to 0$，解得

$$x\to 2\sqrt{at} \quad (x\geqslant R)$$

将式（11-48）、式（11-49）两边对 r 求导，并且代入式（11-44）定解条件的第 4 式中，可以解得

$$p_c=\frac{p_0+Cp_w}{1+C} \tag{11-50}$$

$$C=\frac{\lambda_1 B}{\lambda_2 A}$$

$$\lambda_1=\frac{k_1}{\mu_1} \quad （浆液的流度）$$

$$\lambda_2=\frac{k_2}{\mu_2} \quad （水的流度）$$

$$A=\int_{u_a}^{u_R}\frac{e^{-u}}{u^{\frac{3}{2}}}du$$

$$B=\int_{u_R}^{u_x}\frac{e^{-u}}{u^{\frac{3}{2}}}du$$

将式（11-50）分别代入式（11-48）、式（11-49），可以求得浆区压力分布规律、水区压力分布规律。浆区压力分布情况见图 11-9。由图 11-9 可以看出，在采用特种黏土固化浆液连续注浆过程中，若泵送压力不小于 0.5MPa，因为浆液在管路中流动与在注入地层或岩土中渗流存在较大压力损失，致使在距离注浆管端头的喷浆孔约 2.5m 范围地层或岩土中，浆区压力很快降低，距离超过 2.5m 之外压力趋于零，这一点符合于工程实际。

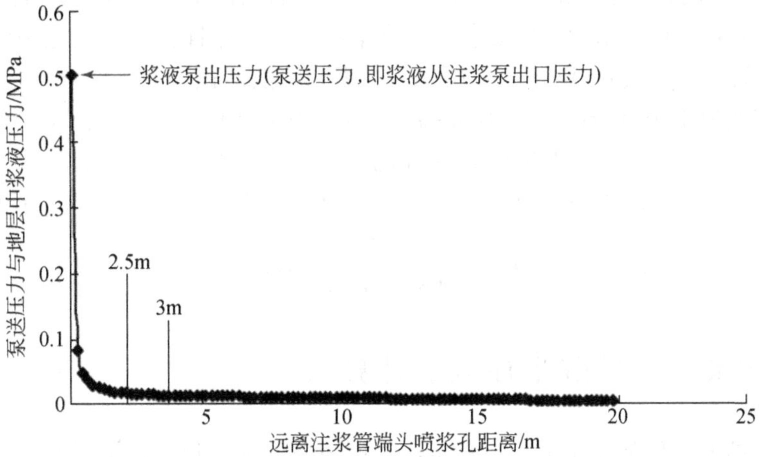

图 11-9　地层或岩土中浆区压力随浆液扩散距离衰减规律

由以上可以看出，采用特种黏土固化浆液注浆过程中，注入地层或岩土中浆液压力分布与初始注浆压力、初始孔隙水压力、地层渗透率、导压系数、注浆管半径、注浆时间、浆液黏度、浆液渗透距离等关系密切。

11.3.2　注浆压力梯度变化模型式

注入地层或岩土中特种黏土固化浆液，在 $a \leq r \leq R$ 范围，浆液压力（压力水头）分布的梯度定义为 $j=-\partial p_1/\partial r$，代入式（11-48），解得浆区压力梯度变化模型式，见式（11-51）。

$$j=\frac{p_w-p_c}{\int_{u_{r_0}}^{u_R}\frac{e^{-u}}{u^{\frac{3}{2}}}du}\left(\frac{4\sqrt{\alpha t}}{r^2}-\frac{1}{\sqrt{\alpha t}}\right) \tag{11-51}$$

11.3.3　浆液渗透速度分布模型式

注入地层或岩土中特种黏土固化浆液，在扩散区域渗透速度分布定义为 $v=j(k_1/\mu_1)$，代入式（11-51），得出浆液渗透速度分布模型式为

$$v=\frac{k_1}{\mu_1}\frac{p_w-p_c}{\int_{u_{r_0}}^{u_R}\frac{e^{-u}}{u^{3/2}}du}\left(\frac{4\sqrt{\alpha t}}{r^2}-\frac{1}{\sqrt{\alpha t}}\right) \tag{11-52}$$

11.3.4　浆液扩散半径模型式

采用特种黏土固化浆液注浆，注浆加固体（注入浆液的地层或岩土）的体积为 $V=4(\pi R^3-\pi a^3)/3$，扣除了注浆管端头喷浆孔附近浆球的体积 $4\pi a^3/3$（未渗透到地层岩土中的浆液体积）。若地层或岩土的孔隙率为 Φ，则注浆加固体中孔隙体积为 $4(\pi R^3-\pi a^3)\Phi/3$。假定注浆过程中注浆加固体中孔隙或裂隙体积不变，并且孔隙或裂隙被注入浆液的充填度为 ζ（有效灌注系数），则注入地层或岩土中的浆液体积为 $V'=4\zeta(\pi R^3-\pi a^3)\Phi/3$。若实际注入地层或岩土中浆液的体积为 $M=Qt$、施工中浆液损失率为 β，Q 为单位时间注入浆液的体积，t 为注浆时间，则有 $V'=M/(1+\beta)$（忽略注浆管中残留浆液量），$1+\beta$ 为浆液损失系数（取 $1+\beta=1.1\sim2.0$）。根据 $V'=M/(1+\beta)$，可以解得浆液扩散半径模型式：

$$R=\sqrt[3]{\frac{3}{4}\frac{\zeta}{\pi\Phi(1+\beta)}Qt-a^2} \tag{11-53}$$

11.3.5　注浆量与扩散半径数值计算式

采用特种黏土固化浆液注浆，在一定注浆压力条件下，建立注浆量与注浆时间之间关系，并且确定浆液扩散半径 R 随着注浆时间变化过程。注浆开始时刻，浆液扩散球面半径 $R=a$，a 为注浆管半径；之后，随着注浆时间延长，浆液扩散半径 R 逐渐扩大。

假定 t 时刻浆液扩散球面半径为 $R(t)$，则根据达西定律，单位时间通过扩散球面的浆液量 $Q(t)=vA=v4\pi R^2(t)$，$v=v(t)$ 为浆液在扩散球面上的边界流速，则在微分时段 $\mathrm{d}t$ 中，通过扩散球面的浆液量为

$$\mathrm{d}V'(t)=Q(t)\mathrm{d}t=4\pi R^2(t)v(t)\mathrm{d}t$$

$$V'(t)=4\pi\int_0^t R^2(t)v(t)\mathrm{d}t$$

进一步有

$$V'(t+\mathrm{d}t)=V'(t)+\mathrm{d}V'(t)=4\pi\int_0^t R^2(t)v(t)\mathrm{d}t+4\pi R^2(t)v(t)\mathrm{d}t \tag{11-54}$$

将式（11-54）代入浆液扩散半径模型式（11-53），可以得 $t+\mathrm{d}t$ 时刻浆液扩散半径：

$$\begin{aligned}R(t+\mathrm{d}t)&=\sqrt[3]{\frac{3}{4}\frac{\zeta}{\pi\Phi(1+\beta)}V(t+\mathrm{d}t)t-a^3}\\&=\sqrt[3]{\frac{3\zeta}{\Phi(1+\beta)}\left[\int_0^t R^2(t)v(t)\mathrm{d}t+R^2(t)v(t)\mathrm{d}t-a^3\right]}\end{aligned} \tag{11-55}$$

式（11-54）、式（11-55）具有重要的数值计算意义：将整个注浆时间分成 N 个微分时段 $\mathrm{d}t$，通过式（11-54）、式（11-55），逐步计算每一时段 $\mathrm{d}t$ 的注浆量与相应的浆液扩散半径，据此模拟整个注浆过程中注浆量与注浆时间之间关系曲线、浆液扩散半径与注浆时间之间关系曲线，便于实际应用（具有一定注浆设计指导或参照意义）。针对一般地层或岩土与地下水渗漏条件下特种黏土固化浆液注浆，即注浆加固体基本为各向同性均匀体、孔隙或裂隙分布基本均匀、地下水渗透系数不超过 10^{-3} cm/s 量级、浆液初始黏度为

30s 左右且不存在大孔隙、大裂隙、大溶洞等过大渗流通道，采用式（11-54）、式（11-55）模拟注浆量、浆液扩散半径与注浆时间之间关系，图 11-10、图 11-11 给出了一个算例的计算结果。注浆工程中，每回次一般灌注 10 ~ 15min 时间（称为回次灌注时间）。由图 11-10 可以看出，在第一回次灌注时间之内，浆液扩散半径随着注浆时间延长而呈线性增加，这一点与浆液柱面扩散模型的分析结果一致。由图 11-11 可以看出，在第一回次灌注时间之内，注浆量随着注浆时间延长而呈非线性增加，注浆量开始增加较慢，而后快速增加，这一点不同于浆液柱面扩散模型的分析结果。

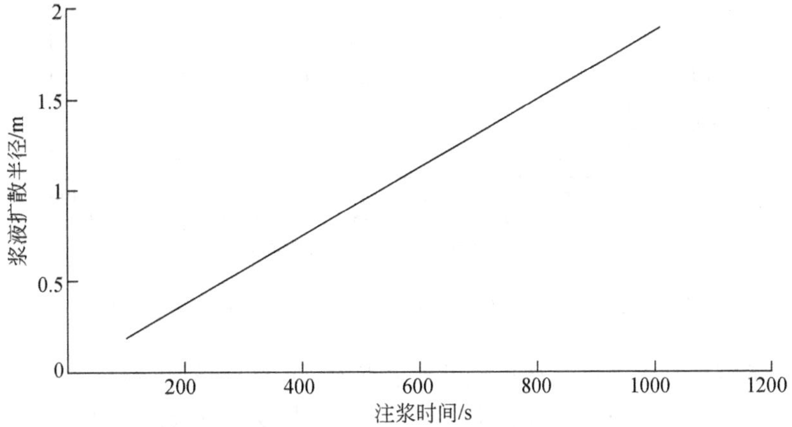

图 11-10　浆液扩散半径与注浆时间之间关系

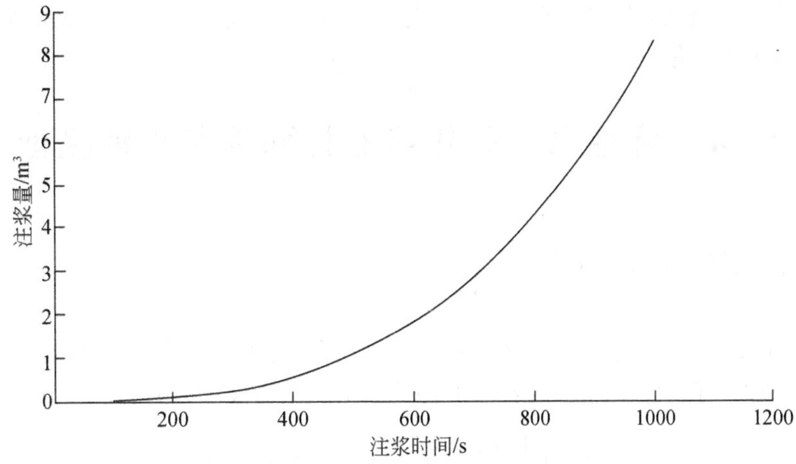

图 11-11　注浆量与注浆时间之间关系

针对球面注浆理论，采用 ANSYS 软件分析了注浆过程中地层或岩土中浆区压力空间分布，结果见图 11-12。图 11-12 与图 11-9 比较一致，从而佐证了针对特种黏土固化浆液以上推导的球面注浆模型式具有一定可靠性。

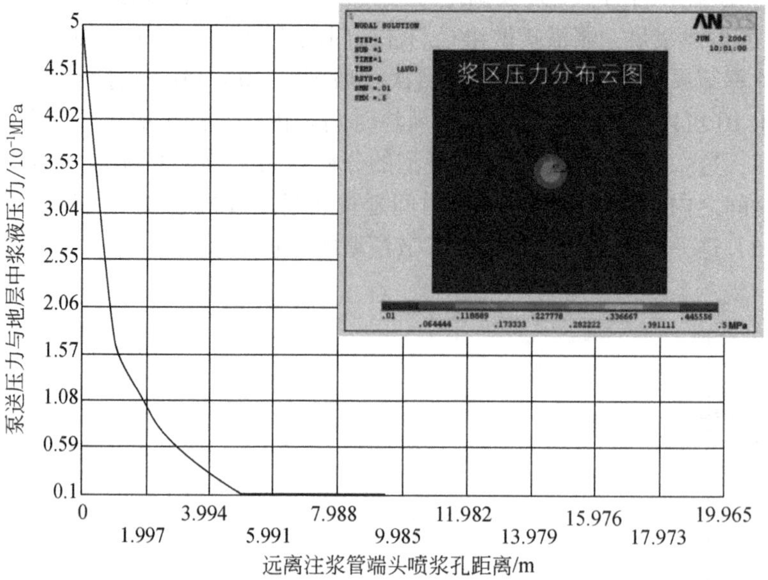

图 11-12　浆区压力随浆液扩散距离衰减规律数值分析结果

根据建立的特种黏土固化浆液球面注浆扩散模型，只要给出地层渗透率、地层孔隙率、注浆管半径、单位时间注浆量、注浆时间、浆液黏度等参数，就可以计算（预测）地层或岩土中浆区压力与远离注浆管端部喷浆孔距离之间关系（注浆压力空间分布）、浆区压力与注浆时间之间关系（注浆压力时间分布）、浆区压力与浆液黏度之间关系、浆区压力与单位时间注浆量之间关系、浆液扩散半径与单位时间注浆量之间关系、浆液渗透速度与远离注浆管端部喷浆孔距离之间关系（浆液渗透速度空间分布）等，从而为注浆设计提供了极其重要的参考依据。

11.4　特种黏土固化浆液柱面注浆扩散模型

11.4.1　注浆压力分布模型式

根据图 11-8 浆液柱面扩散计算模型，基于流体力学理论且结合达西定律原理、流体渗透连续性原理，建立注入地层或岩土中特种黏土固化浆液压力分布偏微分方程：

$$\begin{cases} \dfrac{\partial^2 p_1}{\partial r^2}+\dfrac{1}{r}\dfrac{\partial p_1}{\partial r}=\dfrac{1}{\alpha_1}\dfrac{\partial p_1}{\partial t} & (a\leqslant r<R, t>0) \\ \dfrac{\partial^2 p_2}{\partial r^2}+\dfrac{1}{r}\dfrac{\partial p_2}{\partial r}=\dfrac{1}{\alpha_2}\dfrac{\partial p_2}{\partial t} & (R\leqslant r<\infty, t>0) \end{cases} \tag{11-56}$$

式（11-56）定解条件：

$$\begin{cases} r\dfrac{\partial p}{\partial r}=-\dfrac{Q\mu_1}{2k_1\pi h} & (r=a,t>0) \\ p_1(r,t)=p_2(r,t)=p_c & (r=R,t>0) \\ p_2(r,t)=p_0 & (r\to\infty,t>0) \\ \dfrac{k_1}{\mu_1}\dfrac{\partial p_1}{\partial r}=\dfrac{k_2}{\mu_2}\dfrac{\partial p_2}{\partial r} & (r=R,t>0) \end{cases}$$

式（11-56）初始条件：

$$p_1(r,t)=p_2(r,t)=p_0\quad (t=0)$$

式中，p_1 为浆区压力（浆液扩散区域）；p_2 为水区压力；k_1 为浆液渗透率；k_2 为水渗透率；μ_1 为浆液黏度；μ_2 为水黏度；r 为浆液扩散区域边缘（浆区与水区分界面即柱面）距离注浆管轴线 oo' 的长度；R 为浆液扩散半径；h 为注浆管的喷浆段长度；Q 为单位时间注浆量；t 为注浆时间；p_c 为浆区与水区分界面压力（柱面压力）；p_0 为无限远处地层或岩土中孔隙水压力（初始孔隙水压力）；α_1 为浆区导压系数；α_2 为水区导压系数。据式（11-56）可分别求解浆区压力方程、水区压力方程。下面，首先求解浆区压力方程。

根据玻耳兹曼变换有

$$u=\frac{r^2}{4\alpha t}\quad \alpha=\frac{k}{\Phi\mu c_t}$$

于是，式（11-56）中第一式与相应的定解条件可以变成：

$$\begin{cases} u\dfrac{d^2p_1}{du^2}+\dfrac{dp_1}{du}(1+u)=0 \\ \lim\limits_{u\to u_r}2u\dfrac{dp_1}{du}=-\dfrac{Q\mu_1}{2k_1\pi h} \\ p_1(u=u_R)=p_2(u=u_R)=p_c \\ p_2(u\to\infty)=p_0 \end{cases}\tag{11-57}$$

式中，u 为与注浆管轴线 oo' 的距离。

令 $y=dp_1/du$，则 $uy'+y(1+u)=0$，解得

$$y=c_1(e^{-u}/u)\tag{11-58}$$

由定解条件进一步解得

$$c_1=-\frac{Q\mu_1}{4k_1\pi h}\tag{11-59}$$

将式（11-59）代入式（11-58）且积分得

$$p_1(u)=-\frac{Q\mu_1}{4k_1\pi h}\int^u\frac{e^{-x}}{x}dx+c_2\tag{11-60}$$

在此，选择积分下限为 u_R（即浆液扩散边界），则容易求得 $c_2=p_c$，代入式（11-60）解得

$$p_1(u)=p_c-\frac{Q\mu}{4k\pi h}\int_{u_R}^u\frac{e^{-x}}{x}dx\quad（浆区压力方程）\tag{11-61}$$

由式（11-61）且结合以上推导过程可以看出，地层或岩土中浆区压力分布与浆液扩散半径、浆液渗透时间（注浆时间）、单位时间注浆量、浆液黏度、地层或岩土对浆液渗透率、注浆管喷浆长度等关系密切。

水区压力方程求解如下：

$$\frac{\mathrm{d}p_2}{\mathrm{d}u}=c_3\frac{\mathrm{e}^{-u}}{u} \tag{11-62}$$

式（11-62）积分得

$$p_2(u)=c_3\int^u\frac{\mathrm{e}^{-u}}{u}\mathrm{d}u+c_4 \tag{11-63}$$

将式（11-56）定解条件中第三式、第四式代入式（11-63），解得

$$c_3=\frac{p_0-p_c}{\int_{u_R}^{u_x}\frac{\mathrm{e}^{-u}}{u}\mathrm{d}u}$$

$$c_4=p_c$$

由于浆液扩散过程中压力逐渐消散（压力梯度趋向于零），可以将无限边界转换为有限边界处理问题。当 $r=x$ 时，即 $u=u_x$，压力梯度趋近于零，据此求得 x。下面，依据式（11-64）求解 x。

$$p_2(u)=p_c+\frac{p_0-p_c}{\int_{u_R}^{u_x}\frac{\mathrm{e}^{-u}}{u}\mathrm{d}u}\int_{u_R}^{u}\frac{\mathrm{e}^{-u}}{u}\mathrm{d}u\quad（水区压力方程）\tag{11-64}$$

将式（11-64）两边对 x 求导且令 $\partial p_2/\partial r\to 0$，求得 $x\to 2\sqrt{at}$，$(x\geqslant R)$。于是，可以求解式（11-64）。

在浆区与水区边界面上，水的渗透速度与浆液的渗透速度相等，据此可以解得边界压力 p_c。将式（11-61）、式（11-64）对 r 求导并代入式（11-56）定解条件中的边界条件式（即定解条件中第四式），可以求得

$$p_c=p_0+\int_{u_R}^{u_x}\frac{\mathrm{e}^{-u}}{u}\mathrm{d}u\,\frac{Q}{4\pi h}\frac{\mu_2}{k_2} \tag{11-65}$$

将式（11-65）分别代入式（11-61）、式（11-64），可以解得浆区、水区的压力分布计算式：

$$\alpha=\frac{k}{\Phi\mu c_t} \tag{11-66}$$

根据上述，可以获得采用特种黏土固化浆液注浆的若干规律性认识，见图 11-13 ~ 图 11-17：①由图 11-13 可以看出，在连续注浆过程中，注浆孔底浆区压力随着注浆时间延长而逐渐增大，符合工程实际与一般认识，这是由于地层或岩土吸浆量有限，注浆时间越长，孔底未扩散浆液越多，致使孔底浆区压力越大；②由图 11-14 可以看出，若泵送压力为 9.2MPa（注浆泵压力，也即泵压，实际泵送压力远小于 9.2MPa，除非深层注浆），在距离注浆管轴线距离 2.5m 之内，浆区压力随着离注浆管距离增加而快速下降（压力下降梯度很大，即压力损失很大），超过 2.5m 压力趋于零，因此在一般静压注浆泵送压力条件下，泵送压力影响范围不超过 2.5m（这一点吻合于深层注浆工程实际，也是实际深

层注浆工程中注浆孔间距一般设计为 1.5 ~ 2m 的依据），此外在一般浅层注浆工程采用的 0.5MPa 泵送压力条件下，在距离注浆管轴线 1.9m 处浆区压力衰减至不到 0.1MPa（这正是一般浅层注浆的注浆孔间距设计为 1.5m 的主要依据），在距离注浆管轴线接近 1.9m 处浆区压力衰减殆尽；③由图 11-15 可以看出，在离注浆管轴线距离 2.5m 之内，浆区压力随着地层或岩土对浆液的渗透率增加而下降（压力下降梯度大，即压力损失大），2.5m 之外已超出泵送压力影响范围，这是由于浆液渗透率增加，地层或岩土单位时间吸浆液量大，所以在泵送压力一定条件下，浆区压力自然下降；④由图 11-16 可以看出，浆区压力随着单位时间注浆量增加而上升，这是由于地层或岩土吸浆量有限且吸浆需要一定时间（即吸浆速度有限），所以单位时间自泵压入浆量越多，浆液来不及扩散，致使浆区压力上升，因此工程中采用大泵量的注浆泵可以有效提高泵送压力，单位时间注浆量越大，泵送压力影响范围越大；⑤由图 11-17 可以看出，在距离注浆管轴线 2.5m 之内，浆区压力随着浆液黏度增加而上升，这是因为浆液黏度越大，浆液扩散越慢注入的浆液因不能及时扩散而使浆区压力上升，所以高黏度浆液有利于渗透-挤密注浆，2.5m 之外已超出泵送压力影响范围。

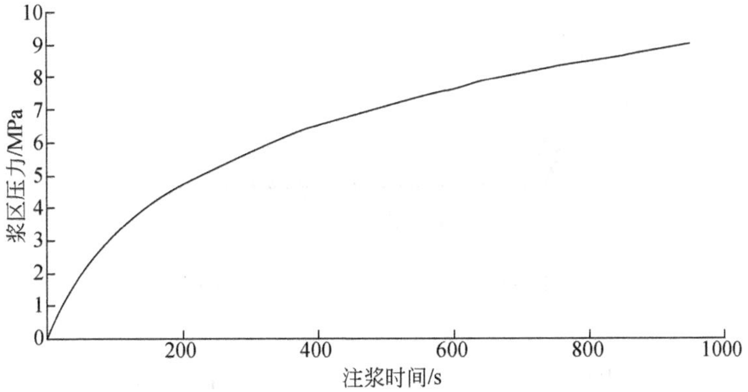

图 11-13　注浆孔底浆区压力与注浆时间之间关系

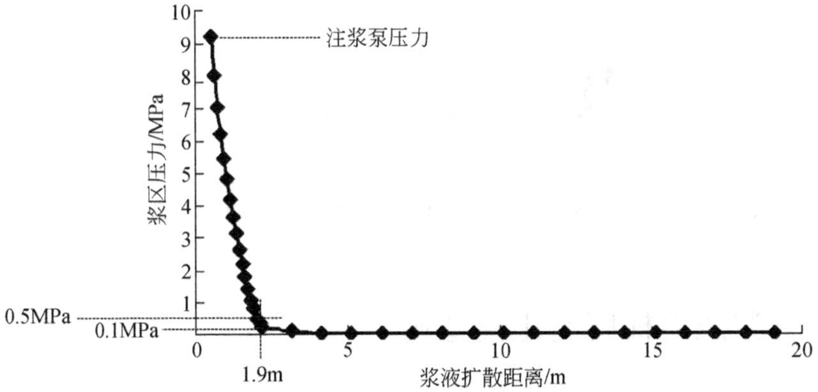

图 11-14　浆区压力与浆液扩散距离之间关系

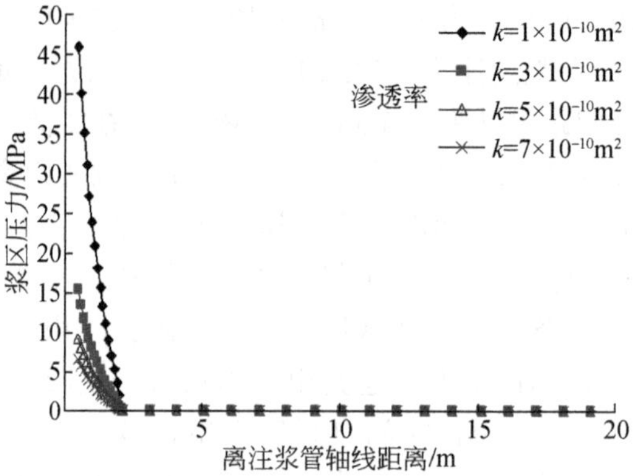

图 11-15　地层或岩土渗透率对浆区压力影响

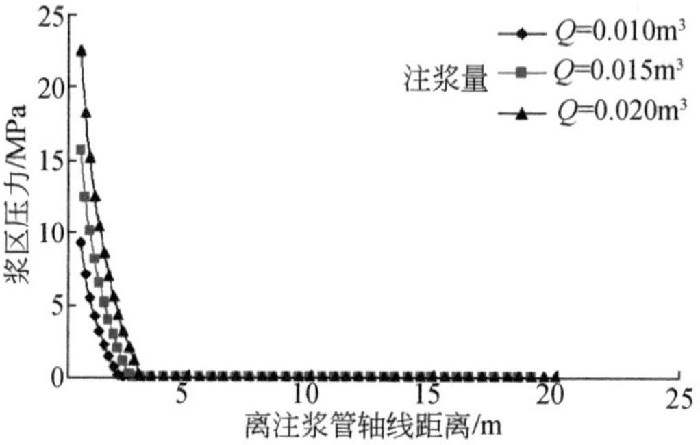

图 11-16　注浆量对浆区压力影响

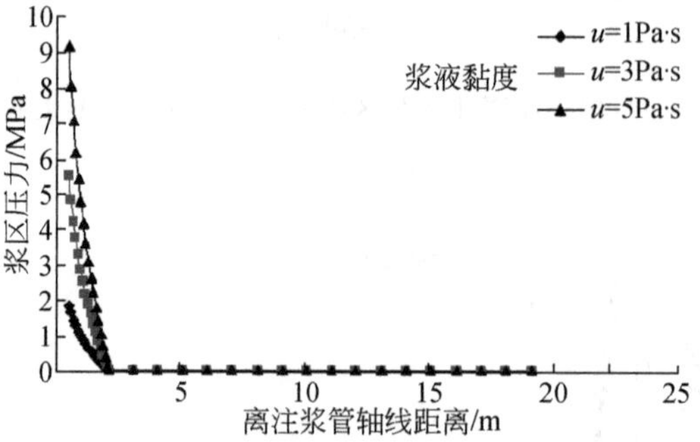

图 11-17　浆液黏度对浆区压力影响

11.4.2　注浆压力梯度变化模型式

注入地层或岩土中特种黏土固化浆液，在 $a \leqslant r \leqslant R$ 范围，浆液压力（压力水头）分布的梯度定义为 $j=-\partial p_1/\partial r$，代入式（11-61），解得浆区压力梯度变化模型式：

$$j=\frac{Q\mu_1}{4k_1\pi h}\left(\frac{2}{r}-\frac{r}{2\alpha t}\right) \tag{11-67}$$

11.4.3　浆液渗透速度分布模型式

注入地层或岩土中特种黏土固化浆液，在扩散区域渗透速度分布定义为 $v=j(k_1/\mu_1)$，代入式（11-67），解得浆液渗透速度分布模型式：

$$v=\frac{Q}{4\pi h}\left(\frac{2}{r}-\frac{r}{2\alpha t}\right) \tag{11-68}$$

11.4.4　浆液扩散半径模型式

采用特种黏土固化浆液注浆，注浆加固体（注入浆液的地层或岩土）的体积为 $V=\pi R^2h-\pi a^2h$，扣除了注浆管注浆管喷浆段的体积 πa^2h（未渗透到地层岩土中的浆液体积）。若地层或岩土的孔隙率为 Φ，则注浆加固体中孔隙体积为（$\pi R^2h-\pi a^2h)\Phi$。假定注浆过程中注浆加固体中孔隙或裂隙体积不变，并且孔隙或裂隙被注入浆液的充填度为 ζ（有效灌注系数），则注入地层或岩土中的浆液体积为 $V'=\zeta(\pi R^2h-\pi a^2h)\Phi$。若实际注入地层或岩土中浆液的体积为 $M=Qt$、施工中浆液损失率为 β，Q 为单位时间注入浆液的体积，t 为注浆时间，则有 $V'=M/(1+\beta)$（忽略注浆管中残留浆液量），$1+\beta$ 为浆液损失系数（取 $1+\beta=1.1\sim2.0$）。根据 $V'=M/(1+\beta)$，可以解得浆液扩散半径模型式：

$$R=\sqrt{\frac{Qt}{\pi(1+\beta)\zeta\Phi h}-a^2} \tag{11-69}$$

根据浆液扩散半径公式，可以绘制便于实际应用的浆液扩散半径与注浆时间之间关系曲线、注浆量与注浆时间之间关系曲线，见图 11-18、图 11-19。

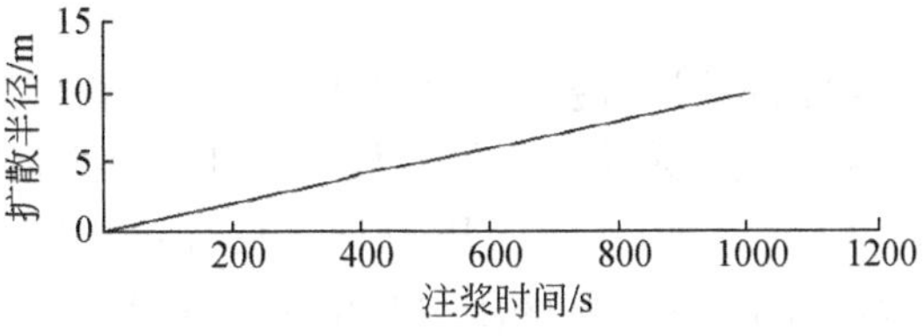

图 11-18　扩散半径与注浆时间之间关系

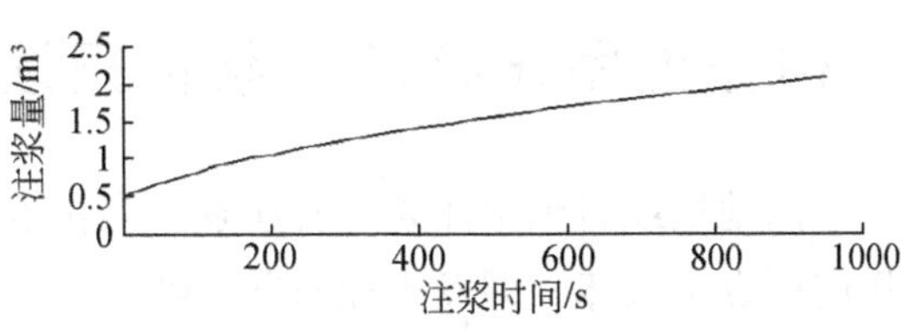

图 11-19　注浆量与注浆时间之间关系

工程中，并非各种地层或岩土均可以静压渗透注浆，可以静压渗透注浆的地层或岩土有中砂层、粗砂层、砂砾层、卵石层、杂填土层、回填土层、残积层、坡积层、裂隙岩石、岩溶岩石，常见可以静压渗透注浆的砂层与砂砾层的孔隙率、浆液有效灌注系数、浆液损失系数等参考值见表 11-1 ~ 表 11-3。

表 11-1　砂层与砂砾层孔隙率参考值　(单位:%)

土层类型	孔隙率 Φ
松散均匀砂层	46
致密均匀砂层	37
松散砂砾层	40
致密砂砾层	30

表 11-2　浆液有效灌注系数参考值

土层类型	有效灌注系数 ζ/%		
	浆液黏度 1 ~ 2Pa · s	浆液黏度 2 ~ 4Pa · s	浆液黏度>4Pa · s
粗砂层	100	100	90
细砂层	100	90	70
粉砂层	90	70	60

表 11-3　浆液损失系数（灌注填满度）参考值

土层类型	标贯击数 N/次	孔隙率 Φ/%	$\zeta(1+\beta)$/%	$\Phi\zeta(1+\beta)$/%
松散砂土层	0 ~ 10	50	50 ~ 80	25 ~ 40
中密砂土层	10 ~ 30	40	50 ~ 70	20 ~ 30
密实砂土层	>30	30	50 ~ 65	15 ~ 20

根据以上结果，只要给出地层渗透率、地层孔隙率、注浆管喷浆段长度、注浆管半径、单位时间注浆量、注浆时间、浆液黏度等参数，就可以预测浆区压力与离注浆管轴线距离之间关系（注浆压力空间分布)、浆区压力与注浆时间之间关系（注浆压力时间分布)、浆区压力与浆液黏度之间关系、浆区压力与单位时间注浆量之间关系、浆液扩散半径与单位时间注浆量之间关系、浆液渗透速度与离注浆管轴线距离之间关系（浆液渗透速度空间分布）等，从而为注浆设计提供极其重要的参考依据。

11.5　特种黏土固化浆液注浆极限注浆压力

采用静压渗透注浆工艺向地层或岩土中注浆，若注浆压力 p 超过某一极限值 p_u，地层或岩土因较高浆液压力作用而发生破坏，即发生径向劈裂破坏（破裂面延伸方向与渗流通道横截面圆半径方向一致）或切向压裂破坏（破裂面延伸方向与渗流通道横截面圆切线方向一致)，见图 11-20，浆液流动将由渗透方式转化为劈裂方式。故此，设计中有效控制注浆的极限压力极其重要，应建立渗透注浆极限压力计算模型式。除非冻土，否则土不能承受张应力（即土无抗拉强度），而只能承受压应力，因此若由注浆压力 p 在土层中引起的切向张应力一旦达到 $k\sigma_z$（k 为侧压力系数，σ_z 为竖向地应力），渗流通道将发生径向劈裂破坏；岩石具有抗拉强度、抗压强度，但是抗拉强度 σ_t 远小于抗压强度 σ_c（即 $\sigma_t<<\sigma_c$），因此注浆压力 p 在岩层中引起的切向张应力可以达到（$k\sigma_z+\sigma_t$），而难以达到（$k\sigma_z+\sigma_c$），即若注浆压力 p 超过某一极限值 p_u，渗流通道应首先发生径向劈裂破坏，而后才可能发生切向压裂破坏。事实上，静压渗透注浆的注浆压力 p 一般低于岩石抗拉强度 σ_t。鉴于上述，在土层或岩层中注浆，过大的注浆压力 p 首先引起注浆孔壁发生劈裂破坏，这是建立特种黏土固化浆液注浆极限注浆压力模型式所关注的焦点。

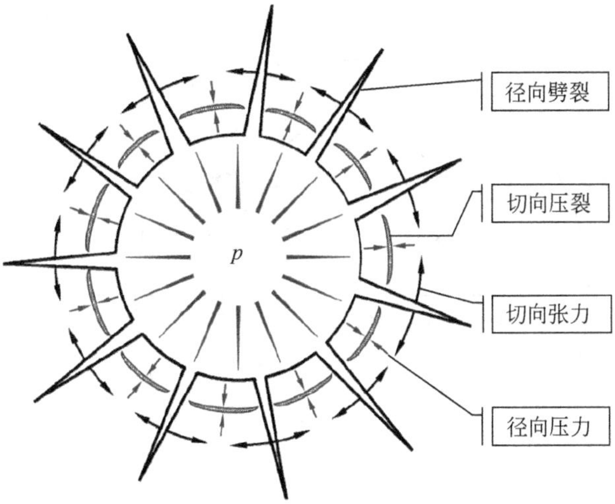

图 11-20　注浆径向劈裂破坏与切向压裂破坏示意图

建立特种黏土固化浆液注浆极限注浆压力模型式的基本简化假定条件：①注浆加固体（即地层或岩土）为各向同性均质弹性体（出于工程安全储备考虑）；②不考虑浆液自重力影响；③不计浆液在管路中压力损失，因此建立的极限注浆压力模型式即为合理确定泵压的模型式（泵压也即泵送压力，在注浆泵压力表上直接读取）；④注浆过程中泵送压力不变；⑤忽略渗流通道壁在浆液压力作用下而发生的塑性变形；⑥注浆加固体因过大注浆压力而发生破坏开始于渗流通道壁；⑦球面注浆、柱面注浆均简化为平面轴对称问题，球面注浆的轴对称平面为通过浆液扩散球面的球心的最大外切圆平面，柱面注浆的轴对称平面为柱面横截面的圆平面，见图 11-21。

基于上述基本假定条件，在平面极坐标系中，可以建立地层或岩土中由注浆压力引起的附加应力计算简图，见图 11-22。注浆压力径向作用于注浆孔壁或渗流通道壁，因此根据弹性力学中厚壁圆筒理论，求解在注浆压力 p 作用下地层或岩土中引起的附加应力计算式，见式（11-70）。

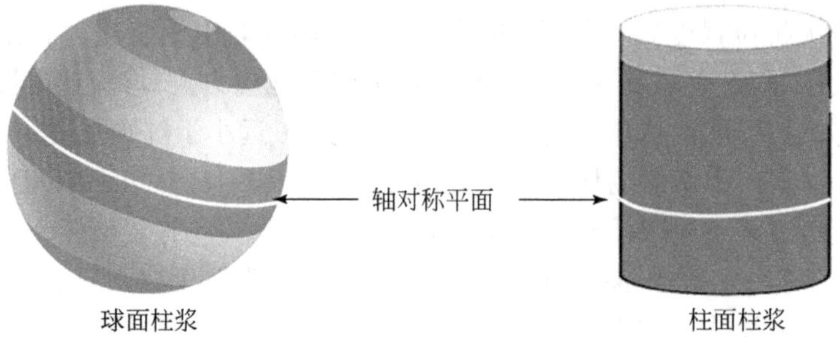

图 11-21　球面注浆与柱面注浆轴对称平面示意图

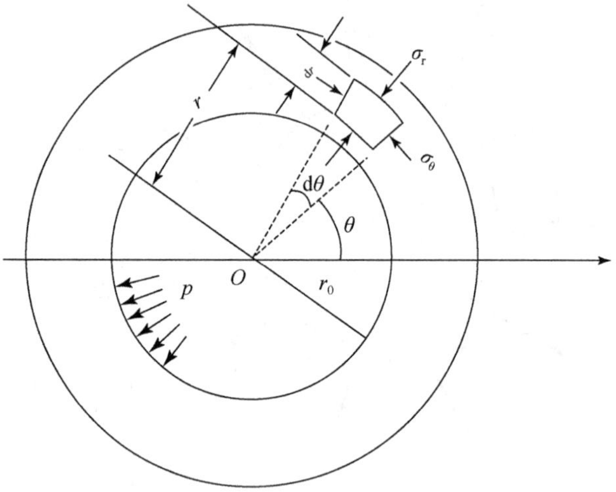

图 11-22　注浆压力引起附加应力计算简图

$$\begin{cases}\sigma_{\mathrm{r}}=p\dfrac{r_0^2}{r^2}\\ \sigma_{\theta}=-p\dfrac{r_0^2}{r^2}\end{cases}\tag{11-70}$$

式中，σ_{r}、σ_{θ} 分别为附加径向应力、附加切向应力；r_0 为注浆孔半径（柱面注浆的注浆管半径，球面注浆的注浆管端头喷浆孔半径）；r 为极径（即地层或岩土中计算应力点与注浆孔中心距离）；正号表示压应力、负号表示张应力。

钻注浆孔必然对地层或岩土中初始地应力分布产生影响，即钻注浆孔引起地层或岩土中初始地应力分布（一次应力分布），关键在于求解一次重分布的地应力。根据弹性力学：在一个具有一定厚度且有初始应力的弹性板上，钻一个圆孔，圆孔对板中应力分布必然产生影响，即钻圆孔引起板中初始应力重分布（一次应力分布），这种重分布应力的弹性力学理论解见式（11-71）。基于上述基本简化假定条件 1 中地层或岩土近似为各向同性均质弹性体，在具有一定初始地应力的地层或岩土中钻一个注浆孔引起初始地应力重分布，等同于在一个具有一定厚度且有初始应力的弹性板上钻一个圆孔引起初始应力重分布，因此完全可以采用式（11-71），求解在非均匀分布的初始地应力条件下因钻注浆孔而引起地层或岩土中重分布的地应力（即一次重分布的地应力）。

$$\begin{cases}\sigma_{\mathrm{r}}=\dfrac{\sigma_{\mathrm{h}}+\sigma_{\mathrm{v}}}{2}\left(1-\dfrac{r_0^2}{r^2}\right)+\dfrac{\sigma_{\mathrm{h}}-\sigma_{\mathrm{v}}}{2}\left(1+\dfrac{3r_0^4}{r^4}-\dfrac{4r_0^2}{r^2}\right)\cos2\theta\\ \sigma_{\theta}=\dfrac{\sigma_{\mathrm{h}}+\sigma_{\mathrm{v}}}{2}\left(1+\dfrac{r_0^2}{r^2}\right)-\dfrac{\sigma_{\mathrm{h}}-\sigma_{\mathrm{v}}}{2}\left(1+\dfrac{3r_0^4}{r^4}\right)\cos2\theta\\ \tau_{\mathrm{r}\theta}=-\dfrac{\sigma_{\mathrm{h}}-\sigma_{\mathrm{v}}}{2}\left(1-\dfrac{3r_0^4}{r^4}+\dfrac{2r_0^2}{r^2}\right)\sin2\theta\end{cases}\tag{11-71}$$

式中，σ_{h}、σ_{v} 分别为地层或岩土中初始水平地应力、初始竖向地应力；σ_{r}、σ_{θ}、$\tau_{\mathrm{r}\theta}$ 分别为地层或岩土中重分布的径向应力、切向应力、剪应力；r_0 为注浆孔半径；r 为极径（即地层或岩土中计算应力点离注浆孔中心距离）；θ 为极角。

在一次重分布的地应力基础上，由于注浆压力作用而引起一次重分布的地应力再一次发生重分布，产生二次重分布的地应力。若二次重分布的地应力超过某一值，必将导致注浆孔发生劈裂破坏或压裂破坏。

在过大的注浆压力作用下，二次重分布的地应力导致注浆孔发生劈裂破坏或压裂破坏，这两种破坏均开始于孔壁，因此关心钻孔壁上二次重分布的地应力。在钻孔壁上，将 $r=r_0$ 代入式（11-70）、式（11-71），解得

$$\begin{cases}\sigma_{\mathrm{r}}=p\\ \sigma_{\theta}=-p\end{cases}\tag{11-72}$$

$$\begin{cases}\sigma_{r}=0\\ \sigma_{\theta}=(\sigma_{\mathrm{h}}+\sigma_{\mathrm{v}})-2(\sigma_{\mathrm{h}}-\sigma_{\mathrm{v}})\cos2\theta\\ \tau_{\mathrm{r}\theta}=0\end{cases}\tag{11-73}$$

在上述基本简化假定条件中，由于假定地层或岩土为各向同性均质弹性体，据此计算的弹性变形应力满足“圣维南原理”，因而可以叠加式（11-72）与式（11-73），解得

$$\begin{cases}\sigma_{\mathrm{r}}=p\\ \sigma_{\theta}=(\sigma_{\mathrm{h}}+\sigma_{\mathrm{v}})-2(\sigma_{\mathrm{h}}-\sigma_{\mathrm{v}})\cos2\theta-p\\ \tau_{\mathrm{r}\theta}=0\end{cases}\tag{11-74}$$

式（11-74）即为二次重分布的地应力计算式。若地层或岩土的容重为 γ、侧压力系数为 k_0、埋深为 H（考查劈裂破坏或压裂破坏点的埋深，柱面注浆，即为喷浆段孔壁上某一点；球面注浆，即为喷浆孔所在位置孔壁某一点），则式（11-74）转变为

$$\begin{cases}\sigma_{\mathrm{r}}=p\\ \sigma_{\theta}=(k_0+1)\gamma H-2(k_0-1)\gamma H\cos2\theta-p\\ \tau_{\mathrm{r}\theta}=0\end{cases}\tag{11-75}$$

式（11-75）中，$\tau_{\mathrm{r}\theta}=0$，$\sigma_{\mathrm{r}}=p$，只有 σ_{θ} 与 γ、k_0、H、θ、p 有关，而在一定 γ、k_0、H 条件下，σ_{θ} 仅为 θ、p 的函数。σ_{r} 为二次重分布的径向压应力，σ_{θ} 为二次重分布的切向张应力。存在以下两种情况。

情况一：若二次重分布的径向压应力 σ_{r} 较大而足以造成注浆孔壁发生压裂破坏，则

极限注浆压力 p_u 计算式如下，

$$p_u=\sigma_c+2k_0\gamma(1-\nu)H \tag{11-76}$$

式中，σ_c、ν 分别为地层或岩土的抗压强度、泊松比，其他符号意义同上。

情况二：若二次重分布的切向张应力 σ_θ 较大而足以造成注浆孔壁发生劈裂破坏，出于最不利考虑，在一定 p 作用下，应考查使 σ_θ 取得最大负值（绝对值最大）的方位角（极角）θ，因此根据 $\sigma_\theta=(k_0+1)\gamma H-2(k_0-1)\gamma H\cos 2\theta-p$，使 σ_θ 取得最大负值的方位角为 $\theta=90°$，将 $\theta=90°$代入式（11-75），解得

$$\begin{cases}\sigma_r=p\\ \sigma_\theta=(3k_0-1)\gamma H-p\\ \tau_{r\theta}=0\end{cases} \tag{11-77}$$

将式（11-77）代入莫尔–库仑强度条件中，解得

$$p_u=\frac{1}{2}(3-k_0)(1+\sin\varphi)\gamma H+c\cos\varphi \tag{11-78}$$

式中，c、φ 分别为地层或岩土的凝聚力、内摩擦角，其他符号意义同上。

式（11-76）、式（11-78）为确定极限注浆压力 p_u 的理论模型式。在实际注浆工程中，应采用这两个式子分别计算极限注浆压力 p_u，取其中最小值作为极限注浆压力的设计参照依据，即泵送压力控制值。之所以称为“参照依据”，是因为极限注浆压力 p_u 理论模型式建立的条件做了理想简化（目的在于获得解析解），而实际情况复杂得多。例如，在过大的注浆压力作用下，地层或岩土难免发生塑性变形，特别是松散土或孔隙率较大的填土、残坡积土的塑性变形肯定明显；实际的地层或岩土并非各向同性均质弹性体；在上述推导过程中，没有考虑浆液黏度对注浆孔压力破坏影响，而这种影响肯定存在；在岩体或岩层中注浆，还可能存在构造地应力（尤其是高水平地应力）对注浆孔压力破坏影响，在上述推导过程中，没有考虑这种影响；在丰富地下水环境注浆，地下水压力（包括静水压力、动水压力，二者合称为渗透力）对注浆孔压力破坏也有影响，在上述推导过程中，没有考虑这一影响。

11.6　结论与总结

针对工程中广泛应用的纯压式球面注浆工艺、柱面注浆工艺，考虑非溶性稳定浆液静压注浆渗流特性，在假定注浆体（注入浆液的地层或岩土体）为多孔介质且浆液以缓慢或迟缓速度渗流通过多孔介质中复杂曲折渗流通道（即稳定流、缓变流、层流）条件下，基于流体力学理论与达西定律原理，合理建立了特种黏土固化浆液静压注浆扩散模型，包括注浆压力分布模型式、注浆压力梯度变化模型式、浆液渗透速度分布模型式、浆液扩散半径模型式、注浆量与扩散半径数值计算式，据此结合工程需求研究了注浆压力分布、注浆压力梯度变化、注浆量、浆液扩散半径、注浆时间等各个主要注浆参数之间关系；在此基础上，针对特种黏土固化浆液球面注浆、柱面注浆，在一定基本合理简化条件下，根据弹性力学中厚壁圆筒理论，进一步建立了极限注浆压力模型式。因此，为特种黏土固化浆液注浆设计提供了一定理论依据与相关注浆参数的预估计算方法。

第 12 章　特种黏土固化浆液静压注浆技术

工程中，注浆防渗加固与冻害防控效果取决于三方面，即浆液材料性能、注浆设备性能、注浆施工工艺。注浆设备性能，关键在于注浆泵性能，相比于水泥基类注浆材料，特种黏土固化浆液的初始黏度较大且黏度上升较快、初始静切力较高且静切力上升较快，因此要求能够泵送膏状体浆液、泵送速度快且单位时间泵送较多浆液，当然目前具备这种性能注浆泵；另一重要注浆设备是制浆设备，制备特种黏土固化浆液要求较高转速搅拌，速度越快，制成的浆液性能越好、稳定性越高，当然较高转速的制浆设备容易得到。注浆实践表明，任何一种高性能注浆材料，若缺乏很好的注浆施工工艺，不能按照设计要求可靠注入地层或岩土中且达到设计扩散半径，无疑达不到应有的注浆效果。因此，高性能注浆材料对应的注浆施工工艺极其关键。特种黏土固化浆液静压注浆技术主要包括两部分内容，其一是现场制浆工艺，其二是注浆施工工艺。

12.1　特种黏土固化浆液制备工艺

特种黏土固化浆液的主要成分是黏土，关键成分是特种结构剂，因此现场制浆工艺与普通水泥浆液的现场制浆工艺存在一定差异，现场制备特种黏土固化浆液工艺的重点在于制备合格的黏土原浆（纯黏土浆液），主要包括黏土选择、制浆设备、制浆程序。

12.1.1　黏土选择与合格标准

黏土的主要成分是黏土矿物，如高岭石、蒙脱石、伊利石、海绿石、叶蜡石、水云母、滑石等，其中以高岭石、蒙脱石居多，还有少量粒度小于 0.05mm 的非黏土矿物的黏粒、粒度小于 0.02mm 的胶粒。自然黏土一般是以某一种黏土矿物为主的多种矿物与黏粒、胶粒的混合物，也可能含有一定量粉粒、砂粒、砾石等。以高岭石为主的黏土叫高岭土，在自然界分布相当普遍；以蒙脱石为主的黏土具有十分强烈的吸水膨胀性、失水收缩性，故称为膨润土或膨胀土。由自然黏土经过人工加工、提纯而成的黏土即为商业黏土，可以从建材市场上采购到，一般以某一种黏土矿物或以某一种黏土矿物如高岭石、蒙脱石等为主组成，因所属地区不同而不同。

制备特种黏土固化浆液，由于黏土矿物的类型不同、不同黏土矿物占比不同，直接影响黏土制浆出浆率、浆液胶凝固化膨胀性与结石体的强度、抗渗性、抗冻性、抗浸水崩解性、抗浸水软化性、抗酸碱侵蚀性、耐久性。在相同制浆工艺条件下，黏土中的黏土矿物或黏粒占比越大，黏土出浆率越高，制备的特种黏土固化浆液与结石体性能越高，并且浆液可注性与渗透性越好，注浆防渗加固与冻害防控效果也越好。若现场就地就近采取的制浆自然黏土中黏粒含量过低，可以掺入少量商业膨润土以代替部分自然黏土，也可以制备出合格的黏土原浆。根据具体工程注浆加固的目的不同，合理选择何种黏土矿物成分的黏土制浆极其重要。采用商业黏土制黏土原浆或现场就地就近取用自然黏土制黏土原浆，不仅影响出浆率，以及特种黏土固化浆液性能、结石体性能、注浆效果，而且直接影响了浆材成本，现场就地就近取用自然黏土的成本远低于商业黏土的成本，因此成为首选方案，但是制备黏土原浆工艺与步序复杂一些。现场就地就近取用自然黏土制备黏土原浆，必须要详细勘察黏土料场，查明场地黏土的类型、储量、粒度成分、黏土矿物成分与占比，必要时还需要进行土壤化学分析，据此论证场地黏土是否满足工程设计要求。

大量试验与工程应用表明，采用特种黏土固化浆液注浆，现场采取的典型黏土或一般黏土、粉土、粉质黏土均满足制浆对土中黏粒含量要求，这对于降低浆材成本、缩短工期、避免选土困难无疑十分有意义。各地自然黏土或黏性土中黏粒、黏土矿物含量差异很大，而黏粒或黏土矿物含量（占比）直接影响出浆率、浆液性能、结石体性能、注浆效果。因此，现场取土的合格判定标准，即制浆土中黏粒含量的标准限值（最低值）应该为多少，显得很重要，值得研究与总结，以便指导现场取土。

主要通过充分的制浆试验，即采用黏粒含量不同的黏性土与不同的浆材配比、水料比，制备特种黏土固化浆液，在满足浆液可注性（初始黏度、黏度变化）、渗透性、稳定性（泌水率极低或基本不泌水）等性能要求前提下，检测浆液结石体标准养护28d抗压强度、抗渗性，据此确定制浆土中黏粒含量（占比）的标准限值即最低值，也就是现场取土的合格判定标准。

试验概况：①实际注浆防渗加固工程一般要求浆液结石体标准养护28d无侧限抗压强度 $p \geqslant 2\text{MPa}$、渗透系数 $k \leqslant n \times 10^{-6}\text{cm/s}$，以此作为制浆土中黏粒含量标准限值（最低值）满足要求的试验控制标准；②选择分布广泛且具有一定地域代表性的南宁黏土、萍乡红黏土、信阳黄土等三种黏性土作为制浆土，详细测定每一种土中黏粒含量；③针对每一种黏性土，通过向土中逐步增量掺入粉细砂办法，依次降低土中黏粒含量，得到黏粒含量分别为30%、15%、10%、7%的制浆土，即每一种黏性土配制出四种制浆土，共计12种制浆土；④针对每一种制浆土，根据水泥掺入比15%（20%）、黏土掺入比85%（80%）、特种结构剂相对水泥掺入比15%（20%）、水料比0.8的浆材配比与水料比，制备浆液；⑤浆液试件成型后标准养护28d，检测试件无侧限抗压强度、渗透系数。

试验结果表明（附表12-1～附表12-3）：①制浆土中黏粒含量不低于10%，试件标准养护28d满足一般注浆防渗加固工程的无侧限抗压强度 $p \geqslant 2\text{MPa}$、渗透系数 $k \leqslant n \times 10^{-6}\text{cm/s}$ 设计要求（在30m压力水头下检测渗透系数），仅极少数检测值略低于这一要求，并且土中黏粒含量越低、试件无侧限抗压强度越大，而土中黏粒含量降低对试件渗透系数影响较小；②制浆土中黏粒含量低于10%，试件标准养护28d基本不满足无侧限抗压强度 $p \geqslant 2\text{MPa}$、渗透系数 $k \leqslant n \times 10^{-6}\text{cm/s}$ 设计要求。因此，采用特种黏土固化浆液注浆，制浆土中黏粒含量的标准限值可以确定为10%，即黏粒含量（占比）不小于10%的黏性土均满足一般注浆防渗加固工程对制浆土要求，相应的塑性指数约大于12%，这就是现场取土的合格判定标准。特别值得注意的是，若土层或岩层中存在需要注浆封堵的细小空洞、裂隙、孔隙，则要求制浆黏性土中不含砂粒、粉细砂粒。

应该说，制浆土中黏粒含量的这一标准限值意义大，因为给实际注浆工程中现场就地就近采取制浆黏土或黏性土提供了合格判定标准，避免了取土的盲目性、主观性，特别是避免了因精细选土的主观要求可能远距离运土或购买商业黏土，而人为造成的选土困难、延长工期、增加成本。

最后指出，采用特种黏土固化浆液注浆，要求制浆黏土或黏性土含砂量少、黏粒含量多、塑性指数高，若条件许可，建议选择蒙脱石含量占绝对优势的膨润土（俗称白黏土），不仅出浆率高，而且浆液泌水率极低或基本不泌水、胶凝固化膨胀明显，同时结石体强度高、密实性大。

12.1.2　制浆设备与性能要求

目前，国内制浆装备与国外制浆设备基本一致，可以供选用的制浆设备主要有立式制浆机（立式搅浆机，包括立式简易搅浆机、立式高速制浆机）、卧式制浆机（卧式搅浆机），见图 12-1。由于特种黏土固化浆液的主要浆材为黏土或黏性土，而黏土或黏性土与水泥相比又存在一些特殊性，不同制浆机的工作性能对黏土或黏性土在水中分散程度、混合程度、饱水程度、出浆率，制成浆液的流变性、渗透性、可注性、膨胀性（胶凝微膨胀性）、结石率，以及结石体（注浆加固体）的强度、抗渗性、抗冻性、水稳性、耐久性等影响很大。试验与实践表明，高速搅拌制成特种黏土固化浆液的流变性、可注性、胶凝性、固化性与结石体的硬化性、密实性、抗冻性、强度等性能远优于低速搅拌制成浆液的同种性能，并且制浆机的转速越高，黏土颗粒与水混合程度越高、出浆率越高。因此，工程中应该且必须采用高速制浆机制备黏土浆液（黏土原浆）、特种黏土固化浆液。若找不到满足高速搅拌要求的制浆机，一种可行且有效的补救措施是首先将制浆土没入水中浸泡至少 24h 以便土充分崩解、分散、饱水且与充分水混合，然后再搅拌制浆，如此，可以获得满足设计要求的合格黏土原浆、特种黏土固化浆液；此外，也可以自行加工高速注浆机，工程中经常找一个铁桶如较大汽油桶，在桶中设置上、下两层搅拌叶片，采用较大功率变速电机驱动（要求电机可以高速旋转、低速旋转），见图 12-2。适合于制备特种黏土固化浆液的制浆机主要性能见表 12-1，建议选用。值得注意的是，要求制浆桶的容量满足单位时间注浆量（一般要求制浆桶单位时间出浆量稍多于单位时间注浆量），也就是说，制浆桶的单位时间出浆量要求匹配于注浆泵单位时间注浆量。

立式制浆机

卧式制浆机

图 12-1　标准制浆机

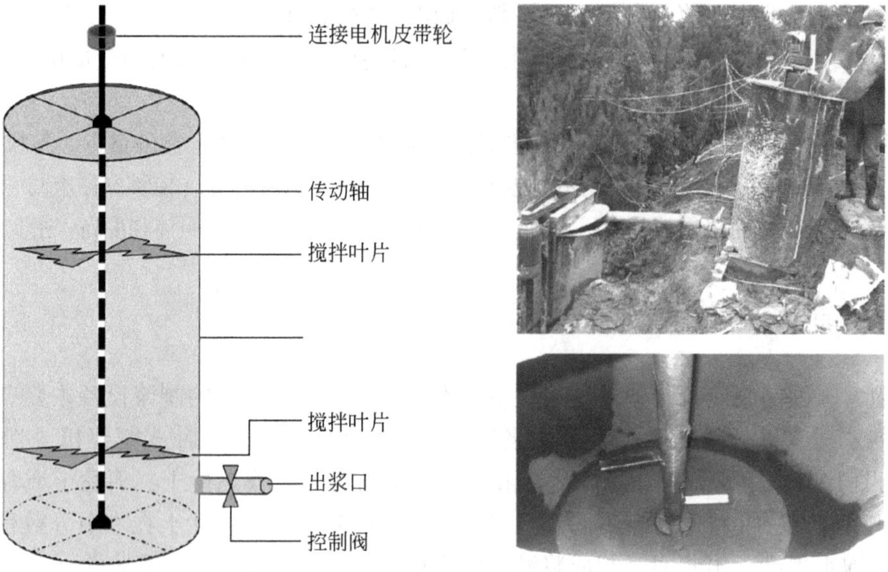

示意图　　实物照片

图 12-2　自制简易制浆机

表 12-1　适合于制备特种黏土固化浆液的制浆机主要性能

品名	型号	容量/L	搅拌速度/(r/min)	造浆量/(m^3/h)	重量/kg	产地
泥浆搅拌机	J100	280	400 ~ 700	6	800	山东泰安黄前水利机械厂
泥浆搅拌机	J200	550	400 ~ 700	12	1000	
泥浆搅拌机	WJ60		530	3.6	700	
泥浆搅拌机	WJ100		530	6	750	

12.1.3　制浆程序与技术关键

注浆工程个例性强，一个工程一个样，加之各地施工现场就地就近采取的注浆黏土或黏性土在颗粒成分与黏粒含量、黏土矿物种类与含量、化学活性成分类型与含量、碱金属或碱土金属元素等方面均存在一定差异，致使制浆土出浆率与制成的黏土原浆性能、特种黏土固化浆液性能也存在一定差异甚至差异较大，因此在现场批量制备特种黏土固化浆液之前，应首先根据注浆设计要求进行充分的实验室调浆试验，在此基础上，还必须基于拟注浆的地层或岩土情况、地下水条件、注浆泵性能、注浆目的等，在现场进行小额浆液配比与性能试验，据此合理确定浆材配比、水料比，为正式批量制浆提供重要依据。

特种黏土固化浆液的制浆程序不完全等同于水泥浆液的造浆程序，尤其是现场制浆过程中要求适时检测浆液初始黏度与黏度时程变化状况。现场就地就近采取自然黏土或黏性土制浆的一般程序：①在注浆现场附近开挖一个黏土浆池（深度不超过 1m），在池中适当安装若干个搅拌叶片（每个传动轴上自上而下设置两层搅拌叶片，搅拌转速不低于 30r/min）（图 12-3），用于预浸泡制浆土、制备黏土粗浆；②制浆黏土或黏性土导入黏土浆池中并用水浸泡至少 24h，以便崩解土团块、分散土颗粒；③浸泡至少 24h 之后，启动黏土浆池中电机，进一步搅拌粉碎土团块、分散土颗粒，初步制成适合于管路泵送的黏土粗浆；④将黏土粗浆泵送到注浆现场（如坝顶）制浆桶中（要求过筛以滤掉黏土粗浆中砂粒、砾石、杂草、树根等），并且测定黏土粗浆的含水率（为了测定黏土粗浆的含水率，首先采用 JND-1006 型泥浆密度测定器，测定黏土粗浆的密度）；⑤按照最终制成黏土原液的设计水料比，向黏土粗浆中补加水，同时高速搅拌至少 8min（搅拌转速不低于 80r/min），在此过程中每隔 2min 采用漏斗黏度计测量一次浆液黏度，直到黏度不再发生变化且满足设计要求为止，黏土原浆便制成，合格的黏土原浆应满足“稳定、细腻”原则；⑥将黏土原浆泵送导入注浆桶中，根据设计特种黏土固化浆液的材料配比，向黏土原浆中一次性加入水泥、特种结构剂，并且高速搅拌 3min，检测浆液含水率；⑦根据设计特种黏土固化浆液的水料比，向浆液中补足水，并且高速搅拌 3min，即制成合格的特种黏土固化浆液；⑧启动注浆泵开始注浆，在注浆过程中，要求低速搅拌浆液（搅拌转速不低于 30r/min）。上述制备特种黏土固化浆液的工艺流程见图 12-4。若采用商业黏土或商业膨润

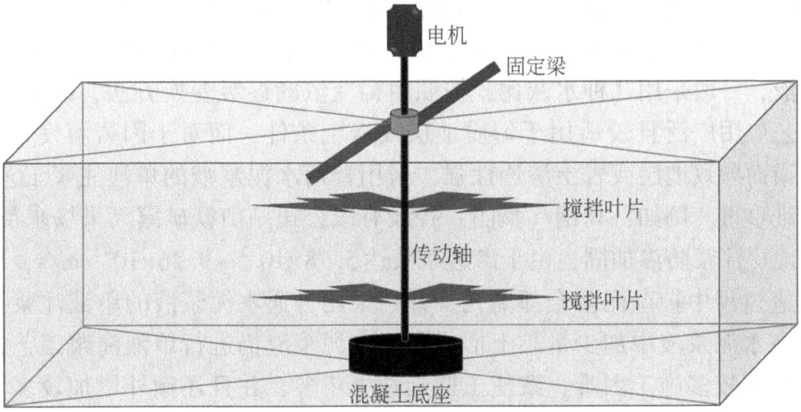

图 12-3　黏土浆池示意图

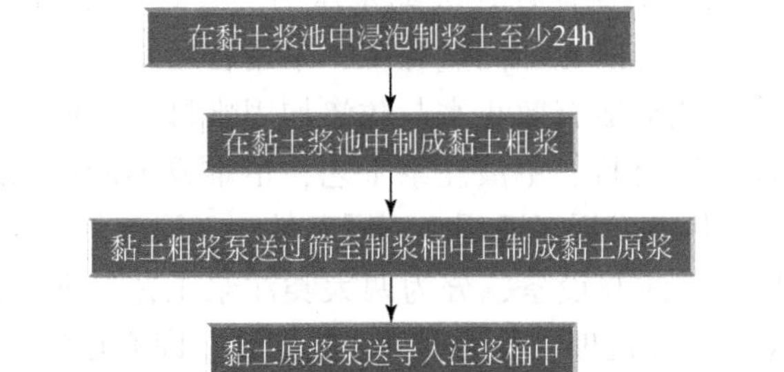

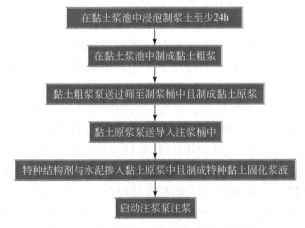

图 12-4　制备特种黏土固化浆液工艺流程

土代替现场就地就近采取的自然黏土或黏性土制备特种黏土固化浆液，制浆程序与上述类似，只是省去预先浸泡黏土至少24h的技术环节。

特种黏土固化浆液是在膏状体注浆工艺基础上发展起来的，因此可以根据地层或岩土中渗流通道情况、地下水情况，在满足设计浆液扩散半径前提下，尽量采用黏度大、低水料比浆液注浆，以便显著提高浆液性能与结石体强度、抗渗性、水稳性。特别值得说明的是，不同于水泥基类浆液、纯黏土浆液、水泥黏土浆液等，特种黏土固化浆液要求随制随注，千万不要让制成的浆液在注浆桶中滞留过长时间，这是因特种结构剂的高效作用，致使浆液黏度上升快、胶凝固化快。

12.2　特种黏土固化浆液注浆工艺

注浆工艺的合理选择对于注浆工程的成败至关重要。注浆工程为一种地下隐蔽工程，土层或岩土的组成与结构、孔隙或裂隙的分布与连通性等差异性大，水文地质条件复杂多变，注浆目的个例性强，加之注浆理论发展水平与注浆实践需求之间尚存在较大差距，尤其是注浆技术水平良莠不齐，致使注浆失败案例屡屡发生。例如，土石坝注浆除险加固，由于渗漏病害、工程地质、水文地质等不同，即使采用同一种浆液材料，注浆工艺也存在差别，为了达到设计注浆要求，需要认真考虑注浆体特点、渗漏状况、设备性能等。灌注水泥基类浆液，一般采用几种水灰比，按照由稀变浓的逐级变换方法，即单液注浆工艺。单液注浆工艺应用广泛且较适用于匀质地层或岩土条件，而对于因岩溶发育、冲积层深厚、断裂交错而导致地层或岩土渗透性强，采用普通水泥浆液的单液注浆工艺很难奏效，或者施工困难重重。例如，马钢（集团）控股有限公司姑山铁矿露天采场东帮100m高边坡卵石夹泥地层注浆防渗加固，由于渗透系数达$5.78\times10^{-2}\sim9.26\times10^{-2}$cm/s，部分地层在注浆引孔钻进过程中护壁泥浆全部漏光，开始采用普通水泥浆液的单液注浆工艺未获成功，后改用在水泥浆液中加少量黏土形成黏土水泥浆液仍进行单液注浆工艺，虽然勉强成功，但是出现较多施工困难，致使工期延长半年多，并且还额外增加较多费用；广西大面积分布喀斯特地貌，地下大量存在暗滨、漏水斗、落水洞、暗河、裂隙等，并且在这些大空隙比与大渗漏地层中往往存在大动水压力，导致大量灌注浆液被冲走、流失，因此在大坝或堤防注浆止水与防渗加固过程中，采用普通水泥浆液的单液注浆工艺，漏浆、跑浆严重，难以或不能形成有效止水与防渗加固帷幕。类似这些注浆难度较大的工程，采用现行普通水泥浆液材料、单液注浆工艺，很难或不能达到理想注浆效果。

鉴于上述，注浆工程相继发展了适用于不同条件、不同目的、不同浆液的多种注浆工艺。例如，根据注浆压力、注浆设备，分为两大类注浆工艺，即静压注浆、高压喷射注浆；根据浆液分布形态、灌注机理，分为五种注浆工艺，即充填注浆、渗透注浆、劈裂注浆、劈裂渗透注浆、压密注浆；根据不同性能浆材混合方式，分为三种注浆工艺，即单液注浆、双液注浆、综合注浆，这三种注浆工艺依据具体条件合理采用的优点是浆液胶凝时间易控且不发生管路堵塞、浆液流失、灌不满等现象；根据灌注办法，分为两种注浆工艺，即纯压式注浆、循环式注浆；根据同一注浆孔自上而下地层或岩土渗漏情况，分为两种注浆工艺，即全孔一次注浆、分段循环注浆。

注浆实践表明，特种黏土固化浆液对注浆工艺并无特殊要求，适用于水泥基类浆液或纯黏土浆液的注浆工艺均适合于特种黏土固化浆液注浆。根据具体地层或岩土中渗流通道与渗漏原因、渗流量、动水压力等情况，特种黏土固化浆液进行单液注浆，在合理的浆材配比与水料比前提条件下，可以考虑采用全孔一次注浆、分段循环注浆、变液二次注浆。

12.2.1　单液注浆工艺

单液注浆工艺，见图 12-5，也是注浆技术诞生最早的工艺，发展历史悠久，经验丰富、技术成熟、设备简单、施工快捷、见效显著、适应面广，在注浆工程中应用极其广泛。对于断层带、岩溶岩体、碎裂岩体、节理岩体、节理化岩体、砂砾层、卵石层、粗砂层、中细砂层、土石层（如土石坝、堆石坝）、填土层、杂填土层、残坡积层、土层与基岩分界面或过渡带、坝体与基岩分界面、坝肩与基岩分界面等注浆止水与防渗加固、冻害防控，采用特种黏土固化浆液注浆，适合于单液注浆工艺。单液注浆工艺根据具体地层或岩土中渗流通道与地下水渗流情况，合理控制浆材配比、水料比，制备性能

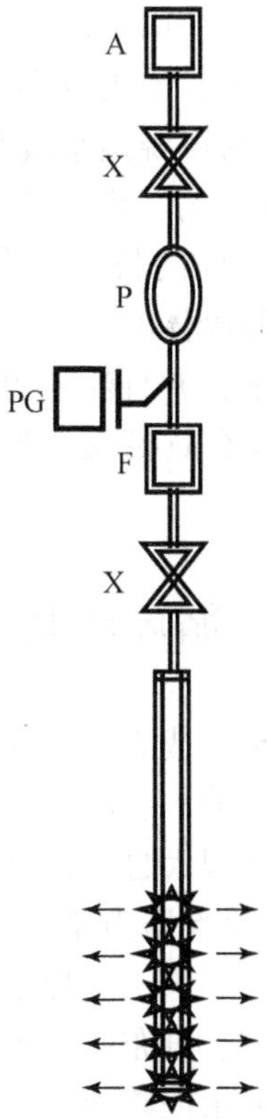

图 12-5　单液注浆工艺原理图

A-浆液；X-阀门；P-注浆泵；PG-压力计；F-流量计

可靠且可注性好、渗透性强的长凝型浆液或短凝型浆液，并且仅用一台注浆泵输送，通过单钻杆向地层或岩土中注入，又称为喷比注入法。长凝型浆液适用于一般止水与防渗加固注浆，短凝型浆液适用于大孔隙、大裂隙、大空洞与大渗流量、大动水压力条件下快速堵漏止水注浆。

12.2.2　二次注浆工艺

在地质与渗流复杂条件下，如喀斯特地层中既有大裂隙、漏水斗、落水洞、暗滨等大量漏浆与流浆通道，也有较小或细小岩溶裂隙，采用黏度与胶凝速度单一的浆液注浆难以或达不到注浆效果。采用短凝型浆液注浆，虽然能够封堵大渗流通道，但是由于浆液胶凝时间短，浆液在细小裂隙中渗透达不到设计扩散半径或难以渗入细小裂隙；采用长凝型浆液注浆，虽然可以注入细小裂隙中且易于渗透扩散，但是因为浆液黏度小、抗稀释性差、胶凝速度慢而难以或无法封堵大渗流通道，并且避免发生大量漏浆与灌不满现象，很难或无法建立注浆压力。

在地层或岩土中，既有大渗流通道、大渗流量、大动水压力，又有孔隙、裂隙等细小或较小渗流通道且渗流量小、动水压力小，采用特种黏土固化浆液进行单液注浆，应该考虑采用变液二次注浆工艺。首先，采用稳定性大、抗稀释性强、初始黏度较大且黏度上升较快、胶凝速度快的短凝型浆液，采用较小注浆压力进行充填注浆，以快速封堵大渗流通道且防止浆液流失；待注入的短凝型浆液胶凝体建立一定塑性强度之后（一般等待1～2h），地层或岩土也变得比较均匀，容易建立注浆压力，再改用初始黏度较小且黏度上升较慢、易于渗入较小孔隙或裂隙的长凝型浆液进行二次注浆，以封堵细小孔隙、裂隙。由于先期注入的短凝型浆液的胶凝体的塑性强度上升并非很快，所以后期注入的长凝型浆液能够推动短凝型浆液继续扩散，并且注入的长凝型浆液又通过渗透方式进入细小孔隙、裂隙，从而实现防渗加固帷幕有效搭接，形成整体帷幕墙体，以达到设计注浆效果。

12.2.3　全孔一次注浆与分段循环注浆

在注浆防渗加固工程中，若待注地层或岩土厚度较小且结构简单，尤其要求整个注浆孔穿过的地层或岩土中渗流通道特性与分布、渗流量与动水压力基本一致，一般采用全孔一次注浆工艺；若待注地层或岩土厚度很大且结构复杂，特别要求同一注浆段的地层或岩土中渗流通道特性与分布、渗流量与动水压力基本一致，则采用分段循环注浆工艺。因此，这两种注浆工艺的合理选择，取决于岩土工程勘察结果，必须通过详细勘察，客观查明拟注浆地层或岩土中渗流通道的类型、分布、大小、连通性，以及地下水的渗流量、动水压力情况。特种黏土固化浆液与普通水泥浆液、水泥黏土浆液等分段循环注浆工艺、全孔一次注浆工艺的施工流程基本一致，见图12-6、图12-7。

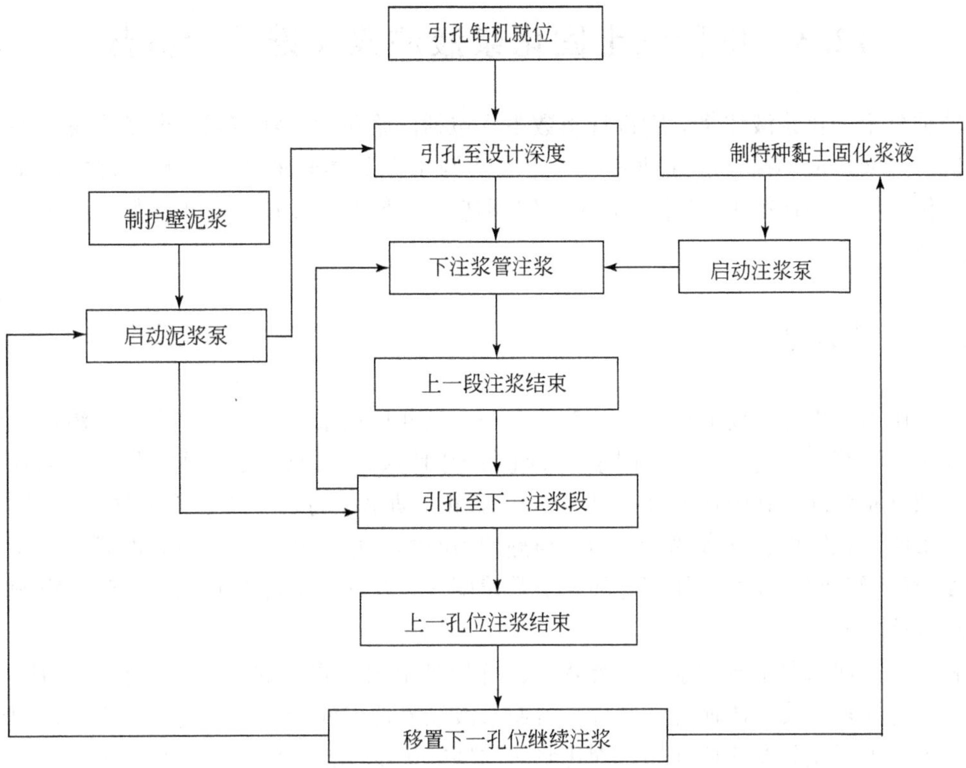

图 12-6　分段循环注浆施工流程图

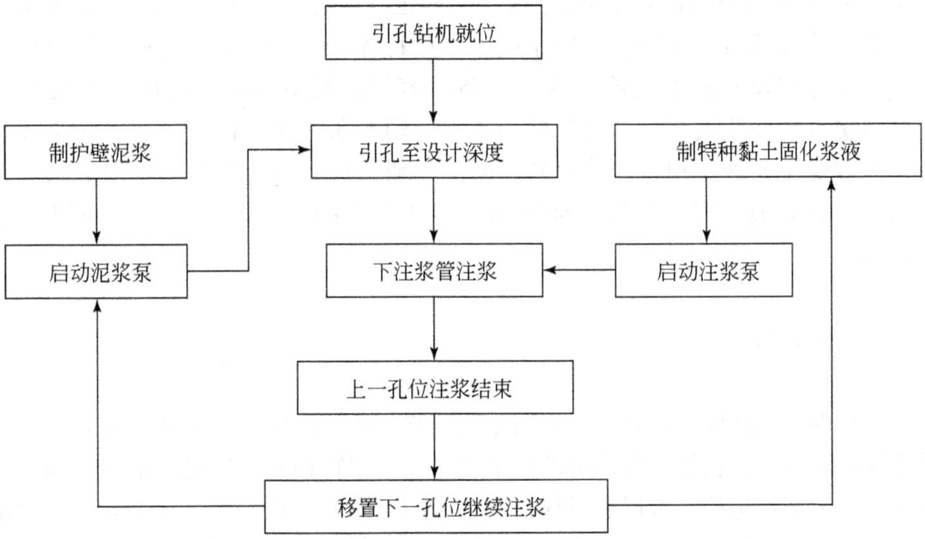

图 12-7　全孔一次注浆施工流程

12.3 特种黏土固化浆液注浆关键设计参数

特种黏土固化浆液注浆关键设计参数主要包括注浆压力、注浆量、浆液黏度、浆液胶凝时间、浆液扩散半径，这五种参数确定方法与水泥基类浆液注浆参数确定方法基本一致，解析计算模型在第11章中已做了一定阐述。以下介绍这五种设计参数在注浆施工方面实际意义。

12.3.1 注浆压力

注浆压力是十分重要的注浆设计参数之一，据此描述浆液在地层或岩土中渗透受到的阻力大小。注浆压力的主要影响因素：①注浆加固体如地层或岩土的成层性、空隙发育程度、空隙分布状况、孔隙连通性与地下水渗流量、动水压力等；②注浆方法与施工工艺；③浆液重度、稳定性、泌水率、静切力与静切力时程变化、初始黏度与黏度时程变化、胶凝速度与胶凝时间、胶凝体强度与强度上升速度等。在此，空隙为孔隙、裂隙、空洞等渗流通道合称。

相比于普通水泥浆液或水泥基类浆液，特种黏土固化浆液的凝聚力（黏度）比较大，加之胶凝时间短且胶凝体强度上升快，若使浆液注入地层或岩土的空隙中，必须采用较高注浆压力。为了充分发挥特种黏土固化浆液的性能优越性，一般采用较高注浆压力，注浆压力越大，浆液越能渗入地层或岩土的空隙中；此外，地层或岩土的空隙被已注入的浆液充填，不仅浆液对渗流通道起堵塞作用，而且注浆压力又将对已注入的浆液产生一定压实作用且加速浆液胶凝体形成特殊晶格结构，从而也在一定程度上降低注浆加固体渗透系数且使之整体强度获得一定提高。鉴于此，采用特种黏土固化浆液进行注浆防渗加固与冻害防控，在注浆设备性能与地层或岩土条件容许情况下，应尽可能采用较高注浆压力，以取得更好的注浆效果。注浆试验与工程应用表明，在适合于普通水泥浆液、纯黏土浆液、水泥黏土浆液等现行注浆材料注浆的一般地层、岩土与地下水渗流条件下，采用特种黏土固化浆液注浆，只要注浆压力设置于0.2～0.5MPa之间，就可以取得理想的注浆效果。

12.3.2 注浆量

注浆量是为了达到设计注浆效果而向地层或岩土中注入的浆液体积，既是注浆设计中一个重要的技术参数，也是注浆结束的标准之一。采用特种黏土固化浆液进行地层或岩土注浆防渗加固、冻害防控，可以视具体情况，采用吸浆速率控制法、注浆总量控制法、注浆压力控制法中某一种方法控制注浆量。吸浆速率控制法：注浆设计中，将注浆加固体的单位时间吸浆率小到某一值作为达到设计注浆量的控制标准，这种注浆量控制方法适用于向堤坝或堤防中注浆建造防渗帷幕，水利部规定的设计注浆量控制标准为 $\omega=0.01\sim0.05$L/min · m · m（物理意义为在1m压力水头作用下，每1m注浆孔段，每1min注入水量，即注浆结束之后，采用压水试验检测是否达到设计注浆量控制标准）；注浆试验与工程应用表明，采用特种黏土固化浆液进行帷幕注浆、固结注浆，若地层或岩土的吸浆量不超过 0.4L/min（每分钟泵入的浆液量），再继续灌注 30 ~ 60min 即结束。注浆总量控制法：在一定场地与地下水条件下，若拟注浆的地层、岩土、堤坝等渗流通道占比率与浆液扩散半径确定之后，注入的浆液总量也随之确定，据此若采用特种黏土固化浆液进行帷幕注浆、固结注浆，通过不断调整注浆压力可以使总注浆量达到设计值——标志注浆结束。注浆压力控制法：通过限制注浆终止压力（即设计注浆终止压力），以确定注浆加固体如地层、岩土、堤坝、堤防等注入的浆液量可否满足设计要求；注浆压力过大可能造成地层或岩土劈裂破坏、导致地面隆起且对附近建筑物产生不利影响，因此采用特种黏土固化浆液进行帷幕注浆、固结注浆，一般将注浆终止压力限制为上覆荷载 1 ~ 2 倍。

12.3.3　浆液黏度

浆液黏度是注浆的一个基本设计参数，标志浆液可泵性、渗透性，进而影响浆液扩散半径、注浆效果，也是合理确定注浆压力、浆液流量等参数的必要依据。在一定场地与地下水条件下，通过控制浆液初始黏度与黏度上升速度、胶凝速度与胶凝时间、注浆压力（注浆泵压力），可以使浆液渗透达到设计扩散半径。采用特种黏土固化浆液进行帷幕注浆、固结注浆。一般情况下，浆液浓度本着由稀变浓的控制原则，即首先采用初始黏度低、可注性好、流动性好、渗透性好、胶凝时间长的长凝型稀浆灌注，以便浆液能够注入地层或岩土的细小孔隙或裂隙或空洞中，然后采用初始黏度较大且黏度上升较快、胶凝速度较快且胶凝时间较短、胶凝体强度较高且强度上升较快的短凝型浓浆灌注，以使地层或岩土中较大裂隙、孔隙、空洞也能得到良好填充。如此，位于同一注浆段中各种渗流通道均可以取得十分有效的注浆效果。但是，若采用特种黏土固化浆液注浆封堵较大的渗流通道且快速建造防渗加固帷幕，应先用初始黏度较大、胶凝时间较短、结石体早期强度建立较快的浓浆灌注，以快速封堵较大渗流通道且使注浆加固体变均匀，再改用初始黏度较小、胶凝时间较长的稀浆进行二次注浆，以封堵细小孔隙或裂隙或空洞，并且推动先前灌入的浓浆胶凝体继续沿着通道向外扩散，从而实现防渗与加固帷幕的有效搭接且增加整体堵水效应。

12.3.4　浆液胶凝时间

目前，浆液胶凝时间存在两个容易混淆的概念，其一是满足注浆设计要求的浆液胶凝时间，其二是浆液自身固有的固化胶凝时间，前者可以称为注浆设计的胶凝时间，后者则是浆液真正意义上的胶凝时间。注浆试验与工程应用表明，采用特种黏土固化浆液进行帷幕注浆、固结注浆，浆液固有的胶凝时间能够满足注浆施工要求，而注浆设计的胶凝时间尤为重要，这是因为注浆设计的胶凝时间直接决定了某种注浆工艺对于某种场地与地下水条件下注浆的可行性，并且还强烈影响注浆防渗加固效果。一般情况下，若地层或岩土较均匀且渗透系数较小，只需要掺入较少量特种结构剂（相当于水泥用量 10%）配制长凝型特种黏土固化浆液，初始黏度较低且黏度增长不快，因而具有足够长时间保持较低的黏度在地层或岩土中充分扩散，可以达到设计扩散半径。然而，在砾石层、卵石层或岩溶发育地区等渗透系数很大且存在较大动水压力、较大渗流量条件下，则需要掺入较多量特种结构剂（相当于水泥用量15% ~20%）配制短凝型特种黏土固化浆液，以尽可能缩短浆液胶凝时间，达到设计注浆效果。正因为特种黏土固化浆液可以采用两种工艺注浆，才使得设计胶凝时间范围由几十秒至几十分钟甚至1 ~2h可控，从而显著扩大浆液的注浆应用范围。

12.3.5　浆液扩散半径

浆液扩散半径是注浆设计的一个重要参数。注浆实践表明，特种黏土固化浆液注浆扩散半径的主要影响因素为：①可注性与渗透性；②稳定性与泌水率、抗稀释性；③初始黏度与黏度上升速度；④静切力与静切力上升速度；⑤胶凝速度与胶凝时间；⑥硬化速度与硬化时间；⑦胶凝体塑性强度与强度上升速度；⑧注浆压力；⑨渗流通道大小、分布与连通性；⑩地层或岩土成层性与均匀性；⑪地下水动水压力、渗流量、渗透速度；⑫注浆方法与工艺流程。在这些因素中，浆液的可注性与渗透性、初始黏度与黏度上升速度、静切力与静切力上升速度、胶凝速度与胶凝时间、渗流通道大小与连通性、注浆工艺与注浆压力对扩散半径影响更显著。因此，在注浆设计之前，必须进行拟注浆的地层或岩土的详细岩土工程勘察，目的在于客观查明渗流通道情况与地下水条件，从而为合理确定注浆扩散半径提供必要的实际勘察依据，同时实施工程现场注浆试验，在此基础上，参照第10章给出的浆液扩散理论模型分析结果，并且结合浆液黏度、静切力、胶凝速度、硬化速度等性能试验结果，从而给出合理的浆液扩散半径。在一般地层或岩土与地下水条件下，采用特种黏土固化浆液，进行静压帷幕注浆、固结注浆，浆液扩散半径基本可以确定在1 ~1.5m之间。在砾石层、卵石层、岩溶地层、填土层、坡积层、残积层等条件下，特种黏土固化浆液注浆的扩散半径较大，但是设计扩散半径不宜超过1.5m；而对于不存在大渗流通道条件，特种黏土固化浆液注浆的设计扩散半径也不宜小于1m。特别值得强调的是，由于注浆工工程个例性很强，针对任何一个具体注浆工程，现场注浆试验是确定浆液扩散半径的最重要而可靠的依据。

12.4　特种黏土固化浆液注浆效果检测

特种黏土固化浆液进行帷幕注浆、固结注浆，注浆效果检测极其重要，至少应在注浆结束7d之后进行，但是标准检测时间是注浆结束28d之后。不同于水泥基类浆液（胶凝固化的化学反应过程为放热过程），特种黏土固化浆液胶凝固化的化学反应过程属于一系列吸热反应过程，因此注浆施工期间环境温度越高，浆液胶凝固化的化学反应越快，注浆结束至注浆效果检测之间的时间间隔越短。主要检测项目与方法简述如下。

（1）墙体强度、孔隙率与浆体填充率检测。在两个注浆孔之间中心处的注浆防渗加固帷幕墙体上，首先钻进至帷幕墙体顶部，再对墙体全程钻孔抽心，观察且记录、拍照岩心浆体充填程度，并且根据相关规范规定的试验检测要求，检测岩心抗压强度、抗剪强度、抗折强度、孔隙率、浆体填充率等各项指标。值得注意的是：①采用专用的岩心采取钻头（套管取心），要求采取原状岩心，妥善封装、装箱、运输岩心，岩心运到实验室，尽快检测各项指标；②由于需要检测的项目较多，要求岩心尽可能大，岩心直径应不小于 10cm；③根据抗压强度、抗剪强度、抗折强度、孔隙率、浆体填充率等各项指标检测对试件尺寸要求，采用岩心精细加工标准试件。

（2）墙体抗渗性与渗透系数检测。采用现场压水试验方法，检测帷幕墙体抗渗性与渗透系数。可以基于以上检测帷幕墙体强度等指标的抽心孔，采用栓塞将钻孔隔离出一定长度的压水孔段，以一定压力向压水孔段中静压注水，测定相应压力下的压入流量，以单位压水孔段长度在一定压力下的压入流量表征压水孔段所在墙体的透水性，从而确定帷幕墙体在一定压力水头下渗透系数。特别值得提出的是：①压水孔段的长度不宜过短，最好取接近于注浆孔段的长度；②压水的压力至少分为三个等级，如 0.2MPa、0.6MPa、1.0MPa，按照压水压力由小到大顺序分别进行压水试验，据此求解帷幕墙体在不同压力下的渗透系数。根据现场压水试验结果，计算帷幕墙体的渗透系数。

$$k=\frac{Q}{2\pi HL}\ln\frac{L}{r_0}$$

式中，k 为渗透系数（cm/s）；Q 为单位时间压入的水量（cm^3/s）；H 为压水的压力水头（cm）；L 为压水孔段长度（cm）；r_0 为钻孔半径（cm）。

（3）设计浆液有效扩散半径检测。在两个注浆孔之间中心处的帷幕墙体上，首先钻进至帷幕墙体顶部，再对帷幕墙体采用全程钻孔抽心方法，直接观测所取岩心空隙的浆体填充程度，以确定是否达到浆液设计有效扩散半径。也可以采用上述现场压水试验方法，检测是否达到设计浆液有效扩散半径。

（4）堵水效果检测、长期渗流状态与绕流现象监测。堵水效果检测、长期渗流状态与绕流现象监测方法：在帷幕注浆或固结注浆结束之后 28d，即帷幕墙体的强度建成之后，在帷幕墙体的迎水面、背水面分别布设观测井，进行长期观测对比分析，据此评价注浆堵水效果、长期渗流状态、绕流现象。具体操作措施：在观测井中放置钢弦式渗压计，定期记录渗压计各项参数。

（5）浆液可注性检测。浆液可注性检测应在注浆施工阶段进行，具体考察浆液可注性与浆液黏度、浆液重度、浆材配比、水料比、注浆压力、制浆搅拌时间、制浆搅拌速度等之间关系。

12.5　特种黏土固化浆液性能改善措施

由于注浆工程中存在许多不确定因素且个例性很强，可以说是一个工程一个样，尤其是需要注浆防渗加固的深埋地层或岩土与地下水状况在勘察阶段有时难以可靠掌握，加之可能受限于注浆装备性能，所以采用设计浆材配比与水料比制成的特种黏土固化浆液，在正式注浆之前一般需要在现场做若干孔的预注浆试验，如围井注浆试验，根据试验检测结果，可能需要对浆液做进一步性能改进，即通过微调浆材配比、水料比以改善浆液性能，达到满足设计扩散半径与注浆效果要求。根据特种黏土固化浆液与相应的关键成分——特种结构剂的主要物质组成、化学活性成分、胶凝固化机理，并且结合大量试验结果、注浆实践经验，具体提出如下进一步改善浆液性能的可行措施。

（1）若需要进一步提高浆液的胶凝固化速度，可以向浆液中掺入相当于水泥用量 0.15%～0.25% 的氯化钙或 0.5%～2.5% 的氧化钙。例如，每一批次制浆，若水泥用量 100kg，则掺入氯化钙 0.15～0.25kg 或氧化钙 0.25～0.5kg。

（2）若需要进一步改善浆液的可注性、流动性、渗透性且延缓胶凝固化时间、结石体的硬化时间，可以向浆液中掺入相当于水泥用量 0.1%～0.2% 的磷酸钠。例如，每一批次制浆，若水泥用量 100kg，则掺入磷酸钠 0.1～0.2kg。

（3）若需要进一步提高浆液结石体的密实性、抗渗性，可以向浆液中掺入相当于水泥用量 0.5%～2.0% 的粉末状水玻璃（模数以 2～2.5 为宜）。例如，每一批次制浆，若水泥用量 100kg，则掺入粉末状水玻璃 0.5～2.0kg。

（4）若需要进一步提高浆液结石体的抗震性且改善抗渗性，可以向浆液中掺入相当于水泥用量 0.03%～0.2% 的铝酸钠或铝酸钾。例如，每一批次制浆，若水泥用量 100kg，则掺入铝酸钠或铝酸钾 0.03～0.2kg。

（5）若需要进一步提高浆液结石体的抗侵蚀性，可以采用适量粉煤灰代替部分水泥，具体代替的百分比需要通过配合比试验确定。

（6）若需要进一步提高浆液胶凝固化微膨胀性，在满足浆材节减性要求前提下，可以采用适量高铝水泥、熟矾石粉代替部分水泥，具体代替的百分比需要通过配合比试验确定。

12.6　特种黏土固化浆液制浆材料预算

众所周知，任一注浆工程的浆材用量往往很大，而浆材用量又是决定工程总成本的关键因素之一。合理预算浆材用量不仅有利于正确认识工程标底、有助于中标，而且直接影响工程利润、注浆施工期。若浆材料用量预算过大，进料过多，无疑造成材料浪费，额外增加不必要购料投资；反之，若浆材用量预算过小，进料赶不上注浆施工进度，显然影响工程如期完成。并且，若工程中标，过小的浆材用量预算势必导致赔钱做工程的结局。过大或过小的浆材用量预算均可能不中标，故不赘言。特种黏土固化浆液的浆材用量预算，可以分以下两大步完成。

（1）工程总注浆量。工程总注浆量为

$$Q=\pi R^2 Hn(1+\beta)$$

式中，Q 为工程总注浆量（m^3）；R 为设计浆液有效扩散半径（m）；H 为工程累计注浆孔段长度（m）；n 为注浆地层或岩土中空隙率（%）；β 为浆液损失系数（一般取 0.1～0.5）。

若需要注浆防渗加固范围存在多个不同地层或岩土类型，并且不同地层或不同类型岩土的空隙率又各不相同，那么应基于上式分别计算不同地层或不同类型岩土的注浆量，然后再累加各个地层或各类岩土的注浆量，即得工程总注浆量 Q。

（2）浆液材料用量。求出上述工程总注浆量 Q，再根据浆液的重度、水料比、黏土掺入比、水泥掺入比、特种结构剂相对水泥掺入比等浆材配比，分别预算水、水泥、黏土、特种结构剂等用量。水的重度取 1，各种浆材的计量单位均为吨。

12.7　特种黏土固化浆液袖阀管注浆

目前，广泛应用的注浆方法主要有花管注浆、袖阀管注浆、高压劈裂注浆、高压旋喷注浆、高压喷射注浆。袖阀管注浆可以很好地实现定域、定量且多次重复注浆，串浆、冒浆概率较小，是国内外公认为最可靠的注浆工艺之一。在此，简要介绍袖阀管注浆的基本原理与技术特点、施工工艺与流程、性能优势与要点。

12.7.1　袖阀管注浆基本原理与技术特点

1. 袖阀管注浆基本原理

袖阀管注浆隶属于一种双重管注浆工艺，注浆管分为袖阀管外管（外套管）、注浆芯管（内芯管），注浆原理与注浆管结构见图 12-8。在外套管上，每隔一段间距钻若干溢浆孔（在管周围自上而下钻多排液浆孔），溢浆孔由橡胶套可靠封住，形成一个单向阀门，只允许管内浆液向外喷出，而不允许管外浆液、杂物反流入管中。施工中，首先将外套管放入钻孔，然后由套壳料密封外套管与孔壁之间空隙（起固定外套管且防止浆液沿钻孔上、下扩散双重作用，套壳料形成脆性厚壁圆环状保护层），最后将两端带有止浆塞的内

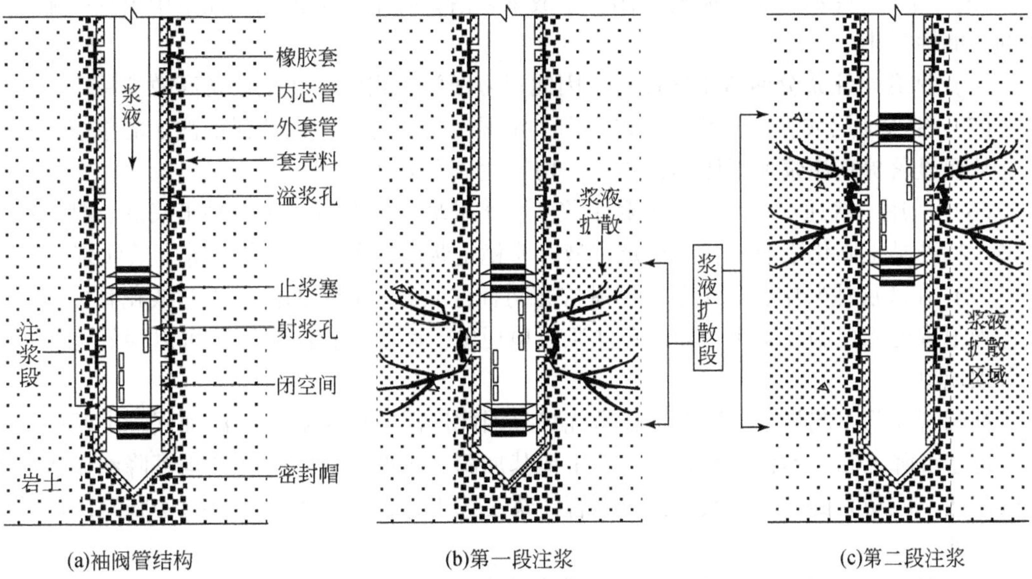

图 12-8　袖阀管注浆原理简图

芯管插入外套管的注浆段，即开始注浆。止浆塞与外套管内壁形成一段带有单向阀出口的封闭空间（闭空间），随着封闭空间中浆液不断聚集，封闭空间中压力升至一定程度，浆液便从封闭空间通过溢浆孔喷出，快速胀开橡胶套、挤碎套壳料（称为开环），开环压力取决于套壳料强度、埋深地应力，一般为 0.5 ~ 1.0MPa。此时，套壳料上、下部分未破坏，仍然可以阻碍浆液沿钻孔上、下扩散，于是在注浆压力作用下浆液主要水平渗透流出，以充填、渗透、压密、劈裂等形式扩散，有效防止串浆、冒浆[96,97]。同一注浆孔，根据具体情况，既可以采取自下而上注浆方法，也可以采取自上而下注浆方法，每一段注浆结束之后，逐次提升或降低内芯管，进行分段注浆。外套管主要为钢管、塑料管，每一注浆孔注浆结束均无法取出外套管，只能丢弃。钢外套管较贵，注浆结束之后不可拔出重复利用，因此成本较高；但是钢外套管可以作为桩体，起一定支撑与加固作用，在地基防渗加固、边坡安全防控、隧道止水加固等袖阀管注浆中，若有加固桩需求，一般较多采用钢外套管。

2. 袖阀管注浆技术特点

相比于广泛应用的简单花管注浆，袖阀管注浆工艺由于采用外套管、内芯管、套壳料、橡皮套、单向阀等而形成封闭空间的注浆段，因此具有技术可靠且效果可控的较多优势。

（1）内芯管可以在外套管中自由上提、下放，并且每一注浆段长度可以视施工情况方便调整，因此根据需求，可以对任何孔段进行注浆，不易出现注浆盲区、薄弱区，适合高风险注浆施工，保证形成有效防渗加固帷幕。

（2）同一注浆孔，每次全孔注浆结束之后，若需要进行二次注浆，只需要清洗内芯管，而无须重新钻探即可重复注浆，可靠保证注浆质量。

（3）由于套壳料对浆液阻碍作用，浆液难以沿钻孔上、下扩散，注浆中出现串浆、冒浆的可能性很小。

（4）钻孔与注浆分两道工序进行，因此很方便施工组织、注浆设备高效使用。

（5）注入地层或岩土中浆液可以定向、定量、均衡扩散，因此保证注入的浆液均匀分布，从而显著提高注浆加固体的整体性、均匀性、安全性。

（6）适用于普通水泥浆液、纯黏土浆液、水玻璃水泥浆液、水泥黏土浆液、黏土固化浆液、特种黏土固化浆液等各种稳定浆液、非稳定浆液、非水溶性浆液等有效注浆。

（7）在浅层注浆中，如地基或路基冻害防控注浆，现行球面注浆工艺或花管柱面注浆工艺均很难可靠控制注浆压力而避免注浆冒顶现象，而袖阀管注浆工艺可以很好地避免注浆冒顶现象。

袖阀管注浆工艺具有上述多项技术优势，因此广泛应用于隧道防渗加固、地基防渗加固、地基沉降控制、不良地基处理、软土地基加固、边坡安全防护、结构沉降纠偏等，工艺较成熟，成功案例很多。然而，袖阀管注浆工艺也存在一些需要研究与实践解决的若干不足之处。

（1）外套管不可以重复使用，因此成本较高。

（2）止浆塞在多次重复使用之后，存在磨损问题，因此影响封闭效果。

（3）施工技术性较强、操作较复杂，因此实际施工中易发生失误而影响注浆效果，甚至导致注浆失败。

（4）过去长期广泛应用的套壳料胶凝固化速度较慢、硬化时间较长，因此施工工期过长，并且套壳料灌入之后，若不能可靠把握套壳料满足注浆要求的固化与硬化性能而需要的胶凝固化与硬化时间，错过适宜注浆期，套壳料强度继续增长，轻则影响注浆效果，重则废弃注浆孔，因此必须在同一位置原注浆孔附近重新钻孔、重新注浆。

（5）注浆深度严格受限于初始注浆孔深度，完成设计要求的注浆深度之后，若施工中发现需要对更深部注浆（超出设计注浆深度），则只能重新自地面向下钻孔注浆。

12.7.2　袖阀管注浆施工工艺与流程

相比于传统花管注浆工艺，袖阀管注浆工艺较复杂。袖阀管注浆施工具体工艺流程：地质勘查→测量放样→钻孔施工→注套壳料→下外套管→可靠封孔→注浆施工→终止注浆。

1）地质勘查

注浆之前，要求进行详细工程勘察，努力查明地层结构、土体性质、渗流状况，据此进行注浆设计，关键在于根据勘察结果合理确定同一钻孔不同注浆段的有效长度、起始位置，要求同一注浆段的地层组成、岩土结构、渗流通道、渗流强度等基本均匀一致。

2）测量放样

根据注浆设计方案，进行现场测量放样确定钻孔位置，一般注浆工程要求钻孔呈梅花状或品字形分布，钻孔间距为1.5～2.0m。

3）钻孔施工

在钻孔过程中，每隔2～5m进行方向与角度校验，避免偏孔。为了防止钻进过程中孔壁塌陷，可以采用套管跟进（因为钻注浆孔，所以为了不影响浆液渗透扩散，建议不采用泥浆护壁方法保护孔壁）。通过钻注浆孔，还可以进一步探测注浆区域地层组成、岩土结构、渗流通道、渗流强度等更详细的实际情况，从而很好地弥补工程勘察阶段因受限于勘察比例而遗漏注浆施工关心的某些地质信息，因此可能需要据勘察结果对注浆设计方案做一定完善修改。

4）注套壳料

套壳料注入方式分两种：①钻杆下到孔底将套壳料由下而上注入钻孔，将钻孔中的泥浆排出，当排出的泥浆中混有较多套壳料时，停止注入套壳料；②将一段直径较小的注料管与外套管捆绑在一起，成孔之后，将外套管下入孔中，再通过注料管注入套壳料。这两种注入方式具有各自优势。先注套壳料优势：①通过注入的套壳料排出钻进的泥浆并清理沉渣进行洗孔，若先下外套管，则因受沉渣阻碍而较难下到孔底；②一般袖阀管注浆施工，因孔壁与外套管之间间隙较小而使得注料管很细，加之下注料管易偏芯，因此若先下注料管，则注料管很难下到孔底；③若先下外套管，则注入套壳料（浆液）的流动将受到影响，因此套壳料较难密实。当然，先注套壳料也存在缺陷：①若采用塑料外套管，则因外套管的密度小于套壳料的密度而使得外套管难以下到孔底，此时需要采用向外套管中注水或人工加压等方式助力外套管下到孔底；②下外套管将挤出部分已注入的套壳料，从而造成套壳料浆材浪费。因此，在实际施工中，应根据具体条件，合理选择套壳料，以及注入外套管与下放套壳料之间先后顺序。

5）下外套管

钻进成孔或注入套壳料之后，将分段摆置的每一节外套管按照顺序下入钻孔中，位于孔底最下面一节外套管采用锥状帽密封。下放外套管，要求可靠控制外套管中轴线与钻孔中轴线重合；若向外套管中注水，则方便下放且可以减少外套管弯曲；外套管上端超出地面 10～30cm，目的在于防止密封外套管与钻孔壁之间上端间隙（即封孔）时砂浆进入外套管中；外套管下放之后，采用砂浆密封外套管与钻孔壁之间上端间隙，并且采用重物如砖块压住管口，以防外套管上浮且避免杂物进入管中。

6）可靠封孔

一般情况下，注入套壳料将大幅度减少注浆过程中外套管与钻孔壁之间间隙冒浆，但是在注浆压力较大或浅层注浆、浆液较稀等条件下，也难免出现这种间隙冒浆现象。因此，部分袖阀管施工中，将在孔口到地面以下 1～2m 范围，向外套管与钻孔壁之间间隙，注入速凝水泥净浆或砂浆以封堵这种间隙，进一步防止孔口冒浆。

7）注浆施工

袖阀管注浆施工要求在套壳料养护强度超过设计注浆压力一定值的条件下进行。采用跳孔注浆方式，以减少或避免串浆。视具体情况，采用自上而下分段注浆或自下而上分段注浆。若自上而下分段注浆，则上一段注浆结束，下放内芯管至下一段继续注浆；若自下而上分段注浆，则下一段注浆结束，上提内芯管至上一段继续注浆。值得注意的是，一般施工中，需要准备不同黏度浆液，首先注入稀浆以挤碎套壳料，然后按照浆液的稠度由稀至稠顺序，进行灌注，直至满足设计要求的注浆结束标准。

8）终止注浆

袖阀管注浆工艺，注浆终止标准与花管注浆或球面注浆终止标准基本一致，一般以注浆压力或注浆量作为注浆终止标准。若以注浆量作为注浆终止标准，在较大裂隙或溶洞地层中注浆，虽然注浆量达到一定设计要求，但是可能达不到实际注浆效果，这是因为可能存在跑浆或漏浆现象。因此，工程中为了取得理想注浆效果，一般采用注浆压力与注浆量相结合的注浆终止标准。具体终止要求：①达到设计注浆压力，并且浆液注入速度小于 1L/min 之后，继续灌注 10min 左右即可结束；②注浆压力一直保持不变的时间超过 30min，但是注浆量持续增加，则即刻终止注浆、提升并清洗内芯管，待注入的浆液终凝之后，再下放内芯管、重新注浆，直至达到终止要求①，结束注浆。

注浆结束之后，拔出内芯管并清洗干净。少数情况下，注入的浆液终凝之后，还可能需要进行第二轮次复注浆、第三轮次复注浆。

12.7.3　袖阀管注浆性能优势与要点

鉴于上述，袖阀管注浆作为一种优于长期广泛应用的球面注浆工艺或花管柱面注浆工艺的先进注浆工艺，可以解决二者难以解决或解决不了的注浆施工难题，日益受到注浆工程青睐。特种黏土固化浆液属于一种新型高性能注浆材料，拥有现行各种注浆材料不具备的多项优越技术性能。因此，袖阀管注浆等先进工艺与特种黏土固化浆液等高性能材料的完美结合，无疑成为解决注浆施工难题的一种工艺与材料的难得绝配。特种黏土固化浆液用于袖阀管注浆工艺具有如下多项性能优势与制浆要点。

（1）特种黏土固化浆液的初始黏度与黏度上升速度、初始静切力与静切力上升速度、胶凝固化与结石体硬化时间等均可控，袖阀管注浆工艺的注浆压力、扩散半径等也可以可靠控制，因此特种黏土固化浆液袖阀管注浆能够很好地避免浅层或超浅层注浆的浆液冒顶现象，如丰富浅表地下水条件下地基防止毛细孔隙水上升注浆、路基止水与防冻害综合注浆、隧道止水防渗与冻害防治注浆、地下空间渗漏治理与水害防控注浆等。

（2）根据实际需求，通过改变浆材配比与水料比，可以使特种黏土固化浆液的初始黏度较大且黏度上升较快、初始静切力较大且静切力上升较快，因此避免采用袖阀管注浆工艺实施浅层或超浅层注浆中孔口返浆现象（即浆液沿注浆孔壁与注浆管之间返到地面），避免浆液可能透过套壳料发生上、下串浆而超越设计的注浆段上、下范围（显著影响设计要求的注浆段范围扩散半径、注浆效果），此外在孔口到地面以下 1 ~ 2m 范围，向外套管与钻孔壁之间间隙，注入具有显著速凝性的特种黏土固化浆液，可以封堵这种间隙，进一步防止孔口冒浆。

（3）采用以特种黏土固化浆液为主料，按照一定掺入比掺入其他辅料，可以制备袖阀管注浆工艺需要的高性能套壳料，具有可注性好、胶凝快、固化快、硬化快、强度上升快、终期强度高、密实性大等诸多性能优势。

（4）采用以特种黏土固化浆液为主料制备的套壳料，初始黏度较大且黏度上升较快、初始静切力较大且静切力上升较快、胶结与挟带搬运碎屑物能力很强，因此在通过注入的套壳料排出钻进泥浆并清理沉渣方面凸显性能优势。

（5）由于特种黏土固化浆液属于一种非水溶性的稳态浆液，在满足可注性与渗透性要求的浆材配比与水料比条件下，制备的浆液具有基本不泌水或泌水率极低、可注性与渗透性很好、初始黏度较大且黏度上升速度可控、初始静切力较大且静切力上升速度可控、胶凝固化速度较快且速度可控、胶凝固化微膨胀且结石体强度高、密实性大、抗崩解性强、抗软化性强、抗酸碱侵蚀性强等诸多性能优势，再结合袖阀管注浆这种先进工艺，无疑能够很好地解决现行注浆材料与球面注浆工艺、花管柱面注浆工艺难以解决或无法解决的多种注浆工程难题。

（6）特种黏土固化浆液用于袖阀管注浆工艺的关键在于制备合适的浆液，特别是根据具体地层或岩土条件、地下水渗漏条件、注浆段埋深条件，依据注浆设计方案，通过新配合比调浆试验，寻求合理的灌注浆液与套壳料的浆材配比和水料比。

12.8　结论与总结

注浆施工成败的关键在于浆液材料性能、注浆施工设备、注浆技术工艺。在地层或岩土具备可注性前提下，任何一种高性能浆液材料，缺乏相应的注浆施工设备（主要是注浆泵、制浆设备）、可靠的注浆技术工艺，显然达不到注浆效果。防渗注浆、加固注浆、防冻注浆一般采用静压注浆技术。鉴于上述，系统阐述了特种黏土固化浆液静压注浆技术，主要包括浆材选择、制浆工艺、注浆技术、质检方法，在此基础上，给出了根据具体工程需求进一步改善浆液性能措施、浆材预算方法，此外作为不同于广泛应用的花管柱面注浆的一种先进注浆工艺，简要介绍了袖阀管注浆工艺的基本原理、设备组成、工艺流程、技术要点、应用场景，以及特种黏土固化浆液用于袖阀管注浆的性能优势与要点，袖阀管注浆先进工艺与特种黏土固化浆液高性能材料相结合能够很好地解决注浆施工中的难题，是一种工艺与材料的难得绝配。因此，为特种黏土固化浆液静压注浆应用提供了必要的技术指导。

第 13 章　特种黏土固化浆液振动注浆技术

注浆技术，在自 1802 年法国提出以来的 200 多年发展历史中，迄今已形成如渗透注浆、压密注浆、劈裂注浆、高压喷射注浆等多种方法。现有注浆方法，虽然发展较为成熟，但是对于一些特定场地土层条件，注浆效果并不理想，如细砂土与粉土天然地基、土坝或土石坝中含细砂土与粉土填筑层，由于细砂土与粉土强度较高且密实性大、孔隙很小且连通性差、浆液渗透率极小，采用广泛应用的静压注浆技术几乎无法将浆液注入进去而达到设计要求的渗透半径、注浆效果。因此，针对细砂土与粉土天然地基或填筑层注浆防渗加固、冻害防控的工程需求，并且致力将特种黏土固化浆液推广用于解决这一工程问题，立足于地震或动力机械基础振动触发砂土液化原理与机制，早在 2003 年便提出了一种新的注浆技术，即振动注浆技术（凌贤长于 2003 年）。振动注浆技术的基本原理是，采用机械振动方法，迫使饱和或高含水率细砂土与粉土发生动力液化，使之丧失抗剪强度、增大渗透性，从而便于静压注入浆液，实现细砂土与粉土天然地基或填筑层注浆防渗加固、冻害防控。以下针对这种振动注浆新技术，从细砂土与粉土振动液化、可靠静压注浆两方面，进行理论研究、数值模拟、试验考察。

13.1　特种黏土固化浆液振动注浆关键问题

采用特种黏土固化浆液进行振动注浆，面临需要解决的四方面关键问题。第一方面关键问题：通过钻机引孔至需要注浆的细砂土与粉土层中，将激振器放入细砂土与粉土层中适当位置，启动激振器且向土层中喷水而使土层发生振动液化（喷水的目的在于对土层补水，以达到振动液化需要的高含水率或饱和土），必须清楚土层动力性能、振动液化特性，在此基础上，提出土层液化判别方法。第二方面关键问题：振动注浆技术是由激振器产生振动迫使细砂土与粉土层发生液化之后注浆，因此振动注浆机具的关键部分——激振器设计，必须立足于激振器能够提供振动荷载特性（如频率、频谱、振幅）、振动持时及其与土层动力特性之间关联性（相互关联因素），也就是说，土层在一定埋深、颗粒粒径、标贯击数条件下，激振器提供的振动荷载与相应的振动持时满足土层振动液化的动力需求。第三方面关键问题：振动注浆技术虽然早已提出，但是这种新技术的应用设计与实施尚缺乏必要的理论支撑，特别是缺乏较多实际应用的实践经验，因此需要基于特种黏土固化浆液这种非溶性浆液特点，建立渗透注浆模型式。第四方面关键问题：由于建立的渗透注浆模型式做了较多简化假设，只能在理想情况下实现，而在土性与土层结构不均匀、孔隙分布不均匀等实际复杂条件下，必须考虑土层中孔隙率、孔隙大小、孔隙连通性在振动发展、注浆压力、注入浆量等多种非线性因素作用下发生的变化。

解决特种黏土固化浆液振动注浆技术的第一方面关键问题，主要依靠现行岩土工程勘察资料与地震触发砂土液化问题研究成果、实践经验，在此不赘述。

解决特种黏土固化浆液振动注浆技术的第二方面关键问题，立足于现行试验与震害调查资料，采用概率方法进行数据与资料分析，目的在于获得饱和或高含水率细砂土与粉土地层动力特性、液化与振动特性之间关系；在此基础上，考虑土层机械振动液化与自然地震液化之间差异性，提出了一种新的细砂土与粉土动力液化判别方法，即相似设计方法；并且，基于液化资料的概率统计分析方法，结合 π 定理与量纲分析，提出了考虑机械动力荷载的振动特性与土层动力特性之间关系的又一细砂土与粉土液化判别式子。这两种表达机械振动特性与土层动力特性之间关系的液化判别式子，为振动注浆机具的激振器设计参数科学确定提供了理论依据，并且对一般地震触发砂土液化问题研究也具有一定参考价值。

解决特种黏土固化浆液振动注浆技术的第三方面关键问题，立足于现有的球面注浆、柱面注浆、非溶性浆液注浆等渗透注浆理论，改进提出了适合于特种黏土固化浆液的新的非溶性浆液渗透注浆模型式，因此为渗透注浆扩散数值模拟提供了理论支持，并且进一步丰富与发展了注浆理论，此外通过合理设计的激振器进行的振动注浆模拟试验，验证了振动注浆这一新思想的可行性。

解决特种黏土固化浆液振动注浆技术的第四方面关键问题，采用现有的非稳定渗流与渗透注浆理论，建立了渗透注浆数学模型且进行差分离散，据此分别针对柱面注浆、非溶性浆液注浆，进行了注浆非稳定流场的数值模拟计算（针对注浆扩散数值模拟，此前国内外尚未见文献报道），从而获得了注浆压力、扩散半径与注浆时间之间具有一定量化的定性关系，此外通过注浆稳态渗流场数值模拟计算，认识了对应不同扩散半径的各点浆区压力。

13.2 细砂土与粉土机械振动液化判别方法

针对细砂土与粉土振动注浆技术，研制振动注浆机具的关键部分——激振器，面临一个重要问题是如何基于不同场地条件合理确定振动机构的振源特性（如频率、振幅、振动持时），也就是说，注浆土层在一定埋深、颗粒粒径、标贯击数条件下，要求振动机构提供相应的振动荷载使之液化。确定振动机构的振源特性与土层条件之间关系，可以归结为寻求土层振动液化判别式。因此，针对细砂土与粉土振动液化注浆特点，考虑的土层条件主要为埋深、土颗粒粒径、标贯击数，振动机构的振源特性参数为频率、振幅、振动持时，即三个土层条件参数与三个振源特性参数之间关系，但是为了使问题进一步简化，根据一般地震（地震波频率为 1 ~ 2Hz）触发砂土液化资料，可以将振动机构提供的频率确定为 1 ~ 2Hz，如此，研究土层振动液化问题变为三个土层条件参数与两个振源特性参数之间关系。由于已有的各种砂土液化判别式均不能将这五个参数有机联系起来，以下分别采用概率统计方法、相似设计方法，将这五个参数联系起来，据此建立土层振动液化新的判别式[83,98-100]。

13.2.1　概率统计方法建立振动液化判别式

根据影响土层液化不同因素，如振动持时、振动加速度、土的粒径、土层临界深度、标贯击数，通过若干组地震调查资料进行多元线性拟合，可以获得液化判别式，进而得到振动特性与土特性之间关系，为研制振动机构——激振器提供设计参数。由于通过这种方法获得的土层液化判别式实际是一种液化临界状态判别式，即判别值大于此式计算值，则土层发生液化，反之，则土层不液化。而实际地震液化资料大多并非处于土层液化临界状态，也就是说，若将实测地震液化资料中的振动持时缩短或振动加速度减小，土层可能仍然发生液化。如此，若仅依据地震液化实测资料建立土层液化判别式，势必使判别式计算值偏大。因此，建立土层液化判别式的合理方法，应一并考虑地震液化资料、不液化资料[101-105]。

鉴于上述，将土层的地震液化资料与不液化资料各自组合，分别对这两组数据进行拟合，得出各自关系式。此外，还收集了土的液化试验资料，由于试验记录的振动时间为初始液化时间，属于土振动液化的临界数据，既可以作为土的液化资料，也可以作为土的不液化资料。对这两个关系式进行概率处理，将二者加权平均便得到一个统一的土层液化判别式。据此，可以得到土层振动液化时的振动特性与土特性之间关系。

1. 振动液化多元拟合判别式

土的地震液化判别方法已有几十种之多，并且判别准确率也较高[106-109]。但是，针对饱和或高含水率细砂土与粉土机械振动液化，这些判别方法尚不能简单直观而又恰当地表示土振动液化时的振动特性与土特性之间关系，如谷本喜一的土地震液化判别方法因未考虑振动持时而不能很好地解决这一问题。

针对 22 组土的地震液化资料（见附表 13-1）、23 组土的地震不液化资料（见附表 13-2），分别进行多元线性拟合分析。振动最大加速度表示为 y（单位：m/s^2），土的平均粒径表示为 x_1（单位：mm），液化土的埋深表示为 x_2（单位：m），液化土的标贯击数表示为 x_3，振动持时表示为 x_4（单位：s），其中振动特性刻画为最大加速度、振动持时。振动频率高低对液化与否影响不大，因此未考虑频率影响。土的特性刻画为平均粒径、埋藏深度、标贯击数。细砂土与粉土均为易液化土，正是振动注浆技术拟解决土的可注性问题，这类土在液化强度方面的差别主要体现土的粒径影响；土的埋藏深度主要体现在侧压力对土振动液化影响方面；根据吉伯-霍尔兹提出的不同上覆压力下土层标贯击数与土的相对密度之间曲线图，土的密实度可以表示为标贯击数；并且，认为土处于完全饱和状态。这 5 个条件基本反映影响土层液化的主要因素。

针对 2 个自变量 $\dot{Y}=b_1X_1+b_2X_2+b_0$，进行线性回归分析。采用最小二乘法，即选取 b_0、b_1、b_2，使残差平方和——式（13-1）达到最小值，则有式（13-2）。

$$\sum (Y-\dot{Y})^2=\sum (Y-b_0-b_1X_1-b_2X_2) \tag{13-1}$$

$$\begin{cases}\sum \partial(Y-\dot{Y})^2/\partial b_1=0\\ \sum \partial(Y-\dot{Y})^2/\partial b_2=0\end{cases} \tag{13-2}$$

由式（13-2）得

$$\begin{cases}\sum(X_1-\bar{X}_1)^2b_1+\sum(X_1-\bar{X}_1)(X_2-\bar{X}_2)b_2=\sum(X_1-\bar{X}_1)(Y-\bar{Y})\\ \sum(X_1-\bar{X}_1)(X_2-\bar{X}_2)b_1+\sum(X_2-\bar{X}_2)^2b_2=\sum(X_2-\bar{X}_2)(Y-\bar{Y})\end{cases} \tag{13-3}$$

式中，$b_0=\bar{Y}-b_1X_1-b_2X_2$；$\bar{Y}=\frac{1}{N}\sum Y$；$\bar{X}_1=\frac{1}{N}\sum X_1$；$\bar{X}_2=\frac{1}{N}\sum X_2$。

令

$$l_{ij}=l_{ji}=\sum(X_i-\bar{X}_i)(X_j-\bar{X}_j)=\sum X_iX_j-\frac{1}{N}(\sum X_i)(\sum X_j)\quad(i=1,2\quad j=1,2)$$

$$l_{iy}=\sum(X_i-\bar{X}_i)(Y-\bar{Y})=\sum(X_iY)-\frac{1}{N}(\sum X_i)(\sum Y)\qquad(i=1,2)$$

则式（13-3）简写成

$$\begin{cases}l_{11}b_1+l_{12}b_2=l_{1y}\\ l_{21}b_1+l_{22}b_2=l_{2y}\end{cases} \tag{13-4}$$

由式（13-4）解得

$$b_1=\frac{l_{1y}l_{22}-l_{2y}l_{12}}{l_{11}l_{12}-l_{12}^2}$$

$$b_2=\frac{l_{2y}l_{11}-l_{1y}l_{21}}{l_{11}l_{12}-l_{12}^2}$$

同样地，针对 k 个自变量，有

$$\begin{aligned}&l_{11}b_1+l_{12}b_2+\cdots+l_{1k}b_k=l_{1y}\\&l_{21}b_1+l_{22}b_2+\cdots+l_{2k}b_k=l_{2y}\\&\cdots\cdots\cdots\cdots\\&l_{k1}b_1+l_{k2}b_2+\cdots+l_{kk}b_k=l_{ky}\\&b_0=\bar{Y}-b_1\bar{X}_1-b_2\bar{X}_2-\cdots-b_i\bar{X}_i-\cdots-b_k\bar{X}_k\end{aligned} \tag{13-5}$$

其中

$$\bar{Y}=\frac{1}{N}\sum Y$$

$$\bar{X}_i=\frac{1}{N}\sum X_i\quad(i=1,2,\cdots,k)$$

$$l_{ij}=l_{ji}=\sum(X_i-\bar{X}_i)(X_j-\bar{X}_j)=\sum X_iX_j-\frac{1}{N}(\sum X_i)(\sum X_j)\quad(i,j=1,2,\cdots,k)$$

$$l_{iy}=\sum(X_i-\bar{X}_i)(Y-\bar{Y})=\sum X_iY-\frac{1}{N}(\sum X_i)(\sum Y)\quad(i=1,2,\cdots,k)$$

根据式（13-5），整理附表 13-1 中土层地震（振动）液化资料，可以得到土层液化多元线性拟合式：

$$y=0.01844x_1+0.03323x_2+0.02624x_3-0.01181x_4+2.37953 \tag{13-6}$$

式（13-6）中，标准差 $s_1=0.68804$，F 统计值为 3.02637（统计组数 $N=22$，自变量个数 $k=4$），查 F 分布表，求 $F_\alpha(k,N-k-1)$，得 $F_{0.05}(4,17)=2.96$。由于 $2.96<3.02637$，则回归在 0.05 水平上显著，因此 y 与这 4 个自变量之间线性关系密切。

同样道理，根据式（13-5），整理附表 13-2 中土层地震（振动）不液化资料，可以得到土层不液化多元线性拟合式，

$$y=1.58502x_1+0.0032x_2+0.08775x_3-0.0139x_4+1.31184 \tag{13-7}$$

式（13-7）中，标准差 $s_2=0.6689$，F 统计值为 5.6778（统计组数 $N=23$，自变量个数 $k=4$），查 F 分布表，求 $F_\alpha(k,N-k-1)$，得 $F_{0.01}(4,18)=4.58$。由于 $4.58<5.6778$，则回归在 0.01 水平上显著，因此 y 与这 4 个自变量之间线性关系密切。

2. 振动液化多元拟合判别式概率统计分析

首先以二维问题为例，以便更清楚说明问题，至于多维问题可以依此类推。假定 $y=kx+b$ 为拟合式。于是，根据数据分布特点，对于固定 $X=X_0$，Y 取值以 $\overline{Y}_0=kX_0+b$ 为中心且对称分布。越靠近 $\overline{Y}_0$，其出现概率越大，而远离 $\overline{Y}_0$ 则出现概率较小。并且与标准差之间存在如此关系：落在 $\overline{Y}_0\pm0.5s$（s 为标准差）区间的概率约占 38%；落在 $\overline{Y}_0\pm1s$ 区间的概率约占 68%；落在 $\overline{Y}_0\pm2s$ 区间的概率约占 95%；落在 $\overline{Y}_0\pm3s$ 区间的概率约占 99.7%。这种结论对一切通常取值范围之内的 x 都成立。因此，若在图 13-1 的平面上作两条与回归直线平行的直线 $y=kx+b\pm2s$，则可以预料，在全部可能出现的 y 值中，大约有 95% 的点落在这两条直线所夹范围之内，即落在这两条线之外的点极少。

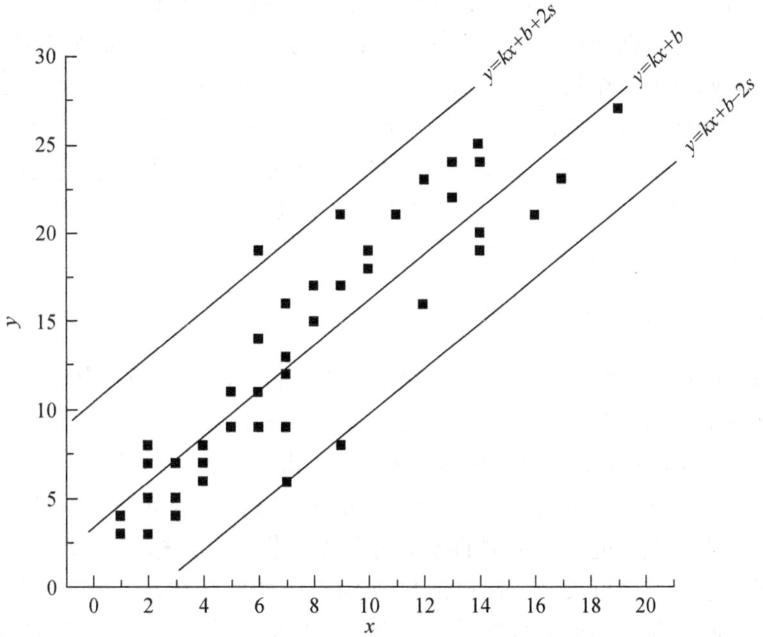

图 13-1　概率区间示意图

鉴于上述，对于土层液化拟合式（13-6），统计的点落在式（13-8）直线之下的概率小于5%。所以，将式（13-8）作为判定土层液化的准确判别式，即判别结果大于式（13-8）的值，便可判定为液化。

$$y-0.01844x_1-0.03323x_2-0.02624x_3+0.01181x_4=2.37953-2s_1 \tag{13-8}$$

同样道理，对于土层不液化拟合式（13-7），统计点落在式（13-9）直线之上的概率小于5%。所以，将式（13-9）作为判定土层不液化的准确判别式，即判别结果小于式（13-9）的值，便可判定为不液化。

$$y-1.58502x_1-0.0032x_2-0.08775x_3+0.0139x_4=1.31184+2s_1 \tag{13-9}$$

为了简便应用，通过将这两个判别式即式（13-8）、式（13-9）加权平均，便得到一个统一判别式，

$$y-0.802x_1-0.018x_2-0.057x_3+0.013x_4=1.827 \tag{13-10}$$

采用判别式（13-10）对106组实际地震中土层液化与否调查资料数据进行回判，回判结果见附表13-3，其中误判24组，回判成功率为77.4%。因此，可以采用式（13-10）进行地震（振动）土层液化判别。

13.2.2　相似设计方法建立振动液化判别式

自远古以来，人类很早就逐步认知且建立了相似的概念。应该说，相似现象是自然界与人类社会的一种普遍规律，广泛存在于包括工程与科学在内的各个方面。相似方法是科学研究与技术开发的一种方法论，应用相似方法旨在将从个别或局部现象中的研究成果推广于所有相似现象中。在过去的研究中，相似方法多用于模型试验相似设计。事实上，相似方法具体应用的拓展空间极其广大，如理论分析中的物理方程整理与规律揭示、非模型试验中的试验设计与数据处理、建筑中的工程设计与结构分析、企业规划中的产品设计与成本估算、农业调整中的作物评估与需求预测、社会发展中的形势预测与人口素质评估、国家经济中的主流预测与区域评估、国际政治中的走向预测与发展评估、全球经济中的地域预测与势态评估，等等。鉴于上述，以下将采用相似方法，将可液化土层的埋藏深度、颗粒粒径、标贯击数、动载振幅、振动持时等五个参数联系起来，建立可用于细砂土与粉土地基或填土振动液化判别的判别式。

1. 振动液化相似设计参数与量纲选取

综合考虑机械振动的荷载特性与可液化细砂土或粉土的振动反应特性，合理选取建立土层振动液化判别式的相似设计分析的主要物理量（相似设计参数），包括荷载振动的加速度幅值 a、振动持时 t 与土层的埋藏深度 h、标贯击数 N、颗粒粒径 r，这些参数的量纲分别为 $[L][T]^{-2}$、$[T]$、$[L]$、$[1]$、$[L]$，可以看出，基本量纲实际只有 $[T]$、$[L]$。采用量纲分析方法，无法进行无量纲的标贯击数 N 分析，但是标贯击数对液化判别起着非常重要的作用。进一步分析表明，标贯击数 N 为土层性质参数，主要与土层的埋藏深度、颗粒粒径有关，而与荷载的振动特性无关，土层的埋藏深度、颗粒粒径的量纲均为 $[L]$，因此可以猜想认为标贯击数 N 的量纲也只与 $[L]$ 有关，于是可以假设标贯击数 N 的量纲

为 $[L]^z$，在此暂且将 $[L]^z$ 称为“虚量纲”。同样道理，荷载振动的加速度幅值 a 本质上与振动持时并无内在物理联系，即不存在荷载振动速度 $v=at$ 这种关系。但是，经验与分析表明，迫使土层振动液化这一物理现象发生，随着荷载的振动持时缩短或土层的埋藏深度、颗粒粒径、标贯击数增加，荷载的振动加速度必须增大，反之亦然。因此，可以认识到，荷载振动的加速度幅值 a 的量纲与 $[L]$ 成正比，而与 $[T]$ 成反比，故加速度幅值 a 的量纲可以虚设为 $[L]^x\ [T]^{-y}$。如此，便合理确定了参与土层振动液化判别式的相似设计分析的主要参数与相应的量纲。

2. 振动液化判别相似解析式求解

饱和或高含水率细砂土与粉土地基或填筑层振动液化机理等同于一般可液化土地震液化机理，这种物理现象的物理参量的一般函数形式为

$$f(a,r,h,N,t)=0 \tag{13-11}$$

假定式（13-11）相似准则 π 的一般形式为

$$\pi=a^{a_1}r^{a_2}h^{a_3}N^{a_4}t^{a_5} \tag{13-12}$$

采用基本量纲 $[T]$、$[L]$ 表示式（13-12）中各物理量，

$$\pi=L^{xa_1}T^{-ya_1}L^{a_2}L^{a_3}L^{za_4}T^{a_5} \tag{13-13}$$

由于 π 为无量纲，因此可以表为 $\pi=L^0T^0$，于是可以得到：

$$\begin{cases}xa_1+a_2+a_3+za_4=0\\ a_5-ya_6=0\end{cases} \tag{13-14}$$

在式（13-14）中，存在 $n=5$ 个变量，$m=2$ 个方程，于是可以得到 $n-m=3$ 个相似判据。

令 $a_3=1$、$a_2=a_4=0$，得 $\pi_1=a^{-1/x}rt^{-y/x}$，即

$$C_{\mathrm{a}}^{-\frac{1}{x}}C_{\mathrm{r}}C_{\mathrm{t}}^{-\frac{y}{x}}=1 \tag{13-15}$$

令 $a_4=1$、$a_2=a_3=0$，得 $\pi_2=a^{-z/x}Nt^{-yz/x}$，即

$$C_{\mathrm{a}}^{-\frac{z}{x}}C_{\mathrm{N}}C_{\mathrm{t}}^{-\frac{yz}{x}}=1 \tag{13-16}$$

令 $a_2=1$、$a_1=a_3=0$，得 $\pi_3=hN^{-1/z}$，即

$$C_{\mathrm{h}}C_{\mathrm{N}}^{-\frac{1}{z}}=1 \tag{13-17}$$

联立式（13-15）~式（13-17）且经数学解译得出如下相似关系：

$$C_{\mathrm{a}}=C_{\mathrm{r}}^{-x}C_{\mathrm{h}}^{-2x}C_{\mathrm{N}}^{\frac{4x}{z}}C_{\mathrm{t}}^{-y} \tag{13-18}$$

根据式（13-18），可以得到物理现象 Q' 与 Q'' 中各物理量之间关系如下：

$$a''=\frac{\left(\dfrac{N''}{N'}\right)^{\frac{4x}{z}}}{\left(\dfrac{r''}{r'}\right)^{x}\left(\dfrac{h''}{h'}\right)^{2x}\left(\dfrac{t''}{t'}\right)^{y}}a' \tag{13-19}$$

式中，a''、r''、h''、N''、t''为物理现象 Q''对应的物理量；a'、r'、h'、N'、t'为物理现象 Q' 对应的物理量。式（13-19）即为土层振动液化判别模型中加速度的相似解析式。Q'物理量已知，并且 r''、h''、N''、t''也已知，因此可以判定土层液化发生时的振动加速度幅值 a''，

若已知的振动加速度幅值小于 a''，则判定为不液化，反之，则判定为液化。

式（13-19）中还包含未知量 x、y、z，需要对这三个未知量求解。在此，从实测的地震液化资料与试验振动液化资料附表 13-3 中选出液化发生的资料见附表 13-4，第 16 组为 Q'，第 4 组、第 13 组、第 22 组为 Q''，采用 Q''中各组除以 Q'得到第 3 组中不同的 C_a、C_r、C_h、C_N、C_t，分别代入式（13-18）并联立，便解得到三元一次方程组：

$$\begin{cases}\dfrac{(0.7142857)^{\frac{4x}{z}}}{(0.9823529)^{x}\times(1.395349)^{2x}\times(2.000)^{y}}=\dfrac{2.94}{2.94}\\[2ex]\dfrac{(1.5000)^{\frac{4x}{z}}}{(0.2941177)^{x}\times(1.581395)^{2x}\times(1.000)^{y}}=\dfrac{2.94}{2.94}\\[2ex]\dfrac{(1.285714)^{\frac{4x}{z}}}{(2.352941)^{x}\times(0.6744186)^{2x}\times(0.0200)^{y}}=\dfrac{3.43}{2.94}\end{cases} \tag{13-20}$$

求解式（13-20），得 $x=-0.0622$、$y=0.0353$、$z=-5.2802$，将 x、y、z 值代入式（13-19），解得相似解析式，即土层振动液化相似判别式：

$$a''=\frac{C_r^{0.0622}C_h^{0.1244}C_N^{0.04712}}{C_t^{0.0353}}a' \tag{13-21}$$

3. 振动液化相似判别式可靠性验证

振动液化相似判别式（13-21）可靠性验证方法：采用回判分析方法，即根据式（13-21），若已知物理现象 Q'对应的物理量 a'、r'、h'、N'、t'与物理现象 Q''对应的物理量 r''、h''、N''、t''，可以计算物理现象 Q''对应的物理量 a''，比较计算的 a''值与实测的 a 值，分析回判正确率，以验证式（13-21）的可靠性。

基于上述，根据式（13-21），采用附表 13-4 中 62 组地震与试验液化资料（扣除 Q'的资料）进行回判，回判结果一并列于附表 13-4 中。回判结果表明，48 组资料的回判误差小于 21.8%、占总计 62 组资料 78.7%。这种误差不一定完全归于相似判别式的计算结果，更可能源于液化资料的测定值。总体上，这种回判正确率相当高。若已经测出某一场地或土层 r''、h''、N''、t''，采用式（13-21），可以求出使之液化相应的振动加速度 a''，这样便可以判别场地或土层液化与否。对于附表 13-4 中资料的液化与否的判别结果，虽然 a''误差为 21.8%，但是就振动注浆而言，由于深埋地下十几米或几十米的注浆加固体的不确定性因素较多，这种计算误差可以接受，况且对于振动荷载可靠的振动注浆技术，可以通过提高振动加速度至计算值 1.218 倍方法，容易确保细砂土与粉土地基或填筑层达到完全液化程度，而这种如此小的提高倍数，也不难通过振动机构——激振器设计而可靠实现。

附表 13-4 中也一并列出了振动液化概率统计判别式的部分回判结果，因此对比了振动液化相似判别式的回判结果。由附表 13-4 可以看出，振动液化概率统计判别式与相似判别式的回判正确率大致相当（假定小概率事件不发生，相似判别式的回判误差±21.8%为正确），均达到较高的回判正确率。

13.2.3　深埋土层振动液化判别式的修正

震害调查表明，可液化土层埋深较大，地震液化的宏观现象如喷砂冒水不明显。因此，很少有深埋土层地震液化调查资料。然而，事实上，强震中深埋可液化土层虽然未形成出露于地表的冒砂喷水等宏观震害现象，也未因液化效应而造成灾害，但是深埋土层在地震中已经处于液化状态。鉴于以上推求的细砂土与粉土振动液化判别式基于液化资料的土层埋深绝大多数不超过 10m，不适用于深埋土层注浆振动液化判别。因此，必须针对以上推求的地基或填土层振动液化判别式进行深度修正，以使之适用于深埋土层振动液化判别。

土的振动液化试验表明，迫使土振动液化所需的动应力幅值与土的固结压力成正比，因此 $[\sigma_{ad}/(2\sigma_3)]_{50}$ 只与土的粒径、振动次数、相对密度有关，据此进一步推求出：

$$\tau_{hvd}=C_r\frac{D_r}{50}\left[\frac{\sigma_{ad}}{2\sigma_3}\right]_{50}\sigma_v \tag{13-22}$$

式中，C_r 为与土的相对密度有关的系数（可以查表获得）；$\sigma_{ad}/(2\sigma_3)$ 也可以通过查表获得；τ_{hvd} 为迫使土振动液化所需的水平动剪应力。

通过可液化土地震非线性反应分析、假定可液化土柱地震刚体运动力学分析，可以得出在给定地面最大地震动加速度 a_{max} 的情况下可液化土单元承受的水平地震动剪应力：

$$\tau_{hveq}=0.65\gamma_d\sum_{i=1}^{n}\gamma h\frac{a_{max}}{g} \tag{13-23}$$

式中，γ_d 为进行可液化土地震非线性反应分析与可液化土柱地震刚体运动力学分析的动剪应力比（随着土的埋深不同而变化，见表 13-1）；h 为可液化土的埋深；γ 为可液化土的容重；g 为重力加速度。

表 13-1　γ_d 随着土埋深不同而变化

埋深/m	10	20	30	40	50	60
γ_d	0.98	0.95	0.92	0.84	0.77	0.68

令式（13-22）与式（13-23）相等：

$$0.65\gamma_d\sum_{i=1}^{n}\gamma h\frac{a_{max}}{g}=C_r\frac{D_r}{50}\left[\frac{\sigma_{ad}}{2\sigma_3}\right]_{50}\sigma_v \tag{13-24}$$

由于 $\sum\gamma h=\sigma_v$，可以得到：

$$a_{max}=k\frac{1}{\gamma_d}$$
$$k=C_r\frac{D_r}{50}\left[\frac{\sigma_{ad}}{2\sigma_3}\right]_{50}\frac{g}{0.65} \tag{13-25}$$

由上述可知，k 与埋深 h 无关。因此，由 γ_d 随着埋深 h 变化而变化，可以得到，土层振动反应加速度 a_{max} 随着埋深变化而变化。如此，假定以上求解的液化判别式对于土层埋深 10m 判断准确，则对于 10m 以下的土层埋深，便可以采用式（13-25）进行修正。

算例：假定某一需要注浆防渗加固的可液化土层的颗粒粒径为 0. 1mm、埋深为 60m、标贯击数为 30，假定振动持时为 15s，求解迫使土层液化所需的振动加速度。

首先，在以上土性不变条件下，即可液化土层的颗粒粒径为 0. 1mm、标贯击数为 30，埋深 10m，求解迫使土层液化所需的振动加速度。

采用式（13-10）计算：

$$y_{10}=1.827+0.802\times0.1+0.018\times10+0.057\times30-0.013\times15=3.60$$

采用式（13-21）计算：

$$a''_{10}=2.94\times\left(\frac{0.1}{0.17}\right)^{0.0622}\times\left(\frac{10}{4.3}\right)^{0.1244}\times\left(\frac{30}{7}\right)^{0.04712}=3.38$$

$h=60$m 的修正 y_{10} 有：$y_{10}\times0.98=y_{60}\times0.68$，得到 $y_{60}=5.19\text{m/s}^2$。

$h=60$m 的修正 a''_{10} 有：$a''_{10}\times0.98=a''_{60}\times0.68$，得到 $a''_{60}=4.87\text{m/s}^2$。

通过这一算例可以看出，采用两种方法，即概率统计方法振动液化判别式、相似设计方法振动液化判别式，计算结果相差不大，因此在实际应用中，这两种土层振动液化判别方法可以相互验证与补充。

13.3　液化细砂土与粉土渗透注浆理论模型

如前所述，细砂土与粉土地基或填筑层，由于强度高且孔隙很小、联通性差，采用静压注浆技术很难甚至无法注入浆液，故而提出振动注浆技术，即根据砂土地震液化原理与机制。在 13. 2 节中，解决了机械振动迫使细砂土与粉土液化的实现可能性与液化判别方法问题。在本节中，将建立振动液化后的液化细砂土与粉土渗透注浆理论模型。在 13. 4 节中，首先通过数值模拟方法，研究在液化细砂土与粉土中渗透注浆浆液扩散与主要影响因素。在 13. 5 节中，将通过物理模拟方法，进一步确认机械振动迫使细砂土与粉土液化、液化土渗透注浆的可实现性，即首先通过机械振动方法，迫使土层液化而大幅度丧失强度、全面打开孔隙、显著扩大孔隙，然后很容易注入浆液，并且浆液压入孔隙又容易排出孔隙水，从而实现注浆防渗加固与冻害防控的目的。

13. 3. 1　液化土中渗透注浆模拟基本理论

在第 10 章中，针对静压注浆且基于达西定律与相关流体力学基本理论，建立了特种黏土固化浆液注浆扩散模型。但是，建立的这些注浆扩散模型如扩散半径模型式、注浆压力模型式等难以直接用于表述液化土中注入浆液的渗透扩散问题。这是因为在非液化地层或岩土中注浆，浆液渗流通道大小、分布很不均匀且连通性相差往往悬殊，孔隙水、裂隙水、空隙水等难以被注入浆液排出，并且不少很细小孔隙、裂隙难以注入浆液，浆液渗透扩散受到的阻力一般较大；而在液化土注浆，因液化而使土几乎丧失强度、各种孔隙几乎全被打开与扩大，因渗流通道连通性很好而容易注入浆液、通道中水容易被注入浆液排出，浆液渗透扩散受到的阻力一般很小[83,87,110-116]。鉴于上述，为了刻画液化土中渗透注浆浆液渗透扩散问题，将液化土基本特性结合达西定律原理与相关流体力学理论，寻求液化土中浆液渗透模拟基本理论。

1. 浆液渗透受力平衡方程

注入液化土层中的浆液渗透流束的受力见图 13-2。基于空间问题，取无限小流束元作为研究对象，流束元的长度为 $\mathrm{d}l$（平行于浆液渗流方向长度）、横截面积为 $\mathrm{d}w$（垂直于浆液渗流方向横截面积），$\mathrm{d}z$ 为流束元纵截面中心线至截面边缘距离（即横截面宽度之一半），流束元两个横截面受到的注浆压力（以应力表示）分别为 p、$p+\mathrm{d}p$，流束元沿着浆液渗流方向周围受到的渗流通道的摩阻力为 F（以力表示），浆液渗流方向与水平方向之间夹角为 θ（渗流坡角），浆液的容重为 γ_w，液化土的孔隙率为 n，浆液自重力（图 13-2 中为标出浆液自重力）沿着浆液渗流方向分力为 $\gamma_w n\mathrm{d}w\mathrm{d}l\sin\theta$，不考虑浆液渗流的惯性力。流束元沿着浆液渗流方向的受力平衡条件见式（13-26）。

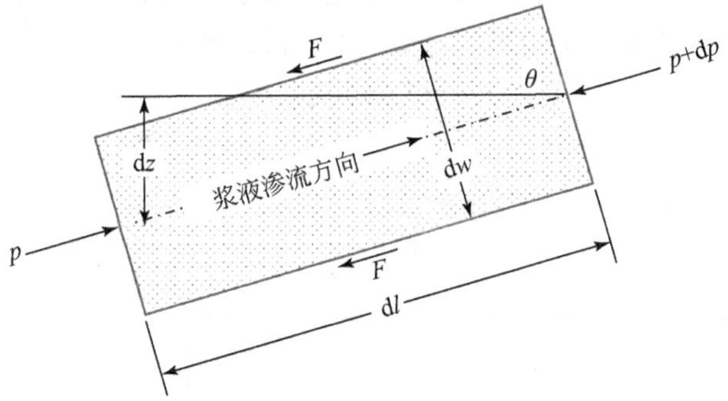

图 13-2　浆液渗透流束受力分析图

$$[(p+\mathrm{d}p)n\mathrm{d}w-pn\mathrm{d}w]+\gamma_w n\mathrm{d}w\mathrm{d}l\sin\theta+F=0 \tag{13-26}$$

注浆压力水头 $h=p/(\rho g)+z$，微分得

$$\mathrm{d}p=\rho g(\mathrm{d}h-\mathrm{d}z) \tag{13-27}$$

式中，ρ 为浆液密度；g 为重力加速度。

将式（13-27）连同 $\sin\theta=\mathrm{d}z/\mathrm{d}l$ 代入式（13-26），解得

$$-\frac{\mathrm{d}h}{\mathrm{d}l}-\frac{F}{\rho gn\mathrm{d}w\mathrm{d}l}=0 \tag{13-28}$$

采用斯托克斯公式，可以得到作用于整个土柱上的总阻力为

$$F=Nf=\frac{(1-n)\mathrm{d}w\mathrm{d}l}{\beta d^3}\lambda\mu v'd \tag{13-29}$$

式中，λ 为待定系数；μ 为邻近土颗粒的影响系数；β 为球体体积。

将式（13-29）、$v'=v/n$（v 为渗流在流束元的横截面上平均流速）、$J=-\mathrm{d}h/\mathrm{d}l$ 一并代入式（13-28）中，解得

$$v=cd^2\frac{\rho g}{\mu}J \tag{13-30}$$

式中，$c=\beta n^2/\lambda(1-n)$，取值主要决定于土颗粒的几何形状、排列方式、密集程度。若令

$k=cd^2(\rho g/\mu)$，即得达西定律公式，k 为渗透系数。

从以上渗透系数 k 表达式可以看出，渗透系数与很多因素有关，主要包括液化土的种类、颗粒级配（决定土孔隙尺寸、孔隙形状、孔隙率）、密实度与浆液的动力黏滞系数、温度等。

2. 浆液渗流连续方程

在拟注浆的液化土层中取一单元体（微元体），见图 13-3，在 x、y、z 为轴线的三维直角坐标系中，微元体的体积 $V=\mathrm{d}x\mathrm{d}y\mathrm{d}z$，$\mathrm{d}x$、$\mathrm{d}y$、$\mathrm{d}z$ 为微元体的三个边长。由图 13-3 可以看出，渗入微元体中的浆液量见式（13-31），渗出微元体中的浆液量见式（13-32）。

$$v'=v_x\mathrm{d}y\mathrm{d}z+v_y\mathrm{d}x\mathrm{d}z+v_z\mathrm{d}x\mathrm{d}y \tag{13-31}$$

$$v''=\left(v_x+\frac{\partial v_x}{\partial x}\mathrm{d}x\right)\mathrm{d}y\mathrm{d}z+\left(v_y+\frac{\partial v_y}{\partial y}\mathrm{d}y\right)\mathrm{d}x\mathrm{d}z+\left(v_z+\frac{\partial v_z}{\partial z}\mathrm{d}z\right)\mathrm{d}x\mathrm{d}y \tag{13-32}$$

式中，v_x 为注入微元体中的浆液在 x 轴方向渗透速度；v_y 为注入微元体中的浆液在 y 轴方向渗透速度；v_z 为注入微元体中的浆液在 z 轴方向渗透速度。

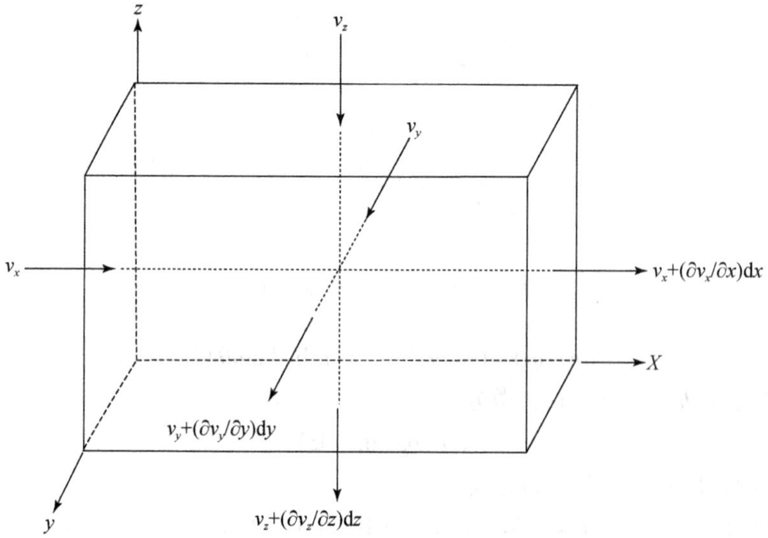

图 13-3　浆液渗入与渗出微元体示意图

假定注入液化土层中的浆液在注浆压力作用下不可压缩，并且浆液在渗流过程中土的孔隙率与体积保持不变，则单位时间渗入微元体中的浆液量等于渗出微元体中的浆液量，因此联立式（13-31）、式（13-32），可以解出：

$$\frac{\partial v_x}{\partial x}+\frac{\partial v_y}{\partial y}+\frac{\partial v_z}{\partial z}=0 \tag{13-33}$$

根据达西定律，$v_x=-k(\partial\varphi/\partial x)$，$v_y=-k(\partial\varphi/\partial y)$，$v_z=-k(\partial\varphi/\partial z)$，将三者代入式（13-33），解得浆液渗流连续方程见式（13-34）。

$$\frac{\partial^2\varphi}{\partial x^2}+\frac{\partial^2\varphi}{\partial y^2}+\frac{\partial^2\varphi}{\partial z^2}=0 \tag{13-34}$$

3. 浆液渗流势函数与流函数

注入液化土中的浆液的渗透速度与渗透坡角（渗流坡角为浆液渗流方向与水平方向之间夹角 θ，见图 13-2）关系密切，图 13-2 中浆液某一渗透流束的起始水平线至位置水头之间的高差 dz，在三维直角坐标系中，取决于流束的位置水头 $\Phi(x,y,z)$（沿着渗流方向，流束的微单元的终点位置的水头），显然 $\Phi(x,y,z)$ 与 dz 成正比。因此，定义 $\Phi(x,y,z)$ 为浆液渗流的势函数。

$$\Phi(x,y,z)=-k\varphi \tag{13-35}$$

式中，k 为浆液在液化土层中渗透系数；φ 为浆液流束的微单元的终点位置与始点位置之间的水头差（水位差）。

将式（13-35）代入达西定律公式——式（13-36），解得式（13-37）。

$$\begin{cases}v_x=-k(\partial\Phi/\partial x)\\ v_y=-k(\partial\Phi/\partial y)\\ v_z=-k(\partial\Phi/\partial z)\end{cases} \tag{13-36}$$

$$\frac{\partial^2\Phi}{\partial x^2}+\frac{\partial^2\Phi}{\partial y^2}+\frac{\partial^2\Phi}{\partial z^2}=0 \tag{13-37}$$

通过式（13-37）可以看出，势函数 $\Phi(a,b,c)$ 符合拉普拉斯方程。

在图 13-4 中，假定 MN 为浆液渗流场中任一流线，在流线 MN 上任取两点 $A(x,y)$、$D(x+dx,y+dy)$，A 点的流速 v 为流线 MN 在 A 点的切线，可以分解为 v_x、v_y。若 v、v_x、v_y 均为无限小量，则流线 MN 上线段 AD 可以采用切线 AC 上线段 Aa 代替，此时 $\overline{Ab}=\mathrm{d}x$、$\overline{ab}=\mathrm{d}y$，故有

$$\frac{\mathrm{d}x}{v_x}=\frac{\mathrm{d}y}{v_y} \tag{13-38}$$

由图 13-3 可以看出，$v\mathrm{d}l=v_x\mathrm{d}y-v_y\mathrm{d}x$，$\mathrm{d}l$ 为流线 MN 在 A 点法线方向的微分长度。如令函数 $\overline{\varphi(x,y)}$ 的微量为 $\mathrm{d}\overline{\varphi}=v\mathrm{d}l$，则有

$$\mathrm{d}\overline{\varphi}=v_x\mathrm{d}y-v_y\mathrm{d}x \tag{13-39}$$

函数 $\overline{\varphi\ (x,\ y)}$ 的全微分为

$$\mathrm{d}\overline{\varphi}=\frac{\partial\overline{\varphi}}{\partial x}\mathrm{d}x+\frac{\partial\overline{\varphi}}{\partial y}\mathrm{d}y \tag{13-40}$$

比较式（13-40）与式（13-39），可以得到：

$$v_x=\frac{\partial\overline{\varphi}}{\partial y} \tag{13-41}$$

$$v_y=-\frac{\partial\overline{\varphi}}{\partial x} \tag{13-42}$$

由此可知，在浆液渗流场中存在一函数 $\overline{\varphi}$，满足式（13-39）~式（13-41），这一函数称为流函数。

比较式（13-38）与式（13-39），可以得到 $\mathrm{d}\overline{\varphi}=0$，因此有

$$\overline{\varphi(x,y)}=\text{const} \tag{13-43}$$

由式（13-36）、式（13-41）、式（13-42），可以解得

$$\frac{\partial \Phi}{\partial x}=\frac{\partial \overline{\varphi}}{\partial y} \tag{13-44}$$

$$\frac{\partial \Phi}{\partial y}=-\frac{\partial \overline{\varphi}}{\partial x} \tag{13-45}$$

因此，势函数与流函数为互为共轭的调和函数，同样方法，可以导出流函数也符合拉普拉斯方程。

13.3.2　液化土中非溶性浆液渗透注浆模型式

柱面注浆模型式、球面注浆模型式均将注入地层或岩土中具有一定黏度的浆液的渗流运动状态视为与地下水运动状态一致的匀速运动，这种认识基本满足非液化地层或岩土中渗透注浆条件。然而，在振动液化之后的细砂土与粉土地基或填筑土中进行渗透注浆，针对如特种黏土固化浆液这种稳定性很好的非溶性浆液，由于存在超孔隙水压力的显著影响，浆液扩散过程实际是一种浆液驱动地下水向前运动过程，在浆液注入而驱动液化土中孔隙水过程中，浆液渗流运动为一种减速运动，即浆液渗透速度逐渐减小。

1）第一种模型式

基于广泛应用的柱面注浆工艺，液化土中非溶性浆液渗透扩散见图 13-4。浆液渗透扩散区（简称浆区）由浆液与残留水共同组成，浆液未渗透达到的区域（地下水区域）简称为水区，假定液化土中浆液的饱和度 S_g 在渗透扩散过程中保持不变，则浆液渗透扩散前沿的推进方程见式（13-46）。

$$(2\pi ra)nS_g\frac{\mathrm{d}r}{\mathrm{d}t}-q_g=0 \tag{13-46}$$

式中，r 为浆液渗透扩散半径（cm）；a 为注浆管喷浆段高度（cm）；n 为液化土孔隙率；q_g 为单位时间注浆量（$\mathrm{cm^3/s}$）；t 为注浆时间（s）。

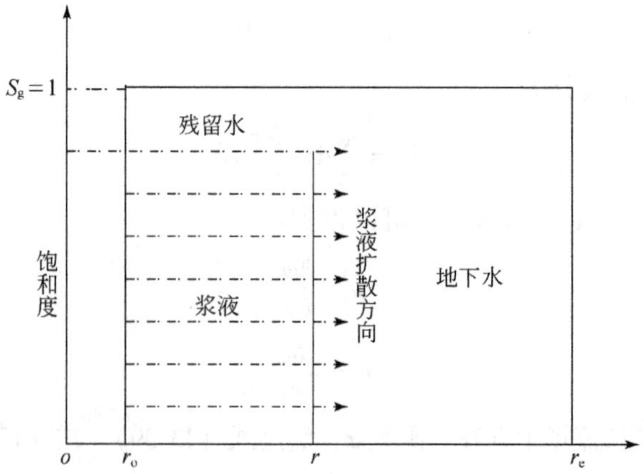

图 13-4　液化土中非溶性浆液渗透扩散示意图

浆区应用达西定律：

$$q_g=-2\pi\xi a\frac{k_g}{\mu_g}\frac{dp_g}{d\xi}\quad(r_o\leqslant\xi\leqslant r)\tag{13-47}$$

水区应用达西定律：

$$q_w=-2\pi\xi a\frac{k_w}{\mu_w}\frac{dp_w}{d\xi}\quad(r\leqslant\xi\leqslant r_e)\tag{13-48}$$

式中，q_g 为单位时间注浆量（cm^3/s）；q_w 为单位时间排水量（cm^3/s）；r_o 为注浆孔半径（cm）；r_e 为地下水影响半径（cm）；k_g 为在浆液的饱和度 S_g 条件下浆液的渗透率（cm/s）；k_w 为在水的饱和度 S_w 条件下水的渗透率（cm/s）；μ_g 为浆液动力黏度系数（mPa · s）；μ_w 为水的动力黏度系数（mPa · s）；p_g 为浆区压力（Pa）；p_w 为水区压力（Pa）。

式（13-47）、式（13-48）微分得

$$\frac{d}{d\xi}\left(\xi\frac{dp_g}{d\xi}\right)=0\quad(r_o\leqslant\xi\leqslant r)\tag{13-49}$$

$$\frac{d}{d\xi}\left(\xi\frac{dp_w}{d\xi}\right)=0\quad(r\leqslant\xi\leqslant r_e)\tag{13-50}$$

式（13-49）、式（13-50）定解条件：浆区与水区分界面两侧压力之差为毛细力 p_c，即 $p_w-p_g=p_c$。

边界条件：$\xi=r_o$，$p_g=p_o$；$\xi=r_e$，$p_w=p_e$。

连续性条件：$q_g=q_w$。

根据定解条件、边界条件、连续性条件，求解式（13-49）、式（13-50）得

$$q_g=\frac{2\pi ak_gk_w(p_0-p_e+p_c)}{k_w\mu_g\ln(r/r_o)+k_g\mu_w\ln(r_e/r)}\tag{13-51}$$

将式（13-51）代入式（13-46），解得

$$t=\frac{nS_g}{p_0-p_e+p_c}\left\{\left[\frac{r^2}{2}\ln\left(\frac{r}{r_o}\right)-\frac{r^2}{4}\right]\frac{\mu_g}{k_g}+\left[\frac{r^2}{2}\ln\left(\frac{r_e}{r}\right)+\frac{r^2}{4}\right]\frac{\mu_w}{k_w}\right\}\tag{13-52}$$

2）第二种模型式

基于上述可以看出，非溶性浆液渗透注浆与柱面注浆、球面注浆之间主要差别在于，非溶性浆液渗透注浆考虑了水区的地下水压力变化情况。基于这一差别，可以建立液化土中非溶性浆液渗透注浆的两个新的更吻合实际的模型式。其中，一种模型式为简化注浆模型式（即第一种模型式的合理简化形式），称为第二种模型式；另一种为更科学注浆模型式，称为第三种模型式。在此，首先阐述第二种模型式。

第一种模型式由于要求液化土在不同饱和度条件下的渗透率 k_g、k_w，因此应用显得不很方便。为了很好弥补这一缺陷，将依据按照第一种模型式的建立思路，对第一种模型式进行适当简化，以便于实际应用。根据球面注浆理论，令 $k_g=k_w/\beta$、$\beta=\mu_g/\mu_w$，略去毛细力 p_c，相应将注浆管半径处的压力 p_o、地下水影响半径处的压力 p_e 分别改为压力水头高度 h_o、h_e，见图 13-5，并且认为浆区、水区的饱和度均为 100%。应该说明，在液化土中灌注如特种黏土固化浆液这种非溶性浆液，浆区的浆液充填渗流孔隙可以近似达到 100%，未被浆液充填的渗流孔隙中水也可以近似达到 100% 饱和，而浆液未扩散到的临近水区的

水充填渗流孔隙更容易达到100%饱和（这是因为土本已处于液化状态，并且临近水区又受到浆区压力浆液的挤密作用），因此这种100%饱和度的假定基本合理。在这一简化假定条件下，式（13-46）变为式（13-53），并且有式（13-54）、式（13-55）。

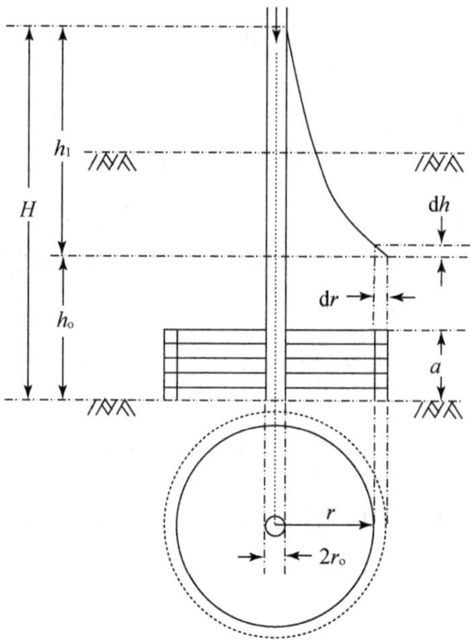

图 13-5　柱面注浆计算简图

$$(2\pi ra)n\frac{\mathrm{d}r}{\mathrm{d}t}-q_g=0 \tag{13-53}$$

$$v_g=-k_g\frac{\mathrm{d}h_g}{\mathrm{d}\xi}\quad (r_o\leqslant\xi\leqslant r) \tag{13-54}$$

$$v_w=-k_w\frac{\mathrm{d}h_w}{\mathrm{d}\xi}\quad (r\leqslant\xi\leqslant r_e) \tag{13-55}$$

式中，v_g 为浆区中浆液的渗透速度（cm/s）；v_w 为水区中水的渗透速度（cm/s）；h_g 为浆区中浆液渗透 ξ 距离（cm）的压力水头降（cm）；h_w 为水区中水渗透 ξ 距离（cm）的压力水头降（cm）。

则流经某一半径 r 处的截面渗流量 q（即浆区与水区分界面的渗流量）为

$$q_g=-2\pi ank_g\frac{\mathrm{d}h_g}{\mathrm{d}\xi}\xi\quad (r_o\leqslant\xi\leqslant r) \tag{13-56}$$

$$q_w=-2\pi ank_w\frac{\mathrm{d}h_w}{\mathrm{d}\xi}\xi\quad (r\leqslant\xi\leqslant r_e) \tag{13-57}$$

式中，q_g 为浆区与水区分界面处浆液的渗流量（cm^3/s）；q_w 为浆区与水区分界面处水的渗流量（cm^3/s）。

由于任一截面处的浆液渗流量 q_g、水渗流量 q_w 均为常数，故有

$$\mathrm{d}q_g/\mathrm{d}\xi=0 \tag{13-58}$$

$$dq_w/d\xi=0 \tag{13-59}$$

将式（13-56）、式（13-57）代入式（13. 58）、式（13-59），解得

$$\frac{d}{d\xi}\left(\xi\frac{dh_g}{d\xi}\right)=0\quad(r_o\leqslant\xi\leqslant r) \tag{13-60}$$

$$\frac{d}{d\xi}\left(\xi\frac{dh_w}{d\xi}\right)=0\quad(r\leqslant\xi\leqslant r_e) \tag{13-61}$$

式（13-60）、式（13-61）定解条件：

$$\begin{aligned}&\xi=r_o,h_g=h_o\\&\xi=r_e,h_w=h_e\\&\xi=r,v_g=v_w,h_g=h_w\end{aligned} \tag{13-62}$$

根据定解条件式（13-62），求解式（13-60）、式（13-61），得到：

$$h_g=\frac{k_w(h_e-h_o)}{k_w\ln\left(\frac{r}{r_o}\right)+k_g\ln\left(\frac{r_e}{r}\right)}\ln\xi+h_o-\frac{k_w(h_e-h_o)\ln r_o}{k_w\ln\left(\frac{r}{r_o}\right)+k_g\ln\left(\frac{r_e}{r}\right)} \tag{13-63}$$

$$q_g=-2\pi\xi ak_g\frac{dh_g}{d\xi}=2\pi a\frac{k_gk_w(h_o-h_e)}{k_w\ln(\frac{r}{r_o})+k_g\ln\left(\frac{r_e}{r}\right)} \tag{13-64}$$

将式（13-63）、式（13-64）代入式（13-54），解得

$$r(k_w\ln r-k_w\ln r_o+k_g\ln r_e-k_g\ln r)dr=k_gk_w(h_o-h_e)dt \tag{13-65}$$

根据式 $\int r\ln r dr=\frac{1}{2}r^2\ln r-\int\frac{dr^2}{4}$，将式（13-65）积分，并且考虑在 $r=r_o$ 处 $t=0$，可以解得

$$t=\frac{n(k_w-k_g)\left[\left(\frac{1}{2}r^2\ln r-\frac{1}{2}r_o^2\ln r_o\right)-\frac{r^2-r_o^2}{4}\right]+\frac{r^2-r_o^2}{2}(k_g\ln r_e-k_w\ln r_o)}{k_gk_w(h_o-h_e)} \tag{13-66}$$

3）第三种模型式

构建液化土中灌注非溶性浆液模型式的全新思路：根据柱面注浆工艺，见图 13-5，在注浆过程中，由于浆区与水区分界面（浆液扩散圆柱面，也即浆液或孔隙水渗流的圆柱横截面，以下简称为截面，半径为 r）随着注浆时间延长而一直向水区扩展，若能够求解出分界面处注浆压力水头 h_r 与 r 之间关系，则可以单独对浆区进行分析，在注浆孔边界 r_o 处的注浆压力水头为 h_o（称为边界条件），而远离注浆孔的注浆压力水头一直变化（称为变化的外边界条件），即 h_r 为 r 函数，$h_r=f(r)$，据此可以考虑水区求解出浆区的注浆压力 h_r，进而根据达西定律求解出浆区的浆液渗透流速 v_r。

根据上述思路，对于浆区与水区分界面处的浆液流速 v_r，通过式（13-67）可以方便解得非溶性浆液渗透注浆模型式。基于已有的柱面注浆模型式，浆区有式（13-68），水区有式（13-69）。

$$dr=\frac{v_r}{n}dt \tag{13-67}$$

$$q_g=\frac{2\pi ak_g(h_o-h_r)}{\ln\left(\frac{r}{r_o}\right)} \tag{13-68}$$

$$q_w=\frac{2\pi a k_w(h_w-h_e)}{\ln\left(\frac{r_e}{r}\right)} \tag{13-69}$$

无论是在浆区还是在水区，通过任一截面的流量 q 均相等，即浆液渗透流量等于水渗透流量，$q_g=q_w$，因此根据式（13-68）与式（13-69）有

$$\frac{2\pi a k_g(h_o-h_r)}{\ln\left(\frac{r}{r_o}\right)}=\frac{2\pi a k_w(h_r-h_e)}{\ln\left(\frac{r_e}{r}\right)} \tag{13-70}$$

由式（13-70）解得

$$h_r=\frac{h_o k_g\ln\left(\frac{r_e}{r}\right)+h_e k_w\ln\left(\frac{r}{r_o}\right)}{k_w\ln\left(\frac{r}{r_o}\right)+k_g\ln\left(\frac{r_e}{r}\right)} \tag{13-71}$$

浆区的浆液渗透流量：

$$q_g=2\pi\xi a n\frac{\partial h_g}{\partial\xi} \tag{13-72}$$

由 $dq_g/d\xi=0$，因此由式（13-72）可以导出：

$$h_g=A\ln\xi+B \tag{13-73}$$

式（13-73）定解的边界条件：在 $\xi=r_o$ 处 $h_g=h_o$，在 $\xi=r$ 处 $h_g=h_r$。根据此边界条件，通过式（13-73）可以解得

$$A=\frac{h_o-\left(h_o k_g\ln\frac{r_e}{r}+h_e k_w\ln\frac{r}{r_o}\right)\Big/\left(k_w\ln\frac{r}{r_o}+k_g\ln\frac{r_e}{r}\right)}{\ln\frac{r_o}{r}} \tag{13-74}$$

$$B=h_o-A\ln r_o$$

将式（13-74）代入式（13-73），解得

$$h_g=\frac{k_w(h_e-h_o)}{k_w\ln\left(\frac{r}{r_o}\right)+k_g\ln\left(\frac{r_e}{r}\right)}\ln\xi+h_o-\frac{k_w(h_e-h_o)\ln r_o}{k_w\ln\left(\frac{r}{r_o}\right)+k_g\ln\left(\frac{r_e}{r}\right)} \tag{13-75}$$

式（13-75）与式（13-63）完全相同，说明这种方法推导的渗透注浆扩散模型式正确。

根据式（13-75），解得

$$v_\xi=-k_g\frac{dh_g}{d\xi}=\frac{k_g}{\xi}\frac{k_w(h_o-h_e)}{k_w\ln\frac{r}{r_o}+k_g\ln\frac{r_e}{r}} \tag{13-76}$$

将 $\xi=r$ 代入式（13-76），解得浆区与水区分界面处渗透速度模型式：

$$v_r=\frac{k_g}{r}\frac{k_w(h_o-h_e)}{k_w\ln\left(\frac{r}{r_o}\right)+k_g\ln\left(\frac{r_e}{r}\right)} \tag{13-77}$$

将式（13-77）代入式（13-78），解得式（13-79）。式（13-79）与式（13-65）也完

全相同。因此，同样根据式$\int r\ln r\mathrm{d}r=\frac{1}{2}r^2\ln r-\int\frac{\mathrm{d}r^2}{4}$，将式（13-79）积分，并且考虑在$r=r_o$处$t=0$，可以解得式（13-80）。式（13-80）与式（13-66）也完全相同。

$$\mathrm{d}r=\frac{v_r}{n}\mathrm{d}t \tag{13-78}$$

$$r(k_w\ln r-k_w\ln r_o+k_g\ln r_e-k_g\ln r)\mathrm{d}r=k_gk_w(h_o-h_e)\mathrm{d}t \tag{13-79}$$

$$t=\frac{n(k_w-k_g)\left[\left(\frac{1}{2}r^2\ln r-\frac{1}{2}r_o^2\ln r_o\right)-\frac{r^2-r_o^2}{4}\right]+\frac{r^2-r_o^2}{2}(k_g\ln r_e-k_w\ln r_o)}{k_gk_w(h_o-h_e)} \tag{13-80}$$

事实上，式（13-53）、式（13-66）、式（13-80）均可以归结为非溶性浆液渗透注浆同一种模型式。

从以上推导过程可以看出，非溶性浆液渗透注浆模型式与球面注浆模型式、柱面注浆模型式之间的主要差别在于：非溶性浆液渗透注浆模型式考虑了注浆过程中水区一定范围超孔隙水压力变化与影响；球面注浆模型式、柱面注浆形式认为在影响半径之外水压力无变化，浆液扩散前沿的压力即为孔隙水压力，不考虑注浆过程中水区超孔隙水压力变化与影响；式（13-52）与式（13-66）中注浆压力分别表示为压强p、压力水头高度h，二者之间主要差别为对浆液在注浆防渗加固体中渗透系数k的定义不同。

13.3.3　液化土中球面注浆与柱面注浆模型式

球面注浆模型式、柱面注浆模型式为渗透注浆设计中广泛应用的注浆理论模型，构建的基本原理是达西定律，但是因为建立方法与考虑问题侧重点不同，导出的式子具体形式存在一定差别。在此，同样基于达西定律，并且认为浆液为非牛顿流体，针对向液化土中注入如特种黏土固化浆液这种非溶性浆液，必须合理考虑浆液与孔隙水之间黏度相关性及其对浆液渗透扩散影响性，分别给出球面注浆模型式、柱面注浆模型式。

1. 液化土中球面注浆模型式

球面注浆计算简图见图 13-6，假定注入的非溶性浆液在液化土中渗透扩散近似于缓慢流，并且满足达层流运动条件，因此根据达西定律得

$$Q=k_gist\quad(i=\mathrm{d}h/\mathrm{d}r,k_g=k/\beta,s=4\pi r^2) \tag{13-81}$$

式中，Q为注浆时间t的总注浆量（$\mathrm{cm^3}$）；i为浆液渗透坡降；k_g为浆液在液化土中的渗透系数（cm/s）；s为浆液渗透截面积（即浆液扩散球面积，$\mathrm{cm^2}$）；r为浆液扩散半径（cm）；t为注浆时间（s）；k为液化土中水的渗透系数（cm/s）；β为浆液黏度与水黏度之比，$\beta=\mu_g/\mu_w$，μ_g为浆液的动力黏度系数（mPa·s），μ_w为孔隙水的动力黏度系数（mPa·s）。应该说明，认为孔隙水的动力黏度系数μ_w不变，但是特种黏土固化浆液是一种非牛顿流体，浆液动力黏度系数μ_g是一个变量，即μ_g是一个关于浆液胶凝过程的时间t、注浆压力p的复杂非线性二元函数，$\mu_g=f(t,p)$，无法获得这种函数的解析解，只能通过不同压力p下浆液胶凝过程中不同时间t连续试验检测μ_g且结合二元非线性回归分析，建立$\mu_g=$

$f(t,p)$ 的显式解（解析表达式方程），将这种显示解析表达式方程代入式（13-81）进行相关计算。

根据边界条件，求解式（13-81），得到：

$$Q=\frac{4\pi kt(H-h_{o})}{\beta\left(\frac{1}{r_{o}}-\frac{1}{r}\right)} \tag{13-82}$$

已知 $H-h_{o}=h_{1}$、$Q=\frac{4}{3}\pi r^{3}n$，并且考虑 $r_{1}\gg r_{o}$，因此由式（13-82）解得

$$h_{1}=\frac{r_{1}^{3}\beta n}{3ktr_{o}} \tag{13-83}$$

式中，r_{1} 为浆液扩散半径（cm）；h_{o} 为浆液扩散至某一点处的孔隙水压力水头（cm）；h_{1} 为与 h_{o} 对应点处的浆液压力水头（即注浆压力水头，cm）；H 为孔隙水压力水头与注浆压力水头之和（cm）；r_{o} 为注浆管半径（即注浆管端头喷浆口半径，cm）；t 为注浆时间（s）；n 为液化土孔隙率；β 为浆液黏度与水黏度之比，$\beta=\mu_{g}/\mu_{w}$，μ_{g} 为浆液的动力黏度系数（mPa·s），μ_{w} 为孔隙水的动力黏度系数（mPa·s）。

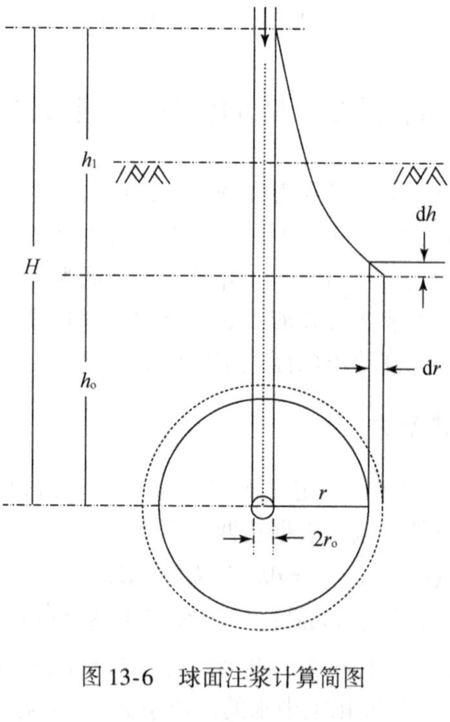

图 13-6　球面注浆计算简图

2. 液化土中柱面注浆模型式

柱面注浆计算简图见图 13-5，同样假定注入的非溶性浆液在液化土中渗透扩散近似于缓慢流，并且满足层流运动条件，因此根据达西定律得

$$q=k_{g}is \quad (i=\mathrm{d}h/\mathrm{d}r, k_{g}=k/\beta, s=2\pi ra) \tag{13-84}$$

式中，q 为单位时间注浆量（cm^3/s）；i 为浆液渗透坡降；k_g 为浆液在液化土中的渗透系数（cm/s）；s 为浆液渗透圆柱面积（cm^2）；r 为浆液扩散半径（cm）；a 为注浆管上花管喷浆段的高度（即浆液扩散圆柱面的高度，cm）；k 为液化土中水的渗透系数（cm/s）；β 为浆液的动力黏度系数 μ_g（mPa·s）与孔隙水的动力黏度系数 μ_w（mPa·s）之比。

式（13-84）定解条件（即边界条件）：在 $r=r_o$ 处 $h=H$，在 $r=r_1$ 处 $h=h_o$。将这种定解条件代入式（13-84），解得

$$q=\frac{2\pi akh_1}{\beta\ln\dfrac{r_1}{r_o}} \tag{13-85}$$

已知 $Q=\pi r_1^2 an$、$Q=qt$，于是，由式（13-85）解得

$$r_1=\sqrt{\frac{2kh_1 t}{n\beta\ln(r_1/r_o)}} \tag{13-86}$$

式中，n 为液化土的孔隙率；β 为浆液的动力黏度系数 μ_g（mPa·s）与孔隙水的动力黏度系数 μ_w（mPa·s）之比；r、r_1 为浆液扩散半径（cm）；r_o 为注浆管半径（即注浆管喷浆段半径，cm）；h 为压力水头（cm）；h_o 为浆液扩散至某一点处的孔隙水压力水头（cm）；h_1 为与 h_o 对应点处的浆液压力水头（即注浆压力水头，cm）。如上所述，认为孔隙水的动力黏度系数 μ_w 不变，但是特种黏土固化浆液是一种非牛顿流体，浆液动力黏度系数 μ_g 是一个关乎浆液胶凝过程的时间 t、注浆压力 p 的复杂非线性二元函数，$\mu_g=f(t,p)$，只能通过不同压力 p 下浆液胶凝过程中不同时间 t 连续试验检测 μ_g 且结合二元非线性回归分析，建立 $\mu_g=f(t,p)$ 的显式解析表达式方程。

13.3.4　液化土不同注浆模型式之间参数关系

针对液化土中进行如特种黏土固化浆液这种非牛顿流体的非溶性浆液渗透注浆，基于一定合理简化假定条件，以上推导了不同注浆模型式，分别刻画不同注浆条件下注浆时间、注浆压力与浆液扩散半径之间关系。在浆液扩散半径一定条件下，通过简化注浆模型式（13-66）、非溶性浆液注浆模型式（13-80）、球面注浆模型式（13-83）、柱面注浆模型式（13-86）计算，获得注浆压力水头 h（cm）与注浆时间 t（min）之间关系，见图 13-7。应该说明，简化注浆模型式（13-66）、非溶性浆液注浆模型式（13-80）的建立也是依据柱面注浆工艺。由图 13-7 可以看出：①浆液扩散半径一定条件下，达到相同注浆压力水头，球面注浆工艺需要的注浆时间显著长于柱面注浆工艺，说明柱面注浆工艺较球面注浆工艺更容易，这也是实际工程中较多采用袖阀管进行柱面注浆工艺的主要原因；②在柱面注浆模型式建立中，若不考虑水区孔隙水压力对注浆压力影响［式（13-86）］，则模型式计算结果表现为不考虑水区孔隙水压力与考虑水区孔隙水压力［式（13-66）、式（13-80）］相比，在浆液扩散半径一定条件下，达到相同注浆压力水头，前者较后者需要的注浆时间明显更短。事实上，无论采用何种注浆工艺，水区孔隙水压力对注浆压力影响肯定存在，更何况因液化土中超孔隙水压力很大，对注浆压力影响无疑不可忽略。

因此，结合上述注浆模型式建立的简化条件、推导过程与工程经验综合分析，在液化土中采用特种黏土固化浆液进行渗透注浆，参照非溶性浆液注浆模型式［式（13-80）］进行注浆设计显然具有很好的科学性与合理性。

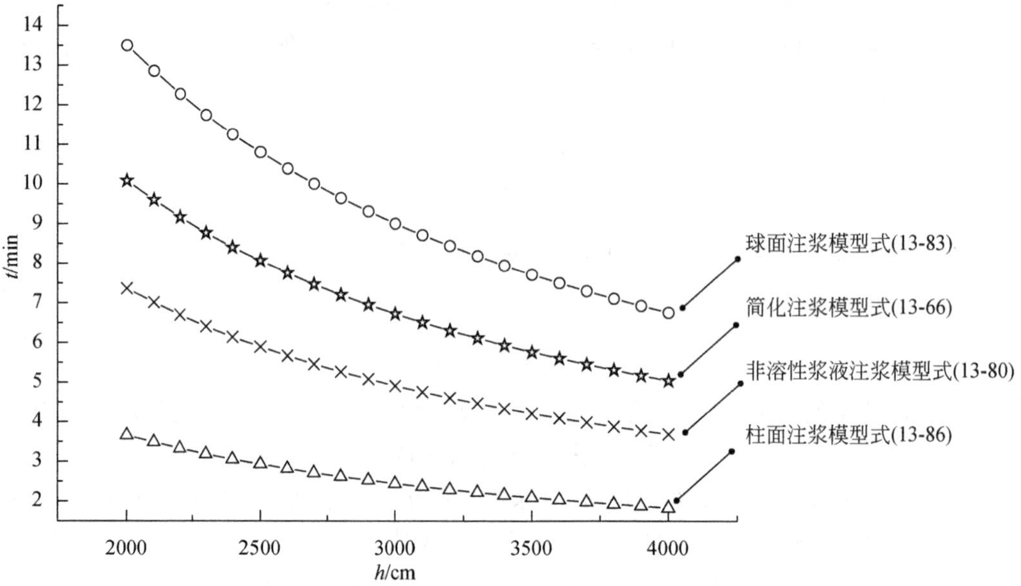

图 13-7　注浆模型式计算注浆压力水头与注浆时间之间关系

在注浆压力一定条件下，通过简化注浆模型式（13-66）、非溶性浆液注浆模型式（13-80）、球面注浆模型式（13-83）、柱面注浆模型式（13-86），计算浆液扩散半径 r 与注浆时间 t 之间关系，见图13-8。由图13-8 可以看出：①在注浆压力一定条件下，浆液扩散半径随着注浆时间延长而呈非线性增大；②距离注浆孔较近，即浆液扩散半径 $r<20$cm，这四个模型式计算的浆液扩散半径与注浆时间之间关系基本一致（由计算点勾绘的曲线基本重合），说明在这一浆液扩散半径范围，球面注浆工艺与柱面注浆工艺的浆液扩散速度基本一致，并且水区孔隙水压力对浆液扩散的影响造成这两种注浆模型式计算的扩散半径的差别可以不计；③但是，浆液扩散半径 $r>20$cm，这四个模型式计算的扩散半径时程变化差异越来越大，在要求同一扩散半径条件下，如 $r=60$cm，不考虑水区孔隙水压力对浆液扩散影响的模型式［式（13-86）］计算的达到这一扩散半径所需的注浆时间，显著短于考虑水区孔隙水压力对浆液扩散影响的模型式［式（13-80）、式（13-83）、式（13-66）］计算的达到这一扩散半径所需的注浆时间，而实际注浆设计一般要求浆液扩散半径达到150cm，因此模型式（13-86）实际应用存在一定问题；④随着浆液扩散半径增大，越来越不易注入浆液，这一点符合一般认识与实际经验。因此，结合上述注浆模型式建立的简化条件、推导过程与工程经验综合分析，仅就注浆扩散半径而言，在液化土中采用特种黏土固化浆液进行渗透注浆，做注浆设计，既可以参照非溶性浆液注浆模型式［式（13-80）］，也可以参照球面注浆模型式［式（13-83）］。

长期以来，岩土防渗加固与冻害防控的注浆工艺被认为是一门发展历史悠久的成熟技

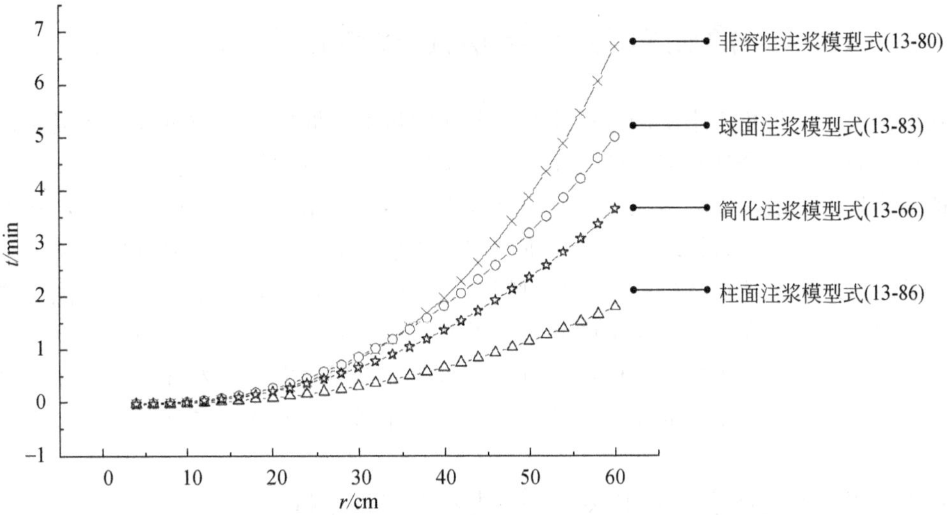

图 13-8　注浆模型式计算浆液扩散半径与注浆时间之间关系

术，从工程实践中日益积累了越来越多的规律经验，但是对于注浆理论研究却很少。针对在液化土中注入如特种黏土固化浆液这种非牛顿流体的非溶性浆液，以上通过由理论解析推导的四个渗透注浆模型式计算的注浆压力与注浆时间之间关系、浆液扩散半径与注浆时间之间关系基本吻合于实际。然而，由于建立模型式对问题做了一定简化假定，所以这四个渗透注浆模型式也只是具有一定实际指导或参照的理论模型，但是有利于进一步丰富注浆理论，尤其是对于尚缺乏注浆设计理论指导的新近提出的针对细砂土与粉土地基或岩土注浆的振动注浆技术，无疑拥有极其重要的理论与实际意义。

以上求解注浆模型式的显式解，必须对影响因素多且复杂的实际问题做一定条件简化假设，为了努力克服理论求解实际问题的这一缺陷，尽可能考虑更多的实际影响因素，在 13.4 节中将分别采用自编差分分析软件、ANSYS 分析软件，进行在液化土中注入如特种黏土固化浆液这种非牛顿流体的非溶性浆液的数值模拟分析，力争从定量上或具有更多量化的数值模拟计算分析。

传统注浆技术主要有渗透注浆、压密注浆、劈裂注浆、高压注浆（包括高压旋喷注浆工艺、高压摆喷注浆工艺）等。其中，渗透注浆在常见的防渗、加固、增强、防沉与冻害治理、防控等工程中应用最广泛，要求在注浆压力不足以破坏地层或岩土结构条件下，将浆液注入粒状土或裂隙基岩的孔隙、裂隙、空洞等渗流通道中，以取代这些渗流通道中的空气、水。因此，渗透注浆可以采用水在土或岩石中渗流理论近似分析。如前所述，振动注浆，基于饱和或干含水率细砂土与粉土在振动作用下发生液化，使之丧失强度、渗透性增大，从而使浆液更易于渗透注入液化土中。从注浆原理角度看，振动注浆技术注入浆液的本质等同于渗透注浆技术注入浆液，只是前者较后者多一个使土发生液化的机械振动程序。鉴于此，可以采用地下水渗流分析理论近似分析振动注浆问题。

13.4　液化细砂土与粉土渗透注浆模拟分析

在液化细砂土与粉土中实施渗透注浆，若从定量上掌握浆液扩散过程，无疑非常有助于注浆设计的注浆孔合理布置与注浆压力、注浆量、注浆时间等可靠控制。然而，由于影响渗透注浆浆液扩散与注浆效果的不确定性因素较多，采用在一定条件简化假定基础上建立的注浆模型式，通过解析求解方法，难以或不能很好地认识浆液扩散过程，还应结合数值模拟手段，分析浆液扩散半径、注浆时间、注浆压力三者之间关系。采用数值模拟方法研究这一问题，此前在国内外文献中尚罕见报道。鉴于上述，针对这一问题，以下建立了液化土中渗透注浆浆液扩散过程模拟分析的基本微分方程且进行了差分离散，并且通过自编差分分析软件、ANSYS 数值分析软件，进行液化细砂土与粉土渗透注浆模拟分析[83,87]。

13.4.1　液化土中渗透注浆扩散基本微分方程

针对柱面注浆工艺，在柱坐标下建立液化土中渗透注浆浆液扩散基本微分方程。基本假设条件：①液化细砂土与粉土为各向同性均质体；②浆液扩散前沿 r 处浆液压力等于孔隙水压力，即不考虑水区水的影响半径；③注浆过程中，水区的孔隙水压力因变化很小而不计；④注浆过程中，不考虑液化土中孔隙变化、浆液密度变化；⑤注浆过程中，浆区与水区均处于饱和状态，即浆区被注入的浆液饱和，水区被孔隙水饱和；⑥浆液近似为牛顿流体（由于特种黏土固化浆液为非溶性稳定浆液，浆液在液化土中易于快速扩散，每一批浆液灌注时间并不长，一般也就几分钟时间，因此这一前提假定基本合理），$k_g=k_w/\beta$，$\beta=\mu_g/\mu_w$，k_g 为浆液的渗透系数（cm/s），k_w 为孔隙水的渗透系数（cm/s），μ_g 为浆液的动力黏度系数（mPa · s），μ_w 为孔隙水的动力黏度系数（mPa · s）。

非稳定渗流的基本方程为

$$\frac{\partial h}{\partial t}=\frac{k}{\mu}h\frac{\partial^2 h}{\partial x^2} \tag{13-87}$$

式中，h 为流体的压力水头（即注入液化土中浆液渗流的压力水头，cm）；t 为渗流时间（即注浆时间，s）；k 为流体在多孔介质中渗透系数（即浆液在液化土中渗透系数，cm/s）；μ 为流体的动力黏度系数（即浆液的动力黏度系数，mPa · s）；x 为流体（浆液）沿着 x 轴渗流的方向。

式（13-87）通过达西定律转化为

$$\frac{\partial h}{\partial t}=\frac{h}{\mu}\frac{\partial v_x}{\partial x} \tag{13-88}$$

式中，v_x 为流体（浆液）沿着 x 轴方向渗透速度（cm/s）。

在直角坐标系下（图 13-9），式（13-88）转变为

$$\left(v_x+\frac{\partial v_x}{\partial x}\mathrm{d}x\right)\mathrm{d}y\mathrm{d}z-v_x\mathrm{d}y\mathrm{d}z=\frac{\partial v_x}{\partial x}\mathrm{d}x\mathrm{d}y\mathrm{d}z=\frac{\partial v_x}{\partial x}\mathrm{d}V \tag{13-89}$$

式中，x、y、z 为坐标轴；V 为单位时间渗透流体（浆液）的体积（cm^3/s）。

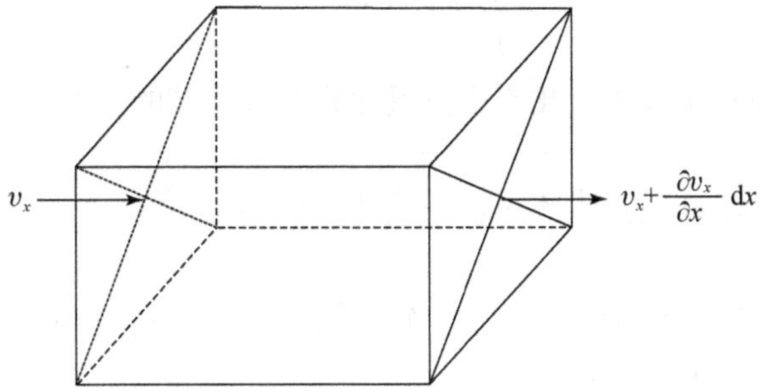

图 13-9　直角标系下渗流计算简图

在极坐标系下（图 13-10），式（13-88）转变为

$$\left(v_r+\frac{\partial v_r}{\partial r}\mathrm{d}r\right)(r+\mathrm{d}r)\mathrm{d}\theta\mathrm{d}z-rv_r\mathrm{d}\theta\mathrm{d}z=\left(v_r\mathrm{d}r+r\frac{\partial v_r}{\partial r}\mathrm{d}r+\frac{\partial v_r}{\partial r}\mathrm{d}r\mathrm{d}r\right)\mathrm{d}\theta\mathrm{d}z \tag{13-90}$$

式中，r 为极轴；θ 为极角；z 为柱坐标系中 z 轴；v_r 为流体（浆液）沿着极轴 r 方向渗透速度（cm/s）。

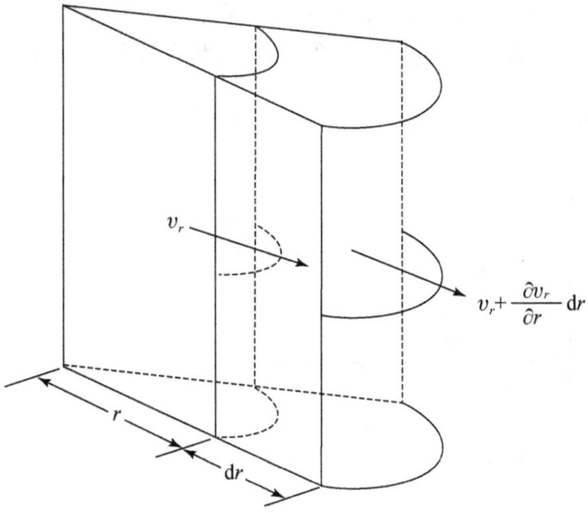

图 13-10　极坐标系下渗流计算简图

式（13-90）略去高阶小量，解得

$$\left(v_r+\frac{\partial v_r}{\partial r}\mathrm{d}r\right)(r+\mathrm{d}r)\mathrm{d}\theta\mathrm{d}z-rv_r\mathrm{d}\theta\mathrm{d}z=\left(\frac{v_r}{r}+\frac{\partial v_r}{\partial r}\right)r\mathrm{d}\theta\mathrm{d}r\mathrm{d}z=\left(\frac{v_r}{r}+\frac{\partial v_r}{\partial r}\right)\mathrm{d}V$$

因此，有

$$\begin{aligned}\frac{\partial v_x}{\partial x}&=\frac{v_r}{r}+\frac{\partial v_r}{\partial r}\\ \frac{\partial h}{\partial t}&=\frac{h}{\mu}\left(\frac{v_r}{r}+\frac{\partial v_r}{\partial r}\right)\end{aligned} \tag{13-91}$$

又因为 $v_r=k\partial h/\partial r$，因此由式（13-91）解得

$$\frac{\partial h}{\partial t}=\frac{kh}{\mu}\left(\frac{1}{r}\frac{\partial h}{\partial r}+\frac{\partial^2 h}{\partial r^2}\right) \tag{13-92}$$

式（13-92）为在柱坐标下液化土中渗透注浆浆液扩散的基本微分方程。

13.4.2　渗透注浆扩散基本微分方程差分离散

首先，假设有一个函数为 $f(x)$，这个函数的前差商、中心差商、后差商分别见式（13-93）~式（13-95）。

$$\Delta a=\frac{f(x+\Delta x)-f(x)}{\Delta x} \tag{13-93}$$

$$\Delta b=\frac{f\left(x+\frac{\Delta x}{2}\right)-f\left(x-\frac{\Delta x}{2}\right)}{\Delta x} \tag{13-94}$$

$$\Delta c=\frac{f(x)-f(x-\Delta x)}{\Delta x} \tag{13-95}$$

在图 13-11 给出的点中心网格系统中，微元的位置见图中虚线方格，微元的中心节点坐标为（i,j），微元相邻的左节点、右节点、上节点、下节点的坐标分别为（$i-1$，j）、（$i+1$，j）、（i，$j+1$）、（i，$j-1$），微元边界的位置取两个相邻节点的中间位置：

$$x_{i-\frac{1}{2}}=\frac{1}{2}(x_{i-1}+x_i)，\quad x_{i+\frac{1}{2}}=\frac{1}{2}(x_i+x_{i+1})，\quad y_{j-\frac{1}{2}}=\frac{1}{2}(y_{j-1}+y_j)，\quad y_{j+\frac{1}{2}}=\frac{1}{2}(y_j+y_{j+1})$$

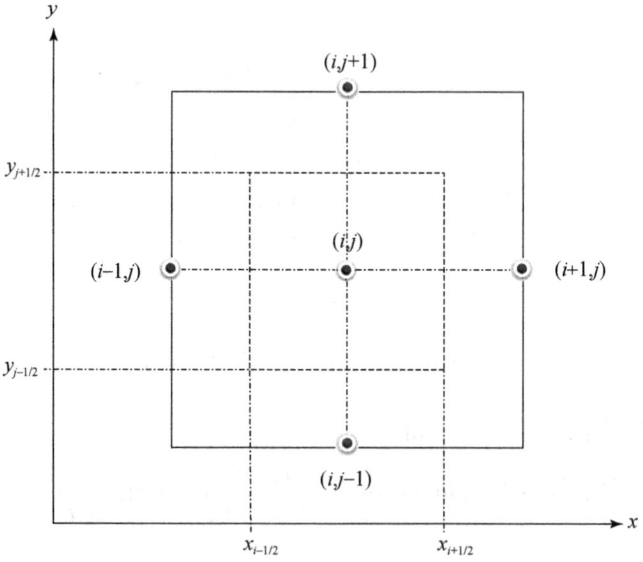

图 13-11　点中心网格系统示意图

在数学上，式（13-92）可以称为抛物型方程，需要进行空间域离散、时间域离散，不仅要求解出各变量的空间分布状态，而且还要求解出这种空间分布状态在时间域上变化情况，对于数值解法，要求解出各变量不同时刻在各空间点上的数值分布。因此，将式（13-92）进行差分离散：

$$\frac{h_i^{n+1}-h_i^n}{\Delta t}=\frac{k}{\mu}h_i^{n+1}\left(\frac{1}{r_i}\frac{h_{i+1}^{n+1}-h_i^{n+1}}{r_{i+1}-r_i}+\frac{\dfrac{h_{i+1}^{n+1}-h_i^{n+1}}{r_{i+1}-r_i}-\dfrac{h_i^{n+1}-h_{i-1}^{n+1}}{r_i-r_{i-1}}}{r_{i+\frac{1}{2}}-r_{i-\frac{1}{2}}}\right) \tag{13-96}$$

式中，h_i^{n+1} 代表 $h(x_i,t^{n+1})$；h_i^n 代表 $h(x_i,t^n)$，$t^{n+1}=t^n+\Delta t$；上角标 n、$n+1$ 为不同时刻编号；i、$i+1$ 为节点编号。

式（13-96）中等号右边括号中：第一项时间离散采用前差商处理，第二项空间离散分别采用前差商、后差商与中心差商共同处理。为了使式（13-96）的解更稳定且易收敛，空间离散的所有 h_i 项、h_{i+1} 项一律取隐式，即取 t^{n+1} 时刻值。

注意到式（13-96）是 h_i^{n+1} 的二次方，不便求解。为了使式（13-96）线性化，取等号右端括号前面的 h_i 项为显式，即取上一时刻 t^n 的已知量 h_i^n，如此，在解的稳定性上将差一些，但是可以通过缩短时间步长予以弥补，而由此增加的步长数对于现代先进的计算机求解来说也很容易实现。因此，这样处理措施合理。至此，完成式（13-96）的时间域线性离散、空间域线性离散。

通过简化式（13-96），并且令

$$\begin{cases}b_i=\dfrac{1}{(r_i-r_{i-1})(r_{i+\frac{1}{2}}-r_{i-\frac{1}{2}})}\\ cc_i=-\left[\dfrac{1}{r_i(r_{i+1}-r_i)}+\dfrac{1}{(r_{i+1}-r_i)(r_{i+\frac{1}{2}}-r_{i-\frac{1}{2}})}+\dfrac{1}{(r_i-r_{i-1})(r_{i+\frac{1}{2}}-r_{i-\frac{1}{2}})}\right]\\ e=-\dfrac{\mu}{k\Delta t}\\ c_i=cc_i+\dfrac{e}{h_i^n}\\ d_i=\dfrac{1}{r_i(r_{i+1}-r_i)}+\dfrac{1}{(r_{i+1}-r_i)(r_{i+\frac{1}{2}}-r_{i-\frac{1}{2}})}\end{cases}$$

解得

$$b_ih_{i-1}^{n+1}+c_ih_i^{n+1}+d_ih_{i+1}^{n+1}=e \tag{13-97}$$

对于 $i=1\to L-1$ 点，总共可以得下面 $L-1$ 个方程，

$$\begin{cases}c_ih_1^1+d_ih_2^1=e-b_ih_0^1\\ b_ih_1^1+c_ih_2^1+d_ih_3^1=e\\ b_ih_2^1+c_ih_3^1+d_ih_4^1=e\\ \cdots\cdots\cdots\cdots\\ b_ih_{L-3}^1+c_ih_{L-2}^1+d_ih_{L-1}^1=e\\ b_ih_{L-2}^1+c_ih_{L-1}^1=e-d_ih_L^1\end{cases} \tag{13-98}$$

根据式（13-98）中 $L-1$ 个方程，可以求解 $L-1$ 个未知量，因此式（13-98）表示的方程组具有封闭可解。

13.4.3　渗透注浆扩散基本微分方程定解条件

液化土中浆液扩散基本微分方程定解的边界条件：①第一类边界问题，注浆孔处压力水头 $h_{r_o}=h_g$，即式（13-98）中第一个式中的最后一项；②浆液扩散前沿压力水头 $h_r=h_w$，即式（13-98）中最后一个式中的最后一项。

定解的初始条件：$h_{r_o}^n=h_{r_o}^{n+1}=h_g$，$h_r^n=h_r^{n+1}=h_w$，$h_g$ 为注浆压力水头，h_w 为孔隙水压力水头。

边界条件处理：将注浆范围之内的区域分为 L 个圆环块（圆环微元），圆环微元半径依次为 r_o、r_1、r_2、…、r_L。参见图 13-4 与图 13-5，刚开始注浆，浆液只在 r_o 到 r_1 范围之内流动，取 r_o 处压力水头为 h_g，r_1 处压力水头为 h_w；浆液流过 r_1，再令 r_2 处压力水头为 h_w，r_o 处压力水头仍为 h_g，便可以求得圆环微元 r_1 点的浆液压力水头 h_1^1；依次类推，求解下一步，将上一步解出的 h_1^1 令为 h_i^0，直至浆液流至 r_L 处。

针对如特种黏土固化浆液这种非溶性浆液在液化土中渗透注浆扩散，即浆液扩散存在空间分布、时程变化，建立的非稳定渗流差分方程，采用 Fortran 语言编写计算程序（计算软件），计算的关键步序与流程见图 13-12，进行浆液灌注扩散数值模拟分析。

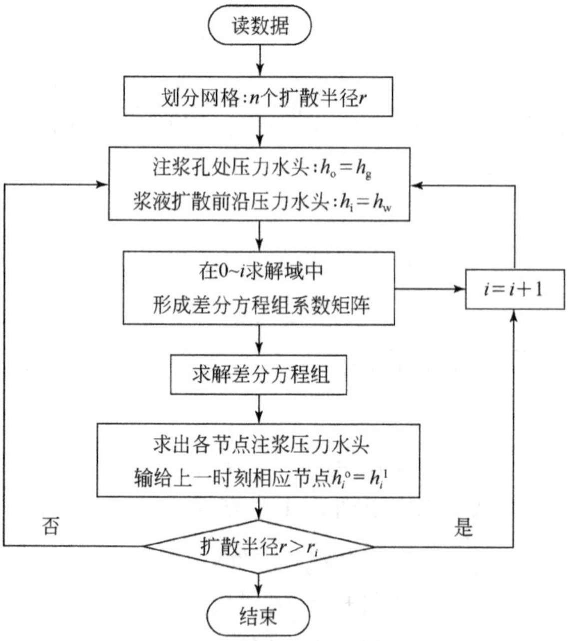

图 13-12　Fortran 软件计算关键步序与流程

13.4.4　渗透注浆扩散半径模型式的应用算例

算例基本概况：采用柱面注浆工艺，在液化土中进行静压渗透注浆，注浆孔半径为

4cm，液化土中水的渗透系数为 $k_w=6\times10^{-2}$ cm/s，浆液的渗透系数为 $k_g=k_w/\beta=6\times10^{-4}$ cm/s，$\beta=\mu_g/\mu_w=100$（浆液的动力黏滞系数与水的动力黏滞系数之比），注浆压力水头 $h_g=$ 5000cm，孔隙水压力水头 $h_w=1000$cm，若采用非溶性浆液注浆模型式计算（即考虑液化土中超孔隙水影响半径），则计算外边界取为 400cm，而若采用一般柱面注浆模型式计算，则计算外边界取为 100cm。

采用 Fortran 语言编写的差分方法计算软件，进行算例中针对液化土渗透注浆浆液扩散数值模拟计算。图 13-13 给出了浆液扩散半径 r 与注浆时间 t 之间关系。由图 13-13 可以看出：①分别由非溶性浆液注浆模型式、柱面注浆模型式计算的浆液扩散半径 r 与注浆时间 t 之间具有一致的相互变化关系，即浆液扩散半径 r 随着注浆时间 t 延长而增加，符合一般认识、实践经验，说明这两个模型式建立的基本原理一致；②注浆起初阶段（注浆时间 $t<200$s），浆液扩散半径 r 随着注浆时间 t 延长而增加不明显，并且非溶性浆液注浆模型式与柱面注浆模型式计算的散点曲线基本重合或非常接近，说明在相同注浆工艺（柱面注浆工艺）条件下，注浆起初阶段，因液化土中超孔隙水压力对浆液扩散阻碍作用较大而使得浆液扩散很慢，此外是否考虑液化土中超孔隙水压力影响，对浆液扩散半径模拟计算结果影响很小；③之后（注浆时间 $t>200$s），随着注浆时间 t 延长，浆液扩散半径 r 增加越来越快，并且在同一时刻由柱面注浆模型式计算的浆液扩散半径明显大于由非溶性浆液注浆模型式计算的浆液扩散半径，说明液化土中超孔隙水压力对浆液扩散阻碍作用逐步减小（相对于注浆压力作用而言），此外是否考虑液化土中超孔隙水压力影响，对浆液扩散半径模拟计算结果影响越来越大；④随着浆液扩散距离越来越远，若要求达到相同浆液扩散半径 r，分别采用柱面注浆模型式、非溶性浆液注浆模型式，计算所需的注浆时间 t，前者明显短于后者且随着浆液扩散距离加长，前者与后者之间差值越来越大，这是由于非溶性浆液注浆模型式考虑了液化土中超孔隙水压力对浆液扩散半径影响，即水区超孔隙水阻碍了浆液流动，因此减慢了浆液扩散速度、增加了注浆时间。

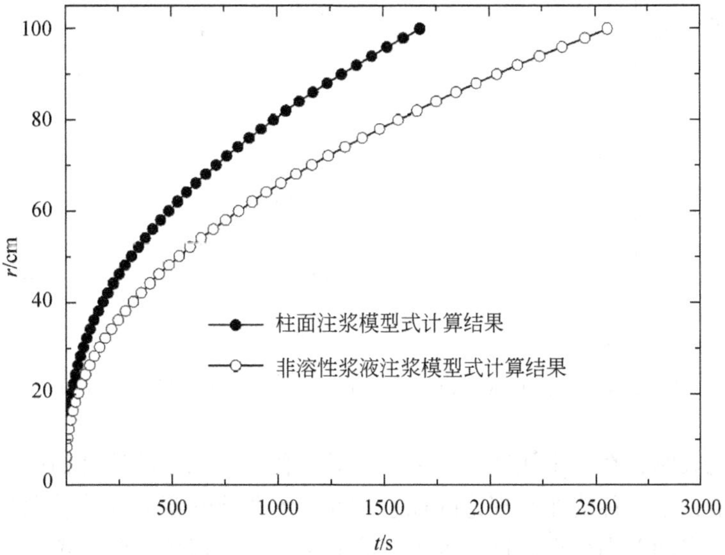

图 13-13　浆液扩散半径与注浆时间之间关系模型计算结果

图 13-14 给出了分别采用非溶性浆液注浆模型式、柱面注浆模型式计算的浆液扩散半径 r 与注浆压力水头 h 之间关系，其中非溶性浆液注浆模型式计算考虑浆区与水分界面位于 60cm 处。由图 13-14 可以看出：①要求浆液达到相同扩散半径 r，由非溶性浆液注浆模型式计算所需的注浆压力水头 h 明显大于由柱面注浆模型式所需的注浆压力水头 h，并且要求浆液达到的扩散半径 r 越大，二者之间差值越大，这是非溶性浆液注浆模型式考虑了液化土中超孔隙水压力对浆液扩散的阻碍影响所致，因此实际工程的注浆压力设计中，无论是非液化土注浆，还是液化土注浆，均应重视考虑地下水静水压力、动水压力、超孔隙水压力对泵送注浆压力消耗作用，即水区压力对浆区压力产生一定负面影响，必须消耗一部分注浆压力以克服地下水压力，保证浆液达到设计要求的扩散半径；②若浆液扩散半径 r 较小（$r<5$cm，即在注浆孔附近范围），则由非溶性浆液注浆模型式计算所需的注浆压力水头 h 与由柱面注浆模型式所需的注浆压力水头 h 相差很小或基本一致，然而若浆液扩散半径 r 较大（$r>5$cm，即远离注浆孔），则由非溶性浆液注浆模型式计算所需的注浆压力水头 h 相对由柱面注浆模型式计算所需的注浆压力水头 h 越来越大，这同样是非溶性浆液注浆模型式考虑了液化土中超孔隙水压力对浆液扩散阻碍影响，在注浆孔附近泵送压力消耗很小且远大于液化土中超孔隙水压力，因此超孔隙水压力影响可以不计，而随着远离注浆孔距离增大，泵送压力消耗明显越来越大，致使超孔隙水压力影响越来越大；③浆液扩散半径越大 r，注浆压力水头 h 消耗也越大（符合工程实际），非溶性浆液注浆模型式计算的注浆压力水头 h 与柱面注浆模型式计算的注浆压力水头 h 之间差值越来越大。

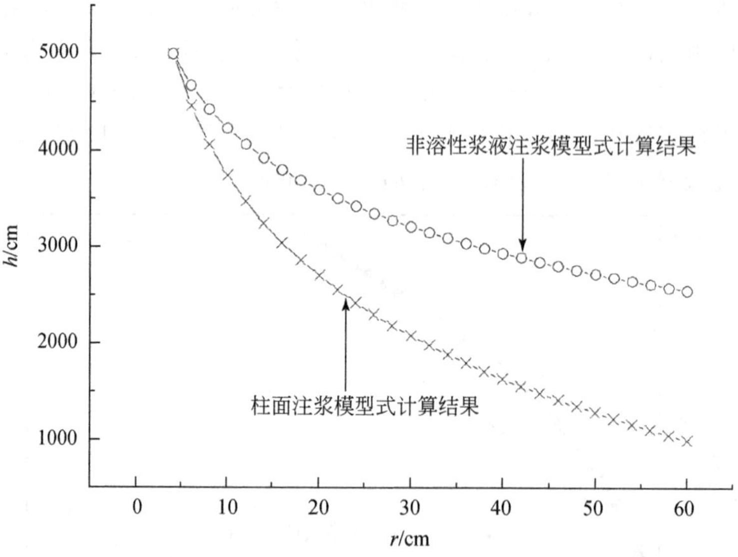

图 13-14　浆液扩散半径与注浆压力水头之间关系模型计算结果

进一步研究表明，在一定注浆压力下，针对如普通水泥浆液这种初始黏度较低且黏度上升较慢的浆液，采用传统注浆理论的稳态方程求解非溶性浆液注浆扩散半径、柱面注浆扩散半径，二者之间差别很小，这是因为浆液的渗透系数仅较水的渗透系数小，不超过两个数量级；但是，若浆液初始黏度较大且黏度上升较快的浆液，如特种黏土固化浆液，采用传统注浆理论的稳态方程求解非溶性浆液注浆扩散半径、柱面注浆扩散半径，二者之间差别较大，并且随着浆液扩散距离越来越长，这种差别也越来越大，主要因为这种浆液的渗透系数显著小于水的渗透系数且因时间延长而使得浆液渗透系数越来越小，所以要求采用非稳态方程求解这种浆液注浆扩散半径。

在液化土中进行如特种黏土固化浆液这种稳态浆液渗透注浆，浆液扩散半径与注浆时间之间关系，采用差分方法的数值求解结果基本等同于柱面注浆模型式计算结果、非溶性浆液注浆模型式计算结果。但是，数值方法能够考虑地层或岩土的非均质性、各向异性、孔隙率变化（即随着注浆压力、注浆时间、注浆量等变化而变化）等多种非线性因素影响，因此更符合实际，模拟结果将为注浆设计与施工提供更高参考价值，并且对注浆过程中浆液扩散范围各点应力变化研究与控制注浆压力具有重要意义。

13.4.5　渗透注浆压力分布 ANSYS 模拟算例

在注浆设计中，合理确定注浆压力极其重要，直接影响浆液扩散半径、注浆效果、控制跑浆与注浆安全性（如避免注浆冒顶问题与破坏临近基础、地下管网、埋地电缆等）。然而，影响注浆压力的非线性因素多而复杂，如浆液性能（特别是初始黏度与黏度上升速度、静切力与静切力上升速度）、灌注速度、注浆时间，地层或岩土强度、密实度、结构性，地层或岩土中孔隙、裂隙、空洞等渗流通道发育程度、分布状况、连通性、几何大小，以及地下水饱和度、渗流状况、静水压力、动水压力等，致使合理确定注浆压力一直是注浆工程中未可靠解决的难题。在注浆设计中，根据具体工程，建立科学的数值模型，进行上述多种因素影响下的反复数值模拟分析，再结合现场注浆试验，成为合理确定注浆压力的一个可行而有效途径。鉴于此，采用大型软件平台 ANSYS，针对液化土中渗透注浆，在时间域、空间域，进行注浆压力分布数值模拟，目的在于进一步认识在如特种黏土固化浆液这种非溶性稳定浆液在液化土中渗透注浆的注浆压力时空变化规律。

1. ANSYS 数值建模简化条件与控制方程

注浆压力分布 ANSYS 数值模拟基本简化条件：①假定液化土为各向同性的均质体；②液化土为渗透层，液化土的上覆土层、下伏土层均为不透水层（隔水层）；③采用柱面注浆工艺，在液化渗透层中注浆，浆液透过一系列同轴圆柱面（圆柱渗透截面）均匀向外渗流扩散；④圆柱面（圆柱渗透截面）外缘的压力水头为孔隙水压力，圆柱面中心轴（注浆孔中轴线）的压力水头为注浆压力（即泵送压力，在此不考虑浆液在注浆管路中压力损失）；⑤由于针对非溶性稳态特种黏土固化浆液，故不考虑浆液泌水性。根据这些基本简化条件，液化土中渗透注浆的浆液扩散模型简化之后，求解注浆范围之内的注浆压力分布，实际上相当于已知大坝的上游入水水头（对应于注浆孔中轴线的注浆压力）、下游出水水头（对应于圆柱渗透截面边缘的孔隙水压力），求解坝体内部各点的压力水头。因此，基于以上基本简化条件，若给定浆液的渗透系数、水的渗透系数、定解初始条件、定解边界条件，可以采用有限元方法，求解液化土中渗透注浆的注浆压力分布问题。

针对液化土中渗透灌注如特种黏土固化浆液这种非溶性浆液的注浆压力分布数值模

拟，在 ANSYS 数值模型中，稳态渗流场控制方程类似于稳态温度场控制方程：

$$\frac{\partial}{\partial x}\left[k_x\frac{\partial h}{\partial x}\right]+\frac{\partial}{\partial y}\left[k_y\frac{\partial h}{\partial y}\right]+\frac{\partial}{\partial z}\left[k_z\frac{\partial h}{\partial z}\right]=0 \tag{13-99}$$

式中，x、y、z 为在空间直角坐标系中三个坐标轴；k_x、k_y、k_z 分别为流体（浆液，水）沿着 x 轴、y 轴、z 轴方向的渗透系数；h 为压力水头（注浆压力水头）。

针对式（13-99），只需要将温度场介质换成液化土介质、热传导系数换成渗透系数、温度换成渗流压力水头、热流速度换成渗流速度，并且将边界条件相应转变为已知压力水头分布、渗流速度，便可以采用 ANSYS 软件中温度场分析模块（功能），进行液化土中渗透灌注如特种黏土固化浆液这种非溶性浆液的渗流场问题如注浆压力分布的分析计算。

2. 注浆压力分布 ANSYS 模拟结果与分析

算例基本概况：①在液化土中进行渗透注浆，采用柱面注浆工艺，浆液为非溶性稳态的特种黏土固化浆液；②注浆孔半径为4cm，浆液最大扩散半径为60cm；③不考虑浆液扩散范围之外的孔隙水压力变化（即在注浆过程中水区孔隙水压力不同），因此只需要模拟一种介质，即液化土；④注浆压力为 0.5MPa（折算为压力水头：5000cm），液化土中孔隙水压力为 0.1MPa（折算为压力水头：1000cm）；⑤液化土中水的渗透系数为 $k_w=2\times10^{-3}$cm/s，假定浆液的动力黏滞系数 μ_g 与水的动力黏滞系数 μ_w 之比 $\beta=\mu_g/\mu_w=100$，则 $k_g=k_w/\beta=2\times10^{-5}$cm/s。

ANSYS 软件中以温度场分析模块模拟计算出液化土中注入的浆液渗流场中注浆压力分布，见图 13-15。

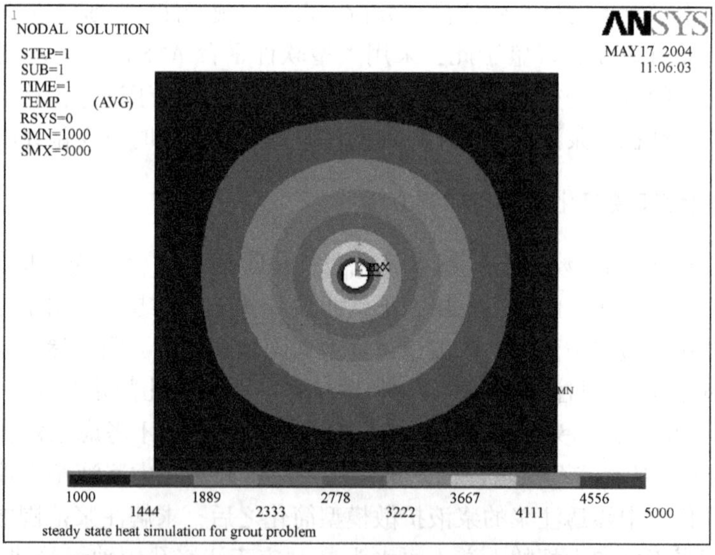

图 13-15　柱面注浆压力分布 ANSYS 软件模拟结果

针对如特种黏土固化浆液这种非溶性浆液在液化土中的浆液渗流场中注浆压力分布模拟，实际注浆对一定范围土中孔隙水压力必然产生一定影响，因此数值模拟也应将这一因素考虑进去。在非溶性浆液注浆模型式推导过程中，认为在一定影响半径范围之内土中孔隙水压力随着注浆进程变化而变化，而在影响半径范围之外土中孔隙水压力则无变化，在浆区与水区分界面上孔隙水压力、水流量、浆液流量均连续。因此，这里需要考虑两种不同介质，渗透系数分别为 k_g、k_w，在影响半径处的边界压力为孔隙水压力，注浆孔压力为注浆压力，假定影响半径为 4m，其他计算参数值等同于上述，于是可以模拟出浆液渗流场中各点浆液压力分布，见图 13-16。

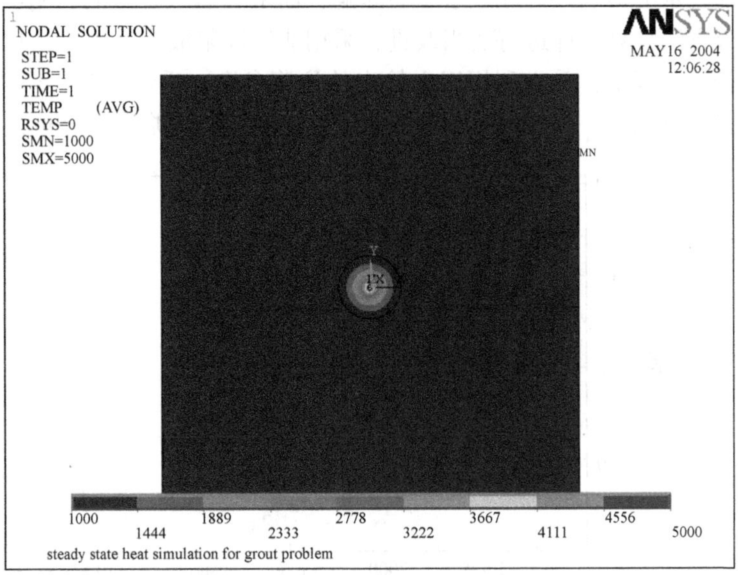

图 13-16　非溶性浆液注浆压力分布 ANSYS 软件模拟结果

在同一直角坐标系中表示以上模拟得到的柱面注浆压力分布值、非溶性浆液注浆压力分布值，见图 13-17。由图 13-17 可以看出，柱面注浆压力分布散点曲线与非溶性浆液注

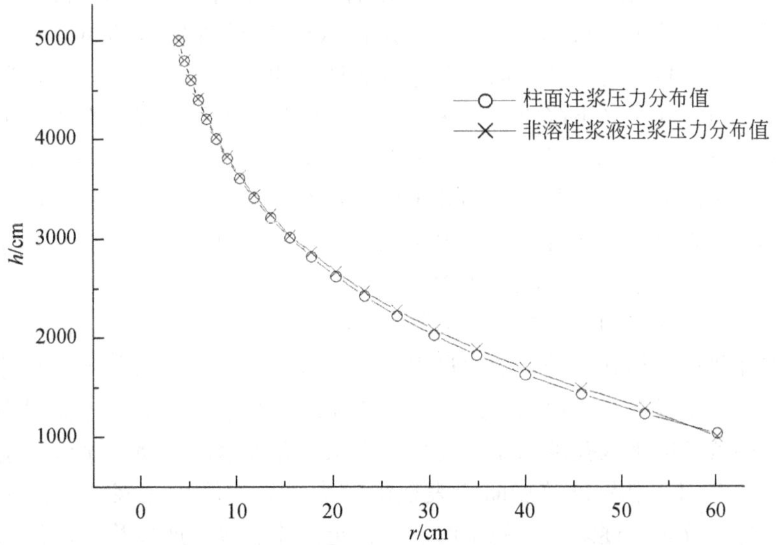

图 13-17　ANSYS 软件模拟柱面注浆与非溶性浆液注浆压力水头分布比较

浆压力分布散点曲线基本重合，说明考虑液化土中水区孔隙水的影响半径对注浆压力影响不大，这是由于浆液在液化土中渗透系数较水的渗透系数小，不超过 2 个数量级，所以即使考虑水区水的影响半径，相对于浆区的注浆压力值，水区的孔隙水压力值也还是很小，即浆区的注浆压力远大于水区的孔隙水压力。

以上采用差分方法求解渗透注浆的浆液分布实际上是基于柱面注浆理论，仅考虑了浆区与水区分界面处水的影响——孔隙水压力影响，而未考虑水区水的影响半径。在此，对上面建立的差分方法计算软件进行适当改进，采用非溶性浆液注浆理论，目的在于考虑水区水的影响半径这一因素，并且利用以上给出的注浆参数，重新编写程序进行差分计算，据此可以求得浆液流至某一半径处整个影响半径范围内各点注浆压力分布，见图 13-18。

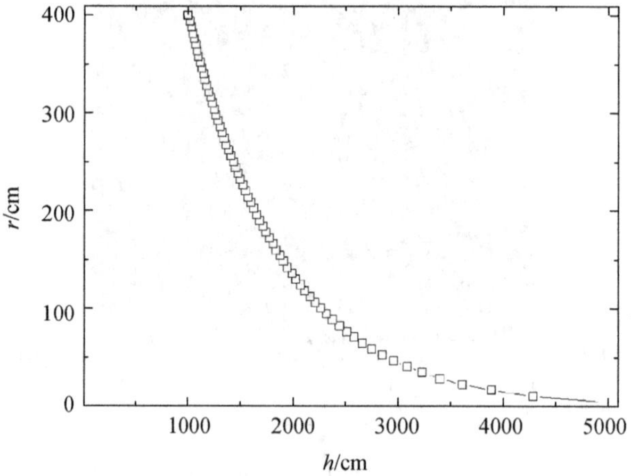

图 13-18　注浆压力水头与浆液扩散半径之间关系

图 13-19 给出了注浆压力与浆液扩散半径之间关系的 Fortran 程序（差分方法）计算结果、ANSYS 软件模拟结果。由图 13-19 可以看出：①在浆区 ANSYS 软件模拟的注浆压力随着浆液扩散半径增大而快速下降，而在水区 ANSYS 软件模拟的注浆压力随着浆液扩散半径增大而基本保持不变；②然而，差分方法计算的注浆压力随着浆液扩散半径增大而下降的情况中，虽然在浆区下降也较水区下降快，但是却不很明显。造成这种差别的主要原因在于：ANSYS 软件模拟采用稳态渗流理论模型式，而差分方法计算则采用非稳定渗流模型式。对于稳态渗流，认为浆液流动处于稳定状态，由于浆区浆液的渗透系数较水区水的渗透系数小，不超过 2 个数量级，所以注浆影响半径范围之内孔隙水压力变化实际很小，此时可以近似认为水区的孔隙水压力无明显变化，即非溶性浆液注浆模型式与柱面注浆模型式近似等价，这与图 13-17 中两条散点曲线几乎重合保持一致；而在非稳定渗流情况下，每一点注浆压力均处于动态变化过程中，浆区浆液渗透系数与水区孔隙水渗透系数之间差异并不能完全发挥，可以认为浆区浆液渗流阻力与水区孔隙水渗流阻力基本处于同一水平上，所以若考虑水区孔隙水压力变化，则水区孔隙水压力将对浆液流动起明显阻碍作用。因此，图 13-13 中两条散点曲线表现出较大差异。停止注浆之后，在浆液胶凝之前，浆液压力将重分布，逐渐由非稳定渗流向稳定渗流过渡，所以稳态渗流与非稳定渗流之间的差别对于研究这一问题也具有一定意义。

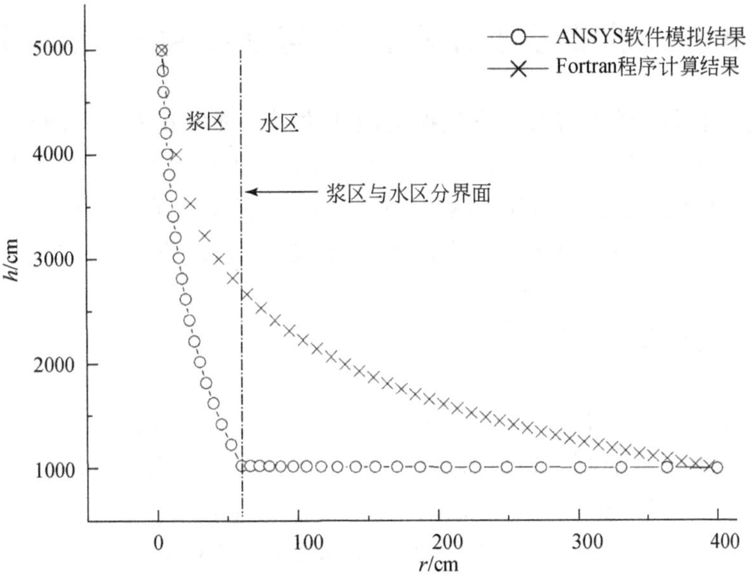

图 13-19　注浆压力水头与浆液扩散半径之间关系两种方法模拟结果

通过以上模拟计算分析可以看出：①若采用 ANSYS 软件的稳态渗流模拟方法，对于柱面注浆模型式计算结果、非溶性浆液注浆模型式计算结果，浆区的注浆压力分布二者之间差别很小，非溶性浆液注浆模型式计算的水区孔隙水压力也仅有很小变化；②采用差分方法数值计算压力分布、ANSYS 软件数值模拟压力分布，在浆区与水区分界面处二者之间差别较大，主要是因为差分方法计算采用非稳定渗流模型式，而 ANSYS 软件模拟采用稳定渗流模型式。

对于差分方法数值计算、ANSYS 软件数值模拟，得到的浆液扩散过程、浆液压力分布规律与实际注浆经验认识基本一致。但是，这两种方法的计算或模拟结果与实际之间也存在一定差异，如实际注浆中浆液扩散 60cm 所需的注浆时间 5 ~ 8min，而由图 13-13 可以看出，浆液扩散 60cm，柱面注浆模型式计算所需的注浆时间为 9min，非溶性浆液渗透注浆模型式计算所需的注浆时间为 13min。造成这种差异的原因主要在于：①浆液在非液化土或液化土中的渗透系数值采用马格公式中 $k_g = k_w/\beta$ 只是一种近似值，因此对于浆液在土中渗透系数大小的进一步室内模型注浆试验研究且结合现场注浆试验检测非常必要；②浆液在土或液化土中的渗透形式有待进一步研究，在渗透注浆过程中，当注浆压力达一定值，浆液在土或液化中的渗透流动情况可能发生改变，并且渗透注浆并非单一的渗透扩散形式，可能还伴随劈裂扩散等其他形式，因此进一步试验与理论研究不同注浆压力下渗透注浆的浆液扩散形式，以获得渗透注浆更合理的注浆模型与相应的理论模型式，也十分必要；③此外，水驱浆液过程中残余饱和度影响、浆液与水分界面处毛细孔隙水压力影响、注浆压力作用下土中孔隙比变化等也对渗透注浆工艺的扩散半径、注浆时间、注浆压力等产生一定影响，而建立柱面注浆模型式、非溶性浆液渗透注浆模型式均未考虑这些影响因素，这显然会导致计算或模拟结果与实际之间产生一定差异。

13.5　粉细砂土振动液化与注浆可行性试验

饱和或高含水率细砂土与粉土发生振动液化之后，强度丧失、孔隙扩大且连通性打开，理论上通过静压注浆方式，应该容易向土层中注入浆液。但是，事实是否果真如此，还将通过以下物理模试验，确认振动液化细砂土与粉土地基或填筑土的可注性，从而为振动注浆机具的振动机构——激振器的科学设计提供必要的试验依据[83]。

13.5.1　试验目的与装置

为了直观考察细砂土与粉土振动液化之后静压注浆的可行性，在实验室进行了饱和或高含水率土的振动液化与注浆试验。为此，自行设计了一套小型注浆装置，即实验室振动注浆装置，见图13-20，整个装置主要由注浆泵（配备注浆压力表）、变速电机（驱动注浆泵）、浆液筒（标有刻度，可以实时掌握注浆速度）、注浆管、喷浆头、注浆桶等组成。其中，注浆桶为内径40cm的有机玻璃桶（可以观察桶中土振动液化现象、注入浆液扩散情况），桶壁预留两个小孔以便于测量浆液的渗透系数；喷浆头设计为模拟柱状注浆方式，为使土振动液化时喷浆头附近超孔隙压力水顺利排出而便于注浆，喷浆头设计除了喷浆孔

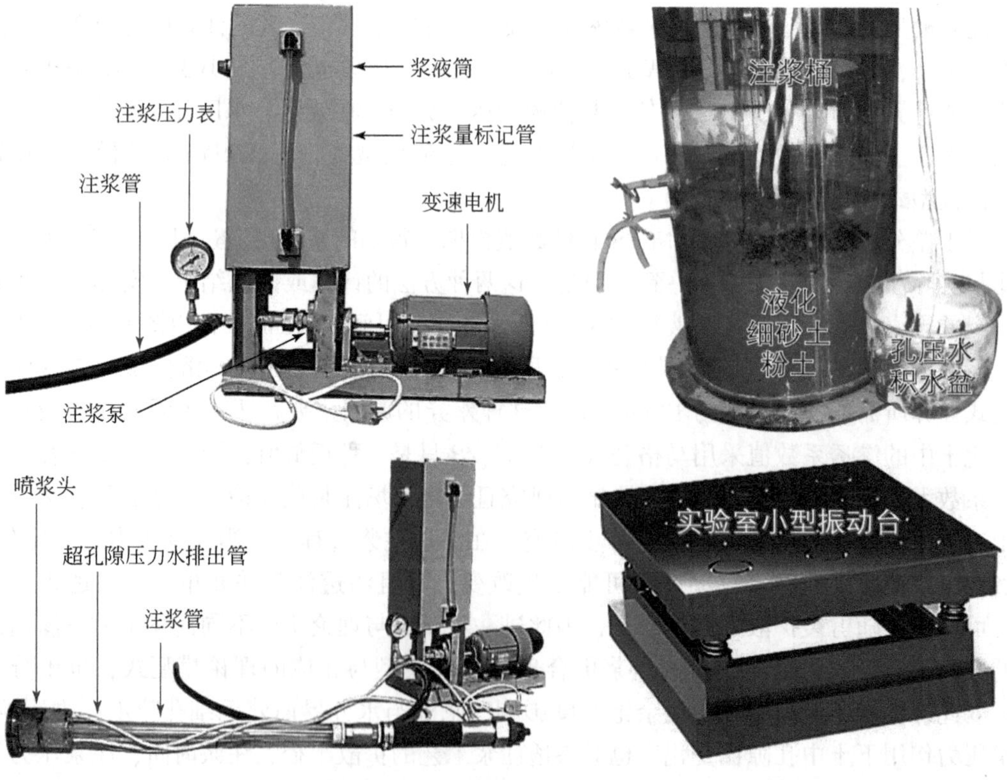

图13-20　实验室振动注浆装置

之外，还有许多出水小孔。振动装置：实验室小型振动台，见图 13-20，盛入饱和或高含水率细砂土或粉土的注浆桶移到振动台上，启动振动，桶中土发生振动液化，向液化土中注入浆液。

应该说明，由于寻求不到泵送泥浆或水泥浆液的实验室小型注浆泵，所以只能采用泵送重油的油泵代替注浆泵，因此采用重油代替特种黏土固化浆液进行实验室注浆试验。之所以选择重油代替特种黏土固化浆液，是因为重油的黏度、容重与特种黏土固化浆液比较接近。

13.5.2　试验方案与步序

模拟试验的土为采自哈尔滨松花江河漫滩的粉细砂土。采用“水沉法”制备可液化土层：首先向注浆桶中注入一定量水，然后将粉细砂土仔细扬撒入桶中（目的在于使细砂土尽可能饱水），直至饱水粉细砂土层厚度达到桶高度 1/3 ~ 1/2，在粉细砂土层上覆盖 50cm 厚的压实黏土层（目的在于避免粉细砂土层在振动过程中排水而达不到液化程度）。可液化粉细砂土层制备结束，静止 24h，进行振动液化与注浆试验、不振动液化注浆试验。为了比较可液化粉细砂土层未发生振动液化与发生振动液化的可注性，分别进行了两种情况下注浆试验，其一是进行土层未振动液化的注浆，其二是进行土层振动液化的注浆。土层振动液化注浆：将上述制备的可液化粉细砂土层与压实黏土层的注浆桶放到小型振动台上，并且沿着桶中轴线将注浆管（注浆管端部为喷浆头）插入粉细砂土层中一定深度，可靠压实注浆管周围黏土层，启动振动台进行振动直至粉细砂土层发生显著液化现象，启动注浆泵实施注浆，记录注入浆液量、注浆压力且观察浆液渗透扩散情况。土层未振动液化注浆：基于上述方法，在注浆桶中制备可液化粉细砂土层与压实黏土层，并且将注浆管（注浆管端部为喷浆头）插入粉细砂土层中一定深度，可靠压实注浆管周围黏土层，直接启动注浆泵实施注浆，记录注入浆液量、注浆压力且观察浆液渗透扩散情况。

13.5.3　模拟结果与分析

在可液化粉细砂土层不振动液化条件下进行注浆，注浆压力很大且浆液很难注入，即使较高压力下连续灌注 3min，注浆桶周围也不见浆液扩散渗出，但是可见浆液突然顶开注浆孔周围的上覆黏土层而冒出表面，见图 13-21（a），表明此时的注浆压力已大于渗透注浆的最大注浆压力（极限注浆压力）P_u。极限注浆压力 P_u 计算式为

$$P_u=\frac{2(1-\upsilon)(\sigma_c+2k_0\gamma H)}{\dfrac{2+(1-2\upsilon)}{\ln r_1-\ln r_o}} \tag{13-100}$$

式中，σ_c 为可液化土的无侧限抗压强度；γ 为土的容重；H 为注浆深度（球面注浆的喷浆头的深度，柱面注浆的喷浆段的中点深度）；k_0 为土静止压力系数；υ 为土的泊松比；r_1 为浆液扩散半径；r_o 为注浆孔半径。

注浆桶置于小型振动台上振动几分钟之后，上覆土层出现喷砂冒水现象，同时注浆桶

侧壁也清楚可见从下伏细砂土层中涌出的水沿桶壁上升溢出，表明细砂土层已处于液化状态，停止振动，开始注浆，发现浆液流量很大，并且只需极小的注浆压力便可以注入浆液，浆液扩散很快且快，速流到桶壁四周，见图 13-21（b），继续灌注，浆液便溢出上覆黏土层表面。因此，细砂土层液化之后，很容易实现传统静压注浆。

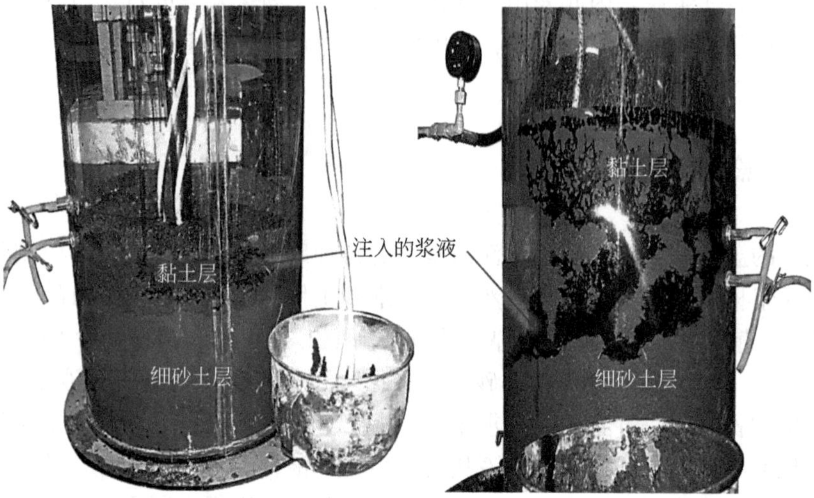

(a)细砂土层未液化条件下注浆　　(b)细砂土层液化条件下注浆

图 13-21　液化与非液化细砂土层可注性比较

然而，即使注浆压力达到极限注浆压力 P_u，浆液也很难注入可液化粉细砂土层中，说明可液化粉细砂土强度较大，且孔隙直径很小、连通性差，因此对浆液渗透性很差，传统静压注浆工艺很难注入浆液。注浆结束之后，揭去上覆黏土层，发现浆液仅分布于注浆孔周围约 10cm 范围、扩散范围极小。

上述试验结束，掏出桶中黏土、粉细砂土、重油并清洗干净，在桶中重新制备土料、含水率、压实度、厚度、固结时间等均与非振动液化注浆试验完全相同的下伏可液化粉细砂土层、上覆压实黏土层，沿着桶中轴线将注浆管插入粉细砂土层中与上一个试验相同深度，桶移置实验室小型振动台上，振动 3min 左右，上覆黏土层表面出现喷砂冒水现象，并且从桶侧壁清楚看到砂层中的水沿桶壁上升溢出，表明此时粉细砂土层已处于液化状态，停止振动，启动注浆泵开始注浆，发现注入的浆液量明显较上一试验多、浆液流速也较上一试验快，浆液很快流到四周桶壁且进入上覆黏土层、冒出黏土层表面，并且注浆压力极小（远小于上一试验的注浆压力），继续注浆，大量浆液溢出黏土层表面，见图 13-21（b）。

通过比较这两个模拟注浆试验可以看出：①粉细砂土层振动液化之后，注浆压力明显减小，吃浆量显著增加，浆液很容易扩散且很快达到注浆桶周壁，之后再灌注一段时间，浆液才透过上覆黏土层而溢出表面，取得了预期的注浆效果，说明液化粉细砂土层可注性很好；②未液化粉细砂土层，即使注浆压力较大，浆液也只能渗入极小范围而达不到预期的扩散半径，之后浆液便因注浆压力过大而很快溢出上覆黏土层。

从注浆机理看，渗透注浆不破坏土的结构，浆液在土孔隙中渗透扩散，注浆效果主要取决于土孔隙大小、孔隙连通性与浆液中固体颗粒粒径大小等因素。对于粉细砂土，由于孔隙很小且连通性很差，直接采用传统渗透注浆工艺，很难达到预期注浆效果，甚至无法灌注。振动注浆技术，迫使饱和或高含水率粉细砂土发生振动液化，破坏土的结构、丧失土的强度、扩大孔隙的直径、增加孔隙的连通性，因此使不可注的土层变为可注性良好的土层。由于粉细砂土振动液化只发生于注浆孔一定有限范围之内（振动液化范围具有可控性，通过设定激振器发振的振幅、频率与振动持时，控制土的液化范围），如此，在压力注浆过程中，液化的超孔压水在注浆压力驱动下便沿着孔隙向未液化区域渗流，原先的孔隙通道被浆液充填，从而达到预期的注浆效果。

13.6　细砂土与粉土振动液化注浆振注机构

实现可液化细砂土与粉土振动液化注浆必须有相应的机具，而这种机具的关键部件是振注机构，要求具备三个重要功能：其一是自可液化土层表面振动下沉功能，其二是振动触发土层液化功能，其三是振动渗透注浆功能。这三个功能的具体应用：①首先，采用钻机自地表钻孔至埋藏于地下一定深度的可液化土层上表面；②然后，通过钻孔下放振注机构至可液化土层上表面；③启动振注机构的振动系统，通过振动方式下沉振注机构至可液化土层中一定深度；④保持振注机构继续振动一定时间迫使土层液化；⑤待土层一定范围全部液化，即刻启动振注机构的喷浆系统，在一定注浆压力下向液化土层中灌注浆液[43]。

振动注浆技术的关键过程：通过振注机构的振动作用，迫使可液化细砂土与粉土发生满足注浆设计要求的一定范围液化，一般设计要求在水平方向浆液扩散半径不小于75～100cm，因此要求土层的液化范围不小于100cm。理论研究表明[43]，迫使埋深较大的砂土发生液化，必须采用大振动力、大振幅的振源。目前，激励砂土液化的振源一般是地震或大型动力设备[117-121]，如动力机械、振动打桩机、振动路面机、振冲器等。由于注浆孔径较小，并且往往在较深或很深地下作业，所以大体积振动机械不能作为振动注浆的振源。振捣棒为小直径振动器，是浇筑混凝密实作业的专用设备，激振力小、振幅较小且因软轴传动而受深度限制，所以这种小型振动器不满足大激振力、大振幅、大深度的振源要求。

在传统注浆技术中[120]，一般采用先成孔、后提钻、再注浆的工艺流程。这一工艺流程不能用于可液化细砂土与粉土层注浆，这是因为此类土层成孔后在提钻过程中或提钻之后或下放振注机构过程中均很容易塌孔，无法完成注浆作业。因此，要求振注机构必须具备自成孔、自下沉与振动、注浆的复合功能，也即在可液化砂层上表面，首先通过振注机构自身振动迫使土层液化而丧失强度、失去承载力，然后通过自身重力与振动联合作用使振注机构下沉至液化土层中一定深度，继续振动迫使一定范围砂层全部液化之后，再进行注浆。

鉴于上述，提出了封闭式振注并行振动注浆模型与相应的振注机构，并且开发了集振动成孔、振动注浆于一体的双向振动装置。

13.6.1　封闭式振注并行的振动注浆模型

研究表明，在细砂土与粉土层中实施振动注浆，要求振源发出的振动荷载必须大激振力（不低于10吨）、高频率。振动注浆模型直接影响振注机构设计、注浆工艺流程。鉴于这种双重约束，提出了封闭式振注并行振动注浆模型。封闭式振注并行（图13-22），密封浆液，振注机构在封闭浆液区段振动，迫使土层发生一定范围全部液化，同时启动注浆泵对液化土层实施静压渗透注。

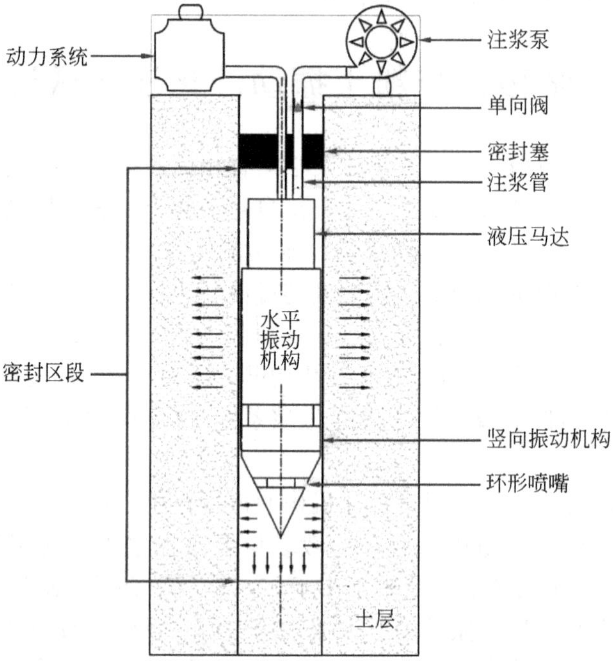

图13-22　封闭式振注并行振动注浆原理简图

封闭式振注并行振动注浆模型的技术原理与实现措施见图13-22：①在注浆孔段，采用密封塞可靠密封浆液、振注机构（二者位于密封区段），来自注浆泵的浆液通过单向阀进入注浆管（再由注浆管进入振注机构、然后通过环形喷嘴注入液化土层中），浆液只能从单向阀流向密封区，且不可逆流；②动力通道将动力传递至振注机构中激振器，激振器启动之后，在密封浆液中产生两个方向振动，其一为水平振动（水平振动机构），另一为竖向振动（竖向振动机构）；③水平振动机构提供一种高频大激振力的水平简谐振动；竖向振动机构是一种变容式激振器，通过突然增大激振器的容积（激振器冲击封闭的浆液面），使得浆液产生巨大的瞬态动压应力，这种动压应力给土层以巨大冲击力，也即竖向振动机构实际是激振器冲击封闭的浆液柱，再通过浆液将振动力放大，从而对土层产生巨大冲击作用；④当土层全部液化达到设计要求的一定范围时，即刻启动注浆泵向浆液封闭区段注浆，注浆过程中振动不停，在注浆压力与动力联合作用下，土层继续液化且浆液将压入液化土层中；⑤单向阀主要作用在于实时补足浆液、保持浆液压力、保护注浆泵，由于激振器启动之后，密封的浆液产生较大的简谐振动压力波、冲击波，二者压力可能超过注浆泵的额定安全压力而损坏注浆泵，一旦压力超过注浆泵的额定安全压力，单向阀便自动关闭以保护注浆泵，否则单向阀一直处于打开状态，如此，既保持了设计要求的注浆压力，又能使封闭区段中浆液得到及时补充而满足注浆量设计要求，还可靠保护注浆泵免遭损害；⑥封闭区段中的密封浆液主要有三方面作用，其一是浆液注入土层中的动力源（保持足够高的压力，使得浆液快速足量注入液化土层中，因此必须密封浆液），其二是传递激振器对土层的振动作用（只有浆液处于封闭状态，才能使竖向振动得到有效放大、传递），其三是在注浆之前的振动液化阶段保持土层中孔隙水压力不消散而有利于液化（砂土液化研究表明，饱和或高含水率砂土在一定封闭压力下更容易发生地震或振动液化作用）；⑦振注机构中的浆液通道穿过振动器进入环形喷浆口，有利于浆液顺利到达振注机构的锥头与注浆孔之间的空腔，使得振动注浆动力有效传递、浆液及时补充。

13.6.2　双向振注机构的结构与性能试验

由于篇幅限制，在此不讨论封闭式振注并行振动注浆的双向振注机构的工作机理与振动力学问题，主要包括竖向激振器与水平激振器的装置构造、工作原理、成孔阻力、成孔速度、增速原理，水平振动的机械-土相互作用动力学模型与求解方法，竖向振动的机械-浆液相互作用动力学模型与求解方法，以及封闭浆液在冲击载荷下的动力学模型与求解方法、液柱运动方程与求解方法、液柱对土层动力作用原理与过程等，这些详见薛渊的博士学位论文《砂土地基振动注浆装置关键技术研究》（授予学位单位：哈尔滨工业大学；导师：陆念力，凌贤长；答辩时间：2008 年 1 月）。以下简要介绍双向振注机构制造与性能试验情况。

1. 双向振注机构的结构与性能

如前所述，在可液化细砂土与粉土地基或填筑土层中，成功实施振动注浆的关键在于具备高性能振动注浆机具，而振动注浆机具的关键部件是双向振注机构，要求双向振注机构能够同时产生高频率大激振力的水平振动作用、竖向振动作用（实际为冲击作用），具备振动成孔功能、振动液化功能、注浆振动功能。在详细系统的工作原理与理论分析基础上，设计制造了双向振注机构，并且进行了各项性能试验测试，据此验证了双向振注机构的理论分析与应用性能的可靠性，此外通过试验客观认识了触发饱和或高含水率细砂土与粉土液化的一个重要动力学参数是双向振注机构输出的振动加速度，采集与分析了不同频率激励下在不同水平位置与不同深度的土层振动反应的大量加速度数据，从而为双向振注机构进一步优化设计与振动注浆技术进一步研究提供了极其宝贵的试验素材。

双向振注机构见图 13-23：外面光滑、沉孔阻力小且利于形成光滑孔壁、便于注浆密封（封闭不漏水、不漏浆），筒体的直径为 146mm、高度为 1590mm，设置结构简单而方便操作的三个动力接口外接口（包括两个液压管道接口、一个升降接口）、一个注浆外接口，主要部件包括驱动动力机构、水平振动机构，竖向方向振动机构，换向-减速器，冲击块，喷钻头（锥头），外壳，润滑系统，注浆通道，配重等；水平最大振动频率为50Hz，空载最大振幅为1mm，最大激振动力2吨；竖向最大振动频率为37Hz，经浆液对动力转换后产生20～30吨水平激振力；齿轮液压马达驱动（功率不低于18kW，转速为600～3000r/min），具有转速高、转矩大、体积小（置于机构内部而免受深度限制）、工作压力低、价格便宜等优势。水平激振器采用偏心式振动器，具有结构简单、激振力大、频率高等优势，偏心块见图13-24；水平激振器与激振器之间由一对锥齿轮连接，锥齿轮一方面改变传动方向，另一方面起减速作用，锥齿轮副见图13-24。竖向激振器可以称为滑块-冲击器，滑块为连杆机构的重要构件，由于作业需求，滑块与冲击块由弹簧连接，因此制造中将滑块与冲击块作为一个部件设计、制造、安装（故称为滑块-冲击部件）；在滑块-冲击器中开若干个油道，滑块-冲击器上、下运动，空气将油喷向齿轮机构、轴承，使所有运动副得到润滑、散热。冲击锥头见图13-24，在冲击块打击下，锥头冲击土层或封闭浆液，在设计上必须充分考虑锥头的形状、强度、刚度、密封性、装卸、连接。由于双向振注机构的筒体较长，为了便于加工，将振动分为上缸部分、下缸部分，液压马达、离合器、水平激振器、锥齿轮、曲轴均装入上缸壳体，上缸部分见图13-25，此外为了安装方便，曲轴的轴承座采用剖分式结构。

图13-23　双向振注机构实物照片

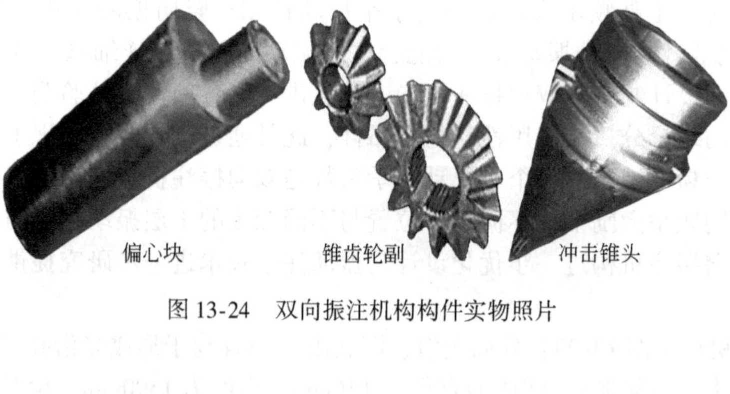

图13-24　双向振注机构构件实物照片

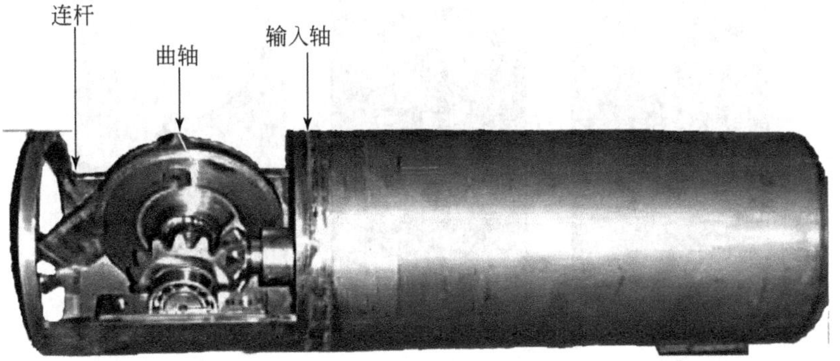

图 13-25　双向振注机构上缸实物照片

2. 双向振注机构振动成孔试验

振动成孔试验的目的在于考察双向振注机构的一个重要功能——振动成孔的可行性、效率。采用双向振注机构的样机进行振动成孔试验，激振器由实验室液压泵站驱动，见图 13-26。采用三脚架支撑双向振注机构，见图 13-26，三脚架顶部安装电葫芦，启动电葫芦吊起振注机构，因吊环设置于振注机构中轴线上而使之吊起可以自然垂直，并且通过电葫芦使之在试验中可以竖向自由下降。试验地基为长期使用的黏土地基，标准贯击数为 20 ~ 30 击。双向振注机构样机绝大多数构件尚未进行热处理，强度未达额定功率要求，故液压泵压力调控制为 12MPa（即为额定压力的 2/3，液压马达额定压力为 16MPa），试验中回油压力为 1MPa。试验启动之后，不断调节电葫芦的控制器以使双向振注机构紧压土体且不倾斜。双向振注机构振动成孔过程见图 13-27。试验表明：①双向振注机构成孔过程的工作状态平稳，不倾斜、不打转；②1min 入土 0. 8m，见图 13-27（a）；③2min 入土 1. 5m，见图 13-27（b）；④4min 入土 2. 1m。试验结束，通过电葫芦拔起双向振注机构，边振动、边拔起，振注机构拔起时的调节液压为 4MPa。拔出双向振注机构，可见孔壁光滑，见图 13-27（c）。通过成孔试验，可靠验证了采用双向振注机构可以快速振动成孔。应该说明，此次试验尽管是在长期使用的密实性大、压缩性低、承载力大、强度高的黏土地基中振动成孔，也取得了很好的成孔效率、成孔质量，若是在饱和或高含水率的可液化细砂土与粉土地基中振动成孔，则无疑将取得更快的成孔效率、更好的成孔质量。

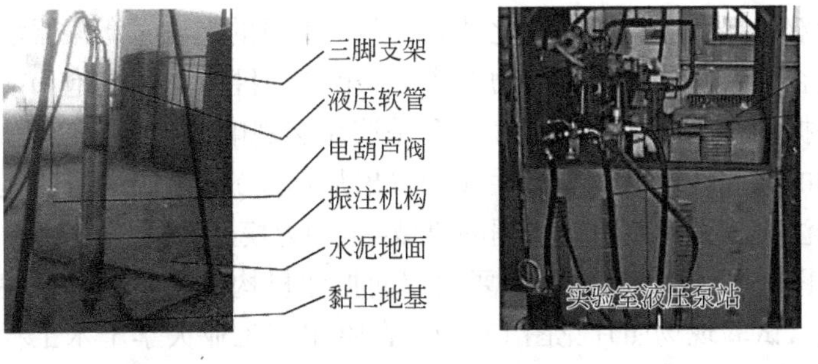

图 13-26　双向振注机构振动成孔试验安装

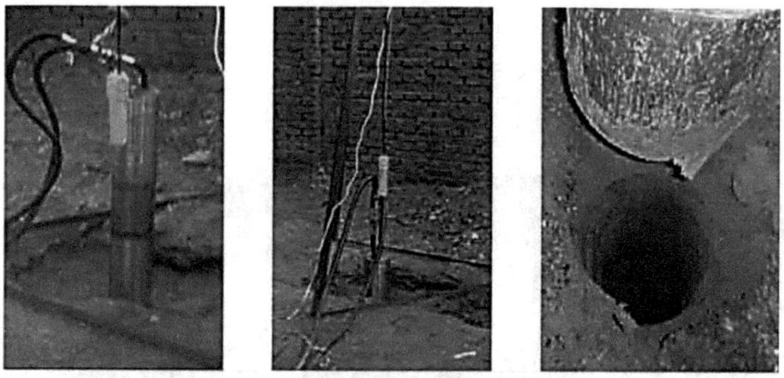

(a)振动1min　(b)振动2min　(c)孔壁光滑

图 13-27　双向振注机构振动成孔过程

3. 双向振注机构振动液化试验

在细砂土与粉土地基或填筑土中可靠实施振动液化注浆的关键在于通过双向振注机构的振动触发土层在设计要求的半径范围发生全部液化，从而使土层丧失强度、大幅度提高松散性，容易注入浆液。振动注浆砂土液化不同于地震砂土液化：①液化范围，地震砂土液化范围很大，振动注浆不允许砂土液化范围过大而要求超过设计注浆半径一定有限范围；②振动强度，地震的强度大、振幅大，振动注浆的强度较小、振幅较小；③振动频率，地震的频率很低，一般只有 1 ~ 2Hz，振动注浆取用离心式激振器的频率很高，且一般超过 30Hz，否则不可能产生足够的激振力；④波传方向，在振动注浆这种较小范围，地震的波传播方向为一个方向，振动注浆的波传播方向为从振源三维辐射性传播。鉴于上述，在设计要求的一定液化范围，双向振注机构的振动是否能够触发饱和或高含水率细砂土与粉土发生全部液化，必须通过振注机构的振动液化试验验证，而这种振动液化试验不能照搬地震液化试验方法（如果不能进行振动台液化试验时），而应该将振注机构置于可液化土层中一定深度作为振源，直接对土层进行激振，实施振动液化试验。如此，才能真实验证振注机构振动液化的可行性，考核振注机构关键部件——激振器的动力性能。

1）试验目的与方案

在双向振注机构振动注浆中，无论是水平振动机构振动，还是竖向振动机构振动，最终仍然以水平振动主，即水平振动机构直接产生水平振动，竖向振动机构通过竖向冲击密封区段浆液而绝大部分转化为水平振动，故触发细砂土与粉土层液化作用主要为水平振动。因此，进行双向振注机构振动液化试验，第一个目的是测试激振器水平振动能力（据此检验激振器是否满足振动注浆的动力要求），第二个目的是测试饱和或高含水率细砂土与粉土层对水平振动作用的动力响应（主要是液化宏观响应、加速度响应），第三个目的是检测机械传动的输入转矩、输出特性（如输出加速度），第四个目的是根据实验结果验证建立的双向振注机构设计制造所依据的机械-土动力模型的可靠性。

试验原理见图 13-28。试验系统主要由双向振注机构、信号动态采集处理系统、可液化土地基等组成，试验现场照片见图 13-29。在哈尔滨工业大学土木工程学院岩土与地下工程实验室的试验基坑中，完成双向振注机构振动液化试验。试验基坑长度 6m、宽度

4m、深度 6m。地基两层土结构见图 13-28，下伏土层为水沉法制备的层厚 5.5m 的可液化粉细砂土层（取自哈尔滨松花江河漫滩），上覆土层为碾压密实的层厚 50cm 的粉质黏土层（目的在于避免因下伏粉细砂土层振动液化过程中孔隙水溢出而影响完全液化作用）。地基制备结束，静置 24h，进行振动液化试验。

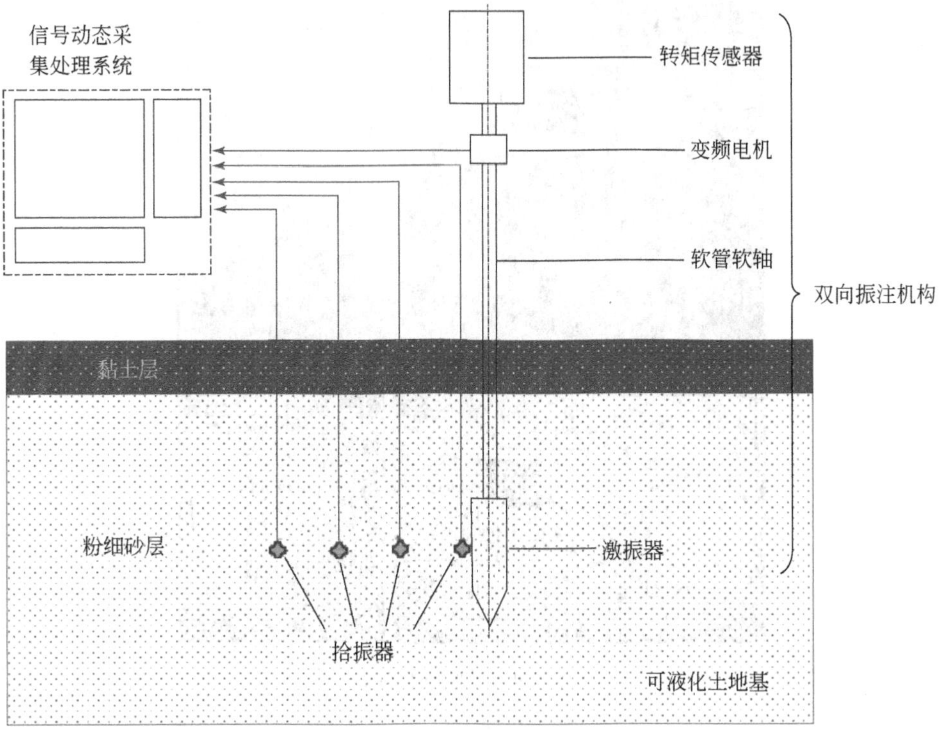

图 13-28　试验原理图

采用双向振注机构中激振器的水平振动机构进行试验，这是由于竖向振动机构在振动注浆中必须引入钻孔密封区段浆液的液柱，才能将竖向冲击荷载转化为水平振动力，而因实验室基坑试验条件所限，难以可靠封闭液柱，并且若进入液柱，将对土层振动液化产生极大干扰，无法进行液化试验。事实上，如得到水平振动液化试验结果，通过力学计算与类比分析[117-119,121]，完全可以得到竖向振动机构与水平振动机构联合振动的激振能力；此外，研究与经验也表明，既然仅采用竖向振动就能取得完全液化试验结果，那么采用竖向与水平联合振动无疑能够获得更好的液化试验结果。为获得比较稳定的、可调的输入转矩和转速，把液压马达改为 5.5kW 的变频电机。变频电机与激振器之间采用软轴传动，主要考虑软轴传动可以有效缓冲激振器传来的强烈震动；在软轴外面套软管，软管具有保护与密封作用；软轴直径为 27mm、长度为 3m。信号采集处理系统，在采用获得振动信号（下伏粉砂土层振动反应加速度信号、激振器输入转矩信号）基础上，将数据信号转化为可视信号，并且储存于计算机中；信号采集处理系统包括传感器（加速度传感器、应变片）、数据线、电导线、信号处理器、计算器、分析软件；信号处理器、分析软件，采用江苏东华测试技术股份有限公司 5937/5938 动态应变振动测试仪，可以动态显示测试结果并储存于计算机中；采用四个高灵敏度加速度传感器，埋设于下伏粉砂土层中（位于同一

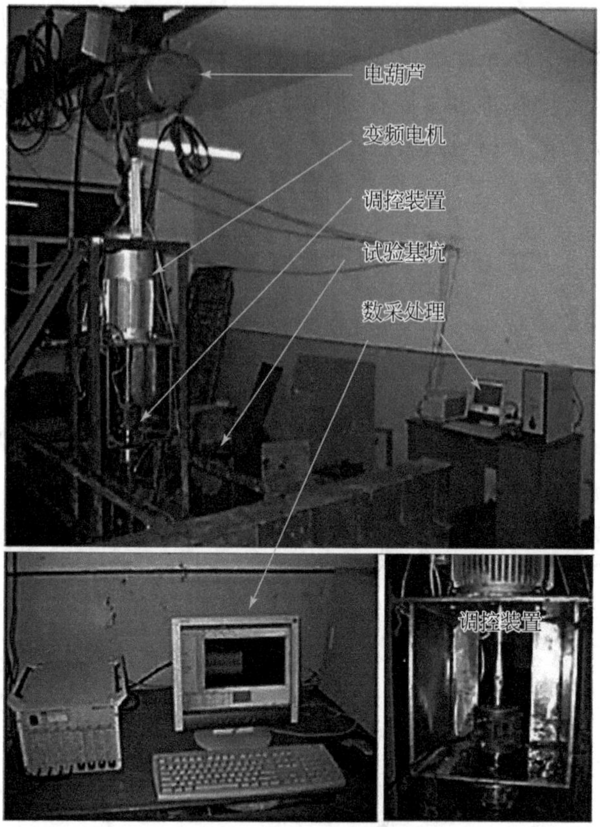

图 13-29　试验现场照片

水平面同一直线上)，其中一个加速度传感器绑定在双向振注机构中部，各个传感器之间水平间距为50cm，见图 13-29；在传动轴上贴应变片用以检测转动轴的应变信号，采用集流环引出应变花屏蔽线，再通过计算转化为传动转矩。振动液化试验之前，试验现场与地基表面情况见图 13-30；采用图 13-21 中试验有机玻璃桶，桶中下部盛入可液化粉细砂土(水沉法制备)、上部覆盖一层碾压密实粉质黏土，将桶置于试验基坑地基表面，见图 13-30，目的在于考察基坑中粉细砂土层振动液化过程中是否引起桶中粉细砂土也发生振动液化作用或振动下沉，从而确认激振器产生水平振动的强度与传播耗散作用。

2）试验结果与分析

通过变频器将振动电机频率调至45Hz，水平振动最大激振力为2.0 吨。振动器启动之后，下伏粉细砂土层反应强烈，在计算机显示器上显示土层振动加速度。振动 10s 之后，粉细砂土层在临近激振器范围局部开始液化且很快发生强烈液化，上覆黏土层表面自出现湿润现象至喷砂冒水之间时间间隔很短，见图 13-31。由于下伏粉细砂土层液化，所以大幅度丧失强度与承载力，在上覆黏土层重力作用下，黏土覆盖层薄弱部位之下的粉细砂土连同液化产生的超孔隙水一并被压出覆盖层表面。

振动 1min 之后，下伏粉细砂土层强烈液化，范围显著扩大，上覆黏土层表面多处出现喷砂冒水现象，见图 13-32。振动 3min 左右，由于下伏粉细砂土层强烈大面积液化，喷

图 13-30　试验现场与地基表面情况

(a)距离软管1m喷砂冒水

(b)临近软管强烈喷砂冒水

图 13-31　振动 10s 之后粉细砂土层局部液化现象

出的水淹没上覆黏土层，并且地表发生显著沉降，见图 13-33，距离软轴 1.6m 处出现很大喷砂现象，表明下伏粉细砂土层几乎全部液化；此外，振动 3min 左右，置于基坑上覆黏土层之上的有机玻璃桶中下伏粉细砂土层也发生明显振动液化喷砂冒水现象、上覆黏土层表面随之发生振动下沉，并且因基坑下伏粉细砂土层液化而大幅度丧失强度与承载力，上覆黏土层也因振动损失较多强度与承载力，致使盛土的有机玻璃桶发生显著歪斜与下沉。

图 13-32　振动 1min 之后大范围强烈液化喷砂冒水现象

图 13-33　振动 3min 之后强烈液化喷砂冒水现象

试验结果表明，在水平振动最大激振力为 2.0 吨激励下，4min 时间的液化半径可达 1.6m。详细理论研究表明，在双向振注机构产生的水平振动与竖向振动联合作用下，总振动强度可达单一水平振动强度 10 倍，根据机械-可液化土耦合体系动力学分析，在振动 4min 之内，饱和或高含水率细砂土与粉土振动液化半径将超过 2.5m。因此，研制的双向振注机构可以满足可液化细砂土与粉土地基或填土层振动注浆的动力性能要求。

采用加速度传感器检测下伏粉细砂土层中各点振动加速度时程。通过变频器改变电机输出速度，得到不同典型激振频率下（25Hz，30Hz，35Hz，40Hz，45Hz）粉细砂土层振动加速度时程，其中激振器输出的振动频率为 30Hz、35Hz、45Hz 激励下，粉细砂土层加速度反应分别见图 13-34 ~ 图 13-36，激振器输出的振动频率为振源频率、加速度为振源加速度。

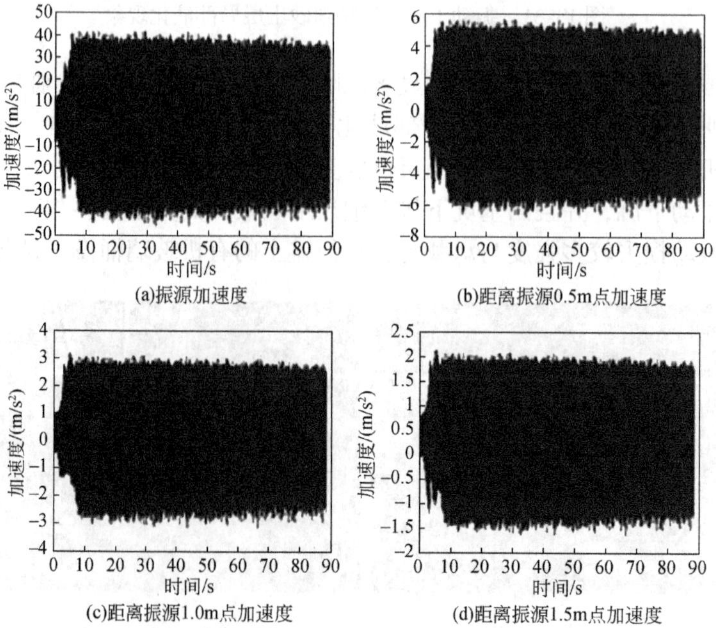

图 13-34　激振频率 30Hz 下加速度响应

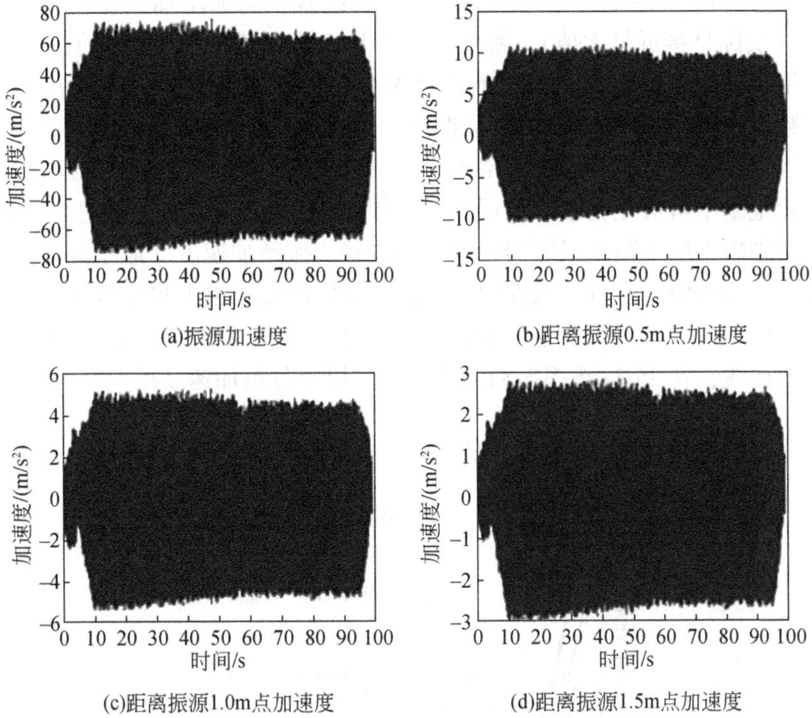

(a)振源加速度　　(b)距离振源0.5m点加速度

(c)距离振源1.0m点加速度　　(d)距离振源1.5m点加速度

图 13-35　激振频率 35Hz 下加速度响应

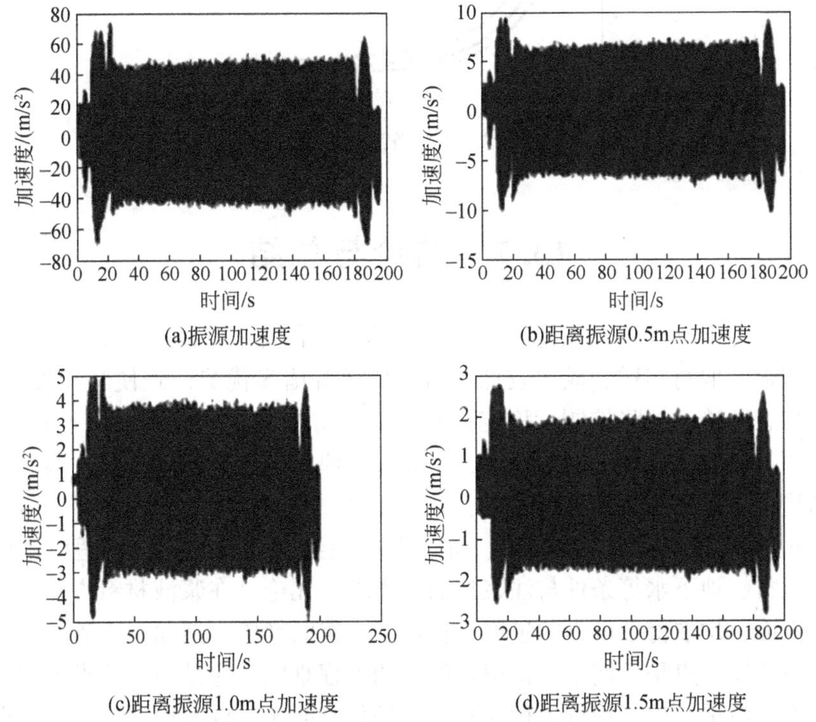

(a)振源加速度　　(b)距离振源0.5m点加速度

(c)距离振源1.0m点加速度　　(d)距离振源1.5m点加速度

图 13-36　激振频率 45Hz 下加速度响应

通过分析可知：①激振频率不超过 35Hz，粉细砂土层振动加速度的最大幅值从零增加至最大值（实际是接近最大值），幅值增加平稳，达到最大值之后幅值保持不变，制动阶段幅值也平稳减小至零；②激振频率达到 35Hz，粉细砂土层振动加速度幅值达到最大值；③激振频率超过 35Hz，粉细砂土层振动加速度幅值转为减小且逐渐稳定下来；④激振制动阶段为启动阶段之逆阶段，粉细砂土层振动加速度幅值变化与启动阶段相反。因此，针对试验地基中可液化粉细砂土层，激振频率 35Hz 为粉细砂土层的共振频率。

在下伏粉细砂土层中距离激振器远近不同位置，振动加速度反应不同。根据粉细砂土层中各点加速度检测值，进行非线性拟合，得到不同激振频率下粉细砂土层中同一水平面上各点振动反应加速度（最大加速度幅值）与位置之间关系曲线，见图 13-37，这种拟合关系曲线为双曲线，在 35Hz 频率振动激励下，土层中各点加速度反应最大。

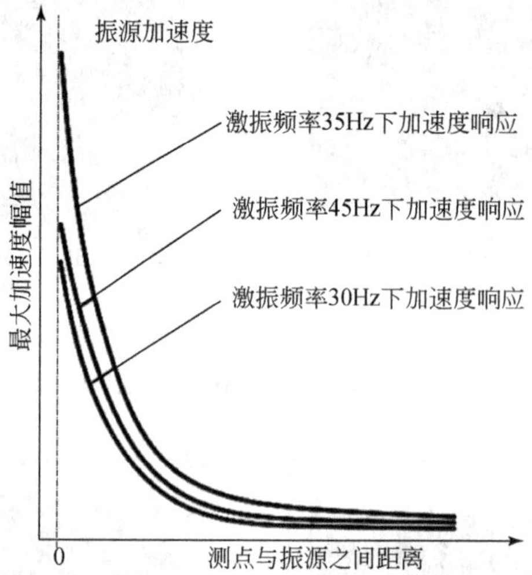

图 13-37　土层各点加速度响应

13.7　结论与总结

（1）传统注浆技术具有历史悠久、工艺成熟、设备简单、操作简便、容易掌握、施工快捷、见效明显、取材多样、成本较低、适应广泛等诸多优势，致使其在岩土止水防渗、增强加固、冻害防治、沉降控制、稳定控制、安全防控等方面应用经久不衰、日益广泛，并且随着应用日臻广泛、认识逐步深入，不断进行原理革新、技术更新、装备翻新，发展至今，逐渐形成了渗透注浆、劈裂注浆、高喷注浆、摆喷注浆、单液注浆、双液注浆、化学注浆、袖阀管注浆、全孔一次注浆、分段循环注浆等各种技术，以适应不同场地、岩土、渗漏、取材、地下水等条件与注浆目的、需求，无论是在浆液材料方面，还是在施工技术与装备方面，均取得了可喜的进展，积累了丰富的经验。然而，细砂土与粉土地基或填筑层的有效注浆一直是长期未获得很好解决的工程难题，这是因为这类工程土抗剪强度高、密实性大、渗透性差，现行各种注浆技术均很难或无法取得设计要求的扩散半径、注浆效果，亟待开发新技术与新装备，以可靠解决这一工程难题。

（2）鉴于上述，为了可靠解决长期亟待解决的细砂土与粉土地基或填筑层有效静压渗透注浆的工程难题，并且进一步扩大高性能特种黏土固化浆液的应用范围，针对这种浆液，基于地震触发砂土液化的基本原理、动力过程与主要影响因素，研究提出了一种振动注浆新技术与相应的注浆设备，目的在于通过机械高频率与大激振力的持续振动，强制性迫使饱和或高含水率细砂土与粉土地基或填筑层发生全部或一定程度液化而破坏结构，从而大幅度或全部丧失强度、承载力且打开孔隙、扩大孔隙以显著提高渗透性、可注性，因此很容易注入浆液。

（3）现行砂土液化判别方法主要针对地震作用，而机械振动触发砂土液化与砂土地震液化之间存在一定差别，难以直接引用。因此，针对机械振动迫使可液化细砂土与粉土液化判别所需的荷载频率、振幅与强度特点，立足于砂土液化试验与地震液化调查资料，分别通过概率分析方法、相似设计方法，建立了振动液化多元拟合判别式、振动液化相似判别式，解决了振动注浆技术的细砂土与粉土的液化判别问题。

（4）基于液化土基本特性，针对如特种黏土固化浆液这种非溶性浆液，结合达西定律原理与相关流体力学理论，考虑渗透注浆工艺，建立了液化细砂土与粉土渗透注浆理论模型，包括球面注浆模型式、柱面注浆模型式、非溶性浆液注浆模型式，为可液化细砂土与粉土地基或填筑土振动注浆设计提供了必要的理论依据与计算方法。

（5）通过自制的实验室振动注浆试验装置，进行了可液化粉细砂土振动液化与液化之前、之后注浆的物理模拟试验。在此基础上，建立了液化土中渗透注浆扩散过程模拟分析的基本微分方程且进行了差分离散，并通过自编差分分析软件、ANSYS 数值分析软件[122]，进行了液化细砂土与粉土渗透注浆模拟分析，据此研究了影响浆液扩散的主要因素。综合分析物理模拟结果、数值模拟结果，确认了饱和或高含水率细砂土与粉土振动液化的可实现性、液化后渗透注浆的可行性。

（6）为了可靠设计制造振动注浆机具的关键机构——振注机构（其中核心部件为激振器），提出了封闭式振注并行的振动注浆模型，具备三方面优势，即利于大功率激振器设计、可靠实现砂土振动液化、显著提高注浆效率。

（7）根据封闭式振注并行的振动注浆模型，设计制造了振动注浆机具的关键机构——双向振注机构，具备振动成孔、砂土液化振动、静动联合注浆等三大功能。双向振注机构的主要部件为双向振动器（激振器），包括水平振动机构、竖向振动机构（实际为竖向冲击机构），具备振动沉孔与注浆振动双重功能，液压驱动，不受注浆深度影响。水平振动机构，在振动点附近可以产生最大振动频率 50Hz、空载最大振幅 1mm、最大激振动力 2 吨的强大振动输出。竖向振动机构，在脉冲点附近可以产生最大脉冲频率 37Hz、最大脉冲力 20 吨的强大振动输出，并且经过密封浆液柱的浆液对动力转换后产生 20～30 吨水平激振力。振动成孔试验表明，在黏土地基振动成孔中，双向振注机构以 0.8m/min 速度沉入，成孔质量好，孔壁光滑。振动液化试验表明，双向振注机构在饱和粉细砂土中进行振动液化试验，可以快速发生液化，振动 1min 的液化半径达 1.5m，振动 3min 的液化半径达 2.5m。

（8）总之，提出的封闭式振动与注浆（简称振注）并行的振动注浆新技术与相应的双向振注机构，使得双向振注机构的水平振动与竖向冲击完美结合而获得更强大的振动输出，实现快速成孔、快速液化、快速注浆，从而提高了显著的施工效益，保证了很好的工程质量。

第 14 章　特种黏土固化浆液注浆工程范例

针对不同场地条件与不同应用，选择了五个典型且具有一定代表性的实际注浆工程，介绍特种黏土固化浆液注浆应用情况：①安徽马钢（集团）控股有限公司姑山矿东帮高边坡防渗加固工程，属于露天大爆破采场 100m 超高边坡安全防控，注浆加固体主要为大渗漏砂砾卵石层，要求注浆加固具有抗 8～10 级浅源特大地震动破坏能力；②广西南宁邕江防洪大堤江滨医院段加固工程，注浆加固坝体主要由素填土、杂填土填筑且无黏土防渗墙，坝基为黏土不透水层；③广西龙州金龙水库主坝防渗加固工程，注浆加固体为坝体与基岩接触带（大渗漏），基岩中发育大溶洞、大裂隙等渗流通道，坝体为土筑且结构单薄、无黏土防渗墙，地下水渗流量很大、动水压力较高；④黑龙江绥化红兴水库坝基高压旋喷注浆防渗加固工程，注浆加固体（坝基）为杂砂土层；⑤北京地铁 5 号线雍和宫站回填土地基注浆控制沉降工程，注浆加固体为高压缩性的深厚回填土，可靠控制地铁站人工暗挖地面沉降。根据这五个不同注浆工程范例的应用结果，很好地验证了特种黏土固化浆液注浆应用的技术优越性，并且为进一步研究浆液在不同场地与工况下应用的设计方案、浆材配比、可注指标、扩散半径、施工工艺、质检方法等提供了重要的实践依据，进而奠定了注浆技术规范制定的实际应用基础。

14.1　马钢（集团）控股有限公司姑山矿采场高边坡防渗加固工程

2002 年 9～10 月，山东岩土工程勘察总公司南京分公司按照工程防渗加固设计要求，在安徽马钢（集团）控股有限公司姑山矿露天大爆破采场东帮 100m 高边坡（青山河堤防）防渗加固工程中，采用特种黏土固化浆液进行注浆防渗加固。以下主要介绍工程概况、设计方案、施工工艺、技术要求、检测效果等。

14.1.1　注浆工程概况

姑山矿是马钢（集团）控股有限公司一个重要的铁矿基地，年产铁矿石 100 万吨，露天大爆破采矿，开采历史 100 多年，截至 2002 年 9 月已成为一直径 1000m、最低高程-88m 的矿坑。矿区东帮紧邻大爆破开采区为一南北延伸的青山河，河床深 4～10m，河底宽 30～50m。东帮采坑边坡与青山河堤稳定是矿山扩大生产能力与安全、经济、合理采矿的前提条件。注浆防渗加固的边坡高达 100m 且极其陡峭，即采坑地下深 88m、地上青山河堤高 12m。

1）采场东南帮现状

由于青山河的存在，姑山矿采场东南帮第四系渗透变形很大且严重威胁整个采矿场开采安全。2000 年 9～10 月，采场东南部在-16m 高程开采推进过程中，20 世纪 60 年代施工的抽水试验孔开始冒浑水，采用碎石、尾矿压坡才止住冒水；之后，仅过几日，在-16m 高程平台上又出现两处管涌、涌水挟带大量泥沙，在管涌点上压盖厚约 2m 碎石与干尾矿才使涌水变清，但是附近又出现多处管涌点，采用 12 个装有滤水管的减压井降压处理才控制住管涌（开始涌水量为 300 吨/d，治理一年后涌水量不足 100 吨/d）。2001 年 5 月中旬，边帮-16m ~ -4m 高程出现大面积湿面（青山河水位下降后消失），并且发生三处小面积滑坡，每处滑坡体积约为 $10m^3$。故此，决定在露天采场东帮青山河堤坝上做人工防渗墙加固工程。

2）工程地质条件

姑山矿位于长江中下游平原芜湖盆地北部，基岩出露面积为 0.13km^2，第四系覆盖层厚度为 50 ~ 60m。地层变化较大，自上而下依次为：①人工填土（普遍强烈漏浆）；②粉质黏土或粉质黏土与粉细砂互层（Q_4^{al}）；③中细砂层（Q_3^{al}，夹黏性土，透镜状）；④粉质黏土层（Q_3^{al}，可塑至硬塑状，夹薄层粗砂层）；⑤砂砾卵石层（Q_3^{al}，厚度变化较大，卵石直径为 2 ~ 15cm，局部漏浆）；⑥坡积层（Q_1^{el}，以卵石为主，局部夹黏土，卵石直径为 5 ~ 20cm，局部全漏浆）；⑦基岩（凝灰质安山岩和角砾状赤铁矿）。各地层物理力学性质指标见表 14-1。

表 14-1　姑山矿区地层物理力学性质指标

编号	厚度 /m	底板标高 /m	天然重度 /(kN/m^3)	饱和重度 /(kN/m^3)	凝聚力 /kPa	内摩擦角 /(°)	弹性模量 /kPa	泊松比
①			20.0	20.0	15.6	23.34	4.5×10^4	0.32
②	7.6 ~ 26.1	-21.28 ~ -3.51	18.3	20.0	19.0	24.94	3.0×10^4	0.40
③	13.4 ~ 32.8	-39.82 ~ -21.51	19.0	19.0	16.2	31.00	7.0×10^4	0.35
④	3.9 ~ 24	-36.32 ~ -21.82	19.1	19.1	32.7	25.95	3.0×10^4	0.40
⑤	0.0 ~ 24.7	-46.21 ~ -30.51	20.0	21.7	21.6	31.35	5.0×10^5	0.30
⑥	0.0 ~ 10.35		20.0	20.75	32.7	26.00	1.0×10^6	0.30
⑦	0.5 ~ 8.75	-57.02 ~ -28.05	25.0	25.0	100.0	33.00	1.5×10^7	0.25

3）水文地质条件

姑山矿采场东南帮普遍存在两类地下水，即潜水、承压水。潜水赋存于上部中细砂层或粉质黏土与中细砂互层地层中，补给源为大气降水。承压水赋存于砂砾卵石层与部分坡积层中，水量极其丰富，渗透系数达 50.0 ~ 80.0m/d，承压水面埋深为 6.9 ~ 22.2m，主要接收大气降水与区域地下水补给，以泉形式向采坑排泄。此外，除了大气降水与区域地下水之外，向矿坑排水还有通过第四系渗透的青山河水。青山河历史最高水位为 10.18m，查湾水文站 1977 ~ 1987 年（之后资料缺）1 ~ 6 月平均水位见表 14-2。

表 14-2　查湾水文站 1977 ~ 1987 年 1 ~ 6 月平均水位统计结果

月份	1	2	3	4	5	6
水位/m	1.87	2.01	3.14	4.05	4.75	5.93

注：数据测算高程为 1954 年黄海高程。

14. 1. 2　注浆设计依据

姑山矿采场东帮高边坡有极大的滑坡潜在危险，直接威胁青山河堤防与采场生产安全（近年来，曾经发生过滑坡灾害），因而注浆防渗加固设计，除了要求依据有关国家规范（规程）或公认的技术参考资料之外，还必须考虑工程实际情况。具体设计依据如下。

（1）特种黏土固化浆液的浆材配比、水料比与浆液性能、结石体性能的试验研究成果资料。

（2）相关技术规范与试验方法：《建筑地基处理技术规范》（JGJ 79—2012）、《土工试验规程》（SDS 01—79）、《建筑砂浆基本性能试验方法标准》（JGJ 70—2009）、《水泥胶砂强度检验方法（ISO 法）》（GB/T 17671—1999）、《水泥标准稠度用水量、凝结时间、安定性检验方法》（GB/T 1346—2011）、《水工混凝土试验规程》（SD 105—82）、《水工建筑物水泥灌浆施工技术规范》（SL/T 62—2020）。

（3）姑山铁矿矿区矿产地质、工程地质、水文地质、灾害治理等方面资料：矿区地质剖面图、钻孔柱状图，采场青山河段防渗加固方案研究成果资料（含青山河堤坝防渗加固施工平面图），采场东南帮 ABCDEF 段补充勘察报告，采场现状详图与相关资料，姑山矿开采工艺参数，采场边坡失稳历史记录与相应整治措施资料、治理效果资料，矿区历年水文地质观测资料，采场边坡渗漏历史记录与相应整治措施资料、治理效果资料，青山河历年平均水位记录、历年月平均水位记录与历史最高水位记录、最低水位记录，历次矿山设计文件与设计修改情况记录。

14. 1. 3　防渗加固方案

影响姑山矿采场东帮高边坡（青山河堤防）稳定性的主要因素：①坡度角为 25°～30°、高度近 100m 的开采高边坡，边坡稳定性备受开采施工扰动；②边坡由工程性质差异大且存在很厚软弱土层的土体组成，自下而上依次为坡积层、砂砾石层、粉质黏土层、中细砂层、粉质黏土与粉细砂互层、人工填土层，总厚度 50～60m；③存在很高的地下水静水压力与动水压力作用，强透水层与隔水层共存；④对采坑来说，东临的青山河为相对高差达 78～84m 的顶上悬河；⑤青山河堤坝无黏土防渗心墙或斜墙；⑥采掘时的高强度、频繁大爆破施工，近区爆破地震动相当于 8～10 级浅源特大地震的强度。青山河的最高水位可达 10. 5m，堤坝背水坡的采坑边坡很高，且又是由渗透系数较大、不同工程性质的第四系土体组成，加之承受很大的地下水静水压力与动水压力作用，渗透破坏严重威胁采场安全；而迎水坡底部又备受河水浸泡与冲刷作用，一旦坡脚掏空，堤坝将失去支承而坍塌。青山河堤坝下部基岩边坡基本处于稳定状态；但是，堤坝上部第四系边坡不稳定、亟待加固，主要变形为坡体渗透变形、坡顶开裂、局部滑坡、整体滑坡。

由于采场东帮青山河堤坝上部第四系边坡主体常年位于河水水位之下而处于饱和状态，地下水既减小了土骨架的有效应力而降低边坡抗滑能力，又软化了岩土工程性质且起滑动面润滑剂作用，并且地下水渗流长期潜蚀作用（包括静水压力作用、动水压力作用）

对岩土结构破坏与产生的附加荷载显著恶化了边坡工程地质条件。所以，地下水对堤坝上部第四系边坡危害最大，因而地下水治理是解决边坡安全性问题的唯一根本措施。地下水可靠治理方法为：在采场东南侧形成一道地下连续防渗墙，要求有效防止地下水渗入采坑且确保采场东南帮边坡稳定性。鉴于此，具体防渗加固方案为：采用“高压旋喷+高压摆喷+高压注浆”联合加固措施，在采场东帮 4m 高程平台与青山河堤坝上形成复合型防渗墙，要求防渗墙满足开采大爆破触发 8 ~ 10 级浅源特大地震的抗震设计指标、渗透系数达到 $k=1\times10^{-5}$cm/s，实现边坡有效止水防渗与抗震加固。

这种加固方案的设计理念：针对砂砾卵石层之上的粉质黏土层、粉细砂土层、中细砂土层，采用高压摆喷注浆工艺、高压摆喷注浆工艺，利用高压摆喷与高压摆喷的强大射流的切割与混合作用，迫使特种黏土固化浆液与土体充分混合均匀而形成密实而稳固的防渗加固墙体；针对砂砾卵石层与下伏基岩，采用高压纯压注浆工艺，利用高压注浆的强大压力，将特种黏土固化浆液注入大渗漏砂砾卵石层与下伏基岩中，以改善注浆加固体工程性质且可靠堵水、防渗。这种加固方案具有工程成本低、施工效率高、堵水效果好、抗震性能优等技术优势，既确保大爆破开采安全施工，又起到青山河堤坝防渗与抗震加固作用，还满足防汛要求。

14.1.4　注浆工程布置

采用特种黏土固化浆液，进行采场东帮高边坡（采坑高边坡）与青山河堤防注浆防渗加固。设计要求：①针对孔隙率高、孔隙直径大、孔隙连通性好、渗流量大、动水压力大、滑坡危险性大的砂砾卵石层与下伏基岩，注浆建造防渗加固帷幕；②帷幕墙体有效厚度为 900mm；③布置单排注浆孔，采用高压注浆工艺。注浆目的除了可靠解决长期无法根本解决的高边坡安全防控的难题，还据此考察特种黏土固化浆液在这种大渗流通道、大动水压力、大渗流量地层中注浆建造防渗加固帷幕的可行性与有效性，以及浆液可注性、有效扩散半径、主要影响因素等。

14.1.5　浆材配比方案

根据不同部位地层结构、渗流状况，按照水料比 8 : 5 ~ 2 : 1、水泥掺入比 20% ~ 33%、黏土掺入比 67% ~80%、特种结构剂相对水泥掺入比 10% ~ 15%（特种结构剂掺入量=水泥掺入量×10% ~ 15%）的浆材配比与水料比，制备特种黏土固化浆液，要求浆液初始黏度为 30±5s 且在 1h 之内黏度基本稳定或缓慢上升。水泥为 32.5R 普通硅酸盐水泥（储存期不超过 3 个月），黏土为马鞍山商业白黏土（以蒙脱石为主的膨润土），水为当地灌溉水。

14.1.6　施工技术工艺

根据设计方案，每一注浆孔上部粉质黏土层进行高压旋喷注浆或高压摆喷注浆、下部砂砾卵石层与基岩进行高压静压注浆，施工顺序为先高压旋喷注浆或高压摆喷注浆，再高压静压注浆，高压旋喷注浆或高压摆喷注浆孔与高压静压注浆孔的孔位重合。由于注浆施工个例性很强（一个工程一个样），针对不同地层结构、渗流条件、渗流状况等，不仅任一种注浆工艺均应视具体情况做适当调整，而且任一种浆液材料也需要视具体情况做浆材配比与水料比微调，因此为了确保特种黏土固化浆液这种新型注浆材料首次工程应用圆满成功，在注浆施工之前，首先在现场进行调浆试验以获得满足浆液可注性与设计性能要求的最佳浆材配比与水料比，然后在深孔注浆开工之前，进行深度 1.0～2.0m 的浅孔注浆试验，据此验证与修正注浆设计参数，并且确定施工关键技术参数。以下简要介绍注浆工艺流程、注浆工艺参数、施工技术要求。

1. 注浆工艺流程

（1）浆液性能现场试验。如上所述，现场小额调浆试验，目的在于获得满足浆液可注性与设计性能要求的最佳浆材配比与水料比。在注浆施工之前，按照注浆设计的浆材配比与水料比，采用5kg 天平称取各种浆材，在一容量为 10kg 桶中多次制作浆液（分别考虑不同搅拌速度、搅拌时间），采用漏斗黏度计、密度计测定浆液初始黏度、初始密度，之后每隔 20min 测一次漏斗黏度，直至滴流为止，以考察浆液可注性，据此合理确定批量制作浆液的浆材配比与水料比（参照制浆桶的容量确定每桶浆液的各种材料用量），以及制浆搅拌速度、搅拌时间。试验表明，浆液初始黏度与黏度上升速度取决于浆材配比与水料比（以特种结构剂掺入比、水料比影响最显著），黏土造浆率与搅拌速度、搅拌时间关系密切。浆液性能现场小额试验结果见表 14-3。

表 14-3　特种黏土固化浆液性能现场小额试验结果

配比序号	浆材配比				浆液性能		
	黏土/kg	水泥/kg	特种结构剂/kg	水/kg	析水率/%	初始黏度	比重
1	50.0	25.0	2.5	150.0	4.0	26.5s	1.24
2	50.0	25.0	2.75	120.0	2.0	61.0s	1.33
3	75.0	30.0	3.5	150.0	0.0	滴流	1.41
4	100.0	50.0	5.0	150.0	0.0	滴流	1.46

（2）现场制浆工艺流程。特种黏土固化浆液现场批量制备工艺流程是决定注浆成败的关键之一。应基于注浆设计的浆材配比、水料比与浆液性能现场小额试验结果，包括黏土粗浆、合格黏土浆液与掺入水泥与特种结构剂之后的搅拌速度、搅拌时间，制备特种黏土固化浆液。具体制浆工艺流程见图 12-4。

（3）注浆方式与工艺流程。根据采场东帮高边坡与青山河堤防一期防渗加固工况与施工条件，以及不同部位注浆孔穿越的地层结构与渗漏情况，合理确定了两种注浆方式：①采用长凝型特种黏土固化浆液进行单液注浆，注浆方式为分段循环注浆工艺，施工流程见图 12-6；②采用全孔一次注浆工艺，施工流程见图 12-7。浆液变换原则是先稀后浓，目的在于稀浆因流动性好而能够充分扩散，优先注入地层中细缝隙、小空洞；注入稀浆之后，再改为浓浆继续注入，浓浆不仅可以挤压稀浆而使之在压力作用下排出多余水分、提高结石体强度与抗渗性，而且浓浆为稳定型浆液，可以有效充填砂砾卵石层中大空隙、大裂隙。应该说明，在正式注浆之前，首先采用循环注浆方式冲洗注浆孔，然后关闭图 14-1 中回浆管的控制阀，改为纯压式注浆。注浆施工概况见图 14-2。

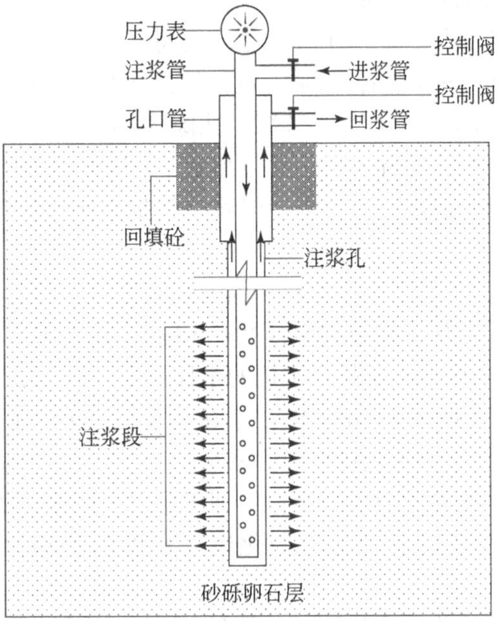

图 14-1　注浆工艺流程图

图 14-2　注浆施工概况

2. 注浆工艺参数

（1）注浆孔直径为 Φ110.0～130.0mm。

（2）注浆孔深为 68.0～72.0m（深入新鲜基岩 1000.0mm）。

（3）注浆孔中心距为 1500.0mm。

（4）根据具体注浆段漏浆量，动态合理确定每一注浆段长度 h，一般为 $h=0.8\sim1.0$m，漏浆量较大的长度 $h\leqslant0.5$m，漏浆量较小的长度 $h\leqslant1.0$m。

（5）浆液扩散半径，随着地层渗透系数、孔隙大小、孔隙率、孔隙连通性、注浆压力、注浆持时等增加而增加，随着浆液黏度与黏度上升速度、地下水饱和度与动水压力等增加而减小。基于这些影响因素综合分析，浆液有效扩散半径应为 $R\geqslant900.0$mm，设计值取为 $R=1000.0$m。

（6）基于注浆压力模型式且考虑实际多因素综合影响，设计注浆压力式子可以采用 $P=\beta H\rho/100$，P 为注浆泵压力（浆液出泵压力，MPa），β 为多因素综合影响的修正系数（取值 $\beta=1.2\sim1.5$），H 为受注点至静止水位的水柱高度（m），ρ 为水的密度（kg/L）。据此，计算的注浆终止压力为 $P=0.5\sim0.6$MPa；若采用全孔一次灌注工艺，并且采用黏度较大的短凝型特种黏土固化浆液，为了获得更好注浆效果，终止压力限定为 $P=1.0\sim1.5$MPa。

（7）注浆速度过快必然导致地层劈裂，不利于止水、堵漏、防渗，因此根据实际地层与地下水情况，并且结合考虑特种黏土固化浆液黏度与流动性，注浆速度确定为 $V=30.0\sim40.0$L/min。

（8）注浆终止标准以注浆压力与注浆量联合控制。具体控制措施为：在总注浆量等于或接近于设计注浆量前提下，还要求注浆压力必须达到设计注浆终压力 1.0～1.5MPa。由于采用花管柱面注浆工艺，因此在规定注浆压力下，每一注浆段的注浆量 Q（单孔理论注浆量）的计算式子采用 $Q=\lambda\pi R^2Hn(1+\beta)$，$R$ 为设计浆液有效扩散半径（m），H 为每一注浆段长度（m），n 为注浆段地层孔隙率，β 为浆液损失系数（取 $\beta=0.1\sim0.5$），λ 为浆液在地层中有效充填系数（取 $\lambda=0.8\sim0.9$）。在姑山矿露天采场东帮高边坡注浆防渗加固工程中，取 $\beta=0.2$、$n=0.3$、$\lambda=0.85$、$R=1.0$m，据此计算出每米注浆段的控制注浆量为 $Q=0.96\text{m}^3$。由于每一注浆段的实际注浆量可能大于计算值，所以施工中针对不同注浆段视具体情况适当调整此参数。

3. 施工技术要求

（1）放样孔位测量误差不大于 10.0mm。钻机平稳固定，垂直度不大于 0.5%，就位对中误差不超过 20.0mm。

（2）正式向砂砾卵石层中注浆，始注标高等同于砂砾卵石层顶面标高，终注标高进入砂砾卵石层之下新鲜基岩 1000.0mm。

（3）砂砾卵石层注浆段的上覆地层（粉质黏土层、粉细砂土层、中细砂土层）已做了高压旋喷注浆或高压摆喷注浆，因此要求注浆引孔的孔位与旋喷或摆喷孔位重合。

（4）在引孔钻进过程中，要求详细描述地层结构、地下水位、渗流情况且编制钻孔柱状图。

（5）注浆过程中，每一注浆孔均须认真做好注浆压力、注浆量等各项记录。密切注意注浆压力与注浆量变化，若注浆压力发生突变、注浆量迅速减少或不吸浆，即停止注浆；若注浆压力突然下降且增大注浆流量之后注浆压力仍然不回升，表明出现跑浆现象，可以采取缩短浆液胶凝时间与增大浆液浓度方法解决，也可以间歇注浆处理。

（6）正式注浆施工之前，首先进行现场"围井"注浆试验，目的在于验证注浆设计方案的合理性、浆液性能的可靠性，根据试验检测结果，适当修正注浆设计方案且调整浆材配比与水料比、制浆搅拌速度与搅拌时间。

（7）根据浆材配比与水料比室内经验结果、浆液性能现场试验结果、现场围井注浆试验结果，经过严格的浆材配比计算，批量制备浆液。因为现场施工属于粗放式作业，所以在制浆桶容量确定条件下，制备每桶浆液所需的水泥量、黏土量、水量均要求准确计量，以免影响浆液性能、结石体强度、结石体抗渗性等。

（8）制浆用水，要求无明显污染的天然灌溉水、饮用水。

（9）要求浆液随制随注。制成的浆液应及时一次性注入，不得在储浆桶中存留过长时间。

14.1.7　注浆效果检测

注浆结束一个月之后，2002 年 11 月 6 ~ 13 日，由工程业主、质监部门、监理单位、设计代表、施工单位等代表联合进行工程质量检测，评定注浆效果。

1）检测依据

检测依据：《水工建筑物水泥灌浆施工技术规范》（SL/T 62—2020），《建筑地基处理技术规范》（JGJ 79—2012），《建筑砂浆基本性能试验方法标准》（JGJ 70—2009），《土工试验规程》（SDS 01—79），《马钢姑山矿采场东帮一期防渗墙河漫滩方案设计说明书》。

2）检测方法

由于采用单排孔注浆设计，出于节减检测费而又可达到检测目的考虑，采用单孔检测方法，检测孔设置在相邻两个注浆孔之间中心处。具体做法是：在相邻两个注浆孔之间中心处，对注浆砂砾卵砾石层全程一次钻孔抽取岩心，检测岩心强度、浆体填充率（浆体填充度），并且通过压水试验方式检测帷幕墙体渗透系数、浆液扩散半径，据此评定特种黏土固化浆液注浆防渗加固效果。

现场压水试验的检测孔设在帷幕加固墙体上 AB8 注浆孔与 AB9 注浆孔之间中心处、AB56 注浆孔与 AB57 注浆孔之间中心处，见图 14-3，共做了两个压水试验孔。由于这两个抽检的注浆段较短，所以每个压水试验孔仅做一段压水试验。压水试验操作方法：孔段上部采用钢管做套管，注浆段上端与钢套管底端之间采用海带封堵，通过氧气瓶加压。

3）检测结果

现场压水试验的数据记录与检测结果见表 14-4（检测日期：2002 年 11 月 13 日）、表 14-5（试验检测：2002 年 11 月 6 日）。据此，通过式子 $k=[Q/(2\pi HL)]\ln(L/r)$ 计算注浆段帷幕墙体渗透系数 k，AB56 与 AB57 注浆段 $k=3.48\times10^{-5}$cm/s，AB8 与 AB9 注浆段

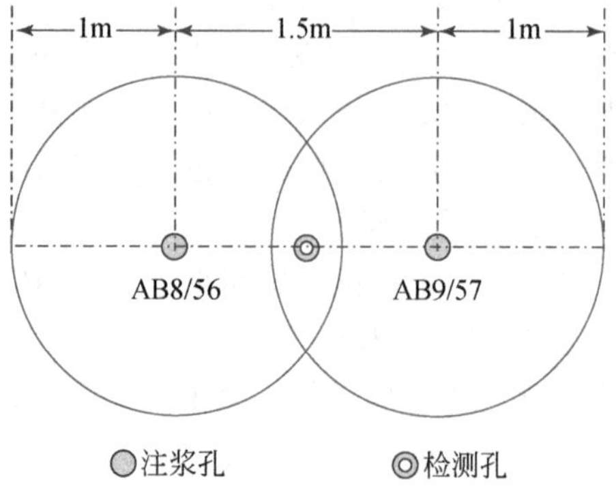

图 14-3　压水试验孔布置示意图

$k=1.08\times10^{-5}$cm/s，Q 为单位时间压入流量（m^3/d），H 为压水试验水头（m），L 为压水孔段长度（m），r 为钻孔半径（m）。

表 14-4　AB56 与 AB57 中心孔段压水试验结果

序号	试验水头 H/m	试验长度 L/m	钻孔半径 r/m	压水时间		压水量 /m^3	压水流量 Q/(m^3/d)
				开始	终止		
1	23.40	6.50	0.038	13:00	13:51	0.2	5.6
2	23.40	6.50	0.038	14:10	14:59	0.2	5.9
3	23.40	6.50	0.038	15:20	16:15	0.2	5.2

表 14-5　AB8 与 AB9 中心孔段压水试验结果

序号	试验水头 H/m	试验长度 L/m	钻孔半径 r/m	压水时间		压水量 /m^3	压水流量 Q/(m^3/d)
				开始	终止		
1	23.40	6.50	0.045	9:05	11:43	0.2	1.82
2	23.40	6.50	0.045	12:05	14:50	0.2	1.75
3	23.40	6.50	0.045	15:10	17:47	0.2	1.83

未注浆加固之前，AB56 与 AB57 段、AB8 与 AB9 段砂砾卵石层渗透系数为 $k=5.79\times10^{-2}\sim9.26\times10^{-2}$cm/s；而注浆加固之后，AB56 与 AB57 段砂砾卵石层渗透系数降为 $k=3.48\times10^{-5}$cm/s，AB8 与 AB9 段砂砾卵石层渗透系数降为 $k=1.08\times10^{-5}$cm/s。由此可见，就这种地层结构与地下水渗流条件而言，采用特种黏土固化浆液注浆防渗加固，地层渗透系数 k 降低 3 个量级，并且浆液在地层中有效扩散半径至少达到 1m，满足扩散半径与注浆效果的设计要求。

特别值得说明的是，注浆防渗加固段（露天采坑东帮高边坡）的帷幕墙体极其临近采矿大爆破区，尽管每天均经历大爆破开采触发相当于 8～10 级浅源特大地震的高强度、频繁爆破施工的地震动影响，但是注浆结束至今已过去近 20 年，帷幕墙体仍安然无恙，凸显采用特种黏土固化浆液注浆防渗加固墙具有很好的抗震性能。

14.2　广西南宁邕江防洪大堤注浆防渗加固工程

2003 年 6 ~ 7 月，按照防渗加固设计要求，广西先锋建设工程有限公司负责施工，在南宁邕江防洪大堤江滨医院段除险加固工程中，采用特种黏土固化浆液进行注浆防渗加固，注浆施工概况见图 14-4。

图 14-4　注浆除险段与施工概况

14.2.1　工程概况与注浆设计

1）工程地质条件

广西南宁邕江防洪大堤江滨医院段，坝体填筑材料主要为素填土、杂填土（含粗砂、卵石），坝基为粉质黏土不透水层。根据设计单位资料，注浆处理之前，坝体填筑素填土层与杂填土层的渗透系数 $k=9.35\times10^{-3}$ cm/s，坝基粉质黏土层渗透系数 $k=1.28\times10^{-4}$ cm/s。

2）注浆设计要求

根据注浆设计，要求注浆之后，坝体素填土层、杂填土层与坝基粉质黏土层的渗透系数降为 $k\leqslant5\times10^{-5}$ cm/s。

3）浆材配比与水料比

注浆设计要求制备的浆液，初始黏度为 30±5s，并且在 1h 之内黏度基本稳定或缓慢上升。据此，通过大量新配合比调浆试验，合理确定了浆材配比与水料比，水泥：黏土 = 1：4.5，特种结构剂掺入量 = 水泥掺入量×15%，水料比 = 1.63：1、1：1、0.6：1，相应的浆液比重分别为 1.35、1.4、1.5。制备了三种不同浓度浆液，注浆的浆液浓度变换原则为由稀到浓，即先注稀浆、再注浓浆。水泥为南宁五象牌 32.5R 普通硅酸盐水泥（储存时间不超过3个月)，黏土为南宁商业红黏土（粉质含量较多，南宁三塘镇黏土加工厂生产)。

4）注浆孔布置与钻孔

布置两排注浆孔，即A排注浆孔、B排注浆孔，A排为内堤排注浆孔，B排为外堤排注浆孔，排距为1m、孔距为2m，两排注浆孔呈品字形布置，A排注浆孔平均单位进尺耗浆为440.5kg/m，B排注浆孔平均单位进尺耗浆为166.8kg/m，两排注浆孔平均单位进尺耗浆为297.5kg/m。采用冲击钻进方法，钻注浆孔，孔径为110mm，每个注浆孔均深入下伏黏土层2～3m且达到设计孔底高程72m或73m（除了B_{390}孔设计孔底高程60.0m之外)。

5）注浆方法与结束标准

首先进行A排孔注浆，然后再进行B排孔注浆。每排孔注浆均按照3次序施工，即先施工Ⅰ序孔、再施工Ⅱ序孔、最后施工Ⅲ序孔，遵循由疏到密的灌注原则。孔深小于10m，采用全孔一段注浆方法；孔深大于10m，分两段由下而上注浆，并且增加尾管注浆，目的在于使浆液送至孔底（注浆尾管距孔底0.5m)。注浆压力不超过0.2MPa，即以不破坏砼路面与浆砌石挡墙为原则。若注浆压力达到0.2MPa且吸浆量小于0.4L/min，再延续灌注30min，即可结束。

14.2.2　质检方法与注浆效果

采用注水试验与抽心观察方法，检测注浆效果。注浆结束第7d，工程业主、质监部门、监理单位、设计单位等共同商定方案，检测注浆效果。在注浆段上，布置4个质量检测的钻孔，即J63、J64、J65、J66，进行注水试验、钻取岩心。注水试验见图14-5（检测单位：广西水利水电建设工程质量检测中心站)。各个检测孔注水试验的渗透系数：J_{63}，$k=1.34\times10^{-6}$cm/s；J_{64}，$k=4.09\times10^{-6}$cm/s；J_{65}，$k=9.78\times10^{-6}$cm/s；J_{66}，$k=3.16\times10^{-6}$cm/s。4个不同钻孔注水试验检测的渗透系数k值均小于设计要求值（设计要求注浆之后渗透系数

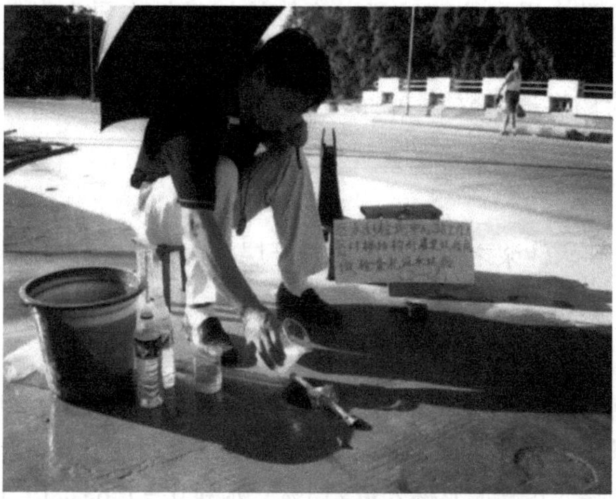

图14-5　注水试验

$k \leqslant 5 \times 10^{-5}$ cm/s)，并且远小于注浆之前注水试验的渗透系数 k 值（据设计单位提供，注浆之前，素填土层的渗透系数 $k = 9.35 \times 10^{-3}$ cm/s，粉质黏土层的渗透系数为 $k = 1.28 \times 10^{-4}$ cm/s）。此外，通过观察抽取的岩心，可见特种黏土固化浆液的胶凝固化结石体密实充填岩心，见图 14-6。因此，特种黏土固化浆液注浆达到了注浆防渗加固的设计要求，并且使注浆加固体的渗透系数降低 2～3 个量级。

图 14-6　抽取岩心

14.3　广西龙州金龙水库主坝注浆防渗加固工程

广西龙州金龙水库位于岩溶与断裂极度发育的石灰岩区，主坝为土坝，坝基基岩存在大溶洞、大裂隙，坝体与坝基渗漏严重（大渗流通道、大渗流量、大动水压力），汛期险情大。2003 年 12 月 18 日～2004 年 2 月 5 日，按照防渗加固设计要求，广西先锋建设工程有限公司负责施工，按照工程防渗加固的设计要求，在广西龙州金龙水库主坝防渗加固工程中，采用特种黏土固化浆液对坝体、坝体与坝基接触带、坝基基岩进行全面注浆建造防渗加固帷幕。

14.3.1　工程概况与过去治理效果

1）水库简介

金龙水库位于广西龙州县，临近越南，1959～1960 年建成，按照 50 年一遇洪水设计、100 年一遇洪水校核，300 年一遇洪水保坝设计，设计库容 2320 万 m^3、灌溉面积 2.8 万亩①，以灌溉、防洪为主的较大型水利工程，包括主坝、副坝、溢洪道、防水设施，主坝与副坝均为土坝、无防渗墙、结构单薄，主坝高度16.5m、长度285m、底宽65m、顶宽1.5m，副坝高度17m、长度122m，筑坝材料为含砾黏土，结构疏松、碾压不密实，平均容重仅1.35g/cm^3。

2）存在的问题

金龙水库位于岩溶区，岩溶漏斗几乎遍布整个库区，岩溶类型繁多、规模大、极度发育。由于库区封闭条件差，地下溶洞个大、数多、洞深、填充少、水流畅，加之地势较高，致使库水大量外漏，渗漏量高达860~960L/s，水库常年濒于干枯状态，民房建于库底边部、高压电线杆立于库底（足见水库多年濒于干枯状态），见图14-7；尤其是库水位达到319.5m高程，主坝坝脚全线渗水，形成三个集中渗水点、六个面状湿润区；坝肩与基岩衔接处常年大量漏水，见图14-7，渗漏量一般为15~45L/s。库区存在三个岩溶发育且密集的漏水带：第一漏水带位于主坝右肩，面积2.56×10^{4}m^2；第二漏水带位于主坝与副坝之间的狼牙山脚下，面积2.5×10^{4}m^2；第三漏水带位于副坝左肩，面积0.87×10^{4}m^2。此外，库区构造断裂发育，破碎带纵横交错，沿断裂有泉水点或落水洞分布。库区地震基本烈度为Ⅵ度。

图14-7　金龙水库濒于干枯图

由于金龙水库坝区严重漏水，虽然建设设计灌溉面积2.8万亩，但是建成以来实际灌溉面积仅0.2万~0.3万亩，不仅不能正常发挥效益，而且汛期还经常出现险情，危及下游生命、生产、财产安全。此外，由于水库漏水为深层水，导致坝后3500多亩农田受到

① 1亩≈666.7m^2。

不同程度冷害影响，产量很低。

3）过去治理效果

金龙水库虽然经过历年多次堵漏处理，但是收效一直不显著。2003 年 12 月，最大漏水量达 2.5m^3/s。每年 10 月，水库基本干枯。由于坝基、坝体、坝头（坝肩）、坝体与坝基基岩接触带等处存在很多较大断裂、溶洞之类的渗流通道，加之水库地势较高，并且主坝与副坝结构单薄、无黏土防渗墙、筑坝材料结构疏松且碾压不够密实，故此过去历年多次采用普通水泥浆液或水泥黏土浆液进行注浆堵漏、加固、除险。因为浆液泌水性极大、初始黏度小且黏度上升慢、初始静切力小且静切力上升慢、抗地下水稀释性差、胶凝固化时间长且体积收缩、结石体早期强度低且建立时间长、结石体抗崩解性与抗软化性差，所以注浆施工极易出现漏浆、跑浆与灌不满等现象，进而导致收效较小或失效或难以长期有效。

14.3.2　注浆设计方案与技术要求

金龙水库主坝注浆建造防渗加固帷幕，广西南宁水利电力设计院出具设计方案，广西先锋建设工程有限公司负责注浆施工。

1）设计方案与基本要求

坝基基岩帷幕设计 2～3 排注浆孔，单排孔距 2m、排距 1m，呈品字形布置，帷幕厚度 1～2m、入岩深度 15m 左右。坝体培土加厚且注浆建造帷幕，设计 2 排注浆孔，第一排注浆孔中心线位于坝轴线上游 1.75m、孔距 2m，第二排注浆孔位于坝轴线上游 0.75m、孔距 2m。注浆工程量，主坝总长度 285m，帷幕注浆长度 286m，设计注浆孔累计长度 11000m。

注浆后的基岩质量<5Lu①（注浆前试验孔检测的基岩质量>100Lu。检测时间：2002 年 4 月 2～15 日），坝体渗透系数降为 $k<1\times10^{-5}$ cm/s。采用静压分段循环注浆工艺，坝体注浆压力<0.2MPa，基岩注浆压力 0.5～0.6MPa。坝体注浆结束标准，灌满、劈裂，或达到设计注浆压力后再注 0.5～1h 不吸浆为止。基岩注浆结束标准，达到设计注浆压力后闭浆 1h 不吸浆为止。

2）浆材配比与水料比

水泥：黏土＝1：2，特种结构剂掺入量＝水泥掺入量×15%～18%，水料比＝1：1～1：1.15。要求制备的浆液的初始黏度为 20±5s，并且在 1h 之内黏度基本稳定或缓慢上升。水泥为 32.5R 普通硅酸盐水泥（储存期不超过 3 个月），黏土为就地采取的天然红黏土（红色粉质黏土），见图 14-10。为了封堵大溶洞、大裂隙，在浆液中掺入 15% 碎石（粒径在 5mm 左右），水泥：（黏土+碎石）＝1：2.6，就地采取灰岩加工成满足粒径要求的碎石，见图 14-8。

---

① Lu 为吕荣，通过钻孔压水试验检测的坝基岩体的透水率的单位，用于评估坝基岩体注浆的必要性，1Lu＝1L/(m·MPa·min)，即 1MPa 压力下 1m 试验段 1min 压入 1L 水。

图 14-8　制备黏土粗浆与加工碎石

3）注浆工程量

共计 286 个注浆孔，注浆孔总进尺 9504.7m，坝体注浆孔进尺 3941.7m，基岩注浆孔进尺 5561m。水泥消耗量 1634699kg，黏土消耗量 3445162kg，特种结构剂消耗量 30840kg，碎石消耗量 826244kg。

14.3.3　现场制浆与注浆工艺流程

现场制浆工艺流程见图 12-4，在此多一个向制成的特种黏土固化浆液中掺入碎石且高速搅拌环节。注浆工艺流程见图 12-5、图 12-6。整个施工的具体程序如下，见图 14-8 ~ 图 14-10。

图 14-9　制备特种黏土固化浆液

图 14-10　注浆施工

(1) 在大坝背水面的坝脚附近清理出一个足够大的料场，以备加工碎石、堆放碎石、堆放黏土，并且开挖一黏土粗浆的制浆池，在制浆池中设置电机驱动的搅拌叶片（根据制浆池大小，在不同位置设置一个或若干个搅拌叶片）。

(2) 人工与机械联合粉碎开采的石块，加工成满足粒径要求的碎石，并且将加工的碎石运往注浆现场（坝顶）。

(3) 根据设计要求、施工设备、施工条件、黏土特性等，进行浆液性能调制的若干次现场小额浆材配比与水料比试验，据此合理选择最佳的浆材配比与水料比方案，为批量制备浆液提供准确依据。合格浆液的评定标准见第 11 章。如第 11 章所述，特种黏土固化浆液的研制源自于膏状体注浆工艺，由于金龙水库主坝的渗流通道大、渗流量大、动水压力大，在满足设计扩散半径前提下，尽可能采用初始黏度大、黏度上升快、低水料比的浆液注浆，以便提高注入浆液的封堵效应与结石体强度、抗渗性、抗软化性、抗崩解性。

(4) 首先采用人工与机械联合方法粉碎就地采取的黏土，然后将粉碎的黏土导入黏土粗浆的制浆池中且注入适量水浸泡 24h（目的在于使土块充分崩解、分散），启动搅拌叶片在制浆池中将浸泡后的黏土初步制成适合于管路泵送的黏土粗浆。

(5) 将黏土粗浆泵送到注浆现场（坝顶）的黏土原浆搅拌机中（黏土粗浆过筛导入搅拌机），测定黏土粗浆的含水率（为了测定黏土粗浆的含水率，首先采用 JND-1006 型泥浆密度测定器，测定黏土粗浆的密度），并且按照最终制成浆液的设计水料比向黏土粗浆中补加水，同时高速搅拌 3～5min，在此过程中每隔 2～3min 采用漏斗黏度计测量一次浆液黏度，直到黏度不再发生变化且满足设计要求为止，黏土原浆便制备成功，合格的黏土原浆应满足“稳定、细腻”原则。

(6) 将黏土原浆泵送导入注浆桶中，根据设计浆材配比，向黏土原浆中一次性足量掺入水泥、特种结构剂、碎石，同时高速搅拌 5～7min，即制成含碎石的特种黏土固化浆液。特别值得说明的是，特种黏土固化浆液胶凝固化速度快，因此要求浆液随制、随注，千万不要让制成的浆液在注浆桶中滞留过长时间。

(7) 启动注浆泵开始注浆。在注浆过程中，低速搅拌浆液。每一段注浆结束，及时提管，以防浆液固化埋管。

14.3.4 施工质量检测与注浆效果

采用注水试验方法，检测注浆效果。由业主单位与监理单位随机定孔检测了185个注浆段，其中184个注浆段检测结果完全满足设计要求，仅有1个注浆段（28号孔1.5～6.5m注浆段）渗透系数的检测值为$k=3.4\times10^{-5}$cm/s。由广西壮族自治区水利科学研究院随机抽检了3个注浆孔（05号孔，16号孔，27号孔），检测结果完全满足设计要求。由抽取的岩心可以看出，特种黏土固化浆液结石体与碎石、土之间密实结合，见图14-11。

图14-11 特种黏土固化浆液注浆加固体岩心

根据金龙水库主坝注浆防渗加固工程应用结果，特种黏土固化浆液无析水性，初始黏度、胶凝时间、早期强度等均可控，具有很好的可泵性、固化性、抗稀释性、胶凝微膨胀性、封堵性，结石率为100%，能够在大渗流通道、大渗流量、大动水压力的岩溶与断裂地层中有效注浆建造防渗加固帷幕，浆材中占绝对优势的材料——黏土或黏性土可以就地就近采取，浆材成本低，施工简便。

14.4 黑龙江绥化红兴水库坝基高喷注浆中试

黑龙江绥化红兴水库属于大型水库，大坝长度达到9.3km（混凝土面板土坝），库区位于区域特大型复向斜构造区，整个库区长期渗漏，致使水库常年濒于干枯状态，见图14-12。若采用普通水泥浆液或水玻璃水泥浆液进行注浆堵漏与防渗处理，则浆材成本过高而难以接受。因此，黑龙江水利厅意向采用特种黏土固化浆液实施注浆堵漏与防渗处理。通过勘察资料分析：整个库区渗漏，若对库区进行全面注浆建造隔水底板，则成本极其高，也不现实；一种可行而节减的措施是对坝基自上而下直至下伏基岩隔水层注浆建造堵漏与防渗墙体；又由于坝基自上而下直至下伏基岩隔水层为一套含少量黏土的杂砂土层（包括粉砂土、细砂土、中砂土、砾砂土等），对浆液渗透性很差，所以无法进行有效的纯压注浆，因此决定采用高压旋喷工艺实施注浆。为了验证特种黏土固化浆液用于高压摆喷注浆工艺的可行性、有效性、节减性，需先在邻近坝基的库底进行高压摆喷注浆应用中试。

图 14-12　红兴水库濒于干枯现状

14.4.1　高压喷射注浆分类与工艺简介

1）基本概念与技术原理

高压喷射注浆工艺起源于日本，在化学注浆工艺基础上发展起来。高压喷射注浆：利用钻机钻孔至待注地层或土体中一定深度，将具有喷嘴的注浆管插至土层或土体中预定位置，采用高压水射流切割与破碎土体之后，及时向破碎土中高压喷射浆液射流，再一次冲击破坏土碎块且使浆液与土尽可能充分均匀混合，即除了细小土料随着浆液冒出水面之外，绝大部分土料在喷射流的冲击力、离心力、重力等联合作用下与浆液搅拌混合成混合料，并且按照一定浆土比有规律重新组合、静置密实，混合料胶凝固化便在注浆防渗加固体中形成固结体（如桩体、墙体、板体）。若以地基或堤坝加固为主要注浆目的，则不同钻孔注浆固结体之间可以不衔接，固结体如桩体便与桩间土之间一起构成复合地基，从而提高地基承载力、减少地基变形，实现地基或堤坝加固。若以地基或堤坝堵漏防渗为主要注浆目的，则不同钻孔注浆固结体之间必须具有一定重叠度的可靠衔接，要求各个固结体相互衔接形成具有一定厚度与可靠密实的帷幕墙体或板体，实现地基活泼堤坝堵漏防渗。

2）适用范围与技术优势

高压喷射注浆工艺，主要解决纯压注浆工艺难以解决或解决不了的对浆液静压渗透性差的地层或岩土注浆施工难题，应用于地基、堤坝、边坡等注浆堵漏、防渗、加固、增强与承载力提高、沉降控制、变形防控，既可以用于工程建设之前，也可以用于工程建设之中，还可以用于工程建设之后，不损害工程结构，不影响工程运行。

如上所述，以高压水或浆液喷射流冲击破坏与粉碎土体，并且在高压冲击力、离心力与重力联合作用下，浆液与土充分混合均匀，在喷射有效影响范围的近域浆液全置换土、远域浆液半置换土（无可注性问题），浆液与土混合料重新胶凝固化形成固结体之同时，固结体相当于掺入一定量土壤固化剂重新填筑且碾压密实的填筑层，几乎彻底破坏土中原有的渗流通道，相比于原来的土体，固结体强度、密实度、承载力、稳定性大幅度提高且沉降变形、侧向变形大幅度降低。

高压喷射注浆工艺，只需要在土体中钻一个孔径30mm或50mm注浆孔，便能够喷射出直径0.4～4.0m的固结体，因此在不良地基如软弱土地基条件下完全可以邻近既有建筑基础新建其他工程；此外，这种施工工艺还可以灵活成型固结体，既可以在注浆孔全长成柱型固结体、墙型固结体、板型固结体，也可以在注浆孔某一段成柱型固结体、墙型固结体、板型固结体。高压喷射注浆工艺，可以进行垂直于地面的竖向喷射注浆，而在交通隧道、输送隧道、城市地铁、地下空间、采矿井巷等工程中，也可以进行倾斜喷射注浆、水平喷射注浆。高压喷射注浆工艺，施工中，由于喷射参数欠合理、粗放式作业等原因，除了少许浆液沿着注浆孔与注浆管之间未可靠封住的间隙冒出地面之外，大部分浆液均聚集于喷射流破土范围之内，罕见串浆、流浆、跑浆与永远灌不满等影响注浆质量现象。高压喷射注浆工艺，在软弱土或细砂土与粉土地基施工中，不仅可以可靠预测注浆效果，而且因固结体具有很好的耐久性且可以用于永久工程。高压喷射注浆工艺，喷射的浆液一般以32.5R普通硅酸盐水泥浆液为主、化学浆液为辅（化学浆液只用于速凝与超早强的特殊注浆要求），在大孔隙、大渗流、大动水压力条件下或土与地下水中含有腐蚀性元素、对固结体强度与变形控制要求高、对固结体抗冻性与抗震性要求高等情况下，可以向水泥中掺入适量外加剂，以实现喷射的浆液不沉淀、不泌水、稳定、速凝、早强且结石体高强、抗冻、抗震、耐蚀、耐久，此外还可以在水泥中掺入一定量粉煤灰，不仅实现废物利用，而且降低浆材成本。因此，这种注浆工艺浆材来源广泛、易于获取、成本低廉。高压喷射注浆工艺，设备简单、全套紧凑、体积较小、机动性强、占地较少，可以在狭窄或低矮现场施工，管理方便。高压喷射注浆工艺，施工设备振动很小、噪声较低，不对邻近建筑物产生振动影响，也不存在环境噪声公害、水域污染、毒化饮用水源等问题。

鉴于上述，就各种黏性土、非黏性土或砂砾土等土体注浆而言，高压喷射注浆工艺，从施工方法、到加固质量、到适用范围、到解决问题，不但与纯压注浆工艺有所不同，而且与其他地基处理方法相比也有独到之处。纯压注浆工艺能够解决的土体防渗、加固、防冻等工程问题，高压喷射注浆工艺均可以解决，并且高压喷射注浆工艺还能够解决纯压注浆工艺难以或无法解决的对浆液静压渗透性差的土体注浆施工难题。

3）喷射工艺与固结体形态

根据注浆施工不同需求，高压喷射注浆工艺进一步分为高压旋喷注浆工艺、高压定喷注浆工艺、高压摆喷注浆工艺，见图14-13。这三种喷射工艺的喷射压力、喷射速度、喷射流量、提升速度等均可以因需要而方便调整，从而形成不同形态固结体与相应的注浆质量。

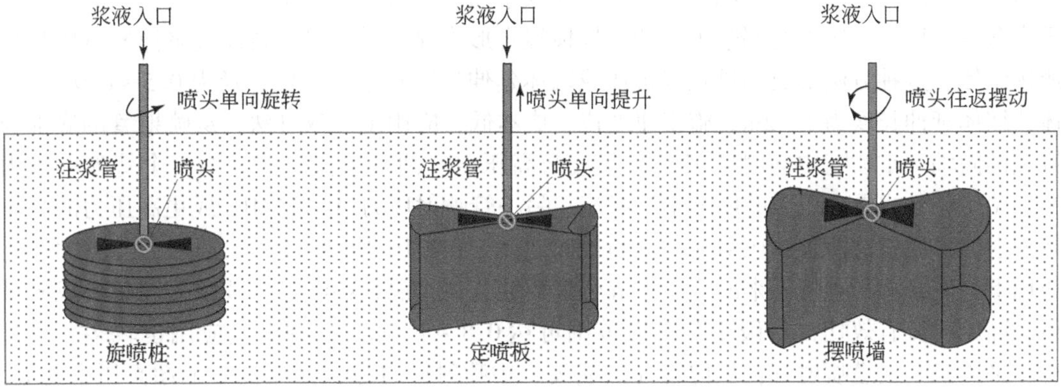

图 14-13　高压喷射注浆工艺示意图

高压旋喷注浆工艺，也简称为旋喷。施工中，喷嘴向四周均匀喷射浆液，喷嘴一边喷射、一边旋转且提升，形成圆柱状固结体（旋喷桩），主要用于土体加固而提高土的抗剪强度、改善土的变形性质、降低土的压缩性，也可以形成闭合防渗加固帷幕（要求旋喷桩互相无缝衔接而形成帷幕墙体），不仅阻隔地下水流、治理流砂、防止管涌，而且还起到加固土体作用。

高压定喷注浆工艺：施工中，喷嘴向左右两个固定方向喷射浆液，喷嘴一边喷射、一边提升，形成较薄板状（壁状）固结体（定喷板），主要用于形成帷幕墙体（要求不同注浆孔的板状固结体相互无缝衔接而形成浑然一体的帷幕墙体），起到土体防渗与加固双重作用，但是以堵漏与防渗为主，一般用于堤坝堵漏防渗与加固、基坑堵漏防渗与防塌、边坡安全防控与堵漏防渗。

高压摆喷注浆工艺：施工中，喷嘴向左右两侧按照一定往返变化的喷射角喷射浆液（喷射方向呈较小角度来回摆动），喷嘴一边喷射、一边提升，固结体形如较厚墙状固结体（摆喷墙），主要用于形成帷幕墙体（要求不同注浆孔的墙状固结体相互无缝衔接而形成浑然一体的帷幕墙体），既有效加固土体，又可靠堵漏、防渗，一般用于堤坝堵漏防渗与加固、基坑堵漏防渗与防塌、边坡安全防控与堵漏防渗。

高压定喷注浆工艺喷出的射流能量集中、喷射范围较大。以防渗为主要目的注浆，多采用高压定喷注浆工艺、高压摆喷注浆工艺；较粗粒土地层注浆，多采用高压摆喷注浆工艺、高压旋喷注浆工艺。高压定喷注浆工艺、高压摆喷注浆工艺的孔距为 1.2 ~ 2.5m，高压旋喷注浆工艺的孔距为 0.8 ~ 1.2m。注浆深度超过 20m 的复杂地层，以布置双排注浆孔或三排注浆孔为宜，有利于高喷桩形成连续的堵水帷幕，孔距为 1.73R（R 为旋喷固结体半径），排距为 1.5R 最经济。值得注意的是，高喷桩距应视上部荷载重力、单桩承载力、工程地质条件而具体确定，一般取桩距为 $S=(3\sim4)d$（d 为旋喷桩直径），桩布置形式可以为矩形或梅花形。

4）具体方法与注意事项

根据具体情况与要求，高压喷射注浆工艺又分为单管法、双管法、三管法，见图 14-14。单管法：不喷射高压水射流或高压空气射流，直接喷射压力 20 ~ 25MPa 或更高压力的高压浆液射流切割与破碎土体，同时提升与旋转喷射管（喷浆头），在喷射冲击力、离心力与重力联合作用下，浆液与剥落下来的土掺搅混合形成混合料，混合料经过浆液胶凝固化形成固结体，这种方法形成的桩径或板体或墙体延伸长度较小，一般桩径为0.5～0.9m，板体或墙体延伸长度为1～2m，施工速度快、成本低、应用多。双管法：从喷射管的底部与侧面的同轴双重喷嘴中同时喷射高压浆液与高压空气两种射流，即其中一个管喷射压力0.7～0.8MPa或更高压力的压缩空气射流、另一管喷射压力20～25MPa或更高压力的高压浆液射流，通过这两种高压射流切割与破碎土体，在高压喷射冲击力、离心力与重力联合作用下，使浆液与剥落下来的土掺搅混合形成混合料，混合料经过浆液胶凝固化形成固结体，高压射流有效切割、破土与掺搅范围可达0.8～1.5m，这种方法应用也较多。三管法：采用三个通道喷射管，从内管（内喷头）中喷射压力为30～50MPa的超高压水射流，超高压水流周围环绕着从外喷嘴中喷出压力为0.7～0.8MPa的圆筒状压缩空气射流，首先通过这两种同轴喷射的超高压水流与高压气流联合切割与破碎土体，然后通过高压注浆泵注入压力为0.2～0.7MPa或更高压力的浆液（浆液流量一般为80～100L/min），浆液置换剥落下来的土，浆液胶凝固化形成固结体，或者在喷射超高压水流、高压气流之同时，注入高压浆液，在高压喷射冲击力、离心力与重力联合作用下，使浆液与剥落下来的土掺搅混合形成混合料，混合料经过浆液胶凝固化形成固结体，这种方法形成的固结体桩径可达1～2m，桩径较二管法大、较单管法大1～2倍。

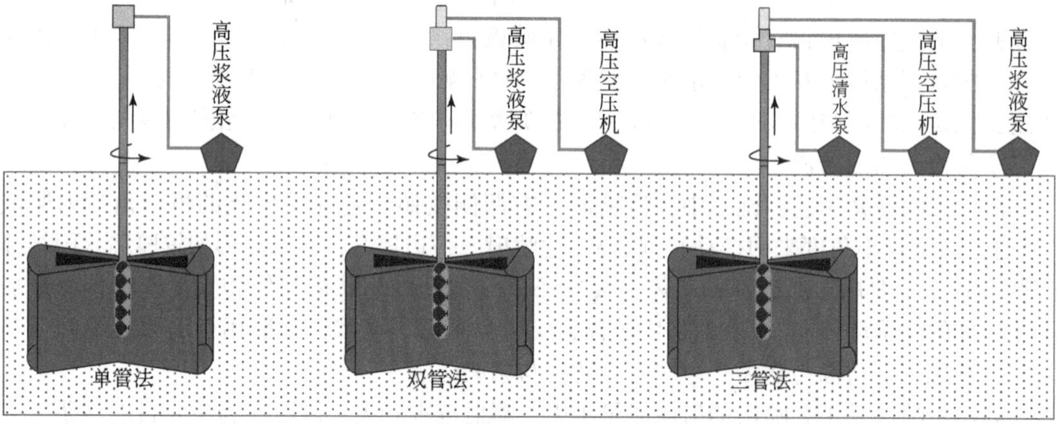

图14-14　高压喷射注浆施工方法

高压喷射注浆施工中，必须可靠控制喷射压力、喷浆量、孔口冒浆等，据此可以间接掌握注浆效果，以及存在的问题，以便及时调整喷射参数或改进工艺，进而保证注浆效果，特别是实施多重喷射，更可以从计算机显示屏上清楚看固结体形状、规模。为了满足高压注浆要求且确保施工安全，按照规定要求进行规范施工、设备维护、安全管理，高压设备上必须设置安全阀门、自动停机装置，一旦压力超过规定值，阀门便自动开启泄浆、降压或自动停机，从而避免因堵孔升压而造成爆破事故，并且保护高压胶管不损坏。高压胶管：直径Φ19mm，三层钢丝裹绕高压胶管，安全使用压力不低于50MPa，爆破压力不低于120MPa。空气压缩机：进气量不低于360L/min，工作压力不低于1MPa。高压注浆泵：出浆量不低于 120L/min，最大工作压力不低于 7MPa，输送浆液的相对高度不低于 80m、水平距离不低于 200m，要求泵具有一组主泵加高压补偿的双活塞驱动，即一个活塞为主工作活塞，另一个为补偿活塞，活塞冲程不小于 130mm、直径不小于 90mm。超高压清水泵：最大工作压力不低于 50MPa。超压过载安全装置：达到设定最高压力，泵自动关闭，而当压力下降至设定值，泵又自动开启。注浆桶：容量不低于 200L，装置搅拌叶片，注浆过程中要求叶片低速搅拌以防浆液沉析。振动筛：制浆桶要求设置振动筛，以过滤泵入制浆桶的粗浆中的大颗粒，并且从制浆桶向注浆桶泵送导入粗浆也要求通过振动筛，以进一步过滤浆液中较大颗粒，根据需要，可以在振动筛上设置开启与关闭装置，以便泄浆顺利且控制浆液中颗粒粒度（电机：380V，额定功率不低于 20kW）。

高压喷射注浆绝不可仅依据既往经验。针对具体工程，制定施工方案之前，应掌握工程地质条件、水文地质条件、工程设计资料、同类工程竣工资料、同类工程现状资料、邻近工程资料、地下埋设物资料等；正式施工之前，必须进行现场注浆试验或试验性施工，特别是基于现场注浆试验合理确定浆液喷射范围与注浆固结体（墙体，桩体）的连续性、强度、抗渗性等，并且结合既往工程经验，敲定合理而有效的注浆方法与施工工艺。高压喷射注浆的施工步序：钻机就位，钻孔施工，插管操作，喷射作业，冲刷喷射，移动钻机。喷射作业：一般在预钻孔中由下而上逐步进行，也有采用振冲方式成孔直接进行喷射作业。

5）质检时间与检测方法

高压喷射注浆形成高喷固结体（帷幕墙体，注浆加固体）质量检测时间一般为喷射结束 28d。检测方法：①开挖检测，开挖检查高喷固结体的垂直度、形状、固结程度；②钻孔检测，从高喷固结体中钻取岩心进行物理力学性能试验，并且在钻孔中做压水试验或抽水试验以检测抗渗性，可以检测防渗效果、加固效果；③标贯试验，在高喷固结体中部进行标准贯入试验，可以检测防渗效果、加固效果；④载荷试验，针对高喷固结体做静载荷试验，分为垂直静载荷试验、水平静载荷试验，要求在受力部位浇筑 0.2～0.3m 厚混凝土层，可以检测加固效果；⑤围井试验，在高喷墙体一侧增加若干钻孔喷浆，使之与高喷墙体形成封闭围井，在围井中进行压水试验或抽水试验，或者观测围井内水位变化、外水位变化，多处检测防渗效果。

14.4.2　高压旋喷注浆中试与效果检测

在红兴水库库底邻近坝基选择一个现场中试场地，采用特种黏土固化浆液进行高压旋喷注浆应用中试。中试场地地层组成，上覆地层为软弱土层（库区淤泥质沉积层），下伏地层为一套含少量黏土且对浆液渗透性很差的杂砂土层，见图 14-15，主要为粉砂土、细砂土、中砂土，其中含少量砾砂土。这层含少量黏土的杂砂土层大量渗水是坝基全线渗漏的主要原因，必须进行注浆堵漏与防渗处理。但是，这层土对浆液渗透性很差而无法实施有效的纯压注浆，因此决定采用高压旋喷工艺实施注浆。为了验证特种黏土固化浆液用于高压旋喷注浆工艺的可行性、有效性、节减性，首先进行现场高压旋喷注浆中试。

图 14-15　钻取坝基杂砂土照片

1）室内试验结果

经过试验检测，坝基杂砂土中黏土含量为 2.4% ~6.7%。高压旋喷注入这层杂砂土中浆液还要与砂土、黏土混合，也就是说，制备特种黏土固化浆液时，应该从浆材黏土掺入比中扣除杂砂土中 2.3% ~6.7% 黏土比（取 2.4% ~6.7% 平均值 4.55% 作为扣除的黏土比）。通过一系列浆材配比试验，最后确定了特种黏土固化浆液的材料配比与水料比：水泥 8%，黏土 87.45%（实际为 92%，从中扣除了 4.55%，即 92% −4.55% = 87.45%），特种结构剂掺入量 = 水泥掺入量×12%，水料比 0.8∶1。水泥为 32.5R 普通硅酸盐水泥，黏土为现场就地采取的粉质黏土，现场制浆水为水库灌溉水，实验室制浆水为哈尔滨市饮用自来水。根据这种浆材配比与水料比制备了特种黏土固化浆液，实验室按照浆液与从坝基钻取的杂砂土配比为 6∶4 的掺入比制备了浆液胶凝固化杂砂土试件（试件制备方法：按照重量百分比，将浆液与杂砂土混合且充分搅拌均匀形成混合料，混合料盛入 70.7mm×70.7mm×70.7mm 模具中，通过振捣密实法可靠密实试件），试件标准养护 28d 检测的无侧限抗压强度为 4.44 ~7.24MPa、30m 压力水头下渗透系数为 2.6×10^{-6} ~ 8.2×10^{-6} cm/s，满足现场中试的设计要求。

2）施工设备与工序

采用高压旋喷注浆工艺——单管法，见图 14-16、图 14-17，进行现场高压喷射注浆中试，即利用高压喷射的浆液射流首先切割与破碎、分散杂砂土层，然后在高压射流产生的冲击力、离心力与浆液重力、土重力联合作用下，浆液与分散的土进行动态混合而形成混合料，通过特种结构剂中活性成分、水泥中活性成分与土中黏粒或黏土矿物表面吸附的碱金属或碱土金属元素、水发生一系列化学反应，生成大量胶体成分与结晶水化物，作为土颗粒胶结物、土孔隙充填物，实现浆液与杂砂土混合料胶凝固化与密实增强。

施工设备：钻机，高喷台车，高压注浆泵，制浆机（两台制浆机，一个用于制备黏土原浆，另一个用于制备特种黏土固化浆液，要求搅拌速度为 30 ~60r/min，可调），注浆桶，振动筛（筛眼尺寸为 2mm，可调速电机驱动，设置开启与关闭装置），三层钢丝裹绕高压胶管，超压过载安全装置，此外在注浆现场开挖一个一定容量的黏土浸泡池（池中设置电机驱动的搅拌叶片）。

施工工序：布孔，钻孔，制浆，高压旋喷注浆，静压回灌。

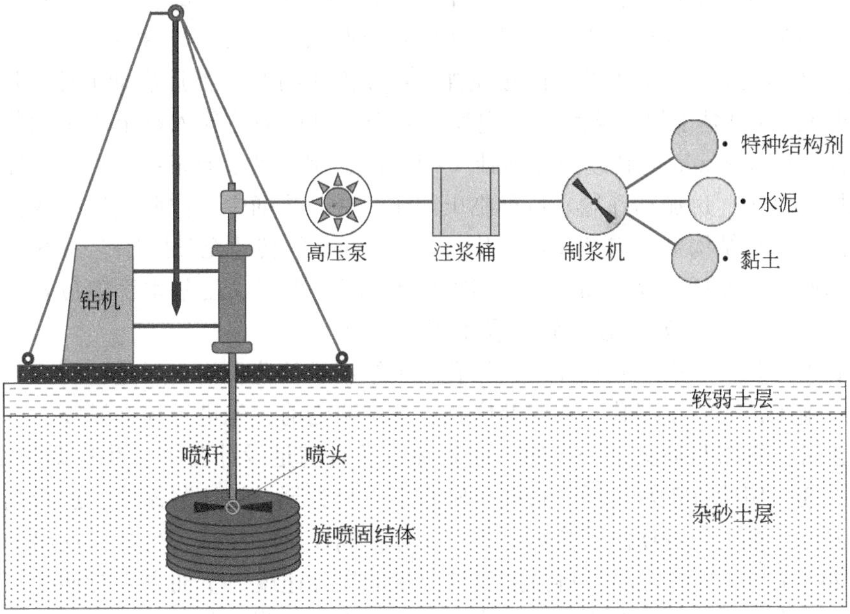

图 14-16　红兴水库坝基杂砂土层高压旋喷注浆示意图

图 14-17　红兴水库坝基杂砂土层高压旋喷注浆中试现场照片

布孔与钻孔：布置两排注浆孔，每一排 8 个孔，孔距 1.5m，排距 1.5m，孔径 130mm，孔深 10m，回转钻进且泥浆护壁，钻成一个孔、注浆一个孔（由于在杂砂土层中注浆，钻孔稳定性差，因此若待所有 16 个孔全部钻完，再注浆，可能出现塌孔现象）。

制浆：①根据实验室调浆试验结果，按照水泥 8%、黏土 87.45%、特种结构剂掺入量=水泥掺入量×12%、水料比 0.8：1 的浆材配比与水料比，制备浆液；②现场就地采取与实验室试验一样的黏性土，估算取土量满足 16 个孔注浆用量要求，采取的黏性土直接放入黏土浸泡池中，注入适量水浸泡黏土 12h（浸泡 8h 之后，启动搅拌叶片，以 30r/min 的转速充分破碎土块、分散土粒，停止搅拌，再浸泡大约 1h，然后启动搅拌叶片充分搅拌成黏土粗浆）；③将黏土粗浆从黏土浸泡池中泵送，过振动筛导入黏土原浆制浆桶中，启动搅拌叶片，以 80r/min 的转速充分搅拌 5～10min，制成黏土原浆；④将黏土原浆从黏土原浆制浆桶中泵送，过振动筛导入特种黏土固化浆液制浆桶中，按照上述掺入比一次性足量掺入水泥、特种结构剂，启动搅拌叶片，以 80r/min 的转速充分搅拌 5～10min（在此过程中，采用漏斗黏度计每隔 2min 检测一次浆液黏度，直至黏度基本稳定位置，即前、后两次黏度检测值基本一致），制成特种黏土固化浆液。

高压旋喷注浆：①高压旋喷注浆在钻孔施工结束且验孔合格之后进行，每一排注浆孔均采用二序施工，先注Ⅰ序孔、再注Ⅱ序孔；②注浆之前，先进行地面试喷，以检查机械设备是否正常、管路与喷头是否畅通、注浆参数是否满足设计要求，并且调整喷射方向、摆动角度；③一切检查正常之后，自孔口竖直下入喷管至设计注浆深度，进行高压旋喷注浆；④根据设计规定的各项注浆参数进行初始原位高压旋喷注浆，待孔口返出的浆液的密度达到 1.24～1.26g/cm^3 之后，再按照设计要求的提升速度自下而上进行连续高压旋喷注浆，直至完成全孔注浆；⑤若中途因故中断而后又恢复注浆，要求对中断的孔段进行复喷注浆，复喷孔段与之下孔段之间搭接长度不小于 50cm；⑥注浆过程中，要求以 30r/min 的转速低速搅拌注浆桶中浆液，以免浆液沉析。

静压回灌：喷杆提升至距离地面 50cm，停止高压旋喷注浆，改用纯压式注浆，即静压回灌，注浆压力不超过 0.1MPa，要求间歇注浆，直至浆液填筑到孔口不再下沉为止。

每一钻孔注浆结束，要求及时冲洗，清理干净喷杆、喷头与管路系统，以保证浆液畅通，再进行下一钻孔高压旋喷注浆。

3）施工特殊问题与解决办法

由于针对杂砂土层进行高压旋喷注浆，在钻孔与注浆过程中难免出现塌孔、漏浆、冒浆、串孔（串浆）等特殊问题，引起注浆压力骤降或骤增、孔口回浆密度或回浆量异常等。

塌孔：砂土层自稳能力差，加之邻近钻孔施工扰动、地下水渗流、局部含砾石较多，因此发生塌孔、脱落，致使喷射管（喷杆）难以或无法下放至设计注浆深度。解决办法是增加护壁泥浆浓度，或者在泥浆中加入火碱（商业膨润土，重晶石粉）以提高护壁效应，或者在必要时采用套管护壁钻进。

漏浆：在砂层与砂砾石层中注浆难免漏浆，表现为达到设计注浆量时仍然注不满、钻孔或注浆时孔口不返浆或返浆量低。解决办法是钻孔时加大护壁泥浆浓度或向泥浆中掺入水玻璃等，注浆时停止提升喷杆或降低提升喷杆速度、降低喷浆压力、降低喷浆流量、加快浆液胶凝固化速度（通过适当增加特种结构剂掺入比措施）、增加浆液浓度（通过适当减低浆液水料比措施），无论是钻孔，还是注浆，必须待孔口返浆正常时才能提升钻杆或喷杆。

冒浆：在砂层或含砾石砂层中进行高压旋喷注浆，当喷杆提升到浅层或较浅层注浆时，地面出现浆液冒出或喷出现象。解决办法是在冒浆点压土覆盖或降低喷浆压力、间歇喷浆。

串浆：针对砂层或含砾石砂层进行高压旋喷注浆，在某一钻孔中正常注浆，浆液从相邻钻孔中返出，说明钻孔之间具有跑浆通道相连。解决办法是将相邻的串浆钻孔的孔口清理窜出的浆液后再采用黏性土密实填筑并压重或降低喷浆压力，注浆孔注浆结束之后，尽快对串浆孔进行复钻至设计注浆深度。

4）注浆效果与质检方法

高压旋喷注浆结束自然养护 28d 之后，采用大开挖方法、现场压水试验方法、钻取原状心样方法，联合检测高压旋喷注浆效果，见图 14-18。在两排注浆孔中间沿着排孔方向，开挖一个宽度 1m 探槽（探槽深入注浆的杂砂土层，探槽在地面起始位置在注浆孔分布范围由未参与现场施工的质检人员随机确定），并且在探槽中再随机选择一个位置开挖一个穿越排孔的水平检测巷道（垂直于排孔方向），现场观察杂砂土层被注入浆液充填程度，见图 14-18①、②、⑤、⑧。在两排注浆孔中间钻取固结体的原状岩心且可靠封装，见图 14-18③、⑥，用于实验室检测固结体无侧限抗压强度。利用钻取岩心的钻孔，通过压

图 14-18 红兴水库坝基杂砂土层高压旋喷注浆现场质检概况

水试验检测固结体的渗透系数。由于这次针对大型水库坝基大渗漏杂砂土层堵水防渗与加固的高压旋喷注浆现场中试采用特种黏土固化浆液这种新材料技术，因此引起黑龙江省水利厅与媒体记者关注，水利厅领导、媒体记者一并亲临现场参加施工质量现场检测与验收，见图 14-18④、⑤、⑦、⑧。

根据探槽、巷道与钻取心样观察，通过高压旋喷注浆工艺施工，在设计要求的有效注浆范围内，注入的特种黏土固化浆液与杂砂土达到了充分混合均匀程度且浆液充填饱满，不同位置单孔喷浆有效半径变化于 1.47～1.65m 之间，满足或超出设计指标。帷幕墙体的渗透系数现场压水试验的检测值为 3.74×10^{-6} cm/s，满足设计指标。固结体原状心样无侧限抗压强度试验检测的平均值为 2.86MPa，设计要求指标不低于 0.5MPa。

根据上述各项抽检结果，特种黏土固化浆液可以用于砂土层地基堵漏、防渗、加固的高压喷射注浆工艺，相比于广泛应用的水泥浆液材料，特种黏土固化浆液在高压喷射注浆工程中应用，不仅浆液性能更优，而且浆材中占比绝对优势的黏土或粉质黏土可以在施工现场就地就近采取，并且对土质要求较低，取土费用也很低，从而避免了选土困难与大宗浆材远距离运输费用，因此具有极大的浆材节减性。经过初步预算，红兴水库 9.3km 大坝坝基全线进行高压喷射注浆堵漏、防渗、加固，采用特种黏土固化浆液的浆材成本为采用水泥浆液的浆材成本 1/3～1/2，浆材节减性极其可观，并且显著缩短工期。

14.5 北京地铁 5 号线雍和宫站地基沉降注浆控制

北京地铁 5 号线雍和宫站，主体人工暗挖结构施工断面跨度达 32.05m、最大净空高度为 18.37m、开挖断面 475.75m^2、暗挖段路面最薄覆土层厚度 5.1m，属于当时国内最大的多层多跨平顶直墙法暗挖施工地铁站。施工区域上部为北二环路、车站顶部位于地下 10m，东侧为雍和宫这一国家重点文物保护古建筑群，距离雍和宫外墙仅 18m，见图 14-19。其地面之下 0.6m 存在电信、电力、污水、上水、燃气等很多市政管线，因此暗挖施工环境复杂、位置特殊，施工中控制地表沉降安全风险大，而安全施工又直接关系地面交通顺畅、市民生活正常运转，特别是为了确保施工期间雍和宫安全而极其严格要求可靠控制地面沉降，要求施工期间地面沉降控制在 3cm 之内。

雍和宫站施工区域为高压缩性的深厚回填土层，因此人工暗挖施工严格控制地面沉降极其困难。首先，采用普通水泥浆液注浆控制地面沉降，但是未取得要求的控制效果，地面沉降连续发生直至接近于控制警戒线；后来，改用特种黏土固化浆液注浆控制地面沉降，注浆结束 8h，便可靠控制了地面沉降，保证了施工环境安全，凸显特种黏土固化浆液在注浆控制高压缩性深厚回填土层沉降方面的技术优越性。

特种黏土固化浆液的浆材配比与水料比：水泥 15%、黏土 85%、特种结构剂掺入量=水泥掺入量×20%，水料比 0.8∶1。水泥为普通硅酸盐水泥，黏土为现场就地采取的黏性土。

制浆：①预浸泡分散现场就地采取的黏性土，并且搅拌成可以泵送的浆液（搅拌速度 30r/min，搅拌时间 3～5min），将浆液泵送过筛至制浆桶中；②在一个制浆桶中制备黏土粗浆（搅拌速度 80r/min，搅拌时间 5～10min）；③将黏土粗浆泵送过筛导入另一个制浆

(a)雍和宫　(b)暗挖施工

(c)制浆　(d)注浆　(e)贺长俊先生介绍沉降情况

图 14-19　北京地铁 5 号线雍和宫站暗挖施工与沉降注浆控制

桶中，首先制备黏土原浆（搅拌速度 80r/min，搅拌时间 5 ~ 10min），然后向黏土原浆中一次性足量掺入水泥、特种结构剂，见图 14-19（c），继续高速搅拌 5 ~ 10min，制成特种黏土固化浆液。要求浆液随制随注。

注浆：①采用球面静压注浆工艺；②注浆过程中停止暗挖施工；③多排注浆孔呈品字形布置，排距、孔距均为 1m；④对待注浆的深厚回填土层全程机械引孔；⑤根据注浆段上覆土层厚度且考虑地面混凝土强度合理确定注浆压力，深部注浆的注浆压力不超过 0.5MPa，浅部注浆的注浆压力不超过 0.2MPa；⑥在同一钻孔中，上、下相邻注浆点之间间距设定为 50cm；⑦浆液扩散半径合理确定为 75cm，据此且结合土层孔隙率预估各注浆点的注浆量，作为各注浆点的注浆结束标准之一，各注浆点的注浆结束标准之二为孔口返出浆液的密度达到 1.24 ~ 1.26g/cm^3，各注浆点的注浆结束标准之三为达到要求的注浆压力之后再屏浆 10min；⑧间隔孔、间隔排注浆，下注浆管至孔底，从孔底开始自下而上连续注浆，见图 14-19（d），下一注浆点灌注结束，提升喷浆头至上一注浆点继续灌注，直至全孔注浆结束，采用水泥水泥砂浆可靠封闭孔口；⑨全部孔注浆结束，对不同位置若干标志性监测点每隔 2h 监测一次地面沉降值，直至沉降稳定之后，开始暗挖施工。

14.6　结论与总结

基于五个不同工程应用案例的实际载体，介绍了在岩土注浆堵漏、防渗、加固、增强与抗震加固、滑坡防控、沉降控制等方面，特种黏土固化浆液应用的技术优越性，并且给出了不同场景与不同施工方法的设计要点、工艺流程、技术要求与可能出现的特殊问题解决办法。安徽马钢集团姑山露天大爆破采场100m边坡安全防控的成功应用案例，是复杂地层结构超高陡边坡、大渗漏砂砾卵石层、抗浅源近震特大地震动条件下注浆堵漏、防渗、加固的典型代表。广西南宁邕江防洪大堤江滨医院段除险加固的成功应用案例，是无黏土防渗墙的素填土与杂填土防洪大堤的注浆堵漏、防渗、加固与汛期安全防控的典型代表。广西龙州金龙水库主坝除险加固的成功应用案例，是岩溶与断裂极度发育地区大溶洞、大裂隙、大渗流、大动水压力条件下坝基基岩、坝体与基岩接触带、结构单薄且无黏土防渗墙土坝的注浆堵漏、防渗、加固的典型代表。黑龙江绥化红兴水库坝基杂砂土层高压旋喷注浆堵漏与防渗的成功中试案例，是难以有效进行纯压式静压注浆的杂砂土层高压喷射注浆堵漏与防渗的典型代表。北京地铁5号线雍和宫站回填土地基注浆控制沉降的成功应用案例，是地铁站人工大跨度暗挖扰动条件下高压缩性深厚回填土地基施工沉降可靠控制的典型代表。根据这五个不同工程案例的应用结果，并且结合较多其他工程不同条件下成功应用经验，以及数值试验、物模试验，在地基、路基、堤坝、边坡等注浆堵漏、防渗、加固、增强、抗震、防冻与滑坡防控、沉降控制方面，特种黏土固化浆液既可以用于纯压式静压注浆，又可以用于高压喷射注浆，还可以用于振动注浆，凸显技术功效的优越性、解决问题的实用性、浆材成本的节减性，因此其拥有广泛的应用前景。

参考文献

[1] 吴冠雄．生物酶土壤固化剂加固土现场试验研究．公路工程，2013，38（1）：70-74.

[2] 吴悠．火山灰基胶凝材料用于岩土工程细粒胶结行为研究．马鞍山：安徽工业大学硕士学位论文，2018：29-101.

[3] 叶书麟．地基处理工程实例应用手册．北京：中国建筑工业出版社，1998：5-47.

[4] 肖雪军，鞠宇飞．煤矸石质固土材料在固化土中的应用研究．铁道建筑，2019，59（7）：105-108.

[5] 肖林，王春义，郭汉生，等．建筑材料水泥土．北京：水利电力出版社，1987：30-114.

[6] 熊厚金，林天健，李宁．岩土工程化学．北京：科学出版社，2001：79-121.

[7] 胡明玉，付超，魏丽丽，等．无机土壤固化剂对生土材料改性及机理．材料研究学报，2017，31（6）：445-450.

[8] 米吉福，汪浩，刘晶冰，等．土壤固化剂的研究及应用进展．材料导报，2017，31（S1）：388-391.

[9] Abo-El-Enein S A，Hashem F S，Amin M S，et al. Physicochemical characteristics of cementitious building materials derived from industrial solid wastes. Construction and Building Materials，2016，126：983-990.

[10] Broderick G P，Daniel D E. Stabilizing Compacted Clay against Chemical Attack. Journal of Geotechnical Engineering，1990，116（10）：1549-1567.

[11] Domone P L，Tank S B. Use of condensed silica fume in Portland cement grouts. Journal of the American Concrete Institute，1986，83：339.

[12] Durning T A，Hicks M C. Using microsilica to increase concrete′s resistance to aggressive chemicals. Concrete International，1991，13（3）：42-48.

[13] Dong Y，Shao Y，Liu A，et al. Insight of soil amelioration process of bauxite residues amended with organic materials from different sources. Environmental Science and Pollution Research，2019，26（28）：29379-29387.

[14] Foreman D E，Daniel D E. Permeation of compacted clay with organic chemicals. Journal of Geotechnical Engineering，1986，112（7）：669-681.

[15] 程鉴基．排桩-化学灌浆深基坑支护的新方法．北京：宇航出版社，1994：27-46.

[16] 农维勒 E. 灌浆的理论与实践．顾柏林，译．沈阳：东北工学院出版社，1991：52-93.

[17] 霍凯成．注浆机理及应用．武汉理大学学报，2002，24（2）：43-44.

[18] 倪宏革．洛湛线岩溶路基注浆加固与检测．水文地质工程地质，2003，1：84-87.

[19] 王洪恩．粘土水泥浆物理力学性能的试验研究．水利水电技术，1982，6：60-66.

[20] 王星华．粘土固化浆液在地下工程中的应用．北京：中国铁道出版社，1998：9-142.

[21] 王立华．有机无机复合土壤固化剂及在矿区沉陷路段复修中应用．青岛：山东科技大学硕士学位论文，2005：31-107.

[22] 谢尧生．新拌水泥浆体的流变性．北京：中国建材工业出版社，1981：17-68，89-107.

[23] 肖荣．国外化学注浆技术的发展及应用．西北地质，1994，15（3）：16-21.

[24] 岩土注浆理论与工程实例编委会．岩土注浆理论与工程实例．北京：科学出版社，2001：31-92.

[25] 杨秀竹．粘土固化浆液试验研究及宾汉体流型粘土类浆液有效扩散半径计算公式推导．长沙：中南大学博士学位论文，2003：34-121.

[26] 张连明．一种优质价廉注浆材料——粘土水泥浆．大坝观测与土工测试，1997，21（3）：38-39.
[27] 白永年，刘宪奎．土坝坝体和堤防灌浆．北京：水利电力出版社，1985：35-119.
[28] 程骁，张凤祥．土建注浆施工与效果检验．上海：同济大学出版社，1988：32-77.
[29] 陈明祥，陈义斌．超细水泥和细水泥灌浆材料的发展现状及应用．长江科学院院报，1990，16（5）：62-67.
[30] 邝建政，杜嘉鸿．岩土注浆理论与工程实例．北京：科学出版社，2001：44-201.
[31] 李茂芳，孙钊．大坝基础灌浆（第二版）．北京：水利电力出版社，1976：51-148.
[32] 杜嘉鸿，张崇瑞，何修仁，等．地下建筑注浆工程简明手册．北京：科学出版社，1992：29-135.
[33] 王杰，杜嘉鸿，陈守庸．注浆技术的发展与展望．沈阳建筑工程学院学报，1997，13（1）：59-64.
[34] 杨米加，陈明雄，贺永年．注浆理论研究现状及发展方向．岩石力学与工程学报，2001，20（6）：839-841.
[35] Allan M L. Materials characterization of superplasticized cement-sand grout. Cement and Concrete Research，2000，30（6）：937-942.
[36] 蔡振哲．花岗岩石粉在加气混凝土中的应用研究．墙材革新与建筑节能，2015，21（6）：32-35.
[37] 陈挺娴．赤泥固化及赤泥-秸秆轻质砂浆的制备研究．马鞍山：安徽工业大学硕士学位论文，2019：36-102.
[38] 郭小雨．改性矿渣水泥及在免烧渣土与磷石膏砖中胶凝性能．马鞍山：安徽工业大学硕士学位论文，2020：23-92.
[39] 刘迪．煤矸石的环境危害及综合利用研究．气象与环境学报，2006，22（3）：60-62.
[40] 刘晗．铝土矿尾矿回水利用研究．长沙：中南大学硕士学位论文，2011：37-116.
[41] 曲道春．煤矸石资源的负价值转化分析．同煤科技，2019，41（4）：19-20.
[42] 汪洲．利用尾矿制备免烧免蒸砖的试验研究．长沙：中南大学硕士学位论文，2014：15-102.
[43] 王晋麟．利用劣质煤矸石生产烧结砖的特点．砖瓦世界，2019，（7）：6-9.
[44] 肖瑜．采石场废弃碎石粉在水泥基材料中利用研究．兰州：兰州交通大学硕士学位论文，2014：41-116.
[45] 姚如青．杭州市建筑渣土管理主要问题与改进对策．环境与可持续发展，2014，39（5）：160-162.
[46] 左林举．铝土矿选矿尾矿再利用的研究．轻金属，2010，47（4）：14-17.
[47] 张伟．铝土矿选尾矿制备复合吸水材料的研究．新疆有色金属，2017，40（4）：79-81.
[48] 崔增娣，孙恒虎．煤矸石凝石似膏体充填材料制备及其性能．煤炭学报，2010，35（6）：896-899.
[49] 鞠丽艳，张雄．废石粉在商品砂浆中的应用研究．新型建筑材料，2002，29（12）：42-43.
[50] 李广申，王立权．利用废玻璃和高炉渣制作泡沫玻璃的研究．佛山陶瓷，2002，12（8）：14-16.
[51] 李太昌，潘海娥．铝土矿选矿尾矿资源化利用途径探讨．矿产保护与利用，2007，27（1）：40-43.
[52] 孟华栋，张柏汀．利用高炉渣生产包膜缓释氮肥实验研究．金属功能材料，2014，21（2）：21-25.
[53] Cohnen M D，Olek J，Mather B. Silica fume improves expansive-cement concrete. Concrete International，1991，13（3）：31-37.
[54] Duan W J，Li P，Lei W，et al. Thermodynamic analysis of blast furnace slag waste heat-recovery system integrated with coal gasification. JOM，2015，67（5）：1079-1085.
[55] Xu L L，Wei G，Tao W，et al. Study on fired bricks with replacing clay by fly ash in high volume ratio. Construction and building materials，2005，19（3）：243-247.
[56] Li G，Ma H，Tian Y，et al. Feasible recycling of industrial waste coal gangue for preparation of mullite based ceramic proppant//IOP Conference Series. Materials Science and Engineering. IOP Publishing，2017，230（1）：012020.

[57] Luo Y, Wu Y, Fu T, et al. Effects of a proline solution cover on the geochemical and mineralogical characteristics of high-sulfur coal gangue. Acta Geochimica, 2018, 37 (5): 701-714.

[58] Li F, Guo Z, Su G, et al. Preparation of SiC from acid-leached coal gangue by carbothermal reduction. International Journal of Applied Ceramic Technology, 2018, 15 (3): 625-632.

[59] 官宏宇. 特种粘土固化浆液及其工程应用技术研究. 哈尔滨: 哈尔滨工业大学硕士学位论文, 2002: 34-72.

[60] 张玉石. 特种粘土固化浆液扩散性与可注性研究. 哈尔滨: 哈尔滨工业大学硕士学位论文, 2006: 25-111.

[61] 凌贤长, 官宏宇, 王成举. 黏土浆液固化剂技术性能与工程应用. 南水北调与水利科技, 2005, 3 (增刊): 40-41.

[62] 刘泉, 凌贤长, 唐亮. 高压喷射注浆应用与若干技术问题. 低温建筑技术, 2007, (2): 79-80.

[63] 王丽霞, 凌贤长, 唐亮等. 特种粘土固化浆液技术性能. 吉林工程技术师范学院学报, 2008, 24 (10): 62-64.

[64] 周永祥, 阎培渝. 固化盐渍土经干湿循环后力学性能变化机理. 建筑材料学报, 2006, 9 (6): 735-741.

[65] 陈喜. 软土增强固化机理与固化土的性能研究和应用. 淮南: 安徽理工大学硕士学位论文, 2017: 19-72.

[66] 维亚罗夫 C C. 土力学的流变原理. 杜余培, 译. 北京: 科学出版社, 1987: 112-136.

[67] 杨顺安, 冯晓腊, 张聪辰. 软土理论与工程. 北京: 地质出版社, 2000: 59-105.

[68] 唐天华, 王颖, 李行. 水泥对淤泥质土固化效果试验. 水利水电科技进展, 2013, 33 (1): 41-42.

[69] Nayak S, Mishra C S K, Guru B C, et al. Effect of phosphogypsum amendment on soil physico-chemical properties, microbial load and enzyme activities. Journal of Environmental Biology, 2011, 32 (5): 613-617.

[70] 李琴, 孙可伟, 徐彬, 等. 土壤固化剂固化机理研究进展及应用. 材料导报, 2011, 25 (9): 64-67.

[71] 王海龙, 申向东, 王萧萧. 寒区水泥砂浆固化土力学特性试验. 硅酸盐通报, 2012, 31 (6): 1539-1543.

[72] 潘志刚, 姚艳斌, 黄文辉. 煤矸石污染危害与综合利用途径分析. 资源产业, 2005, 7 (1): 46-49.

[73] 付凌雁, 张召述, 娄东民, 等. 铝土矿尾矿活化制备水泥基材料研究. 化学工程, 2007, 35 (6): 41-44.

[74] 张卫东, 朱萍, 王良有, 等. 从含钛高炉渣中回收钛研究. 中国资源综合利用, 2012, 31 (12): 18-21.

[75] 郭彦霞, 张圆圆, 程芳琴. 煤矸石综合利用产业化及其展望. 化工学报, 2014, 65 (7): 2443-2453.

[76] 董晶亮, 张婷婷, 王立久. 碱激发改性矿粉/砒砂岩复合材料. 复合材料学报, 2016, 33 (1): 132-141.

[77] 石峰, 宁利中, 刘晓峰, 等. 建筑固体废物资源化综合利用. 水资源与水工程学报, 2007, 18 (5): 39-42, 46.

[78] 陈文豹, 田培, 李功州. 混凝土外加剂及其在工程中的应用. 北京: 煤炭工业出版社, 1998: 50-101.

[79] 张帅, 李慧, 梁精龙, 等. 高炉渣的综合回收利用率. 中国有色冶金, 2019, 48 (1): 68-70.

[80] 叶武平，朱明．石粉在混凝土中应用的研究现状和展望．江西建材，2015，5：5.
[81] 霍曼琳，王娅丽，肖瑜，等．采石场废弃石粉对混凝土基本性能影响试验研究．兰州交通大学学报，2015，34（4）：57-61.
[82] 李兵，施发军，魏晓丹，等．石粉用作水泥掺合料研究与应用现状．福建建材，2018，37（2）：16-18.
[83] 凌晨．振动注浆中砂土液化判别与浆液扩散规律模拟研究．哈尔滨：哈尔滨工业大学硕士学位论文，2005：24-125.
[84] 凌贤长，石一彤．特种粘土固化浆液技术机理及其应用//水电 2006 国际研讨会论文集，2006：62-66.
[85] 殷晓红，李建中，刘庆元．粘土固化浆液在尾砂坝堵漏中的应用．矿山测量，2002，2：63-64.
[86] 倪宏革，朱建德，杨秀竹，等．粘土固化浆液在岩溶路基加固中应用．路基工程，2005，5：45-47.
[87] 孙斌堂，凌贤长，凌晨，等．渗透注浆浆液扩散与注浆压力分布数值模拟．水力学报，2007，37（11）：1402-1407.
[88] 薛定谔 A E. 多孔介质中的渗流物理．王鸿勋，张朝琛，孙书琛，译．北京：石油工业出版社，1984：24-175.
[89] 顾慰慈．渗流计算原理及应用．北京：中国建材工业出版社，2000：18-167.
[90] 孔祥言．高等渗流力学．合肥：中国科学技术大学出版社，1999：41-118.
[91] 毛昶熙．渗流计算分析与控制．北京：水利电力出版社，1990：29-93.
[92] 石达民．多孔介质中渗流性注浆的参数研究．沈阳：东北工学院硕士学位论文，1984：37-108.
[93] 屠大燕，刘鹤年，马祥琯，等．流体力学与流体机械．北京：中国建筑工业出版社，1994：73-108.
[94] 苑莲菊，李振栓，武胜忠，等．工程渗流力学及应用．北京：中国建材工业出版社，2001：62-141.
[95] Peaceman D W，Rachford J H H. The numerical solution of parabolic and elliptic differential equations. Journal of the Society for Industrial and Applied Mathematics，1995，3（1）：28-41.
[96] 付文光，卓志飞，张俊峰．袖阀管帷幕注浆在深层止水工程中应用．施工技术，2017，46（增刊）：32-38.
[97] 王生，郭佳奇，孟长江，等．非均匀地应力下袖阀管注浆开环压力研究及应用．铁道建筑，2019，59（5）：98-102.
[98] 鲁晓兵．垂向荷载作用下饱和砂土的液化分析．岩石力学与工程学报，2001，20（3）：424.
[99] 刘雪珠．南京及其邻近地区新近沉积土的动力特性和砂土震动液化试验研究．南京：南京工业大学硕士学位论文，2003：37-126.
[100] 谢君斐．关于修改抗震规范砂土液化判别式几点意见．地震工程与工程振动，1984，4（2）：96-125.
[101] 王星华，周海林．固结比对饱和砂土液化的影响研究．中国铁道科学，2001，22（6）：121-126.
[102] 王星华，周海林．砂土液化动稳态强度分析．岩石力学与工程学报，2003，22（1）：96-102.
[103] 刘颖，石兆吉，谢君斐，等．砂土震动液化．北京：地震出版社，1984：17-127.
[104] 陈国兴，谢君斐，张克绪．土的动模量和阻尼比经验估计．地震工程与工程振动，1995，15（1）：73-84.
[105] Lee K L，Seed H B. Cyclic stress conditions causing liquefaction of sand. Journal of the Soil Mechanics and Foundations Division，1967，93（1）：47-70.

[106] Mulilis J P, Seed H B, Chan C K, et al. Effects of sample preparation on sand liquefaction. Journal of the Geotechnical Engineering Division, 1977, 103 (2): 91-108.

[107] Seed H B, Idriss I M. Simplified procedure for evaluating soil liquefaction potential. Journal of the Soil Mechanics and Foundations division, 1971, 97 (9): 1249-1273.

[108] Seed H B, Mori K, Chan C K. Influence of seismic history on the liquefaction characteristics of sands. Earthquake Engineering Research Center, University of California, 1975: 56-82.

[109] Seed H B, Idriss I M, Arango I. Evaluation of liquefaction potential using field performance data. Journal of Geotechnical Engineering, 1983, 109 (3): 458-482.

[110] 衡朝阳，何满潮，裘以惠．含粘粒砂土抗液化性能试验研究．工程地质学报，2001，9（4）：339-344.

[111] 周海林，刘宝琛，王星华．振动注浆中的沙土液化研究．中国铁道科学，2003，24（2）：129-131.

[112] 凌贤长，王臣，王成．液化场地桩-土-桥梁结构动力相互作用振动台试验模型相似设计方法．岩石力学与工程学报，2004，23（3）：450-456.

[113] Christian J T, Swiger W F. Statistics of liquefaction and SPT results. Journal of the Geotechnical Engineering Division, 1975, 101 (11): 1135-1150.

[114] De Alba P A, Chan C K, Seed H B. Sand liquefaction in large-scale simple shear tests. Journal of the Geotechnical Engineering Division, 1976, 102 (9): 909-927.

[115] Ishibashi I, Sherif M A. Soil liquefaction by torsional simple shear device. Journal of the Geotechnical Engineering Division, 1974, 100 (8): 871-888.

[116] Xenaki V C, Athanasopoulos G A. Liquefaction resistance of sand-silt mixtures: an experimental investigation of the effect of fines. Soil Dynamics and Earthquake Engineering, 2003, 23 (3): 1-12.

[117] 薛渊．砂土地基振动注浆装置关键技术研究．哈尔滨：哈尔滨工业大学博士学位论文，2008：37-165.

[118] 王新刚，刘文永．一种新型注浆材料性能的研究．金属矿山，2006，5：11-13.

[119] 何修仁，石达民，刘斌．注浆加固与堵水．沈阳：东北工学院出版社，1990：62-131.

[120] Axelsson M, Gustafson G. A robust method to determine the shear strength of cement-based injection grouts in the field. Tunnelling and Underground Space Technology, 2006, 21 (5): 499-503.

[121] El-Gamal S M A, El-Hosiny F I, Amin M S, et al. Ceramic waste as an efficient material for enhancing the fire resistance and mechanical properties of hardened Portland cement pastes. Construction and Building Materials, 2017, 154 (15): 1062-1078.

[122] Song T H, Lee S H, Kim B. Recycling of crushed stone powder as a partial replacement for silica powder in extruded cement panels. Construction & Building Materials, 2014, 52: 105-115.

附　　录

附表 3-1　第一层填料压实质量现场检测结果

固化土填筑路基

最优含水率/%	最大干密度/(g/cm^3)	层厚/cm	标高/m
16.9	1.73	26.7	195.875

测点编号	含水率/%	压实系数 λ（规定≥0.9）		地基系数 K_{30}（规定≥90MPa/m）	
		实测	平均	实测	平均
T1-1	14.2	0.977	0.973		
T1-2	15.2	0.960			
T1-3	17.4	0.981			

测点位置	检测方法
T1-1：DK56+670 左边线 1m T1-2：DK56+670 线路中线 T1-3：DK56+670 右边线 1m	压实系数 λ（灌砂法） 地基系数 K_{30}（K_{30}法）

素土填筑路基

最优含水率/%	最大干密度/(g/cm^3)	层厚/cm	标高/m
15.8	1.85	26.7	195.875

测点编号	含水率/%	压实系数 λ（规定≥0.9）		地基系数 K_{30}（规定≥90MPa/m）	
		实测	平均	实测	平均
G1-1	15.3	0.918	0.913		
G1-2	15.2	0.920			
G1-3	14.7	0.906			
G1-4	15.8	0.911			
G1-5	15.5	0.909			
G1-6	15.3	0.913			

测点位置	检测方法
G1-1：DK56+690 左边线 1m G1-2：DK56+690 线路中线 G1-3：DK56+690 右边线 1m G1-4：DK56+720 左边线 1m G1-5：DK56+720 线路中线 G1-6：DK56+720 右边线 1m	压实系数 λ（灌砂法） 地基系数 K_{30}（K_{30}法）

附表 3-2　第二层填料压实质量现场检测结果

固化土填筑路基				素土填筑路基			
最优含水率/%	最大干密度/(g/cm^3)	层厚/cm	标高/m	最优含水率/%	最大干密度/(g/cm^3)	层厚/cm	标高/m
16.9	1.74	27.0	196.145	15.8	1.85	27.0	196.145

测点编号	含水率/%	压实系数 λ（规定≥0.9）		地基系数 K_{30}（规定≥90MPa/m）		测点编号	含水率/%	压实系数 λ（规定≥0.9）		地基系数 K_{30}（规定≥90MPa/m）	
		实测	平均	实测	平均			实测	平均	实测	平均
T2-1	15.2	0.951	0.962			G2-1	15.2	0.957	0.931		
T2-2	14.5	0.971				G2-2	14.8	0.917			
T2-3	14.5	0.965				G2-3	14.5	0.930			
						G2-4	15.2	0.914			
						G2-5	14.8	0.931			
						G2-6	14.5	0.937			

测点位置	检测方法	测点位置	检测方法
T2-1：DK56+670 左边线 1m T2-2：DK56+670 线路中线 T2-3：DK56+670 右边线 1m	压实系数 λ（灌砂法） 地基系数 K_{30}（K_{30}法）	G2-1：DK56+690 左边线 1m G2-2：DK56+690 线路中线 G2-3：DK56+690 右边线 1m G2-4：DK56+720 左边线 1m G2-5：DK56+720 线路中线 G2-6：DK56+720 右边线 1m	压实系数 λ（灌砂法） 地基系数 K_{30}（K_{30}法）

附表 3-3　第三层填料压实质量现场检测结果

固化土填筑路基						素土填筑路基					
最优含水率/%		最大干密度/(g/cm^3)		层厚/cm	标高/m	最优含水率/%		最大干密度/(g/cm^3)		层厚/cm	标高/m
16.9		1.74		26.4	196.409	15.8		1.85		26.4	196.409
测点编号	含水率/%	压实系数 λ（规定≥0.9）		地基系数 K_{30}（规定≥90MPa/m）		测点编号	含水率/%	压实系数 λ（规定≥0.9）		地基系数 K_{30}（规定≥90MPa/m）	
		实测	平均	实测	平均			实测	平均	实测	平均
T3-1	14.9	0.960				G3-1	15.2	0.959			
T3-2	14.1	0.969	0.959			G3-2	14.8	0.943			
T3-3	15.2	0.948				G3-3	14.5	0.917	0.924		
T3-4				134.0	132.0	G3-4	15.2	0.909			
T3-5				131.0		G3-5	14.8	0.913			
						G3-6	14.5	0.901			
						O3-1				129.0	
						O3-2				133.0	129.25
						O3-3				122.0	
						O3-4				133.0	

测点位置	检测方法	测点位置	检测方法
T3-1：DK56+670 左边线 1m T3-2：DK56+670 线路中线 T3-3：DK56+670 右边线 1m T3-4：DK56+680 右边线 2m T3-5：DK56+680 线路中线	压实系数 λ（灌砂法） 地基系数 K_{30}（K_{30}法）	G3-1：DK56+690 左边线 1m G3-2：DK56+690 线路中线 G3-3：DK56+690 右边线 1m G3-4：DK56+720 左边线 1m G3-5：DK56+720 线路中线 G3-6：DK56+720 右边线 1m O3-3：DK56+695 右边线 2m O3-4：DK56+695 线路中线 O3-5：DK56+725 线路中线 O3-6：DK56+725 左边线 2m	压实系数 λ（灌砂法） 地基系数 K_{30}（K_{30}法）

附表 3-4　第四层填料压实质量现场检测结果

固化土填筑路基				素土填筑路基			
最优含水率/%	最大干密度/(g/cm^3)	层厚/cm	标高/m	最优含水率/%	最大干密度/(g/cm^3)	层厚/cm	标高/m
16.9	1.74	26.9	196.678	15.8	1.85	26.9	196.678

测点编号	含水率/%	压实系数 λ（规定≥0.9）		地基系数 K_{30}（规定≥90MPa/m）		测点编号	含水率/%	压实系数 λ（规定≥0.9）		地基系数 K_{30}（规定≥90MPa/m）	
		实测	平均	实测	平均			实测	平均	实测	平均
T4-1	14.5	0.959	0.956			G4-1	15.3	0.946	0.930		
T4-2	15.0	0.956				G4-2	15.2	0.952			
T4-3	15.2	0.954				G4-3	14.7	0.920			
						G4-4	15.8	0.912			
						G4-5	15.5	0.939			
						G4-6	15.3	0.912			

测点位置	检测方法	测点位置	检测方法
T4-1：DK56+670 左边线 1m T4-2：DK56+670 线路中线 T4-3：DK56+670 右边线 1m	压实系数 λ（灌砂法） 地基系数 K_{30}（K_{30}法）	G4-1：DK56+690 左边线 1m G4-2：DK56+690 线路中线 G4-3：DK56+690 右边线 1m G4-4：DK56+720 左边线 1m G4-5：DK56+720 线路中线 G4-6：DK56+720 右边线 1m	压实系数 λ（灌砂法） 地基系数 K_{30}（K_{30}法）

附表 3-5　第五层填料压实质量现场检测结果

固化土填筑路基						素土填筑路基					
最优含水率 /%		最大干密度 /(g/cm^3)		层厚 /cm	标高 /m	最优含水率 /%		最大干密度 /(g/cm^3)		层厚 /cm	标高 /m
16.9		1.74		27.2	196.950	15.8		1.85		27.2	196.950
测点编号	含水率/%	压实系数 λ (规定≥0.9)		地基系数 K_{30} (规定≥90MPa/m)		测点编号	含水率/%	压实系数 λ (规定≥0.9)		地基系数 K_{30} (规定≥90MPa/m)	
		实测	平均	实测	平均			实测	平均	实测	平均
T5-1	16.0	0.956	0.955			G5-1	14.2	0.922	0.919		
T5-2	15.1	0.949				G5-2	15.2	0.909			
T5-3	14.5	0.961				G5-3	15.1	0.915			
						G5-4	14.2	0.917			
						G5-5	15.2	0.913			
						G5-6	15.1	0.940			

测点位置	检测方法	测点位置	检测方法
T5-1：DK56+670 左边线 1m T5-2：DK56+670 线路中线 T5-3：DK56+670 右边线 1m	压实系数 λ（灌砂法）	G5-1：DK56+690 左边线 1m G5-2：DK56+690 线路中线 G5-3：DK56+690 右边线 1m G5-4：DK56+720 左边线 1m G5-5：DK56+720 线路中线 G5-6：DK56+720 右边线 1m	压实系数 λ（灌砂法）
	地基系数 K_{30}（K_{30}法）		地基系数 K_{30}（K_{30}法）

附表 3-6　第六层填料压实质量现场检测结果

固化土填筑路基						素土填筑路基					
最优含水率/%		最大干密度/(g/cm³)		层厚/cm	标高/m	最优含水率/%		最大干密度/(g/cm³)		层厚/cm	标高/m
16.9		1.74		27.0	197.220	15.8		1.85		27.0	197.220
测点编号	含水率/%	压实系数 λ（规定≥0.9）		地基系数 K_{30}（规定≥90MPa/m）		测点编号	含水率/%	压实系数 λ（规定≥0.9）		地基系数 K_{30}（规定≥90MPa/m）	
		实测	平均	实测	平均			实测	平均	实测	平均
T6-1	14.3	0.949	0.956			G6-1	15.4	0.938	0.921		
T6-2	14.2	0.963				G6-2	15.1	0.942			
T6-3	15.6	0.957				G6-3	15.0	0.905			
T6-4				129.0	129.0	G6-4	15.1	0.919			
T6-5				129.0		G6-5	15.1	0.908			
						G6-6	15.0	0.913			
						O6-1				133.0	133.50
						O6-2				132.0	
						O6-3				135.0	
						O6-4				134.0	

测点位置	检测方法	测点位置	检测方法
T6-1：DK56+670 左边线 1m T6-2：DK56+670 线路中线 T6-3：DK56+670 右边线 1m T6-4：DK56+680 右边线 2m T6-5：DK56+680 线路中线	压实系数 λ（灌砂法） 地基系数 K_{30}（K_{30}法）	G6-1：DK56+690 左边线 1m G6-2：DK56+690 线路中线 G6-3：DK56+690 右边线 1m G6-4：DK56+720 左边线 1m G6-5：DK56+720 线路中线 G6-6：DK56+720 右边线 1m O6-3：DK56+695 右边线 2m O6-4：DK56+695 线路中线 O6-5：DK56+725 线路中线 O6-6：DK56+725 左边线 2m	压实系数 λ（灌砂法） 地基系数 K_{30}（K_{30}法）

附表 3-7　第七层填料压实质量现场检测结果

固化土填筑路基				素土填筑路基			
最优含水率/%	最大干密度/(g/cm^3)	层厚/cm	标高/m	最优含水率/%	最大干密度/(g/cm^3)	层厚/cm	标高/m
16.9	1.74	27.0	197.490	15.8	1.85	27.2	196.950

测点编号	含水率/%	压实系数 λ（规定≥0.9）		地基系数 K_{30}（规定≥90MPa/m）		测点编号	含水率/%	压实系数 λ（规定≥0.9）		地基系数 K_{30}（规定≥90MPa/m）	
		实测	平均	实测	平均			实测	平均	实测	平均
T7-1	15.7	0.964	0.960			G7-1	14.3	0.932	0.921		
T7-2	14.1	0.966				G7-2	15.0	0.920			
T7-3	14.8	0.950				G7-3	15.1	0.925			
						G7-4	14.3	0.906			
						G7-5	15.0	0.925			
						G7-6	15.1	0.918			

测点位置	检测方法	测点位置	检测方法
T7-1：DK56+670 左边线 1m T7-2：DK56+670 线路中线 T7-3：DK56+670 右边线 1m	压实系数 λ（灌砂法） 地基系数 K_{30}（K_{30}法）	G7-1：DK56+690 左边线 1m G7-2：DK56+690 线路中线 G7-3：DK56+690 右边线 1m G7-4：DK56+720 左边线 1m G7-5：DK56+720 线路中线 G7-6：DK56+720 右边线 1m	压实系数 λ（灌砂法） 地基系数 K_{30}（K_{30}法）

附表 3-8　第八层填料压实质量现场检测结果

固化土填筑路基				素土填筑路基			
最优含水率/%	最大干密度/(g/cm^3)	层厚/cm	标高/m	最优含水率/%	最大干密度/(g/cm^3)	层厚/cm	标高/m
16.9	1.74	26.8	197.758	15.8	1.85	26.8	197.758

测点编号	含水率/%	压实系数 λ（规定≥0.9）		地基系数 K_{30}（规定≥90MPa/m）		测点编号	含水率/%	压实系数 λ（规定≥0.9）		地基系数 K_{30}（规定≥90MPa/m）	
		实测	平均	实测	平均			实测	平均	实测	平均
T8-1	16.0	0.952	0.958			G8-1	15.4	0.911	0.920		
T8-2	15.0	0.966				G8-2	15.3	0.936			
T8-3	14.0	0.957				G8-3	15.7	0.908			
						G8-4	15.7	0.904			
						G8-5	14.3	0.934			
						G8-6	15.2	0.926			

测点位置	检测方法	测点位置	检测方法
T8-1：DK56+670 左边线 1m T8-2：DK56+670 线路中线 T8-3：DK56+670 右边线 1m	压实系数 λ（灌砂法） 地基系数 K_{30}（K_{30}法）	G8-1：DK56+690 左边线 1m G8-2：DK56+690 线路中线 G8-3：DK56+690 右边线 1m G8-4：DK56+720 左边线 1m G8-5：DK56+720 线路中线 G8-6：DK56+720 右边线 1m	压实系数 λ（灌砂法） 地基系数 K_{30}（K_{30}法）

附表 3-9　第九层填料压实质量现场检测结果

固化土填筑路基				素土填筑路基			
最优含水率 /%	最大干密度 /(g/cm³)	最优含水率 /%	最大干密度 /(g/cm³)	最优含水率 /%	最大干密度 /(g/cm³)	最优含水率 /%	最大干密度 /(g/cm³)
16.9	1.74	26.6	198.024	15.8	1.85	26.6	198.024

测点编号	含水率/%	压实系数 λ（规定≥0.9）		地基系数 K_{30}（规定≥90MPa/m）		测点编号	含水率/%	压实系数 λ（规定≥0.9）		地基系数 K_{30}（规定≥90MPa/m）	
		实测	平均	实测	平均			实测	平均	实测	平均
T9-1	15.8	0.961	0.963			G9-1	14.0	0.909	0.936		
T9-2	14.9	0.964				G9-2	15.0	0.903			
T9-3	14.5	0.963				G9-3	14.2	0.958			
T9-4				133.0	133.0	G9-4	14.3	0.956			
T9-5				133.0		G9-5	15.9	0.927			
						G9-6	14.0	0.962			
						O9-1				127.0	132.00
						O9-2				131.0	
						O9-3				133.0	
						O9-4				137.0	

测点位置	检测方法	测点位置	检测方法
T9-1：DK56+670 左边线 1m T9-2：DK56+670 线路中线 T9-3：DK56+670 右边线 1m T9-4：DK56+680 右边线 2m T9-5：DK56+680 线路中线	压实系数 λ（灌砂法） 地基系数 K_{30}（K_{30}法）	G9-1：DK56+690 左边线 1m G9-2：DK56+690 线路中线 G9-3：DK56+690 右边线 1m G9-4：DK56+720 左边线 1m G9-5：DK56+720 线路中线 G9-6：DK56+720 右边线 1m O9-3：DK56+695 右边线 2m O9-4：DK56+695 线路中线 O9-5：DK56+725 线路中线 O9-6：DK56+725 左边线 2m	压实系数 λ（灌砂法） 地基系数 K_{30}（K_{30}法）

附表 3-10 第十层填料压实质量现场检测结果

固化土填筑路基				素土填筑路基			
最优含水率/%	最大干密度/(g/cm³)	最优含水率/%	最大干密度/(g/cm³)	最优含水率/%	最大干密度/(g/cm³)	最优含水率/%	最大干密度/(g/cm³)
16.9	1.74	26.7	198.291	15.8	1.85	26.7	198.291

测点编号	含水率/%	压实系数 λ(规定≥0.9) 实测	压实系数 λ(规定≥0.9) 平均	地基系数 K_{30}(规定≥90MPa/m) 实测	地基系数 K_{30}(规定≥90MPa/m) 平均	测点编号	含水率/%	压实系数 λ(规定≥0.9) 实测	压实系数 λ(规定≥0.9) 平均	地基系数 K_{30}(规定≥90MPa/m) 实测	地基系数 K_{30}(规定≥90MPa/m) 平均
T10-1	15.6	0.959	0.962			G10-1	14.8	0.910	0.913		
T10-2	14.2	0.968				G10-2	15.1	0.903			
T10-3	15.0	0.958				G10-3	16.0	0.906			
T10-4				130.0	131.0	G10-4	14.5	0.915			
T10-5				132.0		G10-5	14.8	0.923			
						G10-6	15.3	0.919			
						O10-1				129.0	129.5
						O10-2				128.0	
						O10-3				130.0	
						O10-4				131.0	

测点位置	检测方法	测点位置	检测方法
T10-1：DK56+670 左边线 1m T10-2：DK56+670 线路中线 T10-3：DK56+670 右边线 1m T10-4：DK56+680 右边线 2m T10-5：DK56+680 线路中线	压实系数 λ(灌砂法) 地基系数 K_{30}(K_{30}法)	G10-1：DK56+690 左边线 1m G10-2：DK56+690 线路中线 G10-3：DK56+690 右边线 1m G10-4：DK56+720 左边线 1m G10-5：DK56+720 线路中线 G10-6：DK56+720 右边线 1m O10-3：DK56+695 右边线 2m O10-4：DK56+695 线路中线 O10-5：DK56+725 线路中线 O10-6：DK56+725 左边线 2m	压实系数 λ(灌砂法) 地基系数 K_{30}(K_{30}法)

附表 8-1　特种黏土固化浆液胶凝时间与浆液材料配比、水料比之间关系检测结果（南宁黏土）

浆液材料配比/%				水料比	胶凝时间
黏性土		水泥	特种结构剂		
南宁黏土	90	10	7.5	1.5 : 1	56min
				1 : 1	24min19s
			10	1.5 : 1	57s
				1 : 1	35s
			12.5	1.5 : 1	1min48s
				1 : 1	54s
			15	1.5 : 1	4min18s
				1 : 1	2min52s
	80	20	7.5	1.5 : 1	42min
				1 : 1	27min15s
			10	1.5 : 1	51s
				1 : 1	27s
			12.5	1.5 : 1	1min20s
				1 : 1	53s
			15	1.5 : 1	8min32s
				1 : 1	4min36s
	70	30	7.5	1.5 : 1	29min
				1 : 1	22min14s
			10	1.5 : 1	49s
				1 : 1	28s
			12.5	1.5 : 1	1min1s
				1 : 1	27s
			15	1.5 : 1	1min20s
				1 : 1	41s

附表 8-2　特种黏土固化浆液胶凝时间与浆液材料配比、水料比之间关系检测结果（萍乡红黏土）

浆液材料配比/%				水料比	胶凝时间
黏土		水泥	特种结构剂		
萍乡红黏土	90	10	7.5	1.5∶1	31min11s
				1∶1	24min22s
			10	1.5∶1	59s
				1∶1	31s
			12.5	1.5∶1	1min2s
				1∶1	47s
			15	1.5∶1	3min5s
				1∶1	58s
	80	20	7.5	1.5∶1	31min18s
				1∶1	26min16s
			10	1.5∶1	57s
				1∶1	34s
			12.5	1.5∶1	1min15s
				1∶1	38s
			15	1.5∶1	6min13s
				1∶1	1min28s
	70	30	7.5	1.5∶1	27min11s
				1∶1	23min10s
			10	1.5∶1	51s
				1∶1	24s
			12.5	1.5∶1	1min37s
				1∶1	19s
			15	1.5∶1	1min3s
				1∶1	11s

附表 8-3　特种黏土固化浆液胶凝时间与浆液材料配比、水料比之间关系检测结果（哈尔滨粉质黏土）

浆液材料配比/%				水料比	胶凝时间
黏性土		水泥	特种结构剂		
哈尔滨粉质黏土	90	10	7.5	1.5∶1	51min12s
				1∶1	31min7s
			10	1.5∶1	49s
				1∶1	31s
			12.5	1.5∶1	2min34s
				1∶1	29s
			15	1.5∶1	3min29s
				1∶1	1min57s
	80	20	7.5	1.5∶1	40min17s
				1∶1	29min16s
			10	1.5∶1	37s
				1∶1	29s
			12.5	1.5∶1	1min28s
				1∶1	57s
			15	1.5∶1	7min54s
				1∶1	2min17s
	70	30	7.5	1.5∶1	27min31s
				1∶1	22min35s
			10	1.5∶1	43s
				1∶1	24s
			12.5	1.5∶1	1min31s
				1∶1	41s
			15	1.5∶1	1min51s
				1∶1	43s

附表 9-1　特种黏土固化浆液结石体抗压强度与抗渗性检测结果（南宁黏土）

浆液材料配比/%				水料比	标准养护 7d		标准养护 28d	
黏性土		水泥	特种结构剂		抗压强度/MPa	渗透系数/(cm/s)	抗压强度/MPa	渗透系数/(cm/s)
南宁黏土	80	20	10	1.25∶1	0.64	3.08×10^{-5}	2.39	2.15×10^{-5}
				1∶1	1.21	1.81×10^{-6}	2.77	1.56×10^{-6}
				0.8∶1	1.97	3.33×10^{-7}	4.24	2.97×10^{-7}
			15	1.25∶1	1.03	2.89×10^{-5}	4.11	2.11×10^{-5}
				1∶1	2.57	1.67×10^{-6}	5.82	1.44×10^{-6}
				0.8∶1	3.05	4.19×10^{-7}	5.13	0.56×10^{-7}
			20	1.25∶1	2.15	3.85×10^{-6}	4.21	5.02×10^{-6}
				1∶1	3.60	4.45×10^{-7}	4.62	4.08×10^{-7}
				0.8∶1	3.78	5.47×10^{-7}	7.02	3.17×10^{-7}
	85	15	10	1.25∶1	0.71	5.22×10^{-5}	2.15	3.23×10^{-5}
				1∶1	1.21	5.36×10^{-6}	2.89	5.56×10^{-6}
				0.8∶1	1.66	6.11×10^{-6}	3.96	3.12×10^{-6}
			15	1.25∶1	1.33	4.22×10^{-5}	4.05	7.21×10^{-5}
				1∶1	1.92	9.05×10^{-6}	5.22	6.61×10^{-6}
				0.8∶1	2.07	7.34×10^{-7}	5.32	4.89×10^{-7}
			20	1.25∶1	2.57	9.89×10^{-6}	3.88	8.55×10^{-6}
				1∶1	2.98	9.10×10^{-7}	4.61	7.82×10^{-7}
				0.8∶1	3.16	7.81×10^{-7}	5.27	2.64×10^{-7}
	90	10	10	1.25∶1	0.58	7.61×10^{-5}	1.93	3.81×10^{-5}
				1∶1	0.81	9.18×10^{-6}	1.85	6.77×10^{-6}
				0.8∶1	1.12	7.32×10^{-6}	2.51	4.94×10^{-6}
			15	1.25∶1	0.83	9.07×10^{-5}	2.89	7.89×10^{-5}
				1∶1	1.46	8.27×10^{-6}	4.49	6.33×10^{-6}
				0.8∶1	1.94	6.51×10^{-6}	4.27	4.92×10^{-6}
			20	1.25∶1	2.03	9.77×10^{-6}	3.62	8.67×10^{-6}
				1∶1	2.37	6.79×10^{-7}	4.10	6.53×10^{-7}
				0.8∶1	3.48	5.46×10^{-7}	5.46	3.44×10^{-7}

附表 9-2　特种黏土固化浆液结石体抗压强度与抗渗性检测结果（南宁红黏土）

浆液材料配比/%				水料比	标准养护 7d		标准养护 28d	
黏性土		水泥	特种结构剂		抗压强度/MPa	渗透系数/(cm/s)	抗压强度/MPa	渗透系数/(cm/s)
南宁红黏土	80	20	10	1.25 : 1	0.94	2.11×10^{-6}	2.08	1.82×10^{-6}
				1 : 1	1.06	1.19×10^{-6}	2.33	1.17×10^{-6}
				0.8 : 1	2.29	3.94×10^{-7}	3.24	8.11×10^{-7}
			15	1.25 : 1	1.01	3.54×10^{-7}	2.59	3.91×10^{-7}
				1 : 1	1.59	2.22×10^{-7}	3.44	1.06×10^{-7}
				0.8 : 1	1.97	1.06×10^{-7}	3.99	2.02×10^{-7}
			20	1.25 : 1	1.23	2.68×10^{-7}	3.78	1.93×10^{-7}
				1 : 1	1.64	1.80×10^{-7}	4.55	1.26×10^{-7}
				0.8 : 1	2.21	1.35×10^{-7}	4.83	1.07×10^{-7}
	85	15	10	1.25 : 1	0.83	5.22×10^{-6}	1.97	4.61×10^{-6}
				1 : 1	0.95	4.09×10^{-6}	2.22	2.98×10^{-6}
				0.8 : 1	2.18	3.64×10^{-7}	3.13	2.53×10^{-7}
			15	1.25 : 1	0.90	4.92×10^{-7}	2.48	3.81×10^{-7}
				1 : 1	1.48	4.51×10^{-7}	3.33	3.41×10^{-7}
				0.8 : 1	1.86	3.65×10^{-7}	3.78	2.54×10^{-7}
			20	1.25 : 1	1.15	3.19×10^{-7}	3.67	2.08×10^{-7}
				1 : 1	1.53	3.26×10^{-7}	4.42	2.15×10^{-7}
				0.8 : 1	2.11	2.47×10^{-7}	4.72	1.35×10^{-7}
	90	10	10	1.25 : 1	0.72	9.11×10^{-6}	1.05	7.64×10^{-6}
				1 : 1	0.86	8.64×10^{-6}	2.11	6.92×10^{-6}
				0.8 : 1	1.98	6.23×10^{-7}	2.89	4.23×10^{-7}
			15	1.25 : 1	0.96	2.08×10^{-6}	1.97	2.02×10^{-7}
				1 : 1	1.91	3.99×10^{-7}	2.38	3.29×10^{-7}
				0.8 : 1	2.07	2.67×10^{-7}	3.03	2.17×10^{-7}
			20	1.25 : 1	1.88	2.85×10^{-6}	2.51	2.81×10^{-7}
				1 : 1	1.93	2.93×10^{-7}	3.24	2.73×10^{-7}
				0.8 : 1	2.14	2.55×10^{-7}	3.97	2.39×10^{-7}
	75	25	15	1 : 1	—	2.27×10^{-7}	4.67	1.95×10^{-7}

附表 9-3　特种黏土固化浆液结石体抗压强度与抗渗性检测结果（信阳黄土）

浆液材料配比/%				水料比	标准养护 7d		标准养护 28d	
黏性土		水泥	特种结构剂		抗压强度/MPa	渗透系数/(cm/s)	抗压强度/MPa	渗透系数/(cm/s)
信阳黄土	80	20	10	1.25∶1	1.17	6.51×10^{-5}	2.42	2.82×10^{-5}
				1∶1	1.32	4.28×10^{-6}	2.63	2.37×10^{-6}
				0.8∶1	1.39	3.68×10^{-6}	3.74	3.18×10^{-6}
			15	1.25∶1	1.08	6.71×10^{-5}	3.94	2.83×10^{-5}
				1∶1	1.98	5.67×10^{-6}	3.99	2.46×10^{-6}
				0.8∶1	2.37	4.38×10^{-7}	4.64	8.38×10^{-7}
			20	1.25∶1	2.49	4.43×10^{-6}	3.21	8.71×10^{-6}
				1∶1	2.88	8.82×10^{-7}	4.09	3.13×10^{-7}
				0.8∶1	2.97	6.23×10^{-7}	5.05	2.27×10^{-7}
	85	15	10	1.25∶1	0.84	9.12×10^{-5}	2.26	4.37×10^{-5}
				1∶1	1.17	6.67×10^{-6}	2.71	3.81×10^{-6}
				0.8∶1	2.00	5.88×10^{-6}	3.06	3.03×10^{-6}
			15	1.25∶1	0.99	8.72×10^{-5}	2.39	6.34×10^{-5}
				1∶1	1.41	7.43×10^{-6}	3.36	4.83×10^{-6}
				0.8∶1	2.29	5.68×10^{-7}	4.04	4.20×10^{-7}
			20	1.25∶1	0.91	9.41×10^{-6}	2.57	6.69×10^{-6}
				1∶1	1.55	8.74×10^{-7}	2.98	7.75×10^{-7}
				0.8∶1	2.37	4.89×10^{-7}	4.25	2.28×10^{-7}
	90	10	10	1.25∶1	0.86	9.15×10^{-5}	2.06	7.66×10^{-5}
				1∶1	0.99	8.18×10^{-5}	1.96	2.91×10^{-5}
				0.8∶1	1.07	3.09×10^{-6}	3.14	6.56×10^{-6}
			15	1.25∶1	0.83	9.07×10^{-5}	2.89	7.89×10^{-5}
				1∶1	0.96	7.23×10^{-5}	2.05	6.83×10^{-5}
				0.8∶1	1.33	6.71×10^{-6}	3.01	5.38×10^{-6}
			20	1.25∶1	0.94	8.96×10^{-5}	2.89	7.89×10^{-5}
				1∶1	1.07	7.12×10^{-5}	2.05	6.83×10^{-5}
				0.8∶1	1.44	6.60×10^{-6}	3.21	5.27×10^{-6}

附表 9-4　特种黏土固化浆液结石体抗压强度与抗渗性检测结果（萍乡红黏土）

浆液材料配比/%				水料比	标准养护 7d		标准养护 28d	
黏性土		水泥	特种结构剂		抗压强度/MPa	渗透系数/(cm/s)	抗压强度/MPa	渗透系数/(cm/s)
萍乡红黏土	80	20	10	1.25 : 1	1.20	6.62×10^{-5}	2.53	2.93×10^{-5}
				1 : 1	1.43	4.39×10^{-6}	2.74	2.26×10^{-6}
				0.8 : 1	1.50	3.57×10^{-6}	3.85	3.29×10^{-6}
			15	1.25 : 1	1.19	6.60×10^{-5}	4.05	2.72×10^{-5}
				1 : 1	2.09	5.56×10^{-6}	4.10	2.35×10^{-6}
				0.8 : 1	2.48	4.27×10^{-7}	4.75	8.28×10^{-7}
			20	1.25 : 1	2.51	4.32×10^{-6}	3.32	3.71×10^{-6}
				1 : 1	2.69	8.82×10^{-7}	4.20	3.24×10^{-7}
				0.8 : 1	2.99	6.23×10^{-7}	5.16	2.16×10^{-7}
	85	15	10	1.25 : 1	0.95	9.01×10^{-5}	2.37	4.26×10^{-5}
				1 : 1	1.28	6.56×10^{-6}	2.82	3.70×10^{-6}
				0.8 : 1	2.11	5.76×10^{-6}	3.17	3.38×10^{-6}
			15	1.25 : 1	0.98	8.61×10^{-5}	2.41	6.23×10^{-5}
				1 : 1	1.49	7.32×10^{-6}	3.47	4.72×10^{-6}
				0.8 : 1	2.38	5.57×10^{-7}	4.15	4.09×10^{-7}
			20	1.25 : 1	0.96	9.30×10^{-6}	2.68	6.57×10^{-6}
				1 : 1	1.69	8.63×10^{-7}	3.08	7.64×10^{-7}
				0.8 : 1	2.48	4.78×10^{-7}	4.36	2.17×10^{-7}
	90	10	10	1.25 : 1	0.97	9.04×10^{-5}	2.17	7.55×10^{-5}
				1 : 1	1.10	8.07×10^{-5}	2.11	2.80×10^{-5}
				0.8 : 1	1.18	2.98×10^{-6}	3.25	6.45×10^{-6}
			15	1.25 : 1	0.94	8.47×10^{-5}	2.92	7.78×10^{-5}
				1 : 1	1.02	7.12×10^{-5}	2.16	6.72×10^{-5}
				0.8 : 1	1.45	6.60×10^{-6}	3.27	5.26×10^{-6}
			20	1.25 : 1	0.99	8.85×10^{-5}	3.02	7.78×10^{-5}
				1 : 1	1.13	7.01×10^{-5}	2.19	6.72×10^{-5}
				0.8 : 1	1.58	6.49×10^{-6}	3.32	5.16×10^{-6}

附表 9-5　特种黏土固化浆液结石体抗压强度与抗渗性检测结果（哈尔滨粉质黏土）

浆液材料配比/%				水料比	标准养护 7d		标准养护 28d	
黏性土		水泥	特种结构剂		抗压强度/MPa	渗透系数/(cm/s)	抗压强度/MPa	渗透系数/(cm/s)
哈尔滨粉质黏土	80	20	10	1.25 : 1	1.71	4.41×10^{-6}	3.01	2.42×10^{-6}
				1 : 1	1.94	2.17×10^{-6}	3.25	1.75×10^{-7}
				0.8 : 1	2.01	1.36×10^{-6}	4.36	2.78×10^{-7}
			15	1.25 : 1	1.77	4.39×10^{-6}	4.56	2.51×10^{-6}
				1 : 1	2.60	3.35×10^{-6}	4.61	1.84×10^{-7}
				0.8 : 1	2.78	2.05×10^{-7}	5.26	0.98×10^{-7}
			20	1.25 : 1	2.08	2.10×10^{-6}	3.83	1.74×10^{-6}
				1 : 1	2.13	6.61×10^{-7}	4.71	3.13×10^{-7}
				0.8 : 1	2.48	4.01×10^{-7}	5.67	1.66×10^{-7}
	85	15	10	1.25 : 1	1.46	6.68×10^{-6}	2.88	3.75×10^{-6}
				1 : 1	1.79	4.34×10^{-6}	3.33	3.21×10^{-7}
				0.8 : 1	2.62	3.55×10^{-6}	3.68	2.87×10^{-7}
			15	1.25 : 1	1.66	6.39×10^{-6}	2.92	5.72×10^{-6}
				1 : 1	1.99	5.11×10^{-6}	3.98	4.21×10^{-7}
				0.8 : 1	2.98	3.36×10^{-7}	4.66	3.74×10^{-7}
			20	1.25 : 1	1.47	7.09×10^{-6}	3.19	6.06×10^{-6}
				1 : 1	2.20	6.42×10^{-7}	3.69	7.13×10^{-7}
				0.8 : 1	2.99	2.57×10^{-7}	4.87	1.95×10^{-7}
	90	10	10	1.25 : 1	1.48	6.93×10^{-6}	2.58	7.04×10^{-6}
				1 : 1	1.61	5.89×10^{-6}	2.76	2.31×10^{-6}
				0.8 : 1	1.69	0.77×10^{-6}	3.76	5.92×10^{-7}
			15	1.25 : 1	1.45	6.25×10^{-6}	3.03	7.26×10^{-6}
				1 : 1	1.53	4.91×10^{-6}	2.67	6.21×10^{-6}
				0.8 : 1	1.96	4.16×10^{-6}	3.78	4.93×10^{-7}
			20	1.25 : 1	1.50	6.64×10^{-7}	3.53	7.56×10^{-6}
				1 : 1	1.64	4.95×10^{-7}	3.69	6.51×10^{-7}
				0.8 : 1	2.09	4.28×10^{-7}	3.83	4.61×10^{-7}
	75	25	15	1 : 1.29	—	1.49×10^{-7}	5.34	1.02×10^{-7}
	75	25	10	0.8 : 1	—	1.56×10^{-7}	3.59	1.12×10^{-7}

附表 9-6　特种黏土固化浆液结石体抗压强度与抗渗性检测结果

（龙州红黏土、马鞍山黏土、南宁商业黏土、哈尔滨商业黏土、马鞍山商业黏土）

浆液材料配比/%				水料比	标准养护 7d		标准养护 28d	
黏性土		水泥	特种结构剂		抗压强度/MPa	渗透系数/(cm/s)	抗压强度/MPa	渗透系数/(cm/s)
龙州红黏土	72	28	15	1：1.36	—	1.41×10^{-7}	6.24	1.14×10^{-7}
	72	28	20	1：1.36	—	0.88×10^{-7}	6.55	0.42×10^{-7}
	75	25	15	1：1	—	2.23×10^{-7}	5.73	1.34×10^{-7}
	75	25	20	1：1	—	1.05×10^{-7}	5.97	0.87×10^{-7}
马鞍山黏土	90	10	10	1：0.74	1.78	5.17×10^{-6}	2.95	3.37×10^{-6}
	82	18	10	1：0.74	2.92	3.12×10^{-7}	4.08	2.63×10^{-7}
	80	20	10	1：0.74	3.31	2.26×10^{-7}	5.59	1.78×10^{-7}
	80	20	15	1：0.74	3.54	2.00×10^{-7}	6.07	0.92×10^{-7}
	80	20	15	1：1	2.21	4.35×10^{-6}	4.53	5.31×10^{-6}
	90	10	15	1：0.74	2.44	3.73×10^{-7}	3.14	4.51×10^{-7}
南宁商业黏土	80	20	10	1：1	2.87	4.09×10^{-7}	3.94	3.68×10^{-7}
	82	18	10	1：1	2.44	1.34×10^{-7}	3.75	1.12×10^{-7}
	82	10	10	1：1	1.23	3.46×10^{-7}	2.92	2.06×10^{-7}
	80	20	15	1：1	2.93	2.56×10^{-7}	4.37	2.15×10^{-7}
	80	20	15	0.8：1	3.01	2.88×10^{-7}	4.69	1.04×10^{-7}
	80	20	20	0.8：1	3.68	2.53×10^{-7}	5.69	0.97×10^{-7}
哈尔滨商业黏土	75	25	20	0.8：1	5.25	2.05×10^{-7}	6.17	1.86×10^{-7}
	80	20	10	1.2：1	2.39	2.46×10^{-7}	3.69	1.72×10^{-7}
	90	10	10	0.8：1	1.28	2.21×10^{-6}	2.84	3.52×10^{-7}
	90	10	15	0.8：1	2.19	4.23×10^{-7}	3.39	1.98×10^{-7}
	90	10	15	1：1	1.44	5.66×10^{-7}	3.45	3.07×10^{-7}
	80	20	15	1：1	2.81	5.09×10^{-7}	4.51	2.90×10^{-7}
马鞍山商业黏土	90	10	10	1.2：1	1.96	2.15×10^{-6}	2.33	8.67×10^{-7}
	80	20	10	1.2：1	2.84	4.09×10^{-7}	3.55	3.38×10^{-7}
	75	25	10	1.2：1	2.97	4.17×10^{-7}	4.03	3.11×10^{-7}
	80	20	20	1.2：1	3.03	2.21×10^{-7}	3.99	1.94×10^{-7}
	80	20	20	0.8：1	3.22	1.93×10^{-7}	4.32	1.01×10^{-7}
	90	10	15	0.8：1	2.08	2.82×10^{-7}	3.16	4.21×10^{-7}

附表 9-7　特种黏土固化浆液结石体渗透系数与压力水头之间关系检测结果

制浆黏土	压力水头/m	渗透系数/(cm/s)
哈尔滨粉质黏土	12	2.45×10^{-7}
	15	2.55×10^{-7}
	18	6.78×10^{-7}
	24	3.95×10^{-7}
	30	2.89×10^{-6}
	44	5.16×10^{-7}
萍乡红黏土	12	1.64×10^{-7}
	15	1.99×10^{-7}
	18	3.41×10^{-7}
	24	4.57×10^{-6}
	30	3.91×10^{-6}
	44	7.22×10^{-6}
南宁红黏土	12	1.09×10^{-7}
	15	2.11×10^{-7}
	18	3.82×10^{-7}
	24	3.71×10^{-6}
	30	6.49×10^{-6}
	44	7.91×10^{-6}
南宁黏土	12	3.29×10^{-7}
	15	3.58×10^{-7}
	18	4.68×10^{-7}
	24	2.07×10^{-6}
	30	3.39×10^{-6}
	44	6.05×10^{-6}
信阳黄土	12	4.88×10^{-7}
	15	5.12×10^{-7}
	18	7.57×10^{-7}
	24	6.04×10^{-6}
	30	6.62×10^{-6}
	44	7.45×10^{-6}

附表 10-1　特种黏土固化浆液与地基土拌合固化试验结果

地基土类型	材料配比/%			水料比	无侧限抗压强度/MPa	渗透系数/(cm/s)
	黏土	水泥	特种结构剂			
南宁黏土	90	10	10	0.8	2.17	5.33×10^{-5}
	80	20	10	0.8	2.48	4.06×10^{-5}
	90	10	20	0.8	3.05	3.88×10^{-6}
	80	20	20	0.8	3.91	2.24×10^{-6}
萍乡红黏土	90	10	10	0.8	3.35	2.21×10^{-5}
	80	20	10	0.8	3.67	2.84×10^{-5}
	90	10	20	0.8	4.11	3.91×10^{-6}
	80	20	20	0.8	3.63	1.79×10^{-6}
信阳黄土	90	10	10	0.8	2.08	5.54×10^{-5}
	80	20	10	0.8	2.29	5.48×10^{-5}
	90	10	20	0.8	2.66	4.87×10^{-6}
	80	20	20	0.8	2.92	3.44×10^{-6}
哈尔滨粉质黏土	90	10	10	0.8	3.42	4.31×10^{-5}
	80	20	10	0.8	3.27	3.98×10^{-5}
	90	10	20	0.8	3.83	2.92×10^{-5}
	80	20	20	0.8	4.14	1.75×10^{-6}
绥化中粗砂土	90	10	10	0.8	3.48	5.57×10^{-5}
	80	20	10	0.8	4.15	5.09×10^{-5}
	80	20	20	0.8	5.79	4.19×10^{-6}
大庆盐渍土	90	10	10	0.8	2.06	5.22×10^{-5}
	80	20	10	0.8	2.18	5.26×10^{-5}
	80	20	20	0.8	2.87	4.61×10^{-6}
安达黑土	90	10	10	0.8	2.03	3.61×10^{-5}
	80	20	20	0.8	2.73	3.08×10^{-6}
盘锦海土	90	10	10	0.8	2.11	4.98×10^{-5}
	80	20	20	0.8	2.91	4.25×10^{-6}
东营吹填土（海土）	90	10	10	0.8	2.16	5.04×10^{-5}
	80	20	20	0.8	2.39	4.58×10^{-5}

附表 12-1　南宁黏土掺粉细砂拌合后制备特种黏土固化浆液结石体试验结果

掺粉细砂之后土中黏粒含量/%	黏土/%	水泥/%	特种结构剂/%	水料比	抗压强度/MPa	渗透系数/(cm/s)
30	85	15	10	0.8	1.97	4.11×10^{-6}
	80	20	10	0.8	2.64	4.78×10^{-6}
	85	15	20	0.8	2.46	2.93×10^{-6}
	80	20	20	0.8	4.08	3.02×10^{-7}
15	85	15	10	0.8	2.51	4.66×10^{-6}
	80	20	10	0.8	2.89	4.32×10^{-6}
	85	15	20	0.8	3.06	1.08×10^{-6}
	80	20	20	0.8	4.85	2.83×10^{-6}
10	85	15	10	0.8	2.77	5.21×10^{-6}
	80	20	10	0.8	2.91	4.55×10^{-6}
	85	15	20	0.8	3.69	4.64×10^{-6}
	80	20	20	0.8	4.44	4.97×10^{-6}
7	85	15	10	0.8	2.08	9.96×10^{-5}
	80	20	10	0.8	2.91	7.31×10^{-5}
	85	15	20	0.8	3.69	6.82×10^{-5}
	80	20	20	0.8	4.44	8.01×10^{-6}

附表 12-2　萍乡红黏土掺粉细砂拌合后制备特种黏土固化浆液结石体试验结果

掺粉细砂之后土中黏粒含量/%	黏土/%	水泥/%	特种结构剂/%	水料比	抗压强度/MPa	渗透系数/(cm/s)
30	85	15	10	0.8	2.13	2.09×10^{-6}
	80	20	10	0.8	2.39	2.04×10^{-6}
	85	15	20	0.8	3.05	1.15×10^{-6}
	80	20	20	0.8	4.55	1.04×10^{-6}
15	85	15	10	0.8	2.79	2.67×10^{-6}
	80	20	10	0.8	2.91	2.88×10^{-6}
	85	15	20	0.8	3.88	1.89×10^{-6}
	80	20	20	0.8	4.72	0.64×10^{-6}
10	85	15	10	0.8	3.18	6.66×10^{-6}
	80	20	10	0.8	3.99	6.85×10^{-6}
	85	15	20	0.8	4.61	4.76×10^{-6}
	80	20	20	0.8	5.82	1.51×10^{-6}
7	85	15	10	0.8	4.22	8.17×10^{-6}
	80	20	10	0.8	2.13	9.22×10^{-5}
	85	15	20	0.8	2.08	7.56×10^{-5}
	80	20	20	0.8	3.91	2.71×10^{-5}

附表 12-3　信阳黄土掺粉细砂拌合后制备特种黏土固化浆液结石体试验结果

掺粉细砂之后土中黏粒含量/%	黏土/%	水泥/%	特种结构剂/%	水料比	抗压强度/MPa	渗透系数/(cm/s)
30	85	15	10	0.8	2.25	3.11×10^{-6}
	80	20	10	0.8	2.57	3.24×10^{-6}
	85	15	20	0.8	3.33	2.10×10^{-6}
	80	20	20	0.8	4.02	1.04×10^{-6}
15	85	15	10	0.8	3.09	3.31×10^{-5}
	80	20	10	0.8	3.16	3.19×10^{-6}
	85	15	20	0.8	3.92	1.38×10^{-6}
	80	20	20	0.8	4.64	0.66×10^{-6}
10	85	15	10	0.8	2.41	2.23×10^{-5}
	80	20	10	0.8	3.07	5.41×10^{-6}
	85	15	20	0.8	3.34	4.08×10^{-6}
	80	20	20	0.8	4.75	3.69×10^{-6}
7	85	15	10	0.8	1.83	2.10×10^{-5}
	80	20	10	0.8	1.70	8.52×10^{-5}
	85	15	20	0.8	2.86	5.37×10^{-5}
	80	20	20	0.8	2.20	2.01×10^{-5}

附表 13-1　砂土液化资料

序号	最大加速度 $y/(\mathrm{m/s^2})$	平均粒径 x_1/mm	临界深度 x_2/m	标贯击数 x_3/次	振动时间 x_4/s	备注
1	0.784	0.155	4	4	70	地震资料
2	1.764	0.186	3	7	18	
3	1.47	0.125	4.6	8	75	
4	1.568	0.136	6	6	40	
5	1.47	0.21	6	5	180	
6	2.058	0.189	3.5	6	45	
7	1.764	0.169	4.5	6	45	
8	2.94	0.41	4.15	5	15	
9	2.94	0.17	3.3	7	15	
10	2.94	0.14	6.3	9	15	
11	2.94	0.14	4.35	9	15	
12	2.94	0.17	4.3	7	15	
13	2.94	0.17	5.8	5	15	
14	2.94	0.16	5.3	6	15	
15	2.94	0.185	3.8	4	15	

续表

序号	最大加速度 $y/(m/s^2)$	平均粒径 x_1/mm	临界深度 x_2/m	标贯击数 x_3/次	振动时间 x_4/s	备注
16	1.323	0.36	2.83	10	3	实验资料
17	1.274	0.4	6.91	8	50	
18	1.274	0.225	5.25	8	125	
19	2.793	0.225	5.07	26	50	
20	3.185	0.4	2.9	9	0.33	
21	3.43	0.4	2.9	9	0.25	
22	2.842	0.4	2.9	9	0.83	

附表 13-2　砂土不液化资料

序号	最大加速度 $y/(m/s^2)$	平均粒径 x_1/mm	临界深度 x_2/m	标贯击数 x_3/次	振动时间 x_4/s	备注
1	1.176	0.15	6	6	20	地震资料
2	0.784	0.156	6	6	12	
3	1.47	0.171	6	18	75	
4	2.058	0.181	3.5	14	45	
5	2.058	0.2	3	15	45	
6	1.568	0.186	7.5	6	40	
7	2.94	0.162	6.38	12	15	
8	2.94	0.202	8.65	10	15	
9	2.94	0.2	4.3	16	15	
10	2.94	0.16	4.3	12	15	
11	2.94	0.1	8.8	14	15	
12	2.94	0.22	4.3	9	15	
13	2.94	0.31	3.46	8	15	
14	2.94	0.24	3.3	16	15	
15	1.323	0.36	2.83	10	3	实验资料
16	1.274	0.4	6.91	8	50	
17	1.274	0.225	5.25	8	125	
18	3.92	0.225	4.89	47	150	
19	3.822	0.225	5.07	26	5	
20	2.793	0.225	5.07	26	50	
21	3.185	0.4	2.9	9	0.33	
22	3.43	0.4	2.9	9	0.25	
23	2.842	0.4	2.9	9	0.83	

附表 13-3　砂土液化与否多元拟合判别式判别结果

序号	地震位置	调查地点	地震时间	加速度 /(m/s²)	平均粒径 /mm	临界深度 /m	标贯击数 /次	振动持时 /s	是否液化	判别值	备注
1	新潟	新潟	1802 年	1.176	0.15	6	6	20	否	0.866	
2	新潟	新潟	1887 年	0.784	0.156	6	6	12	否	0.365	
3	福井	高野	1948 年	2.94	0.164	7	28	30	否	1.476	
4	智利	蒙特港	1960 年	1.47	0.171	6	18	75	否	1.174	
5	十胜近海	八户	1968 年	2.058	0.181	3.5	14	45	否	1.637	
6	十胜近海	八户	1968 年	2.058	0.2	3	15	45	否	1.574	
7	新潟	新潟	1968 年	1.568	0.186	7.5	6	40	否	1.462	
8	浓尾	大垣	1891 年	3.43	0.191	5	4	75	是	3.934	
9	浓尾	金安西	1891 年	3.43	0.168	9	10	75	是	3.538	
10	浓尾	奥额西湖	1891 年	3.43	0.152	4	10	75	是	3.641	
11	圣塔芭芭拉	谢菲尔德坝	1925 年	1.96	0.121	7.5	3	15	是	1.752	误
12	爱尔森特	布劳利	1940 年	2.45	0.166	4.5	9	30	是	2.113	
13	爱尔森特	金美运河	1940 年	2.45	0.09	7.5	4	30	是	2.405	
14	爱尔森特	索法塔运河	1940 年	2.45	0.12	6	4	30	是	2.408	
15	东南海道	考梅	1944 年	0.784	0.155	4	4	70	是	1.27	误
16	东南海道	买考街	1944 年	0.784	0.07	2.5	1	70	是	1.536	误
17	福井	高野	1948 年	2.94	0.145	4	1.2	30	是	3.073	
18	福井	索奈吉寺	1948 年	2.94	0.158	3	3	30	是	2.978	
19	福井	农业协会	1948 年	2.94	0.167	6	5	30	是	2.803	
20	旧金山	默塞德湖	1957 年	1.764	0.186	3	7	18	是	1.396	误
21	智利	蒙特港	1960 年	1.47	0.192	4.5	6	75	是	1.868	
22	智利	蒙特港	1960 年	1.47	0.125	4.6	8	75	是	1.806	误
23	新潟	新潟	1964 年	1.568	0.136	6	6	40	是	1.529	误
24	新潟	新潟	1964 年	1.568	0.174	7.5	8	40	是	1.357	误
25	阿拉斯加	雪河	1964 年	1.47	0.21	6	5	180	是	3.249	
26	阿拉斯加	斯特科冰河	1964 年	1.568	0.158	7.5	10	180	是	3.076	
27	阿拉斯加	瓦尔德兹	1964 年	2.45	0.176	6	13	180	是	3.8	
28	十胜近海	八户	1968 年	2.058	0.189	3.5	6	45	是	2.086	
29	十胜近海	玉馆	1968 年	1.764	0.169	4.5	6	45	是	1.79	误
30	阿拉斯加	卡拉巴利达	1967 年	1.274	0.193	1	3	15	是	1.125	误
31	圣费尔南多	SFO 少年宫	1971 年	3.92	0.08	6.1	2	15	是	3.827	
32	圣费尔南多	詹森电厂	1971 年	3.43	0.09	16.8	24	15	是	1.882	
33	唐山	白庄	1976 年	2.94	0.145	1.8	2	15	是	2.872	
34	唐山	董新庄	1976 年	2.94	0.41	4.15	5	15	是	2.446	

续表

序号	地震位置	调查地点	地震时间	加速度/(m/s^2)	平均粒径/mm	临界深度/m	标贯击数/次	振动持时/s	是否液化	判别值	备注
35	唐山	王滩 3	1976 年	2.94	0.187	2.45	8	15	是	2.485	
36	唐山	王滩 2	1976 年	2.94	0.111	1.35	6	15	是	2.68	
37	唐山	北巷 1	1976 年	2.94	0.166	1.7	3	15	是	2.8	
38	唐山	马头营公社	1976 年	2.94	0.19	2.1	8	15	是	2.489	
39	唐山	大苗庄	1976 年	2.94	0.09	3.9	5	15	是	2.708	
40	唐山	王滩 7802	1976 年	2.94	0.17	3.3	7	15	是	2.54	
41	唐山	王滩 7801	1976 年	2.94	0.19	2.3	2	15	是	2.827	
42	唐山	王滩 7814	1976 年	2.94	0.14	6.3	9	15	是	2.396	
43	唐山	王滩 7811	1976 年	2.94	0.14	4.35	9	15	是	2.431	
44	唐山	王滩 7805	1976 年	2.94	0.11	1.8	4	15	是	2.786	
45	唐山	王滩 7812	1976 年	2.94	0.17	4.3	7	15	是	2.522	
46	唐山	王滩 7804	1976 年	2.94	0.16	2.3	6	15	是	2.623	
47	唐山	七里海 1	1976 年	2.94	0.22	1.8	2	15	是	2.812	
48	唐山	七里海 2	1976 年	2.94	0.07	2.3	1	15	是	2.98	
49	唐山	望君童	1976 年	2.94	0.162	6.38	12	15	否	2.206	误
50	唐山	牛家庄	1976 年	2.94	0.36	6.65	23	15	否	1.416	
51	唐山	罗家庄	1976 年	2.94	0.202	8.65	10	15	否	2.247	误
52	唐山	王滩 1	1976 年	2.94	0.15	14.95	21	15	否	1.549	
53	唐山	新开口公社	1976 年	2.94	0.2	4.3	16	15	否	1.985	误
54	唐山	王滩农场	1976 年	2.94	0.12	3.6	19	15	否	1.891	误
55	唐山	王滩 7808	1976 年	2.94	0.16	4.3	12	15	否	2.245	误
56	唐山	王滩 7806	1976 年	2.94	0.1	8.8	14	15	否	2.098	误
57	唐山	马各庄	1976 年	2.94	0.22	4.3	9	15	否	2.368	误
58	唐山	王庄知青	1976 年	2.94	0.2	8.7	8	15	是	2.362	
59	唐山	三屯村 2#	1976 年	2.94	0.17	5.8	5	15	是	2.609	
60	唐山	冯各庄	1976 年	2.94	0.105	9.22	12	15	是	2.201	
61	唐山	耿楼	1976 年	2.94	0.2	5.1	9	15	是	2.37	
62	唐山	马头河滩	1976 年	2.94	0.134	7.2	8	15	是	2.442	
63	唐山	刘卡庄	1976 年	2.94	0.1	3.3	9	15	是	2.482	
64	唐山	龙王庙	1976 年	2.94	0.17	2.3	4	15	是	2.729	
65	唐山	蔡各庄	1976 年	2.94	0.23	5.3	10	15	是	2.285	
66	唐山	棉油厂	1976 年	2.94	0.15	2.3	4	15	是	2.745	
67	唐山	郁庄上村	1976 年	2.94	0.21	5.3	9	15	是	2.358	
68	唐山	新庄子	1976 年	2.94	0.18	1.3	8	15	是	2.511	

续表

序号	地震位置	调查地点	地震时间	加速度/(m/s²)	平均粒径/mm	临界深度/m	标贯击数/次	振动持时/s	是否液化	判别值	备注
69	唐山	王官塞	1976 年	2.94	0.26	3.3	12.2	15	是	2.172	
70	唐山	魏各庄	1976 年	2.94	0.16	4.3	1	15	是	2.872	
71	唐山	姜沧	1976 年	2.94	0.16	5.3	6	15	是	2.569	
72	唐山	柏各庄 4	1976 年	2.94	0.11	9.4	11	15	是	2.251	
73	唐山	柏各庄 11	1976 年	2.94	0.099	8.45	11.5	15	是	2.248	
74	唐山	柏各化肥厂	1976 年	2.94	0.08	5.3	1.1	15	是	2.913	
75	唐山	毛庄	1976 年	2.94	0.3	12.3	13	15	否	1.932	误
76	唐山	京秦沙河桥	1976 年	2.94	0.31	3.46	8	15	否	2.368	误
77	唐山	通县陈行	1976 年	2.94	0.265	13.8	17	15	否	1.705	
78	唐山	马头电台	1976 年	2.94	0.073	11.9	26	15	否	1.38	
79	唐山	北里庄	1976 年	2.94	0.24	3.3	16	15	否	1.971	误
80	唐山	向阳桥	1976 年	2.94	0.32	9.3	51	15	否	-0.2	
81	唐山	范各庄 1	1976 年	2.94	0.2	2.61	10	15	是	2.358	
82	唐山	吕家坨矿	1976 年	2.94	0.18	5.05	10	15	是	2.33	
83	唐山	营草各庄	1976 年	2.94	0.096	5.95	9	15	是	2.438	
84	唐山	间庄	1976 年	2.94	0.05	6.8	10.5	15	是	2.374	
85	唐山	丰南范庄	1976 年	2.94	0.15	3.3	14	15	是	2.157	
86	唐山	唐山矿井	1976 年	2.94	0.185	3.8	4	15	是	2.69	
87	唐山	滦县余庄	1976 年	2.94	0.5	2.3	11	15	是	2.066	
88	唐山	丰南站桥	1976 年	2.94	0.19	3.6	16.5	15	是	1.977	
89	唐山	丰西新县城	1976 年	2.94	0.16	6.4	16	15	是	1.979	
90	唐山	丰南宣应	1976 年	2.94	0.14	3.75	5	15	是	2.67	
91	唐山	丰南景庄	1976 年	2.94	0.055	5.4	5	15	是	2.709	
92	唐山	韩城东欢坨	1976 年	2.94	0.13	13.52	64	15	否	-0.86	
93	唐山	韩城东欢坨	1976 年	2.94	0.16	9.38	61	15	否	-0.64	
94	唐山	陡河桥	1976 年	2.94	0.12	4	12	15	否	2.283	误
95	唐山	滦县坨子头	1976 年	2.94	0.21	8.35	31	15	否	1.049	
96	唐山	滦县百货	1976 年	2.94	0.16	4.5	22	15	否	1.672	
97	唐山	滦县文卫局	1976 年	2.94	0.15	7.3	18	15	否	1.857	误
98*				1.323	0.36	2.83	10	3		0.452	误
99*				1.274	0.4	6.91	8	50		1.023	误
100*				1.274	0.225	5.25	8	125		2.168	
101*				4.655	0.225	4.89	47	50		2.358	
102*				3.92	0.225	4.89	47	150		2.923	
103*				3.822	0.225	5.07	26	5		2.133	

续表

序号	地震位置	调查地点	地震时间	加速度/(m/s^2)	平均粒径/mm	临界深度/m	标贯击数/次	振动持时/s	是否液化	判别值	备注
104*				2.793	0.225	5.07	26	50		1.689	误
105*				4.655	0.4	2.9	9	0		3.769	
106*				3.43	0.4	2.9	9	0.3		2.547	
107*				2.842	0.4	2.9	9	0.8		1.967	

*表示数据为室内液化试验资料。

附表 13-4　砂土液化与否相似判别式判别结果

序号	地震位置	调查地点	地震时间	加速度/(m/s^2)	平均粒径/mm	临界深度/m	标贯击数/次	振动持时/s	概率统计		相似比		
									判别值	备注	a''	$\frac{a''-a}{a}$	备注
1	浓尾	大垣	1891 年	3.43	0.191	5	4	75	3.934		2.777	-0.190	
2	浓尾	金安西	1891 年	3.43	0.168	9	10	75	3.538		3.094	-0.100	
3	浓尾	奥额西湖	1891 年	3.43	0.152	4	10	75	3.641		2.780	-0.190	
4	圣塔芭芭拉	谢菲尔德坝	1925 年	1.96	0.121	7.5	3	15	1.752	误	2.964	0.512	误
5	爱尔森特	布劳利	1940 年	2.45	0.166	4.5	9	30	2.113		2.915	0.190	
6	爱尔森特	金美运河	1940 年	2.45	0.09	7.5	4	30	2.405		2.878	0.175	
7	爱尔森特	索法塔河	1940 年	2.45	0.12	6	4	30	2.408		2.850	0.163	
8	福井	高野	1948 年	2.94	0.145	4	1.2	30	3.073		2.591	-0.119	
9	福井	索奈吉寺	1948 年	2.94	0.158	3	3	30	2.978		2.624	-0.107	
10	福井	农业协会	1948 年	2.94	0.167	6	5	30	2.803		2.94	0.000	
11	旧金山	默塞德湖	1957 年	1.764	0.186	3	7	18	1.396	误	2.809	0.592	误
12	智利	蒙特港	1960 年	1.47	0.125	4.6	8	75	1.806	误	2.765	0.881	误
13	新潟	新潟	1964 年	1.568	0.136	6	6	40	1.529	误	2.898	0.848	误
14	新潟	新潟	1964 年	1.568	0.174	7.5	8	40	1.357	误	3.067	0.956	误
15	阿拉斯加	斯特科冰河	1964 年	1.568	0.158	7.5	10	180	3.076		2.922	0.863	误
16	阿拉斯加	瓦尔德兹	1964 年	2.45	0.176	6	13	180	3.800		2.896	0.182	
17	十胜近海	八户	1968 年	2.058	0.189	3.5	6	45	2.086		2.755	0.339	误
18	十胜近海	玉馆	1968 年	1.764	0.169	4.5	6	45	1.790	误	2.823	0.600	误
19	阿拉斯加	卡拉巴利达	1967 年	1.274	0.193	1	3	15	1.125	误	2.375	0.864	误
20	圣菲尔南多	SFO 少年宫	1971 年	3.92	0.08	6.1	2	15	3.827		2.762	-0.295	误
21	圣菲尔南多	詹森电厂	1971 年	3.43	0.09	16.8	24	15	1.882		3.548	0.034	
22	唐山	白庄	1976 年	2.94	0.145	1.8	2	15	2.872		2.463	-0.162	
23	唐山	董新庄	1976 年	2.94	0.41	4.15	5	15	2.446		3.043	0.035	
24	唐山	王滩 3	1976 年	2.94	0.187	2.45	8	15	2.485		2.775	-0.056	
25	唐山	王滩 2	1976 年	2.94	0.111	1.35	6	15	2.680		2.461	-0.163	
26	唐山	北巷 1	1976 年	2.94	0.166	1.7	3	15	2.800		2.513	-0.145	
27	唐山	马头营公社	1976 年	2.94	0.19	2.1	8	15	2.489		2.725	-0.073	
28	唐山	大苗庄	1976 年	2.94	0.09	3.9	5	15	2.708		2.748	-0.065	

续表

序号	地震位置	调查地点	地震时间	加速度 /(m/s^2)	平均粒径 /mm	临界深度 /m	标贯击数 /次	振动持时 /s	概率统计			相似比	
									判别值	备注	a''	$\frac{a''-a}{a}$	备注
29	唐山	王滩 7802	1976 年	2.94	0.17	3.3	7	15	2.540		2.845	-0.032	
30	唐山	七里海 2	1976 年	2.94	0.07	2.3	1	15	2.980		2.349	-0.201	
31	唐山	王庄知青	1976 年	2.94	0.2	8.7	8	15	2.362		3.262	0.110	
32	唐山	三屯村 2#	1976 年	2.94	0.17	5.8	5	15	2.609		3.003	0.022	
33	唐山	冯各庄	1976 年	2.94	0.105	9.22	12	15	2.201		3.218	0.094	
34	唐山	耿楼	1976 年	2.94	0.2	5.1	9	15	2.370		3.070	0.044	
35	唐山	马头河滩	1976 年	2.94	0.134	7.2	8	15	2.442		3.108	0.057	
36	唐山	刘卡庄	1976 年	2.94	0.1	3.3	9	15	2.482		2.785	-0.053	
37	唐山	龙王庙	1976 年	2.94	0.17	2.3	4	15	2.729		2.649	-0.099	
38	唐山	姜沧	1976 年	2.94	0.16	5.3	6	15	2.569		2.984	0.015	
39	唐山	柏各庄 4	1976 年	2.94	0.11	9.4	11	15	2.251		3.222	0.096	
40	唐山	柏各庄 11	1976 年	2.94	0.099	8.45	11.5	15	2.248		3.165	0.077	
41	唐山	柏各化肥厂	1976 年	2.94	0.08	5.3	1.1	15	2.913		2.639	-0.102	
42	唐山	范各庄 1	1976 年	2.94	0.2	2.61	10	15	2.358		2.838	-0.035	
43	唐山	吕家坨	1976 年	2.94	0.18	5.05	10	15	2.330		3.061	0.041	
44	唐山	营草各庄	1976 年	2.94	0.096	5.95	9	15	2.438		2.989	0.017	
45	唐山	间庄	1976 年	2.94	0.05	6.8	10.5	15	2.374		2.94	0.000	
46	唐山	丰南范庄	1976 年	2.94	0.15	3.3	14	15	2.157		2.916	-0.008	
47	唐山	矿东风井	1976 年	2.94	0.185	3.8	4	15	2.690		2.835	-0.036	
48	唐山	滦县余庄	1976 年	2.94	0.5	2.3	11	15	2.066		2.971	0.011	
49	唐山	丰南立高桥	1976 年	2.94	0.19	3.6	16.5	15	1.977		3.015	0.026	
50	唐山	丰西新县城	1976 年	2.94	0.16	6.4	16	15	1.979		3.200	0.088	
51	唐山	丰南宣应	1976 年	2.94	0.14	3.75	5	15	2.670		2.811	-0.044	
52	唐山	丰南庄砖厂	1976 年	2.94	0.055	5.4	5	15	2.709		2.775	-0.056	
53	唐山	王滩 7812	1976 年	2.94	0.17	4.3	7	15	2.522		—	—	
54*				1.323	0.36	2.83	10	3	0.452	误	3.148	1.379	误
55*				1.274	0.225	5.25	8	125	2.168		2.864	1.248	误
56*				4.655	0.225	4.89	47	50	2.358		3.187	-0.315	误
57*				3.92	0.225	4.89	47	150	2.923		3.066	-0.218	
58*				3.822	0.225	5.07	26	5	2.133		3.377	-0.117	
59*				2.793	0.225	5.07	26	50	1.689	误	3.113	0.115	
60*				4.655	0.4	2.9	9	0	3.769		3.868	-0.169	
61*				3.43	0.4	2.9	9	0.3	2.547		3.43	0.000	
62*				2.842	0.4	2.9	9	0.8	1.967		3.313	0.166	

* 表示数据为室内液化试验资料。

注：a''为振动加速度幅值计算值，a为加速度幅值实测值。

ICS 91. 100. 50
P 58

DB45

广 西 壮 族 自 治 区 地 方 标 准

DB 45/T 772—2011

特种粘土固化浆液工程应用技术规范

Technical specification code for special clay solidifying grouting applied to engineering

2011-11-01 发布　　2011-12-01 实施

广西壮族自治区质量技术监督局　发布

DB 45/T 772—2011

目　次

DB 45/T 772—2011

前　言

本标准按照 GB/T 1.1—2009 给出的规则起草。

本标准中某些内容可能涉及专利。本标准发布机构不承担识别这些专利的责任。

本标准由广西壮族自治区水利厅提出。

本标准起草单位：广西电力工业勘察设计研究院，哈尔滨工业大学，深圳市宏业基基础工程有限公司，广西水利电力勘测设计研究院，江西省赣州市水利电力勘察设计研究院，广西先锋建设工程有限公司，江西省萍乡市海雄能源发展有限公司。

本标准主要起草人：凌贤长，蔡德所，唐亮，陈枝东，陈发科，胡长斌，黄玉乾，阮文军，幸江云，麻荣广，叶福光，欧阳海源。

本标准为首次发布。

DB 45/T 772—2011

特种粘土固化浆液工程应用技术规范

1 范围

本标准规定了特种粘土①固化浆液用于土坝（土石坝，重力坝）注浆或高喷防渗加固的施工技术要求与工程质量检验、评定方法。

本标准适合于特种粘土固化浆液用于土坝、基岩（土坝或土石坝，重力坝）、档土构筑物②等防渗加固注浆或高喷工程，其它水工建筑物、边坡、地基、隧道等注浆工程可参照使用。

2 规范性引用文件

下列文件对于本文件的应用是必不可少的。凡是注日期的引用文件，仅所注日期的版本适用于本文件。凡是不注日期的引用文件，其最新版本（包括所有的修改单）适用于本文件。

GB 175—2007　通用硅酸盐水泥

DL/T 5113.1　水电水利基本建设工程 单元工程质量等级评定标准 第1部分：土建工程

DL/T 5148　水工建筑物水泥灌浆施工技术规范

DL/T 5200　水利水电工程高压喷射灌浆技术规范

DL/T 5238　土坝灌浆技术规范

SL 31　水利水电工程钻孔压水试验规程

3 术语和定义

GB 175—2007、DL/T 5113.1、DL/T 5148、DL/T 5200、DL/T 5238、SL 31 界定的以及下列术语和定义适用于本文件。

3.1 特种结构剂 special curing agent of clay-hardening grouts

特种结构剂由多种天然矿物材料按照一定比例配合且经高温活化、碾磨粉碎而成的一种性能高效结构剂，属于配制特种粘土固化浆液的关键成分。“特种”专指这种结构剂具有现行各种浆液结构剂（固化剂）所不具备的特殊性能。

3.2 特种粘土固化浆液 special clay-hardening grouts

特种粘土固化浆液由特种结构剂、水泥、粘土或粘性土③、水配制而成的一种性能高效的新型粘土系注浆材料。“特种”专指因掺入“特种结构剂”而使这种浆液具有现行粘土系注浆材料所不具备的多项高效的特殊性能。

4 基本要求

4.1 DL/T 5148、DL/T 5238 规定的注浆基本要求和 DL/T 5200 规定的高喷基本要求均适用于本标准。

---

① 应为：黏土。——作者

② 应为：挡土构筑物。——作者

③ 应为：黏性土。——作者

4.2　特种结构剂的质量控制要求：灰白色，粉沫①状固体，无毒、无气味，比表面积≥500m²/kg，细度0.08mm筛余≤8%，密度2.8g/cm³～3.15g/cm³，含水率≤2%；内置防潮薄膜编织袋储运，严格防潮、确保干燥条件，储存期不超过3个月；不得使用过期、受潮结块的产品。

4.3　水泥的质量控制要求：采用符合GB 175—2007中32.5级的普通硅酸盐水泥或复合水泥、矿渣硅酸盐水泥、火山灰质硅酸盐水泥等。水泥必须妥善保存、严格防潮且储存期不超过3个月，不得使用过期、受潮结块的产品。

4.4　粘土或粘性土的质量控制要求：既可采用商业粘土，也可现场就地采取天然粘土或粘性土，要求土中无树根、有机质等，含砂量小，粘粒②含量超过10%或塑性指数不小于15。

4.5　水的水质控制要求：制浆用水为无明显化学污染的灌溉水。

4.6　浆液材料配比的控制要求：按第五章的规定。

5　浆液材料配比

5.1　浆液材料最佳配比方案确定原则：

——浆液性能满足注浆或高喷的目的；

——配比方案具有可操作性；

——配比方案具有经济节减性；

——满足施工设备对浆液性能的要求，特别是注浆泵或高喷设备对浆液粘度③、重度的要求。

5.2　注浆或高喷的浆液材料配比（采用重量百分比）：

——粘土或粘性土80%～90%；

——水泥10%～20%；

——特种结构剂为水泥重量10%～20%（如：若水泥为100kg，则掺入10kg～20kg特种结构剂）；

——水料比0.8∶1～2∶1。

6　制浆工艺与设备

6.1　制浆工艺

6.1.1　浆液材料的计量

按照设计规定的材料配比计量浆液材料，采用重量计量方法。计量误差：

——粘土或粘性土小于2%；

——水泥小于0.5%；

——特种结构剂小于1‰；

——水小于2%。

计量粘土或粘性土时，应扣除土中自然含水量；计量水时，应加上粘土或粘性土中扣除的自然含水量。

6.1.2　现场就地采取天然粘土（或粘性土）制浆工艺

6.1.2.1　第一步，对现场就地采取的粘土或粘性土进行粉碎、过筛。

6.1.2.2　第二步，将粉碎、过筛的粘土或粘性土初步制成适合于管路泵送的粘土粗浆。制备粘土粗浆的工艺流程按照DL/T 5238的规定执行。

---

① 应为：粉末。——作者

② 应为：黏粒。——作者

③ 应为：黏度。——作者

DB 45/T 772—2011

6.1.2.3　第三步，将粘土粗浆泵送到注浆或高喷现场的高速搅拌机的制浆桶中，测定粘土粗浆的含水量，并按照最终制成浆液的设计水料比向粘土粗浆中足量补加水，制成合格的粘土原浆。制备合格粘土原浆的工艺流程按照 DL/T 5238 的规定执行。

6.1.2.4　将粘土原浆过筛导入注浆桶中，按照设计浆液材料配比，向粘土原浆中一次性足量加入水泥、特种结构剂，并低速搅拌 7min～10min（转速不低于 150r/min），便制成特种粘土固化浆液。

6.1.2.5　在注浆或高喷过程中，要求低速搅拌浆液（转速不低于 80r/min）。

6.1.3　商业粘土制浆工艺

采用商业粘土代替现场就地采取的天然粘土或粘性土制浆，制浆工艺按照 6.1.2.3、6.1.2.4、6.1.2.5 执行，直接在注浆或高喷现场制备合格的粘土原浆、特种粘土固化浆液。

6.2　浆液标准要求

合格浆液的判定原则：稳定，细腻，1∶1 水料比以下的浆液吸水性小或基本无吸水性，1∶1 水料比以上的浆液有一定吸水性。

6.3　制浆设备

6.3.1　制浆设备可以选择立式简易搅拌机、卧式搅浆机。

6.3.2　施工中，若无转速 400r/min 以上的搅拌机，或需要大容量的搅拌机，可以自行加工大容量高速搅拌机，见图 1，即选择或焊接满足大容量要求的制浆圆桶、自下而上焊接 2 层以上搅拌叶片、选配大功率高转速电机。

6.3.3　选择或自行加工搅拌机，除了能够高速搅拌之外，还要求制浆桶的容量与注浆泵的排浆量匹配，以确保每桶浆液被一次性快速注入地层中，避免浆液在制浆桶、管路中停留过长时间。

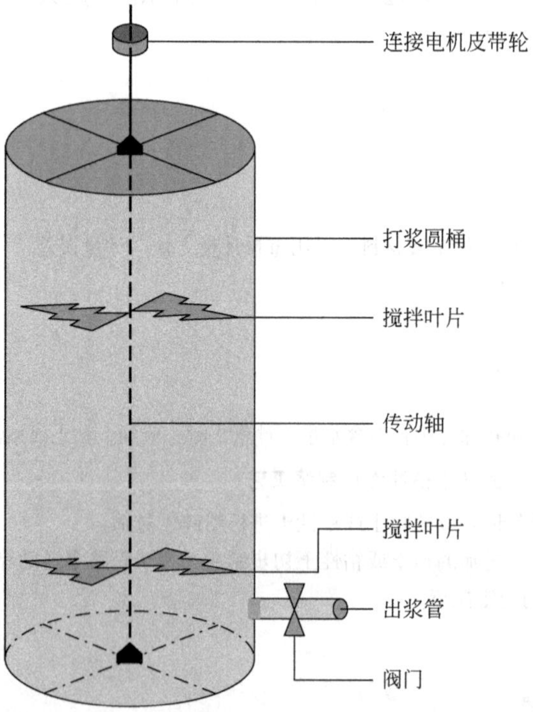

图 1　自制高速搅拌机示意图

7　注浆或高喷设计

7.1　注浆或高喷的设计参数类型、设计参数选择依据、设计参数确定途径等，与现行普通水泥浆液、水泥粘土浆液等设计参数的类型、选择依据、确定途径完全一致，按照 DL/T 5148、DL/T 5238、DL/T 5200 的规定执行。

7.2　注浆的设计方法、注意事项与若干特殊问题处理途径，按照 DL/T 5148、DL/T 5238 的规定执行。但是，注浆的结束条件：达到设计注浆压力后，继续灌注 10min 左右即可结束，继续灌注时间一定不能超过 20min。

7.3　高喷的设计方法、注意事项与若干特殊问题处理途径，按照 DL/T 5200 的规定执行。

8　注浆或高喷施工

8.1　注浆或高喷设备

8.1.1　注浆或高喷对设备的性能无过多的特殊要求，目前常用的注浆设备、高喷设备均可用于特种粘土固化浆液的同类施工。

8.1.2　注浆的施工方法、注意事项、特殊问题处理途径与设备的合理选择、性能要求、现场维护等，按照 DL/T 5148、DL/T 5238 的规定执行。

8.1.3　高喷的施工方法、注意事项、特殊问题处理途径与设备的合理选择、性能要求、现场维护等，按照 DL/T 5200 的规定执行。

8.2　钻孔

8.2.1　注浆或高喷的钻孔方法、孔底冲洗、孔位偏差、孔径大小、钻孔深度等要求与质量控制，与采用普通水泥浆液、水泥粘土浆液等进行注浆或高喷施工一致。

8.2.2　注浆的钻孔方法、孔底冲洗，孔位偏差、孔径大小、钻孔深度、质量控制等，按照 DL/T 5148、DL/T 5238 的规定执行。

8.2.3　高喷的钻孔方法、孔底冲洗、孔位偏差、孔径大小、钻孔深度、质量控制等，按照 DL/T 5200 的规定执行。

8.3　钻孔冲洗与压水试验

8.3.1　注浆或高喷的钻孔冲洗、压水试验的要求与质量控制，与采用普通水泥浆液、水泥粘土浆液等进行注浆或高喷施工一致。

8.3.2　注浆的钻孔冲洗方法与质量控制，按照 DL/T 5148、DL/T 5238 的规定执行。

8.3.3　高喷的钻孔冲洗方法与质量控制，按照 DL/T 5200 的规定执行。

8.3.4　注浆或高喷的压水试验方法与工艺流程，按照 SL 31 的规定执行。

8.4　注浆或高喷方法与工艺

8.4.1　注浆或高喷方法与工艺，与采用普通水泥浆液、水泥粘土浆液等进行注浆或高喷施工一致。

8.4.2　注浆方法与工艺，按照 DL/T 5148、DL/T 5238 的规定执行。

8.4.3　高喷方法与工艺，按照 DL/T 5200 的规定执行。

8.4.4　要求浆液随制、随注且一次性泵出，不允许让制成的浆液在注浆桶中滞留过长时间。

8.5　注浆压力或浆液喷射压力与浆液变换

8.5.1　注浆压力或浆液喷射压力与浆液变换原则，与采用普通水泥浆液、水泥粘土浆液等进行注浆或高喷施工一致。

8.5.2　注浆压力与浆液变换原则，按照 DL/T 5148、DL/T 5238 规定要求执行。

8.5.3　浆液喷射压力与浆液变换原则，按照 DL/T 5200 规定要求执行，特别要求尽快达到设计的浆液喷射压力。

8.6　注浆或高喷封孔

8.6.1　注浆或高喷封孔方式，与采用普通水泥浆液、水泥粘土浆液等进行注浆或高喷施工一致。

8.6.2　注浆封孔方式，按照 DL/T 5148、DL/T 5238 规定要求执行。

8.6.3　高喷封孔方式，按照 DL/T 5200 规定要求执行。

8.7　孔口封闭注浆法

8.7.1　孔口封闭注浆法及其适用条件、技术要求、质量控制等，与采用普通水泥浆液、水泥粘土浆液等进行注浆施工一致。

8.7.2　孔口封闭注浆法及其适用条件、技术要求、质量控制等，按照 DL/T 5148、DL/T 5238 的规定执行。

8.8　特殊情况处理

8.8.1　各种特殊情况处理方法，与采用普通水泥浆液、水泥粘土浆液等进行注浆或高喷施工一致。

8.8.2　注浆或高喷，各种特殊情况处理方法，按照 DL/T 5148、DL/T 5238、DL/T 5200 的规定执行。

9　工程质量检查与验收

9.1　工程质量检查与合格评定

9.1.1　工程质量检查方法与合格评定标准，与采用普通水泥浆液、水泥粘土浆液等进行注浆或高喷施工一致。

9.1.2　注浆的工程质量检查方法与合格评定标准，按照 DL/T 5148、DL/T 5238、DL/T 5113.1、SL 31 规定要求执行。

9.1.3　高喷的工程质量检查方法与合格评定标准，按照 DL/T 5200、DL/T 5113.1、SL 31 规定要求执行。

9.2　竣工资料与工程验收

9.2.1　竣工资料类型与工程验收文件、验收方法等，与采用普通水泥浆液、水泥粘土浆液等进行注浆或高喷施工一致。

9.2.2　注浆的竣工资料类型与工程验收文件、验收方法等，按照 DL/T 5148、DL/T 5238、DL/T 5113.1、SL 31 的规定执行。

9.2.3　高喷的竣工资料类型与工程验收文件、验收方法等，按照 DL/T 5200、DL/T 5113.1、SL 31 的规定执行。

后　　记

完成书稿，思绪萦绕，荡游广西，铭记恩典，贤师良友，开启探索，师徒携手，朋友加盟，方成故事，娓娓道来。

1997 年，我由地质领域转行跨入土木工程领域，从事岩土工程工作，并且有幸进入哈尔滨建筑大学土木工程博士后科研流动站从事博士后研究工作，期间结识了同为博士后的蔡德所，建立了很好的合作与交流关系。1998 年，蔡德所博士后出站应聘担任广西水利厅副厅长兼总工程师。蔡德所在广西任职期间与我交流：广西水库大坝与堤防不少渗漏严重、汛期险情严重，采用传统水泥基类浆液进行注浆除险加固，难以长期有效，致使一些堤坝历年处于“多次治理、多次出险”的尴尬窘境，亟待开发新的注浆材料。我过去从事地质工作，熟悉矿物材料、矿物化学、胶体化学、矿物结晶学，且具有一定分析化学与物理化学基础，蔡德所希望我尽快研发出一种适合于土石坝与裂隙基岩注浆除险加固的新型高性能注浆材料，并且从广西水利厅科研业务费中支持一个启动项目。1999 年开始，我带领我的硕士研究生官宏宇开展研究工作，2001 年成功开发了一种特种结构剂与相应的特种黏土固化浆液（即矿物基类胶凝材料），并且给出了注浆应用技术。为了进一步提升特种黏土固化浆液技术性能与应用技术，广西水利厅、广西电力工业勘察设计研究院又各支持一个跟踪项目。据此，广西电力工业勘察设计研究院博士后科研工作站的第一位博士后王丽霞完成博士后出站报告，据研究成果且结合多个工程应用经验，制定了广西壮族自治区地方标准《特种粘土固化浆液工程应用技术规范》（DB 45/T 772—2011）。除了官宏宇之外，我的早期研究生王丽霞、凌晨、张玉石、薛渊、刘泉、唐亮等均是此项高性能注浆材料技术开发的先行者，其中凌晨、薛渊在特种黏土固化浆液振动注浆技术开发方面贡献突出，我的博士研究生赵莹莹负责完成沙漠风沙土抗风蚀固化加固研究工作。20 多年来，在多个相关项目先后资助下，为了进一步拓展矿物基类胶凝材料技术应用范畴，特别是可靠解决填筑土层防渗加固与冻害防控、特殊土性能改良与固化加固、工业固废资源化与无害化综合利用等问题，在特种结构剂技术基础上，我们团队陆续开发了矿物基类胶凝材料系列产品与应用技术，在多个工程中获得成功应用，并且与相关项目成果整合，先后获得国家技术发明奖二等奖 1 项、省部级科学技术奖一等奖 5 项、国家发明专利 30 多项。2012 年开始，樊传刚等加入研究团队，樊传刚、裴立宅、吴悠、郭小雨、陈挺娴、李淋等在工业固废资源化与无害化综合利用之矿物基类胶凝材料技术方面，做了大量成效显著的研究与实践工作。2018 年以来，在快速胶凝高强固化高性能锚固剂、预应力锚索快速锚固与张拉施工工艺 FAST、高效固化模袋土护坡技术等三方面，我的青岛理工大学泰山学者创新团队成员杨忠年贡献突出。2015 年，在哈佳高铁宾西站高填方路基建设中，哈佳铁路客运专线有限责任公司提供应用机会，在陈宏伟与李雄飞直接指导下，采用特种结构剂进行路基填筑固化加固与冻害防控。

本书参考文献中各位作者的相关研究工作与成果，有的被本书直接或间接引用，有的如文献［20］中王星华的成果资料对本书研究工作起到了极其重要的指导作用。在此，谨向各位作者深表感谢！

凌贤长
2021 年 3 月 4 日于青岛